南秀全初等数学系列

奇数、偶数、奇偶分析法

南秀全　编著

◎奇数和偶数的基本性质
◎判别方程是否有整数解
◎在几何中的应用
◎利用奇偶分析法解决操作变换问题
◎利用奇偶性解其他一些问题
◎奇数和偶数的特殊表示法

哈爾濱工業大學出版社
HARBIN INSTITUTE OF TECHNOLOGY PRESS

内容简介

本书共分三章，分别介绍了奇数和偶数的基本性质，奇偶分析法在解题中的应用，以及奇数和偶数的特殊表示法. 每节后都配有相应的习题，供读者巩固和加强.

本书适合于数学奥林匹克竞赛选手和教练员、高等院校相关专业研究人员及数学爱好者使用.

图书在版编目(CIP)数据

奇数、偶数、奇偶分析法/南秀全编著. —哈尔滨：哈尔滨工业大学出版社，2018.3

ISBN 978-7-5603-7132-0

Ⅰ.①奇… Ⅱ.①南… Ⅲ.①奇数②偶数 Ⅳ.①O121.1

中国版本图书馆 CIP 数据核字(2017)第 303408 号

策划编辑　刘培杰　张永芹
责任编辑　刘立娟
封面设计　孙茵艾
出版发行　哈尔滨工业大学出版社
社　　址　哈尔滨市南岗区复华四道街 10 号　邮编 150006
传　　真　0451-86414749
网　　址　http://hitpress.hit.edu.cn
印　　刷　哈尔滨市石桥印务有限公司
开　　本　787mm×960mm　1/16　印张 48　字数 530 千字
版　　次　2018 年 3 月第 1 版　2018 年 3 月第 1 次印刷
书　　号　ISBN 978-7-5603-7132-0
定　　价　98.00 元

◎前言

整数可以分为两大类:被 2 除余 1 的属于一类,被 2 整除的属于另一类.前类中的数叫作奇数,后类中的数叫作偶数.通过分析整数的奇偶性来论证问题的方法称为奇偶分析法.奇偶分析法是数学奥林匹克解题的重要方法之一,本书通过对近年来国内外数学竞赛中典型的试题加以分析,来阐述奇偶分析法在解题中的作用,以及怎样利用奇偶分析法来解竞赛题.

由于本人水平有限,加上时间仓促,书中不足之处在所难免,诚请同仁们不吝赐教.

作　者

2017 年 7 月 10 日

◎ 目录

第1章 奇数和偶数的基本性质

我们知道,一切整数可分为两大类:奇数类和偶数类.用整除的术语来说,凡是能被2整除的整数叫作偶数,例如,0,±2,±4,±6,…,特别是要注意0是偶数,任何偶数都可以表示成$2n$的形式.不能被2整除的整数叫作奇数,例如,±1,±3,±5,…,任何奇数都可以表示成$2n+1$的形式,这里n为整数(通常记作$n\in\mathbf{Z}$,$\mathbf{Z}$表示整数集).

奇数和偶数有许多十分明显而又十分简单的性质.主要性质有:

性质1 奇数≠偶数;奇数+偶数≠0.

性质2 奇数±奇数=偶数;偶数±偶数=偶数;奇数±偶数=奇数.

性质3 奇数×奇数=奇数;奇数×偶数=偶数;偶数×偶数=偶数.

性质4 奇数个奇数之和是奇数;偶数个奇数之和是偶数;任意有限个偶数之和是偶数.

性质5 任意有限个奇数之积是奇数;偶数与任意整数之积是偶数.

性质6 若干个整数的乘积是奇数,则其中每一个因子都是奇数;若干个整数之积是偶数,则其中至少有一个因子是偶数.

性质7 两个整数的和与差的奇偶性相同.

推论 若干个整数的和与差的奇偶性相同.

以上几条性质都很简单,这里就不证明了.为了叙述方便,我们把被 b 除余 r(其中 b 是不等于0的整数,r 是适合 $0\leqslant r<|b|$ 的整数)的整数写作 $bq+r$(其中 $q\in\mathbf{Z}$),例如 $4q+1$ 或 $4k+1$ 就表示被4除余1的整数.

性质8 奇数的平方被4除余1,偶数的平方是4的倍数.

因为

$$(2n+1)^2=4n^2+4n+1=4(n^2+n)+1$$

$$(2n)^2=4n^2$$

推论 奇数的平方被8除余1.

因为

$$(2n+1)^2=4(n^2+n)+1=4n(n+1)+1$$

其中 $n,n+1$ 是两个连续整数,必有一个是偶数.

性质9 所有形如 $4k+3$ 的数不能表示为两个整数的平方和.

因为

$$(2m+1)^2+(2n+1)^2=4(m^2+m+n^2+n)+2$$

$$(2m)^2+(2n)^2=4(m^2+n^2)$$

$$(2m)^2+(2n+1)^2=4(m^2+n^2+n)+1$$

即两个奇数的平方和为 $4k+2$ 型,两个偶数的平方和为 $4k$ 型,一个奇数和一个偶数的平方和为 $4k+1$ 型,因此,没有两个整数的平方和为 $4k+3$ 型.

例如,由此性质可以得到方程 $x^2+y^2=1\ 999$ 没有整数解.

性质 10　所有形如 $4k+2$ 型的数不能表示为两个整数的平方差.

因为

$$x^2-y^2=(x+y)(x-y)$$

由性质 7,$x+y$ 与 $x-y$ 具有相同的奇偶性.

若 $x+y$ 和 $x-y$ 都是奇数,则

$$(x+y)(x-y)=x^2-y^2$$

也是奇数,即为 $4k+1$ 或 $4k+3$ 型;

若 $x+y$ 和 $x-y$ 都是偶数,则

$$(x+y)(x-y)=x^2-y^2$$

为 4 的倍数,即为 $4k$ 型.

因此,没有两个整数的平方差为 $4k+2$ 型.

例如,由此性质可以得到方程 $x^2-y^2=1\ 998$ 没有整数解.

第2章 奇偶分析法在解题中的应用

利用奇数和偶数的分类及其特殊性质,可以简捷地求解一些与整数有关的数学题,包括一些看上去比较困难的问题.特别是一些趣味数学问题和数学竞赛题,只要对其中的数量关系做简单的奇偶性分析,问题就能迎刃而解.下面介绍整数的奇偶性在解题中的各种应用.

§1 判别整数的奇偶性

例 1 在 1,2,…,1 997,1 998,1 999 这 1 999 个数的前面任意添加一个正号或负号,问它们的代数和是奇数还是偶数?(根据 1989 年湖北省黄冈地区初中数学竞赛题改编)

解 因为两个整数的和与差的奇偶性相同,所以不论正负号如何添加,它们的代数和的奇偶性都与

$$1+2+\cdots+1\ 998+1\ 999$$

的奇偶性相同.

因为

$$1+2+\cdots+1\ 998+1\ 999=$$

$$(999\text{ 个偶数})+(1\ 000\text{ 个奇数})=\text{偶数}$$

所以任意添加正负号后的代数和一定是偶数.

例 2　设 n 为奇数，$a_1,a_2,\cdots,a_n$ 为 $1,2,\cdots,n$ 的任一排列，求证：积 $(a_1-1)(a_2-2)\cdots(a_n-n)$ 必为偶数.　　　　(1906 年匈牙利数学竞赛题)

证法 1　考虑所有因子 a_i-i 的和，即

$$(a_1-1)+(a_2-2)+\cdots+(a_n-n)=$$

$$(a_1+a_2+\cdots+a_n)-(1+2+\cdots+n)=0$$

由于 n 是奇数，0 是偶数，若所有的因子

$$a_i-i\quad (i=1,2,\cdots,n)$$

都是奇数，则奇数个奇数的和应为奇数，不可能为 0，出现矛盾.

所以必有一个因子 a_i-i 是偶数，从而乘积

$$(a_1-1)(a_2-2)\cdots(a_n-n)$$

是偶数.

证法 2　设 $n=2k+1$（k 是整数）.

显然，由 $a_1,a_2,\cdots,a_n$ 是 $1,2,\cdots,n$ 的某种排列，则乘积

$$(a_1-1)(a_2-2)\cdots(a_n-n)$$

中，各个因式的被减数和减数的奇数个数都是 $k+1$ 个，即总共有 $2(k+1)=n+1$ 个奇数，而一共有 n 个因式，所以必有一个因式中的被减数和减数都是奇数，从而这个因式是偶数，于是所有 n 个因式的乘积为偶数.

评注　本例还可以推广为如下的命题：

设 $a_1,a_2,\cdots,a_{2n+1}$ 是任意 $2n+1$ 个整数，$b_1,b_2,\cdots,b_{2n+1}$ 是 $a_1,a_2,\cdots,a_{2n+1}$ 的任意一个排列，那么

乘积

$$(a_1-b_1)(a_2-b_2)\cdots(a_{2n+1}-b_{2n+1})$$

必为偶数.

例 3 开头 100 个自然数按某种顺序排列，然后按每连续三项计算和数，得到 98 个和数，其中为奇数的和数最多有几个？ （第 21 届俄罗斯数学竞赛题）

解 先证 98 个和数不可能都是奇数. 用反证法.

若所有和数都是奇数，则这 100 个自然数的排列顺序只能是下列四种情况之一：

(1)奇奇奇奇奇奇……

(2)奇偶偶奇偶偶……

(3)偶奇偶偶奇偶……

(4)偶偶奇偶偶奇……

(1)表明前 100 个自然数都是奇数，(2)～(4)表明前 100 个自然数中偶数比奇数多，都与事实不符.

所以，98 个和数不可能都是奇数.

以下说明 98 个和数中可以有 97 个奇数. 我们把 1～100 这 100 个自然数按如下顺序排列

$$\underbrace{\text{奇偶偶奇偶偶……奇偶偶}}_{75\text{个数}}\underbrace{\text{奇奇奇……奇}}_{25\text{个数}}$$

这样，只有第 75 个和数是由偶奇奇相加而得，应为偶数，其他 97 个和数皆为奇数.

所以，最多有 97 个和数是奇数.

例 4 把 1，2，…，2 004 这 2 004 个正整数随意放置在一个圆周上，统计所有相邻 3 个数的奇偶性得知，3 个数全是奇数的有 600 组，恰有 2 个数是奇数的有 500 组. 问：恰有 1 个是奇数的有几组？全部不是奇数的有几组？ （2004 年上海市 TI 杯高二年级数学竞赛题）

解　这 2 004 个数任意摆放在圆周上，每相邻 3 个数作为一组，共有 2 004 组. 而每个数都分别在 3 个不同的组内，设恰有 1 个奇数的有 x 组，全部不是奇数的有 y 组，则考虑奇数情形有

$$600\times3+500\times2+x=1\ 002\times3$$

解得 $x=206$. 于是

$$y=2\ 004-600-500-206=698$$

例 5　有 29 个省市的乒乓球队参加友谊邀请赛，能否安排出这样的比赛场次，使每个球队恰好参加奇数次比赛？为什么？

解　不能做出这样的安排，否则，假设总的比赛场次为 n 场，由于每一场比赛由两个队进行，可以出场比赛的共有 $2n$ 个队次. 另一方面，每个球队恰好参加奇数次比赛，于是 29 个奇数之和是奇数，这就是说，总计参加比赛的队次应为奇数，但奇数不等于偶数 $2n$，矛盾. 由此得证.

例 6　求证：不论在什么社交场合下，握过奇数次手的人数总是偶数.

证明　假设在社交场合中握了奇数次手的共有 n 人，握了偶数次手的共有 m 人，那么它们握手的总计人次是 n 个奇数加 m 个偶数，可见它们的握手总人次与 n 是同奇偶的. 另一方面，握手是相互的，每握一次手，按人次计算就是两次，所以握手的总人次必是偶数，可见 n 必是偶数，证毕.

评注　由例 5、例 6 已看到两个乒乓球队比赛与两人握手，在分别计算它们的队次与人次上有类似之处. 我们将球队(人)表示为平面上的点，如果两队(人)比赛(握手)，就在表示它们的两点之间连一直线段，否

则，就不连线段，于是可得如下的例题：

例 7 设平面图上共有有限个点，没有三点共线，且其中有些点之间用直线相连. 如果图中一点恰与其他 m 个点有连线，当 m 为偶（或奇）数时，那么称这一点为偶（或奇）点. 求证：在这一平面图上，奇点的个数必是偶数.

证明 假设平面图中共有 n 条直线段，现对 n 用数学归纳法证明. 当 $n=1$ 时，则易见恰好有两个奇点，结论成立；假设当 $n=k$ 时结论成立，现需要证明命题当$n=k+1$时也成立，为此，任取图中一条线段 AB，那么点 A 与点 B 的奇偶性以及在图中去掉线段 AB 后，点 A，B 的奇偶性如表 1 所示.

表 1

原图中		去掉线段 AB 的图中		点的变化数
点 A	点 B	点 A	点 B	
奇	奇	偶	偶	-2
奇	偶	偶	奇	0
偶	奇	奇	偶	0
偶	偶	奇	奇	2

从表中可见，去掉线段 AB 后，奇点的变化数是偶数. 又因原图中去掉线段 AB 后的新图中，共有 k 条线段，于是由归纳假设知，新图中共有偶数个奇点，因而原图中也有偶数个奇点，由此本题得证.

例 8 已知一个凸多边形有偶数条边，证明：可以给每条边定义一个方向，使得对于每个顶点，指向该顶点的边数为偶数.（2002 年德国数学奥林匹克竞赛题）

证明 从任意方向开始，计算到达顶点的方向数. 由于有偶数条边，故这些数之和必是偶数.

所以,有奇数个方向到达该顶点(简称奇顶点)数必为偶数.

若无奇顶点,则本题得证.

若有奇顶点,则进行如下操作,使奇顶点的个数减少 2:

选择两个奇顶点,用一条沿着某些凸多边形的边的折线联结,改变折线每一条边的方向,那么,折线内任一顶点的方向数的变化或增加 2,或减少 2,或不改变,而两个端点的方向数变化只能增减 1,从而使奇顶点变为偶顶点,而折线内的偶顶点仍为偶顶点.

例 9　设 $a_1,a_2,\cdots,a_{64}$ 是自然数 $1,2,\cdots,64$ 的一种排列,按下列方式构作 $b_i,c_i,d_i,\cdots,x$,即

$$
\begin{array}{l}
a_1\quad a_2\quad a_3\quad a_4\quad\cdots\quad a_{63}\quad a_{64}\\
b_1=|a_1-a_2|\quad b_2=|a_3-a_4|\quad\cdots\quad b_{32}=|a_{63}-a_{64}|\\
c_1=|b_1-b_2|\quad\cdots\quad c_{16}=|b_{31}-b_{32}|\\
\qquad\vdots\\
\qquad x
\end{array}
$$

求证:x 为偶数.　　　　(1979 年北京市中学数学竞赛题)

证明　易见,$b_1,b_2,\cdots,b_{32}$ 的奇偶性与

$$a_1+a_2,a_3+a_4,\cdots,a_{63}+a_{64}$$

的奇偶性相同. $c_1,c_2,\cdots,c_{16}$ 的奇偶性与

$$a_1+a_2+a_3+a_4,a_5+a_6+a_7+a_8,\cdots,a_{61}+a_{62}+a_{63}+a_{64}$$

的奇偶性相同.依此类推,x 与 $a_1+a_2+\cdots+a_{64}$ 的奇偶性相同.而

$$a_1+a_2+\cdots+a_{64}=1+2+\cdots+64=(1+64)\times 32$$

是偶数,故 x 是偶数.

评注　此题亦可由 x 倒推反证.若 x 是奇数,则在本题所述的计算过程中,倒数第二步里的两个数必是一奇一偶,而倒数第三步里的四个数只能是三奇一

偶，或是一奇三偶，也就是说，这四个数里必有奇数个奇数. 仿此推知，在计算过程的每一步里，只能有奇数个奇数，最后推知原数列 $a_1, a_2, \cdots, a_{64}$ 中也有奇数个奇数，但事实上，1，2，…，64 中有 32 个奇数. "奇数=偶数"产生矛盾，故假设不真，即 x 只能是偶数.

例 10 在一块平地上有 n 个人，且每个人到其他人的距离均不相同. 每人都有一把水枪，当发出失火信号时，每人用枪击中距他最近的人.

证明：当 n 为奇数时，至少有一个人身上是干的；当 n 为偶数时，这个结论是否正确.

（1987 年加拿大数学奥林匹克竞赛题）

证明 当 n 为奇数时，设 $n=2m-1$.

对 m 采用数学归纳法.

当 $m=1$ 时，$n=1$，结论显然成立.

假设结论对 m 成立，下面考虑 $2m+1$ 个人的情形.

设 A，B 两个人的距离在所有的两个人的距离中是最小的.

现在撤出 A 和 B，剩下 $2m-1$ 个人，由归纳假设，至少有一个人身上是干的，设为 C. 再把 A，B 两人加进去，变成 $2m+1$ 个人. 由于 A，C 两个人的距离大于 A，B 两个人的距离，B，C 两个人的距离大于 A，B 两个人的距离，又由题设，则 C 身上仍然是干的.

当 n 为偶数时，结论不真.

事实上，设 $n=2m$，$2m$ 个人记为 A_j，B_j（$j=1, 2, \cdots, m$）.

设 A_j 与 B_j 的距离为 1，而与其他人的距离都大于 1，例如，设 A_j 及 B_j 分别位于 $3j$ 及 $3j+1$（$j=1$，

$2,\cdots,m$)处,这时 A_j 与 B_j 互相击中.

例 11　我们将一些石头放入 10 行 14 列的矩形棋盘内,允许在每个单位正方形内放入石头的数目多于 1 块,然后发现在每一行、每一列上均有奇数块石头.如果将棋盘上的单位正方形相间地染为黑色和白色,证明:在黑色正方形上石头的数目共有偶数块.

(2003 年北欧数学竞赛题)

证明　假若不然,设黑色正方形上石头的数目为奇数,将 14 列依次编号为 $1,2,\cdots,14$,将编号为奇数的列称为奇列,编号为偶数的列称为偶列.对各行也类似处理.由于对称性,不妨设黑格是奇行奇列格和偶行偶列格.

设奇行奇列格中有 k_1 个中放有奇数块石头,偶行偶列格中有 k_2 个中放有奇数块石头,奇行偶列格中有 k_3 个中放有奇数块石头.

由奇行中有奇数块石头,有 $k_1+k_3\equiv 1 \pmod 2$.

由偶列中有奇数块石头,有 $k_2+k_3\equiv 1 \pmod 2$.

由反证假设,有 $k_1+k_2\equiv 1 \pmod 2$.

以上三式相加得 $2(k_1+k_2+k_3)\equiv 1 \pmod 2$,这不可能.

因此,黑色正方形上石头的数目共有偶数个.

例 12　求所有的正整数对(m,n),使得可以将 $m\times n$的棋盘中的每一个单位正方形,要么染成白色,要么染成黑色,并满足下面的条件:

对于每一个单位正方形 A,与这个正方形 A 至少有一个公共顶点且与 A 同色的单位正方形的数目(包括 A 本身)有偶数个.(2005 年丝绸之路数学竞赛题)

解　称满足条件的染法为“好的”染法,称至少有一个公共顶点的两个正方形是“相邻的”，每个正方形与其自身是“相邻的”.

若 mn 是偶数，假设有偶数行，我们将第 1，2 行染为白色，第 3，4 行染为黑色，第 5，6 行染为白色……如此方法进行染色，则易知这样的染法是好的染法.

若 mn 是奇数，假设存在一个好的染法，则要么白色的单位正方形的数目有奇数个，要么黑色的单位正方形的数目有奇数个. 不妨假设白色的单位正方形的数目有奇数个.

下面考虑所有的由两个不相邻的白色的单位正方形所组成的有序对构成的集合 W. 因为每个单位正方形与其自身是相邻的，于是，若 $(A,B)\in W$，其中 $A\neq B$，则 $(B,A)\in W$. 故 W 中元素的数目有偶数个.

另一方面，由于白色的单位正方形有奇数个，对于每个白色的单位正方形有奇数个与其不相邻的白色的单位正方形(因为与其相邻的正方形有偶数个)，从而，可得 W 中有奇数个元素，矛盾.

综上所述，满足条件的数对 (m,n) 应满足 mn 是偶数.

例 13 (1)计算凸九边形所有对角线条数以及以凸九边形的顶点为顶点的所有三角形个数；

(2)在凸九边形每个顶点处任意写一个自然数. 在以这个九边形的顶点为顶点的三角形中，若三个顶点所标三数之和为奇数，则称该三角形为奇三角形；三数之和为偶数，则称为偶三角形. 证明：奇三角形个数必为偶数. (1994 年黄冈市初中数学竞赛题)

解 (1)从每个顶点出发有 6 条对角线，9 个顶点共发出 54 条对角线，每条重复计算一次，共有对角线

27 条(组合 $C_9^2=36=$对角线数$+$边数).

又因边与对角线共 36 条,每条边属于 7 个三角形(与两端点外 7 个点各成三角形).

故三角形数为$\frac{36\times7}{3}=84$(个)(组合 $C_9^3=84$).

(2)首先考察 84 个三角形,每个三角形的 3 个顶点和的总和.因为每个顶点属于其中 28 个三角形(其余 8 点可连成 28 条线段,每条与该点构成一个三角形),所以,每个顶点所标的数在总和中被计算 28 次.

故上述总和为每个顶点所标数之和的 28 倍,定为偶数.

若奇三角形个数为奇数,则它们顶点所标数之和为奇数(因奇数个奇数之和为奇数),而偶三角形顶点所标数之和显然为偶数.

于是,上述总和$=$偶数$+$奇数$=$奇数,这与总和为偶数矛盾.

故奇三角形个数必为偶数.

例 14　起初,$(n+2)\times n$ 名士兵整齐地站成 n 列(每列人数相同),使得每名士兵与其他士兵的前后左右距离均为一步.当指挥官的号令下达后,每名士兵要么在原地不动,要么向前后左右四个方向中的一个跨一步.现知号令下达后,士兵们站成了新的 $n+2$ 列(每列 n 个人),且与原来相比,原来的第一行和最后一行消失了,新增了最左边一列和最右边一列.证明:n 为偶数.　　(2010 年伊朗数学奥林匹克竞赛题)

证明　假设整数 n 满足题意,只需证明 $n-2$ 也满足题意,从而,由于 $n=1$ 不符合题意,故 n 必为偶数.

注意到,如果队伍从 n 列变成 $n+2$ 列,则第一行必定是向下移的，最后一行必定是向上移的；最左一列必是向左移的，最右一列必定是向右移的.

现在，考虑剩下的士兵，共有 $n-2$ 列，每列有 n 个人.号令下达后，这些士兵将变成 n 列，每列 $n-2$ 个人.因此，若 n 满足题意，$n-2$ 也必满足题意.

例 15 求证：前 n 个自然数的乘积能被它们的和整除的充要条件是：$n+1$ 不是一个奇素数.

（1992 年加拿大数学奥林匹克竞赛题）

证明 必要性.因 $1+2+\cdots+n$ 能整除 $n!$，即 $\frac{n(n+1)}{2}\bigg| n!$.若 $n+1$ 是奇素数，则 $n+1$ 不整除 $n!$，从而 $\frac{n(n+1)}{2}\nmid n!$，矛盾.所以 $n+1$ 不是奇素数.

充分性.当 $n+1=2$，即 $n=1$ 时，结论显然成立.当 $n+1>2$ 时，由于 $n+1$ 不是奇素数，因此 $n+1$ 是一个偶数，从而

$$\frac{n+1}{2}\leqslant n-1\quad（因为 n\geqslant 3）$$

于是

$$\frac{n+1}{2}\bigg|(n-1)!,\frac{n(n+1)}{2}\bigg|n!$$

即 $1+2+\cdots+n$ 整除 $n!$.

例 16 黑板上写着乘积 $a_1\cdot a_2\cdot\cdots\cdot a_{100}$，其中，$a_1,a_2,\cdots,a_{100}$ 为正整数.如果将其中的一个乘号改为加号（保持其余乘号），发现在所得的 99 个和数中有 32 个是偶数.试问，在 $a_1,a_2,\cdots,a_{100}$ 中至多有多少个偶数？（2006 年俄罗斯数学奥林匹克竞赛题）

解 设在 $a_1,a_2,\cdots,a_{100}$ 中，最左边的一个偶数是 a_i，最右边的一个偶数是 a_k.

记 $X_j=a_1a_2\cdots a_j$，$Y_j=a_{j+1}a_{j+2}\cdots a_{100}$.

易知，当 $j=1,2,\cdots,i-1$ 时，X_j 为奇数，Y_j 为偶数，此时，和数 X_j+Y_j 为奇数；当 $j=k,k+1,\cdots,100$ 时，X_j 为偶数，Y_j 为奇数，和数 X_j+Y_j 也为奇数.

只有当 $j=i,i+1,\cdots,k-1$ 时，X_j，Y_j 都是偶数，和数 X_j+Y_j 才为偶数. 这就表明 $k-i=32$.

由于位于 a_i 与 a_k 之间的数既可为奇数，也可为偶数，只有当它们都是偶数时，在 $a_1,a_2,\cdots,a_{100}$ 中的偶数最多，所以，最多有 33 个偶数.

例 17　在无限的“三角形”表

$$\begin{array}{ccccccc} & & & a_{1,0} & & & \\ & & a_{2,-1} & a_{2,0} & a_{2,1} & & \\ & a_{3,-2} & a_{3,-1} & a_{3,0} & a_{3,1} & a_{3,2} & \\ a_{4,-3} & a_{4,-2} & a_{4,-1} & a_{4,0} & a_{4,1} & a_{4,2} & a_{4,3} \\ \vdots & & \vdots & & \vdots & & \vdots \end{array}$$

中，$a_{1,0}=1$，位于第 n 行（$n\in\mathbf{N},n>1$）第 k 列（$k\in\mathbf{Z}$，$|k|<n$）的数 $a_{n,k}$ 等于上一行三个数之和，即 $a_{n-1,k-1}+a_{n-1,k}+a_{n-1,k+1}$（如果这些数中有的不在表内，则在和式中令它为 0）. 证明：从第三行起的每一行中都至少有一个偶数.

（1965 年英国数学奥林匹克竞赛题）

证明　考虑定义在整数集合上的函数

$$f(m)=\begin{cases}0, \text{当 } m \text{ 为偶数时} \\ 1, \text{当 } m \text{ 为奇数时}\end{cases}$$

并用公式 $b_{n,k}=f(a_{n,k})$ 构造一个数表.

于是，当 $n>1$ 时，有

$$b_{n,k}=f(a_{n,k})=$$
$$f(a_{n-1,k-1}+a_{n-1,k}+a_{n-1,k+1})=$$

$$f(f(a_{n-1,k-1})+f(a_{n-1,k})+f(a_{n-1,k+1}))=$$
$$f(b_{n-1,k-1}+b_{n-1,k}+b_{n-1,k+1})$$

同时将表中的不出现的数换为0.

直接计算表明，第n行的前四个数$b_{n,1-n}$，$b_{n,2-n}$，$b_{n,3-n}$，$b_{n,4-n}$唯一地确定了第$n+1$行的前四个数，并且第8行和第4行上的这组数相同.因此，第9行和第5行，第10行和第6行，等等，相应的这组数相同.由于从第3行起的每一行中，这组数都含有0，因此原表中这些行都有偶数.

例18 设有两两不等的n个正整数a_1，a_2，…，a_n，则在形如$t_1a_1+t_2a_2+\cdots+t_na_n$（其中$t_i$取1或$-1$，$i=1,2,\cdots,n$）的整数中，存在$\frac{n^2+n+2}{2}$个不同的整数，要么同时为奇数，要么同时为偶数.

证明 不妨设$a_1<a_2<\cdots<a_n$，则

$$a=-a_1-a_2-\cdots-a_n$$

是形如$t_1a_1+t_2a_2+\cdots+t_na_n$的整数中的最小数

$$a+2a_1=a_1-a_2-\cdots-a_n$$

也是形如$t_1a_1+t_2a_2+\cdots+t_na_n$的整数.一般的，$a+2a_1+2a_2$也是形如$t_1a_1+t_2a_2+\cdots+t_na_n$的整数.依此类推，则

$$\underbrace{a}_{1个}<\underbrace{a+2a_1<a+2a_2<\cdots<a+2a_n}_{n个}<$$
$$\underbrace{a+2a_n+2a_1<\cdots<a+2a_n+2a_{n-1}}_{n-1个}<$$
$$\underbrace{a+2a_n+2a_{n-1}+2a_1<\cdots<a+2a_n+2a_{n-1}+2a_{n-2}}_{n-2个}<\cdots<$$
$$\underbrace{a+2a_n+\cdots+2a_3+2a_1<a+2a_n+\cdots+2a_3+2a_2}_{2个}<$$

$$\underbrace{a+2a_n+2a_{n-1}+\cdots+2a_2+2a_1}_{1个}=$$

$$a+2(a_1+a_2+\cdots+a_n)=$$

$$a_1+a_2+\cdots+a_n$$

上式中的每一个整数都是形如 $t_1a_1+t_2a_2+\cdots+t_na_n$(其中 t_i 取 1 或 -1,$i=1,2,\cdots,n$)的整数中的不同的数,它们共有

$$1+n+(n-1)+(n-2)+\cdots+2+1=$$

$$1+\frac{n(n+1)}{2}=\frac{n^2+n+2}{2}$$

个彼此不同的数.

易见,当 a 是偶数时,这$\frac{n^2+n+2}{2}$个不同的整数都是偶数;当 a 是奇数时,这$\frac{n^2+n+2}{2}$个不同的整数都是奇数.

例 19　设 $a_0,a_1,\cdots,a_{1\,000}$ 分别为数码 0～9 之一,问:1 001 位数$\overline{a_0a_1\cdots a_{1\,000}}$与$\overline{a_{1\,000}a_{999}\cdots a_0}$的和的各位数码是否能全为奇数?　　(2011 年北欧数学竞赛题)

解　不能.

依题意有

$$\overline{a_0a_1\cdots a_i\cdots a_{500}\cdots a_{999}a_{1\,000}}+\overline{a_{1\,000}a_{999}\cdots a_{1\,000-i}\cdots a_{500}\cdots a_1a_0}=$$

$$\overline{S_{1\,001}S_{1\,000}S_{999}\cdots S_{1\,000-i}\cdots S_{500}\cdots S_1S_0}$$

其中,$S_{1\,001}=0$ 或 1.

假设结论成立,则 $S_0,S_1,\cdots,S_{1\,000}$ 为奇数.

下面用数学归纳法证明:

$a_{2i}+a_{1\,000-2i}(i=0,1,\cdots,250)$是奇数.

因为 S_0 为奇数,所以,$a_0+a_{1\,000}$ 为奇数,即当 $i=0$ 时,结论成立.

假设当 $i=k$ 时,结论成立,即 $a_{2k}+a_{1\,000-2k}$ 为奇数.

由 $S_{1\,000-2k}$ 为奇数,且 $a_{2k}+a_{1\,000-2k}$ 为奇数,知 $a_{1\,000-(2k+1)}+a_{2k+1}$ 没有进位,即

$$a_{1\,000-(2k+1)}+a_{2k+1}\leqslant 9$$

从而,$a_{2k+1}+a_{1\,000-(2k+1)}$ 没有进位.

又 S_{2k+2} 为奇数,则 $a_{2k+2}+a_{1\,000-(2k+2)}$ 为奇数.

故归纳假设成立.

于是,当 $i=250$ 时,$a_{500}+a_{500}=2a_{500}$ 为奇数,矛盾.

所以,$\overline{a_0a_1\cdots a_{1\,000}}$ 与 $\overline{a_{1\,000}a_{999}\cdots a_0}$ 的和的各位数字不能全为奇数.

例 20 求证:正整数 a 与 b 的乘积为偶数的充分必要条件是:存在正整数 c 与 d,使得 $a^2+b^2+c^2=d^2$.

(1984 年联邦德国数学竞赛题)

分析 因为 a,b 为正整数,所以其乘积 ab 如果是偶数,那么 a,b 都为偶数,或 a,b 中只有一个是偶数.在这种讨论中,我们设法证明确实存在正整数 c,d 能够使 $a^2+b^2+c^2=d^2$ 成立.这是证明的必要性,还应再证充分性,即需要证明如果存在 c,d 使 $a^2+b^2+c^2=d^2$ 成立,那么 ab 应该是偶数.

证明 (1)充分性.如果存在正整数 c 与 d,使得

$$a^2+b^2+c^2=d^2 \quad ①$$

成立,这时 a 与 b 中至少有一个为偶数,否则,假设 a,b 都为奇数,那么 a^2+b^2 被 4 除的余数为 2,这时 $a^2+b^2+c^2$ 被 4 除的余数或者为 2(当 c 是偶数时)或者为 3(当 c 是奇数时).

但式①右边的 d^2 被 4 除余数只能是 0(当 d 是偶数时)或者余数是 1(当 d 是奇数时).

这就是说，式①不能成立，所以假设 a,b 都为奇数是不成立的，即 a 与 b 中至少有一个是偶数.

(2)必要性. 设 ab 为偶数，那么 a 与 b 中至少有一个为偶数. 下面再分两种情形讨论：

(i)如果 a,b 都是偶数，因为偶数的平方仍为偶数，偶数＋偶数＝偶数，所以可设

$$a^2+b^2=4n=(n+1)^2-(n-1)^2 \quad (n\text{ 是正整数})$$

这时，可取 $c=n-1,d=n+1$.

(ii)如果 a,b 中仅有一个为偶数，因为偶数的平方仍为偶数，奇数的平方仍为奇数，偶数＋奇数＝奇数，所以可设

$$a^2+b^2=2n+1=(n+1)^2-n^2 \quad (n\text{ 为正整数})$$

这时，可取 $c=n^2,d=(n+1)^2$.

总之，不论哪种情况，当 ab 为偶数时，总存在正整数 c,d，使得 $a^2+b^2+c^2=d^2$ 成立.

评注　关于代数变换技巧

$$4n=(n+1)^2-(n-1)^2,2n+1=(n+1)^2-n^2$$

应熟练掌握.

例 21　设 $k(k>1)$ 为自然数，证明：不能在 $k\times k$ 的方格表内填入数字 $1,2,3,\cdots,k^2$，使得各行的和以及各列的和都是 2 的方幂.

(1989 年列宁格勒数学奥林匹克竞赛题)

证明　假定可以按要求填入 $1,2,\cdots,k^2$.

设 2^a 是最小的行和.

一方面，2^a 应当是

$$1+2+\cdots+k^2=\frac{1}{2}k^2(k^2+1)$$

的约数.

若 k 为奇数,则 k^2 是 $4t+1$ 型的数,从而 k^2+1 是 $4t+2$ 型的数,于是 $\frac{1}{2}(k^2+1)$ 是奇数,即 $\frac{1}{2}k^2(k^2+1)$ 是奇数,此时 2^a 不能整除 $\frac{1}{2}k^2(k^2+1)$.

若 k 为偶数,则 k^2+1 为奇数,于是

$$2^a \left| \frac{1}{2}k^2 \right. \quad ①$$

另一方面,由 2^a 是最小的行和,则有

$$2^a \geqslant 1+2+\cdots+k=\frac{1}{2}k(k+1)$$

这样就有

$$\frac{1}{2}k^2<\frac{1}{2}k(k+1)\leqslant 2^a$$

由 $k\neq 0$ 知

$$2^a \nmid \frac{1}{2}k^2 \quad ②$$

①与②矛盾.

于是,不能在 $k\times k$ 的方格表内填入数字 $1,2,\cdots,k^2$,使得各行的和及各列的和都是 2 的方幂.

例 22 将一个 $1\,000\times 1\,000$ 的方格表黑白染色,黑格与白格的数目之差为 2 012. 证明:存在一个 2×2 的正方形中包含奇数个白格.

(2011 年克罗地亚数学竞赛题)

证明 假设结论不成立,即在每一个 2×2 的正方形中包含偶数个黑格.

下面比较相邻的两行.

如果下一行的第一个格与上一行的第一个格染相同的颜色(如黑色),那么这两行的第二个格也染相同的颜色(黑色或白色). 由同样的方法,知这两行的染色

情形完全相同.

如果下一行的第一个格与上一行的第一个格染不同的颜色,则下一行的第二个格与上一行的第二个格也染不同的颜色.

同理,下一行的每一个格与对应的上一行中的每一个格染色情形相反.

因此,在所有行中,以黑格开头的行的染色情形相同,以白格开头的行的染色情形相同.

设以黑格开头的行数为 a,则以白格开头的行数为 $1\ 000-a$,d 是在以黑格开头的行中黑格与白格数目之差.故在以白格开头的行中黑格与白格数目之差是 $-d$.

于是,在方格表中,所有黑格与白格数目之差为

$$ad+(1\ 000-a)(-d)=(2a-1\ 000)d$$

所以

$$(2a-1\ 000)d=2\ 012$$

注意到,在每一行中,黑格与白格的总数是 $1\ 000$,则 d 是偶数,且 $d\leqslant 1\ 000$.

所以,由 $(a-500)d=2\times 503$,得 $d=2$.

因此 $a=1\ 003$,矛盾.

例 23　在一个 $m\times n$(m,n 均为偶数)的表格中有若干个(至少 1 个)格子被染成黑色.证明:一定存在一个由一行一列形成的"十字架",该"十字架"内的黑格数为奇数.　　(2007 年中国国家集训队培训试题)

证明　用反证法.假设每个"十字架"恰好有偶数个黑格.

设第 i 行的黑格数为 a_i 个,第 j 列的黑格数为 b_j 个.

又设第 i 行与第 j 列构成"十字架"的黑格数为 $A(i,j)$ 个，记

$$S=\sum_{j=1}^{m} b_j$$

考虑第 i 行与第1列，第2列……第 n 列构成的 n 个"十字架"，则

$$\sum_{j=1}^{m} A(i,j)=(m-1)a_i+\sum_{j=1}^{m} b_j=(m-1)a_i+S$$

由于每个"十字架"恰有偶数个黑格，故

$$2\mid[(m-1)a_i+S]$$

又 m 为偶数，故

$$2\mid(a_i+S)\quad(i=1,2,\cdots,m)$$

同理

$$2\mid(b_j+S)\quad(j=1,2,\cdots,m)$$

这样，就得所有的 a_i，b_j 同奇偶.

由于表格中至少有一个格子被染成黑色，不妨设第 i 行或第 j 列中有黑格，则第 i 行与第 j 列构成"十字架"中的黑格数为 a_i+b_j-1 个，而 a_i+b_j-1 为奇数，矛盾.

所以假设每个"十字架"中恰好有偶数个黑格的假设不成立，即一定存在一个由一行一列形成的"十字架"，该"十字架"的黑格数为奇数.

例24 将 $m\times n$ 棋盘(由 m 行 n 列方格构成，$m\geqslant 3$，$n\geqslant 3$)的所有小方格都染上红蓝两色之一.如果两个相邻(有公共边)的小方格异色，则称这两个小方格为一个"标准对".设棋盘中"标准对"的个数为 S，试问：S 是奇数还是偶数，由哪些方格的颜色确定？什么情况下 S 为奇数？什么情况下 S 为偶数？说明理由.

(2004年中国西部数学奥林匹克竞赛题)

解法 1　把所有方格分为 3 类. 第一类方格位于棋盘的四个角上,第二类方格位于棋盘的边界(不包括四个角)上,其余的方格为第三类.

将所有红色方格填上数 1,所有蓝色方格填上数 -1. 记第一类方格的填数分别为 a,b,c,d,第二类方格的填数分别为 $x_1,x_2,\cdots,x_{2m+2n-8}$,第三类方格的填数分别为 $y_1,y_2,\cdots,y_{(m-2)(n-2)}$,对任何两个相邻的方格,在它们的公共边上标上这两个方格内标数之积. 设所有公共边上的标数之积为 H.

对每个第一类格,它有 2 个邻格,所以它的标数在 H 中出现 2 次;对每个第二类格,它有 3 个邻格,所以它的标数在 H 中出现 3 次;对每个第三类格,它有 4 个邻格,所以它的标数在 H 中出现 4 次. 于是

$$H=(abcd)^2(x_1x_2\cdots x_{2m+2n-8})^3(y_1y_2\cdots y_{(m-2)(n-2)})^4=(x_1x_2\cdots x_{2m+2n-8})^3$$

当 $x_1x_2\cdots x_{2m+2n-8}=1$ 时,$H=1$,此时有偶数个标准对;

当 $x_1x_2\cdots x_{2m+2n-8}=-1$ 时,$H=-1$,此时有奇数个标准对.

这表明 S 的奇偶性由第二类格的颜色确定,而且,当第二类格中有奇数个蓝格时,S 为奇数;当第二类格中有偶数个蓝格时,S 为偶数.

解法 2　所有方格分为 3 类. 第一类方格位于棋盘的四个角上,第二类方格位于棋盘的边界(不包括四个角)上,其余的方格为第三类.

如果所有方格都是红格,那么 $S=0$ 为偶数. 如果方格中有蓝格,那么任取其中一个蓝格 A,将 A 改变为红色.

(1)若 A 是第一类格，设 A 的 2 个邻格中有 k 个红格，$2-k$ 个蓝格，则将 A 变为红色后，标准对个数增加了 $2-k-k=2-2k$. 所以 S 的奇偶性不改变.

(2)若 A 是第二类格，设 A 的 3 个邻格中有 p 个红格，$3-p$ 个蓝格，则将 A 变为红色后，标准对个数增加了 $3-p-p=3-2p$. 所以 S 的奇偶性改变.

(3)若 A 是第三类格，设 A 的 4 个邻格中有 q 个红格，$4-q$ 个蓝格，则将 A 变为红色后，标准对个数增加了 $4-q-q=4-2q$. 所以 S 的奇偶性不改变.

若操作后棋盘中还有蓝格，则再进行类似的操作，直至所有方格为红色为止，此时 S 变为 0.

显然，当第二类格中有奇数个蓝格时，S 改变奇数次奇偶性；当第二类格中有偶数个蓝格时，S 改变偶数次奇偶性. 所以 S 的奇偶性由第二类格的颜色确定，且当第二类格中有奇数个蓝格时，S 为奇数；当第二类格中有偶数个蓝格时，S 为偶数.

评注 解法 1 用的是赋值法，解法 2 用的是变换法. 这是解这类问题的两种常用方法.

例 25 在 $n\times n(n\geqslant 3)$ 的方格表的每个格中填入一个确定的整数. 已知任意 3×3 的单元中所有整数的和为偶数，同时，任意 5×5 的单元中所有整数的和也为偶数. 求使得此方格表中所有整数的和为偶数的全部 n. (2004 年白俄罗斯数学奥林匹克竞赛题)

解 设 $n=3k, n=5k, k\in \mathbf{N}^*$.

显然，当 $n=3k(5k), k\in \mathbf{N}^*$ 时，$n\times n$ 的方格表能分成 k^2 个 $3\times 3(5\times 5)$ 的单元.

因为任一单元中所有整数的和为偶数，所以 $n\times n$ 的方格表中所有整数的和一定为偶数.

下面举例证明：若 n 既不是 3 的倍数，也不是 5 的倍数，则方格表中所有整数的和可能为奇数.

考虑数列

$$101101101101\cdots \qquad ①$$

和

$$100011000110001\cdots \qquad ②$$

以上两个数列分别以三位和五位为周期.

设 A_k，B_k 分别是数列①②的前 k 项的和.

显然，对任意的 $k,m\in\mathbf{N}^*$，有

$$A_{k+15m}\equiv A_k \pmod 2, B_{k+15m}\equiv B_k \pmod 2$$

将 0 和 1 按以下规则填入 $n\times n$ 的方格表中：

若①的第 k 项是 1，就在方格表的第 k 列填入②的前 n 项；

若①的第 k 项是 0，就在方格表的第 k 列全填 0；

易证方格表中所有整数的和等于 A_nB_n.

$A_1=1$，$A_2=1$，$A_4=3$，$A_7=5$，$A_8=5$，$A_{11}=7$，$A_{13}=9$，$A_{14}=9$；

$B_1=1$，$B_2=1$，$B_4=1$，$B_7=3$，$B_8=3$，$B_{11}=5$，$B_{13}=5$，$B_{14}=5$.

因此，若 n 既不是 3 的倍数，也不是 5 的倍数，则方格表中所有整数的和为奇数.

检验知任意 3×3 的单元中所有整数的和为偶数，同时，任意 5×5 的单元中所有整数的和也为偶数.

表 2 所示的是 7×7 的方格表的例子.

表 2

1	0	1	1	0	1	1
0	0	0	0	0	0	0
0	0	0	0	0	0	0
0	0	0	0	0	0	0
1	0	1	1	0	1	1
1	0	1	1	0	1	1
0	0	0	0	0	0	0

例 26 尺寸为 $10\times10\times10$ 的立方体由 500 个黑的和 500 个白的小立方体堆积而成，小立方体之间按国际象棋棋盘的次序摆放(即每两个相接的小立方体均相互异色). 现从中取走 100 个小立方体，使得在所有的 300 个尺寸为 $1\times1\times10$ 的且平行于立方体的某一条棱的每一个柱体中都恰好少一个小立方体. 证明：被取走的黑色小立方体的数目是 4 的倍数.

(1991 年莫斯科数学奥林匹克竞赛题)

证法 1 $10\times10\times10$ 的正方体共分为 10 层，将它们自下而上编号，记为 $1,2,\cdots,9,10$.

易知，自每一层中都取出了 10 个小正方块. 考察第 k 层的情况，设从中取出 a_k 个黑块，b_k 个白块. 在该层中引入坐标，使每个小立方块都对应一个正整数对 (i,j)，即位于第 i 行第 j 列. 由于奇数号同偶数号的颜色刚好相反，不妨设，当 k 为奇时，$i+j$ 为奇的是黑块；当 k 为偶时，$i+j$ 为奇的是白块. 现设 k 为奇数，且设所取出的 10 个小立方块的坐标为

$$(i_1,j_1),(i_2,j_2),\cdots,(i_{10},j_{10})$$

于是

$$\{i_1,i_2,\cdots,i_{10}\}=\{j_1,j_2,\cdots,j_{10}\}=\{1,2,\cdots,10\}$$

$$(i_1+j_1)+\cdots+(i_{10}+j_{10})=2(1+2+\cdots+10)=110$$

从而其中 i_r+j_r 为奇的必有偶数项,即必取出偶数个黑块,从而取出偶数个白块.对 k 为偶数的情况亦有同样的结论.

综上所述,对一切 $k=1,2,\cdots,10$,都有:

(1)a_k,b_k 皆为偶数;

(2)$a_k+b_k=10$.

如果记 $A_2=\sum\limits_{k=1}^{5}a_{2k},B_2=\sum\limits_{k=1}^{5}b_{2k}$,就有 B_2 为偶,且

$$A_2+B_2=50 \quad ①$$

另一方面,如果将所取出的小正方块按其原来的位置都投影到第 1 层,则它们刚好盖满该层,且无重叠.考虑到颜色分布,就有

$$A_1+B_2=50,A_1=\sum_{k=1}^{5}a_{2k-1} \quad ②$$

于是,联立 ①② 两式,并注意到 B_2 为偶,就有

$$\sum_{k=1}^{10}a_k=A_1+A_2=100-2B_2$$

即为 4 的倍数.

证法 2　令每一小方块对应一个三元有序正整数组(i,j,k),即位于第 k 层 i 行 j 列,且设 $i+j+k$ 为奇数时是黑块,$i+j+k$ 为偶数时是白块.设所取出的 100 个立方块所对应的数组为

$$(i_1,j_1,k_1),\cdots,(i_{100},j_{100},k_{100})$$

于是:

(1)数组$\{i_1,i_2,\cdots,i_{100}\}$由 10 个 1,10 个 2……10 个 10 所组成;数组$\{j_1,j_2,\cdots,j_{100}\}$和$\{k_1,k_2,\cdots,k_{100}\}$同样如此.

(2)数对组$\{(i_1,j_1),(i_2,j_2),\cdots,(i_{10},j_{10})\}$恰为集合$\{(i,j)\mid i,j=1,2,\cdots,10\}$;数对组$\{(i_1,k_1),(i_2,k_2),\cdots,(i_{10},k_{10})\}$和$\{(j_1,k_1),(j_2,k_2),\cdots,(j_{10},k_{10})\}$同样如此.

因此有

$$S=\sum_{r=1}^{100}(i_r+j_r+k_r)^2=$$

$$30\sum_{r=1}^{10}r^2+3\cdot 6\sum_{1\leqslant i\leqslant j\leqslant 10}i\cdot j=0(\bmod 4) \quad ①$$

设S的100个加项中有a个为奇数,其余的$100-a$个为偶数,则因奇数的平方模4余1,偶数的平方模4余0,知

$$S\equiv a(\bmod 4) \quad ②$$

联立①②即知$a\equiv 0(\bmod 4)$,亦即所取出的黑色小正方块的数目a是4的倍数.

例27 设有一条平面闭折线$A_1A_2\cdots A_nA_1$,它的所有顶点$A_i(i=1,2,\cdots,n)$都是格点(格点是指纵横坐标都是整数的点),且

$$|A_1A_2|=|A_2A_3|=\cdots=|A_{n+1}A_n|=|A_nA_1|$$

求证:n不可能是奇数.

证明 设顶点A_i的坐标是(x_i,y_i),其中x_i及$y_i(i=1,2,\cdots,n)$都是整数.由题设有

$$(x_1-x_2)^2+(y_1-y_2)^2=$$
$$(x_2-x_3)^2+(y_2-y_3)^2=\cdots=$$
$$(x_{n-1}-x_n)^2+(y_{n-1}-y_n)^2=$$
$$(x_n-x_1)^2+(y_n-y_1)^2=M$$

其中M是固定整数.令

$$\alpha_1=x_1-x_2,\alpha_2=x_2-x_3$$

$$\vdots$$

$$\alpha_{n-1}=x_{n-1}-x_n,\alpha_n=x_n-x_1$$

$$\beta_1=y_1-y_2,\beta_2=y_2-y_3$$

$$\vdots$$

$$\beta_{n-1}=y_{n-1}-y_n,\beta_n=y_n-y_1$$

则

$$\alpha_1+\alpha_2+\cdots+\alpha_n=0 \quad ①$$

$$\beta_1+\beta_2+\cdots+\beta_n=0 \quad ②$$

$$\alpha_1^2+\beta_1^2=\alpha_2^2+\beta_2^2=\cdots=\alpha_n^2+\beta_n^2=M \quad ③$$

下面对①②③做奇偶性分析．不妨设 $\alpha_i,\beta_i(i=1,2,\cdots,n)$ 中至少有一个是奇数，否则，若 α_i,β_i 都是偶数，可设

$$\alpha_i=2^{m_i}t_i,\beta_i=2^{k_i}t_i' \quad (i=1,2,\cdots,n)$$

其中 t_i,t_i' 是奇数．m 是 $2n$ 个数 $m_1,m_2,\cdots,m_n,k_1,k_2,\cdots,k_n$ 中最小的数，用 2^m 去除 α_i,β_i，那么 $\frac{\alpha_i}{2^m},\frac{\beta_i}{2^m}$ 中至少有一个奇数．

为确切起见，设 α_1 是奇数．由 $\alpha_1^2+\beta_1^2=M$，则 $M=4k+1$ 或 $M=4k+2$（k 为整数）．

若 $M=4k+1$，由③知，所有的 α_i,β_i 必为一奇一偶．再由①和②，有

$$0=\alpha_1+\alpha_2+\cdots+\alpha_n+\beta_1+\beta_2+\cdots+\beta_n=$$

$$\text{偶数}+n\text{个奇数之和} \quad (n\text{为偶数})$$

若 $n=4k+2$，则 α_i 和 β_i 必是奇数．于是

$$0=\alpha_1+\alpha_2+\cdots+\alpha_n=n\text{个奇数之和} \quad (n\text{为偶数})$$

综上讨论，可知 n 必为偶数，不可能是奇数．

例 28　229 个男生和 271 个女生被平均分成 10 组，并用 1 到 50 标记每个组的学生．现选取 4 个学生（其中，

含有奇数个女生)满足性质:他们来自两个组,且 4 个学生中有两对学生的号码相同.证明:满足要求的 4 人组的组数为奇数. (2006 年泰国数学奥林匹克竞赛题)

证明 将选自两个组且有两对相同号码的 4 个学生称为一个"队".设

$$S=\{\delta|\delta \text{ 是一个队}\}$$

$$O=\{\delta\in S|\delta \text{ 含有奇数个女生}\}$$

$$E=\{\delta\in S|\delta \text{ 含有偶数个女生}\}$$

只需证明:$|O|$ 为奇数.

对于所有的 S 的子集 A,定义 $f(A)=\sum\limits_{\delta\in A}\delta$ 中女生的人数.

由于 $O\cap E=\varnothing$,$O\cup E=S$,故

$$f(S)=f(O)+f(E)$$

又因为 $f(E)$ 为偶数,所以

$$f(S)\equiv f(O)\pmod 2$$

$f(S)$ 可由如下方法求出:对于某个"指定"的女生,可从其所在组内选出另一名学生,共有 $50-1=49$(种)选法,再从其他 9 组中选出与这 2 个学生号码相同的学生.因此,每个女生可能在 49×9 个队里,也就是说,每个女生在 $f(S)$ 中被重复计数了 49×9 次.又因为女生共有 271 人,所以

$$f(S)=49\times 9\times 271\equiv 1\pmod 2$$

又每个 $\delta\in O$ 均有奇数个女生,则

$$f(O)\equiv |O|\pmod 2$$

因此

$$|O|\equiv f(O)\equiv f(S)\equiv 1\pmod 2$$

故 $|O|$ 为奇数.

例 29 设 $k\in\mathbf{N}^*$,定义

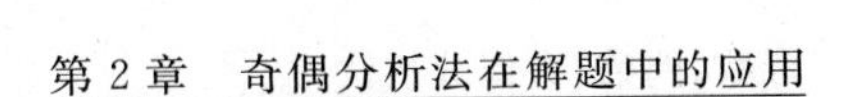

$$A_1=1, A_{n+1}=\frac{nA_n+2(n+1)^{2k}}{n+2}\quad(n=1,2,\cdots)$$

证明：当 $n\geqslant 1$ 时，A_n 为整数，且 A_n 为奇数当且仅当 $n\equiv 1$ 或 $2(\bmod 4)$.

（2009 年新加坡数学奥林匹克竞赛题）

证明　注意到

$$n(n+1)A_n-(n-1)nA_{n-1}=2n^{2k+1}\Rightarrow$$
$$(n+1)(n+2)A_{n+1}-(n-1)nA_{n-1}=$$
$$2(n+1)^{2k+1}+2n^{2k+1}$$

反复运用上式得

$$A_n=\frac{2S(n)}{n(n+1)}$$

其中

$$S(n)=1^t+2^t+\cdots+n^t\quad(t=2k+1)$$

由

$$2S(n)=\sum_{i=0}^{n}[(n-i)^t+i^t]=$$
$$\sum_{i=1}^{n}[(n+1-i)^t+i^t]$$

得

$$n(n+1)\mid 2S(n)$$

因此，$A_n(n\geqslant 1)$是整数.

(1)$n\equiv 1$ 或 $2(\bmod 4)$.

由 $S(n)$有奇数个奇数项知 $S(n)$为奇数.

所以，A_n 为奇数.

(2)$n\equiv 0(\bmod 4)$.

则

$$\left(\frac{n}{2}\right)^t\equiv 0(\bmod n)$$

故

$$S(n)=\sum_{i=0}^{\frac{n}{2}}[(n-i)^t+i^t]-\left(\frac{n}{2}\right)^t\equiv 0(\bmod n)$$

所以，A_n 为偶数.

(3)$n\equiv 3(\bmod 4)$.

则

$$\left(\frac{n+1}{2}\right)^t\equiv 0(\bmod (n+1))$$

故

$$S(n)=\sum_{i=1}^{\frac{n+1}{2}}[(n+1-i)^t+i^t]-\left(\frac{n+1}{2}\right)^t\equiv 0(\bmod (n+1))$$

所以，A_n 为偶数.

例 30 对于正整数 $n\in\mathbf{N}^*$，令

$$f_n=[2^n\sqrt{2\ 008}]+[2^n\sqrt{2\ 009}]$$

证明：数列$\{f_n\}$中存在无穷多个奇数和无穷多个偶数($[x]$表示不超过实数 x 的最大整数).

(2008 年中国女子数学奥林匹克竞赛题)

证明 记 $x_n=[2^n\sqrt{2\ 008}]$，$y_n=[2^n\sqrt{2\ 009}]$.

则 f_n 的奇偶性与 x_n，y_n 的奇偶性密切相关.

将无理数$\sqrt{2\ 008}$用二进制表示为

$$\sqrt{2\ 008}=(\overline{101100.a_{-1}a_{-2}\cdots a_{-k}\cdots})_2$$

由于无理数在任意进制表示下均是无限不循环小数，因此

$$2^n\sqrt{2\ 008}=(\overline{101100a_{-1}a_{-2}\cdots a_{-n}.a_{-n-1}\cdots})_2$$

即

$$x_n=[2^n\sqrt{2\ 008}]=(\overline{101100a_{-1}a_{-2}\cdots a_{-n}})_2$$

其奇偶性由 a_{-n} 完全决定.

当 $a_{-n}=1$ 时，x_n 是奇数；

当 $a_{-n}=0$ 时，x_n 是偶数.

同理，设

$$\sqrt{2\,009}=(\overline{101100.b_{-1}b_{-2}\cdots b_{-k}\cdots})_2$$

则 y_n 的奇偶性由 b_{-n} 完全决定.

当 $b_{-n}=1$ 时，y_n 是奇数；

当 $b_{-n}=0$ 时，y_n 是偶数.

假设数列 $\{f_n\}$ 中只存在有限个奇数，则存在 $M\in\mathbf{N}^*$，使得当 $n\geqslant M$ 时，f_n 皆为偶数，故当 $n\geqslant M$ 时，x_n，y_n 的奇偶性相同，即

$$a_{-n}=b_{-n}$$

因此，在二进制下 $\sqrt{2\,009}-\sqrt{2\,008}$ 是有限小数，且为有理数，其平方

$$4\,017-2\sqrt{2\,009\times 2\,008}$$

亦为有理数，而 $\sqrt{2\,009\times 2\,008}$ 显然是无理数，矛盾.

故数列 $\{f_n\}$ 中存在无穷多个奇数.

类似的，假设数列 $\{f_n\}$ 中只存在有限个偶数，则存在 $M\in\mathbf{N}^*$，使得当 $n\geqslant M$ 时，f_n 皆为奇数，即当 $n\geqslant M$ 时，x_n，y_n 的奇偶性相反，$a_{-n}+b_{-n}=1$.

因此，在二进制下 $\sqrt{2\,009}+\sqrt{2\,008}$ 是无限循环小数，且为有理数，其平方

$$4\,017+2\sqrt{2\,009\times 2\,008}$$

亦为有理数，而 $\sqrt{2\,009\times 2\,008}$ 显然是无理数，矛盾.

故数列 $\{f_n\}$ 中存在无穷多个偶数.

评注　显然，$x\in\mathbf{R}$ 是有理数的充分必要条件为 x 在十进制表示下是有限小数或无限循环小数. 本题中

用到了有理数更广泛的性质：$x\in\mathbf{R}$ 是有理数的充分必要条件为 x 在任意进制表示下均是有限小数或无限循环小数.

例 31 证明：数列

$$a_n=[\sqrt{2}n]+[\sqrt{3}n]\quad(n=0,1,2,\cdots)$$

中有无穷多个偶数，也有无穷多个奇数.

（2006 年罗马尼亚数学奥林匹克竞赛题）

证法 1 如果有一个属性（奇或偶）只有有限个，那么相邻两项之差必有无穷多个偶数，而只有有限个奇数.

下面证明：相邻两项之差中有无穷多个奇数.

因为

$$a_n-a_{n-1}=[\sqrt{2}n]+[\sqrt{3}n]-[\sqrt{2}n-\sqrt{2}]-[\sqrt{3}n-\sqrt{3}]$$

所以，$2\leqslant a_n-a_{n-1}\leqslant 4$，即相邻两项之差只能取 2，3，4.

当 $a_n-a_{n-1}=3$ 时，$[\sqrt{2}n]-[\sqrt{2}n-\sqrt{2}]$ 与 $[\sqrt{3}n]-[\sqrt{3}n-\sqrt{3}]$，一个为 1，一个为 2.

将原命题加强为证明满足 $[\sqrt{2}n]-[\sqrt{2}n-\sqrt{2}]=1$，且 $[\sqrt{3}n]-[\sqrt{3}n-\sqrt{3}]=2$ 的 n 有无穷多个.

注意到

$$\sqrt{2}=([\sqrt{2}n]+\{\sqrt{2}n\})-([\sqrt{2}n-\sqrt{2}]+\{\sqrt{2}n-\sqrt{2}\})=$$

$$1+\{\sqrt{2}n\}-\{\sqrt{2}n-\sqrt{2}\}$$

则

$$\{\sqrt{2}n\}=\sqrt{2}-1+\{\sqrt{2}n-\sqrt{2}\}\geqslant\sqrt{2}-1$$

取 n 使得 $\{\sqrt{2}n\}>0.415$.

同理，取 n 使得 $\{\sqrt{3}n\}<0.732$.

再加强为有无穷多个 n 使得 $\{\sqrt{2}n\}>0.415$ 且 $\{\sqrt{3}n\}<0.732$.

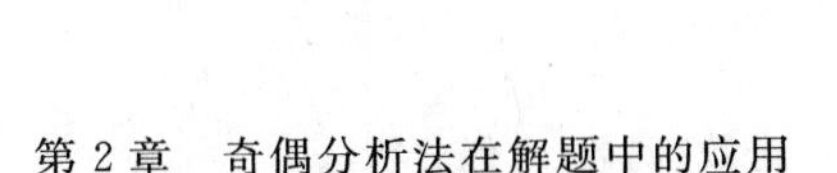

下面只需证明：对任意的 $m\in\mathbf{N}$，存在无穷多个 $n(n\in\mathbf{N})$，使得

$$\{\sqrt{2}n\}\in\left[2\sqrt{2}-2-\frac{1}{m},2\sqrt{2}-2+\frac{1}{m}\right]$$

且

$$\{\sqrt{3}n\}\in\left[2\sqrt{3}-3-\frac{1}{m},2\sqrt{3}-3+\frac{1}{m}\right]$$

设

$$A_{ij}=\left\{n\in\mathbf{N}\,\middle|\,\{\sqrt{2}n\}\in\left[\frac{i}{m},\frac{i+1}{m}\right),\right.$$
$$\left.\{\sqrt{3}n\}\in\left[\frac{j}{m},\frac{j+1}{m}\right)\right\}$$
$$(i=0,1,\cdots,m-1;j=0,1,\cdots,m-1)$$

因为 $\bigcup\limits_{i,j=0}^{m-1}A_{ij}=\mathbf{N}$ 是无限集，所以，存在 i,j 使得 A_{ij} 是无限集.

设 $t=\min A_{ij}$，则对任意的 $n\in A_{ij}$，有

$$|\{\sqrt{2}n\}-\{\sqrt{2}t\}|\in\left[0,\frac{1}{m}\right]$$

$$|\{\sqrt{3}n\}-\{\sqrt{3}t\}|\in\left[0,\frac{1}{m}\right]$$

又

$$\{\sqrt{2}(n-t)\}=\{\{\sqrt{2}n\}-\{\sqrt{2}t\}\}$$

$$\{\sqrt{3}(n-t)\}=\{\{\sqrt{3}n\}-\{\sqrt{3}t\}\}$$

$$\{\sqrt{2}(n-t+2)\}=\{\{2\sqrt{2}\}+\{\sqrt{2}(n-t)\}\}$$

$$\{\sqrt{3}(n-t+2)\}=\{\{2\sqrt{3}\}+\{\sqrt{3}(n-t)\}\}$$

故

$$\{\sqrt{2}(n-t+2)\}\in\left[2\sqrt{2}-2-\frac{1}{m},2\sqrt{2}-2+\frac{1}{m}\right]$$

$$\{\sqrt{3}(n-t+2)\}\in\left[2\sqrt{3}-3-\frac{1}{m},2\sqrt{3}-3+\frac{1}{m}\right)$$

取充分大的 m，满足条件.

因此，所证结论成立.

证法 2 显然

$$a_{n+1}=[\sqrt{2}n+\sqrt{2}]+[\sqrt{3}n+\sqrt{3}]\geqslant [\sqrt{2}n]+[\sqrt{2}]+[\sqrt{3}n]+[\sqrt{3}]=a_n+2 \quad ①$$

$$a_{n+1}=[\sqrt{2}n+\sqrt{2}]+[\sqrt{3}n+\sqrt{3}]\leqslant [\sqrt{2}n+2]+[\sqrt{3}n+2]=a_n+4 \quad ②$$

$$a_{n+3}=[\sqrt{2}n+3\sqrt{2}]+[\sqrt{3}n+3\sqrt{3}]\geqslant [\sqrt{2}n]+[3\sqrt{2}]+[\sqrt{3}n]+[3\sqrt{3}]=a_n+9 \quad ③$$

下面用反证法证明本题.

假设$\{a_n\}$中某一种数(偶数或奇数)只有有限个，则当 n 充分大时，$A_n=a_{n+1}-a_n$ 为偶数.

由式①②知 $2\leqslant A_n\leqslant 4$，故 $A_n\in\{2,4\}$.

又由式③知

$$9\leqslant a_{n+3}-a_n=A_{n+2}+A_{n+1}+A_n$$

故$\{A_n,A_{n+1},A_{n+2}\}$中至少有两个 4，即$\{A_n\}$的连续三项中必有两项为 4. 从而，必有连续两项为 4，不妨设为 A_n,A_{n+1}.

又由式②知

$$A_n=4\Leftrightarrow[\sqrt{2}n+\sqrt{2}]-[\sqrt{2}n]=[\sqrt{3}n+\sqrt{3}]-[\sqrt{3}n]=2$$

由 $A_n=A_{n+1}=4$，得

$$2=[\sqrt{2}n+\sqrt{2}]-[\sqrt{2}n]=[\sqrt{2}n+2\sqrt{2}]-[\sqrt{2}n+\sqrt{2}]$$

从而

$$4=[\sqrt{2}n+2\sqrt{2}]-[\sqrt{2}n]\leqslant[\sqrt{2}n+3]-[\sqrt{2}n]=3$$

矛盾.

例 32　设 $n\geqslant 2$,a_1,a_2,…,a_n 都是正整数,且 $a_k\leqslant k(1\leqslant k\leqslant n)$.

试证明:当且仅当 $a_1+a_2+\cdots+a_n$ 为偶数时,可以适当选取"+""-"号,使得 $a_1\pm a_2\pm\cdots\pm a_n=0$.

（1990 年中国中学生数学冬令营选拔试题）

证明　先证必要性.

若有 $a_1\pm a_2\pm\cdots\pm a_n=0$,则由 $a_1+a_2+\cdots+a_n$ 与 $a_1\pm a_2\pm\cdots\pm a_n$ 有相同的奇偶性可知,$a_1+a_2+\cdots+a_n$ 为偶数.

下面用数学归纳法证明充分性.

即如果 $a_1+a_2+\cdots+a_n$ 为偶数,$a_k\in\mathbf{N}$,$a_k\leqslant k$ $(1\leqslant k\leqslant n)$,证明可以适当选取"+""-"号,使得

$$a_1\pm a_2\pm\cdots\pm a_n=0$$

由 $a_1\leqslant 1$ 及 $a_1\in\mathbf{N}$ 可知 $a_1=1$.

(1)当 $n=2$ 时,因为 $a_2\leqslant 2$ 及 a_1+a_2 为偶数,所以 $a_2=1$,这时可以选取"-"号,使得

$$a_1-a_2=1-1=0$$

(2)假设当 $2\leqslant n\leqslant m(m\geqslant 2)$ 时,结论成立.

下面证明,当 $n=m+1$ 时,结论成立.

分两种情况进行证明:

当 $a_m=a_{m+1}$ 时,因为

$a_1+a_2+\cdots+a_{m-1}=$

$(a_1+a_2+\cdots+a_{m-1}+a_m+a_{m+1})-2a_m=$偶数

若 $m-1=1$,则必有 $a_1=0$;若 $m-1\geqslant 2$,由归纳假设,可适当选取"+""-"号,使得

$$a_1\pm a_2\pm\cdots\pm a_{m-1}=0$$

从而有

$$a_1 \pm a_2 \pm \cdots \pm a_{m-1} + (a_m - a_{m+1}) = 0$$

当 $a_m \neq a_{m+1}$ 时，由于

$$|a_m - a_{m+1}| \leqslant m+1-1=m$$

因而 m 个数 $a_1, a_2, \cdots, a_{m-1}, |a_m - a_{m+1}|$ 符合归纳假设条件，于是可适当选取"+""-"号，使得

$$a_1 \pm a_2 \pm \cdots \pm a_{m-1} \pm |a_m - a_{m+1}| = 0$$

从而有

$$a_1 \pm a_2 \pm \cdots \pm a_{m-1} \pm a_m \pm a_{m+1} = 0$$

所以，当 $n=m+1$ 时结论成立.

于是对所有大于或等于 2 的自然数 n，结论都成立.

充分性得证.

例 33 设

$$E=\{1,2,3,\cdots,200\}, G=\{a_1, a_2, a_3, \cdots, a_{100}\} \subseteq E$$

且 G 具有下列两条性质：

(1)对任何 $1 \leqslant i < j \leqslant 100$，恒有

$$a_i + a_j \neq 201$$

(2) $\sum_{i=1}^{100} a_i = 10\ 080$.

试证明：G 中的奇数的个数是 4 的倍数，且 G 中所有数字的平方和为一个定数.

(1990 年中国高中数学联赛题)

证法 1 由条件(1)，$a_i + a_j \neq 201$，所以在 G 中选取了一个奇数 t，则 E 中相应的偶数 $201-t$ 就必然不在 G 内.

由于 E 中 100 个偶数之和

$$2+4+\cdots+200=\frac{(2+200)\times 100}{2}=10\ 100>10\ 080$$

则 G 中不可能全为偶数.

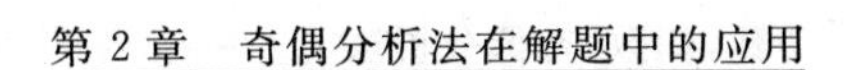

设 G 中有 k 个奇数，每个奇数设为 $2n_i-1(i=1,2,\cdots,k,n_i\in\mathbf{N})$.

从而必须从 E 中的 100 个偶数中除掉 k 个，每个偶数设为 $2m_i(i=1,2,\cdots,k,m_i\in\mathbf{N})$，且满足

$$2n_i-1+2m_i=201$$

即

$$m_i+n_i=101$$

于是有

$$10\ 100-(2m_1+2m_2+\cdots+2m_k)+[(2n_1-1)+(2n_2-1)+\cdots+(2n_k-1)]=10\ 080$$

$$20=2(m_1-n_1+m_2-n_2+\cdots+m_k-n_k)+k=$$
$$2[(m_1+n_1)-2n_1+(m_2+n_2)-2n_2+\cdots+(m_k+n_k)-2n_k]+k=$$
$$2(101k-2n_1-2n_2-\cdots-2n_k)+k$$

即

$$203k=20+4(n_1+n_2+\cdots+n_k)$$

因为

$$(203,4)=1$$

所以必有

$$4\mid k$$

即 G 中奇数的个数是 4 的倍数.

又

$$\sum_{i=1}^{100}a_i^2+\sum_{i=1}^{100}(201-a_i)^2=\sum_{i=1}^{200}i^2$$

$$2\sum_{i=1}^{100}a_i^2=\sum_{i=1}^{200}i^2-100\times 201^2+402\sum_{i=1}^{100}a_i=$$
$$\sum_{i=1}^{200}i^2-100\times 201^2+402\times 10\ 080$$

所以 $\sum_{i=1}^{100} a_i^2$ 是一个常数.

证法 2 把 E 分成

$$\{1,200\},\{2,199\},\cdots,\{100,101\}$$

共 100 个子集.

显然,集合 G 中的元素是从这 100 个子集中各取一个元素.

又可把这 100 个子集分成两类:

一类是

$$\{1,200\},\{4,197\},\{5,196\},\{8,193\},\cdots$$

这一类中每个子集中的两个元素一个为 $4k$ 型,另一个为 $4k+1$ 型.

另一类是

$$\{2,199\},\{3,198\},\{6,195\},\{7,194\},\cdots$$

这一类中每个子集中的两个元素,一个为 $4k+2$ 型,另一个为 $4k+3$ 型.

设集合 G 中的 100 个元素中 $4k+1$ 型的有 x 个,$4k+3$ 型的有 y 个,则 $4k$ 型的有 $50-x$ 个,$4k+2$ 型的有 $50-y$ 个.

这时,$x+y$ 即为 G 中奇数的个数. 因为

$$\begin{aligned}\sum_{i=1}^{100} a_i &\equiv (4k+1)x+4k(50-x)+\\&(4k+3)y+(4k+2)(50-y)\equiv\\&x+3y-2y\equiv x+y=\\&10\ 080\equiv 0 \pmod 4\end{aligned}$$

所以

$$4 \mid (x+y)$$

即 G 中的奇数的个数是 4 的倍数.

下面证明 G 中所有数的平方和是一个常数.

设

$$G_1=\{a_1,a_2,\cdots,a_{100}\}$$
$$G_2=\{b_1,b_2,\cdots,b_{100}\}$$

为满足条件的两个不同的集合,则有

$$\sum_{i=1}^{100}a_i=\sum_{i=1}^{100}b_i=10\ 080$$

不妨设 G_1,G_2 中不同的元素共有 k 个,记为 a_{i_1}, $a_{i_2},\cdots,a_{i_k}$; $b_{i_1},b_{i_2},\cdots,b_{i_k}$,其中

$$a_{i_1}<a_{i_2}<\cdots<a_{i_k}$$
$$b_{i_1}>b_{i_2}>\cdots>b_{i_k}$$

显然有

$$a_{i_1}+b_{i_1}=a_{i_2}+b_{i_2}=\cdots=a_{i_k}+b_{i_k}=201$$

于是

$$\begin{aligned}\sum_{i=1}^{100}a_i^2-\sum_{i=1}^{100}b_i^2&=\sum_{j=1}^{k}(a_{i_j}^2-b_{i_j}^2)=\\&\sum_{j=1}^{k}(a_{i_j}+b_{i_j})(a_{i_j}-b_{i_j})=\\&201\sum_{j=1}^{k}(a_{i_j}-b_{i_j})=\\&201\left(\sum_{j=1}^{k}a_{i_j}-\sum_{j=1}^{k}b_{i_j}\right)=0\end{aligned}$$

所以

$$\sum_{i=1}^{100}a_i^2=\sum_{i=1}^{100}b_i^2$$

即 G 中所有数的平方和为一个常数.

习 题 一

一、选择题

1. 若 n 是大于 1 的整数，则 $p=n+(n^2-1)^{\frac{1-(-1)^n}{2}}$ 的值（　　）.

A. 一定是偶数　　B. 一定是奇数

C. 是偶数但不是 2　D. 可以是偶数也可以是奇数

（1985 年全国初中数学联赛题）

2. 设二次方程 $x^2+2px+2q=0$ 有实数根，其中 p,q 都是奇数，那么它的根一定是（　　）.

A. 奇数　　B. 偶数　　C. 分数　　D. 无理数

（1983 年上海市初中数学竞赛题）

3. 如果 n 是正整数，那么 $\frac{1}{8}[1-(-1)^n](n^2-1)$ 的值（　　）.

A. 一定是零　　　　　　　B. 一定是偶数

C. 是整数但不一定是偶数　　D. 不一定是整数

（1984 年全国高考题）

4. 若 7 个连续偶数之和为 1 988，则此 7 个数中最大的一个是（　　）.

A. 286　　B. 288　　C. 290　　D. 292

（1987 年全国部分省市初中数学通讯赛题）

5. 已知 n 是偶数，m 是奇数，方程组 $\begin{cases}x-1\,988y=n\\11x+27y=m\end{cases}$ 的解 $\begin{cases}x=p\\y=q\end{cases}$ 是整数，则（　　）.

A. p,q 都是偶数　　B. p,q 都是奇数

C. p 是偶数，q 是奇数　　D. p 是奇数，q 是偶数

（1989 年"祖冲之杯"初中数学邀请赛题）

6. 如果方程 $x^2+(4n+1)x+2n=0$（n 为整数）有两个整数根，那么这两个根是（　　）.

A. 都是奇数　　B. 都是偶数

C. 一奇一偶　　D. 无法判断

（1985 年成都市初中数学竞赛题）

7. 设 a,b 都是整数，给出四个命题：

(1)若 $a+5b$ 是偶数，则 $a-3b$ 也是偶数；

(2)若 $a+b$ 都被 3 整除，则 a,b 都能被 3 整除；

(3)若 $a+b$ 是素数，则 $a-b$ 一定不是素数；

(4)若 $c=a+b\neq 0$，则 $\frac{a^3-b^3}{a^3+c^3}=\frac{a-b}{a+c}$.

上述命题中是正确命题的个数是（　　）.

A. 1 个　B. 2 个　C. 3 个　D. 4 个

（第 2 届"祖冲之杯"初中数学邀请赛题）

8. 六个奇数，它们的和是 42，它们的平方和只可能是（　　）.

A. 280　　B. 368　　C. 382　　D. 423

（1990 年南昌市初中数学竞赛题）

9. 自然数 1,2,3,…,1 989 之和为一个奇数，若将前 t 个数添上"－"号，则这 1 989 个数的和（　　）.

A. 总是奇数　　B. 总是偶数

C. t 为奇数时其和为整数　　D. 奇偶性不能确定

（第 6 届缙云杯数学邀请赛题）

10. 设 $u=x^2+y^2+z^2$，其中 x,y 是相邻的整数，且 $z=xy$，则$\sqrt{u}$（　　）.

A. 总为奇数　　B. 总为偶数

C. 有时为偶数，有时为奇数　　D. 总为无理数

（第 6 届缙云杯数学邀请赛题）

11. 满足等式 1 983=1 982x−1 981y 的一组自然数是(　　).

A. x=12 785,y=12 768　B. x=12 784,y=12 770

C. x=11 888,y=11 893　D. x=1 947,y=1 945

(1983 年福建省初中数学竞赛题)

12. 已知 m,n 是两个连续的正整数,$m<n$,且 $a=mn$,设 $x=\sqrt{a+n}+\sqrt{a-m}$,$y=\sqrt{a+n}-\sqrt{a-m}$. 下列说法正确的是(　　).

A. x 为奇数,y 为偶数　B. x 为偶数,y 为奇数

C. x,y 都为奇数　D. x,y 都为偶数

13. 设 a 为任一给定的正整数,则关于 x 与 y 的方程 $x^2-y^2=a^2$(　　).

A. 没有正整数解　B. 只有正整数解

C. 仅当 a 为偶数时才有整数解　D. 总有整数解

(1988 年江苏省初中数学竞赛题)

14. 将正奇数 1,3,5,6,⋯依次排成五列,如表 3 所示. 把最左边的一列叫作第 1 列,从左到右依次将每列编号,这样,数"1 985"出现在(　　).

A. 第 1 列　B. 第 2 列　C. 第 3 列

D. 第 4 列　E. 第 5 列

(1985 年美国中学生数学竞赛题)

表 3

	1	3	5	7
15	13	11	9	
	17	19	21	23
31	29	27	25	
	33	35	37	39
47	45	43	41	
	⋯		⋯	

二、解答题

1. 把 $1,2,\cdots,2n$ 这 $2n$ 个自然数随意放置在一个圆周上. 据统计，在所有相邻的三个数中，三个数全为奇数的有 a 组，三个数恰有两个为奇数的有 b 组，三个数中只有一个为奇数的有 c 组，三个数都是偶数的有 d 组. 如果 $a\neq d$，那么，$\frac{b-c}{a-d}$的值为____.

2. 设 a,b,c,d 是自然数，并且

$$a^2+b^2=c^2+d^2$$

证明：$a+b+c+d$ 一定是合数.

（1990 年北京市初中二年级数学竞赛题）

3. 扑克牌中的 A，J，Q，K 分别表示 1，11，12，13. 甲取 13 张红桃，乙取 13 张黑桃，分别洗和后，甲、乙依次各出一张牌，使红、黑牌配成 13 对. 求证：这 13 对的差的积必为偶数. （1987 年天津市初二数学竞赛题；1987 年“中华少年杯”初二数学邀请赛题）

4. 在 99 张卡片上分别写着数字 $1,2,3,\cdots,99$，现将卡片顺序打乱，让空白面朝上，再在空白面上分别写上 $1,2,3,\cdots,99$，然后将每一张卡片两个面上的数字相加，再将这 99 个和数相乘，问这个乘积是奇数还是偶数？说明理由. （1991 年浙江省初中数学竞赛题）

5. 开头 100 个自然数按某种顺序排列，然后按每连续三项计算和数，得到 98 个和数，其中为奇数的和数最多有几个？ （第 21 届俄罗斯数学竞赛题）

6. 已知正整数 N 的各位数字之和为 100，而 $5N$ 的各位数字之和为 50，证明：N 是偶数.

（2005 年俄罗斯数学奥林匹克竞赛题）

7. 存在多少个不同的七位数字，其数字和为偶数.

8.假设 a_1,a_2,a_3,a_4,a_5 和 b 是满足关系式

$$a_1^2+a_2^2+a_3^2+a_4^2+a_5^2=b^2$$

的整数,证明:所有这些数不可能都是奇数.

(1931 年匈牙利数学奥林匹克竞赛题)

9.在 $0\leqslant r\leqslant n\leqslant 63$ 的 (n,r) 组中

$$C_n^r=\frac{n!}{r!\ (n-r)!}$$

为偶数的有多少组?

(1991 年日本数学奥林匹克竞赛题)

10.已知 $k\in\mathbf{N}^*$,证明:$(4k^2-1)^2$ 有一个形如 $8kn-1$ 的正因数当且仅当 k 是偶数.

(2007 年 IMO 预选题)

11.对于任意正整数 n,证明:$\tan^n 15^\circ+\cot^n 15^\circ$ 是一个偶数. (2004 年克罗地亚数学竞赛题)

12.设自然数 $a_1,a_2,\cdots,a_n$ 中的每一个都不大于自己的下标(即 $a_k\leqslant k$),而它们的和是偶数,证明:在形如 $a_1\pm a_2\pm a_3\pm\cdots\pm a_n$ 的 2^{n-1} 个不同的和中,必有一个等于 0. (1981 年莫斯科数学奥林匹克竞赛题)

13.夏令营有 $3n$(n 为正整数)位女同学参加,每天都有 3 位女同学担任值勤工作.夏令营结束时,发现这 $3n$ 位女同学中的任何两位,在同一天担任值勤工作恰好是一次.

(1)问:当 $n=3$ 时,是否存在满足题意的安排?证明你的结论.

(2)求证:n 是奇数.

(2002 年中国女子数学奥林匹克竞赛题)

14.有如下两类五位数:

(1)各位数字之和等于 36,且为偶数;

(2)各位数字之和等于38,且为奇数.

试问:哪一类数较多?说明理由.

(1995年圣彼得堡数学奥林匹克竞赛题)

15.黑板上写着乘积 $a_1a_2\cdots a_{100}$,其中 $a_1,a_2,\cdots,a_{100}$ 为正整数,如果将其中的一个乘号改为加号(保持其余乘号),发现在所得的99个和数中有32个是偶数,试问:在 $a_1,a_2,\cdots,a_{100}$ 中至多有多少个偶数?

(2006年俄罗斯数学奥林匹克竞赛题)

16.在 $n\times n(n\geqslant 3)$ 的方格表的每个格中填入一个确定的整数,已知任意 2×2 的单元中所有数之和为偶数,同时任意 3×3 的单元中所有数之和为偶数,求使得此方格表中所有数之和为偶数的全部 n.

(2004年白俄罗斯数学奥林匹克竞赛题)

17.把1,2,…,2 004这2 004个正整数随意放置在一个圆周上,统计所有相邻3个数的奇偶性,得知3个数全是奇数的有600组,恰好有2个奇数的有500组.问:恰好有1个奇数的有几组?全部不是奇数的有几组?　　(2004年上海市高二年级数学竞赛题)

18.$9\times 9\times 9$ 的正方体的每个侧面都由单位方格所组成,用 2×1 的矩形沿方格线不重叠且无缝隙地贴满正方体的表面(肯定会有一些 2×1 的矩形“跨越”两个侧面).求证:跨越两个侧面的 2×1 矩形的个数一定是奇数.　　(2007年俄罗斯数学奥林匹克竞赛题)

19.开始时,5×5 方格表中的每个方格中都填有一个0,每一步选取两个具有公共边的方格,将其中的数同时加1或同时减1.若干步后,各行、各列之数的和彼此相等.求证:所经过的步数为偶数.

(2008年俄罗斯数学奥林匹克竞赛题)

20. 设 a_j, b_j, c_j 为整数，这里 $1 \leqslant j \leqslant N$，且对任意的 j，数 a_j, b_j, c_j 中至少有一个数为奇数，证明：存在整数 r, s, t，使得集合

$$\{ra_j + sb_j + tc_j \mid 1 \leqslant j \leqslant N\}$$

中至少有 $\frac{4}{7}N$ 个数为奇数.

（2000 年普特南数学竞赛题）

21. 设有 101 个自然数，记为 $a_1, a_2, \cdots, a_{101}$，已知

$$a_1 + 2a_2 + 3a_3 + \cdots + 100a_{100} + 101a_{101} = S$$

是偶数，求证：$a_1 + a_3 + \cdots + a_{99} + a_{101}$ 是偶数.

22. 设 n 为正整数，k 为大于 1 的正整数，求证：n^k 是 n 个连续奇数之和.

23. 在 $n \times n (n \geqslant 3)$ 的方格表的每个格中填入一个确定的整数. 已知任意 3×3 的单元中所有数之和为偶数，同时，任意 5×5 的单元中所有数之和也为偶数. 求使得此方格表中所有数之和为偶数的全部 n.

（2004 年白俄罗斯数学奥林匹克竞赛题）

24. 在国际象棋棋盘上放着 8 个棋子：每一横行和每一纵列中都恰有一个棋子. 证明：在国际象棋棋盘上的所有黑格中共有偶数个棋子.

（1989 年全苏数学奥林匹克竞赛题）

25. 三架自动机在卡片上打印自然数数对. 自动机按以下方式工作：第一架自动机读完卡片 (a, b) 后输出新的卡片 $(a+1, b+1)$，第二架自动机读完卡片 (a, b) 后输出新的卡片 $\left(\frac{a}{2}, \frac{b}{2}\right)$（仅当 a, b 同为偶数时，它才工作），第三架自动机每次读两张卡片 (a, b) 和 (b, c)，输出新的卡片是 (a, c). 此外，自动机能退回所有读过的卡片.

假设有一张初始卡片(5,19),问:能否利用任何类型的自动机得到卡片:

(1)(1,50)?

(2)(1,100)?

(3)假设有初始卡片(a,b),$a<b$,而我们想得到卡片$(1,n)$.问:n取何值时能做到这一点?

(1978 年全苏数学奥林匹克竞赛题)

26.(1)求证:存在正实数λ,使得对任意正整数n,$[\lambda^n]$和n有相同的奇偶性;

(2)求出一个满足(1)的正实数λ.

(1988 年中国国家集训队测验题)

27.证明:当n,k都是给定的正整数,且$n>2,k>2$时,$n(n-1)^{k-1}$可以写成n个连续偶数的和.

(1978 年中国高中数学联赛题)

§2　判别整数的整除性

例 1　求证：3^n+1 能被 2 或 2^2 整除，而不能被 2 的更高次幂整除.　　(1909 年匈牙利数学竞赛题)

分析　只要证明 3^n+1 是 2 的奇数倍或 4 的奇数倍，可将 n 分成奇数和偶数分别讨论.

证明　当 n 为偶数时，设 $n=2k$.

因为

$$3^n+1=3^{2k}+1=9^k+1=(8+1)^k+1=$$
$$(8M+1)+1=2(4M+1)$$

所以

$$2|(3^n+1)$$

其中 M 是整数，从而由 $4M+1$ 是奇数得

$$2|(3^p+1),2^2\nmid(3^p+1)$$

当 p 是奇数时，设 $p=2m+1$，则

$$3^p+1=3^{2m+1}+1=3(8+1)^m+1=$$
$$3(8M+1)+1=4(6M+1)$$

其中 M 是整数，从而由 $6M+1$ 是奇数得

$$2^2|(3^p+1),2^3\nmid(3^p+1)$$

于是，当 p 是偶数时，3^p+1 能被 2 整除，当 p 是奇数时，3^p+1 能被 $4=2^2$ 整除，但在这种情形中，3^p+1 都不能被 2 的任何更高次幂整除.

因此对大于 1 的整数 p，3^p+1 不可能被 2^p 整除.

例 2　已知 p 为大于 3 的素数，证明：p 的平方被 24 除的余数为 1.　　(2007 年克罗地亚数学竞赛题)

证法 1　只需证明 $p^2-1=(p-1)(p+1)$能被 24 整除.

因为 p 为大于 3 的素数,且 p 为奇数,所以,$p-1$ 与 $p+1$ 为两个连续的偶数,且其中之一为 4 的倍数.故 $(p-1)(p+1)$ 能被 8 整除.

又因为在 3 个连续的整数 $p-1,p,p+1$ 中必有一个是 3 的倍数,且 p 为大于 3 的素数,所以,$(p-1)\cdot(p+1)$ 为 3 的倍数.

而 $(8,3)=1$,故 $p^2-1=(p-1)(p+1)$ 能被 24 整除.

证法 2　因为大于 3 的素数均可以表示成 $6k\pm1$ 的形式,所以

$$p^2-1=(6k\pm1)^2-1=12k(3k\pm1)$$

又因为 k 与 $3k\pm1$ 的奇偶性不同,所以它们的积为偶数,所以,p^2-1 能被 24 整除.

例 3　设 a,b,c,d 是整数,且数 $ac,bc+ad,bd$ 都能被某整数 u 整除,求证:bc 和 ad 也都能被 u 整除.

证明　由于

$$(bc-ad)^2=(bc+ad)^2-4abcd$$

有

$$\left(\frac{bc-ad}{u}\right)^2=\left(\frac{bc+ad}{u}\right)^2-4\cdot\frac{ac}{u}\cdot\frac{bd}{u}$$

又 $ac,bd,bc+ad$ 都能被 u 整除,则

$$s=\frac{bc+ad}{u},p=\frac{ac}{u},q=\frac{bd}{u}$$

都是整数,即

$$\left(\frac{bc-ad}{u}\right)^2=s^2-4pq$$

于是 $\frac{bc-ad}{u}$ 也是整数.设 $t=\frac{bc-ad}{u}$,则

$$t^2=s^2-4pq,s^2-t^2=4pq,(s+t)(s-t)=4pq$$

由于 $s-t$ 与 $s+t$ 具有相同的奇偶性，$4pq$ 为偶数，则 $s-t$ 与 $s+t$ 都是偶数. 从而

$$\frac{s+t}{2}=\frac{1}{2}\left(\frac{bc+ad}{u}+\frac{bc-ad}{u}\right)=\frac{bc}{u}$$

$$\frac{s-t}{2}=\frac{1}{2}\left(\frac{bc+ad}{u}-\frac{bc-ad}{u}\right)=\frac{ad}{u}$$

都是整数，即 bc 和 ad 都能被 u 整除.

例 4　试证：每个大于 6 的自然数 n 都可以表示为两个大于 1 且互素的自然数之和.

（1995 年全国初中数学联赛题）

证明　分情况讨论：

(1)若 n 为奇数，设 $n=2k+1$，k 为大于 2 的整数，则记 $n=k+(k+1)$，显然 $(k,k+1)=1$，故此表示合乎要求.

(2)若 n 为偶数，则可设 $n=4k$ 或 $4k+2$，k 为大于 1 的自然数.

当 $n=4k$ 时，可记 $n=(2k-1)+(2k+1)$，且易知 $2k-1$ 与 $2k+1$ 互素. 若它们有公因子 $d\geqslant 2$，则 $d|2$，但 $2k-1$，$2k+1$ 均为奇数，此不可能.

当 $n=4k+2$ 时，则可记 $n=(2k-1)+(2k+3)$，且易知 $2k-1$ 与 $2k+3$ 互素. 若它们有公因子 $d\geqslant 2$，设 $2k-1=nd$，$2k+3=md$，m，n 均为自然数，则得 $(m-n)d=4$，可见 $d|4$，矛盾.

由于(1)与(2)概括了所有情形，结论得证.

例 5　有 n 个数 $x_1,x_2,\cdots,x_n$，它们中的每一个数要么是 1，要么是 -1. 若

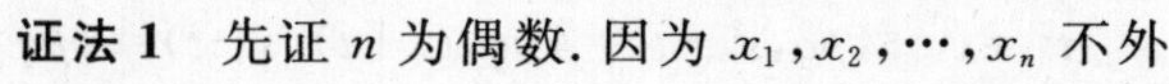

$$x_1x_2+x_2x_3+\cdots+x_{n-1}x_n+x_nx_1=0$$

求证：n 是 4 的倍数.　　（1959 年莫斯科数学竞赛题）

证法 1　先证 n 为偶数. 因为 $x_1,x_2,\cdots,x_n$ 不外

乎是+1与-1两种情况,所以下列 n 个数

$$x_1x_2, x_2x_3, \cdots, x_{n-1}x_n, x_nx_1$$

也不外乎是+1与-1两种情况,它们的和为0,说明其中+1的个数等于其中-1的个数,所以 $n=2k(k\in \mathbf{N})$.

下面来证 k 也是一个偶数.设 $x_1x_2=1$,这时 $x_1=x_2=1$ 或 $x_1=x_2=-1$,这说明 x_1,x_2 的符号没有发生变化.又设 $x_1x_2=-1$,所以 $x_1=1,x_2=-1$.若 $x_1=-1,x_2=1$,这说明 x_1,x_2 的符号相反.既然在

$$x_1x_2, x_2x_3, \cdots, x_{n-1}x_n, x_nx_1$$

中有 k 个-1,说明从 x_1 开始到 x_2,再到 x_3……最后到 x_1,这样一个过程中发生了 k 次符号的变号.因为 x_1 与它本身总是同号,所以 k 必须是偶数(若 k 为奇数,经过 k 次变号后,x_1 应变为 $(-1)^kx_1=-x_1$,不等于 x_1 了).证毕.

证法2　同上法可证 n 为偶数.不妨设 $n=2k$(k 为自然数).下面来证明 k 也是一个偶数.

因为

$$(x_1x_2)(x_2x_3)\cdots(x_{n-1}x_n)(x_nx_1)=(x_1x_2\cdots x_n)^2>0$$

$$(x_1x_2)(x_2x_3)\cdots(x_{n-1}x_n)(x_nx_1)=$$
$$(-1)^k\cdot(+1)^k=(-1)^k$$

所以 k 必须为偶数,从而 n 是4的倍数.

例6　(1)有 n 个整数,其积为 n,其和为0,求证:整数 n 能被4整除;

(2)设 n 为被4整除的自然数,求证:可以找到 n 个整数,使其积为 n,其和为0.

(1984年全苏中学生数学竞赛题)

证明　(1)设 n 个整数为 $a_1,a_2,\cdots,a_n$,由题意得

$$a_1a_2\cdots a_n=n, a_1+a_2+\cdots+a_n=0$$

如果 n 为奇数，那么 $a_1,a_2,\cdots,a_n$ 均为奇数，于是 $a_1+a_2+\cdots+a_n$ 是奇数个奇数之和，不可能为 0，所以 n 必为偶数，从而 $a_1,a_2,\cdots,a_n$ 中至少有一个是偶数. 又若 $a_1,a_2,\cdots,a_n$ 中只有一个偶数，设为 a_1，则 $a_2+a_3+\cdots+a_n$ 是奇数个（$n-1$ 个）奇数之和，故必为奇数，从而 $a_1+a_2+\cdots+a_n$ 是奇数，与 $a_1+a_2+\cdots+a_n=0$ 矛盾. 故 $a_1,a_2,\cdots,a_n$ 中至少有两个偶数，所以 $n=a_1a_2\cdots a_n$ 能被 4 整除.

(2)设 n 是 4 的倍数，且 $n=4k,k\in\mathbf{N}$.

当 k 为奇数时

$$n=2\cdot(-2k)\cdot 1^{3k-2}\cdot(-1)^k$$

因为

$$2+(-2k)+\underbrace{1+\cdots+1}_{(3k-2)\text{个}}+\underbrace{(-1)+\cdots+(-1)}_{k\text{个}}=$$

$$2-2k+3k-2-k=0$$

所以可选 1 个 2，1 个 $-2k$，$3k-2$ 个 1 和 k 个 -1 这 $4k$ 个数，满足要求.

当 k 为偶数时

$$n=(-2)\cdot(-2k)\cdot 1^{3k}\cdot(-1)^{k-2}$$

因为

$$(-2)+(-2k)+\underbrace{1+\cdots+1}_{3k\text{个}}+\underbrace{(-1)+\cdots+(-1)}_{(k-2)\text{个}}=$$

$$-2-2k+3k+2-k=0$$

所以可选 1 个 -2，1 个 $-2k$，$3k$ 个 1 和 $k-2$ 个 -1，这 $4k$ 个数满足要求.

例 7 求所有可用十进制表示 $\overline{13xy45z}$，且能被 792 整除的正整数，其中 x,y,z 为未知数.

（2005 年克罗地亚数学竞赛题）

解　因为 $792=8\times9\times11$，所以，数字 $\overline{13xy45z}$ 能被 8，9，11 整除.

由 $8|\overline{13xy45z}$，知 $8|\overline{45z}$. 而

$$\overline{45z}=450+z=448+(z+2)$$

因此

$$8|(z+2)$$

故 $z=6$.

由 $9|\overline{13xy456}$，知

$$9|(1+3+x+y+4+5+6)$$

而

$$1+3+x+y+4+5+6=x+y+19=18+(x+y+1)$$

因此

$$9|(x+y+1)$$

故

$$x+y=8 \text{ 或 } x+y=17$$

由 $11|\overline{13xy456}$，知

$$11|(6-5+4-y+x-3+1)$$

而

$$6-5+4-y+x-3+1=x-y+3$$

因此

$$x-y=-3 \text{ 或 } x-y=8$$

此时，有两种可能：

(1)若 $x+y$ 为偶数，则 $x+y=8$ 且 $x-y=8$. 从而，$x=8$，$y=0$.

(2)若 $x+y$ 为奇数，则 $x+y=17$ 且 $x-y=-3$. 从而，$x=7$，$y=10$，不可能.

例 8　问：怎样的正整数 n，使得

$$M=20^n+16^n-3^n-1$$

能被 323 整除？（第 20 届莫斯科数学竞赛题）

解 因为 $323=17\times19$，当 n 为正偶数，即 $n=2k$ 时，20^n-3^n 能被 $20-3=17$ 整除. 又

$$16^n-1=16^{2k}-1=256^k-1=(256-1)N_1=17\times15\times N_1$$

即 16^n-1 也能被 17 整除，所以当 n 为偶数时，M 能被 17 整除.

另一方面，20^n-1 能被 $20-1=19$ 整除. 又

$$16^n-3^n=16^{2k}-3^{2k}=(256-9)N_2=19\times13\times N_2$$

即 16^n-3^n 也能被 19 整除，所以当 n 为偶数时，M 能被 19 整除. 易知 $(17,19)=1$，所以当 n 为偶数时，M 能被 $17\times19=323$ 整除.

当 n 为正奇数，即 $n=2k+1$ 时，易知 20^n-3^n 能被 17 整除，但

$$16^n-1=16^{2k+1}-1=16^{2k+1}-16+15=16(16^{2k}-1)+15$$

由前面知，$16^{2k}-1$ 能被 17 整除，而 15 与 17 是互素的，所以 $17\nmid(16^n-1)$，即 $17\nmid M$，因此 $323\nmid M$.

所以当且仅当 n 为正偶数时，$20^n+16^n-3^n-1$ 能被 323 整除.

例 9 对任何整数 n，求证：$5^n+2\cdot3^{n-1}+1$ 能被 8 整除.

证明 (1)当 n 为奇数时，令 $n=2k+1$，则

$$\begin{aligned}&5^n+2\cdot3^{n-1}+1=\\&5^{2k+1}+2\cdot3^{2k}+1=\\&(5^{2k+1}+3^{2k+1})-(3^{2k}-1)=\\&(5+3)(5^{2k}-5^{2k-1}\cdot3+\cdots+3^{2k})-\\&(9-1)(9^{k-1}+9^{k-2}+\cdots+1)\end{aligned}$$

由此可知，当 n 为奇数时，$5^n+2\cdot3^{n-1}+1$ 能被 8 整除.

(2)当 n 为偶数时,令 $n=2k$,则

$$5^n+2\cdot 3^{n-1}+1=$$
$$5\cdot 5^{2k-1}+5\cdot 3^{2k-1}-3\cdot 3^{2k-1}+1=$$
$$5(5^{2k-1}+3^{2k-1})-(3^{2k}-1)=$$
$$5(5+3)(5^{2k-2}-5^{2k-3}\cdot 3+\cdots+3^{2k-2})-$$
$$(9-1)(9^{k-1}+9^{k-2}+\cdots+1)$$

由此可知,当 n 为偶数时,$5^n+2\cdot 3^{n-1}+1$ 能被 8 整除.

由(1)与(2)知,对所有的正整数 n,$5^n+2\cdot 3^{n-1}+1$ 能被 8 整除.

例 10　在记有自然数 1 到 36 的6×6方格表中,能否使图 1(a)中的任何一个图形在方格中的数之和能被 2 整除?　(1983 年全俄数学奥林匹克竞赛题)

解　假设所要求的数的排列是存在的.

考察如图 1(b)的"十字形"方格,在里面填上 a_1,a_2,a_3,a_4,a_5.由题意 $a_1+a_2+a_3+a_4$ 与 $a_1+a_3+a_4+a_5$都是偶数,于是 a_2 和 a_5 具有相同的奇偶性.

同理可证 a_1 和 a_2,a_4 和 a_5 也具有相同的奇偶性.在这种情况下,a_3 也与它们有相同的奇偶性.

由于"十字形"能以任意形式选取,则对于方格表中的所有 36 个数,除了其角上的 4 个数,至少有 32 个数具有相同的奇偶性.

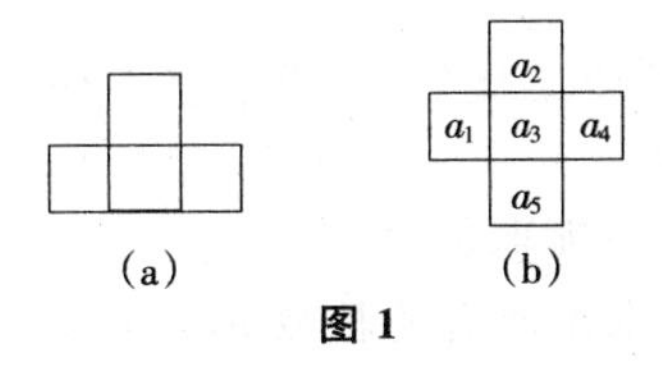

图 1

但是,在数 1,2,…,35,36 中恰有 18 个偶数和 18

个奇数，从而导致矛盾.

所以所要求的记数形式是不可能存在的.

例 11 已知 x,m,n 为正整数，$m+n=5$，x^2+m 与 $|x^2-n|$ 均为素数，则 x 的可能取值的个数是______.

解 由题设，m 可取 1，2，3，4，相应的，n 可取 4，3，2，1，并且 m 与 n 一奇一偶.

故 x^2+m 与 $|x^2-n|$ 一奇一偶.

又 x^2+m 与 $|x^2-n|$ 均为素数，因此

$$x^2+m=2 \text{ 或 } |x^2-n|=2$$

解得

$$x=1,m=1 \text{ 或 } x^2-n=\pm 2$$

当 $x=1,m=1$ 时

$$n=4,|x^2-n|=3$$

所以，$x=1$ 符合条件.

当 $x^2-n=2$ 时

$$x^2=n+2\in\{3,4,5,6\}$$

则 $x=2$. 此时

$$n=2,m=3,x^2+m=7$$

所以，$x=2$ 符合条件.

当 $x^2-n=-2$ 时

$$x^2=n-2\in\{-1,0,1,2\}$$

则 $x=1$.

当 $x=1$ 时，$n=3,m=2,x^2+m=3$ 是素数. 所以，$x=1$ 符合条件.

因此，x 的可能取值有 2 个.

例 12 试求出所有的整数 n，使得 $20n+2$ 能整除 $2\,003n+2\,002$.

解　因为 $20n+2$ 为偶数，且能整除 $2\,003n+2\,002$，所以 $2\,003n+2\,002$ 为偶数，从而 n 为偶数.

令 $n=2m$（m 为整数），则

$$\frac{2\,003n+2\,002}{20n+2}\in\mathbf{Z}\Leftrightarrow$$

$$\frac{2\,003m+1\,001}{20m+1}\in\mathbf{Z}\Leftrightarrow$$

$$\frac{100(20m+1)+3m+901}{20m+1}\in\mathbf{Z}\Leftrightarrow$$

$$\frac{3m+901}{20m+1}\in\mathbf{Z}\Leftrightarrow$$

$$\frac{20(3m+901)}{20m+1}\in\mathbf{Z}\quad(20\text{ 与 }20m+1\text{ 互素})\Leftrightarrow$$

$$\frac{3(20m+1)+18\,017}{20m+1}\in\mathbf{Z}\Leftrightarrow$$

$$\frac{18\,017}{20m+1}\in\mathbf{Z}\Leftrightarrow$$

$$\frac{43\times419}{20m+1}\in\mathbf{Z}\quad(43\text{ 及 }419\text{ 均为素数})\Leftrightarrow$$

$$20m+1=\pm1,\pm43,\pm419,\pm18\,017\Leftrightarrow$$

$$m=0,-21\Leftrightarrow$$

$$n=2m=0\text{ 或 }-42$$

故所求的整数 n 为 0 或 -42.

例 13　证明：存在 8 个连续的正整数，它们中的任何一个都不能表示为 $|7x^2+9xy-5y^2|$ 的形式，其中 $x,y\in\mathbf{Z}$.（2001 年保加利亚数学奥林匹克竞赛题）

证明　设 $f(x,y)=7x^2+9xy-5y^2$，易知

$$f(1,0)=7,|f(0,1)|=5,f(1,1)=11$$

$$|f(0,2)|=20,f(2,0)=28,\cdots$$

由此猜测 12,13,14,…,19 这 8 个连续的正整数不能

表示成$|f(x,y)|$的形式.

设$f(x,y)=\pm k,k\in\{12,13,14,\cdots,19\},x,y\in\mathbf{Z}$.

若k为偶数,由$A=f(x,y)=7x^2+9xy-5y^2=\pm k$,知$x,y$同为偶数(因为$x,y$同为奇,或一奇一偶,则$f(x,y)=7x^2+9xy-5y^2$是奇数).

不妨设$x=2x_1,y=2y_1$,则$4f(x_1,y_1)=\pm k$,因此$k\neq 14,k\neq 18$.

当$k=12$时,$f(x_1,y_1)=\pm 3$.

当$k=16$时,$f(x_1,y_1)=\pm 4$,从而x_1,y_1同为偶数,令$x_1=2x_2,y_1=2y_2$,则$f(x_2,y_2)=\pm 1$.

因此,下面只需证明$f(x,y)=k,k\in\{1,3,13,15,17,19\}$无整数解即可.

而

$$f(x,y)=\pm k\Rightarrow$$
$$4\times 7^2x^2+4\times 63xy-4\times 35y^2=\pm 28k\Rightarrow$$
$$(14x+9y)^2-221y^2=\pm 28k\Rightarrow$$
$$(14x+9y)^2-13\times 17y^2=\pm 28k \qquad (*)$$

设$t=(14x+9y)^2$,则

$$t^2=13\times 17y^2\pm 28k$$

当$k=1$时

$$t^2\equiv\pm 2(\bmod 13)\Rightarrow t^{12}\equiv 2^6\equiv -1(\bmod 13)$$

由费马定理知,此式不成立,所以$k\neq 1$.

同理可证,当$k=3,13,15,17,19$时亦不成立(取模13或17即可).

例14 已知n为正整数,满足$24|(n+1)$.证明:

(1)n有偶数个因数;

(2)n的所有因数之和能被24整除.

(2007年克罗地亚数学竞赛题)

证明　(1)因为 $24\mid(n+1)$，故 n 除以 4 的余数为 3，所以，n 不是完全平方数(完全平方数模 4 的余数只能为 0 或 1).

故$\sqrt{n}$不是整数.

因此，若 d 为小于$\sqrt{n}$的 n 的因数，则$\frac{n}{d}>\sqrt{n}$也为 n 的因数. 故 d 与$\frac{n}{d}$两两成对，且必不相等. 因此，n 的因数为偶数个.

(2) 只需证明对 n 的任意一个因数 d，有 $24\left|\left(d+\frac{n}{d}\right)\right.$，即证 $24\left|\frac{d^2+n}{d}\right.$.

由于 $n=24k-1$，故 $(d,24)=1$. 因此，只要证 $24\mid(d^2+n)$，即 $24\mid(d^2-1)$.

又因为 $(d,24)=1$，所以 d 为奇数，因此，$8\mid(d^2-1)$.

同理，因为 $(d,24)=1$，$3\nmid d$，由于任何不被 3 整除的正整数的平方模 3 余 1，所以

$$3\mid(d^2-1)$$

因此，$24\mid(d^2-1)$.

例 15　不能写成两个奇合数之和的最大偶整数是多少？(如果一个正整数至少可以被一个不是 1 与本身的正整数整除，那么这个正整数就称为合数).

(1984 年美国数学邀请赛试题)

分析　此题初看很简单，进而思考却又大有无从下手之感. 因为很难找到恰当的表达式，也就很难从正面找出符合条件的最大偶整数. 这就迫使我们改变解题策略，避实就虚，暂时撇开“不能写成两个奇合数的偶整数”这一问题，而去寻找能分成两个奇合数之和的

偶整数.

解 因为正偶数的末尾数字是 0,2,4,6,8.

当末尾数字为 0 时,有 0,10,20,30,40 等偶整数,其中 30=15+15.

当末尾数字为 2 时,有 2,12,22,32,42,52 等偶整数,其中 42=15+27,52=25+27,…,故 42 以上的偶整数不符合.

当末尾数字为 4 时,有 4,14,24,34 等偶整数,其中 24=9+15,34=9+25,…,故 24 以上的偶整数不符合.

当末尾数字为 6 时,有 6,16,26,36,46 等偶整数,其中 36=15+21,46=25+21,故 36 以上的偶整数不符合.

当末尾数字为 8 时,有 8,18,28,38,48,58 等偶整数,其中 48=21+27,58=33+25,…,故 48 以上的偶整数不符合.

综上所述,不能写成两个奇合数之和的最大偶整数只能是 38.

例 16 能否在 9×2 002 的方格表中的每一个方格中都填入正整数,使得每一列数的和与每一行数的和都是素数. (2002 年俄罗斯数学奥林匹克竞赛题)

解 答案是不可能.

设 $a_1,a_2,\cdots,a_9$ 为 9 行中各行正整数之和,b_1,$b_2,\cdots,b_{2\,002}$为 2 002 列中各列正整数之和.

因为每个方格中的数都是正整数,所以 a_i,b_j 都大于2($i=1,2,\cdots,9;j=1,2,\cdots,2\,002$).

如果满足题意的填法能实现,那么 a_i,b_j 都是素数.又 $a_i>2,b_j>2$($i=1,2,\cdots,9;j=1,2,\cdots,2\,002$),

则 a_i, b_j 都是正奇素数，所以 $a_1+a_2+\cdots+a_9$ 为奇数，$b_1+b_2+\cdots+b_{2\,002}$ 为偶数. 而 $a_1+a_2+\cdots+a_9$ 与 $b_1+b_2+\cdots+b_{2\,002}$ 都是 $9\times 2\,002$ 方格中所有数的和，应有

$$a_1+a_2+\cdots+a_9=b_1+b_2+\cdots+b_{2\,002}$$

这样就出现奇数等于偶数，矛盾.

因此题设的要求不能满足.

例 17　证明：任意 18 个连续的且小于或等于 2 005的正整数中，至少存在一个整数能被其各位数码的和整除.　　(2005 年意大利数学奥林匹克竞赛题)

证明　在连续的 18 个整数中，一定有两个数是 9 的倍数，它们的各位数码之和一定能被 9 整除.

因为小于或等于 2 005 的正整数的各位数码之和最大是 28(1+9+9+9=28)，所以这两个数的各位数码之和只可能是 9，18 和 27.

若这两个数的各位数码之和有一个为 9，结论成立.

若这两个数中有一个的各位数码之和是 27，则只可能是 999，1 998，1 989 或 1 999.

若为 999 和 1 998 时，这两个数均能被 27 整除 (999=27×37，1 998=27×74)，符合题意，结论成立.

若为 1 989，则 1 980 或 1 998 中有一个与 1 989 在同一组连续的 18 个正整数中，1 980 能被 18 整除，1 998能被 27 整除，结论成立.

若这两个数的各位数码之和为 18，则这两个数中一定有一个是偶数，此数能被 18 整除，结论成立.

综合以上，结论成立.

例 18　设 n 为无平方因子的正偶数，k 为整数，p 为素数，满足 $p<\sqrt{2n}$，$p\nmid n$，$p\mid(n+k^2)$. 证明：n 可以

表示为$n=ab+bc+ca$，其中a,b,c为互不相同的正整数.　　　(2012年中国数学奥林匹克竞赛题)

证明　由于n是偶数，故$p\neq2$. 又$p\nmid n$，故$p\nmid k$. 不妨假设$0<k<p$. 取$a=k,b=p-k$，则

$$c=\frac{n-k(p-k)}{p}=\frac{n+k^2}{p}-k$$

由条件知c是整数，a,b是不同的正整数. 下面只需证明$c>0$，并且$c\neq a,b$. 由均值不等式有

$$\frac{n}{k}+k\geqslant2\sqrt{n}>p$$

故$n+k^2>pk$，由此知$c>0$. 若$c=a$，则

$$\frac{n+k^2}{p}-k=k$$

即有

$$n=k(2p-k)$$

由于n是偶数，故k为偶数，这样n被4整除，这与n无平方因子矛盾. 若$c=b$，则$n=p^2-k^2$. 由于n是偶数，故k为奇数，这同样导致n被4整除，矛盾.

综上所述，我们选取的a,b,c满足条件，结论获证.

例19　求证：$101010\cdots101$（含k个0及$k+1$个1，$n\geqslant2$）为合数.　　　(1985年全俄数学竞赛题)

分析　由合数的定义，我们要证明一个数是合数，只要证明这个数能分解成两个大于1的整数的乘积就可以了.

证明　记此数为x_k，则

$$x_k=101010\cdots101=$$

$$100^k+100^{k-1}+\cdots+100+1=$$

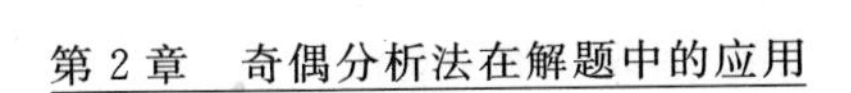

$$\frac{(10^{k+1})^2-1}{99}=$$

$$\frac{(10^{k+1}+1)(10^{k+1}-1)}{99}$$

下面对 k 分为奇数和偶数进行讨论.

(1)当 k 为偶数时,$k+1$ 为奇数,于是

$$x_k=\frac{10^{k+1}+1}{11}\cdot\frac{10^{k+1}-1}{9}$$

因此,$10^{k+1}+1$ 当 $k+1$ 为奇数时,能被 $10+1=11$ 整除,$10^{k+1}-1$ 当 $k+1$ 为正整数时,能被 $10-1=9$ 整除. 所以$\frac{10^{k+1}+1}{11}$与$\frac{10^{k+1}-1}{9}$都是正整数.

又由 $k\geqslant 2$ 可得

$$\frac{10^{k+1}+1}{11}>1,\frac{10^{k+1}-1}{9}>1$$

于是 x_k 为合数.

(2)当 k 为奇数时,$k+1$ 为偶数,于是

$$x_k=\frac{10^{k+1}-1}{99}\cdot(10^{k+1}+1)$$

设 $k+1=2t$,则

$$x_k=\frac{10^{2t}-1}{99}\cdot(10^{k+1}+1)=\frac{100^t-1}{99}\cdot(10^{k+1}+1)$$

因为 100^t-1 能被 99 整除,又由 $k+1\geqslant 4$,从而 $t\geqslant 2$,$\frac{100^t-1}{99}$是大于 1 的正整数,而 10^{k+1} 也是大于 1 的正整数,于是 x_k 为合数.

由(1)与(2)知,x_k 对 $k\geqslant 2$ 都是合数.

事实上,可以计算出:

当 k 为偶数时

$$x_k=\underbrace{11\cdots1}_{共k+1位}\times\underbrace{9090\cdots9091}_{共k位}$$

当 k 为奇数时

$$x_k=101\times\underbrace{1000100010001\cdots10001}_{\text{共}2k-1\text{位}}$$

例 20 设 x 是一个 n 位数,问是否总存在非负整数 $y\leqslant9$ 和 z,使得 $10^{n+1}z+10x+y$ 是一个完全平方数?(1991 年加拿大数学奥林匹克训练题)

解 不一定.

例如,当 $x=111$ 时,就不存在非负整数 $y\leqslant9$ 和 z,使得 $10^4z+1\ 110+y$ 是一个完全平方数.

用反证法.

若 $10^4z+1\ 110+y$ 是完全平方数,设

$$10^4z+1\ 110+y=k^2$$

由于奇数的平方被 8 除余 1,偶数的平方被 8 除余 0 或 4,则

$$k^2\equiv0\text{ 或 }1\text{ 或 }4\pmod 8$$

又

$$1\ 110\equiv6\pmod 8$$

所以

$$10^4z+1\ 110+y\equiv y+6\pmod 8$$

从而有

$$y+6\equiv0\text{ 或 }1\text{ 或 }4\pmod 8$$

因为 y 是完全平方数的末位数,所以 y 只能是 0,1,4,9,6,5.

对 y 逐个验证,只有 $y=6$ 才满足

$$y+6=12\equiv4\pmod 8$$

即满足

$$y+6\equiv0\text{ 或 }1\text{ 或 }4\pmod 8$$

于是 k 为偶数,并有

$$10^4z+1\ 116=k^2$$

设 $k=2l$，则

$$4l^2\equiv 1\ 116 \pmod{10^4}$$

$$l^2\equiv 279 \pmod{2\ 500}$$

$$l^2\equiv 279\equiv 3 \pmod 4$$

又因为 l^2 为平方数，它被4除的余数为0或1，即

$$l^2\equiv 0 \text{ 或 } 1 \pmod 4$$

产生矛盾.

所以题设的要求对 $x=111$ 就不存在.

例21　求所有具有下述性质的整数 $k\geqslant 3$：存在整数 m,n，满足

$$1<m<k,1<n<k,(m,k)=(n,k)=1$$

$$m+n>k, \text{且 } k\mid(m-1)(n-1)$$

（2012年中国国家队选拔考试题）

解　若 k 有平方因子，设 $t^2\mid k,t>1$，取

$$m=n=k-\frac{k}{t}+1$$

即满足条件.

下设 k 无平方因子.

若存在两个素数 p_1,p_2，使得

$$(p_1-2)(p_2-2)\geqslant 4,p_1p_2\mid k$$

设 $k=p_1p_2\cdots p_r,p_1,p_2,\cdots,p_r$ 两两不同，$r\geqslant 2$. 由于

$$(p_1-1)p_2p_3\cdots p_r+1 \text{ 与 } (p_1-2)p_2p_3\cdots p_r+1$$

中至少有1个数与 p_1 互素（否则 p_1 整除它们的差，即 $p_2p_3\cdots p_r$，矛盾），取这个数为 m，则

$$1<m<k,(m,k)=1$$

同理可在

$$(p_2-1)p_1p_3\cdots p_r+1 \text{ 与 } (p_2-2)p_1p_3\cdots p_r+1$$

两数中取一个数 n,使

$$1<n<k,(n,k)=1$$

从而

$$p_1p_2\cdots p_r\mid(m-1)(n-1)$$

且

$$m+n\geqslant(p_1-2)p_2p_3\cdots p_r+1+(p_2-2)p_1p_3\cdots p_r+1=$$
$$k+((p_1-2)(p_2-2)-4)p_3\cdots p_r+2>k$$

这样的 m,n 满足条件.

若不存在两个素数 p_1,p_2,使

$$(p_1-2)(p_2-2)\geqslant4,p_1p_2\mid k$$

易验证这样的整数 $k\geqslant3$ 只可能等于 15,30 或者形如 $p,2p$(其中 p 为奇素数).易知当 $k=p,2p,30$ 时,不存在满足条件的 m,n;当 $k=15$ 时,$m=11,n=13$ 满足条件.

综上所述,整数 $k\geqslant3$ 满足题设当且仅当 k 不是奇素数、奇素数的两倍及 30.

例 22 已知 m,n 遍及所有正整数,求 $|12^m-5^n|$ 的最小值. (1989 年中国国家集训队测验题)

解 首先注意到 12^m-5^n 是奇数,又因为 $|12-5|=7$,我们证明 7 是符合条件的最小值.

令

$$s=|12^m-5^n|$$

假设 $s<7$,则

$$s=1,3,5$$

因为

$$3\nmid5,5\nmid12$$

所以

$$3=|12^m-5^n|,5=|12^m-5^n|$$

不成立.

若 $s=1$,则有两种可能:

(1)$12^m-5^n=1$,即

$$5^n=12^m-1=11Q(m)$$

其中 $Q(m)$为整数.这时有 $11\mid 5^n$,这是不可能的.

(2)$12^m-5^n=-1$,即

$$5^n=12^m+1$$

若 m 为奇数,则

$$5^n=13T(m)$$

这时有 $13\mid 5^n$,这是不可能的.

若 m 为偶数,设 $m=2t$,则有

$$5^n=144^t+1$$

当 t 为奇数时

$$5^n=145K(m)$$

$$145\mid 5^n$$

而 $145=5\times 29$,则有

$$29\mid 5^n$$

这是不可能的.

当 t 为偶数时,设 $t=2q$,则有

$$5^n=(144^2)^q+1$$

由于 144^2 的个位数是 6,则$(144^2)^q+1$ 的个位数是 7,而 5^n 的个位数是 5,这也是不可能的.

所以

$$|12^m-5^n|\neq 1$$

因此,$|12^m-5^n|$的最小值是 7.

例 23　根据下面的定理:一个素数 $p>2$ 当且仅当 $p\equiv 1(\mathrm{mod}\ 4)$时,能写成两个完全平方数的和(即 $p=m^2+n^2$,m 和 n 是整数).

求出那些素数，使之能写为下列两种形式之一：

(1)x^2+16y^2；

(2)$4x^2+4xy+5y^2$.

这里 x 与 y 是整数，但不一定是正的.

(1974 年美国普特南数学竞赛题)

解 (1)若 $p\equiv1(\bmod 4)$，则

$$p\equiv1(\bmod 8)\text{或}p\equiv5(\bmod 8)$$

若 $p=m^2+n^2$，且 p 是奇数，则 m 和 n 一为奇数，一为偶数. 设 m 为奇数，n 为偶数，且设 $n=2v$，则

$$p=m^2+4v^2\text{ 且 }m^2\equiv1(\bmod 8)$$

由于

$$p\equiv1(\bmod 8)$$

可得 v 为偶数. 设 $v=2w$，则

$$p=m^2+16w^2$$

反之，若 $p=m^2+16w^2$ 成立，则

$$p\equiv m^2(\bmod 8)$$

于是对于素数 $p\equiv1(\bmod 8)$，可以写成 x^2+16y^2 的形式.

(2)由(1)，对于奇素数 p，有

$$p=m^2+4v^2$$

若 $p\equiv5(\bmod 8)$，则 v 是奇数. 于是 m 可写成

$$m=2u+v$$

$$p=(2u+v)^2+4v^2=4u^2+4uv+5v^2$$

反之，若 $p=4u^2+4uv+5v^2$，并且 p 是奇数，则有

$$p=(2u+v)^2+4v^2$$

于是 $2u+v$ 是奇数，即 v 是奇数，从而

$$p\equiv5(\bmod 8)$$

因此，对于素数 $p\equiv5(\bmod 8)$，可以写成

$$4x^2+4xy+5y^2$$

例 24　证明:在通项公式为

$$a_n=1+2^2+3^3+\cdots+n^n$$

的数列中,有无限多个奇合数.

(1988 年全苏中学生(九年级)数学奥林匹克竞赛题)

证明　首先,对任意正整数 n,有

$$n^n+(n+1)^{n+1}+(n+2)^{n+2}+(n+3)^{n+3}$$

为偶数.因为在 n 至 $n+3$ 中必有两个奇数和两个偶数,所以和式中也必有两项是奇数,两项是偶数,故和式为偶数.

因为 $a_1=1$ 是奇数,所以 $\{a_n\}$ 中 a_{4m+1}(m 为非负整数)的项均为奇数.

其次,对任意非负整数 t,有

$$(6t+1)^{6t+1}\equiv 1^{6t+1}\equiv 1 \pmod 3$$

$$(6t+2)^{6t+2}\equiv (2^2)^{3t+1}\equiv 1^{3t+1}\equiv 1 \pmod 3$$

$$(6t+3)^{6t+3}=0 \pmod 3$$

$$(6t+4)^{6t+4}\equiv 1^{6t+4}\equiv 1 \pmod 3$$

$$(6t+5)^{6t+5}\equiv [6(t+1)-1]^{6t+5}\equiv (-1)^{6t+5}\equiv 2 \pmod 3$$

$$(6t+6)^{6t+6}\equiv 0 \pmod 3$$

也就是说,n^n($n=1,2,3,\cdots$)除以 3 所得的余数依次为

$$1,1,0,1,2,0;1,1,0,1,2,0;\cdots$$

这是以 6 为周期的周期数列.可以算得:对于任意的自然数 k,有

$$\sum_{i=k}^{k+5} i^i \equiv 2 \pmod 3$$

于是

$$\sum_{i=k}^{k+35} i^i = 0 \pmod 3$$

因此，对任意的自然数 j 和非负整数 p，有

$$a_{j+36p} \equiv a_j \pmod 3$$

数列 $\{a_n\}$ 的下标形如 $4m+1$ 的项中，第一个被 3 整除的项是 a_{17}. 注意到

$$36p+17=4(9p+4)+1$$

因此，$\{a_n\}$ 中形如 $a_{36p+17}(p=0,1,2,\cdots)$ 的项都是奇合数，这样的项在 $\{a_n\}$ 中是无限多的.

例 25 (1)求一个正整数 k，使得存在正整数 a，b，c，满足方程

$$k^2+a^2=(k+1)^2+b^2=(k+2)^2+c^2 \quad ①$$

(2)证明：满足式①的 k 值有无限多个；

(3)证明：若对某个 k，有 a,b,c 满足式①，则乘积 abc 能被 144 整除；

(4)证明：不存在正整数 a,b,c,d,k，满足

$$k^2+a^2=(k+1)^2+b^2=(k+2)^2+c^2=(k+3)^2+d^2$$

(2008 年第 58 届白俄罗斯数学奥林匹克)

证明 (1)例如，可取 $k=31,a=12,b=9,c=4$，满足

$$31^2+12^2=32^2+9^2=33^2+4^2$$

(2)注意到

$$(4x^3-1)^2+(2x^2+2x)^2=$$
$$(4x^3)^2+(2x^2+1)^2=$$
$$(4x^3+1)^2+(2x^2-2x)^2$$

故若 x 取任意大于 1 的正整数，令 $k=4x^3-1$，则满足式①的等式有无穷多个.

下面说明上述等式构造的思路.

由于

$$a^2+k^2=b^2+(k+1)^2=c^2+(k+2)^2$$

则

$$a^2-b^2=2k+1,b^2-c^2=2k+3$$

显然，$c<b<a$. 设

$$b=c+n,a=b+m=c+n+m$$

其中 m,n 均为正整数，则

$$2cn+n^2=2k+3$$

$$2cm+2nm+m^2=2k+1$$

故 $n>m$，且均为奇数.

联立上述两式得

$$2cn+n^2-(2cm+2nm+m^2)=2$$

故

$$c=\frac{1+nm}{n-m}-\frac{n+m}{2}$$

不妨取 $n=m+2$，则

$$c=\frac{1+(m+2)m}{2}-\frac{2m+2}{2}=\frac{m^2-1}{2}\in\mathbf{N}$$

进而可得到 a,b 的表达式.

特别的，令 $m=2x-1$，即可得到最初的那个例子.

(3)由

$$a^2-b^2=2k+1,b^2-c^2=2k+3$$

得

$$a^2+c^2=2(b^2-1) \qquad ②$$

因此，a,c 奇偶性相同.

(i)a,c 同为奇数.

设 $a=2a_1+1,c=2c_1+1$，则由式①知

$$2(a_1^2+a_1)+2(c_1^2+c_1)+1=b^2-1$$

于是，b 为偶数(设为 $2b_1$). 故

$$(a_1^2+a_1)+(c_1^2+c_1)=2b_1^2-1$$

这不可能,因为上式左边为偶数,右边为奇数.

(ii)a,c 同为偶数.

由式②知 b 为奇数.设

$$a=2a_1,c=2c_1,b=2b_1+1$$

故

$$a_1^2+c_1^2=2b_1(b_1+1)$$

由于上式右边能被 4 整除,故 a_1,c_1 均为偶数.所以,abc 能被 16 整除.

对任意的正整数 N,若 $3|N$,则

$$N^2\equiv 0(\bmod 3)$$

若 $3\nmid N$,则

$$N^2\equiv 1(\bmod 3)$$

结合式①的等价形式

$$a^2+b^2+c^2+2=3b^2$$

知数 a,b,c 中有且仅有两个数被 3 整除.故 $9|abc$.

因为$(9,16)=1$,所以,$144|abc$.

(4)假设存在正整数 a,b,c,d,k,使得

$$k^2+a^2=(k+1)^2+b^2=$$
$$(k+2)^2+c^2=(k+3)^2+d^2$$

由(3)中的讨论知 a,c 被 4 整除,b 为奇数,且 b,d 被 4 整除,矛盾.

例 26 求所有整数对(a,b),使得存在大于 1 的整数 d,满足对任意的正整数 n,a^n+b^n+1 都是 d 的倍数. (2012 年中国女子数学奥林匹克竞赛题)

解 当 a,b 一奇一偶时,a^n+b^n+1 总是 2 的倍数,满足条件.

当 a,b 同奇偶时,由 $d|(a^n+b^n+1)$,知 d 是奇数.又

$$a^2+b^2+1=(a+b)^2-2ab+1$$

$$d\mid(a+b+1),d\mid(a^2+b^2+1)$$

故

$$d\mid[(-1)^2-2ab+1]$$

即

$$d\mid 2(1-ab)$$

从而

$$d\mid(ab-1)$$

由

$$a^3+b^3+1=(a+b)(a^2+b^2-ab)+1\equiv (-1)(-1-1)+1\equiv 3 \pmod d$$

$$d\mid(a^3+b^3+1)$$

于是，$d\mid 3$. 由于 $d>1$，则 $d=3$.

因为

$$(a-b)^2=a^2+b^2-2ab\equiv -1-2\equiv 0 \pmod 3$$

所以

$$a\equiv b \pmod 3$$

由

$$0\equiv a+b+1\equiv 2a+1 \pmod 3$$

知

$$a\equiv 1 \pmod 3$$

从而

$$a\equiv b\equiv 1 \pmod 3$$

另一方面，当 $a\equiv b\equiv 1 \pmod 3$ 时，对任意正整数 n 有

$$a^n+b^n+1\equiv 1+1+1\equiv 0 \pmod 3$$

故 a^n+b^n+1 是 3 的倍数，满足条件.

综上，所求整数对 (a,b) 为

$$(2k,2l+1),(2k+1,2l),(3k+1,3l+1)\quad (k,l\in\mathbf{Z})$$

例 27 求最小的正整数 m,使得对于任意大于 3 的素数 p,都有

$$105 \mid (9^{p^2}-29^p+m)$$

(2012 年中国西部数学奥林匹克竞赛题)

解 注意到

$$105=3\times5\times7$$

原题等价于求最小的正整数 m,使得 $9^{p^2}-29^p+m$ 同时能被 3,5,7 整除.

由 p^2,p 的奇偶性相同知

$$9^{p^2}-29^p+m\equiv(-1)^{p^2}-(-1)^p+m\equiv m \pmod 5$$

所以

$$m\equiv0 \pmod 5$$

由素数 $p>3$,知 p 是奇数.故

$$9^{p^2}-29^p+m\equiv-(-1)^p+m\equiv m+1 \pmod 3$$

因此

$$m\equiv2 \pmod 3$$

由 p 是一个大于 3 的素数知

$$p^2\equiv1 \pmod 3$$

不妨设 $p^2=3k+1$,则

$$9^{p2}-29^p+m\equiv2^{3k+1}-1+m\equiv 8^k\times2-1+m\equiv m+1 \pmod 7$$

故

$$m\equiv6 \pmod 7$$

综上,正整数 m 符合要求的充分必要条件是

$$\begin{cases}m\equiv0 \pmod 5\\ m\equiv2 \pmod 3\\ m\equiv6 \pmod 7\end{cases}$$

从而，m 的最小值为 20.

例 28　设 n 是一个正整数，p 是一个素数，证明：若整数 a,b,c（不必是正的）满足

$$a^n+pb=b^n+pc=c^n+pa$$

则 $a=b=c$.　　　　（2009 年 IMO 预选题）

证法 1　若 a,b,c 中有两个相等，即得 $a=b=c$；若 a,b,c 互不相等，则

$$a^n-b^n=-p(b-c)$$

$$b^n-c^n=-p(c-a)$$

$$c^n-a^n=-p(a-b)$$

故

$$\frac{a^n-b^n}{a-b}\cdot\frac{b^n-c^n}{b-c}\cdot\frac{c^n-a^n}{c-a}=-p^3 \quad ①$$

若 n 为奇数，则 a^n-b^n 与 $a-b$ 同号，b^n-c^n 与 $b-c$ 同号，c^n-a^n 与 $c-a$ 同号. 于是，式①的左边是正的，而右边的 $-p^3$ 是负的，因此，n 一定是偶数.

设 d 是 $a-b,b-c,c-a$ 的最大公因数，且设

$$a-b=du,b-c=dv,c-a=dw$$

则

$$(u,v,w)=1,u+v+w=0$$

由 $a^n-b^n=-p(b-c)$，得

$$(a-b)\mid p(b-c)\Rightarrow u\mid pv$$

同理

$$v\mid pw,w\mid pu$$

由于

$$(u,v,w)=1,u+v+w=0$$

则 u,v,w 中最多有一个可以被 p 整除.

若 p 不整除 u,v,w 中的任意一个，则

$$u|v, v|w, w|u$$

故$|u|=|v|=|w|=1$,这与$u+v+w=0$矛盾.从而,p恰整除u,v,w中的一个.不妨假设$p|u$,且$u=pu_1$.和前面类似可得

$$u_1|v, v|w, w|u_1$$

于是

$$|u_1|=|v|=|w|=1$$

由于$pu_1+v+w=0$,则p一定是偶数,即$p=2$.因此

$$v+w=-2u_1=\pm 2$$

从而

$$v=w(=\pm 1), u=-2v$$

即

$$a-b=-2(b-c)$$

设$n=2k$,则方程

$$a^n-b^n=-p(b-c)$$

当$p=2$时上式化为

$$(a^k+b^k)(a^k-b^k)=-2(b-c)=a-b$$

由于$(a-b)|(a^k-b^k)$,则只可能有

$$a^k+b^k=\pm 1$$

因此,a,b中恰有一项是奇数,这与

$$a-b=-2(b-c)$$

是偶数矛盾.

综上,一定有$a=b=c$.

证法2 若a,b,c中有两个相等,则

$$a=b=c$$

若a,b,c互不相等,由证法1的式①可知n是偶数,故设$n=2k$.

假设 p 是奇数,则数

$$\frac{a^n-b^n}{a-b}=a^{n-1}+a^{n-2}b+\cdots+b^{n-1}$$

是式①右边 $-p^3$ 的因数.因此,它是奇数.

又因为其是 $n=2k$ 项的和,所以 a,b 的奇偶性不同.

同理,b,c 和 c,a 的奇偶性分别不同.

因此,a,b 和 c,a 的奇偶性是交替出现的.这是不可能的,于是,$p=2$.

由原方程可知,a,b,c 的奇偶性相同.

又由式①可得下列的 6 个整数的乘积等于 -1,则

$$\frac{a^k+b^k}{2}\cdot\frac{a^k-b^k}{a-b}\cdot\frac{b^k+c^k}{2}\cdot\frac{b^k-c^k}{b-c}\cdot\frac{c^k+a^k}{2}\cdot\frac{c^k-a^k}{c-a}=-1 \quad ②$$

因此,每个因数都是 ±1.

特别的,有 $a^k+b^k=\pm2$.

若 k 是偶数,则 $a^k+b^k=2$.从而

$$|a|=|b|=1,a^k-b^k=0$$

与式②矛盾.

若 k 是奇数,则 $a+b$ 是 $a^k+b^k=\pm2$ 的因数.

因为 a,b 的奇偶性相同,所以

$$a+b=\pm2$$

同理

$$b+c=\pm2,c+a=\pm2$$

由于一定有两项的符号相同,故 a,b,c 中一定有两项相等,这与 a,b,c 互不相等矛盾.

例 29　求能被 209 整除且各位数字之和等于 209 的最小正整数.

(2009 年中国北方数学奥林匹克竞赛题)

解 最小数为

$$2\times10^{24}+2\times10^{23}-10^{15}-1$$

由于

$$209=11\times19,209=9\times23+2$$

故该数至少为 24 位数，且被 11 和 19 整除.

(1)若该数为 24 位数，设从右向左数其第 i 位的数字为 $a_i(1\leqslant i\leqslant24)$，该数设为 S，则

$$S=\sum_{i=1}^{24}10^{i-1}a_i\equiv\sum_{i=1}^{24}(-1)^{i-1}a_i\equiv0(\mathrm{mod}\ 11)$$

设

$$S_1=a_1+a_3+\cdots+a_{23}$$

$$S_2=a_2+a_4+\cdots+a_{24}$$

则

$$S_1\equiv S_2(\mathrm{mod}\ 11)$$

又 $S_1+S_2=209$，由于 S_1,S_2 中的最大数不大于 108，则最小数不小于 101，其差的绝对值不大于 7. 而 S_1,S_2 一奇一偶，故 $S_1-S_2\neq0$，即

$$S_1\not\equiv S_2(\mathrm{mod}\ 11)$$

矛盾.

所以，满足条件的数至少为 25 位数.

(2)若该数为 25 位数，类似上面的设法，令该数为 S，则

$$S_1=a_1+a_3+\cdots+a_{25}$$

$$S_2=a_2+a_4+\cdots+a_{24}$$

1)若 $a_{25}=1$，由于 S_1,S_2 中的最大数不大于 109，则最小数不小于 100，其差的绝对值不大于 9. 而 S_1，S_2 一奇一偶，故 $S_1-S_2\neq0$，即

$$S_1\not\equiv S_2(\mathrm{mod}\ 11)$$

此时,不存在满足条件的数.

2)若 $a_{25}=2$,由于 S_1,S_2 中的最大数不大于 110,则最小数不小于 99,其差的绝对值不大于 11. 而 S_1,S_2 一奇一偶,故 $S_1-S_2\neq 0$,只有 $S_1=110,S_2=99$ 可能满足条件. 此时,$a_1=a_3=\cdots=a_{23}=9$.

(i)若 $a_{24}=0$,则该数为

$$S=2\times 10^{24}+10^{23}-1$$

除以 19 余 5,不满足条件.

(ii)若 $a_{24}=1$,则该数为

$$S=2\times 10^{24}+2\times 10^{23}-1-10^{x}$$

其中 x 为奇数.

由于

$$2\times 10^{24}+2\times 10^{23}-1\equiv 8 \pmod{19}$$

而 10^k 模 19 的余数为

10,5,12,6,3,11,15,17,18,9,14,7,13,16,8,4,2,1

循环,于是

$$x=18t+15$$

故 $x=15$. 此时,满足条件的数为

$$2\times 10^{24}+2\times 10^{23}-10^{15}-1$$

综上,满足条件的最小数为

$$2\times 10^{24}+2\times 10^{23}-10^{15}-1$$

例 30　求证:存在无穷多个不含平方因子的正整数 n,使得 $n\mid(2\ 005^n-1)$.

(2005 年中国香港数学奥林匹克竞赛题)

证明　首先证明:如果 p 是 $a-1$ 的一个奇因子,那么,a^p-1 有一个不同于 p 的奇因子 q.

注意到

$a^p-1=(a-1)(a^{p-1}+a^{p-2}+\cdots+1)=$

$$kp[(kp+1)^{p-1}+(kp+1)^{p-2}+\cdots+1]=$$
$$kp\{Ap^2+[(p-1)+(p-2)+\cdots+1]kp+p\}=$$
$$kp^2\left[\left(A+\frac{p-1}{2}k\right)p+1\right]$$

其中,$a-1=kp$,而$\left(A+\frac{p-1}{2}k\right)p+1$有不同于 p 的因子.

下面证明$\left(A+\frac{p-1}{2}k\right)p+1$有一个奇因子.

如果 a 是一个偶数,那么 a^p-1 是一个奇数. 因此,它的所有因子都是奇数.

如果 a 是一个奇数,那么 k 是偶数. 于是,A 也是偶数(因为 Ap^2 是所有形如 $k^sp^s(s\geqslant 2)$ 的数之和).

从而,$\left(A+\frac{p-1}{2}k\right)p+1$ 是奇数.

注意到

$$2\ 005-1=2\ 004=2^2\times 3\times 167$$

令 $p_1=3$,则

$$3\mid(2\ 005-1)\text{且}3\mid(2\ 005^3-1)$$

根据前面的结论,可以找到一个奇素数 p_2($p_2\neq 3$),使得

$$p_2\mid(2\ 005^3-1)$$

于是

$$p_1p_2\mid(2\ 005^{p_1p_2}-1)$$

再次使用前面的结论,又可以找到一个奇素数 p_3($p_3\neq p_1,p_2$),使得

$$p_3\mid(2\ 005^{p_1p_2}-1)$$

于是

$$p_1p_2p_3\mid(2\ 005^{p_1p_2p_3}-1)$$

这样一来，就构造出了无穷多个符合条件的 n：$(p_1, p_1p_2, p_1p_2p_3, \cdots)$，使得

$$n \mid (2\ 005^n - 1)$$

显然，它们没有平方因子且两两不同.

例 31　求所有的正整数对 (k, n)，使得 $(7^k - 3^k) \mid (k^4 + n^2)$.　　(2007 年 IMO 预选题)

解　假设正整数对 (k, n) 满足条件.

因为 $7^k - 3^n$ 是偶数，所以，$k^4 + n^2$ 也是偶数. 于是，k 和 n 有相同的奇偶性.

若 k 和 n 同为奇数，则

$$k^4 + n^2 \equiv 1 + 1 \equiv 2 \pmod 4$$

而 $7^k - 3^n \equiv 7 - 3 \equiv 0 \pmod 4$，矛盾.

因此，k 和 n 同为偶数.

设 $k = 2a, n = 2b$，则

$$7^k - 3^n = 7^{2a} - 3^{2b} = \frac{7^a - 3^b}{2} \times 2(7^a + 3^b)$$

因为 $\frac{7^a - 3^b}{2}$ 和 $2(7^a + 3^b)$ 都为整数，所以

$$2(7^a + 3^b) \mid (7^k - 3^n)$$

又 $(7^k - 3^n) \mid (k^4 + n^2)$，即

$$(7^k - 3^n) \mid 2(8a^4 + 2b^2)$$

则

$$7^a + 3^b \leqslant 8a^4 + 2b^2$$

用数学归纳法证明.

当 $a \geqslant 4$ 时，$8a^4 < 7^a$；

当 $b \geqslant 1$ 时，$2b^2 < 3^b$；

当 $b \geqslant 3$ 时，$2b^2 + 9 \leqslant 3^b$.

显然，当 $a = 4$ 时，有

$$8 \times 4^4 = 2\ 048 < 7^4 = 2\ 401$$

假设 $8a^4<7^a(a\geqslant 4)$，则

$$8(a+1)^4=8a^4\left(\frac{a+1}{a}\right)^4<7^a\left(\frac{5}{4}\right)^4=$$

$$7^a\times\frac{625}{256}<7^{a+1}$$

当 $b=1$ 时，有 $2\times 1^2=2<3=3^1$；

当 $b=2$ 时，有 $2\times 2^2=8<9=3^2$.

假设 $2b^2<3^b(b\geqslant 2)$，则

$$2(b+1)^2=2b^2+2\times 2b+2<$$

$$2b^2+2b^2+2b^2<3\times 3^b=3^{b+1}$$

当 $b=3$ 时，有 $2\times 3^2+9=27=3^3$.

假设 $2b^2+9\leqslant 3^b(b\geqslant 3)$，则

$$2(b+1)^2+9<(2b^2+9)\left(\frac{b+1}{b}\right)^2\leqslant$$

$$3^b\left(\frac{4}{3}\right)^2=3^b\times\frac{16}{9}<3^{b+1}$$

其中用此结论也可以证明：

当 $b\geqslant 3$ 时，$2b^2<3^b$.

对于 $a\geqslant 4,b\geqslant 1$，得

$$7^a+3^b>8a^4+2b^2$$

上式不可能成立. 因此，$a\leqslant 3$.

(1)当 $a=1$ 时，$k=2$.

由 $8+2b^2\geqslant 7+3^b$，得 $2b^2+1\geqslant 3^b$. 这只可能在 $b\leqslant$ 2 时成立.

若 $b=1$，则 $n=2$，$\frac{k^4+n^2}{7^k-3^n}=\frac{2^4+2^2}{7^2-3^2}=\frac{1}{2}$ 不是整数.

若 $b=2$，则 $n=4$，$\frac{k^4+n^2}{7^k-3^n}=\frac{2^4+4^2}{7^2-3^4}=-1$.

所以，$(k,n)=(2,4)$ 是一个解.

(2)当 $a=2$ 时，$k=4$，则

$$k^4+n^2=256+4b^2\geqslant|7^4-3^n|=$$
$$|49-3^b|(49+3^b)$$

由于$|49-3^b|$的最小值为 22,且当 $b=3$ 时取到,因此,$128+2b^2\geqslant11(49+3^b)$,这与 $3^b>2b^2$ 矛盾.

(3)当 $a=3$ 时,$k=6$,则

$$k^4+n^2=1\ 296+4b^2\geqslant$$
$$|7^6-3^n|=$$
$$|343-3^b|(343+3^b)$$

类似的,由于$|343-3^b|\geqslant100$,且当 $b=5$ 时取到等号,因此,$324+b^2\geqslant25(343+3^b)$,矛盾.

综上所述,满足条件的解为(2,4).

例 32　证明:前 n 个正整数的乘积能被它们的和整除的充要条件是:$n+1$ 不是一个奇素数.

(1992 年加拿大数学奥林匹克竞赛题)

证法 1　前 n 个自然数的和与积分别为$\frac{n(n+1)}{2}$与 $n!$.

先证充分性:若 $n+1$ 不是奇素数,则$\frac{n(n+1)}{2}\Big|n!$.

(1)若 $n+1$ 为偶数,则 n 为奇数.

当 $n=1$ 时,结论显然成立.

当 $n\geqslant3$ 时,有$\frac{n+1}{2}\leqslant n-1$,故$\frac{n+1}{2}\Big|(n-1)!$,从而$\frac{n(n+1)}{2}\Big|n!$.

(2)若 $n+1$ 为奇合数,则 n 为偶数.设 $n+1=ml$,其中 m,l 均是大于 3 的奇数,从而 $m,l<\frac{n}{2}$.

若 $m\neq l$,则$\frac{n}{2}\cdot m\cdot l|n!$,即$\frac{n(n+1)}{2}\Big|n!$.

若$m=l$，则当$m=3$时，$n=8$，此时有$\frac{n(n+1)}{2}=36|8!$.

当$m\geqslant 4$时，有$3m<n$，所以$m,2m,\frac{n}{2}$或者$m,3m,\frac{n}{2}$是3个互不相同且小于n的自然数，因此也有$\frac{n(n+1)}{2}=\frac{n}{2}\cdot m^2|n!$.

再证必要性：若$\left.\frac{n(n+1)}{2}\right|n!$，则$n+1$不是奇素数.

若不然，$n+1$是奇素数，则$n+1\nmid n!$，从而$\frac{n(n+1)}{2}\nmid n!$，矛盾. 故结论得证.

评注 本题的关键在于充分性的证明中$n+1$为奇合数的情形，以下再给出该情形的两种不同证法.

证法2 设$n+1=ml$，则有$m,l\leqslant\frac{n+1}{3}\leqslant n-1$.

若$m\neq l$，则$ml|(n-1)!$，从而$\left.\frac{n(n+1)}{2}\right|n!$.

若$m=l=p$，则

$$p\geqslant 3$$

$$n-1=p^2-2\geqslant 3p-2=2p+(p-2)>2p$$

则$(n-1)!$为多于$2p$个连续自然数的乘积，因此有$p^2|(n-1)!$，从而$\left.\frac{n(n+1)}{2}\right|n!$.

证法3 设$n+1=ml$，m,l为奇数，且$3\leqslant m\leqslant l$，则

$$n\geqslant 9$$

$$m<2l\leqslant\frac{2}{3}(n+1)=n-1+\frac{5-n}{3}<n-1$$

所以 $2ml\mid(n-1)!$，则 $ml\mid(n-1)!$，从而$\left.\frac{n(n+1)}{2}\right|n!$.

例 33　对于正整数 m 与 k，定义 $F(n,k)=\sum\limits_{r=1}^{n}r^{2k-1}$.

求证：$F(n,1)$ 可以整除 $F(n,k)$.

（1986 年加拿大数学奥林匹克竞赛题）

证明　注意到，当 n 为正奇数时，a^n+b^n 都被 $a+b$ 整除. 对 n 分奇偶数讨论：

(1) 当 n 为偶数时，设 $n=2t$，则

$$F(n,1)=F(2t,1)=\sum_{r=1}^{2t}r=t(2t+1)$$

$$F(2t,k)=\sum_{r=1}^{2t}r^{2k-1}=$$

$$\sum_{r=1}^{t}r^{2k-1}+\sum_{r=1}^{t}(2t+1-r)^{2k-1}=$$

$$\sum_{r=1}^{t}[r^{2k-1}+(2t+1-r)^{2k-1}]$$

注意到 $r^{2k-1}+(2t+1-r)^{2k-1}$ 能被 $r+(2t+1-r)=2t+1$ 整除，于是 $F(2t,k)$ 能被 $2t+1$ 整除.

另一方面，有

$$F(2t,k)=\sum_{r=1}^{t-1}[r^{2k-1}+(2t-r)^{2k-1}]+t^{2k-1}+(2t)^{2k-1}$$

注意到 $r^{2k-1}+(2t-r)^{2k-1}$ 能被 $r+(2t-r)=2t$ 整除，于是 $F(2t,k)$ 能被 t 整除.

又因为 $F(2t,1)=t(2t+1)$，以及 t 与 $2t+1$ 互素，所以 $F(2t,k)$ 能被 $F(2t,1)$ 整除.

(2) 当 n 为奇数时，设 $n=2t+1$，则

$$F(2t+1,1)=\sum_{r=1}^{2t+1} r=(t+1)(2t+1)$$

$$F(2t+1,k)=\sum_{r=1}^{t}\left[r^{2k-1}+(2t+2-r)^{2k-1}\right]+(t+1)^{2k-1}$$

注意到 $r^{2k-1}+(2t+2-r)^{2k-1}$ 能被 $r+(2t+2-r)=2t+2$ 整除，于是 $F(2t+1,k)$ 能被 $t+1$ 整除.

另一方面，有

$$F(2t+1,k)=\sum_{r=1}^{t}\left[r^{2k-1}+(2t+1-r)^{2k-1}\right]+(2t+1)^{2k-1}$$

由于 $r^{2k-1}+(2t+1-r)^{2k-1}$ 能被 $r+(2t+1-r)=2t+1$ 整除，于是 $F(2t+1,k)$ 能被 $2t+1$ 整除.

又因为 $F(2t+1,1)=(t+1)(2t+1)$，以及 $t+1$ 与 $2t+1$ 互素，所以 $F(2t+1,k)$ 能被 $F(2t+1,1)$ 整除.

综上所述，$F(n,k)$ 能被 $F(n,1)$ 整除.

例 34 四位数 m 和 n 互为反序的正整数，且 $m+n=18k+9(k\in\mathbf{N}^*)$，$m,n$ 分别有 16 个、12 个正因数（包括 1 和本身），n 的素因数也是 m 的素因数，但 n 的素因数比 m 的素因数少一个. 求 m 的所有可能值.

解 设 $m=\overline{abcd}$，$ad\neq 0$，则 $n=\overline{dcba}$. 由 $m+n=9(2k+1)$，则 $9\mid(m+n)$. 故

$$9\mid[(1\ 000a+100b+10c+d)+(1\ 000d+100c+10b+a)]$$

$$9\mid 2(a+b+c+d),9\mid(a+b+c+d)$$

于是，$9\mid m$，$9\mid n$.

由 $m+n$ 为奇数，知 m 与 n 一奇一偶.

若 n 为偶数，即 $2\mid n$，则 $2\mid m$，m 为偶数，矛盾.

因此，m 为偶数，n 为奇数.

记 m 分解素因数后，3 的个数为 α_1，2 的个数为

α_2，则 $\alpha_1 \geqslant 2, \alpha_2 \geqslant 1$.

由因数个数定理得

$$[(\alpha_1+1)(\alpha_2+1)] \mid 16$$

于是，$(\alpha_1+1) \mid 8, \alpha_1+1 \geqslant 3$.

所以，$\alpha_1+1=4$ 或 $8, \alpha_1=3$ 或 7.

故 m 至多有三个素因数.

于是，n 至多含有两个素因数，3 是 n 的一个素因数.

若 n 只有一个素因数，则这个素因数为 3. 从而，$n=3^{11}>10\ 000$，与 n 是四位数相矛盾.

因此，n 含有两个素因数.

设 n 的另一个素因数为 p.

因为 $9 \mid n$，所以

$$n=3^2 p^3 \text{ 或 } 3^3 p^2 \text{ 或 } 3^5 p \quad (p>3)$$

故

$$m=2^{\alpha_2} 3^{\alpha_1} p^{\alpha_3} \quad (\alpha_1, \alpha_2, \alpha_3 \in \mathbf{N}^*)$$

又 $(\alpha_2+1)(\alpha_1+1)(\alpha_3+1)=16$，则

$$\alpha_1=3, \alpha_2=\alpha_3=1$$

即 $m=54p$.

由 $m \geqslant 1\ 000$，知 $p \geqslant 19$.

此时，$3^2 p^3$ 的值大于 9 999.

当 $p=19$ 时，$3^3 p^2=9\ 747$.

而 $m=54p=1\ 026$ 不互为反序数，于是，$p \geqslant 23$. 此时，$3^3 p^2>9\ 999$.

因此，$n=3^5 p$. 于是

$$\frac{m}{n}=\frac{2}{9} \Rightarrow 9m=2n$$

$$9(1\ 000a+100b+10c+d)=2(1\ 000d+100c+10b+a)$$

$$818a+80b=181d+10c \quad ①$$

$$818a\leqslant 181\times 9+10\times 9=1\ 719<3\times 818$$

故 $a<3$.

因为 n 为奇数,所以 a 为奇数.故 $a=1$.

由式①得

$$d=\frac{818+80b-10c}{181}\geqslant\frac{818-10\times 9}{181}=4\frac{4}{181}$$

因为 m 为偶数,所以 d 为偶数.

于是,$d=6$ 或 8.

当 $d=6$ 时,由式①得

$$880b-110c=2\ 948$$

因为 $5|(80b-10c)$,所以,$d=8$.

因此可得

$$8b-c=63,8b=63+c\geqslant 63,b\geqslant 7\frac{7}{8}$$

于是, $b=8$ 或 9.

当 $b=8$ 时,$c=1$;

当 $b=9$ 时,$c=9$.

于是,$m=1\ 818$ 或 $1\ 998$.

因为 $27|m$,所以,$m\neq 1\ 818$.

又 $m=1\ 998=2\times 3^3\times 37$,$n=8\ 991=3^5\times 37$ 符合题意.

因此,$m=1\ 998$.

例 35 设 $p(k)$是正整数 k 的最大奇约数,证明:对于每个正整数 n,有

$$\frac{2}{3}n<\sum_{k=1}^{n}\frac{p(k)}{k}<\frac{2}{3}(n+1).$$

(2004 年匈牙利数学奥林匹克竞赛题)

证明 对 n 用数学归纳法.

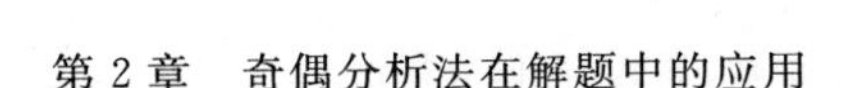

当 $n=1$ 时，$\sum\limits_{k=1}^{n}\dfrac{p(k)}{k}=1$.

显然，$\dfrac{2}{3}\times 1<1<\dfrac{2}{3}\times(1+1)$ 成立.

假设当 $n\leqslant t$ 时，结论都成立.

当 $n=t+1$ 时：

(1) 当 $t+1$ 为偶数时，设 $t+1=2m$，则

$$\begin{aligned}\sum_{k=1}^{t+1}\frac{p(k)}{k}=\sum_{k=1}^{2m}\frac{p(k)}{k}&=\\ &\sum_{i=1}^{m}\frac{p(2i-1)}{2i-1}+\sum_{j=1}^{m}\frac{p(2j)}{2j}=\\ &m+\sum_{j=1}^{m}\frac{p(j)}{2j}=\\ &m+\frac{1}{2}\sum_{j=1}^{m}\frac{p(j)}{j}\end{aligned}$$

因为 $m=\dfrac{t+1}{2}\leqslant t$，由归纳假设有

$$\frac{2}{3}m<\sum_{j=1}^{m}\frac{p(j)}{j}<\frac{2}{3}(m+1)$$

因为

$$\sum_{k=1}^{t+1}\frac{p(k)}{k}=m+\frac{1}{2}\sum_{j=1}^{m}\frac{p(j)}{j}$$

所以

$$\frac{1}{3}m+m<\sum_{k=1}^{t+1}\frac{p(k)}{k}<\frac{1}{3}(m+1)+m$$

即

$$\frac{4}{3}m<\sum_{k=1}^{t+1}\frac{p(k)}{k}<\frac{4}{3}m+\frac{1}{3}$$

则

$$\frac{2}{3}(t+1)<\sum_{k=1}^{t+1}\frac{p(k)}{k}<\frac{2}{3}(t+1)+\frac{1}{3}<\frac{2}{3}(t+2)$$

这时,结论成立.

(2) 当 $t+1$ 为奇数时,设 $t+1=2m+1$,则

$$\sum_{k=1}^{t+1}\frac{p(k)}{k}=\sum_{k=1}^{2m+1}\frac{p(k)}{k}=$$

$$\sum_{i=1}^{m+1}\frac{p(2i-1)}{2i-1}+\sum_{j=1}^{m}\frac{p(2j)}{2j}=$$

$$m+1+\frac{1}{2}\sum_{j=1}^{m}\frac{p(j)}{j}$$

因为 $m=\frac{t}{2}\leqslant t$,由归纳假设有

$$\frac{2}{3}m<\sum_{j=1}^{m}\frac{p(j)}{j}<\frac{2}{3}(m+1)$$

因为

$$\sum_{k=1}^{t+1}\frac{p(k)}{k}=m+1+\frac{1}{2}\sum_{j=1}^{m}\frac{p(j)}{j}$$

所以

$$\frac{1}{3}m+m+1<\sum_{k=1}^{t+1}\frac{p(k)}{k}<m+1+\frac{1}{3}(m+1)$$

即

$$\frac{4}{3}m+1<\sum_{k=1}^{t+1}\frac{p(k)}{k}<\frac{4}{3}m+\frac{4}{3}$$

则

$$\frac{2}{3}t+1<\sum_{k=1}^{t+1}\frac{p(k)}{k}<\frac{2}{3}t+\frac{4}{3}$$

故

$$\frac{2}{3}(t+1)<\sum_{k=1}^{t+1}\frac{p(k)}{k}<\frac{2}{3}(t+2)$$

结论亦成立.

故对任意的 $n\in\mathbf{Z}_+$,有

$$\frac{2}{3}n<\sum_{k=1}^{n}\frac{p(k)}{k}<\frac{2}{3}(n+1)$$

例 36　设 $1<k_1<k_2<\cdots<k_n$,k_i,$a_i(1\leqslant i\leqslant n)$ 都是整数,对于每个整数 N,存在 $i(1\leqslant i\leqslant n)$,使得 $k_i\mid(N-a_i)$. 试求满足条件的 n 的最小值.

(2009 年土耳其数学奥林匹克竞赛题)

解　每个整数 N 至少满足

$$N\equiv 0(\mathrm{mod}\ 2)$$
$$N\equiv 1(\mathrm{mod}\ 3)$$
$$N\equiv 3(\mathrm{mod}\ 4)$$
$$N\equiv 5(\mathrm{mod}\ 6)$$
$$N\equiv 9(\mathrm{mod}\ 12)$$

中的一个.

因此,$n=5$.

接下来证明:当 $n\leqslant 4$ 时,不满足条件.

设 K 为 $k_1,k_2,\cdots,k_n$ 的最小公倍数.

因为 $1\sim k$ 中最多有$\frac{K}{k_1}+\frac{K}{k_2}+\cdots+\frac{K}{k_n}$ 个整数至少满足 $x\equiv a_i(\mathrm{mod}\ k_i)$ 中的一个,所以,若每个整数也至少满足上述同余式中的一个,则

$$\frac{1}{k_1}+\frac{1}{k_2}+\cdots+\frac{1}{k_n}\geqslant 1$$

假设 $1<k_1<k_2<\cdots<k_n$ 和 $a_1,a_2,\cdots,a_n$ 满足已知条件,且 $n\leqslant 4$ 有最小值.

若

$$\frac{1}{k_1}+\frac{1}{k_2}+\cdots+\frac{1}{k_n}\leqslant\frac{1}{3}+\frac{1}{4}+\frac{1}{5}+\frac{1}{6}=\frac{19}{20}<1$$

则 $k_1=2$.

不失一般性,假设 $a_1=1$.

当 $2\leqslant i\leqslant n$ 时,若 k_i 是奇数,设

$$k'_i=k_i,a'_i\equiv 2^{-i}a_i \pmod{k_i}$$

若 k_i 是偶数,设 $k'_i=\frac{k_i}{2},a'_i=\frac{a_i}{2}$.

则当 k_i 互不相等时,$k'_2,k'_3,\cdots,k'_n,a'_2,a'_3,\cdots,a'_n$ 满足已知条件.

由 n 的极小性知 $n=4$.

所以

$$(k_2,k_3,k_4)=(2m+1,4m+2,k)$$

若 k 是奇数,则

$$(k'_2,k'_3,k'_4)=(2m+1,2m+1,k)$$

$$\frac{2}{2m+1}+\frac{1}{k}\geqslant 1$$

又 $\frac{2}{2m+1}+\frac{1}{k}\leqslant\frac{2}{3}+\frac{1}{5}=\frac{13}{15}<1$,矛盾.

若 k 是偶数,则

$$(k'_2,k'_3,k'_4)=\left(2m+1,2m+1,\frac{k}{2}\right)$$

$$\frac{2}{2m+1}+\frac{2}{k}\geqslant 1$$

若 $2m+1\geqslant 5$ 或 $2m+1=3,k\geqslant 8$,则

$$\frac{2}{5}+\frac{2}{4}=\frac{9}{10}<1 \text{ 和 } \frac{2}{3}+\frac{2}{8}=\frac{11}{12}<1$$

矛盾.

当 $2m+1=3$ 和 $k=4$ 时,有

$$(k'_2,k'_3,k'_4)=(3,3,2)$$

而所有的整数的模 3 同余类不可能都是奇数或偶数,矛盾.

例 37　一个摆动数是一个正整数，它的各位数字在十进制下，非零与零交替出现，个位数非零. 确定所有正整数，它不能整除任何摆动数.

（1994 年国际数学奥林匹克预选题）

解　如果正整数 n 是 10 的倍数，那么 n 的末位数是 0，因此这样的 n 不能整除任何摆动数.

如果正整数 n 是 25 的倍数，则 n 的末两位数是 25，50，75，00，因此，这样的 n 不能整除任何摆动数.

下面证明上述这两种数是不能整除任何摆动数的所有的正整数.

我们首先考虑奇数 m，且 m 不是 5 的倍数. 这时有 m 与 10 互素，即 $(m,10)=1$. 于是

$$(10^k-1,10)=l,((10^k-1)m,10)=1$$

由欧拉定理，存在一个正整数 l，使得

$$10^l\equiv 1(\bmod\ (10^k-1)m) \quad ①$$

那么，对任何正整数 t，有

$$10^{tl}\equiv 1(\bmod\ (10^k-1)m) \quad ②$$

而

$$10^{tl}-1=(10^t-1)(10^{t(l-1)}+10^{t(l-2)}+\cdots+10^t+1)=(10^t-1)x_t \quad ③$$

这里

$$x_t=10^{t(l-1)}+10^{t(l-2)}+\cdots+10^t+1$$

令 $t=k$，则由 ② 和 ③，x_k 应当是 m 的一个倍数.

特别的，$k=2$，即对 x_2，应是 m 的一个倍数. 于是

$$x_2=10^{2(l-1)}+10^{2(l-2)}+\cdots+10^2+1 \quad ④$$

可见 x_2 是一个摆动数. 因此，对奇数 m，且 m 不是 5 的倍数时，这种 m 不是题目中所求的数.

下面考虑 m 是 5 的倍数，但不是 25 的倍数的奇数 m.

这时 $m=5m_1$，m_1 是奇数，且 $5\nmid m_1$.

由上面，存在摆动数 x_2，x_2 是 m_1 的倍数，于是 $5x_2$ 还是一个摆动数，而 $5x_2$ 是 $5m_1$ 的倍数，即 $5x_2$ 是 m 的倍数.

由以上，当 m 是奇数，且不是 25 的倍数时，不是题目中所要求的数.

现在考虑 m 是 2 的幂的情况. 我们用数学归纳法证明：对正整数 t，2^{2t+1} 有一个摆动数 w_t，w_t 为 2^{2t+1} 的倍数，且 w_t 的各位数字中，恰有 t 个非零数字.

对 $t=1$，取 $w_1=8=2^3$，$2^3\mid w_1$.

对 $t=2$，取 $w_2=608$，$2^5\mid w_2$.

假设对 $t\geqslant 2$，存在摆动数 w_t，设 $w_t=2^{2t+1}d$，其中 d 是一个正整数.

那么，对 $t+1$，取 $w_{t+1}=10^{2t}c+w_t$. 这里 c 是一个待定的正整数，且 $c\in\{1,2,3,\cdots,9\}$.

由于 w_t 是一个 $2t-1$ 位摆动数，则 w_{t+1} 是一个 $2t+1$ 位摆动数，且恰有 $t+1$ 个非零数字. 于是

$$w_{t+1}=2^{2t+1}d+10^{2t}c=2^{2t}(2d+5^{2t}c)$$

这样，当且仅当 $8\mid(5^{2t}c+2d)$ 时，取 $c\equiv 6d \pmod 8$，在 $\{1,2,\cdots,8\}$ 中，这样的 c 必存在，且 c 为偶数，于是可记 $c=8s+6d$. 因此

$$\begin{aligned}5^{2t}c+2d=&5^{2t}(8s+6d)+2d=\\&(8\times 3+1)(8s+6d)+2d\equiv\\&0 \pmod 8\end{aligned}$$

从而 $2^{2t+3}\mid w_{t+1}$.

因此，2 的幂都有一个摆动数是它的倍数，所以，这样的数不是所要求的数.

最后考虑形如 $2^t m$ 的正整数，这里 t 是一个正整

数，m 是一个不是 5 的倍数的奇数.

由前所证，存在一个摆动数 w_t，w_t 是 $2t-1$ 位数，使得 $2^{2t+1} \mid w_t$.

在式③中，用 $2t$ 代替 t，并含 $k=2t$，就得到正整数 x_{2t}，则 $x_{2t}w_t$ 是 $2^t m$ 的倍数，且 $x_{2t}w_t$ 是一个摆动数.

综合以上，符合题目要求的 n，只有 n 是 10 的倍数，或是 25 的倍数.

例 38　求所有的正整数 n，使得存在正整数数列 $a_1,a_2,\cdots,a_n$，对于每一个正整数 $k(2\leqslant k\leqslant n-1)$，有

$$a_{k+1}=\frac{a_k^2+1}{a_{k-1}+1}-1$$

(2009 年 IMO 预选题)

解　当 $n=1,2,3,4$ 时，这样的数列是存在的. 事实上，若对于某个 n，这样的数列存在，则对于所有项数比 n 小的数列也存在.

给出一个当 $n=4$ 时的例子

$$a_1=4,a_2=33,a_3=217,a_4=1\ 384$$

下面证明：当 $n\geqslant 5$ 时，这样的数列不存在.

事实上，只要证明当 $n=5$ 时这样的数列不存在即可.

假设当 $n=5$ 时，存在满足条件的正整数数列 a_1，a_2,a_3,a_4,a_5，且有

$$a_2^2+1=(a_1+1)(a_3+1) \quad ①$$

$$a_3^2+1=(a_2+1)(a_4+1) \quad ②$$

$$a_4^2+1=(a_3+1)(a_5+1) \quad ③$$

假设 a_1 为奇数，则由式①得 a_2 也为奇数. 于是

$$a_2^2+1\equiv 2(\bmod 4)$$

从而，a_3+1 为奇数，即 a_3 为偶数，这与式②矛盾.

因此，a_1 为偶数.

若 a_2 为奇数，用类似的方法得出与式 ③ 矛盾，因此，a_2 也是偶数. 进而，分别由式 ①②③ 得 a_3，a_4，a_5 均为偶数.

设 $x = a_2$，$y = a_3$，则

$$(x+1) \mid (y^2+1)$$

$$(y+1) \mid (x^2+1)$$

下面证明：不存在正偶数 x，y 满足这两个条件.

若不然，则

$$(x+1) \mid (y^2+1+x^2-1)$$

即

$$(x+1) \mid (x^2+y^2)$$

类似的，得

$$(y+1) \mid (x^2+y^2)$$

设 d 是 $x+1$ 与 $y+1$ 的最大公因数，则

$$d \mid [(x^2+1)+(y^2+1)-(x^2+y^2)] = 2$$

因为 $x+1$ 与 $y+1$ 均为奇数，所以，$d=1$，即 $x+1$ 与 $y+1$ 互素. 故存在正整数 k 使得

$$k(x+1)(y+1) = x^2+y^2$$

假设 (x_1, y_1) 是满足上式的正偶数解且满足 $x_1 + y_1$ 最小，不妨假设 $x_1 \geqslant y_1$. 于是，x_1 是二次方程

$$x^2 - k(y_1+1)x + y_1^2 - k(y_1+1) = 0$$

的一个解.

设另一个解为 x_2. 由韦达定理得

$$x_1 + x_2 = k(y_1+1)$$

$$x_1 x_2 = y_1^2 - k(y_1+1)$$

若 $x_2 = 0$，则 $y_1^2 = k(y_1+1)$，这是不可能的(因为 $y_1+1>1$，y_1^2 与 y_1+1 互素). 因此

$$x_2 \neq 0$$

因为

$$(x_1+1)(x_2+1) = x_1x_2 + x_1 + x_2 + 1 = y_1^2 + 1$$

为奇数，所以，x_2 一定是正偶数，且有

$$x_2 + 1 = \frac{y_1^2+1}{x_1+1} \leqslant \frac{y_1^2+1}{y_1+1} \leqslant y_1 \leqslant x_1$$

这表明，数对(x_2, y_1)是

$$k(x+1)(y+1) = x^2 + y^2$$

的另一对正偶数解，且满足

$$x_2 + y_1 < x_1 + y_1$$

与(x_1, y_1)的选取矛盾.

例 39　如果一个正整数的十进制表示中，任何两个相邻数字的奇偶性不同，那么称这个正整数为交替数. 试求出所有的正整数 n，使得至少有一个 n 的倍数为交替数.　　（2004 年 IMO 预选题）

解　为了解决此题先证明两个引理.

引理 1　对 $k \geqslant 1$，存在 $0 \leqslant a_1, a_2, \cdots, a_{2k} \leqslant 9$，使得 $a_1, a_3, \cdots, a_{2k-1}$ 是奇数，$a_2, a_4, \cdots, a_{2k}$ 是偶数，且 $2^{2k+1} \mid \overline{a_1a_2\cdots a_{2k}}$（表示十进制数）.

引理 1 的证明　对 k 进行归纳.

当 $k=1$ 时，由 $8 \mid 16$ 知命题成立.

假设当 $k=n-1$ 时命题成立.

当 $k=n$ 时，设$\overline{a_1a_2\cdots a_{2n-2}} = 2^{2n-1}t$（归纳假设）. 只要证明存在 $0 \leqslant a, b \leqslant 9$，$a$ 为奇数，b 为偶数，且

$$2^{2n+1} \mid (\overline{ab} \times 10^{2n-2} + 2^{2n-1}t)$$

即

$$8 \mid (\overline{ab} \times 5^{2n-2} + 2t)$$

亦即

$$8 \mid (\overline{ab} + 2t)$$

(因为 $5^{2n-2} \equiv 1 \pmod 8$).

由

$$8 \mid (12+4), 8 \mid (14+2), 8 \mid (16+0), 8 \mid (10+6)$$

可知引理 1 成立.

引理 2 对 $k \geqslant 1$，存在一个 $2k$ 位的交替数 $\overline{a_1 a_2 \cdots a_{2k}}$，其末位为奇数，且 $5^{2k} \mid \overline{a_1 a_2 \cdots a_{2k}}$（这里 a_1 可以为 0).

引理 2 的证明 对 k 进行归纳.

当 $k=1$ 时，由 $25 \mid 25$ 知命题成立.

假设当 $k-n-1$ 时命题成立，即存在交替数 $\overline{a_1 a_2 \cdots a_{2n-2}}$ 满足 $5^{2n-2} \mid \overline{a_1 a_2 \cdots a_{2n-2}}$.

此时只需证明存在 $0 \leqslant a, b \leqslant 9$，$a$ 为偶数，b 为奇数，且 $5^{2n} \mid (\overline{ab} \times 10^{2n-2} + t \times 5^{2n-2})$（设 $\overline{a_1 a_2 \cdots a_{2n-2}} = t \times 5^{2n-2}$)，即

$$25 \mid (\overline{ab} \times 2^{2n-2} + t)$$

由 $(2^{2n-2}, 25) = 1$ 知，存在 $0 < \overline{ab} \leqslant 25$，使得

$$25 \mid (\overline{ab} \times 2^{2n-2} + t)$$

若此时 b 为奇数，则 $\overline{ab}$，$\overline{ab}+50$ 中至少有一个首位为偶数且满足条件.

若 b 为偶数，则 $\overline{ab}+25$，$\overline{ab}+75$ 中至少有一个首位为偶数且满足条件.

故引理 2 得证.

下面来解决原题.

设 $n = 2^{\alpha} \cdot 5^{\beta} \cdot t$，$(t, 10) = 1$，$\alpha, \beta \in \mathbf{N}$.

若 $\alpha \geqslant 2$，$\beta \geqslant 1$，则对 n 的任一个倍数 l，l 的末位数为 0，且十位数是偶数. 因此，n 不满足要求.

(1) 当 $\alpha = \beta = 0$ 时，考虑数

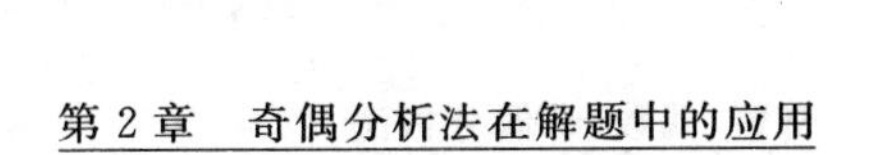

$$21,2\,121,212\,121,\cdots,\underbrace{2121\cdots21}_{k\text{个}21},\cdots$$

其中必有两个模 n 同余,不妨设 $t_1 > t_2$ 且

$$\underbrace{2121\cdots21}_{t_1\text{个}21} \equiv \underbrace{2121\cdots21}_{t_2\text{个}21}(\bmod n)$$

则

$$\underbrace{2121\cdots21}_{t_1-t_2\text{个}21}\underbrace{00\cdots0}_{2t_2\text{个}0} \equiv (\bmod n)$$

因为$(n,10)=1$,所以

$$\underbrace{2121\cdots21}_{t_1-t_2\text{个}21} \equiv 0(\bmod n)$$

此时 n 满足要求.

(2) 当 $\beta=0,\alpha\geqslant 1$ 时,由引理 1 知存在交替数 $\overline{a_1a_2\cdots a_{2k}}$ 满足 $2^\alpha \mid \overline{a_1a_2\cdots a_{2k}}$. 考察

$$\overline{a_1a_2\cdots a_{2k}},\overline{a_1a_2\cdots a_{2k}a_1a_2\cdots a_{2k}},\cdots,$$
$$\underbrace{\overline{a_1a_2\cdots a_{2k}a_1a_2\cdots a_{2k}\cdots a_1a_2\cdots a_{2k}}}_{l\text{个}},\cdots$$

其中必有两个模 t 同余,不妨设 $t_1 > t_2$,且

$$\underbrace{\overline{a_1a_2\cdots a_{2k}\cdots a_1a_2\cdots a_{2k}}}_{t_1\text{个}} \equiv \underbrace{\overline{a_1a_2\cdots a_{2k}\cdots a_1a_2\cdots a_{2k}}}_{t_2\text{个}}(\bmod t)$$

因为$(t,10)=1$,所以

$$\underbrace{\overline{a_1a_2\cdots a_{2k}\cdots a_1a_2\cdots a_{2k}}}_{t_1-t_2\text{个}} \equiv 0(\bmod t)$$

又因为$(t,2)=1$,所以

$$2^\alpha t \mid \underbrace{\overline{a_1a_2\cdots a_{2k}\cdots a_1a_2\cdots a_{2k}}}_{t_1-t_2\text{个}}$$

且此数为交替数.

(3) 当 $\alpha=0,\beta\geqslant 1$ 时,由引理 2 知存在交替数 $\overline{a_1a_2\cdots a_{2k}}$ 满足 $5^\beta \mid \overline{a_1a_2\cdots a_{2k}}$,且 a_{2k} 是奇数.

同(2) 可得存在 $t_1 > t_2$ 满足

$$t \mid \underbrace{\overline{a_1a_2\cdots a_{2k}\cdots a_1a_2\cdots a_{2k}}}_{t_1-t_2\text{个}}$$

因为$(5,t)=1$,所以

$$5^{\beta}t \mid \underbrace{\overline{a_1a_2\cdots a_{2k}\cdots a_1a_2\cdots a_{2k}}}_{t_1-t_2\text{个}}$$

且此数为交替数,末位数 a_{2k} 为奇数.

(4) 当 $\alpha=1,\beta\geqslant 1$ 时,由(3)知存在交替数 $\overline{a_1a_2\cdots a_{2k}\cdots a_1a_2\cdots a_{2k}}$ 满足 a_{2k} 是奇数,且

$$5^{\beta}t \mid \overline{a_1a_2\cdots a_{2k}\cdots a_1a_2\cdots a_{2k}}$$

从而

$$2\times 5^{\beta}t \mid \overline{a_1a_2\cdots a_{2k}\cdots a_1a_2\cdots a_{2k}0}$$

且此数为交替数.

综上所述,满足条件的 n 为 $20\nmid n,n\in\mathbf{N}^*$.

例 40 已知 n 是一个给定的大于1的自然数,求 n 元正整数组 $a_1,a_2,\cdots,a_n$ 的数目,其中,$a_1,a_2,\cdots,a_n$ 两两不同,且两两互素,并满足对于任意的 $i(1\leqslant i\leqslant n)$,有

$$(a_1+a_2+\cdots+a_n)\mid(a_1^i+a_2^i+\cdots+a_n^i)$$

(2006年伊朗国家队选拔考试题)

解 设 $c_i=\gcd\left(a_i,\sum_{j=1}^{n}a_j\right)$.

易证 $\sum_{j=1}^{n}a_j \mid k\sigma_k$,其中,$\sigma_k$ 表示 $\sum_{\substack{T\subseteq\{1,2,\cdots,n\}\\ |T|=k}}\prod_{j\in T}a_j$.

则 $\sum_{i=1}^{n}a_j \mid n\sigma_n$.

从而,$\sum_{j=1}^{n}a_j \mid n\prod_{j=1}^{n}a_j$.

因为 $\gcd(a_i,a_j)=1(i\neq j)$,所以

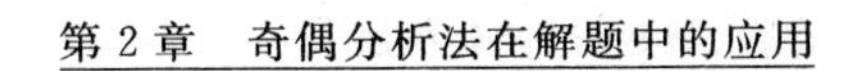

$$\sum_{j=1}^{n} a_j \mid n\prod_{i=1}^{n} c_i$$

从而，$\sum\limits_{j=1}^{n} a_j \mid (n-1)\sigma_{n-1}$.

又 $c_i \mid \sum\limits_{j=1}^{n} a_j$，所以

$$c_i \mid (n-1)\sigma_{n-1}$$

从而，$c_i \mid (n-1)\prod\limits_{j\neq i} a_j$.

因为 $\gcd(c_i, c_j) = 1 (i \neq j)$，则 $c_i \mid (n-1)$.

所以，$\prod\limits_{i=1}^{n} c_i \mid (n-1)$.

从而，$\sum\limits_{j=1}^{n} a_j \mid n(n-1)$.

又 $a_1, a_2, \cdots, a_n$ 两两不同，则

$$\sum_{j=1}^{n} a_j \geqslant \frac{n(n+1)}{2}$$

所以，$\sum\limits_{j=1}^{n} a_j = n(n-1)$.

(1) 若 n 为偶数，且 $2 \mid \sum\limits_{j=1}^{n} a_j$，同时 $a_1, a_2, \cdots, a_n$ 中至多有一个偶数. 若有一个偶数，则 $\sum\limits_{j=1}^{n} a_j$ 为奇数，矛盾. 所以，$a_1, a_2, \cdots, a_n$ 均为奇数.

故 $\sum\limits_{j=1}^{n} a_j \geqslant \sum\limits_{j=1}^{n} (2j-1) = n^2 > n(n-1)$，无解.

(2) 若 n 为奇数，且当 $n \geqslant 9$ 时，$a_1, a_2, \cdots, a_n$ 中恰有一个偶数.

若 $3 \in \{a_1, a_2, \cdots, a_n\}$，则 $9 \notin \{a_1, a_2, \cdots, a_n\}$.

故

$$\sum_{j=1}^{n} a_j \geqslant 1+2+3+5+7+11+13+\cdots+(2n-1)=$$
$$n^2-7>n(n-1)$$

无解.

若 $3 \notin \{a_1, a_2, \cdots, a_n\}$，则

$$\sum_{j=1}^{n} a_j \geqslant 1+2+5+7+9+\cdots+(2n-1)=$$
$$n^2-1>n(n-1)$$

无解.

当 $n=3$ 时

$$a_1+a_2+a_3 \geqslant 1+2+3=6=3(3-1)$$

所以

$$\{a_1, a_2, a_3\}=\{1,2,3\}$$

但当 $i=2$ 时

$$(a_1+a_2+a_3) \nmid (a_1^2+a_2^2+a_3^2)$$

无解.

当 $n=5$ 时

$$a_1+a_2+a_3+a_4+a_5=20$$

不妨设 $a_1<a_3<a_4<a_5$ 为奇数，a_2 为偶数.

又

$$a_1+a_2+a_3+a_4+a_5 \geqslant 1+2+3+5+7=18$$

则

$$(a_1-1)+(a_2-2)+(a_3-3)+(a_4-5)+(a_5-7)=2$$

由此得

$$a_5=9, a_1=1, a_2=2, a_3=3, a_4=5(\text{舍})$$

或

$$a_2=4, a_1=1, a_3=3, a_4=5, a_5=7$$

但当 $i=4$ 时

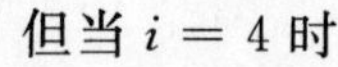

$$\sum_{j=1}^{5} a_j \nmid \sum_{j=1}^{5} a_j^4$$

无解.

当 $n=7$ 时,若 $3 \in \{a_1,a_2,\cdots,a_7\}$,则

$$9 \notin \{a_1,a_2,\cdots,a_7\}$$

故

$$\sum_{j=1}^{7} a_j \geqslant 1+2+3+5+7+11+13=42=7(7-1)$$

所以

$$\{a_1,a_2,\cdots,a_7\}=\{1,2,3,5,7,11,13\}$$

但当 $i=6$ 时,$42 \nmid \sum_{j=1}^{7} a_j^6$,矛盾,因此,无解.

若 $3 \notin \{a_1,a_2,\cdots,a_7\}$,则

$$\sum_{j=1}^{7} a_j \geqslant 1+2+5+7+9+11+13=48>42$$

因此,无解.

综上所述,当 $n \geqslant 2$ 时无解.

例41　设正整数 $x,y,z(x>2,y>1)$ 满足等式 $x^y+1=z^2$.以 p 表示 x 的不同的素约数的个数,以 q 表示 y 的不同的素约数的个数.

(2005年俄罗斯数学奥林匹克竞赛题)

解　由题意知

$$(z-1)(z+1)=x^y$$

当 x 为奇数时

$$(z-1,z+1)=1$$

当 x 为偶数时

$$(z-1,z+1)=2$$

在前一种情况下,有

$$z-1=u^y,z+1=v^y$$

其中 u,v 为正奇数. 由此可得

$$v^y - u^y = 2$$

另一方面,因为 $v > u, y > 1$,所以

$$v^y - u^y = (v-u)(v^{y-1} + uv^{y-2} + \cdots + u^{y-1}) \geqslant 3$$

矛盾. 故 x 为偶数. 此时,$z-1$ 与 $z+1$ 中有一个是 2 的倍数,但不是 4 的倍数;另一个则为 2^{y-1} 的倍数,却不是 2^y 的倍数. 由此,有

$$\{z-1, z+1\} = \{2u^y, 2^{y-1}v^y\} = \{A, B\}$$

其中 u,v 为正奇数.

显然

$$AB = x^y, \mid A - B \mid = \mid 2u^y - 2^{y-1}v^y \mid = 2$$

即

$$\mid u^y - 2^{y-2}v^y \mid = 1$$

这就是说,有

$$2^{y-2}v^y = u^y + 1 \text{ 或 } 2^{y-2}v^y = u^y - 1$$

应当指出 $u > 1$.

事实上,若 $u = 1$,则

$$A = 2, A = z - 1, z = 3$$

从而,必有 $x = 2$,与题意矛盾.

此外,y 必为奇数,否则 $y = 2n$,那么,就有 $z^2 - x^{2n} = 1$,不可能.

引理 1 如果 a 为不小于 2 的整数,p 为奇素数,则 $a^p - 1$ 至少有一个素约数不能整除 $a - 1$.

引理 1 的证明 我们有

$$a^p - 1 = (a-1)(a^{p-1} + a^{p-2} + \cdots + 1) = (a-1)b$$

首先证明,$a-1$ 与 b 不可能有不同于 1 和 p 的公共素约数 q.

事实上,如果$q\mid(a-1)$,那么对任何正整数m,都有$q\mid(a^m-1)$. 因此

$$b=a^{p-1}+a^{p-2}+\cdots+1=$$
$$\sum_{m=1}^{p-1}(a^m-1)+p=lq+p$$

其中l是某个整数.

故只有在$q=1$或p时,b才能被q整除.

为了完成引理的证明,只需再考察$b=p^n$,而且$a-1$能被p整除的情形.

下面证明这是一种不可能出现的情形.

注意到$b>p$,所以,只要证明b不能被p^2整除.

如果$a=p^\alpha k+1$,其中k不能被p整除,那么

$$a^p=(p^\alpha k+1)^p=$$
$$1+p^{\alpha+1}k+p\cdot\frac{p-1}{2}\cdot p^{2\alpha}k^2+\cdots=$$
$$1+p^{\alpha+1}k+p^{\alpha+2}d$$

其中d为整数. 于是

$$(a-1)b=a^p-1=p^{\alpha+1}(k+pd)$$

既然k不能被p整除,所以,b只能被p整除,而不能被p^2整除.

引理2　设a为不小于2的整数,p为奇素数. 如果$a\neq2$或$p\neq3$,则a^p+1至少有一个素约数不能整除$a+1$.

引理2的证明　我们有

$$a^p+1=(a+1)(a^{p-1}-a^{p-2}+\cdots+a^2-a+1)=$$
$$(a-1)b$$

首先证明,$a+1$与b不可能有不同于1和p的公共素约数r.

事实上,如果$r\mid(a+1)$,当k为奇数时,有

$r\mid(a^k+1)$；当 $k=2m$ 时，有 $(a^2-1)\mid(a^{2m}-1)$，而 $r\mid(a^2-1)$，所以，$r\mid(a^{2m}-1)$. 因此，$b=lr+p$，其中 l 是某个整数.

故只有在 $r=1$ 或 p 时，b 才能被 r 整除.

为了完成引理的证明，只需再考察 $b=p^n$，而且 $a+1$ 能被 p 整除的情形.

下面证明这是一种不可能出现的情形. 证法与引理 1 类似，先证 $b>p$.

事实上，我们有 $b\geqslant a^2-a+1\geqslant a+1\geqslant p$. 而由题中条件可知，在这一连串不等号中至少有一个为严格大于号. 另一方面，同引理 1 证得 b 不能被 p^2 整除，从而得出矛盾.

现在证明题目本身.

考察等式 $u^y\pm1=2^{y-2}v^y$. 由所证的引理可知，该式右端有不少于 $q+1$ 个不同的素因数. 既然 $(u,2v)=1$，$u>1$，所以，题中结论成立.

评注 事实上，我们证明了一个比题中结论更强的结论，即如果 y 可以表示为 n 个大于 1 的素数的乘积，那么 x 至少有 $n+2$ 个不同的素因数.

例 42 设 n 和 k 是正整数，其中 n 是奇数或 n 和 k 都是偶数，证明：存在整数 a，b，使得

$$(a,n)=1,(b,n)=1,k=a+b$$

（2004 年西班牙数学竞赛题）

证明 (1) 若 n 是奇素数或奇素数的幂，设 $n=p^\alpha$. 因为

$$k=1+(k-1),k=2+(k-2)$$

$$(1,p^\alpha)=(2,p^\alpha)=1$$

$k-1$ 和 $k-2$ 中一定有一个与 p 互素. 从而，也与 p^α 互

素.

所以,两式中一定有一个满足条件.

因此,n 是奇素数或奇素数的幂时结论成立.

(2) 若 n 是奇数,设 $n=p_1^{\alpha_1}p_2^{\alpha_2}\cdots p_m^{\alpha_m}$,其中 p_1,p_2,$\cdots$,p_m 是奇素数.

由(1),对 $i=1,2,\cdots,m$,存在整数 a_i,b_i 满足

$$k=a_i+b_i,(a_i,p_i^{\alpha_i})=1,(b_i,p_i^{\alpha_i})=1$$

考虑同余方程组

$$x\equiv a_i(\bmod p_i^{\alpha_i})\quad(i=1,2,\cdots,m)$$

由中国剩余定理,存在整数 a' 使得

$$a'\equiv a_i(\bmod p_i^{\alpha_i})\quad(i=1,2,\cdots,m)$$

于是

$$(a',p_i^{\alpha_i})=(a_i,p_i^{\alpha_i})=1$$

故

$$(a',n)=1$$

同理,存在整数 b' 使得

$$b'\equiv b_i(\bmod p_i^{\alpha_i}),且(b',n)=1\quad(i=1,2,\cdots,m)$$

由于

$$k=a_i+b_i\equiv a'+b'(\bmod p_i^{\alpha_i})\quad(i=1,2,\cdots,m)$$

由中国剩余定理得

$$k\equiv a'+b'(\bmod n)$$

设 $k=a'+b'+tn$,又设 $a=a'$,$b=b'+tn$,则

$$(a,n)=1,(b,n)=(b',n)=1,k=a+b$$

因此,n 是奇数时结论成立.

(3) 若 n 是偶数,则 k 也是偶数.

设 $n=2^{\beta}n_0$,其中 n_0 是奇数. 由(2),存在整数 a_0,b_0,使得

$$(a_0,n_0)=1,(b_0,n_0)=1,a_0+b_0=k$$

若 a_0, b_0 都是奇数，则

$$(a_0, n) = 1, (b_0, n) = 1$$

结论成立.

若 a_0, b_0 都是偶数，设 $a = a_0 + n_0, b = b_0 - n_0$，则 a, b 都是奇数. 所以

$$(a, n) = 1, (b, n) = 1, a + b = k.$$

因此，n 是偶数时结论成立.

例 43 已知 $\mathbf{N}^*$ 是所有正整数构成的集合. 对于每个 $n \in \mathbf{N}^*$，设 n 的所有正因数的数目为 $d(n)$. 求满足下列性质的所有函数 $f(f: \mathbf{N}^* \to \mathbf{N}^*)$.

（2008 年 IMO 预选题）

(1) 对于所有的 $x \in \mathbf{N}^*$，有

$$d(f(x)) = x$$

(2) 对于所有的 $x, y \in \mathbf{N}^*$，有

$$f(xy) \mid (x-1)y^{xy-1} f(x)$$

解 存在唯一的一个函数 $f: \mathbf{N}^* \to \mathbf{N}^*$ 满足条件

$$f(1) = 1, f(n) = \prod_{i=1}^{k} p_i^{a_i} - 1 \qquad ①$$

其中，$n = \prod_{i=1}^{k} p_i^{a_i}$ 是 $n(n > 1)$ 的素因数分解.

直接验证可知，式 ① 定义的函数满足条件.

反之，设函数 $f: \mathbf{N}^* \to \mathbf{N}^*$ 满足条件.

在第一个条件中令 $x = 1$，可得

$$d(f(1)) = 1$$

于是，$f(1) = 1$.

下面证明：对于所有的正整数 n，式 ① 成立.

由第一个条件知，若 $f(m) = f(n)$，则

$$m = n$$

后面要用到公式

$$d(\prod_{i=1}^{k} p_i^{b_i}) = \prod_{i=1}^{k}(b_i+1)$$

其中，$p_1,p_2,\cdots,p_k$ 是互不相同的素数，$b_1,b_2,\cdots,b_k$ 是正整数，$k\geqslant 1$.

设 p 是一个素数.

因为 $d(f(p))=p$，所以，存在一个素数 q，使得 $f(p)=q^{p-1}$. 特别的，$f(2)=q$ 是一个素数.

接下来证明：对于所有的素数 p，有

$$f(p)=p^{p-1}$$

假设 p 是一个奇素数，且存在素数 q，使得 $f(p)=q^{p-1}$.

在第二个条件中，先取 $x=2$，$y=p$，再取 $x=p$，$y=2$，可得

$$f(2p)\mid(2-1)p^{2p-1}f(2)=p^{2p-1}f(2)$$

$$f(2p)\mid(p-1)2^{2p-1}f(p)=(p-1)2^{2p-1}q^{p-1}$$

若 $q\neq p$，则奇素数

$$p\nmid(p-1)2^{2p-1}q^{p-1}$$

于是，$p^{2p-1}f(2)$ 和 $(p-1)2^{2p-1}q^{p-1}$ 的最大公因数是 $f(2)$ 的因数.

因此，$f(2p)$ 是素数 $f(2)$ 的因数.

因为 $f(2p)>1$，所以，$f(2p)=f(2)$，矛盾.

因此，$q=p$，即 $f(p)=p^{p-1}$.

若 $p=2$，在第二个条件中，先取 $x=2$，$y=3$，再取 $x=3$，$y=2$，可得

$$f(6)\mid 3^5 f(2), f(6)\mid 2^6 f(3)=2^6\times 3^2$$

如果素数 $f(2)$ 是奇数，那么 $f(6)\mid 3^2=9$，即 $f(6)\in\{1,3,9\}$. 于是

$$6 = d(f(6)) \in \{d(1), d(3), d(9)\} = \{1,2,3\}$$

矛盾.

因此,$f(2) = 2$.

再证明:对每个 $n > 1$,$f(n)$ 的素因数就是 n 的素因数.

事实上,设 p 是 n 的最小的素因数.在第二个条件中,取 $x = p, y = \frac{n}{p}$,可得

$$f(n) \mid (p-1)y^{n-1}f(p) = (p-1)y^{n-1}p^{p-1}$$

设 $f(n) = lP$,其中,l 与 n 互素,P 是整除 n 的素数的乘积.

因为 $l \mid (p-1)y^{n-1}p^{p-1}$,且 l 与 $y^{n-1}p^{p-1}$ 互素,所以,$l \mid (p-1)$,且 $d(l) \leqslant l < p$.

由第一个条件可得

$$n = d(f(n)) = d(lP)$$

且由 l, P 互素,有

$$d(lP) = d(l)d(P)$$

于是,$d(l)$ 是 n 的小于 p 的因数,这意味着 $l = 1$.

设 p 是一个素数,$a \geqslant 1$.由前面得到的结论知 $f(p^a)$ 的素因数只有 p.

因此,存在正整数 b,使得

$$f(p^a) = p^b$$

由第一个条件可知

$$p^a = d(f(p^a)) = d(p^b) = b+1$$

于是,$f(p^a) = p^{p^a-1}$.

下面对于 $n > 1$,且 n 的素因数分解为 $n = \prod_{i=1}^{k} p_i^{a_i}$,证明式 ① 成立.

注意到 $f(n)$ 的素因数分解形如

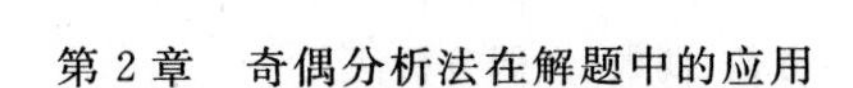

$$f(n)=\prod_{i=1}^{k}p_i^{b_i}$$

对于 $i=1,2,\cdots,k$，在第二个条件中设

$$x=p_i^{a_i},y=\frac{n}{x}$$

则

$$f(n)\mid(p_i^{a_i}-1)y^{n-1}f(p_i^{a_i})$$

于是

$$p_i^{b_i}\mid(p_i^{a_i}-1)y^{n-1}f(p_i^{a_i})$$

因为 $p_i^{b_i}$ 与 $(p_i^{a_i}-1)y^{n-1}$ 互素，所以

$$p_i^{b_i}\mid f(p_i^{a_i})=p_i^{p_i^{a_i}-1}$$

因此

$$b_i\leqslant p_i^{a_i}-1$$

由第一个条件可得

$$\prod_{i=1}^{k}p_i^{a_i}=n=d(f(n))=d\left(\prod_{i=1}^{k}p_i^{b_i}\right)=$$

$$\prod_{i=1}^{k}(b_i+1)\leqslant\prod_{i=1}^{k}p_i^{a_i}$$

从而，对于所有的 $i(i=1,2,\cdots,k)$，有 $b_i=p_i^{a_i}-1$.

因此，式 ① 成立.

习 题 二

1. 设 $n(n<150)$ 是正整数，且 n^3+23 能被 24 整除. 这样的 n 有(　　)个.

A. 6　　B. 7　　C. 11　　D. 12

(2006 年浙江省高中数学夏令营试题)

2. 用 1,2,…,7 这七个数码排成一个七位数，使得其是 11 的倍数. 则能排出的七位数的个数为多少.

(2012 年山西省高中竞赛题)

3. 今有 19 张卡片，能否在每张卡片上各写一个非零数码，使得可以用这 19 张卡片排成一个能被 11 整除的 19 位数?　(2005 年俄罗斯数学奥林匹克竞赛题)

4. 求所有正整数 k，使得在十进制表示下，k 的各位数字的积等于 $\frac{25}{8}k-211$. (2005 年北欧数学竞赛题)

5. 设有 n 个实数 $x_1,x_2,\cdots,x_n$，其中每一个不是 $+1$ 就是 -1，且 $\frac{x_1}{x_2}+\frac{x_2}{x_3}+\cdots+\frac{x_{n-1}}{x_n}+\frac{x_n}{x_1}=0$，求证：$n$ 是 4 的倍数.　(1985 年合肥市初中数学竞赛题)

6. 把 1 980 分解成连续整数之和.

(1980 年长沙市高中数学竞赛题)

7. 求证：当 n 为自然数时，$2(2n+1)$ 形式的数不能表示为两个整数的平方差. (1990 年西安市初中数学竞赛题)

8. 试找出所有不能表示为任何自然数的平方差的自然数.　(1986 年莫斯科数学奥林匹克竞赛题)

9. 求证：不存在两个连续的奇数，每个都可写成两个整数的平方和.

10. 三个素数之积恰好等于它们和的 7 倍，求这三个素数.

11. 是否存在满足以下条件的三个大于 1 的自然数，其中每一个自然数的平方减 1 都能被其余的任何一个自然数整除？证明你的结论.

（1996 年全俄数学奥林匹克竞赛题）

12. 给定自然数 a，b，求证：

(1)如果 ab 是偶数，那么一定可以找到两个自然数 c 和 d，使得 $a^2+b^2+c^2=d^2$；

(2)如果 ab 是奇数，那么满足 $a^2+b^2+c^2=d^2$ 的自然数 c 和 d 一定不存在.

（1980 年北京市初中数学竞赛题）

13. 求证：四个正整数之和为 13 时，它们的立方和不可能是 120. 你能否把这个命题推广到一般的情形？请证明你的结论.

14. 已知正整数 x，y 使得 $\frac{4xy}{x+y}$ 是一个奇数，证明：存在一个正整数 k，使得 $(4k-1)\left|\frac{4xy}{x+y}\right.$.

（2009 年全国初中数学竞赛题）

15. 证明：如果 a 和 b 是两个奇整数，那么，在而且仅仅只有在 $a-b$ 能被 2^n 整除时，a^3-b^3 才能被 2^n 整除.　（1908 年匈牙利数学奥林匹克竞赛题）

16. 用 0 至 9 十个不同数字组成一个能被 11 整除的最大十位数.

17. 设 a，b，c 为正整数，n 为正奇数. 如果 $a+b+c$ 可被 6 整除，求证：$a^n+b^n+c^n$ 可被 6 整除.

18. 证明：对任何自然数 $n\geqslant 3$，2^n 都可以表示成 $2^n=7x^2+y^2$ 的形式，其中 x 和 y 都是奇数.

（1985 年莫斯科数学奥林匹克竞赛题）

19. 设 k 和 l 为正整数，证明：存在一个正整数 M，使得对于所有 $n>M$，$\left(k+\frac{1}{2}\right)^n+\left(l+\frac{1}{2}\right)^n$ 不是整数.

（1992 年澳大利亚数学竞赛题）

20. 对所有的正整数 x,k，满足 $\frac{24k}{x^3-x-2}=x$，证明：x 为 6 的倍数.

21. 求证：任何形如 2^n 的正整数，都不可能表示为两个或两个以上的连续整数之和，而其他形式的正整数都可以表示为这样的和.

22. 设 N 是正整数，若存在大于 1 的正整数 k，使得 $N-\frac{k(k-1)}{2}$ 是 k 的正整数倍，则称 N 为一个“千禧数”.

试确定在 1，2，3，…，2 000 中“千禧数”的个数，并说明理由.

（2000 年我爱数学初中生夏令营数学竞赛题）

23. 有 40 个整数，其中每一个整数都不能被 5 整除，证明：这些数的 4 次方之和能被 5 整除.

（1973 年基辅数学奥林匹克竞赛题）

24. 设 a,b,c 是三个互不相等的正整数，求证：在 $a^3b-ab^3,b^3c-bc^3,c^3a-ca^3$ 三个数中，至少有一个数能被 10 整除.（1986 年中国初中数学联赛题）

25. 证明：对任何整数 n，都有

$$1\,155^{1\,958}+34^{1\,958}\neq n^2$$

（1958 年莫斯科数学奥林匹克竞赛题）

26. 是否存在自然数 n，使得 $324+455^n$ 是素数？

（2011 年德国数学奥林匹克竞赛题）

27. 求出所有的素数 p,q，满足 $p\mid(q+6)$ 且

$q|(p+7)$. (2007 年爱尔兰数学奥林匹克竞赛题)

28. 试求所有的素数对(p,q),使得 $pq|(p^p+q^q+1)$.

(2007 年韩国数学奥林匹克竞赛题)

29. 设 m 是给定的整数,求证:存在整数 a,b 和 k,其中 a,b 均不能被 2 整除,$k\geqslant 0$,使得 $2m=a^{19}+b^{99}+k\cdot 2^{1\,999}$. (1999 年中国数学奥林匹克竞赛题)

30. 设奇数 m,n 均大于 1,证明:2^m-1 不能整除 3^n-1. (2008 年罗马尼亚国家队选拔考试题)

31. 设 $n\in \mathbf{N}$,且使 $37.5^n+26.5^n$ 为正整数,求 n 的值. (1998 年上海市高中数学竞赛题)

32. 对每一个正整数 n,是否都存在 n 个连续的整数,使得它们的和等于 n.

(2004 年斯洛文尼亚数学奥林匹克竞赛题)

33. 设正整数 a 满足 $192|(a^3+191)$,且 $a<2\,009$. 求满足条件的所有可能的正整数 a 的和.

(2009 年全国初中数学竞赛题)

34. 求所有的整数 m 和 n,使得 $mn|(3^m+1)$,$mn|(3^n+1)$. (2005 年韩国数学奥林匹克竞赛题)

35. 试求所有三元素数组(p,q,r),其中任何一个数的 4 次方减 1 都可以被其余两个数的乘积整除.

(2011 年俄罗斯数学奥林匹克竞赛题)

36. 对于每个正整数 k,设 $t(k)$是 k 的最大的奇因数. 求所有的正整数 a,使得存在正整数 n 满足所有的差 $t(n+a)-t(n),t(n+a+1)-t(n+1),\cdots,t(n+2a-1)-t(n+a-1)$均能被 4 整除.

37. 求所有的素数 p,使得存在无穷多个正整数 n,满足

$$p|[n^{n+1}+(n+1)^n]$$

（2012 年中国西部数学奥林匹克竞赛题）

38. 圆周上写着从 1 到 n 的 n 个整数，任何两个相邻的整数之和都能被它（顺时针方向）后面的那个整数整除，求 n 的所有可能的值.

（1999 年世界城市数学竞赛题）

39. 已知有 100 个整数 1，2，…，100，将这 100 个整数分为 50 对，每一对中的两数之差称为这一对的编号，请问这 50 对全部编号是否恰好为 1 至 50？

（1999 年世界城市数学竞赛题）

40. 求所有正整数 n，使 $n(n+2)(n+4)$ 至多拥有 15 个正因子.

（2010 年斯洛文尼亚国家队选拔考试题）

41. 已知 p 是奇素数，证明

$$\sum_{k=1}^{p-1} k^{2p-1} \equiv \frac{p(p+1)}{2} \pmod{p^2}$$

（2004 年加拿大数学奥林匹克竞赛题）

42. 求所有的整数对 (a,b)，使得对任意正整数 n，都有 $n \mid (a^n + b^{n+1})$.

（2011 年中国西部数学奥林匹克竞赛题）

43. 已知 m,n 遍及所有的正整数，求 $|12^m - 5^n|$ 的最小值.（1989 年加拿大奥林匹克训练题）

44. 求最大的整数 k，使得 k 满足下列条件：对于所有的整数 x,y，若 $xy+1$ 能被 k 整除，则 $x+y$ 也能被 k 整除.（2005 年匈牙利数学奥林匹克竞赛题）

45. 以 $[a,b,c]$ 表示正整数 a,b,c 的最小公倍数. 试问：能否将下式中的六个“$*$”取为六个相连的正整数（不一定按大小顺序排列），使得

$$[*,*,*]-[*,*,*]=2\ 009$$

成立？（2009 年欧拉数学奥林匹克竞赛题）

46.给定 $n\in\mathbf{N}^*$，a 为使 5^n-3^n 被 2^a 整除的最大正整数，b 为使 $2^b\leqslant n$ 成立的最大的正整数. 证明：$a\leqslant b+3$.　　(2010 年克罗地亚国家队选拔考试题)

47.设正整数 a,b，使 $15a+16b$ 和 $16a-15b$ 都是正整数的平方. 求这两个平方数中较小的数能够取到的最小值.　　(1996 年国际数学奥林匹克竞赛题)

48.试确定所有的四元数组 (p_1,p_2,p_3,p_4)，其中 p_1,p_2,p_3,p_4 是素数，且满足：

(1) $p_1<p_2<p_3<p_4$；

(2) $p_1p_2+p_2p_3+p_3p_4+p_4p_1=882$.

(1995 年澳大利亚数学竞赛题)

49.设 n 是形如 a^2+b^2 的整数，其中整数 a,b 互素. 若 p 是素数，$p<\sqrt{n}$，则 $p\mid ab$. 试确定所有这样的 n.　　(1994 年亚太地区数学奥林匹克竞赛题)

50.已知 $n(n\geqslant 3,n\in\mathbf{N}^*)$ 个两两互素的正整数 $a_1,a_2,\cdots,a_n$ 满足：可以适当添加"＋"或"－"使得其代数式的和为 0. 问：是否存在一组正整数 $b_1,b_2,\cdots,b_n$（允许有相同的），使得对任意正整数 k，都有 b_1+a_1k，$b_2+a_2k,\cdots,b_n+a_nk$ 两两互素.

51.求有理数 x，使得 $1+5\times 2^x$ 为有理数的平方.

52.设 p 是素数，X 是至少包含 p 个元素的有限集. X 的互不相交的 p 元素子集的集合称为一个 p 族. 空集本身看作一个 p 族. 设 A(或 B)表示 X 的偶数(或奇数)元 p 族的个数，证明：A 与 B 的差是 p 的倍数.　　(2006 年印度国家队选拔考试题)

53.设 m,n 是正整数，证明

$$6m\mid[(2m+3)^n+1]\Leftrightarrow 4m\mid(3^n+1)$$

(2008 年越南国家队选拔考试题)

§3 判别方程是否有整数解

例 1 求证:方程 $2x^2-5y^2=7$ 没有整数解.

证明 设方程有整数根,则 y 应是奇数,可设为 $y=2k+1$,则

$$2x^2-5(2k+1)^2=7$$

即

$$x^2-10k^2-10k=6$$

可知 x 是偶数,设 $x=2m$,则

$$(2m)^2-10k^2-10k=6$$

即

$$2m^2-5k(k+1)=3$$

但 $k(k+1)$ 是一个偶数,而两个偶数之差不可能等于奇数,故此式不成立.从而原方程没有整数解.

例 2 是否存在这样的自然数 m,n,满足关系式 $\frac{m^2-n^2}{2}=1\,993$?

解 原方程即为

$$m^2-n^2=(m+n)(m-n)=3\,986$$

因为 3 986 是偶数,所以 $(m+n)(m-n)$ 为偶数,故 m,n 或者同为奇数,或者同为偶数.

(1)当 m,n 都为偶数时,即 $m=2q_1,n=2q_2$,则

$$(m+n)(m-n)=4(q_1-q_2)(q_1+q_2)$$

即

$$4(q_1-q_2)(q_1+q_2)=2\times 1\,993$$

所以

$$2(q_1-q_2)(q_1+q_2)=1\,993$$

又$(q_1-q_2)(q_1+q_2)$是整数，所以，偶数=奇数，矛盾.

(2)当m,n都是奇数时，即

$$m=2q_1+1,n=2q_2+1$$

那么

$$\begin{aligned}(m+n)(m-n)=&[(2q_1+1)+(2q_2+1)]\times\\&[(2q_1+1)-(2q_2+1)]=\\&4(q_1-q_2)(q_1+q_2+1)=\\&2\times1\ 993\end{aligned}$$

故

$$2(q_1-q_2)(q_1+q_2+1)=1\ 993$$

因为$(q_1-q_2)(q_1+q_2+1)$是整数，所以，偶数=奇数，这是不可能的.

综上所述，不存在整数m,n，满足方程

$$\frac{m^2-n^2}{2}=1\ 993$$

例3　求证：不论n是什么整数，方程$x^2-16nx+7^s=0$没有整数解，其中s是正奇数.

(1962年北京市高二数学竞赛题)

证明　若方程有整数解，设为x_1，则另一根x_2也是整数，且

$$x_1+x_2=16n \quad ①$$

$$x_1x_2=7^s \quad ②$$

由②知，x_1,x_2可以写成

$$x_1=\pm7^i,x_2=\pm7^j \quad ③$$

这两式同正同负.因为$i+j=s$(奇数)，所以i,j必为一奇一偶，$i\neq j$.不妨设$i>j$，将③代入①，得

$$x_1+x_2=\pm(7^i+7^j)=\pm7^j(7^{i-j}+1)=16n$$

因为i,j一奇一偶，所以$i-j$是奇数.

所以

$$7^{i-j}+1=(7+1)(7^{i-j-1}-7^{i-j-2}+\cdots+1)$$

上式中,第二个括号是奇数个奇数之和,故是奇数,记为 m,所以 $\pm 7^j\cdot 8\cdot m=16n$,即 $\pm 7^j\cdot m=2n$. 此式右边是偶数,而左边是奇数,矛盾. 证毕.

例 4 求证:不存在这样的整数 a,b,c,d,满足方程组

$$\begin{cases} abcd-a=\underbrace{19911991\cdots1991}_{1\,991\text{个}1\,991} & ① \\ abcd-b=\underbrace{19931993\cdots1993}_{1\,993\text{个}1\,993} & ② \\ abcd-c=\underbrace{19951995\cdots1995}_{1\,995\text{个}1\,995} & ③ \\ abcd-d=\underbrace{19971997\cdots1997}_{1\,997\text{个}1\,997} & ④ \end{cases}$$

证明 由①得

$$a(bcd-1)=\text{奇数}$$

所以 a 为奇数. 同理,由②③④知 b,c,d 都是奇数.

因为 a,b,c,d 都是奇数,所以,由①得

$$abcd-a=\text{奇数}-\text{奇数}=\text{偶数}\neq\text{奇数}$$

所以不可能有整数 a,b,c,d 同时满足方程组中的四个方程.

例 5 关于 m,n 的方程

$$5m^2-6mn+7n^2=2\,011$$

是否存在整数解?若存在,请写出一组解;若不存在,请说明理由. (2011 年北京市初二数学竞赛题)

解 不存在.

(1)若 m,n 的奇偶性相同,则所给方程左边为偶数,不可能等于 2 011.

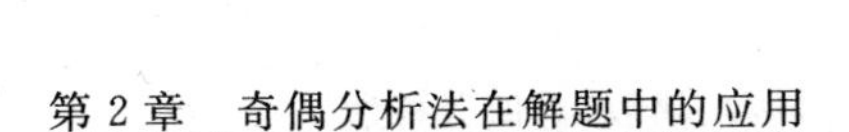

(2)若 m,n 的奇偶性不同,则 $m+n$ 与 $m-n$ 都是奇数.

将方程改写为

$$4(m-n)^2+(m+n)^2+2n^2=2\ 011 \qquad ①$$

下面分两种情形讨论.

(i)若 n 为偶数,则式①左边被4除余1.但2 011被4除余3,故方程无整数解.

(ii)若 n 为奇数,记

$$n=2k+1$$

$$m-n=2l+1$$

$$m+n=2p+1$$

则由式①得

$$4(2l+1)^2+(2p+1)^2+2(2k+1)^2=2\ 011$$

即

$$16(l^2+l)+4+4p(p+1)+1+8k(k+1)+2=2\ 011$$

因为 $p(p+1)$ 为偶数,所以,上式可改写为

$$8T+7=2\ 011$$

但2 011被8除余3,故方程无整数解.

综上,方程

$$5m^2-6mn+7n^2=2\ 011$$

不存在整数解.

例6　求证:不存在整数 $x_1,x_2,\cdots,x_{14}$,使等式 $x_1^4+x_2^4+\cdots+x_{14}^4=1\ 599$ 成立.

(1979年美国数学竞赛题)

证明　用反证法.假设存在整数 $x_1,x_2,\cdots,x_{14}$ 使上式成立.在上式两边加上1,得

$$1+x_1^4+x_2^4+\cdots+x_{14}^4=1\ 600$$

由于 $x_i(i=1,2,\cdots,14)$ 为整数,要么是奇数,要么

是偶数.若 x_i 为偶数,x_i^2 能被 4 整除,故 $x_i^4=(x_i^2)^2$ 就能被 16 整除;若 x_i 为奇数,则 x_i^2 被 8 除余 1,所以 $x_i^2=8k+1$(k 为整数),从而

$$x_i^4=(x_i^2)^2=(8k+1)^2=64k^2+16k+1=16(4k^2+k)+1$$

即 x_i^4 被 16 除余 1,这样,不论 x_i 分别是怎样的整数,$1+x_1^4+x_2^4+\cdots+x_{14}^4$ 被 16 除余数只能在 1 与 15 之间,即此式不能被 16 整除,但 1 600 能被 16 整除,所以

$$1+x_1^4+x_2^4+\cdots+x_{14}^4\neq 1\ 600$$

这一矛盾说明原方程没有整数解.

例 7 a,b,c 为整数,$a\neq 0$,已知二次方程 $ax^2+bx+c=0$ 有有理数根,求证:a,b,c 中至少有一个是偶数. (1958~1959 年波兰数学竞赛题)

证明 令 $x=\frac{y}{a}$,代入原方程的左边,得

$$y^2+by+ac=0$$

由于原方程有有理数根,故上述关于 y 的二次方程也有有理根,设它为$\frac{q}{p}$,其中 p 与 q 是既约的.

我们来证明 $p=1$,即指出这个有理根实际上是整数根.用反证法,假如 $p>1$,将 $y=\frac{q}{p}$代入方程,并化简得

$$q^2+bpq+acp^2=0$$

即

$$p(bq+acp)=-q^2$$

所以 p 可整除 q,这与 p 及 q 是既约的整数相矛盾.这一矛盾表明,只能 $p=1$.可设方程 $y^2+by+ac=0$ 有整数根 y_1,另一根设为 y_2.由韦达定理,可知

$$y_1+y_2=-b, y_1y_2=ac$$

由前一式可知，y_2 也是整数(因为 $y_2=-(b+y_1)$). 由以上两式知

$$(y_1+y_2)y_1y_2=-abc$$

如果 y_1，y_2 之中至少有一个偶数，那么 abc 为偶数；如果 y_1 与 y_2 都是奇数，那么 y_1+y_2 也是偶数，所以 abc 仍为偶数. 总之，abc 必是偶数，这就证明了 a，b，c 不可能都是奇数.

例 8　若 $x^3+ax^2+bx+c=0$ 的三个根分别为 a，b，c，并且 a，b，c 是不全为零的有理数，求 a，b，c.

(2005 年上海交通大学自主招生考试题)

解　由韦达定理得

$$\begin{cases} a+b+c=-a \\ ab+bc+ca=b \\ abc=-c \end{cases} \qquad ①$$

由式①知 $c=0$ 或 $ab=-1$.

(1)若 $c=0$，则

$$\begin{cases} 2a+b=0 \\ ab=b \end{cases} \Rightarrow \begin{cases} a=1 \\ b=-2 \end{cases}$$

(2)若 $ab=-1$，则

$$\begin{cases} 2a-\dfrac{1}{a}+c=0 & ② \\ -1+ac-\dfrac{1}{a}\cdot c=-\dfrac{1}{a} & ③ \end{cases}$$

将式②代入式③得

$$(a-1)(2a^3+2a^2-1)=0$$

若 $a=1$，则 $b=-1$，$c=-1$.

若

$$2a^3+2a^2-1=0 \qquad ④$$

由于 a 是有理数，设 $a=\frac{p}{q}$（p,q 是互素的正整数，且 $q\geqslant1$），则

$$\frac{2p^3}{q^3}+\frac{2p^2}{q^2}=1$$

即

$$2p^2(p+q)=q^3$$

由于 p,q 互素，故 q^3 整除 2.

于是，$q=1$.

因此，a 是整数.

但式④左边是奇数，右边是偶数，矛盾.

综上，$(a,b,c)=(1,-2,0),(1,-1,-1)$.

例 9 对于整系数多项式

$$f(x)=x^n+p_1x^{n-1}+p_2x^{n-2}+\cdots+p_n$$

若 $f(0),f(1)$ 都是奇数，则 $f(x)$ 没有有理数根.

（1971 年加拿大中学数学竞赛题）

证明 因为 $f(0),f(1)$ 是奇数，所以 $p_n,1+p_1+p_2+\cdots+p_n$ 是奇数.

(1)设 x 为偶数，那么 x^k 是偶数，于是 $p_ix^{n-i}(i=1,2,\cdots,n-1)$ 也是偶数，于是

$$f(x)=偶数+p_n=偶数+奇数\neq0$$

即 $f(x)\neq0$，所以 $f(x)$ 没有偶数根.

(2)若 x 为奇数，令 $x=2m+1(m\in\mathbf{Z})$，则

$$x^k=(2m+1)^k=偶数+1\quad(k=1,2,\cdots,n)$$

$$p_ix^{n-i}=p_i\cdot(偶数+1)=偶数+p_i\quad(i=1,2,\cdots,n-1)$$

所以

$$f(x)=x^n+\sum_{i=1}^{n}p_ix^{n-i}=$$
$$偶数+(1+p_1+p_2+\cdots+p_n)=$$

$$偶数+奇数\neq 0$$

可见，$f(x)$没有奇数根.

由(1)与(2)知 $f(x)$没有整数根.

又 $f(x)$的首项系数为1，所以 $f(x)$不可能有分数根，故问题得证.

例 10　当 p,q 都为奇数时，方程 $x^2+2px+2q=0$ 是否有有理数根？试证明之.

（2009 年清华大学自主招生考试题）

解　没有有理根.

证明如下：假设有有理根，设为$\frac{r}{s}$（r,s 是互素的整数），则

$$\frac{r^2}{s^2}+2p\cdot\frac{r}{s}+2q=0$$

即

$$r^2+2prs+2qs^2=0 \qquad ①$$

若 r 是奇数，则式①左边是奇数，右边是偶数，矛盾.

若 r 是偶数，由于 r,s 互素，则 s 是奇数，r^2+2prs 是 4 的倍数. 而 $2qs^2$ 不能被 4 整除，故式①左边不能被 4 整除，而右边可以被 4 整除，矛盾.

综上，假设不成立. 故没有有理根.

本例实际上就是 1907 年匈牙利数学奥林匹克试题：

假设 p 和 q 是两个奇整数，证明：方程 $x^2+2px+2q=0$ 不可能有有理根.

证法 1　假定方程有有理根$\frac{n_1}{m_1}$，其中 m_1 和 n_1 是互素的整数.

由 q 是整数及韦达定理可知方程的另一根也是有理数，设这个根为 $\frac{n_2}{m_2}$，其中 m_2 和 n_2 是互素的整数. 于是

$$\frac{n_1}{m_1}+\frac{n_2}{m_2}=-2p \quad ①$$

$$\frac{n_1}{m_1}\cdot\frac{n_2}{m_2}=2q \quad ②$$

由②得

$$n_1n_2=2m_1m_2q \quad ③$$

由③得，n_1 和 n_2 至少有一个为偶数，不妨设 n_1 为偶数，则由 m_1 和 n_1 互素，m_1 为奇数.

由①得

$$n_1m_2+m_1n_2=-2m_1m_2p \quad ④$$

由于 n_1 是偶数，则 n_1m_2 是偶数，于是由式④知 m_1n_2 是偶数.

又 m_1 是奇数，则 n_2 是偶数，于是 m_2 是奇数.

再考察式③.

由于 n_1 和 n_2 均为偶数，则式③左边 n_1n_2 是 4 的倍数，而式③右边 m_1，m_2 和 q 都是奇数，于是 $2m_1m_2q$ 不可能是 4 的倍数. 出现矛盾.

于是已知方程没有有理根.

证法 2 (1)若方程有偶数根 x，则

$$x^2\equiv 0 \pmod 4$$

$$2px\equiv 0 \pmod 4$$

$$2q\equiv 2 \pmod 4$$

于是

$$x^2+2px+2q\equiv 2 \pmod 4$$

故

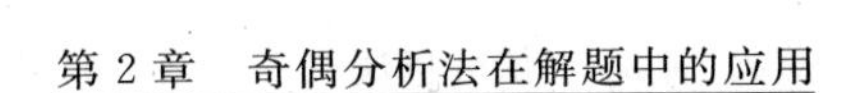

$$x^2+2px+2q\neq 0$$

即方程没有偶数根.

(2)若方程有奇数根,则

$$x^2\equiv 1(\bmod 4)$$

$$2px\equiv 2(\bmod 4)$$

$$2q\equiv 2(\bmod 4)$$

于是

$$x^2+2px+2q\equiv 1(\bmod 4)$$

即方程没有奇数根.

(3)若方程有分数根,则由

$$x^2+2px+p^2=p^2-2q$$

$$(x+p)^2=p^2-2q$$

上式的左边为分数,右边为整数,不可能成立.

综合(1)(2)(3)方程没有有理根.

下面介绍法国数学家费马最先提出的解不定方程中的一种最常用的方法——无穷递降法.先看下面的一个例子.

例 11　证明:不定方程

$$x^4+y^4=z^2 \qquad ①$$

没有不全为零的整数解.

证明　显然,只要证明方程没有正整数解(x,y,z)即可.

假设(x_0,y_0,z_0)是方程①的一组正整数解,且是所有正整数解中z_0最小的一组解.

接下来证明:x_0,y_0,z_0两两互素.

假设x_0,y_0不互素,且x_0,y_0有公约数$p(p>1)$,此时,$p^4\mid(x_0^4+y_0^4)$,从而,$p^2\mid z_0$.

于是,$\left(\frac{x_0}{p},\frac{y_0}{p},\frac{z_0}{p}\right)$也是方程①的一组正整数解.

但此时$\frac{z_0}{p}<z_0$，与 z_0 最小矛盾.

因而，x_0 与 y_0 互素.

同理，x_0 与 z_0 互素，y_0 与 z_0 互素.

所以，(x_0,y_0,z_0)是方程①的一组两两互素的正整数解.

从而，(x_0^2,y_0^2,z_0)是方程

$$x^2+y^2=z^2 \tag{②}$$

的一组两两互素的正整数解.

对于方程②，x 和 y 至少有一个是偶数.否则，若 x 和 y 都是奇数，则

$$x^2+y^2\equiv 2(\bmod 4)$$

于是，x^2+y^2 不是完全平方数.

因而，方程②不可能成立.

不妨设 y 为偶数，即 y_0 为偶数，则由方程②的解的公式得

$$\begin{cases}x_0^2=u^2-v^2\\ y_0^2=2uv\\ z_0=u^2+v^2\end{cases}$$

其中，u 和 $v(u>v>0)$互素，并且一个为奇数，一个为偶数.

若 u 为偶数，v 为奇数，则 u^2 能被 4 整除，v^2 被 4 除余 1，此时，u^2-v^2 被 4 除余 3，不能为完全平方数，与 $x_0^2=u^2-v^2$ 矛盾.

故 v 为偶数，u 为奇数.

因为$\left(\frac{y_0}{2}\right)^2=u\cdot\frac{v}{2}$，且 u 和$\frac{v}{2}$互素，所以

$$u=r^2,\frac{v}{2}=s^2$$

其中，r 和 s 是互素的正整数，并且 r 是奇数.

故

$$x_0^2=u^2-v^2=r^4-4s^4$$

$$x_0^2+4s^4=r^4$$

其中，$2s^2$ 与 x_0 互素.

从而，$(x_0,2s^2,r^2)$ 是方程②的一组正整数解.

故

$$\begin{cases}x_0=a^2-b^2\\2s^2=2ab\\r^2=a^2+b^2\end{cases}\quad(a\text{ 和 }b\text{ 互素，且 }a>b>0)$$

又 $s^2=ab$，则

$$a=f^2,b=g^2$$

其中，f,g 是互素的正整数.

因而，$f^4+g^4=r^2$.

故 (f,g,r) 是方程①的一组正整数解.

而 $r\leqslant r^4<r^4+4s^4=u^2+v^2=z_0$，与 z_0 的最小性矛盾.

所以，方程 $x^4+y^4=z^2$ 没有不全为零的整数解.

评注　通过方程的一组解一步一步地推出其他解的方法是一种无穷递推法，特别的，从方程有正整数解必有某个未知数的最小解出发，经过无穷递推得到一组一组无穷递降且与原来的某个未知数的最小解更小的解，引出矛盾. 此方法称为无穷递降法.

下面用无穷递降法来解几道与不定方程有关的问题.

例 12　设 p 是一个素数，则 p 能表示成四个非负整数的平方和，即方程

$$x^2+y^2+z^2+w^2=p$$

存在整数解(x,y,z,w).

证明 当$p=2$时,因为$2=1^2+1^2+0^2+0^2$,所以结论正确.

下面考虑p是一个奇素数的情形.

首先证明:若p是一个奇素数,则存在一个整数$k(k<p)$,使得

$$x^2+y^2+z^2+w^2=kp$$

注意到,若p是一个奇素数,则存在整数x,y,使得

$$x^2+y^2+1\equiv 0 \pmod p \quad \left(0\leqslant x,y<\frac{p}{2}\right)$$

考虑两个集合

$$S=\left\{0^2,1^2,\cdots,\left(\frac{p-1}{2}\right)^2\right\}$$

$$T=\left\{-1-0^2,-1-1^2,\cdots,-1-\left(\frac{p-1}{2}\right)^2\right\}$$

S中的任意两个元素都对模p不同余(若$x^2\equiv y^2 \pmod p$,则$x\equiv \pm y \pmod p$,这是不可能的).

同理,T中的任意两个元素都对模p也不同余.

由于$S\cup T$共有$p+1$个不同的元素,因此,由抽屉原理知,一定有两个元素(整数)对模p同余,即存在整数x,y,使得

$$x^2\equiv -1-y^2 \pmod p$$

故

$$x^2+y^2+1\equiv 0 \pmod p \quad \left(0\leqslant x,y<\frac{p}{2}\right)$$

这样,就存在某个整数k使得

$$x^2+y^2+1^2+0^2=kp$$

由

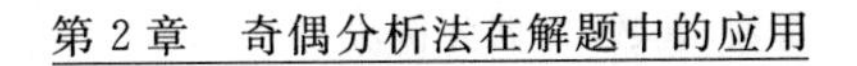

$$x^2+y^2+1<2\left(\frac{p-1}{2}\right)^2+1<p^2$$

则

$$k<p$$

由上面的证明，可以令 m 是使得

$$x^2+y^2+z^2+w^2=mp \quad ①$$

有整数解的最小正整数.

为证明 p 能表示成四个非负整数的平方和，即方程

$$x^2+y^2+z^2+w^2=p$$

存在整数解(x,y,z,w)，只需证明 $m=1$.

若 m 是一个偶数，则 x,y,z,w 或同为奇数，或同为偶数，或两个为奇数、两个为偶数. 由此，可以重排这四个整数，使得

$$x\equiv y \pmod 2, z\equiv w \pmod 2$$

故$\frac{x-y}{2},\frac{x+y}{2},\frac{z-w}{2},\frac{z+w}{2}$都是整数，且

$$\left(\frac{x-y}{2}\right)^2+\left(\frac{x+y}{2}\right)^2+\left(\frac{z-w}{2}\right)^2+\left(\frac{z+w}{2}\right)^2=$$

$$\frac{x^2+y^2+z^2+w^2}{2}=\frac{m}{2}p$$

这与 m 是使得 mp 表示成四个非负整数的平方和的最小正整数矛盾.

所以，m 不能是偶数.

若 $m(m>1)$是一个奇数，则令整数 a,b,c,d 满足下面的条件

$$a\equiv x \pmod m, b\equiv y \pmod m$$

$$c\equiv z \pmod m, d\equiv w \pmod m$$

其中

$$-\frac{m}{2}<a,b,c,d<\frac{m}{2}$$

故

$$a^2+b^2+c^2+d^2\equiv x^2+y^2+z^2+w^2 \pmod m$$

因此,存在某个整数 k 使得

$$a^2+b^2+c^2+d^2=km \quad ②$$

且

$$0\leqslant a^2+b^2+c^2+d^2<4\left(\frac{m}{2}\right)^2=m^2$$

所以,$0\leqslant k<m$.

若 $k=0$,则 $a=b=c=d=0$.进而

$$x\equiv y\equiv z\equiv w\equiv 0 \pmod m$$

于是,$m^2\mid mp$.

而因为 $1<m<p$,所以,这是不可能的.

从而,$k>0$.

由①×②得

$$(x^2+y^2+z^2+w^2)(a^2+b^2+c^2+d^2)=m^2pk \quad ③$$

由恒等式

$$(x^2+y^2+z^2+w^2)(a^2+b^2+c^2+d^2)=$$
$$(ax+by+cz+dw)^2+(bx-ay+dz-cw)^2+$$
$$(cx-dy-az+bw)^2+(dx+cy-bz-aw)^2 \quad ④$$

易知,式④的右边四项都可以被 m 整除.

设

$$X=\frac{ax+by+cz+dw}{m}$$

$$Y=\frac{bx-ay+dz-cw}{m}$$

$$Z=\frac{cx-dy-az+bw}{m}$$

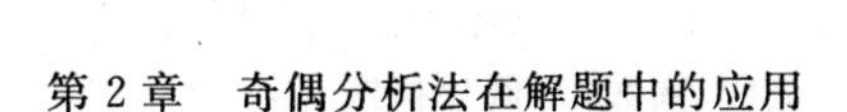

$$W=\frac{dx+cy-bz-aw}{m}$$

则

$$X^2+Y^2+Z^2+W^2=\frac{m^2kp}{m^2}=kp$$

但是 $k<m$，这与 m 是使得 mp 表示成四个非负整数的平方和的最小正整数矛盾.

综上，$m=1$，即素数 p 能表示成四个非负整数的平方和.

例 13　证明：不存在整数 x,y,z 满足

$$2x^4+2x^2y^2+y^4=z^2\quad(x\neq 0)\qquad ①$$

（2003 年韩国数学奥林匹克竞赛题）

证明　设 x,y,z 是方程①的整数解.

显然，由 $x\neq 0$ 可得 $y\neq 0$.

不妨设 $x>0,y>0((x,y)=1)$. 进一步假设 x 是满足上述条件的最小解.

由 $z^2\equiv 0,1,4(\bmod 8)$，可知 x 是偶数，y 是奇数.

方程①可化为

$$x^4+(x^2+y^2)^2=z^2\qquad ②$$

显然

$$(x^2,x^2+y^2)=1$$

于是，x^2,x^2+y^2,z 是一组勾股数.

故存在一个奇数 p 和一个偶数 q，使

$$x^2=2pq,x^2+y^2=p^2-q^2$$

$$z=p^2+q^2\quad((p,q)=1)$$

因此，存在一个整数 a 和一个奇数 b，使 $p=b^2$，$q=2a^2$. 于是

$$x=2ab,y^2=b^4-4a^4-4a^2b^2$$

因为

$$\left(\frac{2a^2+b^2-y}{2}\right)^2+\left(\frac{2a^2+b^2+y}{2}\right)^2=b^4$$

$$\left(\frac{2a^2+b^2+y}{2},\frac{2a^2+b^2-y}{2}\right)=1$$

所以，存在整数 $s,t(s>t,(s,t)=1)$，使得

$$\begin{cases}\dfrac{2a^2+b^2+y}{2}=2st\\ \dfrac{2a^2+b^2-y}{2}=s^2-t^2\\ b^2=s^2+t^2\end{cases}$$

或

$$\begin{cases}\dfrac{2a^2+b^2+y}{2}=s^2-t^2\\ \dfrac{2a^2+b^2-y}{2}=2st\\ b^2=s^2+t^2\end{cases}$$

从而

$$a^2=t(s-t)$$

由于 $(s,t)=1$，于是，存在正整数 $m,n((m,n)=1)$，使得

$$s-t=m^2,t=n^2$$

因此

$$n^4+(n^2+m^2)^2=b^2$$

这就回到了式②.

设 $x_1=n,x_1^2+y_1^2=n^2+m^2$，则

$$x_1^4+(x_1^2+y_1^2)^2=z_1^2$$

于是，x_1,y_1,z_1 是方程①的解.

但是，$x=2ab>t=n^2\geqslant n=x_1$，与 x 的最小性矛盾.

所以，方程没有整数解.

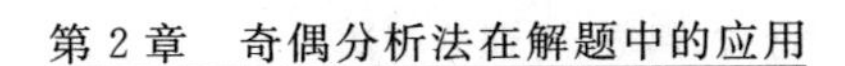

例 14　设 $k,n(n>2)$ 是正整数,证明:方程 $x^n-y^n=2^k$ 无整数解.

(2002 年罗马尼亚数学奥林匹克(决赛)竞赛题)

证明　假设结论不成立,即已知方程有整数解.由于 n 是正整数,必有一个最小的 n,设 $n_0>2$ 是满足

$$x^{n_0}-y^{n_0}=2^m \quad (m>0)$$

中最小的一个 n.

若 n_0 是偶数,设 $n_0=2l(l\in\mathbf{N}^*)$,则

$$x^{n_0}-y^{n_0}=x^{2l}-y^{2l}=(x^l-y^l)(x^l+y^l)$$

于是,x^l-y^l 是 2 的正整数次幂.

而 $l<n_0$,与 n_0 的最小性矛盾.

若 n_0 是奇数,定义集合

$$A=\{p\mid x^{n_0}-y^{n_0}=2^p,p,x,y\in\mathbf{N}^*\}$$

由于 p 是正整数,由极端原理知,必有一个最小的(设 p_0 是 A 中最小的一个元素),则

$$x^{n_0}-y^{n_0}=2^{p_0}$$

所以,x 和 y 的奇偶性相同.

又

$$x^{n_0}-y^{n_0}=$$
$$(x-y)(x^{n_0-1}+x^{n_0-2}y+\cdots+xy^{n_0-2}+y^{n_0-1})=2^{p_0}$$

则 x 和 y 均为偶数.

设 $x=2x_1,y=2y_1$,则

$$x_1^{n_0}-y_1^{n_0}=2^{p_0-n_0}$$

若 $p_0-n_0\geqslant 1$,则与 p_0 的最小性矛盾.

若 $p_0-n_0=0$,则 $x_1^{n_0}-y_1^{n_0}=1$.

而对于 $n_0>2$,此方程无整数解.

综上,方程 $x^n-y^n=2^k$,对 $n>2,k\in\mathbf{N}^*$ 无整数解.

例 15　设 a 是给定的正整数,A,B 是两个实数.

试确定方程组

$$\begin{cases} x^2+y^2+z^2=(13a)^2 & ① \\ x^2(Ax^2+By^2)+y^2(Ay^2+Bz^2)+z^2(Az^2+Bx^2)= & \\ \frac{1}{4}(2A+B)(13a)^4 & ② \end{cases}$$

有正整数解的充分必要条件(用 A,B 的关系式表示并予以证明). (1990 年中国数学奥林匹克竞赛题)

解 由②$-\frac{B}{2}\times$①^2 得

$$\left(A-\frac{1}{2}B\right)(x^4+y^4+z^4)=\frac{1}{2}\left(A-\frac{1}{2}B\right)(13a)^4$$

(1)$A\neq\frac{1}{2}B$.

上式化为

$$2(x^4+y^4+z^4)=(13a)^4 \quad ③$$

假设 x,y,z 是方程③的一组正整数解,显然,a 是偶数.则可设 $a=2a_1$.方程③化为

$$x^4+y^4+z^4=8(13a_1)^4 \quad ④$$

由方程④知 x,y,z 都是偶数.

设 $x=2x_1,y=2y_1,z=2z_1$,则方程④化为

$$2(x_1^4+y_1^4+z_1^4)=(13a_1)^4 \quad ⑤$$

显然,a_1 是偶数.

则可设 $a_1=2a_2$.方程⑤化为

$$x_1^4+y_1^4+z_1^4=8(13a_2)^4 \quad ⑥$$

又可得 x_1,y_1,z_1 都是偶数.

设 $x_1=2x_2,y_1=2y_2,z_1=2z_2$,则方程⑥化为

$$2(x_2^4+y_2^4+z_2^4)=(13a_2)^4$$

又可得 a_2 是偶数.

设 $a_2=2a_3$,显然,$a_3<a_2<a_1<a$.

所以,上述推理过程经过有限次之后,可以得到正整数 x_k,y_k,z_k,满足

$$2(x_k^4+y_k^4+z_k^4)=13^4$$

而这是不可能的.

于是,当 $A\neq\frac{1}{2}B$ 时,原方程组没有正整数解.

(2)$A=\frac{1}{2}B$.

若 $A=B=0$,则方程②为恒等式,只需解方程①.

若 $B\neq 0$,把 $B=2A$ 代入方程②得

$$(x^2+y^2+z^2)^2=(13a)^4$$

即

$$x^2+y^2+z^2=(13a)^2$$

这就是方程①.

因此,无论 $B\neq 0$ 还是 $B=0$,只要 x,y,z 满足方程①,就必定满足方程②.

从而,方程①显然有解

$$(x,y,z)=(3a,4a,12a)$$

于是,方程组有正整数解的充分必要条件是 $A=\frac{1}{2}B$.

无穷递降也是解决数论问题的一种有效方法. 如:

例 16　已知正整数 a,b,使得

$$(ab+1)\mid(a^2+b^2)$$

求证:$\frac{a^2+b^2}{ab+1}$是某个正整数的平方.

(1988 年 IMO 试题)

证法 1　当 $a=b$ 时,存在整数 q 使

$$\frac{2a^2}{a^2+1}=q\Rightarrow(2-q)a^2=q$$

由 $2-q>0$，可得

$$q=1=1^2$$

结论显然成立.

当 $a\neq b$ 时，由对称性，不妨设 $a>b$.

思路是：如果

$$\frac{a^2+b^2}{ab+1}=\frac{b^2+t^2}{bt+1}\quad (a>b>t) \qquad ①$$

只要 $t\neq 0$，就可以将式①递推下去，直到 $t=0$. 此时

$$\frac{a^2+b^2}{ab+1}=\frac{b^2+0^2}{b\times 0+1}=b^2$$

就是一个完全平方数.

如何实现式①呢？

设 $\frac{a^2+b^2}{ab+1}=\frac{b^2+t^2}{bt+1}=s$，则

$$\begin{cases}a^2+b^2=abs+s\\ b^2+t^2=bts+s\end{cases}$$

两式相减得

$$a^2-t^2=bs(a-t)$$

由 $a\neq t$，得

$$a+t=bs$$

综上分析，对于 $a\neq b$，可得下面的证明：

设 s,t 是满足下列条件的整数

$$\begin{cases}a=bs-t\\ s\geqslant 2,0\leqslant t<b\end{cases}$$

代入 $\frac{a^2+b^2}{ab+1}$ 得

$$\frac{a^2+b^2}{ab+1}=\frac{b^2s^2-2bst+t^2+b^2}{b^2s-bt+1} \qquad ②$$

接下来比较式②与 $s-1,s+1$ 的大小. 于是

$$\frac{b^2s^2-2bst+t^2+b^2}{b^2s-bt+1}-(s-1)=$$

$$\frac{s(b^2-bt-1)+b(b-t)+t^2+1}{b(bs-t)+1}>0$$

即

$$\frac{b^2s^2-2bst+t^2+b^2}{b^2s-bt+1}>s-1$$

同理

$$\frac{b^2s^2-2bst+t^2+b^2}{b^2s-bt+1}<s+1$$

因为$\frac{b^2s^2-2bst+t^2+b^2}{b^2s-bt+1}$是整数，所以

$$\frac{b^2s^2-2bst+t^2+b^2}{b^2s-bt+1}=s$$

故

$$b^2s^2-2bst+t^2+b^2=b^2s^2-bst+s$$

于是

$$b^2+t^2=bts+s$$

$$\frac{a^2+b^2}{ab+1}=\frac{b^2+t^2}{bt+1}=s$$

因为 $a>b>t$，所以，当 $t=0$ 时，$s=b^2$ 为完全平方数.

如果 $t\neq 0$，可以将此过程继续下去(因为 t 是一个有限数)，那么，一定会经过有限步之后，可以使最小的 t 变为 0，而使 s 为完全平方数.

此题的另一个证法也用到了无穷递降法.

证法 2　设$\frac{a^2+b^2}{ab+1}=s$，则

$$a^2+b^2=s(ab+1)$$

于是，(a,b)是不定方程

$$x^2+y^2=s(xy+1) \quad ①$$

的一组整数解.

假定 s 不是一个完全平方数,此时,x,y 均不为 0.

故

$$s(xy+1)=x^2+y^2>0 \Rightarrow xy>-1$$

由于 x,y 是整数,则 $xy \geqslant 0$.

又 x,y 均不为 0,则 $xy>0$,故 x 和 y 同号.从而,只需研究方程①的正整数解即可.

设$(a_0,b_0)(a_0 \geqslant b_0)$是方程①的所有正整数解中使 $x+y$ 为最小的一组解.

于是,方程①可以看作是关于 x 的方程

$$x^2-syx+y^2-s=0 \quad ②$$

所以,a_0 是方程

$$x^2-sb_0x+b_0^2-s=0 \quad ③$$

的一个整数解.

设 a_1 是方程③的另一个解,则由韦达定理得

$$a_1=sb_0-a_0,\text{且 } a_1a_0=b_0^2-s$$

可知 $a_1 \neq 0$.否则,$b_0^2=s$ 是一个完全平方数.

因此,(a_1,b_0)也是方程①的正整数解.但是

$$a_1=\frac{b_0^2-s}{a_0} \leqslant \frac{b_0^2-1}{a_0} \leqslant \frac{a_0^2-1}{a_0} < \frac{a_0^2}{a_0}=a_0$$

则

$$a_1+b_0<a_0+b_0$$

这与 a_0+b_0 的最小性矛盾.

因此,s 是一个完全平方数.

评注 两个证法都归功于无穷递降法.关于此题还有一段轶闻.自从举办第 1 届 IMO 以来,负责命题的主试委员会都没能命制一道试题难倒参赛的每一名

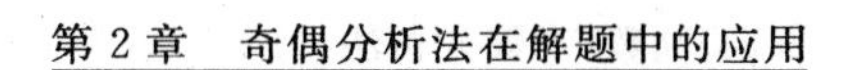

中学生.而此题却难倒了由各参赛国领队组成的主试委员会.后来,此题又给澳大利亚的四位数论专家去解,每一位都花了一整天的时间,可是谁也没有解出来.然而,参赛的选手中却有 11 名学生在指定的时间给出了正确解答.

例 17　已知 $p_1,p_2,\cdots,p_{2n}$ 为互不相等的整数,且 $q_1,q_2,\cdots,q_{n-1}$ 是互不相等的素数($n\geqslant 2,n\in\mathbf{N}$),$m$ 是方程

$$(x-p_1)(x-p_2)\cdots(x-p_{2n})=(q_1q_2\cdots q_{n-1})^2$$

的一个整数根.求证:n 只能为偶数,且有

$$p_1+p_2+\cdots+p_{2n}=2mn$$

证明　因为 $p_1,p_2,\cdots,p_{2n}$ 为互不相等的整数,m 是整数,故 $m-p_1,m-p_2,\cdots,m-p_{2n}$ 是 $2n$ 个互不相等的整数.根据题意有

$$(m-p_1)(m-p_2)\cdots(m-p_{2n})=(q_1q_2\cdots q_{n-1})^2 \quad ①$$

又 $q_1,q_2,\cdots,q_{n-1}$ 是互不相等的素数,当 n 为奇数时

$$(q_1q_2\cdots q_{n-1})^2=q_1^2q_2^2\cdots q_{n-1}^2=$$
$$(+1)(+q_1)(-q_1)(+q_2)(-q_2)\cdots(+q_{n-1})(-q_{n-1})$$

最多只能分解为 $\pm 1,\pm q_1,\pm q_2,\cdots,\pm q_{n-1}$ 这 $2n-1$ 个不同整数的乘积.由式①知其左边为 $2n$ 个互不相等的整数,矛盾.故 n 不能为奇数.

当 n 为偶数时,因为 $(q_1q_2\cdots q_{n-1})^2$ 最多只能分解为 $\pm 1,\pm q_1,\pm q_2,\cdots,\pm q_{n-1}$ 这 $2n$ 个不同整数的乘积,由式①可知 $m-p_1,m-p_2,\cdots,m-p_{2n}$ 这 $2n$ 个互不相等的整数必然与上述 $2n$ 个不同的整数构成一一对应相等的关系.于是

$$(m-p_1)+(m-p_2)+\cdots+(m-p_{2n})=$$

$$(+1)+(-1)+(+q_1)+(-q_1)+(+q_2)+(-q_2)+\cdots+(+q_{n-1})+(-q_{n-1})=0$$

即

$$(\underbrace{m+m+\cdots+m}_{2n个})-(p_1+p_2+\cdots+p_{2n})=0$$

故

$$p_1+p_2+\cdots+p_{2n}=2mn$$

例 18 设 p_1,p_2,p_3,p_4 是 4 个互不相同的素数，且满足

$$\begin{cases}2p_1+3p_2+5p_3+7p_4=162 & ①\\11p_1+7p_2+5p_3+4p_4=162 & ②\end{cases}$$

求所有乘积 $p_1p_2p_3p_4$ 的可能值.

（2008 年爱尔兰数学奥林匹克竞赛题）

解 由于 p_1,p_2,p_3,p_4 互不相同，则其中至多有一个为偶数. 若全为奇数，则方程①的左端为奇数. 因此，p_2,p_3,p_4 其中之一是偶素数 2.

由方程②知 $p_4\neq 2$，得 $p_2=2$ 或 $p_3=2$.

(1) 当 $p_2=2$ 时，原方程变为

$$\begin{cases}2p_1+5p_3+7p_4=156\\11p_1+5p_3+4p_4=148\end{cases}$$

两式相减得 $9p_1-3p_4=-8$，不成立.

(2) 当 $p_3=2$ 时，原方程变为

$$\begin{cases}2p_1+3p_2+7p_4=152\\11p_1+7p_2+4p_4=152\end{cases}$$

两式相减得 $9p_1+4p_2-3p_4=0$. 因此，$p_2=3$.

留下关于 p_1,p_4 的两个线性方程，其解为 $p_1=5$，$p_4=19$.

因此，方程的唯一解为

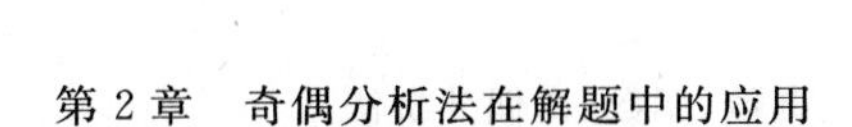

$$(p_1,p_2,p_3,p_4)=(5,3,2,19)$$

所以,$p_1p_2p_3p_4=570$.

例 19　试证:对任何正整数 n,存在唯一的正奇数对(x,y),使得

$$2^{n+2}=x^2+7y^2$$

证明　存在性.

当 $n=1$ 时,取 $x_1=y_1=1$,则

$$2^{n+2}=x_1^2+7y_1^2$$

假定对 $n(n\in\mathbf{N}^*)$知,存在正奇数对(x_n,y_n),使得

$$2^{n+2}=x_n^2+7y_n^2$$

令 $x_{n+1}=\frac{x_n-7y_n}{2}$,$y_{n+1}=\frac{x_n+y_n}{2}$,则

$$x_{n+1}^2+7y_{n+1}^2=\left(\frac{x_n-7y_n}{2}\right)^2+7\left(\frac{x_n+y_n}{2}\right)^2=$$
$$2(x_n^2+7y_n^2)=2\times2^{n+2}=2^{n+3}$$

且

$$x_{n+2}=x_{n+1}-2x_n,y_{n+2}=y_{n+1}-2y_n$$

由 $x_1=y_1=1$,$x_2=-3$,$y_2=1$ 均为奇数,可知对一切正整数 n,有 x_n,y_n 都是奇数.

唯一性.

假设对某个正整数 n,存在两个不同的奇数对$(x,y)\neq(z,w)$,使

$$2^{n+2}=x^2+7y^2=z^2+7w^2 \quad ①$$

则

$$x^2=2^{n+2}-7y^2,7w^2=2^{n+2}-z^2$$

以上两式相乘得

$$7x^2w^2=(2^{n+2})^2-2^{n+2}(7y^2+z^2)+7y^2z^2$$

故

$$7(xw+yz)(xw-yz)=2^{n+2}(2^{n+2}-7y^2-z^2)=$$
$$2^{n+2}(x^2-z^2)$$

因为 x,z 为奇数，$2|(x^2-z^2)$，所以

$$2^{n+3}|2^{n+2}(x^2-z^2)$$

从而

$$2^{n+3}|7(xw+yz)(xw-yz)$$

注意到

$$(xw+yz)+(xw-yz)=2xw\equiv 2(\mathrm{mod}\ 4)$$

从而，$xw+yz,xw-yz$ 不都被 4 整除.

故 $xw+yz,xw-yz$ 中有一个被 2^{n+2} 整除.

不妨设

$$2^{n+2}|(xw-yz)$$

由式①得

$$2^{n+2}=x^2+7y^2,2^{n+2}=z^2+7w^2$$

以上两式相乘得

$$(2^{n+2})^2=(x^2+7y^2)(z^2+7w^2)=$$
$$(xz+7yw)^2+7(xw-yz)^2$$

若 $xw-yz\neq 0$，则

$$(xw-yz)^2\geqslant(2^{n+2})^2$$

矛盾.

所以，$xw-yz=0$.

令 $x=ky,z=kw$，代入式①得

$$k^2y^2+7y^2=k^2w^2+7w^2$$

即

$$(k^2+7)y^2=(k^2+7)w^2$$

于是 $y=w$.

从而 $x=z$，矛盾.

例 20　正整数 m,n,k 满足 $mn=k^2+k+3$，证明：

不定方程

$$x^2+11y^2=4m$$

和

$$x^2+11y^2=4n$$

中至少有一个有奇数解(x,y).

(2006 年中国数学奥林匹克竞赛题)

证法 1　首先我们证明如下一个引理.

引理　不定方程

$$x^2+11y^2=4m \quad ①$$

或有奇数解(x_0,y_0),或有满足

$$x_0\equiv(2k+1)y_0\pmod m \quad ②$$

的偶数解(x_0,y_0).

引理的证明　考虑如下表示:

$x+(2k+1)y$,其中 x,y 为整数,且 $0\leqslant x\leqslant 2\sqrt{m}$,$0\leqslant y\leqslant\frac{\sqrt{m}}{2}$,则共有$([2\sqrt{m}]+1)\left(\left[\frac{\sqrt{m}}{2}\right]+1\right)>m$ 个表示,因此存在整数 $x_1,x_2\in[0,2\sqrt{m}]$,$y_1,y_2\in\left[0,\frac{\sqrt{m}}{2}\right]$,满足$(x_1,y_1)\neq(x_2,y_2)$,且

$$x_1+(2k+1)y_1\equiv x_2+(2k+1)y_2\pmod m$$

这表明

$$x\equiv(2k+1)y\pmod m \quad ③$$

这里 $x=x_1-x_2$,$y=y_2-y_1$.由此可得

$$x^2\equiv(2k+1)^2y^2\equiv-11y^2\pmod m$$

故 $x^2+11y^2=km$.因为$|x|\leqslant 2\sqrt{m}$,$|y|\leqslant\frac{\sqrt{m}}{2}$,所以

$$x^2+11y^2<4m+\frac{11}{4}m<7m$$

于是 $1\leqslant k\leqslant 6$. 因为 m 为奇数

$$x^2+11y^2=2m, x^2+11y^2=6m$$

显然没有整数解.

(1)若 $x^2+11y^2=m$, 则 $x_0=2x, y_0=2y$ 是方程①满足②的解.

(2)若 $x^2+11y^2=4m$, 则 $x_0=x, y_0=y$ 是方程①满足②的解.

(3)若 $x^2+11y^2=3m$, 则 $(x\pm 11y)^2+11(x\mp y)^2=3^2\cdot 4m$.

首先假设 $3\nmid m$, 若 $x\not\equiv 0 \pmod 3$, $y\not\equiv 0 \pmod 3$, 且 $x\not\equiv y \pmod 3$, 则

$$x_0=\frac{x-11y}{3}, y_0=\frac{x+y}{3} \qquad ④$$

是方程①满足②的解. 若 $x\equiv y\not\equiv 0 \pmod 3$, 则

$$x_0=\frac{x+11y}{3}, y_0=\frac{y-x}{3} \qquad ⑤$$

是方程①满足②的解.

现在假设 $3|m$, 则公式④和⑤仍然给出方程①的整数解. 若方程①有偶数解 $x_0=2x_1, y_0=2y_1$, 则

$$x_1^2+11y_1^2=m \Leftrightarrow$$
$$36m=(5x_1\pm 11y_1)^2+11(5y_1\mp x_1)^2$$

因为 x_1, y_1 的奇偶性不同, 所以 $5x_1\pm 11y_1$, $5y_1\mp x_1$ 都为奇数.

若 $x\equiv y \pmod 3$, 则 $x_0=\frac{5x_1-11y_1}{3}$, $y_0=\frac{5y_1+x_1}{3}$ 是方程①的一奇数解.

若 $x_1\not\equiv y_1 \pmod 3$, 则 $x_0=\frac{5x_1+11y_1}{3}$, $y_0=$

$\frac{5y_1-x_1}{3}$是方程①的一奇数解.

(4)$x^2+11y^2=5m$,则

$$5^2\cdot 4m=(3x\mp 11y)^2+11(3y\pm x)^2$$

当 $5\nmid m$ 时,若 $x\equiv\pm 1\pmod 5$,$y\equiv\mp 2\pmod 5$,或 $x\equiv\pm 2\pmod 5$,$y\equiv\pm 1\pmod 5$,则

$$x_0=\frac{3x-11y}{5},y_0=\frac{3y+x}{5} \qquad ⑥$$

是方程①满足②的解.

若 $x\equiv\pm 1\pmod 5$,$y\equiv\pm 2\pmod 5$,或 $x\equiv\pm 2\pmod 5$,$y\equiv\mp 1\pmod 5$,则

$$x_0=\frac{3x+11y}{5},y_0=\frac{3y-x}{5} \qquad ⑦$$

是方程①满足②的解.

当 $5\mid m$ 时,则公式⑥和⑦仍然给出方程①的整数解.若方程①有偶数解 $x_0=2x_1$,$y_0=2y_1$,则

$$x_1^2+11y_1^2=m,x_1\not\equiv y_1\pmod 2$$

可得

$$100m=(x_1\mp 33y_1)^2+11(y_1\pm 3x_1)^2$$

若 $x_1\equiv y_1\equiv 0\pmod 5$,或者 $x_1\equiv\pm 1\pmod 5$,$y_1\equiv\pm 2\pmod 5$,或者 $x_1\equiv\pm 2\pmod 5$,$y_1\equiv\mp 1\pmod 5$,则

$$x_0=\frac{x_1-33y_1}{5},y_0=\frac{y_1+3x_1}{5}$$

是方程①的一奇数解.

若 $x_1\equiv\pm 1\pmod 5$,$y_1\equiv\mp 2\pmod 5$,或 $x_1\equiv\pm 2\pmod 5$,$y_1\equiv\pm 1\pmod 5$,则

$$x_0=\frac{x_1+33y_1}{5},y_0=\frac{y_1-33x_1}{5}$$

是方程①的一奇数解.

引理证毕.

由引理,若方程①没有奇数解,则它有一个满足②的偶数解(x_0,y_0).令$l=2k+1$,考虑二次方程

$$mx^2+ly_0x+ny_0^2-1=0 \quad ⑧$$

则

$$x=\frac{-ly_0\pm\sqrt{l^2y_0^2-4mny_0^2+4m}}{2m}=\frac{-ly_0\pm x_0}{2m}$$

这表明方程⑧至少有一个整数根x_1,即

$$mx_1^2+ly_0x_1+ny_0^2-1=0 \quad ⑨$$

上式表明x_1必为奇数.将⑨乘以$4n$后配方得

$$(2ny_0+lx_1)^2+11x_1^2=4n$$

这表明方程$x^2+11y^2=4n$有奇数解$x=2ny_0+lx_1$,$y=x_1$.

证法2 首先证明如下引理.

引理 令m,n,t是三个正整数,满足$t^2+11=4mn$,则存在整数u,v,x,y,使得下面三式之一成立:

(1)当u,v为奇数时,有

$$\begin{cases}4m=u^2+11v^2\\n=x^2+11y^2\\t=ux+11vy\\|uy-vx|=1\end{cases}$$

(2)当x,y为奇数时,有

$$\begin{cases}m=u^2+11v^2\\4n=x^2+11y^2\\t=ux+11vy\\|uy-vx|=1\end{cases}$$

(3)当u,v为奇数,且x,y为奇数时,有

$$\begin{cases}4m=u^2+11v^2\\4n=x^2+11y^2\\t=\dfrac{ux+11vy}{2}\\|uy-vx|=2\end{cases}$$

引理的证明　我们对 t 用归纳法.

当 $t=1$ 时,$(m,n)=(1,3),(3,1)$. 前者可取

$$u=1,v=0,x=y=1$$

属于(2). 后者可取

$$u=v=1,x=1,y=0$$

属于(1). 现在假设结论对小于 t 的自然数成立. 不妨设 $m\leqslant n$. 若 $m=n$,则

$$4m^2-t^2=11\Rightarrow m=n=3,t=5$$

此时可取

$$u=v=1,x=-1,y=1$$

(3)成立. 若 $m=1$,则可取

$$u=1,v=0,x=t,y=1$$

(2)成立. 下设 $1<m<n$,则

$$n\geqslant m+2\Rightarrow t^2+11\geqslant 4m(m+2)>(2m)^2+11\Rightarrow t>2m$$

$$4mn=t^2+11\Rightarrow 4m(m+n-t)=(t-2m)^2+11$$

$$m+n\geqslant\sqrt{4mn}>t,0<t-2m<t$$

由归纳法假设,(1)(2)(3)之一对$(m,m+n-t,t-2m)$成立.

若对$(m,m+n-t,t-2m)$,(1)成立,则存在整数 u,v,x,y,使得

$$\begin{cases}4m=u^2+11v^2\\m+n-t=x^2+11y^2\\t-2m=ux+11vy\\|uy-vx|=1\end{cases}\quad(u,v\text{ 为奇数})$$

从上式中解出 m,n,t 得

$$\begin{cases}4m=u^2+11v^2\\4n=(2x+u)^2+11(2y+v)^2\\t=\dfrac{u(2x+u)+11v(2y+v)}{2}\\|u(2y+v)-v(2x+u)|=2|uy-vx|=2\end{cases}\quad(u,v\text{ 为奇数})$$

即对(m,n,t),(3)成立.

若对$(m,m+n-t,t-2m)$,(2)成立,则存在整数u,v,x,y,使得

$$\begin{cases}m=u^2+11v^2\\4(m+n-t)=x^2+11y^2\\t-2m=ux+11vy\\|uy-vx|=1\end{cases}\quad(x,y\text{ 为奇数})$$

从上式中解出 m,n,t 得

$$\begin{cases}m=u^2+11v^2\\4n=(x+2u)^2+11(y+2v)^2\\t=u(x+2u)+11v(y+2v)\\|u(y+2v)-v(x+2u)|=|uy-ux|=1\end{cases}\quad(u,v\text{ 为奇数})$$

即对(m,n,t),(2)成立.

若对$(m,m+n-t,t-2m)$,(3)成立,则存在整数u,v,x,y,使得

$$\begin{cases}4m=u^2+11v^2\\4(m+n-t)=x^2+11y^2\\t-2m=\dfrac{ux+11vy}{2}\\|uy-vx|=2\end{cases}\quad(u,v\text{ 为奇数};x,y\text{ 为奇数})$$

从上式中解出 m,n,t 得

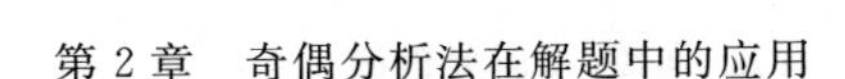

$$\begin{cases}4m=u^2+11v^2\\ n=\left(\dfrac{x+u}{2}\right)^2+11\left(\dfrac{y+v}{2}\right)^2\\ t=u\left(\dfrac{x+u}{2}\right)+11v\left(\dfrac{y+v}{2}\right) \quad (u,v\text{ 为奇数})\\ \left|u\left(\dfrac{y+v}{2}\right)-v\left(\dfrac{x+u}{2}\right)\right|=\dfrac{|uy-vx|}{2}=1\end{cases}$$

即对(m,n,t),(1)成立.引理证毕.

对 $t=2k+1$ 应用上述引理立得本题结论.

例 21　设整数 x,y,z,t 满足 $x^{14}+y^{14}+z^{14}=t^{14}$,求证:$7\mid xyzt$.

证明　设 x,y,z,t 是方程

$$x^{14}+y^{14}+z^{14}=t^{14} \qquad ①$$

的一组整数解,且 $7\nmid x,7\nmid y,7\nmid z,7\nmid t$.

不妨设$(x,y,z,t)=1$,则 x,y,z,t 不能全是偶数.

若 t 是偶数,则

$$4\mid(x^{14}+y^{14}+z^{14})$$

若 x,y,z 中有一奇二偶,则

$$x^{14}+y^{14}+z^{14}\equiv1 \pmod 4$$

若 x,y,z 中有二奇一偶,则

$$x^{14}+y^{14}+z^{14}\equiv2 \pmod 4$$

与 $4\mid(x^{14}+y^{14}+z^{14})$矛盾.

于是,t 为奇数,即

$$t^{14}\equiv1 \pmod 4$$

有

$$x^{14}+y^{14}+z^{14}\equiv1 \pmod 4$$

从而,x,y,z 中必是两偶一奇:

设 x,y 是偶数,t 是奇数.

由①有

$$x^{14}+y^{14}=t^{14}-z^{14}=(t^2-z^2)\cdot A \qquad ②$$

其中

$$A=t^{12}+t^{10}z^2+\cdots+z^{12}$$

若 t,z 是奇数,则

$$A\equiv 7\equiv 3 \pmod 4 \qquad ③$$

于是,存在形如 $q=4s+3$ 的素数能整除 A.

设 $A=q^{\lambda}A_1$,$q\nmid A_1$.由③,λ 必为奇数.由②得

$$x^{14}+y^{14}=(t^2-z^2)\cdot q^{\lambda}\cdot A_1$$

于是

$$q\mid(x^{14}+y^{14}) \qquad ④$$

若 $q\nmid x$,则由④,$q\nmid y$.由费马小定理有

$$(x^7)^{q-1}\equiv(y^7)^{q-1}\equiv 1 \pmod q$$

另一方面,$\frac{q-1}{2}=\frac{4s+2}{2}=2s+1$ 是奇数,则

$$x^{14}\equiv -y^{14} \pmod q$$

所以

$$1=(x^7)^{q-1}=(x^{14})^{\frac{q-1}{2}}=$$

$$(-1)^{\frac{q-1}{2}}(y^{14})^{\frac{q-1}{2}}\equiv-(y^7)^{q-1}\equiv -1 \pmod q$$

于是

$$z\equiv 0 \pmod q$$

与 $q=4s+3$ 矛盾.

若 $q\mid x$,则 $q\mid y$,令 $x^{14}+y^{14}=q^{2u}(x_1^{14}+y_1^{14})$,且 $q\nmid(x_1^{14}+y_1^{14})$,于是

$$q^{2u}(x_1^{14}+y_1^{14})=(t^2-z^2)q^{\lambda}A_1$$

因此

$$q\mid(t^2-z^2)$$

$$t^2\equiv z^2 \pmod q$$

于是

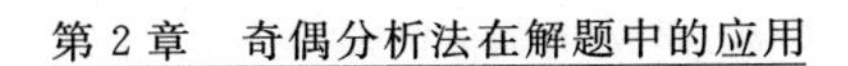

$$A \equiv 7t^{12} \equiv 0 \pmod q$$

若 $q \mid x$，又 $7 \nmid x$，则 $q \neq 7$.

于是，$q \mid t$，进而 $q \mid z$.

从而，$q \mid x, q \mid y, q \mid z, q \mid t$，与 x, y, z, t 互素矛盾.

因此，$7 \mid xyzt$.

习 题 三

1. 求证:$x^2+y^2=1\ 983$ 没有整数解.

2. 求证:方程 $2x^2-5y^2=7$ 没有整数解.

3. 是否有整数 m,n 使得 $5m^2-6mn+7n^2=1\ 987$?

4. 求证:方程 $x^2+4xy+4y^2+6x+12y=1\ 986$ 无整数解.

5. 证明:如果整系数二次方程

$$ax^2+bx+c=0\quad(a\neq 0)\qquad ①$$

有有理根,那么 a,b,c 中至少有一个是偶数.

(1958 年波兰数学竞赛题)

6. 求证:1 986 不能等于任何一个整数系数二次方程 $ax^2+bx+c=0$ 的判别式的值.

(1985 年苏州市初中数学竞赛题)

7. 设 a,b,c 是奇自然数,求证:方程 $ax^2+bx+c=0$ 没有形如 $\frac{p}{q}$ 的解,其中 p,q 是整数.

(1991 年澳大利亚数学通讯赛题)

8. 已知一元四次方程

$$x^4+bx^3+cx^2+dx+e=0$$

其中,b,c,d,e 均为整数,且 $(b+c+d)e$ 是奇数. 求证:这个一元四次方程无整数根.

9. 求证:$5^x+2=17^y$ 没有正整数解.

10. 给定方程组

$$\begin{cases}y-2x-a=0 & ①\\ y^2-xy+x^2-b=0 & ②\end{cases}$$

其中 a,b 是整数，x,y 是未知数.

证明：如果这个方程组有一组有理数解，那么这组有理数一定是整数.

（1917 年匈牙利数学奥林匹克竞赛题）

11. 证明：不存在整数 a,b,c,d 满足下列等式

$$\begin{cases}abcd-a=1\ 961\\abcd-b=961\\abcd-c=61\\abcd-d=1\end{cases}$$

（1961 年莫斯科数学奥林匹克竞赛题）

12. 是否存在两两不同的正整数 m,n,p,q，使得

$$m+n=p+q,\sqrt{m}+\sqrt[3]{n}=\sqrt{p}+\sqrt[3]{q}>2\ 004?$$

（2004 年俄罗斯数学奥林匹克竞赛题）

13. 是否存在整数 m,n，使得

$$5m^2-6mn+7n^2=2\ 003$$

14. 设 a 是有理数，且 $0<a<1$，如果

$$\cos(3\pi a)+2\cos(2\pi a)=0$$

求证：$a=\frac{2}{3}$.　　（1991 年国际数学奥林匹克预选题）

15. 证明：不定方程

$$x^4-y^4=z^2\quad((x,y)=1) \qquad ①$$

没有正整数解 (x,y,z).

16. 证明：方程

$$2a^2+b^2+3c^2=10n^2 \qquad ①$$

没有正整数解 (a,b,c,n).

17. 证明：方程

$$x^2+y^2=3(z^2+u^2) \qquad ①$$

没有正整数解 (x,y,z,u).

18. 已知 p 和 q 是正奇数，a,b,c,d 为正整数，是否存在实数 x_1,x_2,y_1,y_2 满足

$$\begin{cases} x_1+x_2=p & ① \\ y_1+y_2=q & ② \\ x_1^2+y_1^2=a^2 & ③ \\ x_1^2+y_2^2=b^2 & ④ \\ x_2^2+y_2^2=c^2 & ⑤ \\ x_2^2+y_1^2=d^2 & ⑥ \end{cases}$$

§4　解不定方程

例 1　求方程 $x^y+1=z$ 的素数解.

分析　最小的素数是偶数 2,其余的素数均为奇数,考虑原方程的奇偶关系,并运用素数的性质求解.

解　首先,y 必须是偶数. 否则,由 x^y+1 能被 $x+1$整除,且 $x^y+1>x+1>1$,知 x^y+1 可以分解,即 x^y+1 不等于素数 z. 但 y 又是素数,所以 $y=2$.

因为

$$z=x^y+1=x^2+1\geqslant 2^2+1=5$$

所以 z 为奇素数,于是 $x^2=z-1$ 为偶数,因此

$$x=2,z=5$$

故原方程的素数解为

$$x=2,y=2,z=5$$

例 2　一个自然数,若加上 168 是一个完全平方数,若加上 100 则是另一个完全平方数,求这个自然数.

解　设所求的自然数为 x,则依题意有

$$x+168=m^2 \text{ 且 } x+100=n^2$$

其中 m,n 都为自然数. 以上两式相减得

$$m^2-n^2=68$$

所以

$$(m+n)(m-n)=1\times 68=2\times 34=4\times 17$$

显然 $m-n$ 与 $m+n$ 同奇同偶,所以 $m-n$ 与 $m+n$ 只能取 2 和 34,又 $m-n<m+n$,所以

$$\begin{cases} m-n=2 \\ m+n=34 \end{cases}$$

解得

$$\begin{cases} m=18 \\ n=16 \end{cases}$$

故所求的自然数为

$$x=18^2-168=156$$

例3 有若干个战士，恰好组成一个八列长方形队列.若在队列中再增加120人或从队列中减去120人后，都能组成一个正方形队列，问原长方形队列共有多少战士？（1991年天津市初中二年级数学竞赛题）

解 设原有战士 $8x$ 人，由已知 $8x+120$ 与 $8x-120$ 均为完全平方数，则有

$$\begin{cases} 8x+120=m^2 & ① \\ 8x-120=n^2 & ② \end{cases}$$

其中 m,n 为正整数.

由①－②得

$$m^2-n^2=240$$

即

$$(m+n)(m-n)=240$$

由①②知 m,n 能被4整除，所以 $m+n$ 与 $m-n$ 能被4整除.

令

$$\begin{cases} m+n=60 \\ m-n=4 \end{cases} \quad ③$$

$$\begin{cases} m+n=20 \\ m-n=12 \end{cases} \quad ④$$

由③得 $m=32,n=28$，则

$$8x=32^2-120=904$$

由④得 $m=16,n=4$，则

$$8x=16^2-120=136$$

例 4　求 $x^2+y^2=328$ 的正整数解.

解　设 x,y 是它的正整数解,显然 $x\neq y$,且均不为 0,不妨设 $x>y>0$(由对称性).

因为 328 是偶数,所以 x,y 的奇偶性相同,于是 $x\pm y$是偶数. 令 $x+y=2u_1,x-y=2v_1$,显然,u_1,v_1 是正整数,且 $u_1>v_1$. 将 $x=u_1+v_1,y=u_1-v_1$ 代入原方程,整理后得

$$u_1^2+v_1^2=164$$

同理,又可令 $u_1+v_1=2u_2,u_1-v_1=2v_2$,其中 u_2,v_2 为正整数,$u_2>v_2$,于是代入又可得

$$u_2^2+v_2^2=82$$

再令 $u_2+v_2=2u_3,u_2-v_2=2v_3$,又可得

$$u_3^2+v_3^2=41$$

这时 u_3,v_3 必一奇一偶,且

$$0<v_3<u_3\leqslant[\sqrt{41}]=6$$

取 $v_3=1,2,3,4,5$,代入 $u_3^2=41-v_3^2$ 得

$$u_3^2=40,37,32,25,16$$

故只能有 $u_3^2=25,16$,即 $u_3=5,4$. 再注意到 $u_3>v_3$,故 $u_3=5$,从而 $v_3=4$,于是得到 $x=18,y=2$. 由方程的对称性知 $x=2,y=18$ 也是解. 故原方程的正整数解为

$$x=18,y=2;x=2,y=18$$

例 5　设不超过 50 的自然数 n 满足条件:仅有一对非负整数(a,b)使得 $a^2-b^2=n$. 试求这样的 n 的个数.　　　　(2005 年日本数学奥林匹克竞赛题)

解　$n=(a+b)(a-b)$,由于 $a+b$ 与 $a-b$ 奇偶性相同知,$n\not\equiv 2\pmod 4$.

当 n 为奇素数时，只有一对 $(a,b)=\left(\frac{n+1}{2},\frac{n-1}{2}\right)$，满足条件；

当 n 为奇合数时，设 $n=uv(u\geqslant v>1,u,v$ 为奇数)，至少有 2 组非负整数解 $(a,b)=\left(\frac{n+1}{2},\frac{n-1}{2}\right)$ 或 $\left(\frac{u+v}{2},\frac{u-v}{2}\right)$，不满足条件.

故奇数中满足条件的为 1，3，5，7，11，13，17，19，23，29，31，37，41，43，47，共 15 个.

当 $4\mid n$ 时，若 $\frac{n}{4}$ 为合数，至少有 2 组非负整数解，不满足条件.

故偶数中满足条件的为 4，8，12，20，28，44，共 6 个.

因此，共有 21 个.

例 6　确定不定方程

$$x^3+x^2y+xy^2+y^3=8(x^2+xy+y^2+1)$$

的所有整数解.（1999 年加拿大数学奥林匹克训练题）

解　已知方程可改写成

$$(x^2+y^2)(x+y-8)=8xy+8 \quad ①$$

从而易知 x,y 必须有相同的奇偶性，$x+y-8$ 是偶数.

若 $x+y-8\geqslant 6$，则

$$x^2+y^2\geqslant\frac{(x+y)^2}{2}\geqslant\frac{14^2}{2}>4$$

$$(x^2+y^2)(x+y-8)\geqslant 6(x^2+y^2)\geqslant$$
$$2(x^2+y^2)+8xy>8+8xy$$

若 $x+y-8\leqslant -4$，则

$$(x^2+y^2)(x+y-8)\leqslant -4(x^2+y^2)\leqslant 8xy<8xy+8$$

若 $x+y-8=4$，则由式①得 $(x-y)^2=2$，无整数解.

若 $x+y-8=2$，则由式①得 $x^2+y^2=4xy+4$，从而得出 $(x,y)=(2,8)$ 或 $(8,2)$.

若 $x+y-8=0$，则 $8xy+8=0$，显然无解.

若 $x+y-8=-2$，则 $x^2+y^2+4xy+4=0$，从而 $x+y=6$，$xy=-20$，也无解.

因此本题的解为 $(x,y)=(2,8)$ 或 $(8,2)$.

例 7　求 $x^2+7y^2=2\ 011$ 的一组正整数解 (x,y).

（2011年江西省高中数学联赛预赛题）

解　因为 2 011 是 $4N+3$ 型的数，所以 y 必为奇数，而 x 为偶数，设 $x=2m$，$y=2n+1$，代入原方程得

$$4m^2+28n(n+1)=2\ 004$$

即

$$m^2+7n(n+1)=501 \quad ①$$

而 $n(n+1)$ 为偶数，则 m^2 为奇数，设 $m=2k+1$，则

$$m^2=4k(k+1)+1$$

由①得

$$k(k+1)+7\cdot\frac{n(n+1)}{4}=125 \quad ②$$

则 $\frac{n(n+1)}{4}$ 为奇数，且 n，$n+1$ 中恰有一个是 4 的倍数. 当 $n=4r$ 时，为使 $7\cdot\frac{n(n+1)}{4}=7r(4r+1)$ 为奇数，且 $7r(4r+1)<125$，只有 $r=1$，此时②成为

$$k(k+1)+35=125$$

即 $k(k+1)=90$，于是

$$n=4,k=9,x=38,y=9$$

若 $n+1=4r$，为使 $7\cdot\frac{n(n+1)}{4}=7r(4r-1)$ 为奇数，且 $7r(4r-1)<125$，只有 $r=1$，此时②成为

$$k(k+1)+21=125$$

即 $k(k+1)=104$，它无整数解.

于是 $(x,y)=(38,9)$ 是唯一解

$$38^2+7\times9^2=2\ 011$$

另外，也可由 x 为偶数出发，使

$$2\ 011-x^2=2\ 009-(x^2-2)=7\times287-(x^2-2)$$

为 7 的倍数，那么 x^2-2 是 7 的倍数，故 x 是 $7k\pm3$ 形式的偶数，依次取 $k=1,3,5$，检验相应的六个数即可.

例 8 求所有的整数对 (x,y)，使得

$$1+2^x+2^{2x+1}=y^2$$

（2006 年 IMO 试题）

解 若 (x,y) 为解，则 $x\geqslant0$，$(x,-y)$ 也是解. 当 $x=0$时，有解 $(0,2)$，$(0,-2)$.

设 (x,y) 为解，$x>0$，不失一般性，设 $y>0$.

原方程等价于

$$2^x(1+2^{x+1})=(y-1)(y+1)$$

于是 $y-1$ 和 $y+1$ 为偶数，其中恰有一个被 4 整除，因此，$x\geqslant3$，有一个因式被 2^{x-1} 整除，不被 2^x 整除. 于是 $y=2^{x-1}m+\varepsilon$，m 为奇数，$\varepsilon=\pm1$. 代入原方程，有

$$2^x(1+2^{x+1})=(2^{x-1}m+\varepsilon)^2-1=2^{2x-2}m^2+2^xm\varepsilon$$

即

$$1+2^{x+1}=2^{x-2}m^2+m\varepsilon$$

从而

$$1-m\varepsilon=2^{x-2}(m^2-8)$$

当 $\varepsilon=1$ 时，$m^2-8\leqslant0$，即 $m=1$，上式不成立.

当 $\varepsilon=-1$ 时，有

$$1+m=2^{x-2}(m^2-8)\geqslant 2(m^2-8)$$

推出 $2m^2-m-17\leqslant 0$，因此，$m\leqslant 3$. 另一方面，$m\neq 1$，由于 m 为奇数，得到 $m=3$，从而 $x=4$，$y=23$.

故所有解为 $(0,2)$，$(0,-2)$，$(4,23)$，$(4,-23)$.

例 9　试求方程 $2x^4+1=y^2$ 的一切整数解.

(1993 年中国国家队选拔赛试题)

解　由方程可知，若 (x_0,y_0) 为解，则 $(x_0,\pm y_0)$，$(-x_0,\pm y_0)$ 也是解，而且当 $y=0$ 时无解，当 $x=0$ 时，$y=\pm 1$.

因此，只要证明 $2x^4+1=y^2$ 无自然数解即可.

显然，y 为奇数，记作 $2z+1$. 于是

$$x^4=2z(z+1)$$

因此，x 为偶数，记作 $x=2u$，有 $8u^4=z(z+1)$. 由 $(z,z+1)=1$，因而出现以下情形：

(1) $z=8v^4$，$z+1=w^4$，$(v,w)=1$，$vw=u$；

(2) $z=v^4$，$z+1=8w^4$，$(v,w)=1$，$vw=u$.

于是有

$$w^4=8v^4+1,8w^4=v^4+1$$

因为 $v^4\equiv 0,1 \pmod 8$，所以情形(2)无解. 对情形(1)，有 $w=2q+1$. 于是

$$v^4=2q^4+4q^3+3q^2+q=q(q+1)(2q^2+2q+1)$$

显然

$$(q,q+1,2q^2+2q+1)=1$$

所以

$$q=\alpha^4,q+1=\beta^4$$

即 $\beta^4-\alpha^4=1$，此方程无解. 至此，证明了断言.

例 10　求证：方程

$$x^3-2y^3-4z^3=0 \quad ①$$

只有一组整数解 $x=y=z=0$.

证明 设有整数 x,y,z 满足式①,则有

$$x^3=2y^3+4z^3$$

可见 x 为偶数. 设 $x=2x_1$(x_1 为整数),代入式①整理得

$$y^3=4x_1^3-2z^3 \quad ②$$

可见 y 为偶数. 设 $y=2y_1$(y_1 为整数),代入式②并整理得

$$z^3=2x_1^3-4y_1^3 \quad ③$$

可见 z 也为偶数. 设 $z=2z_1$,代入式③得

$$x_1^3-2y_1^3-4z_1^3=0$$

这说明 $x_1=\frac{x}{2},y_1=\frac{y}{2},z_1=\frac{z}{2}$仍满足方程①.

根据上述奇偶性分析,x_1,y_1,z_1 仍是偶数,且 $x_2=\frac{x_1}{2},y_2=\frac{y_1}{2},z_2=\frac{z_1}{2}$仍是满足①的整数. 重复上述过程知 x_2,y_2,z_2 都为偶数,且 $x_3=\frac{x_2}{2},y_3=\frac{y_2}{2},z_3=\frac{z_2}{2}$ 仍满足①. 注意到

$$x_3=\frac{x_2}{2}=\frac{x_1}{4}=\frac{x}{8},y_3=\frac{y_2}{2}=\frac{y_1}{4}=\frac{y}{8},z_3=\frac{z_2}{2}=\frac{z_1}{4}=\frac{z}{8}$$

将上述过程重复下去,就得到每个自然数 n,都有$\frac{x}{2^n}$,$\frac{y}{2^n}$,$\frac{z}{2^n}$为偶数,这只有 $x=y=z=0$ 才有可能,x,y,z 不全为零时是不可能满足式①的,所以①无非零解.

故原方程有唯一解 $x=y=z=0$.

上面证明的方法叫作无穷递降法,其基本思路是:只要有解,就有更小(绝对值)的解,无限递降下去都是

解,从而引出矛盾.下面的例题也要用无穷递降法求解.

例 11　求证:对于整数 x,y,z,等式 $x^2+y^2+z^2=2xyz$ 只有当 $x=y=z=0$ 时才能成立.

(第 12 届莫斯科数学竞赛题)

证明　显然方程有 $x=y=z=0$ 的整数解.下面证明这是唯一的一组整数解.

若不然,设 x_0,y_0,z_0 是方程的另一个整数解,则由 $x_0^2+y_0^2+z_0^2=2x_0y_0z_0$ 知 x_0,y_0,z_0 中至少有一个是偶数,由对称性,不妨设 $x_0=2x_1$,代入上述方程,整理后得

$$y_0^2+z_0^2=4x_1(y_0z_0-x_1) \quad ①$$

由此知 y_0,z_0 必都为偶数(否则,与①中右端是 4 的倍数矛盾),故又可令 $y_0=2y_1,z_0=2z_1(x_0=2x_1)$,代入原方程得

$$x_1^2+y_1^2+z_1^2=2x_1y_1z_1$$

这就表明,若 x_0,y_0,z_0 是方程的解,则 x_0,y_0,z_0 必全为偶数,且 $\frac{x_0}{2},\frac{y_0}{2},\frac{z_0}{2}$ 也是方程的解.重复上述过程得,对任意自然数 n,$\frac{x_0}{2^n},\frac{y_0}{2^n},\frac{z_0}{2^n}$ 全为偶数且为方程的解.这时,只有 $x_0=y_0=z_0=0$ 才行.因而原方程只有唯一的一组整数解 $x=y=z=0$.

例 12　试确定(并证明)方程

$$a^2+b^2+c^2=a^2b^2$$

的所有整数解.　(1976 年美国数学奥林匹克竞赛题)

解　不妨考虑 a,b,c 是非负整数时的情形.注意到任一偶数的平方是 4 的倍数,而任一奇数的平方用 4 除余 1,即

$$(2n)^2\equiv 0(\bmod 4),(2n+1)^2\equiv 1(\bmod 4)$$

(1)a,b,c 都是奇数,那么

$$a^2+b^2+c^2\equiv 3(\bmod 4)$$

而

$$a^2b^2\equiv 1(\bmod 4)$$

这是不可能的.

(2)a,b,c 中两奇一偶,那么

$$a^2+b^2+c^2\equiv 2(\bmod 4)$$

而

$$a^2b^2\equiv 0 \text{ 或 } 1(\bmod 4)$$

这也不可能.

(3)a,b,c 中两偶一奇,那么

$$a^2+b^2+c^2\equiv 1(\bmod 4)$$

而

$$a^2b^2\equiv 0(\bmod 4)$$

不可能.

所以 a,b,c 皆为偶数. 令 $a=2a_1,b=2b_1,c=2c_1$,原方程可化为

$$a_1^2+b_1^2+c_1^2=4a_1^2b_1^2$$

其中 $a_1\leqslant a,b_1\leqslant b,c_1\leqslant c$.

因 $4a_1^2b_1^2\equiv 0(\bmod 4)$,而 a_1^2,b_1^2,c_1^2 中的任意一个同余于 0 或 1 模 4,故

$$a_1^2\equiv b_1^2\equiv c_1^2\equiv 0(\bmod 4)$$

其中 a_1,b_1,c_1 都是偶数,令 $a_1=2a_2,b_1=2b_2,c_1=2c_2$,那么方程变形为

$$16a_2^2b_2^2=a_2^2+b_2^2+c_2^2$$

同理可知,a_2,b_2,c_2 都是偶数,令 $a_2=2a_3,b_2=2b_3$,$c_2=2c_3$,那么

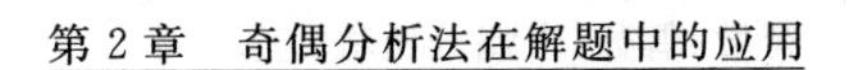

$$64a_3^2b_3^2=a_3^2+b_3^2+c_3^2$$

把这一过程继续下去，可知 a,b,c 可以被2的任意次幂整除，故

$$a=b=c=0$$

方程的整数解为 $(a,b,c)=(0,0,0)$.

例13　求所有正整数对 (a,b)，满足

$$\sqrt{\frac{ab}{2b^2-a}}=\frac{a+2b}{4b}$$

（2004年中国台湾数学奥林匹克竞赛题）

解　将 $\sqrt{\frac{ab}{2b^2-a}}=\frac{a+2b}{4b}$ 两边平方并化简得

$$a(a^2+4ab+4b^2)=2b^2(a^2-4ab+4b^2)$$

即

$$a(a+2b)^2=2b^2(a-2b)^2 \qquad ①$$

因为上式左边为偶数，所以令 $a=2t^2$，$t\in \mathbf{Z}_+$，代入式①并化简得

$$t^2(2t^2+2b)^2=b^2(2t^2-2b)^2$$

即

$$t(t^2+b)=b|t^2-b| \qquad ②$$

所以

$$t=\frac{b|t^2-b|}{t^2+b}$$

当 $b<t^2$ 时，由式②得

$$b^2+(t-t^2)b+t^3=0$$

解得

$$b=\frac{t}{2}(t-1\pm\sqrt{t^2-6t+1})$$

设 $\sqrt{t^2-6t+1}=s$，且 $s\in \mathbf{Z}_+$.

平方并化简整理得

$$(t+s-3)(t-s-3)=8$$

由此得出唯一一组正整数解$\begin{cases}t=6\\s=1\end{cases}$.

故$\begin{cases}a=72\\b=18\end{cases}$是一组解，$\begin{cases}a=72\\b=12\end{cases}$也是一组解.

当 $b\geqslant t^2$ 时，类似的，可得 $t=0$，矛盾.

综上所述，只有两组正整数解

$$\begin{cases}a=72\\b=18\end{cases},\begin{cases}a=72\\b=12\end{cases}$$

例 14 求满足 $a^2+2b^2+3c^2=2\ 008$ 的正整数对 (a,b,c) 的所有值.

解 因为 $a^2+2b^2+3c^2=2\ 008$，其中，$2b^2$，$2\ 008$ 均为偶数，所以，a^2+3c^2 为偶数，更有 a^2+c^2 为偶数.

故 a 与 c 的奇偶性相同.

若 a,c 同为奇数，不妨令 $a=2m-1,c=2n-1$（m,n 均为正整数），则

$$(2m-1)^2+2b^2+3(2n-1)^2=2\ 008\Rightarrow$$
$$4m(m-1)+2b^2+12n(n-1)=2\ 004$$

因为 $4|2\ 004$，所以，$4|2b^2$，即 $2|b^2$，亦即 b 为偶数.

令 $b=2k$（k 为正整数），则

$$4m(m-1)+8k^2+12n(n-1)=2\ 004 \qquad ①$$

由

$2|m(m-1),2|n(n-1)\Rightarrow 8|4m(m-1),8|12n(n-1)$

故 8 能整除式①的左边，但不能整除式①的右边，矛盾.

从而，a,c 不能同为奇数，即 a,c 同为偶数.

令 $a=2a_1,c=2c_1$（a_1,c_1 为正整数），则

$$4a_1^2+2b^2+12c_1^2=2\ 008$$

即

$$2a_1^2+b^2+6c_1^2=1\ 004$$

故 b^2 为偶数，即 b 为偶数.

令 $b=2b_1$（b_1 为正整数），则

$$a_1^2+2b_1^2+3c_1^2=502 \quad ②$$

同理，a_1 与 c_1 同奇或同偶.

（1）a_1 与 c_1 同为奇数时，有

$$1^2+2\times1^2+3c_1^2\leqslant502$$

解得

$$c_1^2\leqslant166\frac{1}{3}<169$$

故 $c_1<13$，即 $c_1=1,3,5,7,9,11$.

把 c_1 的值逐个代入式②可求得

$(a_1,b_1,c_1)=(7,15,1),(5,15,3),(11,3,11)$

故

$(a,b,c)=(14,30,2),(10,30,6),(22,6,22)$

（2）当 a_1 与 c_1 同为偶数时，令 $a_1=2a_2$，$c_1=2c_2$（a_2，c_2 为正整数），则

$$4a_2^2+2b_1^2+12c_2^2=502$$

即

$$2a_2^2+b_1^2+6c_2^2=251 \quad ③$$

易知 b_1 为奇数. 故

$$2\times1^2+1^2+6c_2^2\leqslant251$$

解得

$$c_2^2\leqslant\frac{124}{3}<49$$

故 $c_2<7$，即 $c_2=1,2,3,4,5,6$.

把 c_2 的值逐个代入式③得

$$(a_2,b_1,c_2)=(1,15,2)$$

故

$$(a,b,c)=(4,30,8)$$

综上,正整数对(a,b,c)有四个值

$(a,b,c)=(14,30,2),(10,30,6),(22,6,22)(4,30,8)$

例 15 求所有的正整数 n,使得存在非零整数 $x_1,x_2,\cdots,x_n,y$ 满足

$$\begin{cases}x_1+x_2+\cdots+x_n=0\\x_1^2+x_2^2+\cdots+x_n^2=ny^2\end{cases}$$

(2007 年中国西部数学奥林匹克竞赛题)

解 显然 $n\neq1$.

当 $n=2k$ 为偶数时,令 $x_{2i-1}=1,x_{2i}=-1(i=1,2,\cdots,k),y=1$,则满足条件.

当 $n=3+2k(k\in\mathbf{N}^*)$时,令 $y=2,x_1=4,x_2=x_3=x_4=x_5=-1,x_{2i}=2,x_{2i+1}=-2(i=3,4,\cdots,k+1)$,满足条件.

当 $n=3$ 时,若存在非零整数 x_1,x_2,x_3,使得

$$\begin{cases}x_1+x_2+x_3=0\\x_1^2+x_2^2+x_3^2=3y^2\end{cases}$$

所以

$$2(x_1^2+x_2^2+x_1x_2)=3y^2$$

不妨设$(x_1,x_2)=1$,则 x_1,x_2 都是奇数或者一奇一偶,从而 $x_1^2+x_2^2+x_1x_2$ 是奇数. 另一方面 $2\mid y$,故 $3y^2\equiv0(\bmod 4)$,而 $2(x_1^2+x_2^2+x_1x_2)\equiv2(\bmod 4)$,矛盾!

综上所述,满足条件的正整数 n 为除了 1 和 3 以外的一切正整数.

例 16 考虑方程组

$$\begin{cases} x+y=z+u & ① \\ 2xy=zu & ② \end{cases}$$

求实常数 m 的最大值,使得对于方程组的任意正整数解 (x,y,z,u),当 $x\geqslant y$ 时,有 $m\leqslant\frac{x}{y}$.

(2001 年 IMO 预选题)

解　由①^2－4×②,得

$$x^2-6xy+y^2=(z-u)^2$$

即

$$\left(\frac{x}{y}\right)^2-6\left(\frac{x}{y}\right)+1=\left(\frac{z-u}{y}\right)^2 \quad ③$$

二次函数 $\omega^2-6\omega+1$ 当 $\omega=3\pm2\sqrt{2}$ 时为 0,当 $\omega>3+2\sqrt{2}$ 时,二次函数为正.因为 $\frac{x}{y}\geqslant1$ 是有理数,式③的右端是非负实数,所以式③的左端为正,且 $\frac{x}{y}>3+2\sqrt{2}$.我们证明 $\frac{x}{y}$ 可以无限趋近于 $3+2\sqrt{2}$,从而可得 $m=3+2\sqrt{2}$.

要证明这一结论,只需证明式③的右端 $\left(\frac{z-u}{y}\right)^2$ 可以任意小,即可以无限趋近于 0.

若 p 是 z 和 u 公共的素因子,则 p 也是 x 和 y 公共的素因子.因此,可以假设 $(z,u)=1$.

由①^2－2×②,得

$$(x-y)^2=z^2+u^2$$

不妨假设 u 是偶数,于是对于互素的正整数 a,b 有

$$z=a^2-b^2,u=2ab,x-y=a^2+b^2$$

结合方程 $x+y=z+u$，可得

$$x=a^2+ab, y=ab-b^2$$

考察

$$z-u=a^2-b^2-2ab=(a-b)^2-2b^2$$

当 $z-u=1$ 时，可得佩尔方程

$$(a-b)^2-2b^2=1$$

其中 $a-b=3, b=2$ 即为其一组解. 由熟知的事实知，这个方程有无穷多组正整数解，且其解 $a-b$ 和 b 的值可以任意大. 因此，$y=ab-b^2=(a-b)b$ 也可以任意大. 于是，式③的右端可以任意小，即可无限地趋近于 0. 从而，$\frac{x}{y}$ 可无限趋近于 $3+2\sqrt{2}$.

例 17 求方程 $3^p+4^p=n^k$ 的正整数解 (p,n,k)，其中 p 为素数，$k>1$.

（2010 年陈省身杯高中数学奥林匹克竞赛题）

解 显然，$3^2+4^2=5^2$，即 $p=2, n=5, k=2$ 是方程的一组解. 以下不妨设 p 为奇素数，$p=2l+1$，则

$$n^k=3^{2l+1}+4^{2l+1}=$$
$$(3+4)(3^{2l}-3^{2l-1}\times 4+3^{2l-2}\times 4^2-\cdots+4^{26})$$

于是，$7|n^k$，$7|n$.

由 $k>1$，得 $49|n^k$，即

$$3^{2l+1}+4^{2l+1}\equiv 0 \pmod{49}$$

由二项式定理得

$$3^{2l+1}=3\times 9^l=3(7+2)^l\equiv$$
$$3(l\times 7\times 2^{l-1}+2^l)\equiv$$
$$(21l+6)2^{l-1} \pmod{49}$$

$$4^{2l+1}=4(14+2)^l\equiv$$
$$4(l\times 14\times 2^{l-1}+2^l)\equiv$$

$$(56l+8)2^{l-1}(\bmod 49)$$

故

$$3^{2l+1}+4^{2l+1}\equiv(77l+14)2^{l-1}(\bmod 49)$$

由 $49\mid(3^{2l+1}+4^{2l+1})$，得

$$49\mid(77l+14)\Leftrightarrow 7\mid(11l+2)\Leftrightarrow 7\mid(4l+2)$$

即

$$4l+2\equiv 0(\bmod 7)$$

此同余式的解为 $l\equiv 3(\bmod 7)$.

故 $p=2l+1\equiv 0(\bmod 7)$.

又 p 为素数，因此，p 只能为 7.

注意到

$$3^7+4^7=2\ 187+16\ 384=18\ 571=49\times 379$$

但 379 为素数，故上式不可能写成 $n^k(k\geqslant 2)$ 的形式，即当 p 为奇素数时无解.

综上，方程只有一组正整数解

$$(p,n,k)=(2,5,2)$$

例 18　求方程 $2^x+2\ 009=3^y+5^z$ 的所有非负整数解.　　　　(2009 年中欧数学奥林匹克竞赛题)

解　显然，y,z 不同时为 0. 否则

$$右边=1<2\ 009+2^x$$

矛盾.

若 $y>0$，则

$$(-1)^x-1\equiv 0(\bmod 3)$$

因此，$2\mid x$.

若 $z>0$，则

$$2^x-1\equiv 0(\bmod 5)$$

而 $2^x\equiv 2,-1,-2,1(\bmod 5)$，故 $4\mid x$.

总之 x 是偶数.

若 $x=0$,则

$$3^y\times5^z=2^x+2\ 009=2\ 010=2\times3\times5\times67$$

这不可能.

若 $x=2$,则

$$3^y\times5^z=2^x+2\ 009=2\ 013=3\times11\times61$$

这不可能.

而当 $x\geqslant4$ 时

$$3^y\times5^z\equiv1(\text{mod } 8)$$

由于

$$3^y\equiv3,1(\text{mod } 8),5^z\equiv5,1(\text{mod } 8)$$

仅当 $3^y\equiv1(\text{mod } 8)$ 且 $5^z\equiv1(\text{mod } 8)$ 时,有

$$3^y\times5^z\equiv1(\text{mod } 8)$$

故 y,z 都是偶数.

设 $x=2x_1,y=2y_1,z=2z_1$,则

$$(3^{y_1}\times5^{z_1}+2^{x_1})(3^{y_1}\times5^{z_1}-2^{x_1})=7^2\times41$$

因为

$$3^{y_1}\times5^{z_1}+2^{x_1}>3^{y_1}\times5^{z_1}-2^{x_1}$$

所以

$$\begin{cases}3^{y_1}\times5^{z_1}+2^{x_1}=49\\3^{y_1}\times5^{z_1}-2^{x_1}=41\end{cases}$$

$$\begin{cases}3^{y_1}\times5^{z_1}+2^{x_1}=7\times41\\3^{y_1}\times5^{z_1}-2^{x_1}=7\end{cases}$$

$$\begin{cases}3^{y_1}\times5^{z_1}+2^{x_1}=7^2\times41\\3^{y_1}\times5^{z_1}-2^{x_1}=1\end{cases}$$

两式相减得

$$2^{x_1+1}=8,280,2\ 008$$

但仅有 $2^{x_1+1}=8$ 有解 $x_1=2$. 故 $x=4$.

从而,$3^{y_1}\times5^{z_1}=45=3^2\times5$.

因此，$y_1=2,z_1=1$. 故 $y=4,z=2$.

综上，$(x,y,z)=(4,4,2)$.

例 19　求方程 $2^x+3^y=5^z$ 的自然数解.

（1991 年全苏数学冬令营试题）

解　当 $x=1$ 时，$(1,1,1)$ 显然是它的解.

当 $x=1,y\geqslant 2$ 时，有

$$5^z\equiv 2 \pmod 9, z=6k+5$$

所以

$$3^y=5^{6k+5}-2\equiv 1 \pmod 7$$

于是 $6\mid y$，由此得

$$2=5^z-3^y\equiv 0 \pmod 4$$

这是不可能的.

当 $x=2$ 时，则

$$3^y=5^z-4\equiv 1 \pmod 4$$

所以 $y=2y_1$ 为偶数. 故

$$5^z=4+3^y\equiv 4 \pmod 9$$

由此可得 $z=6k+4$，因此

$$4=5^z-3^y=5^{6k+4}-9^{y_1}\equiv 0 \pmod 8$$

矛盾，故当 $x=2$ 时，方程无自然数解.

当 $x\geqslant 3$ 时，由 $3^y=5^z-2^x\equiv 1 \pmod 4$，知 $y=2y_1$ 为偶数，于是

$$5^z=2^x+9^{y_1}\equiv 1 \pmod 8$$

故 $z=2z_1$ 为偶数. 所以

$$2^x=(5^{z_1}+3^{y_1})(5^{z_1}-3^{y_1})$$

可设

$$5^{z_1}+3^{y_1}=2^{x_1}$$

$$5^{z_1}-3^{y_1}=2^{x_2}$$

其中 $x_1>x_2\geqslant 0,x_1+x_2=x$，因此

$$3^{y_1}=2^{x_1-1}-2^{x_2-1}$$

由此得

$$x_2=1,3^{y_1}=2^{x-2}-1\equiv 0(\bmod 3)$$

所以 $x-2=2x_3$ 为偶数

$$3^{y_1}=(2^{x_3}+1)(2^{x_3}-1)$$

可设

$$2^{x_3}+1=3^{y_2}$$

$$2^{x_3}-1=3^{y_3}$$

则

$$3^{y_2}-3^{y_3}=2,y_2=1,y_3=0$$

进而

$$x_3=1,x=4,y=2,z=2$$

综上所述，所求的自然数解为(1,1,1),(4,2,2).

例 20 (1)若正整数 n 可以表示成 $a^b(a,b\in\mathbf{N}^*,a,b\geqslant 2)$的形式，则称 n 为“好数”. 试求与 2 的正整数次幂相邻的所有好数.

(2)试求不定方程 $|2^x-3^y\times 5^z|=1$ 的所有非负整数解(x,y,z).

解 (1)设所求的好数为 $n,n=a^b(a,b\in\mathbf{N}^*,a\geqslant 2,b\geqslant 2)$.

于是，存在正整数 $t(t>1)$，使得

$$2^t=a^b\pm 1$$

显然，a 为奇数.

若 b 为奇数，则

$$2^t=(a\pm 1)(a^{b-1}\mp a^{b-2}+\cdots\mp a+1) \quad ①$$

而 $a^{b-1}\mp a^{b-2}+\cdots\mp a+1$ 是奇数个奇数相加减的结果，仍然是奇数，只可能是 1，代入式①得 $b=1$，这与 $b\geqslant 2$矛盾.

若 b 为偶数,则

$$a^b \equiv 1 \pmod 4$$

若 $2^t = a^b + 1$,则

$$2^t = a^b + 1 \equiv 2 \pmod 4$$

所以,$t=1$,矛盾.

若

$$2^t = a^b - 1 = (a^{\frac{b}{2}} + 1)(a^{\frac{b}{2}} - 1)$$

但

$$(a^{\frac{b}{2}} + 1, a^{\frac{b}{2}} - 1) = 2$$

故

$$a^{\frac{b}{2}} - 1 = 2 \Rightarrow a^b = 9$$

综上,所求的所有好数只有一个 $n=9$.

(2)显然,$x \geqslant 1$.

当 $z=0$ 时:

若 $y \leqslant 1$,易得方程的三组解

$$(1,0,0),(1,1,0),(2,1,0)$$

若 $y \geqslant 2$,由(1)的结论易知此时方程只有一组解 $(3,2,0)$.

当 $z \geqslant 1$ 时,显然,$x \geqslant 2$.易知:

当且仅当 $x \equiv 2 \pmod 4$ 时

$$2^x \equiv -1 \pmod 5$$

当且仅当 $x \equiv 0 \pmod 4$ 时

$$2^x \equiv 1 \pmod 5$$

若

$$2^x - 3^y \times 5^z = 1 \qquad ②$$

则

$$2^x \equiv 1 \pmod 5$$

此时

$$x\equiv 0 \pmod 4$$

设 $x=4m(m\in\mathbf{N}^*)$.

对式②两边模 4 得

$$(-1)^{y+1}\equiv 1 \pmod 4$$

于是,y 是奇数. 设 $y=2l+1(l\in\mathbf{N})$.

则式②变为

$$2^{4m}-3^{2l+1}\times 5^z=1$$

即

$$(2^{2m}-1)(2^{2m}+1)=3^{2l+1}\times 5^z$$

由于

$$(2^{2m}-1,2^{2m}+1)=1,3\mid(2^{2m}-1)$$

有

$$\begin{cases}2^{2m}-1=3^{2l+1} & ③\\ 2^{2m}+1=5^z & ④\end{cases}$$

结合(1)的结论可知满足式③的(m,l)只有$(1,0)$一对,代入式④得 $z=1$.

此时,原方程的一组解为$(4,1,1)$.

若

$$3^y\times 5^z-2^x=1 \qquad ⑤$$

则

$$2^x\equiv -1 \pmod 5$$

此时

$$x\equiv 2 \pmod 4$$

设 $x=4k+2(k\in\mathbf{N})$,则

$$3^y\times 5^z=2^{4k+2}+1 \qquad ⑥$$

当 $k=0$ 时,$y=0,z=1$,原方程的一组解为$(2,0,1)$.

当 $k\geqslant 1$ 时,对式⑥两边模 4 得

$$(-1)^y\equiv 1 \pmod 4$$

于是，y 是偶数. 设 $y=2r(r\in\mathbf{N})$.

此时，再对式⑥两边模 8 得

$$5^z\equiv 1(\bmod 8)$$

于是，z 为偶数. 设 $z=2s(s\in\mathbf{N})$.

于是，式⑥变为

$$(3^r\times 5^s)^2-1=2^{4k+2}$$

结合(1)的结论知 $3^r\times 5^s=3$.

于是，$2^{4k+2}=8$，矛盾. 故

$$(x,y,z)=(1,0,0),(1,1,0),(2,1,0),\\(3,2,0),(4,1,1),(2,0,1)$$

例 21　求使 $(x+1)^{y+1}+1=(x+2)^{z+1}$ 成立的所有正整数解.（1999 年中国台湾数学奥林匹克竞赛题）

解　设 $x+1=a,y+1=b,z+1=c$，则 $a,b,c\geqslant 2$ 且 $a,b,c\in\mathbf{N}$. 原式化为

$$a^b+1=(a+1)^c \tag{①}$$

对式①两边取 mod $(a+1)$，则有

$$(-1)^b+1\equiv 0(\bmod (a+1))$$

于是，b 必为奇数.

实际上，若 b 为偶数，则 $a=1$，矛盾.

式①，即

$$(a+1)(a^{b-1}-a^{b-2}+\cdots-a+1)=(a+1)^c$$

即

$$a^{b-1}-a^{b-2}+\cdots-a+1=(a+1)^{c-1} \tag{②}$$

对式②两边取 mod $(a+1)$，则有

$$1-(-1)+\cdots-(-1)+1=b\equiv 0(\bmod (a+1))$$

故 $(a+1)\mid b$.

因为 b 是奇数，所以 a 为偶数.

由式①，有

$$a^{b}=(a+1)^{c}-1=$$
$$(a+1-1)[(a+1)^{c-1}+(a+1)^{c-2}+\cdots+(a+1)+1]$$

即

$$a^{b-1}=(a+1)^{c-1}+(a+1)^{c-2}+\cdots+(a+1)+1 \quad ③$$

对式③两边取 mod a，有

$$0\equiv1+1+\cdots+1=c(\bmod a)$$

故 $a|c$. 所以 c 为偶数.

设 $a=2^{k}t(k\in\mathbf{N},t$ 为奇数$),c=2d(d\in\mathbf{N})$. 式①变为

$$2^{kb}t^{b}=(2^{k}t)^{b}=(2^{k}t+1)^{2d}-1=$$
$$[(2^{k}t+1)^{d}+1][(2^{k}t+1)^{d}-1]$$

因为$((2^{k}t+1)^{d}+1,(2^{k}t+1)^{k}-1)=2$，所以只有下面两种情况：

(1)$(2^{k}t+1)^{d}+1=2u^{b},(2^{k}t+1)^{d}-1=2^{kb-1}v^{b}$，其中 $2\nmid u,2\nmid v,(u,v)=1,uv=t$.

此时有

$$2^{kd-1}t^{d}+C_{d}^{1}2^{k(d-1)-1}t^{d-1}+\cdots+C_{d}^{d-1}2^{k-1}t+1=u^{b}$$

所以，$u|1$，即 $u=1$.

于是，$(2^{k}t+1)^{d}=1$ 不可能.

(2)$(2^{k}t+1)^{d}+1=2^{kb-1}v^{b},(2^{k}t+1)^{d}-1=2u^{b}$，其中 u,v 满足的条件同(1).

此时有 $2^{k}t|2u^{b}$，即 $2^{k}uv|2u^{b}$，所以，$k=1,v=1$. 从而，$2=2^{b-1}-2u^{b}$，即 $u^{b}+1=2^{b-2}$.

故 $u=1,b=3,a=2,c=2$.

综上所述，原方程有唯一一组解

$$x=1,y=2,z=1$$

例 22 在正整数集中，求方程

$$k!\ l!\ =k!\ +l!\ +m!$$

的所有解.　　　　　　(2005 年克罗地亚数学竞赛题)

解　不失一般性,设 $k \geqslant l$,则

$$k! = \frac{k!}{l!} + 1 + \frac{m!}{l!}$$

因为方程中三项为整数,所以,最后一项必为整数,即 $m \geqslant l$.

又方程右边三项的和至少为 3,则 $k \geqslant 3$. 所以,$k!$ 为偶数.

因此,$\frac{k!}{l!}$,$\frac{m!}{l!}$中恰有一个为奇数.

分两种情况讨论:

(1)$\frac{k!}{l!}$为奇数,$\frac{m!}{l!}$为偶数. 于是,$k=l+1$ 且 l 为偶数,或 $k=l$. 同时,有 $m \geqslant l+1$.

(i)$k=l$. 于是,有 $k! = 2 + \frac{m!}{k!}$.

若 $k=3$,则方程的解为 $k=l=3$,$m=4$.

若 $k>3$,则 $k!$ 能被 3 整除,$k! - 2$ 不能被 3 整除.

因此,$m=k+1$ 或 $m=k+2$.

于是

$$\frac{m!}{k!} = k+1 \text{ 或 } \frac{m!}{k!} = (k+1)(k+2)$$

即

$$k! = k+3 \text{ 或 } k! = 2+(k+1)(k+2)$$

将 $k=4$ 和 $k=5$ 代入,知均不是方程的解.

对于较大的 k 的值,方程的左边大于右边.

(ii)$k=l+1$,l 为偶数. 于是

$$(l+1)! = l+2+\frac{m!}{l!}$$

由于$(l+1)!$和$\frac{m!}{l!}$均能被$l+1$整除，所以，$l+2$一定能被$l+1$整除，但这是不可能的.

(2)$\frac{k!}{l!}$为偶数，$\frac{m!}{l!}$为奇数. 于是，$m=l+1$且l为偶数，或$m=l$. 同时，有$k\geqslant l+1$.

(i)若$m=l$，则方程简化为$k!\ l!=k!+2l!$，即$\frac{k!}{l!}(l!-1)=2$.

由$\frac{k!}{l!}$为偶数，得$l!-1=1$.

所以，$l=2$，$k!=4$，但这是不可能的.

(ii)若$m=l+1$，l为偶数，则方程简化为

$$k!\ l!=k!+(l+2)l!$$

即

$$k!\ (l!-1)=(l+2)l!$$

因为$l!$与$l!-1$互素，则$l+2$必须被$l!-1$整除. 只有当$l=2$，$k!=8$时有可能成立，但这是不可能的.

综上所述，方程有唯一的解$k=l=3$，$m=4$.

例 23 求满足下述方程

$$x^{2n+1}-y^{2n+1}=xyz+2^{2n+1}$$

的所有正整数解组(x,y,z,n)，这里$n\geqslant 2$，$z\leqslant 5\cdot 2^{2n}$.

(1991 年中国数学奥林匹克竞赛题)

解 显然$x-y>0$，且x与y的奇偶性相同，于是$x-y\geqslant 2$.

当$y=1$，$x=3$时，令

$$z=3^{2n}-\frac{1}{3}(1+2^{2n+1})$$

若 $z\leqslant 5\cdot 2^{2n}$，则

$$3^{2n}\leqslant 5\cdot 2^{2n}+\frac{1}{3}(1+2^{2n+1})\leqslant$$

$$2^{2n}\left[5+\frac{1}{3}\left(\frac{1}{2^{2n}}+2\right)\right]\leqslant 6\cdot 2^{2n}$$

由此可得 $n\leqslant 2$，又 $n\geqslant 2$，所以 $n=2$. 经验算可知方程仅有一个正整数解组(3,1,70,2).

当 $y=1,x\geqslant 4$ 时，由于 $z\leqslant 5\cdot 2^{2n}$ 和 $n\geqslant 2$，则

$$x(x^{2n}-z)\geqslant 4(4^{2n}-5\cdot 2^{2n})=$$

$$2^{2n+2}(2^{2n}-5)>2^{2n+1}+1$$

从而方程无解.

当 $y\geqslant 2$ 时，由于 $x-y\geqslant 2,z\leqslant 5\cdot 2^{2n}$ 和 $n\geqslant 2$，则

$$x^{2n+1}-xyz\geqslant x[(y+2)^{2n}-yz]=$$

$$x[y^{2n}+4ny^{2n-1}+4n(2n-1)y^{2n-2}+\cdots+$$

$$2^{2n}-5\cdot 2^{2n}y]>$$

$$xy^{2n}+x\cdot 2^{2n}+y[4ny^{2n-2}+$$

$$4n(2n-1)y^{2n-3}-5\cdot 2^{2n}]>$$

$$y^{2n+1}+2^{2n+1}+2^{2n-3}y[8n+$$

$$4n(2n-1)-40]\geqslant$$

$$y^{2n+1}+2^{2n+1}$$

于是，原方程无解.

综上所述，原方程有唯一的正整数解组(3,1,70,2).

例 24　求方程 $x^r-1=p^n$ 的满足以下两个条件的所有正整数解组(x,r,p,n)：

(1)p 是素数；

(2)$r\geqslant 2,n\geqslant 2$. (1994 年中国国家队选拔测试题；第 4 次测验第 2 题，卡特兰猜想的特例)

解　如果 $x=2$，2^r-1 为奇数($r\geqslant 2$)，那么 p 为奇数. 若 n 为偶数，则 $p^n+1\equiv 2\pmod 4$，从而 $2^r\equiv$

$2(\bmod 4)$，$r=1$，无解. 若 n 为奇数，则

$$2^r=p^n+1=(p+1)(p^{n-1}-p^{n-2}+\cdots-p+1)$$

故可设 $p+1=2^t(t\in\mathbf{N})$，那么

$$p^n+1=(2^t-1)^n+1=\sum_{i=0}^{n-1}(-1)^i C_n^i(2^t)^{n-i}=2^t n+2^{2t}M$$

这里 M 为整数. 那么 p^n+1 能被 2^t 整除，但不能被 2^{t+1} 整除，而且 $p^n+1=2^r$，于是

$$r=t,p^{n-1}-p^{n-2}+\cdots-p+1=1$$

又 $n\geqslant 2$，n 为奇数，这个等式不可能成立. 于是当 $x=2$ 时，原方程无解.

如果

$$x\geqslant 3,p^n=(x-1)(x^{r-1}+x^{r-2}+\cdots+x+1)$$

那么 $x-1$ 为 p 的幂，又 $x-1\geqslant 2$，故可设 $x-1=p^m$ $(m\in\mathbf{N})$. 因而

$$x\equiv 1(\bmod p),r\equiv x^{r-1}+x^{r-2}+\cdots+x+1\equiv 0(\bmod p)$$

如果 $p=2$，r 为偶数，记 $r=2r_1(r_1\in\mathbf{N})$. 于是

$$2^n=x^r-1=(x^{r_1}-1)(x^{r_1}+1)$$

而 $x^{r_1}+1$，$x^{r_1}-1$ 的差为 2，$x^{r_1}+1$，$x^{r_1}-1$ 又都是 2 的幂次，所以必有 $x^{r_1}=3$，即 $x=3$，$r_1=1$，从而有解 $x=3$，$r=2$，$p=2$，$n=3$.

如果 $p\geqslant 3$，这里

$$x^r-1=(1+p^m)^r-1=rp^m+\sum_{i=2}^{r}C_r^i(p^m)^i$$

和式中的每一项

$$C_r^i(p^m)^i=C_{r-1}^{i-1}rp^m\cdot\frac{(p^m)^{i-1}}{i}$$

因为 $2<(p^m)^{2-1}$，如果设 $k<(p^m)^{k-1}$，这里正整数 $k\geqslant$

2，则

$$k+1<2k<2(p^m)^{k-1}<(p^m)^k$$

上述归纳法证明了对任意正整数 $i\geqslant 2$，有 $i<(p^m)^{i-1}$. 又 C_{r-1}^{i-1} 为整数，因此 $C_r^i(p^m)^i$ 中所含的 p 的幂次高于 rp^m 中所含的 p 的幂次 $\alpha(\alpha\geqslant m)$. 从而 x^r-1 能被 p^α 整除，但不能被 $p^{\alpha+1}$ 整除，而 $x^r-1=p^n$，导出矛盾.

例 25　设 $x_0+\sqrt{2\ 003}\,y_0$ 为方程

$$x^2-2\ 003y^2=1$$

的基本解. 求该方程的解 (x,y)，使得 $x,y>0$ 且 x 的所有素因数整除 x_0.（2003 年中国国家集训队测试题）

解　我们证明除基本解外，已知方程没有其他符合题目条件的整数解. 故 (x_0,y_0) 是方程的唯一符合条件的解.

因为 2 003 不是完全平方数，所以

$$x^2-2\ 003y^2=1 \quad ①$$

是佩尔方程.

设 $x,y>0$ 是方程①的解，则存在 $n\in\mathbf{N}^*$，使得

$$x+\sqrt{2\ 003}\,y=(x_0+\sqrt{2\ 003}\,y_0)^n \quad ②$$

(1)若 n 为偶数，则由式②，利用二项式定理得

$$x=\sum_{m=1}^{\frac{n}{2}}x_0^{2m}\cdot 2\ 003^{\frac{n-2m}{2}}y_0^{n-2m}C_n^{2m}+2\ 003^{\frac{n}{2}}y_0^n \quad ③$$

设 p 是 x 的素因数，则由题意（x 的所有素因数整除 x_0）得 $p\mid x_0$.

由 $x_0^2-2\ 003y_0^2=1$，知

$$(x_0,2\ 003)=(x_0,y_0)=1$$

而由式③知

$$(p,x)=(p,x_0A+2\ 003^{\frac{n}{2}}y_0^n)=$$

$$(p, 2\ 003^{\frac{n}{2}} y_0^n) = 1$$

与 p 是 x 的素因数矛盾.

因而,当 n 为偶数时,无其他解.

(2)若 n 为奇数,设 $n=2k+1$.

当 $k=0$ 时,由式②知 $x=x_0$, $y=y_0$,即方程的基本解;

当 $k\geqslant 1$ 时,若方程有解,即 x 的所有素因数整除 x_0,且

$$x+\sqrt{2\ 003}\,y=(x_0+\sqrt{2\ 003}\,y_0)^{2k+1}$$

由二项式定理得

$$x=\sum_{m=1}^{k} x_0^{2m+1}\cdot 2\ 003^{k-m} y_0^{2k-2m} \mathrm{C}_{2k+1}^{2m+1}+\mathrm{C}_{2k+1}^{1} x_0\cdot 2\ 003^{k} y_0^{2k} \quad ④$$

设 $x_0=p_1^{\alpha_1}p_2^{\alpha_2}\cdots p_t^{\alpha_t}$.

由 $x_0^2-2\ 003y_0^2=1$,知

$$(p_j, 2\ 003)=(p_j, y_0)=1 \quad (j=1,2,\cdots,t)$$

下面估计 x 中含有每个素数 p_j 的最高方幂.

若 $p_j=2$,则式④右边和式中的每一项

$x_0^{2m+1}\cdot 2\ 003^{k-m} y_0^{2k-2m} \mathrm{C}_{2k+1}^{2m+1}(m\geqslant 1)$中含 2 的方幂$\geqslant$

$(2m+1)\alpha_j>\alpha_j=$

最后一项含 2 的方幂

故 x 中含 2 的方幂等于 $\mathrm{C}_{2k+1}^{1} x_0\cdot 2\ 003^{k} y_0^{2k}$ 中含 2 的方幂.

若 $p_j\geqslant 3$,设 $2k+1$ 中含 p_j 的方幂为β_j,则最后一项 $\mathrm{C}_{2k+1}^{1} x_0\cdot 2\ 003^{k} y_0^{2k}$ 中含 p_j 的方幂为 $\alpha_j+\beta_j$.

而对于式④右边和式中的每一项

$$x_0^{2m+1}\cdot 2\ 003^{k-m} y_0^{2k-2m} \mathrm{C}_{2k+1}^{2m+1} \quad (m\geqslant 1)$$

注意到

$$C_{2k+1}^{2m+1}=\frac{(2k+1)\cdot 2k\cdot\cdots\cdot(2k-2m+1)}{(2m+1)!}$$

而$(2m+1)!$中含 p_j 的方幂为

$$\left[\frac{2m+1}{p_j}\right]+\left[\frac{2m+1}{p_j^2}\right]+\cdots\leqslant$$

$$\frac{2m+1}{p_j}+\frac{2m+1}{p_j^2}+\cdots=$$

$$\frac{2m+1}{p_j-1}\leqslant\frac{2m+1}{2}$$

所以,和式中的每一项

$$x_0^{2m+1}\cdot 2\ 003^{k-m}y_0^{2k-2m}C_{2k+1}^{2m+1}\text{中含 }p_j\text{ 的方幂}\geqslant$$

$$(2m+1)\alpha_j+\beta_j-\frac{2m+1}{2}\geqslant$$

$$(2m+1)\alpha_j+\beta_j-\frac{2m+1}{2}\alpha_j=$$

$$\frac{2m+1}{2}\alpha_j+\beta_j\geqslant$$

$$\frac{3}{2}\alpha_j+\beta_j>\alpha_j+\beta_j$$

即和式中的每一项含 p_j 的方幂都严格大于最后一项中含 p_j 的方幂.

综合以上两种情形,对于 $p_j=2$ 和 $p_j\geqslant 3(1\leqslant j\leqslant t)$,都有

$$x\text{ 中含有每个素数 }p_j\text{ 的最高方幂}=$$

$$C_{2k+1}^{1}x_0\cdot 2\ 003^k y_0^{2k}\text{ 中含 }p_j\text{ 的方幂}$$

而由题设,x 的所有素因数整除 x_0,即 x 仅有 p_1,p_2,…,p_t 这 t 个素因数,所含的每个素因数的方幂又与 $C_{2k+1}^{1}x_0\cdot 2\ 003^k y_0^{2k}$ 中含 p_j 的方幂相同. 这表明

$$x\mid C_{2k+1}^{1}x_0\cdot 2\ 003^k y_0^{2k}$$

但是,由式④及 $k\geqslant 1$,知

$$x>C_{2k+1}^{1}x_0\cdot 2\ 003^k y_0^{2k}>0$$

引出矛盾.

因而,当 n 为奇数时,也无其他解.

综上(1)与(2),只有(x_0,y_0)是方程的唯一符合条件的解.

例 26 试求所有的正整数 a,b,c,d,使得

$$2^a=3^b5^c+7^d \quad ①$$

(2007 年中国台湾数学奥林匹克选拔考试题)

解法 1 对式①两边模 3 得

$$右端\equiv 0+1=1 \pmod 3$$

$$左端\equiv 2,1 \pmod 3$$

故 a 为偶数.

记 $a=2a_1(a_1\in \mathbf{Z}_+)$,代入式①得

$$4^{a_1}=3^b5^c+7^d \quad ②$$

对式②两边模 5 得

$$左端\equiv 4,1 \pmod 5$$

$$右端\equiv 0+7^d\equiv 7^d\equiv 2,4,3,1 \pmod 5$$

故 d 为偶数.

记 $d=2d_1(d_1\in \mathbf{Z}_+)$,代入式②得

$$4^{a_1}=3^b5^c+49^{d_1}\Rightarrow (2^{a_1}+7^{d_1})(2^{a_1}-7^{d_1})=3^b5^c$$

因此

$$\begin{cases}2^{a_1}+7^{d_1}=3^{b_1}5^{c_1} & ③\\ 2^{a_1}-7^{d_1}=3^{b_2}5^{c_2} & ④\end{cases}$$

其中,$b=b_1+b_2$,$c=c_1+c_2$,且 $b_i,c_i\in \mathbf{N}$,$i=1,2$.

显然,$3^{b_1}5^{c_1}>3^{b_2}5^{c_2}$.

故不可能有 $b_1\leqslant b_2$,$c_1\leqslant c_2$ 同时成立.

(1)$b_1>b_2$,$c_1\leqslant c_2$.

由③－④得

$$2\times 7^{d_1}=5^{c_1}3^{b_2}(3^{b_1-b_2}-5^{c_2-c_1})$$

因为 $3,5\nmid 2\times 7^{d_1}$，所以，$b_2=c_1=0$.

将 $b_2=c_1=0$ 代入式③④得

$$\begin{cases}2^{a_1}+7^{d_1}=3^{b_1} & ⑤\\ 2^{a_1}-7^{d_1}=5^{c_2} & ⑥\end{cases}$$

对式⑤模 3 得

$$0\equiv\text{右端}=\text{左端}\equiv 2^{a_1}+1=0,2(\bmod 3)$$

故 a_1 是奇数. 记 $a_1=2a_2+1$，则

$$2^{a_1}\equiv 2,3(\bmod 5)$$

而由式⑥得

$$7^{d_1}\equiv 2^{a_1}\equiv 2,3(\bmod 5)$$

故 d_1 也是奇数. 记 $d_1=2d_2+1$.

将 $a_1=2a_2+1,d_1=2d_2+1$ 代入式⑤⑥得

$$\begin{cases}2\times 4^{a_2}-7\times 49^{d_2}=5^{c_2} & ⑦\\ 2\times 4^{a_2}+7\times 49^{d_2}=3^{b_1} & ⑧\end{cases}$$

由式⑦，显然，$a_2\geqslant 2$.

对式⑧两边模 16 得

$$\text{左端}\equiv 0+7=7(\bmod 16)$$

$$\text{右端}\equiv 3,9,11,1(\bmod 16)\neq\text{左端}$$

矛盾. 此时无解.

(2)$b_1\leqslant b_2,c_1>c_2$.

类似的，有 $b_1=c_2=0$.

则式③④转化为

$$\begin{cases}2^{a_1}+7^{d_1}=5^{c_1} & ⑨\\ 2^{a_1}-7^{d_1}=3^{b_2} & ⑩\end{cases}$$

对式⑩两边模 3 得

$$2^{a_1}\equiv 1(\bmod 3)$$

故 a_1 是偶数. 所以

$$2^{a_1}\equiv\pm1(\bmod 5)$$

对式⑨两边模5得

$$7^{d_1}\equiv\pm1(\bmod 5)$$

故 d_1 也是偶数.

记 $a_1=2a_2, d_1=2d_2$，并代入式⑩得

$$(2^{a_2}+7^{d_2})(2^{a_2}-7^{d_2})=3^{b_2}$$

因为

$$(2^{a_2}+7^{d_2})-(2^{a_2}-7^{d_2})=2\times7^{d_2}\equiv2(\bmod 3)$$

所以，$2^{a_2}+7^{d_2}$ 与 $2^{a_2}-7^{d_2}$ 中有且仅有一个是3的倍数.

又 $2^{a_2}+7^{d_2}>2^{a_2}-7^{d_2}$，则

$$\begin{cases}2^{a_2}+7^{d_2}=3^{b_2} & ⑪\\2^{a_2}-7^{d_2}=1 & ⑫\end{cases}$$

若 $a_2\geqslant4$，对式⑫两边模16得

$$右端\equiv1(\bmod 16)$$

$$左端\equiv0-7^{d_2}=-7^{d_2}(\bmod 16)\equiv$$

$$-7,-1(\bmod 16)\neq右端$$

矛盾. 故 $a_2\leqslant3$.

将 $a_2=1,2,3$ 逐一代入式⑪⑫，检验知无正整数解.

(3)$b_1\geqslant b_2, c_1\geqslant c_2$.

同理，$b_2=c_2=0$. 故 $b=b_1, c=c_1$.

则式③④转化为

$$\begin{cases}2^{a_1}+7^{d_1}=3^{b_1}5^{c_1} & ⑬\\2^{a_1}-7^{d_1}=1 & ⑭\end{cases}$$

对式⑭应用式⑫的结论知 $a_1\leqslant3$.

代入 $a_1=1,2,3$ 逐一检验知，$a_1=3, d_1=1$ 是唯一解.

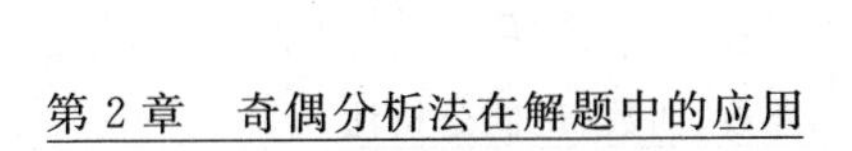

此时，$b_1=c_1=1$.

再由 $a=2a_1,d=2d_1,b=b_1,c=c_1$，知所求的所有满足条件的解为

$$(a,b,c,d)=(6,1,1,2)$$

解法 2　由 $a,b,c,d\in\mathbf{N}^*$，知

$$2^a=3^b5^c+7^d\geqslant 3\times 5+7=22$$

故 $a\geqslant 5$.

由

$$2^a=3^b5^c+7^d\equiv(-1)^b+(-1)^d\equiv 0 \pmod 4$$

知 b,d 的奇偶性不同.

由 $2^a=3^b5^c+7^d\equiv 2^d \pmod 5$ 知 $a\equiv d \pmod 4$.

由 $2^a=3^b5^c+7^d\equiv 1 \pmod 3$ 知 a 为偶数，则 d 为偶数，b 为奇数.

设 $a=2a_1,b=2b_1+1,d=2d_1(a_1,d_1\in\mathbf{N}^*,b_1\in\mathbf{N})$，则

$$2^a=3\times 9^{b_1}\times 5^c+7^{2d_1}\equiv 3\times 5^c+1\equiv 0 \pmod 8\Rightarrow c \text{ 为奇数}$$

设 $c=2c_1+1(c_1\in\mathbf{N})$，故

$$2^{2a_1}-7^{2d_1}=3^{2b_1+1}5^{2c_1+1}=(2^{a_1}+7^{d_1})(2^{a_1}-7^{d_1})$$

因为 $(2^{a_1}+7^{d_1},2^{a_1}-7^{d_1})=1$，所以，有以下三种情况

$$\begin{cases}2^{a_1}+7^{d_1}=3^{2b_1+1} & ①\\ 2^{a_1}-7^{d_1}=5^{2c_1+1} & ②\end{cases}$$

由①－②得

$$2\times 7^{d_1}=3^{2b_1+1}-5^{2c_1+1}\equiv 1 \pmod 3$$

但 $2\times 7^{d_1}\equiv 2 \pmod 3$，矛盾.

$$\begin{cases}2^{a_1}+7^{d_1}=5^{2c_1+1} & ③\\ 2^{a_1}-7^{d_1}=3^{2b_1+1} & ④\end{cases}$$

由式④得

$$2^{a_1}=7^{d_1}+9^{b_1}\times 3\equiv(-1)^{d_1}+3\equiv 2 \text{ 或 } 4 \pmod 8$$

故 $a_1=1$ 或 2，即 $a=2$ 或 4，与 $a\geqslant 5$ 矛盾.

$$\begin{cases}2^{a_1}+7^{d_1}=3^{2b_1+1}5^{2c_1+1} & ⑤\\ 2^{a_1}-7^{d_1}=1 & ⑥\end{cases}$$

由⑤－⑥得

$$2\times 7^{d_1}=3^{2b_1+1}5^{2c_1+1}-1\equiv 4 \pmod 5$$

故

$$2^{d_1}\equiv 2 \pmod 5 \Rightarrow d_1\equiv 1 \pmod 4$$

由式⑥得

$$2^{a_1}\equiv 1 \pmod 7 \Rightarrow 3\mid a_1$$

设 $a_1=3a_2(a_2\in\mathbf{N}^*)$，代入式⑥得

$$8^{a_2}-7^{d_1}=1 \quad ⑦$$

若 $d_1>1$，则 $a_2>1$.

由式⑦得

$$7^{d_1}\equiv -1 \pmod{8^2}$$

故

$$-1\equiv 7^{d_1}=(8-1)^{d_1}\equiv 8d_1+(-1)^{d_1} \pmod{8^2}$$

则 d_1 为奇数，且 $8\mid d_1$，矛盾.

故

$$d_1=1,a_1=3,a=6,d=2\Rightarrow b=c=1$$

习　题　四

1. 方程 $-m^4+4m^2+2^n m^2+2^n+5=0$ 的正整数解有(　　)组.

A. 1　　B. 2　　C. 3　　D. 4

2. 若 $\sqrt{a^2-1\,996}$ 是整数,则整数 a 的最小值是______.　　(1996 年黄冈初中数学竞赛题)

3. 满足方程

$$a^b b^a=(2a+b+1)(2b+a+1) \qquad ①$$

的素数对 (a,b) 的个数是______.

(2011 年我爱数学初中生夏令营数学竞赛题)

4. 设 n 是正整数,且 $n^2+1\,085$ 是 3 的正整数次幂,则 n 的值为______.

(2007 年天津市初中数学竞赛题)

5. 对于自然数 $n(n>3)$,我们用"$n?$"表示所有小于 n 的素数的乘积.试解方程 $n?=2n+16$.

(2007 年俄罗斯数学奥林匹克竞赛题)

6. 已知一个整数 n,它减去 48 所得的差是一个整数的平方,且它加上 41 所得的和是另一个整数的平方,求 n.　　(1984 年苏州市高中数学竞赛题)

7. 求不定方程

$$x^4+y^4+z^4=2x^2y^2+2y^2z^2+2z^2x^2+24$$

的所有整数解.(1988 年加拿大数学奥林匹克竞赛题)

8. 设 m,n,p,q 为非负整数,且对一切 $x>0$, $\dfrac{(x+1)^m}{x^n}-1=\dfrac{(x+1)^p}{x^q}$ 恒成立,求 $(m^2+2n+p)^{2q}$ 的值.　　(1991 年中国初中数学联赛题)

9. 已知 a 是大于零的实数，存在唯一的实数 k，使得关于 x 的二次方程 $x^2+(k^2+ak)x+1\,999+k^2+ak=0$ 的两个根均为素数. 求 a 的值.

（1999 年全国初中数学联赛题）

10. 求出满足 $|12^m-5^n|=7$ 的全部正整数 m,n.

（2009 年加拿大数学奥林匹克训练题）

11. 找出所有使得 $\binom{m}{2}-1=p^n$ 成立的正整数 m，n 和素数 p.（1992 年 IMO 加拿大队训练题）

12. 求所有的正整数 n，使得 $n=p_1^2+p_2^2+p_3^2+p_4^2$，其中 p_1,p_2,p_3,p_4 是 n 的不同的 4 个最小的正整数因子.（2004 年吉林省高中数学竞赛题）

13. 求大于 2 的素数 p，使得抛物线

$$y=\left(x-\frac{1}{p}\right)\left(x-\frac{p}{2}\right)$$

上有点 (x_0,y_0) 满足 x_0 为正整数，y_0 为素数的平方.

（2010 年我爱数学初中生夏令营数学竞赛题）

14. 求所有的正整数 x,y，使得 $(x+y)(xy+1)$ 是 2 的整数次幂.

（2005 年新西兰数学奥林匹克选拔考试题）

15. 设 n 是正整数，整数 a 是方程

$$x^4+3ax^2+2ax-2\times 3^n=0$$

的根. 求所有满足条件的数对 (n,a).

（2008 年中国北方数学奥林匹克竞赛题）

16. (1) 求不定方程

$$mn+nr+mr=2(m+n+r)$$

的正整数解 (m,n,r) 的组数；

(2) 对于给定的整数 $k(k>1)$，证明：不定方程

$mn+nr+mr=k(m+n+r)$ 至少有 $3k+1$ 组正整数解 (m,n,r).（2006 年中国东南地区数学奥林匹克竞赛题）

17. 求所有的三元正整数组 (a,b,c)，使得 $a^2+2^{b+1}=3^c$.　　（2008 年意大利数学奥林匹克竞赛题）

18. 求出使得方程

$$x^n+(2+x)^n+(2-x)^n=0$$

具有整数解的所有正整数 n.

（1993 年亚太地区数学奥林匹克竞赛题）

19. 求所有的素数 p，使得 $p^x=y^3+1$ 成立，其中 x,y 是正整数.（2003 年俄罗斯数学奥林匹克竞赛题）

20. 已知 $t\in\mathbf{N}^*$，若 2^t 可以表示成 $a^b\pm1$（a,b 是大于 1 的整数），请找出满足上述条件所有可能的 t 值.

（2008 年青少年数学国际城市邀请赛题）

21. 求所有的正整数 m,n，使得 6^m+2^n+2 为完全平方数.　　（2009 年克罗地亚数学竞赛题）

22. 求所有的有序整数组 (a,b)，使得 3^a+7^b 为完全平方数.　　（2009 年加拿大数学奥林匹克竞赛题）

23. 求所有的整数 x，使得 $1+5\times2^x$ 为一个有理数的平方.（2008 年克罗地亚国家集训（二年级）试题）

24. 求所有的正整数 (x,y,z)，使得 $1+2^x\cdot3^y=5^z$ 成立.　　（2010 年中国北方数学奥林匹克竞赛题）

25. 试求所有满足方程 $n=(d(n))^2$ 的正整数 n，这里 $d(n)$ 表示 n 的正因数的个数.

（1999 年加拿大数学奥林匹克竞赛题）

26. 设

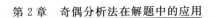

$$A_{km}(x)=\underbrace{2^{2^{\cdot^{\cdot^{2}}}}}_{k个}{}^{\underbrace{2^{\cdot^{\cdot^{2}}}}_{k个}{}^{x}},\quad B_k(y)=\underbrace{4^{4^{\cdot^{\cdot^{4}}}}}_{k个}{}^{y}$$

当 $k>0$ 时，求出所有的非负整数对 (x,y)，使得 $A_{kk}(x)=B_k(y)$.

（2009 年奥地利数学奥林匹克竞赛题）

27. 求方程 $x^m=2^{2n+1}+2^n+1$ 的三元正整数解 (x,m,n).　　（2003 年土耳其数学奥林匹克竞赛题）

28. 求方程 $3^x-5^y=z^2$ 的所有正整数解.

（2009 年巴尔干地区数学奥林匹克竞赛题）

29. 设 $a\in\mathbf{Z}$，p 为素数，证明：当 $n\geqslant 2(n\in\mathbf{N}^*)$ 时，$2^p+3^p=a^n$ 无解.

（2010 年克罗地亚国家队选拔考试题）

30. 求有序整数对 (a,b) 的个数，使得

$$x^2+ax+b=167y$$

有整数解 (x,y)，其中 $1\leqslant a,b\leqslant 2\,004$.

（2004 年新加坡数学奥林匹克竞赛题）

31. 求所有的素数对 (p,q)，使得 $pq\mid(5^p+5^q)$.

（2009 年中国数学奥林匹克竞赛题）

32. 求方程 $2^y+2^z\times 5^t-5^x=1$ 的所有正整数解 (x,y,z,t)，设 (x,y,z,t) 是方程的正整数解，则 $2^y\equiv 1(\mathrm{mod}\ 5)$.

33. 求出所有满足 $8^x+15^y=17^z$ 的三元正整数组 (x,y,z).　　（1992 年 IMO 加拿大队训练题）

34. 找出所有的素数 p，使得满足 $0\leqslant x,y\leqslant p$，且 $y^2\equiv x^3-x(\mathrm{mod}\ p)$ 的整数对 (x,y) 恰有 p 对.

（2002 年土耳其数学奥林匹克竞赛题）

§5　解与多项式有关的问题

例 1　(1)证明:若 x 取任意整数值时,二次三项式 ax^2+bx+c 总取整数值,则 $2a,a+b,c$ 都是整数;

(2)先写出(1)的逆命题,再判断真假,并证明你的结论.

证明　(1)记 $M=ax^2+bx+c$.

当 $x=0$ 时,M 为整数,即 c 是整数.

当 $x=1$ 时,M 为整数,即 $a+b+c$ 是整数. 于是,$a+b=(a+b+c)-c$ 为两个整数之差,也是整数.

当 $x=2$ 时,M 是整数,可推出 $4a+2b+c$ 为整数. 而 $2a=(4a+2b+c)-2(a+b)-c$,当然是整数.

因此,$2a,a+b,c$ 都是整数.

(2)逆命题为:

若 $2a,a+b,c$ 都是整数,则当 x 取任意整数时,二次三项式 ax^2+bx+c 总取整数值.

这是一个真命题.

因为 $2a,a+b,c$ 都是整数,由

$$\begin{aligned}ax^2+bx+c&=ax^2-ax+ax+bx+c=\\&ax(x-1)+(a+b)x+c=\\&2a\cdot\frac{x(x-1)}{2}+(a+b)x+c\end{aligned}$$

当 x 为整数时,$x-1,x$ 是相邻的整数,故必有一个是偶数,于是,$\frac{x(x-1)}{2}$是整数. 因为 $2a$ 是整数,所以$2a\cdot\frac{x(x-1)}{2}$是整数. 又因为 $a+b,c$ 是整数,所以 $(a+b)x+c$ 是整数. 因此,当 x 取任意整数时,二次三

项式 ax^2+bx+c 总取整数值.

例 2 已知多项式 x^3+bx^2+cx+d 的系数都是整数，并且 $bd+cd$ 是奇数. 证明：这个多项式不能分解为两个整系数多项式的乘积.

(1963 年北京市高中数学竞赛题)

证法 1 设 $\varphi(x)=x^3+bx^2+cx+d$.

若 $\varphi(x)$ 能分解成两个整系数多项式的乘积，由于 $\varphi(x)$ 的首项系数为 1，则可设

$$x^3+bx^2+cx+d=(x+p)(x^2+qx+r)$$

比较对应项的系数得

$$pr=d, pq+r=c,\ p+q=b$$

因为 $bd+cd=(b+c)d$ 是奇数，所以 $b+c$ 与 d 都是奇数. 因而 b 和 c 必一为奇数，另一为偶数.

若 b 是偶数，c 和 d 是奇数.

此时 p 和 r 都是奇数，从而 $pq=c-r$ 为偶数，于是由 p 是奇数，q 是偶数可知 $p+q=b$ 是奇数，与 b 是偶数矛盾.

若 b 和 d 是奇数，c 是偶数.

由 d 是奇数知 p 和 r 是奇数，从而 $q=b-p$ 是偶数，此时 $pq+r=c$ 是奇数，与 c 是偶数矛盾.

以上矛盾表明，$\varphi(x)$ 不能分解为两个整系数多项式的乘积.

证法 2 假设

$$x^3+bx^2+cx+d=(x+p)(x^2+qx+r)$$

则 x^3+bx^2+cx+d 必能被 $x+p$ 整除，从而应有

$$-p^3+bp^2-cp+d=0 \qquad ①$$

由于 $(b+c)d$ 是奇数，则 d 是奇数，b 和 c 一为奇数，另一为偶数，又由 $d=pr$ 知 p 是奇数.

从而式①左边有三项为奇数，一项为偶数，因而这四项之和为奇数，不可能为零.

因此，x^3+bx^2+cx+d 不能分解为两个整系数多项式的乘积.

证法3　假设

$$\varphi(x)=x^3+bx^2+cx+d=(x+p)(x^2+qx+r)$$

由 $bd+cd$ 是奇数，则 $b+c$，d 是奇数，进而 p 和 r 也是奇数. 令 $x=1$，则

$$\varphi(1)=(1+p)(1+q+r)=1+(b+c)+d$$

然而 $1+p$ 是偶数，从而 $(1+p)(1+q+r)$ 是偶数，又 $1+(b+c)+d$ 是奇数，产生矛盾.

于是结论成立.

例3　证明：四次多项式 x^4+2x^2+2x+2 不可能分解成两个具有整系数 a,b,c,d 的二次三项式 x^2+ax+b 和 x^2+cx+d 的乘积.

(1922年匈牙利数学奥林匹克竞赛题)

证法1　假设四次多项式 x^4+2x^2+2x+2 能分解成 x^2+ax+b 和 x^2+cx+d 的乘积，则

$$x^4+2x^2+2x+2=$$
$$(x^2+ax+b)(x^2+cx+d)=$$
$$x^4+(a+c)x^3+(b+ac+d)x^2+(bc+ad)x+bd$$

它们的对应系数相等，即

$$a+c=0 \quad ①$$

$$b+ac+d=2 \quad ②$$

$$bc+ad=2 \quad ③$$

$$bd=2 \quad ④$$

由④得，b 和 d 一为奇数，另一为偶数，不妨设 b 为奇数(实际上为 ±1)，d 为偶数(实际上为 ±2).

这时，由式③得

$$bc=2-ad$$

右边为偶数，而左边的因数 b 为奇数，所以 c 为偶数.

再考虑式②，由 b 为奇数，c 和 d 为偶数可得 $b+ac+d$ 为奇数，而 2 为偶数，则

$$b+ac+d=2$$

不成立.

因此，四次多项式 x^4+2x^2+2x+2 不能分解为 x^2+ax+b 和 x^2+cx+d 的乘积.

证法 2 由爱森斯坦定理：

设整系数多项式

$$f(x)=a_0x^n+a_1x^{n-1}+\cdots+a_{n-1}x+a_n$$

如果存在这样一个素数 p，最高次项的系数 a_0 不能被 p 整除，而所有其他的系数能被 p 整除，但常数项不能被 p^2 整除，那么 $f(x)$ 不能分解为两个低次的整系数多项式的乘积.

设

$$f(x)=x^4+2x^2+2x+2$$

则有素数

$$p=2$$

$$2\nmid 1 \quad (x^4 \text{ 的系数})$$

$$2|2 \text{ 且 } 2^2\nmid 2 \quad (\text{常数项})$$

于是 x^4+2x^2+2x+2 不能分解为两个二次三项式之积.

例 4 设 k 是一个奇数，试问：关于 x 的四次整系数多项式 $x^4+8x^2+2\,008x+2k$ 能否表示为两个次数均大于 0 的整系数多项式的乘积？请说明理由.

解 回答是否定的.

理由如下：假设 $x^4+8x^2+2\,008x+2k$ 能写成两个次数均大于 0 的整系数多项式的乘积.

下面分为两种情形讨论.

(1)若存在四个整数 a,b,c,d，使得

$$x^4+8x^2+2008x+2k=$$
$$(x^2+ax+b)(x^2+cx+d)$$

把右边展开后，再比较等式两边对应项的系数得

$$\begin{cases}a+c=0 & ①\\ b+d+ac=8 & ②\\ ad+bc=2\,008 & ③\\ bd=2k & ④\end{cases}$$

由式①知，a 与 c 的奇偶性相同.

由式④知，b 与 d 必是一个为奇数，而另一个为偶数(因为 k 为奇数). 由对称性，不妨设 b 为偶数，d 为奇数.

由式③知，ad 为偶数，从而，a 为偶数. 所以，c 也是偶数. 这样，式②的左边为奇数，而右边却是一个偶数，矛盾.

故这种情形不可能发生.

(2)若存在四个整数 e,f,g,h，使得

$$x^4+8x^2+2\,008x+2k=$$
$$(x+e)(x^3+fx^2+gx+h)$$

把右边展开后，再比较等式两边对应项的系数得

$$\begin{cases}e+f=0 & ⑤\\ ef+g=8 & ⑥\\ eg+h=2\,008 & ⑦\\ eh=2k & ⑧\end{cases}$$

由式⑧知，e,h 必是一奇一偶.

下面再分为两种情形讨论.

(i)如果 e 为奇数，那么 h 为偶数. 由式⑦知，g 为偶数，再由式⑥知，f 为偶数. 于是，$e+f$ 为奇数，与式⑤矛盾.

故这种情形不可能发生.

(ii)如果 e 为偶数，那么 h 为奇数. 于是，$eg+h$ 为奇数，与式⑦矛盾.

故这种情形也不可能发生.

综上，$x^4+8x^2+2\,008x+2k$（k 为奇数）不可能表示为两个次数均大于 0 的整系数多项式的乘积.

例 5　设多项式

$$P(x)=a_0x^n+a_1x^{n-1}+\cdots+a_{n-1}x+a_0$$

其中系数 $a_i(i=0,1,2,\cdots,n)$是整数.

如果 $P(0)$和 $P(1)$都是奇数，证明：$P(x)$没有整数根.　　(1971 年加拿大数学竞赛题)

证明　由于 $P(0)$是奇数，则 a_0 是奇数.

于是，对任意的偶数 α，$P(\alpha)$一定是奇数，从而 $P(\alpha)\neq 0$，即 $P(x)$没有偶数根.

下面我们证明，对任意奇数 β，$P(\beta)$也是奇数.

否则，若 $P(\beta)$是偶数，由 $P(1)$是奇数得

$$P(\beta)-P(1)=$$
$$a_0(\beta^n-1)+a_1(\beta^{n-1}-1)+\cdots+a_{n-1}(\beta-1)$$

由于

$$P(\beta)-P(1)=\text{偶数}-\text{奇数}=\text{奇数}$$

而因为 β 是奇数，$\beta^k-1(k=1,2,\cdots,n)$是偶数，所以上式就出现奇数等于偶数的结果，这是不可能的.

所以 $P(x)$也没有奇数根.

因而 $P(x)$没有整数根.

例 6　设

$$p(x)=a_nx^n+a_{n-1}x^{n-1}+\cdots+a_1x+a_0$$

$$q(x)=b_mx^m+b_{m-1}x^{m-1}+\cdots+b_1x+b_0$$

是两个整系数多项式.假设乘积 $p(x)q(x)$ 的一切系数都是偶数,但是它们不完全被 4 整除.

证明:$p(x)$ 和 $q(x)$ 之一有全部偶系数,另一个至少有一个奇系数.　　(1977 年加拿大数学竞赛题)

证明　首先注意 $p(x)$ 和 $q(x)$ 不能都只有偶系数,否则,乘积 $p(x)q(x)$ 的全部系数都能被 4 整除.

下面我们证明 $p(x)$ 和 $q(x)$ 不能都至少有一个奇系数.

否则,假定对某 $0\leqslant k\leqslant n$ 和 $0\leqslant l\leqslant m$,$a_n,a_{n-1},\cdots,a_{k+1}$ 都是偶数,而 a_k 是奇数,且 $b_m,b_{m-1},\cdots,b_{l+1}$ 都是偶数,而 b_l 是奇数.

在 $p(x)\cdot q(x)$ 中 x^{k+l} 的系数为

$$a_kb_l+a_{k+1}b_{l-1}+a_{k+2}b_{l-2}+\cdots+a_{k-1}b_{l+1}+a_{k-2}b_{l+2}+\cdots$$

在这个和数中,a_kb_l 是奇数,而其他各项均为偶数,于是 x^{k+l} 的系数为奇数,与已知 $p(x)q(x)$ 的所有系数都是偶数相矛盾.

于是 $p(x)$ 和 $q(x)$ 之一的所有系数都是偶数,而另一个的系数中至少有一个奇数.

例 7　设多项式

$$f(x)=a_0x^n+a_1x^{n-1}+a_2x^{n-2}+\cdots+a_{n-1}x+a_n$$

的系数都是整数,并且有一个奇数 α 及一个偶数 β,使得 $f(\alpha)$ 及 $f(\beta)$ 都是奇数,求证:方程 $f(x)=0$ 没有整数根.　　(1956 年上海市数学竞赛题)

证明　因为 β 为偶数,所以

$$f(\beta)=a_0\beta^n+a_1\beta^{n-1}+\cdots+a_{n-1}\beta+a_n=$$

$$\beta(a_0\beta^{n-1}+a_1\beta^{n-2}+\cdots+a_{n-1})+a_n$$

由于 $a_0,a_1,\cdots,a_{n-1}$ 均为整数，β 为偶数，则 $\beta(a_0\beta^{n-1}+\cdots+a_{n-1})$ 是偶数，又由于 $f(\beta)$ 是奇数，所以 a_n 为奇数.

若 β' 为一偶数，则

$$f(\beta')=\text{偶数}+a_n=\text{偶数}+\text{奇数}\neq 0$$

所以方程 $f(x)=0$ 没有偶数根.

因为 α 是奇数，而

$$f(\alpha)=a_0\alpha^n+a_1\alpha^{n-1}+\cdots+a_{n-1}\alpha+a_n=$$
$$(a_0\alpha^n+a_1\alpha^{n-1}+\cdots+a_{n-1}\alpha)+\text{奇数}$$

因为 $f(\alpha)$ 为奇数，以及 $\alpha^k(k=1,2,\cdots,n)$ 为奇数，则有

$$a_0\alpha^n+a_1\alpha^{n-1}+\cdots+a_{n-1}\alpha=\text{偶数}$$

若 α' 为一奇数，则

$$f(\alpha')=\text{偶数}+a_n=\text{偶数}+\text{奇数}\neq 0$$

所以方程 $f(x)=0$ 没有奇数根.

由以上，方程 $f(x)=0$ 没有整数根.

例 8 设 $a,b,c\in\mathbf{Z}$，其中 c 为奇数. 若 α,β,γ 是方程

$$x^3+ax^2+bx+c=0$$

的根，且满足 $\alpha^2=\beta+\gamma$，证明：$\alpha\in\mathbf{Z}$ 且 $\beta\neq\gamma$.

（2010 年印度国家队选拔考试题）

证明 由题意知

$$\begin{cases}\alpha+\beta+\gamma=-a\\ \alpha\beta+\beta\gamma+\gamma\alpha=b\\ \alpha\beta\gamma=-c\end{cases}$$

所以

$$\begin{cases}\alpha^2=\beta+\gamma=-a-\alpha \\ \beta\gamma=-\dfrac{c}{\alpha} \\ b=\alpha(\beta+\gamma)+\beta\gamma=\alpha^3-\dfrac{c}{\alpha}\end{cases}$$

易知，$\alpha\neq 0$.

否则，$c=0$，与 c 为奇数矛盾.

故

$$\alpha^4-b\alpha-c=0\Rightarrow$$
$$(a+\alpha)^2-b\alpha-c=0\Rightarrow$$
$$\alpha(2a-b-1)=c-\alpha(\alpha-1)$$

因为上式右边为奇数，不为 0，所以

$$\alpha=\frac{c-\alpha(\alpha-1)}{2a-b-1}$$

即 α 为有理数.

而 α 又是整系数多项式的根，故为整数.

因为 $a=-\alpha(\alpha+1)$，所以，a 为偶数.

假设 $\beta=\gamma$，则

$$2\beta=\beta+\gamma=-a-\alpha$$

故 β 为有理数.

于是，β，γ 均为整数.

又由 $2\beta=-\alpha-a$，知 α 为偶数.

故 $c=-\alpha\beta\gamma$ 为偶数，矛盾.

因此，$\beta\neq\gamma$.

例 9　确定所有正整数 n，存在一个整数 m，使得 2^n-1 是 m^2+9 的一个因数.

（1998 年国际数学奥林匹克预选题）

解　我们证明所求的 $n=2^k$，k 为非负整数.

首先证明 n 没有奇因数.

假设 n 有奇因数 s，则 2^s-1 是 $2^n-1=(2^s)^{\frac{n}{s}}-1$ 的一个因数.

若 2^n-1 是 m^2+9 的因数，则 2^s-1 也是 m^2+9 的因数.

设 $s=2t+1$，则

$$2^s-1=2\cdot 4^t-1=2(3+1)^t-1$$

于是 $3\nmid(2^s-1)$，则

$$2^s-1\equiv-1(\bmod 4)$$

这样 2^s-1 必有一个素约数 $p>3$，满足

$$p\equiv-1(\bmod 4)$$

从而由 p 是 m^2+9 的因数可知

$$m^2\equiv-9(\bmod p)$$

$$m^{p-1}\equiv-9^{\frac{p-1}{2}}=-3^{p-1}(\bmod p)$$

若 $(m,p)=1$，由 $p>3$，则由上式有

$$1\equiv-1(\bmod p)$$

若 $p|m$，则由上式有

$$0\equiv-1(\bmod p)$$

上两种情况都产生矛盾，故 n 没有奇因子.

下面再证明：对 $n=2^k$，一定存在整数 m，使 2^n-1 是 m^2+9 的一个因数.

对 $2^n-1=2^{2^k}-1$ 进行分解

$$\begin{aligned}2^n-1=2^{2^k}-1=&(2^{2^{k-1}}+1)(2^{2^{k-1}}-1)=\\&(2^{2^{k-1}}+1)(2^{2^{k-2}}+1)(2^{2^{k-2}}-1)=\cdots=\\&(2^{2^{k-1}}+1)(2^{2^{k-2}}+1)\cdots(2^2+1)(2+1)\end{aligned}$$

从而，同余方程 $x^2\equiv-1(\bmod 2^{2^k}+1)$ 有解

$$x\equiv2^{2^{k-1}}(\bmod 2^{2^k}+1)$$

而当 $j>i$ 时

$$(2^{2^i}+1,2^{2^j}+1)=(2^{2^{i+1}}-1,2^{2^j}+1)=\cdots=$$

$$(2,2^{2^j}+1)=1$$

根据中国剩余定理,同余方程组

$$x\equiv 2^{2^{h-1}}\pmod{2^{2^h}+1}\quad (h=1,2,\cdots,k-1)$$

有解 x_0. 令 $m=3x_0$,则 $m^2+9=9(x_0^2+1)$ 被 $2^{2^k}-1$ 整除,即被 2^m-1 整除.

例 10　求所有整数 $n(n\geqslant 3)$,使得多项式

$$W(x)=x^n-3x^{n-1}+2x^{n-2}+6$$

可以表示为两个次数为正整数的整系数多项式的乘积.　(2005 年捷克—波兰—斯洛伐克数学竞赛题)

解　当 $n=3$ 时

$$x^3-3x^2+2x+6=(x+1)(x^2-4x+6)$$

当 $n=4$ 时,设

$$x^4-3x^3+2x^2+6=(x^2+ax+b)(x^2+cx+d)$$

比较系数得

$$c+a=-3,ac+b+d=2,ad+bc=0,bd=6.$$

由第一个式子可得 a,c 的奇偶性不同,将其应用到第二个式子中可知 b,d 的奇偶性相同,这与第四个式子矛盾.

设

$$x^4-3x^3+2x^2+6=(x+a)(x^3+bx^2+cx+d)$$

比较系数得

$$a+b=-3,ab+c=2,ac+d=0,ad=6$$

由第一个式子得 a,b 的奇偶性不同,由第二个式子得 c 为偶数,由第三个式子得 d 为偶数,从而由第四个式子得 a 为奇数. 当 $a=1,d=6$ 时,由第一个式子得 $b=-4$,由第二个式子得 $c=6$,不满足第三个式子. 同理,当 $a=-1,d=-6$,得 $b=-2,c=0$;当 $a=3$,$d=2$,得 $b=-6,c=20$;当 $a=-3,d=-2$,得 $b=0$,

$c=2$，均不满足第三个式子. 因此，$n=4$ 时不能分解为两个次数大于或等于1的整系数多项式.

当 $n\geqslant 5$ 时，假设 $W(x)$ 能分解为满足条件的多项式，设 $W(x)=P(x)Q(x)$，其中

$$P(x)=a_kx^k+a_{k-1}x^{k-1}+\cdots+a_1x+a_0$$

$$Q(x)=b_{n-k}x^{n-k}+b_{n-k-1}x^{n-k-1}+\cdots+b_1x+b_0$$

这里 $a_k=b_{n-k}=\pm 1$.

不失一般性，假设

$$k\leqslant\left[\frac{1}{2}n\right]<n-2$$

比较系数得

$$a_0b_0=6$$

$$a_0b_1+a_1b_0=0$$

$$\vdots$$

$$a_0b_k+a_1b_{k-1}+\cdots+a_{k-1}b_1+a_kb_0=0$$

因为

$$a_0(a_0b_1+a_1b_0)=a_0^2b_1+6a_1=0$$

所以，$a_0^2\mid 6a_1$. 于是，有 $a_0\mid a_1$.

假设 $a_1,a_2,\cdots,a_l$ 能被 a_0 整除，由于

$$a_0(a_0b_{l+1}+a_1b_l+\cdots+a_lb_1+a_{l+1}b_0)=$$

$$a_0^2b_{l+1}+a_0a_1b_l+\cdots+a_0a_lb_1+6a_{l+1}=0$$

于是，由归纳假设，可得 $a_0^2\mid 6a_{l+1}$.

从而，有 $a_0\mid a_{l+1}$.

综上所述，a_0 能整除 $a_1,a_2,\cdots,a_k$.

因为 $a_k=\pm 1$，所以，$a_0=\pm 1$.

不失一般性，设 $a_0=1$，则 $b_0=6$.

用类似的方法可得 $b_0=6$ 能整除 $b_1,b_2,\cdots,b_{n-3}$（若有必要，当 $t>n-k$ 时，令 $b_t=0$）.

若 $n-k\leqslant n-3$，这与 $b_{n-k}=\pm 1$ 矛盾；

若 $n-k>n-3$，则 $k<3$.

若 $k=2$，比较 x^{n-2} 前面的系数得

$$a_0b_{n-2}+a_1b_{n-3}+a_2b_{n-4}=2$$

由于 $a_0b_{n-2}=\pm 1$，b_{n-3}，b_{n-4} 均能被 6 整除，矛盾.

若 $k=1$，当 n 为偶数时，$W(\pm 1)\neq 0$；

当 n 为奇数时，$W(-1)=0$.

综上，满足条件的 n 为大于或等于 3 的奇数.

例 11　设 $f(x)=ax^2+bx+c$ 为实系数二次三项式. 如果对一切整数 x，$f(x)$ 都是完全平方数，求证：存在自然数 d 及整数 e，使

$$f(x)=(dx+e)^2$$

证明　因为 $f(0)$ 为完全平方数，所以 $c=e^2$ $(e\in \mathbf{Z})$. 为确定计，约定当 $b\geqslant 0$ 时，$e\geqslant 0$；当 $b<0$ 时，$e\leqslant 0$.

因为 $f(1)$ 和 $f(-1)$ 都是完全平方数，所以

$$a+b+c=k_1^2, a-b+c=k_2^2 \quad (k_1, k_2\in \mathbf{Z})$$

两式相减，得

$$2b=k_1^2-k_2^2$$

因为 $k_1^2-k_2^2$ 或为奇数，或为 4 的倍数，所以 b 或为奇数的一半，或为偶数.

若 b 为奇数的一半，则由 $a+b=k_1^2-e^2\in \mathbf{Z}$ 知，a 也为奇数的一半. 设 $a=\dfrac{2k+1}{2}$，$b=\dfrac{2l+1}{2}$，$k, l\in \mathbf{Z}$，且设 $f(4)=t^2$ $(t\in \mathbf{Z})$，则有

$$t^2=\frac{2k+1}{2}\times 4^2+\frac{2l+1}{2}\times 4+e^2$$

即

$$8(2k+1)+2(2l+1)=t^2-e^2$$

则 t^2-e^2 是偶数. 从而 t^2-e^2 也是 4 的倍数.

但 $8(2k+1)+2(2l+1)$ 不是 4 的倍数，矛盾.

故 b 只能是偶数.

记 $b=2b_1$，进而推知 $a\in\mathbf{Z}$.

按题设，$a\neq 0$，因为对一切自然数 n，$f(n)\geqslant 0$，所以 $a>0$.

设不超过 a 的最大自然数平方为 $d^2(d\in\mathbf{Z})$，即 $d^2\leqslant a<(d+1)^2$.

令 $a=d^2+a^*$，则 $a^*\in\mathbf{Z}$，且 $0\leqslant a^*<2d+1$，有

$$f(n)=(d^2+a^*)n^2+2b_1n+e^2=$$
$$d^2n^2+2den+e^2+a^*n^2+(2b_1-2de)n=$$
$$(dn+e)^2+n[a^*n+(2b_1-2de)]$$

设 $f(n)=s^2(s\in\mathbf{Z})$，则

$$s^2-(dn+|e|)^2=a^*n^2+(2b_1-2de)n=$$
$$n[a^*n+(2b_1-2d|e|)] \quad ①$$

若 $a^*>0$，则上式右边当 n 充分大时为正数. 设素数 n 充分大，使 $n>2|e|$，且使式①右边为正数. 由式①还知

$$s^2-(dn+|e|)^2\equiv 0(\bmod n)$$

即

$$s^2\equiv e^2(\bmod n)$$

因为 $s^2>(dn+|e|)^2$，所以可设 $s\in\mathbf{N}$，$s>dn+|e|$.

因为

$$(s+dn+|e|)(s-dn-|e|)\equiv 0(\bmod n)$$

所以

$$s\geqslant(d+1)n-|e|$$

由此导出

$$n[a^*n+(2b_1-2d|e|)]\geqslant$$

$$[(d+1)n-|e|]^2-(dn+|e|)^2=$$
$$(2d+1)n^2-2(2d+1)|e|n$$

故

$$2b_1+2d|e|+2|e|\geqslant[(2d+1)-a^*]n$$

上式左边为常数，而$(2d+1)-a^*>0$，则上式对充分大的 n 不可能成立.

故只能 $a^*=0$.

于是，有

$$f(n)-(dn+e)^2=(2b_1-2de)n \quad ②$$

若 $2b_1-2de=0$，则 $f(x)=(dx+e)^2$，结论成立.

若 $2b_1-2de>0$，则②右边对一切自然数 n 都大于 0. 考虑使 $n>2|e|$ 充分大的素数 n，因为 $f(n)$ 是完全平方数，且

$$f(n)-(dn+e)^2\equiv 0(\mathrm{mod}\ n)$$

所以，当 $e\geqslant 0$ 时

$$(2b_1-2de)n\geqslant[(d+1)n-e]^2-(dn+e)^2=$$
$$(2d+1)n^2-2(2d+1)en$$

将会导致矛盾；

当 $e<0$ 时

$$(2b_1-2de)n\geqslant(dn-e)^2-(dn+e)^2=-4den$$

所以

$$b_1+de\geqslant 0$$

但由 $e<0$ 知 $b_1<0$，又导致矛盾.

若 $2b_1-2de<0$，则考虑使 $n<-2|e|$ 的充分小的负整数 n，仿前也能推出矛盾.

综上所述，只能 $2b_1=2de$，$f(x)=(dx+e)^2$.

例 12　设多项式序列 $Q_0(x)$，$Q_1(x)$，…递推定义如下

$$Q_0(x)=1$$
$$Q_1(x)=x$$
$$Q_{n+1}(x)=xQ_n(x)+nQ_{n-1}(x)\quad(n\geqslant 1)$$

证明:对于每个奇素数 p,整数 x,都有

$$p\mid(Q_p(x)-x^p)$$

(2011 年德国数学奥林匹克竞赛题)

证明 首先证明:对任意 $k\leqslant n$,$Q_n(x)$的 k 次项系数为

$$\begin{cases}1,k=n\\(n-k-1)!!\cdot \mathrm{C}_n^k,k\text{ 与 }n\text{ 同奇偶},k\neq n\\0,\text{其他}\end{cases}$$

下面对 n 归纳.

当 $n=0$ 时,结论显然成立.

假设结论对不超过 n 成立.

考虑 $Q_{n+1}(x)$的 k 次项系数,其为 $Q_n(x)$的 $k-1$ 次项系数与 $Q_{n-1}(x)$的 k 次项系数的 n 倍之和.

当 $k=n+1$ 时,显然,系数为 1. 当 k 与 $n+1$ 奇偶性相反时,n 与 $k-1$,$n-1$ 与 k 均奇偶性相反,系数为 0.

当 k 与 $n+1$ 同奇偶时,由归纳假设知

k 次项系数$=$

$[n-(k-1)-1]!!\ \cdot \mathrm{C}_n^{k-1}+$

$n(n-1-k-1)!!\cdot \mathrm{C}_{n-1}^k=$

$(n-k)!!\ \cdot \mathrm{C}_n^{k-1}+(n-k-2)!!\ \cdot n\mathrm{C}_{n-1}^k=$

$(n-k)!!\ \left(\mathrm{C}_n^{k-1}+\dfrac{n}{n-k}\mathrm{C}_{n-1}^k\right)=$

$(n-k)!!\ (\mathrm{C}_n^{k-1}+\mathrm{C}_n^k)=$

$(n-k)!!\ \cdot \mathrm{C}_{n+1}^k$

由归纳原理知结论成立.

回到原题.

取 $n=p$,当 $k\neq p$ 时,$p\mid C_p^k$.

故 $Q_p(x)$除首项 x^p 外其余项系数均为 p 的倍数.

例 13　求最小的正整数 n,使得存在有理系数多项式 $f_1,f_2,\cdots,f_n$,满足

$$x^2+7=f_1^2(x)+f_2^2(x)+\cdots+f_n^2(x)$$

(2010 年 IMO 预选题)

解　$n=5$ 的例子

$$x^2+7=x^2+2^2+1+1+1$$

符合题意.

下面证明 $n\leqslant 4$ 均不符合题意.

假设存在四个有理系数多项式 $f_1(x),f_2(x),f_3(x),f_4(x)$(可能含零多项式),使得

$$x^2+7=\sum_{i=1}^{4}(f_i(x))^2$$

多项式 $f_i(x)$ 的次数最高为 1.

设 $f_i(x)=a_ix+b_i$,则

$$\sum_{i=1}^{4}a_i^2=1,\sum_{i=1}^{4}a_ib_i=0,\sum_{i=1}^{4}b_i^2=7$$

记 $p_i=a_i+b_i,q_i=a_i-b_i$,则

$$\sum_{i=1}^{4}p_i^2=\sum_{i=1}^{4}(a_i^2+2a_ib_i+b_i^2)=8$$

$$\sum_{i=1}^{4}q_i^2=\sum_{i=1}^{4}(a_i^2-2a_ib_i+b_i^2)=8$$

$$\sum_{i=1}^{4}p_iq_i=\sum_{i=1}^{4}(a_i^2-b_i^2)=-6$$

记有理数 $p_i,q_i(i=1,2,3,4)$ 分母的最小公倍数为 m,则存在整数 x_i,y_i(以 m 为公分母通分后,p_i,q_i

所对应的分子),使得

$$\begin{cases}\sum_{i=1}^{4} x_i^2 = 8m^2 \\ \sum_{i=1}^{4} y_i^2 = 8m^2 \\ \sum_{i=1}^{4} x_i y_i = -6m^2\end{cases}$$

不妨设 m 是满足上述不定方程组的最小正整数.

由 $\sum_{i=1}^{4} x_i^2 = 8m^2 \equiv 0 \pmod 8$,知 x_1, x_2, x_3, x_4 都是偶数.

由 $\sum_{i=1}^{4} y_i^2 = 8m^2 \equiv 0 \pmod 8$,知 y_1, y_2, y_3, y_4 都是偶数.

由 $\sum_{i=1}^{4} x_i y_i = -6m^2 \equiv 0 \pmod 4$, 知 m 也是偶数.

故 $\frac{x_i}{2}, \frac{y_i}{2}, \frac{m}{2}$ 也满足不定方程组.

这与 m 的最小性矛盾.

评注 解决与有理数有关的问题时,选择恰当的时机将有理数写成一般形式 $\frac{p}{q}$,其中,$(p,q)=1$,$p,q \in \mathbf{Z}$,$q \geqslant 1$,可简化问题.

例 14 设 n 是正偶数,证明:存在一个正整数 k,满足

$$k = f(x)(x+1)^n + g(x)(x^n+1)$$

其中 $f(x), g(x)$ 是某个整系数多项式. 如果用 k 表示满足上式的最小的 k,试将 k_0 表为 n 的函数.

(1996 年 IMO 预选题)

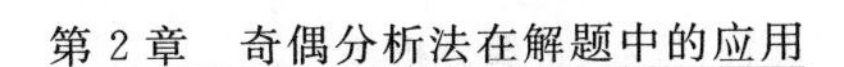

证明　(1)当 n 为偶数时,$((x+1)^n,x^n+1)=1$,于是存在有理系数多项式 $f^*(x),g^*(x)$,使得

$$1=f^*(x)(x+1)^n+g^*(x)(x^n+1)$$

设 k 为 $f^*(x),g^*(x)$ 的所有系数的分母的一个公倍数,记

$$f(x)=kf^*(x),g(x)=kg^*(x)$$

则 $f(x),g(x)$ 为整系数多项式,且

$$k=f(x)(x+1)^n+g(x)(x^n+1)$$

(2)设 $n=2^\alpha\cdot t$,t 为奇数. 记 $m=2^\alpha$,则可设

$$x^n+1=(x^m+1)h(x)$$

$h(x)$ 为整系数多项式,并设

$$w_j=\mathrm{e}^{\mathrm{i}\cdot\frac{2j-1}{m}\pi}\quad(j=1,2,\cdots,2^\alpha)$$

为 $x^m+1=0$ 的 m 个根.

若正整数 k,整系数多项式 $f(x),g(x)$ 满足

$$k=f(x)(x+1)^n+g(x)(x^n+1)$$

则

$$k=f(w_j)(w_j+1)^n\quad(j=1,2,\cdots,m)$$

于是

$$k^m=\prod_{j=1}^m f(w_j)\prod_{j=1}^m(w_j+1)^n$$

设

$$\sigma_1=w_1+w_2+\cdots+w_m$$
$$\sigma_2=w_1w_2+w_2w_3+\cdots+w_{m-1}w_m$$
$$\vdots$$
$$\sigma_m=w_1w_2\cdots w_m$$

由韦达定理知 σ_j 为整数. 因为 $\prod_{j=1}^m f(w_j)$ 为关于 w_1,$w_2,\cdots,w_m$ 的整系数多项式,所以 $\prod_{j=1}^m f(w_j)$ 可表示为

$\sigma_1,\sigma_2,\cdots,\sigma_m$ 的整系数多项式，于是它为整数. 而

$$\prod_{j=1}^{m}(w_j+1)^n=[\prod_{j=1}^{m}(w_j+1)]^n=$$
$$(1+\sigma_1+\sigma_2+\cdots+\sigma_m)^n=2^n$$

因此，$2^n \mid k^m$，即 $2^t \mid k$. 于是，$k \geqslant 2^t$.

记

$$E(x)=(x+1)(x^3+1)\cdots(x^{2m-1}+1)=(x+1)^m F(x)$$

对于固定的 $j\in\{1,2,\cdots,m\}$，考虑集合

$$\{w_j,w_j^3,w_j^5,\cdots,w_j^{2m-1}\}$$

其中的元素均为 $x^m+1=0$ 的根且两两不等，故它为 $x^m+1=0$ 的解集. 于是

$$E(w_j)=(1+w_j)(1+w_j^3)\cdots(1+w_j^{2m-1})=$$
$$(1+w_1)(1+w_2)\cdots(1+w_m)=2$$

设

$$G(x)(x^m+1)+2=E(x)=(x+1)^m F(x)$$

两边 t 次方，得

$$G^*(x)(x^m+1)+2^t=(x+1)^n F^t(x) \quad ①$$

其中 $G^*(x)$ 为某个整系数多项式.

另外，由 $x^n+1=(x^m+1)h(x)$，有 $h(-1)=1$.

故可设

$$C(x)(x+1)=h(x)-1$$

两边 n 次方，得

$$C^n(x)(x+1)^n=h(x)d(x)+1 \quad ②$$

其中 $d(x)$ 为某个整系数多项式.

由①②得

$$G^*(x)d(x)(x^n+1)=$$
$$G^*(x)(x^m+1)d(x)h(x)=$$
$$[(x+1)^n F^t(x)-2^t][C^n(x)(x+1)^n-1]=$$

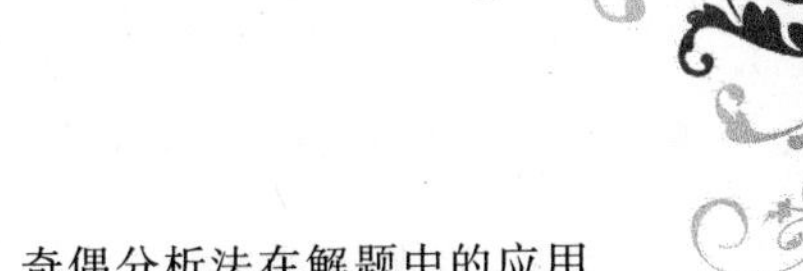

$$(x+1)^n U(x)+2^t$$

其中 $U(x)$ 为某个整系数多项式.

因此存在整系数多项式 $f(x)$,$g(x)$,使得

$$2^t=f(x)(x+1)^n+g(x)(x^n+1)$$

综合上述,$k_0=2^t$,其中 $n=2^\alpha\cdot t$,t 为奇数.

例 15 设多项式序列 $\{P_n(x)\}$ 满足

$$P_1(x)=x^2-1, P_2(x)=2x(x^2-1)$$

且

$$P_{n+1}(x)P_{n-1}(x)=(P_n(x))^2-(x^2-1)^2 \quad (n=2,3,\cdots) \tag{①}$$

设 S_n 为 $P_n(x)$ 各项系数的绝对值之和,对于任意正整数 n,求非负整数 k_n,使得 $2^{-k_n}S_n$ 为奇数.

(2002 年中国数学奥林匹克竞赛题)

解 由式①得

$$P_{n+1}(x)P_{n-1}(x)-P_n^2(x)=$$

$$P_n(x)P_{n-2}(x)-P_{n-1}^2(x) \quad (n=3,4,\cdots)$$

$$P_{n-1}(x)[P_{n+1}(x)+P_{n-1}(x)]=$$

$$P_n(x)[P_n(x)+P_{n-2}(x)]$$

由此递推可得

$$\frac{P_{n+1}(x)+P_{n-1}(x)}{P_n(x)}=\frac{P_n(x)+P_{n-2}(x)}{P_{n-1}(x)}=\cdots=$$

$$\frac{P_3(x)+P_1(x)}{P_2(x)} \tag{②}$$

因为

$$P_1(x)=x^2-1, P_2(x)=2x(x^2-1)$$

$$P_3(x)=\frac{P_2^2(x)-(x^2-1)^2}{P_1(x)}=(x^2-1)(4x^2-1)$$

所以

$$\frac{P_3(x)+P_1(x)}{P_2(x)}=\frac{(x^2-1)(4x^2-1)+(x^2-1)}{2x(x^2-1)}=2x \quad ③$$

将式③代入式②,得到

$$P_{n+1}(x)=2xP_n(x)-P_{n-1}(x) \quad (n=2,3,\cdots) \quad ④$$

补充定义 $P_0(x)=0$.

于是,式④对 $n=1$ 也成立.式④对应的特征方程为

$$\lambda^2-2x\lambda+1=0$$

其根为 $x\pm\sqrt{x^2-1}(|x|>1)$.易得

$$P_n(x)=\frac{1}{2}\sqrt{x^2-1}[(x+\sqrt{x^2-1})^n-(x-\sqrt{x^2-1})^n] \quad (n=0,1,2,\cdots)$$

由二项式定理可得

$$P_n(x)=\sum_{m=0}^{\sigma_n}C_n^{2m+1}x^{n-2m-1}(x^2-1)^{m+1}$$

其中,$\sigma_n=\begin{cases}[\frac{n}{2}],n\text{ 为奇数}\\ \frac{n}{2}-1,n\text{ 为偶数}\end{cases}$.

则

$$P_n(x)=(x^2-1)\sum_{m=0}^{\sigma_n}C_n^{2m+1}x^{n-2m-1}\cdot\sum_{l=0}^{m}(-1)^lC_m^lx^{2m-2l}=(x^2-1)\sum_{l=0}^{\sigma_n}(-1)^lx^{n-2l-1}\sum_{m=l}^{\sigma_n}C_n^{2m+1}C_m^l \quad ⑤$$

记 $a_l=\sum_{m=l}^{\sigma_n}C_n^{2m+1}C_m^l$,代入式⑤得

$$P_n(x)=[a_0x^{n+1}-a_1x^{n-1}+a_2x^{n-3}-\cdots+$$

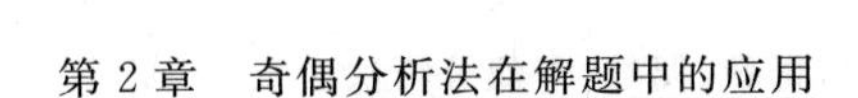

$$(-1)^{\sigma_n}a_{\sigma_n}x^{n-2\sigma_n+1}]-[a_0x^{n-1}-$$
$$a_1x^{n-3}+\cdots+(-1)^{\sigma_n-1}a_{\sigma_n-1}x^{n-2\sigma_n+1}+$$
$$(-1)^{\sigma_n}a_{\sigma_n}x^{n-2\sigma_n-1}]=$$
$$a_0x^{n+1}-(a_1+a_0)x^{n-1}+$$
$$(a_2+a_1)x^{n-3}-\cdots+$$
$$(-1)^{\sigma_n}(a_{\sigma_n}+a_{\sigma_n-1})x^{n-2\sigma_n+1}+$$
$$(-1)^{\sigma_n+1}a_{\sigma_n}x^{n-2\sigma_n-1}$$

由此可得

$$s_n=a_0+(a_1+a_0)+\cdots+(a_{\sigma_n}+a_{\sigma_n-1})+a_{\sigma_n}=$$
$$2(a_0+a_1+\cdots+a_{\sigma_n})=$$
$$2\sum_{l=0}^{\sigma_n}\sum_{m=l}^{\sigma_n}C_n^{2m+1}C_m^l=$$
$$2\sum_{m=0}^{\sigma_n}C_n^{2m+1}\sum_{l=0}^{m}C_m^l=2\sum_{m=0}^{\sigma_n}C_n^{2m+1}2^m$$

故

$$s_n=\frac{1}{\sqrt{2}}[(1+\sqrt{2})^n-(1-\sqrt{2})^n]\quad(n=0,1,2,\cdots) \tag{6}$$

令

$$t_n=(1+\sqrt{2})^n+(1-\sqrt{2})^n\quad(n=0,1,2,\cdots)$$

则 s_n，t_n 都是非负整数

$$s_0=0,s_1=2,t_0=t_1=2$$

且

$$t_n+\sqrt{2}s_n=2(1+\sqrt{2})^n\quad(n=0,1,2,\cdots) \tag{7}$$

当 $n\geqslant 2$ 时

$$t_n=2\sum_{0\leqslant 2m\leqslant n}C_n^{2m}2^m=2\Big(1+\sum_{0<2m\leqslant n}C_n^{2m}2^m\Big)$$

可见，当 $n=0,1,2,\cdots$ 时，$\frac{1}{2}t_n$ 为奇数.

设 n,m 为非负整数，由式 ⑦ 可得

$$t_{n+m}+\sqrt{2}s_{n+m}=2(1+\sqrt{2})^{n+m}=$$

$$\frac{1}{2}(t_n+\sqrt{2}s_n)(t_n+\sqrt{2}s_n)=$$

$$\frac{1}{2}t_nt_m+s_ns_m+\frac{\sqrt{2}}{2}(t_ns_m+t_ms_n)$$

从而，有

$$t_{n+m}=\frac{1}{2}t_nt_m+s_ns_m,s_{n+m}=\frac{1}{2}(t_ns_m+t_ms_n) \quad ⑧$$

令 $n=m$，得到

$$s_{2n}=\left(\frac{1}{2}t_n\right)\cdot 2s_n \quad (n=0,1,2,\cdots)$$

由于 $s_1=2$，而 $\frac{1}{2}t_n$ 为奇数，故由数学归纳法知 $2^{-(m+1)}S_{2^m}$ 为奇数，$m=0,1,2,\cdots$，即 $k_{2^m}=m+1$.

再由式 ⑧ 可知，若 $k_n\neq k_m$，则

$$k_{n+m}=\min\{k_n,k_m\}$$

对于任意正整数 n，设 $n=2^{m_0}+2^{m_1}+\cdots+2^{m_l}$，其中 $m_0,m_1,\cdots,m_l$ 均为整数，且 $0\leqslant m_0<m_1<\cdots<m_l$.

习　题　五

1. 设 $y=x^2+bx+c$, $b,c\in\mathbf{Z}$，如果当 $x\in\mathbf{Z}$ 时，总有 $y>0$，证明：$b^2-4c\leqslant 0$.

（1989 年中国国家集训队测验题）

2. (1) 如果二次函数 $y=ax^2-bx+c$，当 x 分别取 0，1，2 时，y 的值均为整数，证明：对任何整数 x，y 的值都是整数；

(2) 若对任何整数 x，二次函数 $y=ax^2-bx+c$ 的值都是整数，问：a,b,c 是否必为整数？

3. 设

$$P(x)=a_0x^n+a_1x^{n-1}+\cdots+a_{n-1}x+a_n$$

其中系数 a_i 是整数. 如果 $P(0)$ 和 $P(1)$ 都是奇数，证明：$P(x)$ 没有整数根.

（1971 年加拿大数学奥林匹克竞赛题）

4. 求证：$x^4+1\,980x^2+2\,000x+1\,990$ 不可能分解成两个整系数二次三项式之积.

5. 假设 a_1,b_1,c_1,a_2,b_2,c_2 是这样的实数，使得对于任何整数 x 和 y，数 $a_1x+b_1y+c_1$ 和 $a_2x+b_2y+c_2$ 中至少有一个是偶整数.

证明：两组系数 a_1,b_1,c_1 和 a_2,b_2,c_2 中至少有一组全是整数.　（1950 年匈牙利数学奥林匹克竞赛题）

6. 已知多项式

$$P(x)=x^k+c_{k-1}x^{k-1}+\cdots+c_1x+c_0$$

整除多项式 $(x+1)^n-1$，其中 k 为偶数，$c_0,c_1,\cdots,c_{k-1}$ 为奇数. 证明：$(k+1)\mid n$.

（2006 年俄罗斯数学奥林匹克竞赛题）

7. 设 $f(x)=\sum\limits_{i=0}^{n}a_i x^{n-i}$ 为整系数 n 次多项式，若 a_0, a_n 及 $f(1)$ 均为奇数，证明：$f(x)=0$ 没有有理根.

(1952 年美国普特南数学竞赛题)

8. 设 $S=\{x\mid x=a^2+ab+b^2, a,b\in \mathbf{Z}\}$，证明：

(1)若 $m\in S, 3\mid m$，则 $\frac{m}{3}\in S$；

(2)若 $m,n\in S$，则 $mn\in S$.

(2012 年中国北方数学奥林匹克竞赛题)

9. 用部分自然数构造如图 2 的数表：用 $a_{ij}\,(i\geqslant j)$ 表示第 i 行第 j 个数$(i,j\in \mathbf{N}^*)$，使 $a_{i1}=a_{ii}=i$. 每行中的其余各数分别等于其"肩膀"上的两个数之和. 设第 n $(n\in \mathbf{N}^*)$行中各数之和为 b_n. 试问：数列$\{b_n\}$中是否存在不同的三项 $b_p, b_q, b_r\,(p,q,r\in \mathbf{N}^*)$恰好成等差数列？若存在，求出 p,q,r 的关系；若不存在，请说明理由.

1
2　2
3　4　3
4　7　7　4
5　11　14　11　5
…　…　…　…　…　…

图 2

10. 设 $f(x)$是整系数多项式，并且 $f(x)=1$ 有整数根，约定将所有满足上述条件的 f 组成的集合记为 F.

对于任意给定的整数 $k>1$，求最小的整数 $m(k)>1$，要求能保证存在 $f\in F$，使得 $f(x)=m(k)$恰有 k 个互不相同的整数根.

(2000 年中国国家集训队选拔考试题)

11. 设 $k(k>1)$是一个确定的正整数，求所有多项式 $p(x)$，使得对于所有实数 x，有 $p(x^k)=(p(x))^k$.

(2004 年爱沙尼亚 IMO 选拔考试题)

12. 设多项式

$$P(x)=a_nx^n+a_{n-1}x^{n-1}+\cdots+a_1x+a_0$$

至少有一个实根，并且 $a_0\neq 0$，证明：可以按照某种顺序每次删去 $P(x)$ 中的一项，直到只剩下 a_0 为止，使得该过程中的每一个中间步骤上所得到的多项式都至少有一个实根．（2004 年俄罗斯数学奥林匹克竞赛题）

13. 求所有的正整数 m 的值，使得存在实系数多项式 $P(x),Q(x),R(x,y)$ 满足条件：对于满足 $a^m-b^2=0$ 的所有实数 a,b，总有 $P(R(a,b))=a$ 和 $Q(R(a,b))=b$ 成立．（2008 年越南国家队选拔考试题）

14. 设正整数 $n\geqslant 3$，试求出所有非常值实系数多项式 $f_1(x),f_2(x),\cdots,f_n(x)$，使得对于每一个 $x\in\mathbf{R}$，均有

$$f_k(x)f_{k+1}(x)=f_{k+1}(f_{k+2}(x))\quad(1\leqslant k\leqslant n)$$

其中，规定

$$f_{n+1}(x)\equiv f_1(x),f_{n+2}(x)\equiv f_2(x)$$

（2009 年保加利亚数学奥林匹克竞赛题）

§6 在几何中的应用

在某些几何或图论问题中，需要判断或证明某些几何对象的个数是奇数或偶数，常用的方法是把几何对象代数化，然后运用奇偶性分析的方法使问题得到解决.

例 1 能否把平面上的凸 11 边形的每一项点用 3 条对角线分别与另 3 个不相邻的顶点相联结？

解 用反证法证明不可能作这样的联结. 假设可以联结的话，设所用对角线的条数为 N. 因为每条对角线的两端有两个顶点，所以被 N 条对角线所联结着的顶点共出现 $2N$ 次. 另一方面，每一个顶点恰好出现 3 次，共应出现 $3\times11=33$ 次，所以 $2N=33$，导致偶数＝奇数，矛盾. 从而证得这样的联结是不可能的.

一般的，设 m,n 为奇数，平面上的凸 n 边形不能用对角线把每一个点与另 m 个顶点联结

例 2 圆周上有 1 993 个点，给每一个点染两次颜色，或红、蓝，或全红，或全蓝. 最后统计知：染红色 1 993次，染蓝色 1 993 次. 求证：至少有一点被染上红、蓝两种颜色.

证明 假设没有一点被染上红、蓝两种颜色，即第一次染红(或蓝)，第二次仍染红(或蓝). 不妨设第一次有 $m(0\leqslant m\leqslant 1\,993)$个点染红，第二次仍有且仅有这 m 个点染红，即有 $2m$ 个红点，但是 $2m\neq 1\,993$.

所以，至少有一点被染上红、蓝两种颜色.

例 3 求证：不存在具有奇数个面，每个面有奇数条边的多面体. (1956 年北京市高中数学竞赛题)

证明　若存在这样的多面体，设其面数为 n，各面的边数分别为 $m_1, m_2, \cdots, m_n$，这里，$n, m_1, \cdots, m_n$ 均为奇数. 因为在多面体中，每两个相邻面都有一公共棱，且每一棱由两个面所形成，所以 $m_1 + m_2 + \cdots + m_n$ 是偶数(多面体棱数的两倍)，但因为此式是奇数个奇数之和，应是奇数，矛盾！即这样的多面体不存在. 证毕.

例 4　是否存在一个直角三角形，每条边的长度是整数，且两条直角边的长度都是素数?

(2004 年斯洛文尼亚数学奥林匹克竞赛题)

解　设 a 与 b 分别是两条直角边的长度，c 是斜边的长度. 显然，a 与 b 不能都是奇素数，否则将有

$$c^2 = (2k+1)^2 + (2j+1)^2 = 4(k^2 + j^2 + k + j) + 2$$

这是不可能的(否则 c 将是个偶数，但其平方能被 2 整除，而不能被 4 整除).

a 与 b 也不能都是偶素数(都等于 2)，否则将有 $c^2 = 4 + 4 = 8, c = \sqrt{8}$ 不是整数.

因此，仅有的选择为：在 a, b 中，一个取为偶素数(这时它等于 2)，另一个取为奇素数(大于或等于 3). 因为 $c^2 = 4 + b^2$，所以斜边的长度是个奇数，且大于或等于 5.

但是

$$4 = c^2 - b^2 = (c-b)(c+b) \geqslant 2 \times 8 = 16$$

所以，在具有整数边长的直角三角形中，两条直角边的长度不可能都是素数.

例 5　求证：一个三边长均为整数的直角三角形，其边长的积是 60 的倍数.

(1990 年西班牙数学奥林匹克竞赛题)

证明　设这样的三角形的三边长为 $m^2 + n^2, m^2 -$

n^2,$2mn$,则三边长之积 S 为

$$S=2mm(m^2-n^2)(m^2+n^2)=2mn(m^4-n^4)$$

若 m,n 同奇同偶,则 m^2-n^2 必为偶数,S 可被 4 整除.

若 m,n 一奇一偶,则 $2mn$ 可被 4 整除,亦即 S 可被 4 整除.

故不论 m,n 的奇偶性如何,S 均可被 4 整除.

又 m,n 中至少有一个被 3 整除,则 S 可被 3 整除.若 m,n 均不能被 3 整除,即有

$$m\equiv1(\bmod 3)\text{或}m=2(\bmod 3)$$

这时,$m^2\equiv1(\bmod 3)$或 $m^2\equiv4\equiv1(\bmod 3)$,因而 $m^2\equiv1(\bmod 3)$.同理得 $n^2\equiv1(\bmod 3)$,从而 $m^2-n^2\equiv0(\bmod 3)$.因此 S 可被 3 整除.

又 m,n 有一个能被 5 整除,则 S 能被 5 整除.若 m,n 均不能被 5 整除,则由 $a^{p-1}\equiv1(\bmod p)$可知,$m^4\equiv1(\bmod 5)$,$n^4\equiv1(\bmod 5)$,即 S 可被 5 整除.

再由 3,4,5 两两互素,故知 S 可被 $3\times4\times5=60$ 所整除.

例 6 求证:不存在三边边长全为素数,而面积是正整数的三角形. (1994 年罗马尼亚数学奥林匹克竞赛题)

证明 设$\triangle ABC$ 的三边的边长为 a,b,c,面积为 S,且 a,b,c 为素数,S 为正整数.

由三角形面积公式

$$16S^2=(a+b+c)(a+b-c)(a-b+c)(-a+b+c) \quad ①$$

由于 $a+b+c,a+b-c,a-b+c,-a+b+c$ 具有相同的奇偶性及 $16S^2$ 为偶数,则 $a+b+c,a+b-c,a-b+c,-a+b+c$ 都为偶数,于是只有两种可能:

(1)a,b,c 全为偶数；

(2)a,b,c 中有两个奇数，一个偶数.

下面考虑：

(1)当 a,b,c 全为偶素数时，有 $a=b=c=2$.

此时 $S=\sqrt{3}$ 与 S 是正整数矛盾.

(2)当 a,b,c 为两个奇数，一个偶数时，不妨设 a 为偶数，则 $a=2$.

这时有

$$c-2=c-a<b<c+a=c+2$$

$$b-2=b-a<c<b+a=b+2$$

于是，奇素数 $b\in(c-2,c+2)$，$c\in(b-2,b+2)$.

在开区间 $(c-2,c+2)$ 中只有整数 $c+1,c,c-1$. 但 c 为奇素数，则 $c+1,c-1$ 均为偶数，于是必有 $b=c$.

这时，式①化为

$$16S^2=(2+2b)\cdot 2\cdot 2\cdot (2b-2)=16(b^2-1)$$

故 $S^2=b^2-1$.

由此得 $S<b$，即 $S\leqslant b-1$. 这时有

$$b^2-1=S^2\leqslant(b-1)^2=b^2-2b+1$$

则 $b\leqslant 1$ 与 b 是素数相矛盾.

因此，不存在三边边长都是素数，面积为正整数的三角形.

例 7　在平面上任意给出 5 个整数点，求证：其中必有两点，联结它们的线段的中点也是整点.

证明　只需对点的两个坐标进行奇偶性分析，证明的途径就一目了然了.

如果把每个点 (x,y) 的两个坐标按奇偶性分类，只能是如下 4 种情况之一

(奇，奇)，(偶，偶)，(奇，偶)，(偶，奇)

由于给定了 5 个整点，因此其中至少有两点，它们的坐标的奇偶状况属于上述 4 类中的同一类，即必有两点(x_1,y_1)与(x_2,y_2)，其中 x_1 与 x_2 有相同的奇偶性，y_1 与 y_2 也有相同的奇偶性. 因此，x_1+x_2 与 y_1+y_2 都是偶数，它们都可以被 2 整除. 由中点公式，这两点的中点可表示为$\left(\frac{x_1+x_2}{2},\frac{y_1+y_2}{2}\right)$，显然，两个坐标都是整数，从而是一个整数点.

把上述问题进一步推广，考虑下面的例题.

例 8 平面上任给 13 个整点，求证：必存在 4 个整点，使得这 4 个点的几何重心也是整点.

证明 我们知道，有限个点的几何重心的两个坐标，分别是有限个点的坐标的算术平均值. 在 13 个整点中任取 5 个点，由例 7 必有两个点 P_1,P_2，其连线的中点也是整点，在剩下的 $13-2=11$ 个整点中，任取 5 个整点，由例 7，又得 P_3,P_4，其连线的中点是整点，再在剩下的 9 个点中，任取 5 个，亦得 P_5,P_6，其连线的中点是整点……如此继续，得 $P_1,P_2,\cdots,P_9,P_{10}$，其中 P_{2i-1} 与 $P_{2i}(i=1,2,3,4,5)$ 的连线的中点是整点，记这些中点分别为 Q_1,Q_2,Q_3,Q_4,Q_5，其坐标计算规律均为

$$Q_i=\frac{Q_{2i-1}+P_{2i}}{2}\quad(i=1,2,3,4,5)$$

由例 7，在上述 5 个整点中，必有两点，不妨设为 Q_1，Q_3，其连线的中点是整点，即

$$\frac{Q_1+Q_3}{2}=\frac{\frac{P_1+P_2}{2}+\frac{P_5+P_6}{2}}{2}=\frac{P_1+P_2+P_5+P_6}{4}$$

（注意：上式表示两个坐标的计算规律）故存在 4

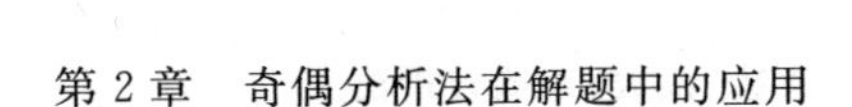

个点 P_1,P_2,P_5,P_6,其几何重心是一个整点.

例9　平面上给定一个凸1 998边形Γ,设S是一切以Γ的顶点为顶点的三角形的集合,一点P不在S中的任何一个三角形的边上.求证:S中包含P的三角形总数为偶数.

证明　易知对每个含有点P的凸四边形,可得到两个含有点P的三角形,以凸1 998边形的顶点中任何4点构成的四边形为凸四边形.设其中有m个四边形含点P,则有$2m$个三角形含点P,但有重复计数.下面来排除重复计算的个数.

若P含于某个三角形,则必含于该三角形三顶点与其他任一点构成的四边形中,故重复计算了$1\ 998-3=1\ 995$次,所以含点P的三角形总数为$\frac{2m}{1\ 995}$个.

显然,$\frac{2m}{1\ 995}$应为自然数,因为$(2,1\ 995)=1$,所以$1\ 995|m$,即$\frac{2m}{1\ 995}=2k$是偶数.

例10　在线段AB的两个端点,一个标以红色,一个标以蓝色,在线段中间插入n个分点,在各个分点上随意地标上红色或蓝色,这样就把原线段分为$n+1$个不重叠的小线段,这些小线段的两端颜色不同者叫作标准线段.求证:标准线段的个数是奇数.

(1979年安徽省中学数学竞赛题)

证明　设n个分点依次是$A_1,A_2,\cdots,A_n$.这$n+1$个线段分别为

$$AA_1=A_0A_1,A_1A_2,\cdots,A_{n-1}A_n,A_nB=A_nA_{n+1}$$

设最后一个标准线段为A_kA_{k+1}.若$A_k=A_0$,则仅有一个标准线段,结论显然成立;若$A_0=A_k$,由A,B

不同色，则 A_0 必与 A_k 同色，不妨设 A_0 与 A_k 均为红色，那么在 A_0 和 A_k 之间若有一红蓝的标准线段，必有一蓝红的标准线段与之对应；否则 A_k 不能为红色，所以在 A_0 和 A_k 之间，红蓝和蓝红的标准线段就成对出现，即 A_0 和 A_k 之间的标准线段的个数是偶数，加上最后一个标准线段 A_kA_{k+1}，所以，A 和 B 之间的标准线段的个数是奇数.

利用方格纸作折线的方法也可证明本题的结论.

因为线段 AB 的长度及各小线段是否等长与证题无关，因此，不妨设 AB 长为 $n+1$ 个单位，各小线段的长均为 1 个单位. 以 A 为坐标原点，AB 为 x 轴建立平面直角坐标系. 对于包括 A，B 在内的 $n+2$ 个点，若标红色则取其纵坐标为 0，标蓝色则取其纵坐标为 1，横坐标不变. 不失一般性，设 A 标以红色而 B 标以蓝色，顺次联结这 $n+2$ 个整点得到一条起点在 x 轴上，终点在直线 $y=1$ 上的折线，其中斜率为 $+1$ 或 -1 的每小段是标准线段，斜率等于 0 的每小段是非标准线段. 显然，从 A 出发每经过两条标准线段回到 x 轴，故只有经过奇数条标准线段才能结束于在直线 $y=1$ 上的点 B，所以标准线段的条数是奇数.

例 11　平面直角坐标系中，纵横坐标都是整数的点称为整点. 请设计一种方案将所有的整点染色，每一整点染成白色、红色或黑色中的一种颜色，使得：

(1)每一种颜色的点出现在无穷多条平行于横轴的直线上；

(2)对于任意白点 A、红点 B 及黑点 C，总可以找到一个红点 D，使 $ABCD$ 为一平行四边形. 证明：你设计的方法符合上述要求.

(1986 年全国高中数学联赛题)

解　试看这样一个平行四边形,它的顶点是(0,0),(1,0),(1,1),(0,1).依坐标的奇偶性考虑:(奇,奇)染白色,(偶,偶)染黑色,(奇,偶)和(偶,奇)染红色.这样,显然满足要求(1),而且三种颜色不在一直线上(可认为允许三色共线,相应的平行四边形是"退化的").事实上,设任意白点 $A(x_1,y_1)$,红点 $B(x,y)$,黑点 $C(x_2,y_2)$(注意坐标奇偶性与其下标一致,而 x,y 则一奇一偶).若此三点共线,则

$$(y-y_1)(x_2-x_1)=(y_2-y_1)(x-x_1)$$

但 x_2-x_1 和 y_2-y_1 都是奇数,而 $y-y_1$ 和 $x-x_1$ 是一奇一偶,所以上面的等式两边也是一奇一偶,等式不能成立.

又设 $D(x',y')$,而 $ABCD$ 为平行四边形,则 AC 的中点为 $\left(\frac{1}{2}(x_1+x_2),\frac{1}{2}(y_1+y_2)\right)$,$BD$ 的中点为 $\left(\frac{1}{2}(x+x'),\frac{1}{2}(y+y')\right)$,两个中点重合,从而

$$x+x'=x_1+x_2,y+y'=y_1+y_2$$

即

$$x'=x_1+x_2-x,y'=y_1+y_2-y$$

显然 x' 和 y' 都是整数,且因为 x_1+x_2 和 y_1+y_2 都是奇数,而 x,y 一奇一偶,所以 x',y' 也是一奇一偶,从而$D(x',y')$是红点.

例 12　设$\triangle ABC$ 的内切圆半径为 1,三边长 $BC=a,CA=b,AB=c$,若 a,b,c 都是整数,求证:$\triangle ABC$ 为直角三角形.

(2007 年中国北方数学奥林匹克竞赛题)

证明 如图3所示，记$\triangle ABC$的内切圆在边BC,CA,AB上的切点为D,E,F，内心为I. 记

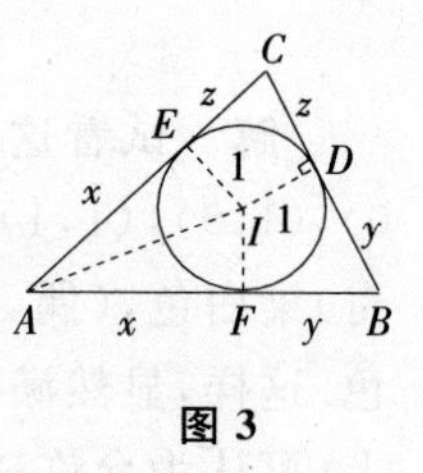

图3

$$AE=AF=x$$
$$BF=BD=y$$
$$CD=CE=z$$

则

$$x=\frac{b+c-a}{2},y=\frac{c+a-b}{2},z=\frac{a+b-c}{2}$$

因为a,b,c都是整数，所以$b+c-a,c+a-b,a+b-c$具有相同的奇偶性.

于是x,y,z或者都是整数，或者是奇数的一半.

下面证明x,y,z均为奇数的一半是不可能的.

因为$r=1$，所以

$$\cot\frac{A}{2}=\frac{x}{1}=x,\cot\frac{B}{2}=y,\cot\frac{C}{2}=z$$

又

$$\cot\frac{C}{2}=\tan\left(\frac{A}{2}+\frac{B}{2}\right)=\frac{\frac{1}{x}+\frac{1}{y}}{1-\frac{1}{xy}}=\frac{x+y}{xy-1}$$

即

$$z=\frac{x+y}{xy-1}$$

若x,y均为奇数的一半，不妨设

$$x=\frac{2m-1}{2},y=\frac{2n-1}{2}\quad(m,n\in\mathbf{N}^*)$$

则

$$z=\frac{4(m+n-1)}{4mn-2m-2n-3}$$

此式分子为偶数，分母为奇数，z 不可能为奇数的一半，所以，x,y,z 均为整数.

不妨设$\angle A\leqslant\angle B\leqslant\angle C$，则

$$\angle C\geqslant 60^\circ, z=\cot\frac{C}{2}\leqslant\sqrt{3}$$

又 $z\in\mathbf{N}^*$，则 $z=1$，即 $z=r=1$.

此时四边形 $IDCE$ 为正方形，所以$\angle C=90^\circ$，即$\triangle ABC$ 为直角三角形.

例 13　证明：不存在三角形，其边长、面积及内角(度数)均是有理数.(第 14 届土耳其数学奥林匹克竞赛题)

证明　假设存在满足条件的三角形，则由余弦定理及面积公式知，该三角形内角的正弦、余弦值均为有理数，取其中最小的一个内角 $\theta\in(0,60^\circ]$.

显然，$\theta\neq 60^\circ$，否则，该三角形为正三角形，其面积与边长不能同为有理数.

设 $\sin\theta=\frac{u}{w},\cos\theta=\frac{v}{w}$($u,v,w$ 为互素的正整数，$w>1$).

若 w 为偶数，则

$$u^2+v^2=w^2\equiv 0(\mathrm{mod}\ 4)$$

但 $u^2+v^2\equiv 1$ 或 $2(\mathrm{mod}\ 4)$，矛盾.

故 w 为奇数.

下面用数学归纳法证明：对任意的正整数 n，存在一个整数 k_n，使得

$$w^n\cos n\theta=2^{n-1}v^n+k_nw^2 \tag{①}$$

(1)当 $n=1$ 时，$k_1=0$.

(2)当 $n=2$ 时

$$w^2\cos 2\theta=w^2(2\cos^2\theta-1)=2v^2-w^2$$

则 $k_2=-1$.

(3)假设小于 n 时结论成立,则

$w^n\cos n\theta=$

$w^n[2\cos\theta\cdot\cos(n-1)\theta-\cos(n-2)\theta]=$

$2v(2^{n-2}v^{n-1}+k_{n-1}w^2)-w^2(2^{n-3}v^{n-2}+k_{n-2}w^2)=$

$2^{n-1}v^n+[2vk_{n-1}-(2^{n-3}v^{n-2}+k_{n-2}w^2)]w^2$

则

$$k_n=2vk_{n-1}-(2^{n-3}v^{n-2}+k_{n-2}w^2)$$

又易知,存在 $n_0\in\mathbf{N}$,使得

$$\cos n_0\theta=1$$

代入式①得

$$w^{n_0}=2^{n_0-1}v^{n_0}+k_{n_0}w^2$$

但$(w,2v)=1$,且 $w>1$,矛盾.

例 14 证明:若一个矩形的边长为奇数,则其内部不含这样的点,它到四个顶点的距离都是整数.

(1973 年前南斯拉夫数学奥林匹克竞赛题)

证明 用 x_1 和 x_2 表示矩形内某一点 P 到两条对边的距离,用 y_1 和 y_2 表示 P 到另一组对边的距离.

则由已知条件,矩形的边长

$$A=x_1+x_2,B=y_1+y_2$$

都是奇数.

假设点 P 到四个顶点的距离 $a_{11},a_{12},a_{21},a_{22}$ 都是整数,且

$$x_i^2+y_j^2=a_{ij}^2\quad(i=1,2;\ j=1,2)$$

记 $u_i=x_iA\cdot B,v_j=y_jA\cdot B$,则

$$u_1-u_2=(x_1-x_2)A\cdot B=(x_1^2-x_2^2)B=$$

$$[(x_1^2+y_1^2)-(x_2^2+y_1^2)]B=$$

$$(a_{11}^2-a_{21}^2)B=C$$

$$u_1+u_2=(x_1+x_2)A\cdot B=A^2\cdot B=D$$

同理

$$v_1-v_2=(a_{11}^2-a_{12}^2)A=E$$

$$v_1+v_2=(y_1+y_2)A\cdot B=A\cdot B^2=F$$

$$u_i^2+v_j^2=(x_i^2+y_j^2)A^2\cdot B^2=a_{ij}^2A^2B^2=b_{ij}^2$$

这里 C,E 与 b_{ij} 都是整数,D 与 F 是奇数.

若 u_i,v_j 都是整数.

由于 u_1+u_2 为奇数,故 u_1,u_2 有一个为奇数,同理,v_1,v_2 有一个为奇数.设 u 和 v 表示这两个奇数,$b^2=u^2+v^2$.

对奇数 u,v 有

$$u^2\equiv 1 \pmod 4$$

$$v^2\equiv 1 \pmod 4$$

则

$$b^2\equiv 2 \pmod 4$$

但是不可能有整数的平方对模 4 余 2.

因此,u_i,v_j 不全是整数.于是

$$U_i=2u_i=D\pm C,V_j=2v_j=F\pm E$$

至少有一个是奇数.不妨设这个奇数为 U_1,则由

$$u_1^2+v_1^2=b_{11}^2$$

可得

$$U_1^2+V_1^2=4b_{11}^2$$

但是这是不可能的,因为

$$U_1^2\equiv 1 \pmod 4,4b_{11}^2\equiv 0 \pmod 4$$

而

$$V_1^2\not\equiv 3 \pmod 4$$

因此这样的点不存在.

例 15 如图 4 所示,已知圆 $x^2+y^2=r^2$(r 为奇数),交 x 轴于 $A(r,0)$,$B(-r,0)$,交 y 轴于 $E(O,-r)$,

$D(O,r)$. 设 $P(u,v)$ 是圆周上一点, $u=p^m$, $v=q^n$ (p,q 都是素数, m,n 都是自然数), 且 $u>v$, 点 P 在 x 轴和 y 轴上的射影分别是 M,N. 求证: $|AM|$, $|BM|$, $|CN|$, $|DN|$ 分别是 1,9,8,2.

(1982 年全国高中数学联赛题)

证明 因为 $u^2+v^2=r^2$ 且 r 为奇数, 所以 u,v 必是一奇一偶.

图 4

(1) 设 u 为偶数, v 为奇数. 由 $u=p^m$, $v=q^n$ (p,q 为素数), 得 $p=2$, q 为奇素数. 由

$(r+u)(r-u)=r^2-u^2=v^2=q^{2n}$

知 $r+u=q^\alpha$, $r-u=q^\beta$, 其中 $\alpha>\beta$, $\alpha+\beta=2n$, 于是

$$2u=q^\alpha-q^\beta=q^\beta(q^{\alpha-\beta}-1)$$

因为 $2u=2^{m+1}$, q 为奇素数, 故 $\beta=0$, 所以

$$r=u+q^0=2^m+1$$

$$q^{2n}=r^2-u^2=2^{m+1}+1$$

故

$$(q^n+1)(q^n-1)=2^{m+1}$$

因此

$$q^n+1=2^\delta, q^n-1=2^\varphi$$

其中 $\delta>\varphi$, $\delta+\varphi=m+1$. 以上两式相减得

$$2=2^\varphi(2^{\delta-\varphi}-1)$$

所以

$$\varphi=1, \delta=\varphi+1=2$$

而

$$m=\delta+\varphi-1=2$$

于是知

$$q^{2n}=2^3+1=9=3^2, q=3, n=1$$

综上讨论，知

$$u=2^m=4, v=q^n=3, r=\sqrt{u^2+v^2}=5$$

这就证得

$$|AM|=5-u=1, |BM|=5+u=9$$
$$|CN|=5+v=8, |DN|=5-v=2$$

(2)若 v 为偶数，u 为奇数，由(1)的讨论可知 $v=4, u=3$. 由题设 $u>v$，故舍去.

评注　对于熟悉勾股数公式的读者，本题的讨论可以大为简化. 仍设 u 是偶数，在得到 $p=2, q$ 为奇素数后，由 u, v 互素，利用勾股数公式，有

$$u=2ab, v=a^2-b^2, r=a^2+b^2 \quad (a>b, a, b \text{ 互素})$$

再由 $2ab=2^m$，得 $b=1, a=\frac{1}{2}u$，由 $v=a^2-b^2$ 得

$$q^n=\left(\frac{1}{2}u\right)^2-1=\left(\frac{1}{2}u+1\right)\left(\frac{1}{2}u-1\right)$$

从而 $\frac{1}{2}u-1=1$（否则 $\frac{1}{2}u-1$ 及 $\frac{1}{2}u+1$ 都是 q 的倍数，得 u 是 q 的倍数，与 u, v 互素相矛盾）.

因此 $u=4, v=3, r=5$.

例 16　一个凸 n 边形的任意相邻内角的差都是 $18°$，试求 n 的最大值.

解　分三步完成：

(1)证明 n 为偶数. 记凸 n 边形为 $A_1A_2\cdots A_n$，则

$$A_2=A_1\pm 18° \quad (\text{其中“+”“-”号取其一})$$
$$A_3=A_2\pm 18°=A_1\pm 18°\pm 18° \quad (\text{同前取“+”“-”号})$$
$$\vdots$$
$$A_k=A_1\pm\underbrace{18°\pm 18°\pm\cdots\pm 18°}_{\text{共}k-1\text{个}}=A_1+p_k\cdot 18°-q_k\cdot 18° \qquad ①$$

其中 p_k 为"+"号的个数，q_k 为"-"号的个数.

故 $p_k+q_k=k-1$.

在式①中令 $k=n+1$，即知

$$\begin{aligned}A_{n+1}=&A_1+p_{n+1}\cdot 18^\circ-q_{n+1}\cdot 18^\circ=\\&A_1+p_{n+1}\cdot 18^\circ-(n+1-1-p_{n+1})\cdot 18^\circ=\\&A_1\end{aligned}$$

实际上顶点 A_{n+1} 即为点 A_1.

由此得 $p_{n+1}=n-p_{n+1}$，即 $n=2p_{n+1}$，得证 n 为偶数.

(2)证明 $n<40$.

设 n 个内角中最大的为 x，则所有内角中至少还应包括另一角 $x-18^\circ$，且知所有内角中任意相邻的两角互不相同，且其和不超过 $x+x-18^\circ$，即平均值不超过 $\frac{x+x-18^\circ}{2}$，故有

$$(n-2)\cdot 180^\circ=A_1+A_2+A_3+\cdots+A_n\leqslant n\cdot\frac{x+x-18^\circ}{2}$$

即

$$nx\geqslant(n-2)\cdot 180^\circ+n\cdot 9^\circ$$

由于 $x<180^\circ$，有

$$n\cdot 180^\circ>nx\geqslant(n-2)\cdot 180^\circ+n\cdot 9^\circ$$

则 $n<40$.

综合(1)与(2)知 $n\leqslant 38$.

(3)证明 $n=38$ 能取到.

当 $n=38$ 时，不妨设该凸 38 边形内角中仅有两个值 x 和 $x-18^\circ$，则它们相间出现，各为一半，有

$$19(x+x-18^\circ)=(38-2)\times 180^\circ$$

解得

$$x=\frac{379}{380}\times 180°<180°$$

而 $x-18°>0$,知存在满足条件的凸 38 边形.

综上可知,所求 n 的最大值为 38.

例 17　在平面直角坐标系中给定一个 100 边形 P,满足:

(1)P 的顶点坐标都是整数;

(2)P 的边都与坐标轴平行;

(3)P 的边长都是奇数.

求证:P 的面积是奇数.

(1987 年中国国家队选拔赛题)

证明　先给出一个引理.

引理　给定复平面上一 n 边形 P,其顶点坐标(复数)分别为 $z_1,z_2,\cdots,z_n$,则 P 的有向面积为

$$S=\frac{1}{2}\mathrm{Im}(z_1\overline{z_2}+z_2\overline{z_3}+\cdots+z_{n-1}\overline{z_n}+z_n\overline{z_1})$$

其中 $\mathrm{Im}(z)$表示复数 z 的虚部.

此引理可利用当 $n=3$ 时的结论,用归纳法加以证明.略.

下面证明原命题.

设 P 的顶点坐标为 $z_j=x_j+\mathrm{i}y_j$,$j=1,2,\cdots,100$.

由题设知 x_j,y_j 都是整数,且可设

$$\begin{cases}x_{2j}=x_{2j-1}\\ y_{2j}=y_{2j-1}+\text{奇数}\end{cases}$$

$$\begin{cases}x_{2j+1}=x_{2j}+\text{奇数}\\ y_{2j+1}=y_{2j}\end{cases}$$

这里 $1\leqslant j\leqslant 50$,$x_{101}=x_1$,$y_{101}=y_1$.

由引理,P 的有向面积为

$$S=\frac{1}{2}\mathrm{Im}\sum_{j=1}^{100}z_j\,\bar{z}_{j+1}=$$

$$\frac{1}{2}\mathrm{Im}\sum_{j=1}^{100}(x_j+\mathrm{i}y_j)(x_{j+1}-\mathrm{i}y_{j+1})=$$

$$\frac{1}{2}\mathrm{Im}\sum_{j=1}^{100}[(x_jx_{j+1}+y_jy_{j+1})+$$

$$\mathrm{i}(x_{j+1}y_j-x_jy_{j+1})]=$$

$$\frac{1}{2}\sum_{j=1}^{100}(x_{j+1}y_j-x_jy_{j+1})=$$

$$\frac{1}{2}\sum_{j=1}^{50}(x_{2j+1}y_{2j}-x_{2j}y_{2j+1})+$$

$$\frac{1}{2}\sum_{j=1}^{50}(x_{2j}y_{2j-1}-x_{2j-1}y_{2j})=$$

$$\frac{1}{2}\sum_{j=1}^{50}(x_{2j+1}y_{2j}-x_{2j-1}y_{2j})+$$

$$\frac{1}{2}\sum_{j=1}^{50}(x_{2j-1}y_{2j-2}-x_{2j-1}y_{2j})=$$

$$\frac{1}{2}\sum_{j=1}^{50}(x_{2j+1}y_{2j}-x_{2j-1}y_{2j})+$$

$$\frac{1}{2}\sum_{j=1}^{50}x_{2j+1}y_{2j}-\frac{1}{2}\sum_{j=1}^{50}x_{2j-1}y_{2j}=$$

$$\sum_{j=1}^{50}(x_{2j+1}y_{2j}-x_{2j-1}y_{2j})=$$

$$\sum_{j=1}^{50}(x_{2j+1}-x_{2j-1})y_{2j}\equiv$$

$$\sum_{j=1}^{50}y_{2j}\ (\mathrm{mod}\ 2)\equiv$$

$$\sum_{j=1}^{25}(y_{4j}-y_{4j-2})\ (\mathrm{mod}\ 2)\equiv$$

$$\sum_{j=1}^{25} 1 \pmod 2 \equiv$$
$$1 \pmod 2$$

即 P 的面积是奇数.

例 18　设数轴上 0,1,2,3,4 五点分别为 O,A,B,C,D,一质点在点 O,每次向左或向右跳一个长度单位,且此质点就在这五个点之间跳来跳去.问跳 m 次至 O,A,B,C,D 的跳法各有多少种?

解　设质点自点 O 开始跳 m 次至 O,A,B,C,D 的跳法各有 $f_1(m),f_2(m),f_3(m),f_4(m),f_5(m)$ 种.

当 $m=1$ 时,质点自点 O 必跳至点 A,有

$$f_2(1)=1,f_1(1)=f_3(1)=f_4(1)=f_5(1)=0$$

当 $m=2$ 时,质点从点 A 再跳 1 次,至 O 或 B,于是,有

$$f_1(2)=f_3(2)=1,f_2(2)=f_4(2)=f_5(2)=0$$

当 $m=3$ 时,有

$$f_2(3)=2,f_4(3)=1,f_1(3)=f_3(3)=f_5(3)=0$$

当 $m=4$ 时,有

$$f_1(4)=2,f_3(4)=3,f_5(4)=1,f_2(4)=f_4(4)=0$$

当 $m=5$ 时,有

$$f_2(5)=5,f_4(5)=4,f_1(5)=f_3(5)=f_5(5)=0$$

当 $m=6$ 时,有

$$f_1(6)=5,f_3(6)=9,f_5(6)=4,f_2(6)=f_4(6)=0$$

当 $m=7$ 时,有

$$f_2(7)=14,f_4(7)=13,f_1(7)=f_3(7)=f_5(7)=0$$

猜想:

当 m 为奇数时,有

$$f_1(m)=f_3(m)=f_5(m)=0$$

$$f_2(m)=1+\sum_{i=0}^{\frac{m-3}{2}}3^i,f_4(m)=\sum_{i=0}^{\frac{m-3}{2}}3^i$$

当 m 为偶数时，有

$$f_2(m)=f_4(m)=0,f_1(m)=1+\sum_{i=0}^{\frac{m-4}{2}}3^i$$

$$f_3(m)=3^{\frac{m-2}{2}},f_5(m)=\sum_{i=0}^{\frac{m-4}{2}}3^i$$

下面用数学归纳法证明猜想为真.

当 $m=1,2,3,4,5,6,7$ 时，已证猜想为真.

假设当 $m=k$ 时猜想为真.

分 k 为奇数、偶数两种情形考虑.

设 k 为奇数时，质点跳 k 次必在 A,C 两点，质点再跳第 $k+1$ 次时，在点 A 可跳至 O 或 B 两点，在点 C 可跳至 B 或 D 两点. 于是

$$f_1(k+1)=f_2(k)=1+\sum_{i=0}^{\frac{k-3}{2}}3^i=1+\sum_{i=0}^{\frac{(k+1)-4}{2}}3^i$$

$$f_3(k+1)=f_2(k)+f_4(k)=$$

$$(1+\sum_{i=0}^{\frac{k-3}{2}}3^i)+\sum_{i=0}^{\frac{k-3}{2}}3^i=1+2\sum_{i=0}^{\frac{k-3}{2}}3^i=$$

$$1+2\times\frac{1-3^{\frac{k-1}{2}}}{1-3}=3^{\frac{k-1}{2}}=3^{\frac{(k+1)-2}{2}}$$

$$f_5(k+1)=f_4(k)=\sum_{i=0}^{\frac{k-3}{2}}3^i=\sum_{i=0}^{\frac{(k+1)-4}{2}}3^i$$

显然

$$f_2(k+1)=f_4(k+1)=0$$

所以，当 k 为奇数，$m=k+1$ 时，猜想为真.

设 k 为偶数时，质点跳 k 次必在 O,B,D 三点，质点

再跳第 $k+1$ 次时，在点 O 必跳至点 A，在点 B 必跳至点 A 或点 C，在点 D 只能跳至点 C. 于是

$$f_2(k+1)=f_1(k)+f_3(k)=$$

$$\left(1+\sum_{i=0}^{\frac{k-4}{2}}3^i\right)+3^{\frac{k-2}{2}}=1+\sum_{i=0}^{\frac{(k+1)-3}{2}}3^i$$

$$f_4(k+1)=f_3(k)+f_5(k)=$$

$$3^{\frac{k-2}{2}}+\sum_{i=0}^{\frac{k-4}{2}}3^i=\sum_{i=0}^{\frac{(k+1)-3}{2}}3^i$$

显然

$$f_1(k+1)=f_3(k+1)=f_5(k+1)=0$$

所以，当 k 为偶数，$m=k+1$ 时，猜想为真.

因此，当 m 取任何正整数时，猜想均为真.

例 19　试确定所有满足如下条件的正整数 n：在直角坐标平面内存在每条边长都是奇数且任意两条边长不相等的格点凸 n 边形（格点凸 n 边形是指每个顶点都是整点的凸 n 边形）.

（2008 年中国国家集训队测试题）

解　首先证明，当 n 为奇数时，不存在满足条件的 n 边形.

用反证法. 假设存在格点凸 n 边形 $A_1A_2\cdots A_n$ 满足条件，且 n 为奇数.

令 $A_t(x_t,y_t)$，$x_t,y_t\in\mathbf{Z}$，$t=1,2,\cdots,n,n+1$（$A_{n+1}=A_1$），$|A_tA_{t+1}|=2l_t-1$，$l_t\in\mathbf{N}^*$，$t=1,2,\cdots,n$，则

$$1\equiv(2l_t-1)^2=|A_tA_{t+1}|^2=$$

$$(x_{t+1}-x_t)^2+(y_{t+1}-y_t)^2\equiv$$

$$x_{t+1}-x_t+y_{t+1}-y_t \pmod 2$$

故

$$1\equiv n\equiv\sum_{t=1}^{n}(x_{t+1}-x_t+y_{t+1}-y_t)=0(\bmod 2)$$

矛盾!

故 n 只可能是偶数,且 n 当然不小于 4.

下面对每个不小于 4 的偶数 n 构造出满足条件的凸 n 边形.

当 $n\geqslant 6$ 时,对 $t=1,2,\cdots,n-3$,取

$$x_t=4(1+2+\cdots+t),y_t=4(1^2+2^2+\cdots+t^2)-t$$

对 $t=n-2,n-1,n$ 分别取

$$x_{n-2}=x_{n-1}=-4(1^2+2^2+\cdots+(n-3)^2)+n-5,x_n=0$$

及

$$y_{n-2}=4(1^2+2^2+\cdots+(n-3)^2)-n+3,y_{n-1}=y_n=0$$

则

$$|A_nA_1|=\sqrt{x_1^2+y_1^2}=5$$

$$|A_{t-1}A_t|=\sqrt{(4t)^2+(4t^2-1)^2}=4t^2+1$$

$$(t=2,3,\cdots,n-3)$$

$$|A_{n-3}A_{n-2}|=x_{n-3}-x_{n-2}=$$
$$4(1+2+\cdots+(n-3))+$$
$$4(1^2+2^2+\cdots+(n-3)^2)-n+5$$

$$|A_{n-2}A_{n-1}|=y_{n-2}=4(1^2+2^2+\cdots+(n-3)^2)-n+3$$

$$|A_{n-1}A_n|=-x_{n-1}=4(1^2+2^2+\cdots+(n-3)^2)-n+5$$

考虑到 n 为偶数,于是所有边长都是奇数.另外,考虑到

$$4(1^2+2^2+\cdots+(n-3)^2)-n+3-(4(n-3)^2+1)=$$
$$4(1^2+2^2+\cdots+(n-4)^2)-n+2>4(n-4)-n+2=$$
$$3n-14>0$$

故

$$|A_{n-3}A_{n-2}|>|A_{n-1}A_n|>|A_{n-2}A_{n-1}|>|A_{n-4}A_{n-3}|>$$

$$|A_{n-5}A_{n-4}|>\cdots>|A_2A_1|>|A_1|A_n|$$

即所有边长都不相等.

最后证明此构造下的多边形为凸多边形.

因为

$$y_{n-2}=y_{n-3},x_{n-1}=x_{n-2},y_n=y_{n-1}$$

$$x_{n-3}>x_{n-2},x_{n-1}<x_n$$

所以$\angle A_{n-3}A_{n-2}A_{n-1}$与$\angle A_{n-2}A_{n-1}A_n$为同旁内角，且均为直角.

又记k_{MN}为直线MN的斜率，则

$$k_{A_{n-3}A_{n-2}}=k_{A_{n-1}A_n}=0$$

以下只需说明

$$k_{A_{n-4}A_{n-3}}>k_{A_{n-5}A_{n-4}}>\cdots>k_{A_1A_2}>k_{A_nA_1}>0$$

即可保证$A_1A_2\cdots A_n$为凸n边形.

事实上，记$A_0=A_n$，则对$t=1,2,\cdots,n-3$，有

$$0<k_{A_{t-1}A_t}=\frac{4t^2-1}{4t}=t-\frac{1}{4t}<t+1-\frac{1}{4(t+1)}=k_{A_tA_{t+1}}$$

故上述图形满足所有条件.

当$n=4$时，取

$$A_1(7,0),A_2(11,3),A_3(0,3),A_4(0,0)$$

则

$$|A_1A_2|=5,|A_2A_3|=11,|A_3A_4|=3,|A_4A_1|=7$$

为互不相同的奇数，且$A_1A_2A_3A_4$为凸四边形.

综上所述，所求的n为一切不小于 4 的偶数.

例 20　若一个三角形的边长与面积都是整数，则称为“海伦三角形”；三边长互素的海伦三角形，称为“本原海伦三角形”；边长都不是 3 的倍数的本原海伦三角形，称为“奇异三角形”.

(1)求奇异三角形的最小边长的最小值；

(2)求证:等腰的奇异三角形有无数个;

(3)问:非等腰的奇异三角形有多少个?

解 (1)设 $a,b,c(a\leqslant b\leqslant c)$ 是一个奇异三角形的三边长,则由海伦公式知

$$16\Delta^2=(a+b+c)(a+b-c)(a-b+c)(-a+b+c) \quad ①$$

因为 $(a,b,c)=1$,所以,a,b,c 中至少有一个为奇数.若 a,b,c 中有奇数个奇数,则 $a+b+c,a+b-c,a-b+c,-a+b+c$ 都是奇数,与式①矛盾.

因此,a,b,c 中恰有两个为奇数.

若 $a=1$,由 $c<a+b=1+b$,知 $c\leqslant b$.

因为 $c\geqslant b$,所以,$b=c$.

此时,a,b,c 中有奇数个奇数,矛盾.

若 $a=2$,由 $c<a+b=2+b$,知 $c\leqslant b+1$.

因为 $c\geqslant b$,所以,$c=b$ 或 $c=b+1$.

当 $c=b$ 时

$$p=\frac{1}{2}(a+b+c)=b+1$$

$$\Delta^2=(b+1)(b-1)\times1\times1=b^2-1$$

因此,$1=(b+\Delta)(b-\Delta)$.

但 $b+\Delta>1$,矛盾.

当 $c=b+1$ 时,b,c 一奇一偶.

故 a,b,c 中恰有一个奇数,矛盾.

若 $a=4$,则 b,c 都是奇数.

由 $c<a+b=4+b$,知 $c\leqslant b+3$.

又 $c\geqslant b$,于是,$c=b$ 或 $c=b+2$.

当 $c=b$ 时

$$p=\frac{1}{2}(a+b+c)=b+2$$

$$\Delta^2=(b+2)(b-2)\times2\times2=4(b^2-4)$$

所以,Δ 为偶数.

令 $\Delta=2\Delta_1$,则

$$\Delta_1^2=b^2-4,4=(b+\Delta_1)(b-\Delta_1)$$

但 $b+\Delta_1>b-\Delta_1$,于是,$b+\Delta_1=4$,$b-\Delta_1=1$,故 $2b=5$,矛盾.

当 $c=b+2$ 时

$$p=\frac{1}{2}(a+b+c)=b+3$$

$$\Delta^2=(b+3)(b-1)\times3\times1$$

所以,$3|\Delta$. 令 $\Delta=3\Delta_1$,则

$$3\Delta_1^2=(b+3)(b-1)$$

若 $3|(b+3)$,则 $3|b$,与奇异三角形矛盾. 若 $3|(b-1)$,则 $3|(b+2)=c$,也与奇异三角形矛盾.

综上所述,$a\geqslant5$.

又(5,5,8)是奇异三角形,故奇异三角形的最小边长的最小值为 5.

(2)若 $m,n\in\mathbf{N}^*$,$m>n$,$3|mn$,$(m,n)=1$,m,n 一奇一偶,则 $(m^2+n^2,m^2+n^2,2m^2-2n^2)$ 是奇异三角形.

事实上,$\Delta=2mn(m^2-n^2)$为整数.

其次,因为 m,n 一奇一偶,所以

$$(m^2+n^2,2)=1$$

故

$$(m^2+n^2,2m^2-2n^2)=(m^2+n^2,m^2-n^2)=$$
$$(m^2+n^2,m^2)=(m^2,n^2)=1$$

最后,因为 $3|mn$,且 $(m,n)=1$,所以 m,n 中恰有一个是 3 的倍数,所以,m^2+n^2,$2m^2-2n^2$ 都不是 3 的倍数.

特别的,取 $m=6k+1,n=6$,则

$$(36k^2+12k+37,36k^2+12k+37,72k^2+24k-70)$$

是奇异三角形.

类似知,若 $m,n\in\mathbf{N}^*,m>n,3|(m^2-n^2),(m,n)=1$,$m,n$ 一奇一偶,则 $(m^2+n^2,m^2+n^2,4mn)$ 是奇异三角形.

特别的,取 $m=6k+1,n=2$,则

$$(36k^2+12k+5,36k^2+12k+5,48k+8)$$

是奇异三角形.

(3)非等腰的奇异三角形亦有无数个.

取 $t\equiv 5(\bmod 30)$,令

$$a=5t^2,b=\frac{1}{4}(25t^4-6t^2+1)$$

$$c=\frac{1}{4}(25t^4+6t^2+1)$$

因为 t 为奇数,所以,a,b,c 为整数,且显然有 $a<b<c$.

又因为 t 不是 3 的倍数,所以,a,b,c 都不是 3 的倍数.

最后,由于 $5|t$,于是,b,c 都不是 5 的倍数,进而,由 $(t^2,25t^4\pm 6t^2+1)=1$,知

$$(a,b,c)=1$$

经计算可得 $\Delta=\frac{1}{2}t^2(25t^4-1)$ 为整数.

所以,(a,b,c) 是非等腰奇异三角形.

习　题　六

1. 以 $2\,009^{12}$ 为一条直角边，且三条边都是整数的不同的直角三角形(全等三角形视为同一个三角形)有____个.　　(2009 年青少年数学国际城市邀请赛题)

2. 三边都是整数的直角三角形叫作勾股三角形. 有一条边长为 12 的勾股三角形有____个.

3. 把 n 个大小均不相同的正方形互不重叠地拼在一起，所得的图形的面积恰为 2 006，则 n 的最小值为____.

4. 如图 5，已知正$\triangle ABC$ 内接于圆 O，$AB=86$. 若点 E 在边 AB 上，过 E 作 $DG \parallel BC$ 交圆 O 于点 D，G，交 AC 于点 F，并设 $AE=x$，$DE=y$. 若 x，y 都是正整数，则 $y=$____.

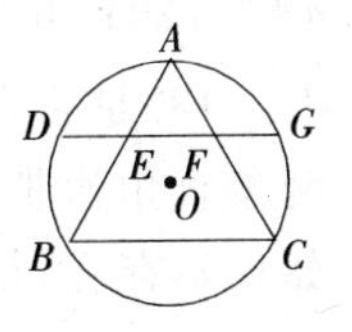

图 5

5. 是否存在一个直角三角形，每条边的长度都是整数，且两条直角边的长度都是素数?

(2004 年斯洛文尼亚数学奥林匹克初赛题)

6. 是否存在这样的直角三角形，其斜边长为 $\sqrt{2\,006}$，两条直角边长均为整数.

(2007 年克罗地亚数学竞赛题)

7. 一直角三角形的三边长及面积均为整数，证明：其内接圆半径为整数.

(2010 年匈牙利数学奥林匹克(十年级)竞赛题)

8. 求证：勾股三角形(即边长为整数的直角三角形)的两条直角边长不可能是两个差为 2 的素数.

9. 设 n 为大于 2 的整数，求证：可以找到一个整数边长的直角三角形,它的一条边长等于 n.

10.已知一个凸多边形有偶数条边,证明:可以给每条边定义一个方向,使得对于每个顶点,指向该顶点的边数为偶数. (2003 年德国数学竞赛题)

11.平面上的任意 5 个格点,若任何 3 点都不在同一条直线上,求证:以其中 3 点为顶点的所有三角形中,至少有一个面积为整数.

12.在一个凸 n 边形内,任意给出有限个点,在这些点之间以及这些点与凸 n 边形的顶点之间,用线段联结起来,要使这些线段互不相交,而且把原凸 n 边形分为只有三角形的小块.求证:这种小三角形的个数与 n 的奇偶性相同.

13.是否存在这样的三角形:其斜边长为 $\sqrt{2\,009}$,两条直角边长为整数?如果存在,求出两条直角边长;如果不存在,请说明理由.

14.黑板上有一个凸 2 011 边形,别佳逐条依次画上它的对角线.已知所画的每条对角线与前面已画上的对角线中的至多一条交于内点,问:别佳至多画多少条对角线? (2011 年俄罗斯数学奥林匹克竞赛题)

15.设点 O 在凸 1 000 边形 $A_1A_2\cdots A_{1\,000}$ 内部,用整数 $1,2,\cdots,1\,000$ 把 1 000 边形的各边任意编号,用同样的整数把线段 $OA_1,OA_1,\cdots,OA_{1\,000}$ 任意编号.问能否找到这样一种编号法,使 $\triangle A_1OA_2,\triangle A_2OA_3,\cdots,\triangle A_{1\,000}OA_1$ 各边上的号码和相等?

16.一块楼梯型的砖是由 12 个单位正方体所组成的,宽为 2,且有 3 层台阶(图 6).求所有的正整数 n,使得用若干块砖能拼成棱长为 n

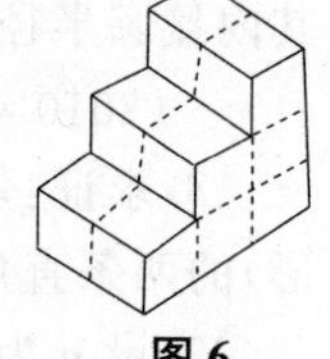

图 6

的正方体.　　　　　　　　　　（2000 年 IMO 预选题）

17.(1)计算凸九边形所有对角线条数，及以凸九边形顶点为顶点的所有三角形的个数.

(2)在凸九边形每个顶点处任意写一个自然数. 以这个九边形顶点为顶点的三角形中，若三个顶点所标三数之和为奇数，则称该三角形为奇三角形；三数之和为偶数，则称为偶三角形. 试证：奇三角形的个数必为偶数.

18.在网球循环赛中，有 n 个选手参加双打赛(2 对 2)，要使每位选手都能与其余的选手作为自己的对手，恰好在比赛中相遇一次. 问：当 n 取什么数时这样的循环赛才是可能的?　　　（1993 年全俄数学奥林匹克竞赛题）

19.给定 $n(n\geqslant 3)$ 个点 $P_1, P_2, \cdots, P_n$，其中，任意三点不共线. 考虑这 n 个点按顺序围成的闭圈 $P_1P_2\cdots P_nP_1$，P_iP_{i+1} 记为一个节，$P_{n+1}=P_1$. 令 $A(n)$ 表示闭圈中不相连的节相交所生成的交点数的最大值. 证明：

(1)当 n 是奇数时，$A(n)=\dfrac{n(n-3)}{2}$；

(2)当 n 是偶数时，$A(n)=\dfrac{n(n-4)}{2}+1$.

（2005 年德国数学竞赛题）

20.已知 $n\geqslant 2$ 为固定的整数，定义任意整数坐标点 (i,j) 关于 n 的余数是 $i+j$ 关于 n 的余数. 找出所有正整数数组 (a,b)，使得以 $(0,0)$，$(a,0)$，(a,b)，$(0,b)$ 为顶点的长方形具有如下性质：

(1)长方形内整数点以 $0,1,2,\cdots,n-1$ 为余数出现的次数相同；

(2)长方形边界上整数点以 $0,1,2,\cdots,n-1$ 为余数出现的次数相同.

§7 解与函数、数列有关的问题

例 1 设 a,b 是正奇数,序列 f_n 定义如下:$f_1=a$,$f_2=b$,对 $n\geqslant 3$,f_n 是 $f_{n-1}+f_{n-2}$ 的最大奇约数.证明:当 n 充分大时 f_n 为常数,并确定此常数之值(用关于 a,b 的函数表示).(1993 年美国数学奥林匹克竞赛题)

证明 因为 f_{n-1},f_{n-2} 都是奇数,所以 $f_{n-1}+f_{n-2}$ 是偶数,从而它的最大的奇约数

$$f_n\leqslant\frac{f_{n-1}+f_{n-2}}{2}\quad(n\geqslant 3)$$

所以 $f_n\leqslant\max\{f_{n-1},f_{n-2}\}$,当且仅当 $f_{n-1}=f_{n-2}$ 时等号成立.

对 $k\geqslant 1$,令 $C_k=\max\{f_{2k},f_{2k-1}\}$,则

$$f_{2k+1}\leqslant\max\{f_{2k},f_{2k-1}\}=C_k$$

且

$$f_{2k+2}\leqslant\max\{f_{2k+1},f_{2k}\}\leqslant\max\{C_{k+1},C_k\}=C_k$$

于是,$C_{k+1}\leqslant C_k$ 当且仅当 $f_{2k}=f_{2k-1}$ 时等号成立.

因为 $\{C_n\}$ 是不增的正整数序列,所以它最终是一个常数,$\{f_n\}$ 同样如此.

当 n 充分大时,f_n 等于常数 C,所以

$$(a,b)=(a,b,f_3)=(a+b,b,f_3)=(b,f_3)=\cdots=(f_{n-1},f_n)=f_{n+1}=C$$

例 2 已知正整数 d,定义数列

$$a_0=1,a_{n+1}=\begin{cases}\dfrac{a_n}{2},a_n\text{ 为偶数}\\ a_n+d,a_n\text{ 为奇数}\end{cases}$$

求所有满足条件的整数 d,使得存在 $n>0$,$a_n=1$.

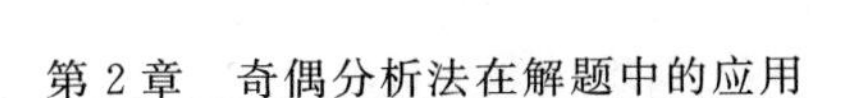

(2011年克罗地亚国家队选拔考试题)

解　注意到对于偶数 d 的数列是 $a_n=1+nd$ 型的，满足数列中的所有项均为奇数且数列是单调递增的.

设 d 是任一奇数，由数学归纳法知，若 a_n 是奇数，则 $a_n<d$；若 a_n 是偶数，则 $a_n<2d$.

可见，数列是有限的.

于是，数列是一个周期数列.

设 $r(r>0)$ 是最小的下标，满足对于某些 $s\neq r$ 有 $a_r=a_s$.

若 $a_r\leqslant d$，则 $a_r(a_s)$ 是它的前一项除以2，即

$$a_r=\frac{a_{r-1}}{2},a_s=\frac{a_{s-1}}{2}$$

故 $a_{r-1}=a_{s-1}$，这与 r 是最小值矛盾.

若 $a_r>d$，由 $a_n\leqslant 2d$，得 a_r,a_s 是数列的前一项加 d，则 $a_{r-1}=a_{s-1}$，这也与 r 是最小值矛盾.

因此，对于某些 $s>0$ 和每一个奇数 d，有 $r=0$ 和 $a_s=a_0=1$.

例3　整数列 $\{a_n\}(n\in\mathbf{N})$ 满足：$a_1=2,a_2=7$，且有 $-\frac{1}{2}<a_{n+1}-\frac{a_n^2}{a_{n-1}}\leqslant\frac{1}{2}$. 求证：当 $n\geqslant 2$ 时，a_n 为奇数.　　(1999年河南省高中数学竞赛题)

证明　当 $n=2$ 时，$-\frac{1}{2}<a_3-\frac{49}{2}\leqslant\frac{1}{2}$，有

$$24<a_3\leqslant 25$$

因为 a_n 为整数，所以

$$a_3=25=3a_2+2a_1$$

故猜想

$$a_{n+1}=3a_n+2a_{n-1}$$

当 $n=2$ 时,结论显然成立.

假设当 $n=k$ 时,结论成立,即

$$a_{k+1}=3a_k+2a_{k-1}$$

则当 $n=k+1$ 时,由 $\left|a_{k+2}-\frac{a_{k+1}^2}{a_k}\right|\leqslant\frac{1}{2}$,只需证明

$$\left|3a_{k+1}+2a_k-\frac{a_{k+1}^2}{a_k}\right|\leqslant\frac{1}{2}$$

$$\left|3a_{k+1}+2a_k-\frac{a_{k+1}^2}{a_k}\right|=$$

$$\left|3(3a_k+2a_{k-1})+2a_k-\frac{(3a_k+2a_{k-1})^2}{a_k}\right|=$$

$$\left|\frac{11a_k^2+6a_ka_{k-1}-9a_k^2-12a_ka_{k-1}-4a_{k-1}^2}{a_k}\right|=$$

$$\left|\frac{2(a_k^2-3a_ka_{k-1}-2a_{k-1}^2)}{a_k}\right|=$$

$$\left|\frac{2a_{k-1}}{a_k}\cdot\frac{a_k^2-3a_ka_{k-1}-2a_{k-1}^2}{a_{k-1}}\right|=$$

$$\left|\frac{2a_{k-1}}{a_k}\right|\cdot\left|\frac{a_k^2}{a_{k-1}}-(3a_k+2a_{k-1})\right|=$$

$$\left|\frac{2a_{k-1}}{a_k}\right|\cdot\left|\frac{a_k^2}{a_{k-1}}-a_{k+1}\right|\leqslant\frac{1}{2}$$

因为 $2a_{k-1}<a_k=3a_{k-1}+2a_{k-2}$,结论也成立.

故当 $n\geqslant2$ 时,有

$$a_{n+1}=3a_n+2a_{n-1}$$

又 a_2 为奇数,$a_3=3a_2+2a_1$ 是奇加偶,仍为奇数,而 $a_{n+1}=3a_n+2a_{n-1}$ 是奇加偶,故为奇数.故当$\geqslant2$ 时,a_n 为奇数.

例 4 对于任意正整数 k,试求最小正整数 $f(k)$,使得存在 5 个集合 $S_1,S_2,\cdots,S_5$,满足:

(1)$|S_i|=k$;

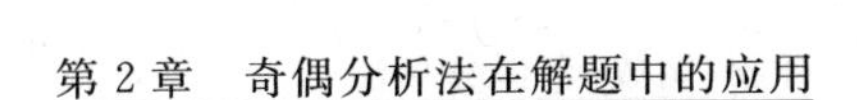

(2)$S_i \cap S_{i+1}=\varnothing(S_6=S_1)$；

(3)$|\bigcup_{i=1}^{5} S_i|=f(k)$，其中$|S|$表示$S$中元素的个数. 又问当集合个数是正整数$n(n\geqslant 3)$时，有何结果？

(1987 年中国国家队选拔赛题)

解　由于第一问是第二问的特例，故仅就第二问求解.

由(2)知，$f(k)$中每一个数在n个集合中至多出现$\left[\frac{n}{2}\right]$次，其中$[x]$表示不超过x的最大整数. 而n个集合一共有nk个数，故有

$$f(k)\geqslant \frac{nk}{\left[\frac{n}{2}\right]}$$

又$f(k)$是正整数，故

$$f(k)\geqslant \left[\frac{nk+\left[\frac{n}{2}\right]-1}{\left[\frac{n}{2}\right]}\right]$$

下面用构造法证明上式等号成立.

(1)当n为偶数时，$f(k)=2k$，结论显然成立.

(2)当n为奇数时，设$n=2m+1(m\geqslant 1)$，则有

$$f(k)=2k+1+\left[\frac{k-1}{m}\right]$$

设$k=pm+q$，且$0\leqslant q<m, p\geqslant 0$.

若$q=0$，则$f(k)=2k+p$.

设$2k+p$个数为$a_1,a_2,\cdots,a_{2k+p}$，并把这$2k+p$个数循环地排成一个无穷序列

$$a_1,a_2,\cdots,a_{2k+p},a_1,a_2,\cdots,a_{2k+p},a_1,a_2,\cdots,a_{2k+p},\cdots \quad (*)$$

记这个序列为 $b_1,b_2,\cdots,b_n,\cdots$，取

$$S_i=\{b_{ki-k+1},b_{ki-k+2},\cdots,b_{ki}\}\quad(i=1,2,\cdots,n)$$

下面验证 S_i 满足性质(2).

对 $i=1,2,\cdots,n-1$，显然有

$$S_i\cap S_{i+1}=\varnothing$$

故只需验证 $S_n\cap S_1=\varnothing$.

因为

$$\begin{aligned}S_n=&\{b_{nk-k+1},b_{nk-k+2},\cdots,b_{nk}\}=\\&\{b_{(2m+1)k-k+1},b_{(2m+1)k-k+2},\cdots,b_{(2m+1)k}\}=\\&\{b_{(2k+p)(m-1)+k+p+1},b_{(2k+p)(m-1)+k+p+2},\cdots,\\&b_{(2k+p)(m-1)+2k+p}\}=\\&\{a_{k+p+1},a_{k+p+2},\cdots,a_{2k+p}\}\end{aligned}$$

所以 $S_n\cap S_1=\varnothing$.

若 $q\neq 0$，则 $f(k)=2k+p+1$.

设 $2k+p+1$ 个数为 $a_1,a_2,\cdots,a_{2k+p+1}$，把前 $2k+p$ 个数排成(*)那样的序列，然后在前面 q 个 a_{2k+p} 后插入 a_{2k+p+1}.

记插入后的序列为

$$b_1,b_2,\cdots,b_n,\cdots$$

取

$$S_i=\{b_{ki-k+1},b_{ki-k+2},\cdots,b_{ki}\}\quad(i=1,2,\cdots,n)$$

同理只需验证 $S_n\cap S_1=\varnothing$.

因为

$$S_n=\{b_{nk-k+j},j=1,2,\cdots,k\}$$

而

$$\begin{aligned}nk-k+j=&(2m+1)k-k+j=\\&2mk+k-k+j=\\&2mk+pm+q-k+j=\end{aligned}$$

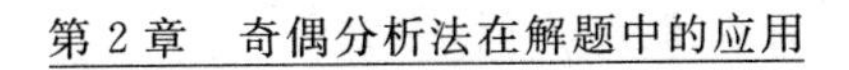

$$(2k+p+1)q+(2k+p)(m-q-1)+k+p+j$$

所以

$$b_{nk-k+j}=a_{k+p+j}\quad (j=1,2,\cdots,k)$$

故 $S_1\cap S_n=\varnothing$，结论得证.

例 5　有 n^2 张卡片，分别记上数字 $1,2,3,\cdots,n^2$. 再把它们排成 n 行 n 列的方阵：第一行为 $1,2,\cdots,n$，第二行为 $n+1,n+2,\cdots,2n$，依此类推. 现从左上角到右下角将这些卡片依次编号(次序见图 7)，这样得到一个从编号数 k 到卡片上原有数字 $f(k)$ 的函数关系：$k\rightarrow f(k)$ $(k=1,2,\cdots,n^2)$，当 $n=2^m(m=1,2,\cdots)$ 时，试证：不存在大于 1 而小于 n^2 的整数 k，使得 $f(k)=k$.

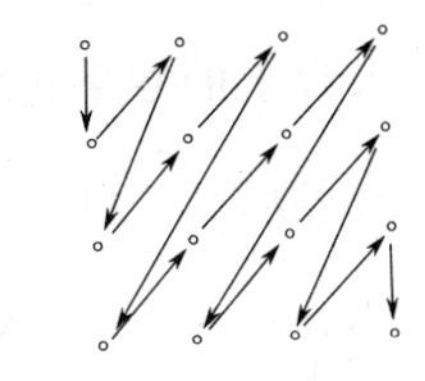

图 7（此图是 $n=4$ 的情况）

(1990 年上海市高中数学竞赛题)

证明　按题设的编号方式，对于第 i 行第 j 列的元素，有：

(1)当 $3\leqslant i+j\leqslant n+1$ 时，其编号为

$$k(i,j)=[1+2+\cdots+(i+j-2)]+j=\frac{1}{2}(i+j-1)(i+j-2)+j$$

而卡片上的数字为 $(i-1)n+j$. 若

$$\frac{1}{2}(i+j-1)(i+j-2)+j=(i-1)n+j$$

则

$$(i+j-1)(i+j-2)=2n(i-1)$$

等式左端两数一奇一偶，且 $i+j-1\leqslant n=2^m$，故左端含有 2 的个数不超过 m，而右端至少含有 $m+1$ 个 2，

矛盾.

(2)当 $n+2\leqslant i+j\leqslant 2n$ 时,其编号为

$$k(i,j)=n^2-[1+2+\cdots+(n+1-i+n+1-j-2)+(n+1-j)]+1=$$
$$n^2-\frac{1}{2}(2n-i-j)(2n-i-j+1)-n+j$$

卡片上的数字仍为 $(i-1)n+j$. 若

$$n^2-\frac{1}{2}(2n-i-j)(2n-i-j+1)-n+j=(i-1)n+j$$

则

$$(2n-i-j)(2n-i-j+1)=2n(n-i)$$

此等式左端两数一奇一偶,且偶数含 2 的个数不超过 m 个,右端至少含有 $m+1$ 个 2,矛盾.

综合(1)与(2),结论得证.

例 6 设正实数的数列 $x_0,x_1,\cdots,x_{1\,995}$ 满足以下两个条件:

(1) $x_0=x_{1\,995}$;

(2) $x_{i-1}+\frac{2}{x_{i-1}}=2x_i+\frac{1}{x_i},i=1,2,\cdots,1\,995$.

求所有满足上述条件的数列中 x_0 的最大值.

(1995 年 IMO 试题)

分析 若把 x_{i-1} 当作已知的,则数列的递推定义式(2)可化成关于 x_i 的二次方程,该方程有两个可能的解. 从 x_{i-1} 到 x_i 的变换有两种可能的方式.

解 题目所给的递推式(2)可改写成

$$x_i^2-\left(\frac{x_{i-1}}{2}+\frac{1}{x_{i-1}}\right)x_i+\frac{1}{2}=0$$

由此知

$$x_i=\frac{x_{i-1}}{2}\text{或 }x_i=\frac{1}{x_{i-1}}$$

设从 x_0 开始，共经历了 $k-t$ 次前一类变换和 t 次后一类变换得到 x_k. 请注意，当两类变换穿插交错进行时，可能会有某些第一类变换两两抵消(倘若两个第一类变换之间相隔奇数次第二类变换，这两个第一类变换的作用就彼此抵消). 因此

$$x_k=2^s x_0^{(-1)^t}$$

其中 $s\equiv k-t \pmod 2$.

现在考察 $k=1\ 995$ 的情形. 若 t 是偶数，就有

$$x_0=x_{1\ 995}=2^s x_0$$

但这是不可能的，因为 $x_0>0$ 且 s 是奇数

$$s\equiv 1\ 995-t \pmod 2)$$

于是，t 只能是奇数. 由

$$x_0=x_{1\ 995}=2^s x_0^{-1}$$

可得 $x_0=2^{\frac{s}{2}}$.

又因为 s 是偶数，所以

$$s\leqslant |s|\leqslant 1\ 994, x_0\leqslant 2^{997}$$

而 $x_0=2^{997}$ 是可能实现的，我们可按以下方式定义 x_0, $x_1, \cdots, x_{1\ 995}$，即

$$x_j=2^{997-j}\quad (j=0,1,\cdots,1\ 994)$$

$$x_{1\ 995}=\frac{1}{x_{1\ 994}}=2^{997}$$

综上所述，x_0 的最大值为 2^{997}.

例 7　已知 m 是正整数，求所有的正整数 a，使得数列 $\{a_n\}_{n=0}^{+\infty}$ 满足

$$a_0=a, a_{n+1}=\begin{cases}\dfrac{a_n}{2}, a_n \text{ 是偶数} \\ a_n+m, a_n \text{ 是奇数}\end{cases}\quad (n=0,1,2,\cdots)$$

是纯周期数列.

(2006 年巴尔干地区数学奥林匹克竞赛题)

解 (1)m 为偶数.

(i)若 a 是奇数,则 $a_1=a+m$ 为奇数.

从而,对任意的 $i\in\mathbf{N}$,a_i 均为奇数.

所以,$a_{n+1}=a_n+m$,即$\{a_n\}$单增,矛盾.

故不存在满足条件的 a.

(ii)若 a 是偶数,设 $2^k \parallel a,k\in\mathbf{Z}_+$.

从而,$a_k=\dfrac{a}{2^k}$为奇数.

所以,$\{a_n\}$自 a_k 开始单增,矛盾.

故不存在满足条件的 a.

综上,不存在满足条件的 a.

(2)m 为奇数.

(i)a 是奇数.

设 $b_0,b_1,\cdots$是数列$\{a_n\}$中依次出现的奇数,则

$$b_0=a$$

若 $a>m$,显然,$b_{n+1}=\dfrac{b_n+m}{2^k}$,其中 $2^k \parallel (b_n+m)$.

如果 $b_n>m$,显然,$b_{n+1}\leqslant\dfrac{b_n+m}{2}<b_n$.

如果 $b_n\leqslant m$,显然,$b_{n+1}\leqslant\dfrac{b_n+m}{2}\leqslant m$.

所以,对任意的 $i\in\mathbf{Z}_+$,$a>b_i$,矛盾.

故不存在满足条件的 a.

若 $a=m$,则 $a_0=m,a_1=2m,a_2=m,\cdots$,满足条件.

若 $a<m$,下证:$\{a_n\}$是纯周期数列.

设 $f(x)=\dfrac{x+m}{2^k}$,x 为奇数且 $2^k \parallel (x+m)$.

若存在 $x\neq y,x,y<m$ 且 $f(x)=f(y)$,不妨设 $x>y$,则

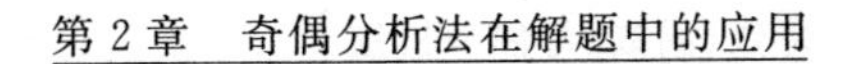

$$x+m=2^l(y+m),l\in\mathbf{Z}_+$$

所以，$x+m\geqslant 2(y+m)>2m$，即 $x>m$，矛盾.

因为$\{b_n\}$的取值范围是有限集，所以，存在 $i<j$ 使得 $b_i=b_j$.

又 $f(b_{i-1})=f(b_{j-1})$，则

$$b_{i-1}=b_{j-1}\Rightarrow\cdots\Rightarrow b_0=b_{j-i}$$

所以，$\{a_n\}$是纯周期数列.

从而，$1\leqslant a\leqslant m$ 且 $2\nmid a$ 满足条件.

(ii)a 是偶数.

设 $a=2^k t, 2\nmid t$.

若 $t>m$，则 $a_k=t$.

由(i)知不存在满足条件的 a.

若 $t=m$，则 $a_k=m$. 由(i)知 $a_{k+2i}=m$，对任意的 $i\in\mathbf{N}$. 故只有 $a=2m$ 满足条件.

若 $t<m$ 且 $a<2m$，由(i)知存在 j 使得 $a_j=a_k=t(j>k)$.

若 $a>m$，则 $f(a-m)=t$. 从而，$a_{j-k-1}=a-m$，有 $a_{j-k}=a$.

若 $a<m$，设 $b=2^l a$ 且 $m<b<2m$，则 $f(b-m)=t$. 设 $a_j=a_k=t$，则 $c_{j-k-l-1}=b-m$.

所以，$a_{j-k-l}=b, a_{j-k}=a$.

若 $t<m, a>2m$，由(i)知不存在满足条件的 a.

综上，$a=2^k t(k\geqslant 1, 2\nmid t)$ 且 $a\leqslant 2m, t\leqslant m$；或 a 为奇数且 $a\leqslant m$.

例 8　已知数列

$$b_n=\frac{1}{3\sqrt{3}}[(1+\sqrt{3})^n-(1-\sqrt{3})^n]\quad(n=0,1,\cdots)$$

(1)n 是什么数时，b_n 是整数？

(2)如果 n 是奇数，并且 $2^{-\frac{2n}{3}}b_n$ 是整数，那么 n 是多少？　　(2007 年江苏省高中数学联赛复赛题)

解　(1)由

$$b_n=\frac{2}{3\sqrt{3}}\left[n\sqrt{3}+C_n^3(\sqrt{3})^3+C_n^5(\sqrt{3})^5+\cdots\right]=$$

$$2\left(\frac{n}{3}+C_n^3+C_n^5\cdot 3+\cdots\right)$$

当且仅当 $3|n$ 时，b_n 是整数.

(2)首先，b_n 是整数，$3|n$. 其次

$$\frac{1}{\sqrt{3}}\left[(1+\sqrt{3})^n-(1-\sqrt{3})^n\right]=$$

$$\frac{1}{\sqrt{3}}\left[(1+\sqrt{3})-(1-\sqrt{3})\right]\left[(1+\sqrt{3})^{n-1}+\right.$$

$$\left.(1+\sqrt{3})^{n-2}(1-\sqrt{3})+\cdots+(1-\sqrt{3})^{n-1}\right]=$$

$$2\left\{\left[(1+\sqrt{3})^{n-1}+(1-\sqrt{3})^{n-1}\right]-\right.$$

$$\left.2\left[(1+\sqrt{3})^{n-3}+(1-\sqrt{3})^{n-3}\right]+\cdots+(-2)^{\frac{n-1}{2}}\right\}=$$

$$2\left\{2^{\frac{n-1}{2}}\left[(2+\sqrt{3})^{\frac{n-1}{2}}+(2-\sqrt{3})^{\frac{n-1}{2}}\right]-\right.$$

$$\left.2^{\frac{n-1}{2}}\left[(2+\sqrt{3})^{\frac{n-3}{2}}+(2-\sqrt{3})^{\frac{n-3}{2}}\right]+\cdots+(-2)^{\frac{n-1}{2}}\right\}$$

因为

$$(2+\sqrt{3})^k+(2-\sqrt{3})^k=2(2^k+C_k^2 2^{k-2}\cdot 3+\cdots)$$

是偶数，所以

$$2^{\frac{n-1}{2}}\left[(2+\sqrt{3})^{\frac{n-1}{2}}+(2-\sqrt{3})^{\frac{n-1}{2}}\right]-$$

$$2^{\frac{n-1}{2}}\left[(2+\sqrt{3})^{\frac{n-3}{2}}+\cdots+(2-\sqrt{3})^{\frac{n-3}{2}}\right]+\cdots+(-2)^{\frac{n-1}{2}}$$

是整数，且 2 的次数以最后一项 $(-2)^{\frac{n-1}{2}}$ 为最低，即 $\frac{1}{\sqrt{3}}[(1+\sqrt{3})^n-(1-\sqrt{3})^n]$ 中 2 的次数为 $\frac{n-1}{2}+1=\frac{n+1}{2}$.

由于$\frac{n+1}{2}\leqslant\frac{2n}{3}$,等号仅在 $n\geqslant3$ 时成立,所以,当且仅当 $n=3$ 时,$2^{-\frac{2n}{3}}b_n$ 是整数.

例 9　对任意 $n\in\mathbf{N}^*$,定义

$$f(n)=\begin{cases}1,n\text{ 的二进制表示中 }1\text{ 的个数为奇数}\\0,n\text{ 的二进制表示中 }1\text{ 的个数为偶数}\end{cases}$$

证明:不存在正整数 k,m,使得

$$f(k+j)=f(k+m+j)=f(k+2m+j)$$

其中,$j=0,1,\cdots,m-1$.

证明　由题设易得

$$f(2n)=f(n),f(2n+1)=1-f(2n)=1-f(n)$$

假设存在满足要求的正整数 k,m,并假设 m 是使结论成立的最小值.

如果 m 是奇数,不妨设

$$f(k)=f(k+m)=f(k+2m)=0$$

($f(k)=1$ 的情形可同样处理).

由于不论 k 还是 $k+m$ 是偶数,都有

$$f(k+1)=f(k+m+1)=f(k+2m+1)=1$$

又不论 $k+1$ 还是 $k+m+1$ 是偶数,都有

$$f(k+2)=f(k+m+2)=f(k+2m+2)=0$$

由此下去,$f(k),f(k+1),f(k+2),\cdots,f(k+m-1)$在 0 与 1 之间交替取值.

因为 $m-1$ 是偶数,所以

$$f(k+m-1)=f(k+2m-1)=f(k+3m-1)=0$$

但不论 $k+m-1$ 还是 $k+2m-1$ 为偶数,都有 $f(k+m)=f(k+2m)=1$,推出矛盾.

如果 m 是偶数,取出使

$$f(k+j)=f(k+m+j)=f(k+2m+j)$$

$$(j=0,1,\cdots,m-1)$$

的所有整数 $k+j,k+m+j,k+2m+j$ 中的偶数,并利用若 r 是偶数时有 $f(r)=f\left(\frac{r}{2}\right)$,可以得到

$$f\left(g\left[\frac{k}{2}\right]+i\right)=$$
$$f\left(g\left[\frac{k}{2}\right]+\frac{m}{2}+i\right)=$$
$$f\left(g\left[\frac{k}{2}\right]+m+i\right)\quad\left(i=0,1,\cdots,\frac{m}{2}-1\right)$$

其中,$[x]$表示不小于 x 的最小整数.

这与 m 的最小性相矛盾.

所以,不存在符合要求的 k,m.

例 10 给定大于 1 的整数 k,记 $\mathbf{R}$ 为全体实数组成的集合. 求所有函数 $f:\mathbf{R}\to\mathbf{R}$,使得对 $\mathbf{R}$ 中的一切 x 和 y,都有

$$f(x^k+f(y))=y+(f(x))^k \quad ①$$

(2001 年中国国家队选拔考试题)

解 令 $x=0,t=(f(0))^k$,由①有

$$f(f(y))=y+t \quad ②$$

及

$$f(f(x^k+f(f(y))))=f(f(y)+(f(x))^k)=$$
$$f((f(x))^k+f(y))=y+(f(f(x)))^k=$$
$$y+(x+t)^k \quad ③$$

由②有

$$f(f(x^k+f(f(y))))=x^k+f(f(y))+t=x^k+y+2t \quad ④$$

由③④有

$$x^k+y+2t=y+(x+t)^k$$

即对任意 $x\in\mathbf{R}$,有

$$x^k+2t=(x+t)^k \tag{⑤}$$

得到 $t=0$,即

$$f(0)=0 \tag{⑥}$$

由②⑥有

$$f(f(y))=y \tag{⑦}$$

由①⑦有

$$\begin{aligned}f(x+y)=&f(x+f(f(y)))=\\&f((x^{\frac{1}{k}})^k+f(f(y)))=\\&f(y)+(f(x^{\frac{1}{k}}))^k\end{aligned} \tag{⑧}$$

这里当 k 为偶数时,限制 $x\geqslant 0$.

(1)当 k 为偶数时,从上式知 $f(x)$ 是 $\mathbf{R}$ 上的单调递增函数.现证明:对 $\forall x\in\mathbf{R}$,$f(x)=x$.

因为,如果有 $z\in\mathbf{R}$,$f(z)\neq z$.当 $z<f(z)$ 时,$f(z)\leqslant f(f(z))=z$,矛盾.当 $z>f(z)$ 时,有 $f(z)\geqslant f(f(z))=z$,矛盾.

(2)当 k 为奇数时,在①中令 $y=0$,有

$$f(x^k)=(f(x))^k$$

从而

$$(f(x^{\frac{1}{k}}))^k=f(x)\quad(\forall x\in\mathbf{R}) \tag{⑨}$$

由⑧⑨有

$$f(x+y)=f(x)+f(y)\quad(\forall x,y\in\mathbf{R}) \tag{⑩}$$

由⑩知对任意有理数 t,有

$$f(tx)=tf(x)\quad(\forall x\in\mathbf{R}) \tag{⑪}$$

及 $f(-x)=-f(x)$.

由⑨⑩有

$$f((t+x)^k)=(f(t+x))^k=(f(t)+f(x))^k$$

从而

$$f\left(\sum_{s=0}^{k}C_k^s t^s x^{k-s}\right)=\sum_{s=0}^{k}C_k^s(f(t))^s(f(x))^{k-s}$$

由 ⑩⑪ 及上式知，对任意有理数 t，有

$$\sum_{s=0}^{k}C_k^s t^s f(x^{k-s})=\sum_{s=0}^{k}C_k^s t^s(f(1))^s(f(x))^{k-s} \quad ⑫$$

从而

$$f(x^{k-s})=(f(1))^s(f(x))^{k-s}\quad (s\in\{0,1,\cdots,k\}) \quad ⑬$$

令 $s=k,x=1$，有

$$f(1)=(f(1))^k \quad ⑭$$

由于 $k>1$ 为正整数以及⑥和⑦，有

$$f(1)=\pm 1 \quad ⑮$$

取 $s=k-2$，则 s 为奇数. 由⑬⑮，有

$$f(x^2)=\pm(f(x))^2 \quad ⑯$$

当上式取正号时，有

$$f(x)=f((\sqrt{x})^2)=(f(\sqrt{x}))^2>0 \quad ⑰$$

由⑩⑰知，$f(x)$ 是单调递增函数，再利用⑦，有 $f(x)=x$.

当式⑯取负号时，对 $\forall x>0$ 有

$$f(x)=f((\sqrt{x})^2)=-(f(\sqrt{x}))^2<0 \quad ⑱$$

由⑩⑱知，$f(x)$ 是单调递减函数.

下面证明 $f(x)=-x,\forall x\in\mathbf{R}$.

如果有 $z\in\mathbf{R},f(z)\neq -z$.

当 $-z<f(z)$ 时，有

$$f(-z)\geqslant f(f(z))=z,-f(z)\geqslant z,f(z)\leqslant -z$$

矛盾.

当 $-z>f(z)$ 时，有

$$f(-z)\leqslant f(f(z))=z,-f(z)\leqslant z,f(z)\geqslant -z$$

也矛盾.

经检验，当 k 是偶数时，$f(x)=x$ 是解；当 k 是奇数时，$f(x)=x$ 或 $f(x)=-x$ 是解.

例 11　已知

$$a_1=1, a_2=2$$

$$a_{n+2}=\begin{cases}5a_{n+1}-3a_n, a_2 \cdot a_{n+1}\text{为偶数时}\\ a_{n+1}-a_n, a_n \cdot a_{n+1}\text{为奇数时}\end{cases}$$

求证：对一切 $n\in\mathbf{N}$，$a_n\neq 0$.

（1988 年中国高中数学联赛题）

证法 1　因为 $a_1=1, a_2=2$，所以不妨设

$a_{2k-1}=3p+1, a_{2k}=3q+2 \quad (k\in\mathbf{N}, p, q\in\mathbf{Z})$

下面求 a_{2k+1}，则 a_{2k+1} 为下列两种情形的一种

$$\begin{aligned}a_{2k+1}=5a_{2k}-3a_{2k-1}= \\ 5(3q+2)-3(3p+1)= \\ 3(5q-3p+2)+1= \\ 3s'+1 \quad (s'\in\mathbf{Z})\end{aligned}$$

或

$$\begin{aligned}a_{2k+1}=a_{2k}-a_{2k-1}= \\ (3q+2)-(3p+1)= \\ 3(q-p)+1= \\ 3s''+1 \quad (s''\in\mathbf{Z})\end{aligned}$$

统一记为 $a_{2k+1}=3s+1$.

下面再计算 a_{2k+2}. 于是

$$\begin{aligned}a_{2k+2}=5a_{2k+1}-3a_{2k}= \\ 5(3s+1)-3(3q+2)= \\ 3(5s-3q-1)+2= \\ 3t'+2 \quad (t'\in\mathbf{Z})\end{aligned}$$

或

$$a_{2k+2}=a_{2k+1}-a_{2k}=$$

$$(3s+1)-(3q+2)=$$
$$3(s-q-1)+2=$$
$$3t''+2 \quad (t''\in \mathbf{Z})$$

由以上，在数列$\{a_n\}$中，奇数项被3除余1，偶数项被3除余2，即不会出现3的倍数的项，而0是3的倍数，所以$a_n\neq 0$.

证法2 设

$$A_i=\{4k+i\mid k\in \mathbf{Z}\} \quad (i=1,2,3)$$
$$a_1=1\in A_1, a_2=2\in A_2$$
$$a_3=5a_2-3a_1=5\cdot 2-3\cdot 1=7\in A_3$$

假设$a_{3m+1}\in A_1, a_{3m+2}\in A_2, a_{3m+3}\in A_3$，即有

$$a_{3m+1}=4p+1, a_{3m+2}=4q+2, a_{3m+3}=4r+3$$

其中$p,q,r\in \mathbf{Z}$. 于是

$$a_{3m+4}=5a_{3m+3}-3a_{3m+2}=4(5r-3q+2)+1\in A_1$$
$$a_{3m+5}=a_{3m+4}-a_{3m+3}=4(4r-3q+1)+2\in A_2$$
$$a_{3m+6}=5a_{3m+5}-3a_{3m+4}=4(5r-6q)+3\in A_3$$

所以，对一切$n\in \mathbf{Z}$，有

$$a_n\in A_1\cup A_2\cup A_3$$

但

$$0\notin A_1\cup A_2\cup A_3$$

所以

$$a_n\neq 0$$

证法3 由递推公式可知，a_n, a_{n+1}, a_{n+2}的奇偶性只能有

奇，偶，奇；偶，奇，奇；奇，奇，偶

这三种情形.

由于$a_1=1, a_2=2, a_3=7$都不是4的倍数，下面证明$\{a_n\}$中所有的项都不是4的倍数.

假设 a_m 是 4 的倍数，且 m 为最小下标，显然 $m>3$. 则 a_{m-1}, a_{m-2} 均为奇数，a_{m-3} 为偶数

$$a_m = a_{m-1} - a_{m-2}$$

$$a_{m-1} = 5a_{m-2} - 3a_{m-3}$$

于是

$$3a_{m-3} = 4a_{m-2} - a_m$$

则 a_{m-3} 也是 4 的倍数，与 m 为 a_m 是 4 的倍数的最小下标矛盾. 因为 0 是 4 的倍数，所以对所有的 $n\in\mathbf{N}$，有

$$a_n \neq 0$$

证法 4　观察数列的前几项

$$1,2,7,29,22,23,\cdots$$

注意到它们被 3 除的余数：1,2,1,2,1,2,…猜测这个数列满足

$$\begin{cases} a_{2n-1} \equiv 1 \pmod 3 \\ a_{2n} \equiv 2 \pmod 3 \quad (n\in\mathbf{N}) \end{cases} \qquad (*)$$

下面用数学归纳法证明结论(*).

当 $n=1$ 时结论成立.

假设当 $n=k$ 时结论成立.

当 $n=k+1$ 时，若 $a_{2k-1}\cdot a_{2k}$ 为偶数，则

$$a_{2k+1} = 5a_{2k} - 3a_{2k-1} \equiv 5\cdot 2 - 3\cdot 1 \equiv 1 \pmod 3$$

若 $a_{2k-1}\cdot a_{2k}$ 为奇数，则

$$a_{2k+1} = a_{2k} - a_{2k-1} \equiv 2 - 1 \equiv 1 \pmod 3$$

其次，若 $a_{2k}\cdot a_{2k+1}$ 为偶数，则

$$a_{2k+2} = 5a_{2k+1} - 3a_{2k} \equiv 5\cdot 1 - 3\cdot 2 \equiv 2 \pmod 3$$

若 $a_{2k}\cdot a_{2k+1}$ 为奇数，则

$$a_{2k+2} = a_{2k+1} - a_{2k} \equiv 1 - 2 \equiv 2 \pmod 3$$

总之，$a_{2k+2} \equiv 2 \pmod 3$.

由上可知,式($*$)成立,故 $a_n \neq 0$.

分析 为了使证明有的放矢,先把数列$\{a_n\}$的前 n 项写出来

$$1,2,7,29,22,23,49,26,\cdots$$

由此可见:

(1)前 8 项都不是 3 的倍数;

(2)前 8 项都不是 4 的倍数;

(3)前 8 项都不是 5 的倍数;

(4)从模 3 来看,数列变为

$$1,2,1,2,1,2,1,2,\cdots$$

前 8 项表现为以 2 为周期的数列.

只要能证明上述四条之一对数列所有项成立,就证明了原命题,因为这四条命题都是原命题的加强命题.

证法 5 现证明比原命题更强的命题:对所有 $n \in \mathbf{N}$,a_n 都不是 3 的倍数.

若不然,设 m 是使 $3 \mid a_m$ 的最小下标.若 $a_m = 5a_{m-1} - 3a_{m-2}$,则 $3 \mid a_{m-1}$,此与 m 的最小性矛盾.故必有 $a_m = a_{m-1} - a_{m-2}$,这意味着 a_{m-1} 与 a_{m-2} 均为奇数.若 a_{m-3} 为奇数,则 a_{m-1} 为偶数,矛盾,故 a_{m-3} 为偶数.从而有

$$a_m = a_{m-1} - a_{m-2} = 5a_{m-2} - 3a_{m-3} - a_{m-2} = 4a_{m-2} - 3a_{m-3}$$

由此可知 $3 \mid a_{m-2}$,此与 m 的最小性矛盾.

证法 6 考察已知递推关系式的模 3 形式

$$a_{n+2} \equiv \begin{cases} 2a_{n+1}, \text{当 } a_n \cdot a_{n+1} \text{ 为偶} \\ a_{n+1} - a_n, \text{当 } a_n \cdot a_{n+1} \text{ 为奇} \end{cases} \pmod 3 \quad (*)$$

当 $a_n \equiv 1 \pmod 3$,$a_{n+1} \equiv 2 \pmod 3$ 时,无论从式($*$)

的哪一式都得到 $a_{n+2}\equiv1\pmod 3$；当 $a_n\equiv2\pmod 3$，$a_{n+1}\equiv1\pmod 3$时，从式(*)的两式也得到同样的结果 $a_{n+2}\equiv2\pmod 3$. 由此可知，从模 3 的观点看，这个数列是以 2 为周期的数列

$$1,2,1,2,1,2,\cdots\pmod 3$$

显然，其中任何一项都不为零，从而原数列$\{a_n\}$的所有项均不为零.

例 12　一个整数数列 $a_1,a_2,\cdots$，若满足对于任意的 $m,n(n>m)$，都有

$$a_n^2-a_m^2=a_{n-m}a_{n+m}$$

则被称为"好的". 证明：存在一个好的数列使得 $a_1=1,a_2=0$，并求 $a_{2\,007}$的值.

(2007 年波罗的海地区数学竞赛题)

证明　假设好的数列存在. 由归纳法可知

$$a_{2k}^2=a_{2k-2}^2+a_{4k-2}a_2=a_{2k-2}^2=\cdots=a_2^2=0$$

下面由归纳法证明：$a_{2n+1}=(-1)^n$.

因为

$$a_3=\frac{a_2^2-a_1^2}{a_1}=-1$$

$$a_{4k+1}=\frac{a_{2k+1}^2-a_{2k}^2}{a_1}=1$$

$$a_{4k+3}=\frac{a_{2k+2}^2-a_{2k+1}^2}{a_1}=-1$$

这就证明了如果好的数列存在，那么一定有

$$a_{2\,007}=-1$$

接下来证明：数列$\{a_n\}$(当 n 为偶数时，$a_n=0$；当 $n\equiv1\pmod 4$时，$a_n=1$；当 $n\equiv3\pmod 4$时，$a_n=-1$)是好的.

若 n,m 的奇偶性相同，则 $n-m$ 和 $n+m$ 都是偶

数,故

$$a_n^2-a_m^2=0=a_{n-m}a_{n+m}$$

若 n 为奇数、m 为偶数,则

$$n-m\equiv(n+m)\pmod 4$$

故 $a_n^2-a_m^2=1=a_{n-m}a_{n+m}$($a_{n-m}$,$a_{n+m}$ 要么同为 1,要么同为 -1).

若 n 为偶数、m 为奇数,则

$$n-m\not\equiv(n+m)\pmod 4$$

故 $a_n^2-a_m^2=-1=a_{n-m}a_{n+m}$($a_{n-m}$,$a_{n+m}$ 一个是 1,一个是 -1).

例 13 整数 $a_1,a_2,a_3,\cdots$ 有递推关系

$$a_1=1,a_2=2$$

$$a_{n+2}=\begin{cases}5a_{n+1}-3a_n,若\ a_n\cdot a_{m+1}\ 为偶数\\ a_{n+1}-a_n,若\ a_n\cdot a_{n+1}\ 为奇数\end{cases}$$

(2009 年加拿大数学奥林匹克训练题)

证明:(1)序列 $\{a_n\}$ 中含有无限多个正数与无限多个负数;

(2)a_n 不会等于 0;

(3)若 $n=2^k-1(k=2,3,4,\cdots)$,则 a_n 被 7 整除.

证明 首先证明(2).考虑 a_n 除以 4 所得的余数,这些余数组成的序列 $\{a'_n\}$ 满足 $a'_1=1,a'_2=2$ 及

$$a'_{n+2}=\begin{cases}a'_{n+1}+a'_n,若\ a'_n\cdot a'_{n+1}\ 为偶数\\ a'_{n+1}-a'_n,若\ a'_n\cdot a'_{n+1}\ 为奇数\end{cases}$$

因此序列为

$$1,2,3,1,2,3,\cdots$$

即每三项重复出现 1,2,3,其中不会有 0 出现,从而序列 $\{a_n\}$ 中也不会有 0 出现.

再来证明(1).由上面所证可知 a_{3n+1} 与 a_{3n} 是奇

数，a_{3n+2} 是偶数(因为 $a'_{3n+1}=1$，$a'_{3n}=3$，$a'_{3n+2}=2$)．设 $a_{3n+1}=a$，$a_{3n+2}=b$，则以后的五项依次为

$$5b-3a, 22b-15a, 17b-12a, 19b-15a, 44b-39a$$

令 $u_n=a_{3n+1}=a$，则

$$u_{n+1}=22b-15a, u_{n+2}=44b-39a$$

消去 a,b 得出

$$u_{n+2}=2u_{n+1}-9u_n$$

从而

$$u_{n+2}=2(2u_n-9u_{n-1})-9u_n=-5u_n-18u_{n-1} \quad (*)$$

式($*$)表明序列$\{u_n\}$中有无限多个正数(负数)，因若不然，从某一时刻起 u_n 均为负数，但在 u_n 与 u_{n-1} 均为负数时，u_{n+2} 为正数，矛盾．

这也就证明了序列$\{a_n\}$中有无限多个正数和无限多个负数．

(3)当 k 为正偶数 $2h$ 时

$$2^k-1-3=2^{2h}-4=4(2^{2(h-1)}-1)$$

被 12 整除．当 k 为大于 1 的奇数 $2h+1$ 时

$$2^k-1-7=2^{2h+1}-8=8(2^{2(h-1)}-1)$$

被 12 整除．所以 2^k-1 除以 12 时，余数为 3 或 7．

考虑序列$\{a_n\}$除以 7 所得余数组成的序列，容易算出前 75 项为

1,2,0,1,1,2,0,5,4,5,1,4
3,6,0,3,3,6,0,1,5,1,3,5
2,4,0,2,2,4,0,3,1,3,2,1
6,5,0,6,6,5,0,2,3,2,6,3
4,1,0,4,4,1,0,6,2,6,4,2
5,3,0,5,5,3,0,4,6,4,5,6
1,2,0

于是每经过 72 项，余数重复出现. 由于上面列举的余数中，在项数除以 12 余 3 或 7 时均为 0，所以在 $n=2^k-1(k>1)$ 时，a_n 被 7 整除.

例 14 数列 $y_1,y_2,y_3,\cdots$ 满足条件 $y_1=1$，对于 $k>0$，有

$$y_{2k}=\begin{cases}2y_k, & \text{若 } k \text{ 为偶数}\\ 2y_k+1, & \text{若 } k \text{ 为奇数}\end{cases}$$

$$y_{2k+1}=\begin{cases}2y_k, & \text{若 } k \text{ 为奇数}\\ 2y_k+1, & \text{若 } k \text{ 为偶数}\end{cases}$$

证明：每个自然数恰在数列 $y_1,y_2,y_3,\cdots$ 中出现一次. (1993 年加拿大数学奥林匹克竞赛题)

证法 1 计算可得

$$y_1=1, y_2=2y_1+1=3, y_3=2y_1=2$$

$$y_4=2y_2=6, y_5=2y_2+1=7$$

$$y_6=2y_3+1=5, y_7=2y_3=4$$

即有

$$\{y_1\}=\{1\}, \{y_2,y_3\}=\{2,3\}$$

$$\{y_4,y_5,y_6,y_7\}=\{4,5,6,7\}$$

显然，我们只需证明下面两个 2^{m-1} 个元素的集合相等

$$\{y_{2^{m-1}},y_{2^{m-1}+1},\cdots,y_{2^m-1}\}=(2^{m-1},2^{m-1}+1,\cdots,2^m-1\} \quad ①$$

下用数学归纳法证明式①.

假设式①对某个 $m\geqslant 1$ 成立，考虑 $y_k(k=2^m+d$，$d=0,1,2,\cdots,2^m-1)$，则有

$$\left[\frac{k}{2}\right]\geqslant 2^{m-1}$$

$$\left[\frac{k}{2}\right]\leqslant\left[\frac{2^{m+1}-1}{2}\right]=2^m-1$$

又因为 k 为偶数时

$$k=2\cdot\frac{k}{2}=2\cdot\left[\frac{k}{2}\right]$$

k 为奇数时

$$k=2\cdot\frac{k-1}{2}+1=2\cdot\left[\frac{k}{2}\right]+1$$

所以

$$2y\left[\frac{k}{2}\right]\leqslant y_k\leqslant 2y\left[\frac{k}{2}\right]+1$$

其中，$[x]$表示不超过 x 的最大整数. 由归纳假设知

$$\{y_{2^m},y_{2^m+1},\cdots,y_{2^{m+1}-1}\}\subseteq\{2^m,2^m+1,\cdots,2^{m+1}-1\}$$

下面证明对 $2^m\leqslant k\leqslant 2^{m+1}-1$，映射 $k\mapsto y_k$ 是一一对应的.

假设 $y_i=y_j$，且 $2^m\leqslant i,j\leqslant 2^{m+1}-1$，则可设

$$i=2k_i+\varepsilon_i,j=2k_j+\varepsilon_j$$

其中 $\varepsilon_i,\varepsilon_j\in\{0,1\},2^{m-1}\leqslant k_i,k_j\leqslant 2^m-1$，则由条件有 $2y_{k_i}=2y_{k_j}$. 又由归纳假设，有 $k_i=k_j$，从而 $\varepsilon_i=\varepsilon_j$(否则 $|y_i-y_j|=1$，矛盾)，即得 $i=j$.

这就是说

$$\{y_{2^m},y_{2^m+1},\cdots,y_{2^{m+1}-1}\}=\{2^m,2^m+1,\cdots,2^{m+1}-1\}$$

所以式①对任意 $m\geqslant 1$ 成立. 结论得证.

证法 2　用二进制表示所有正整数. 设

$$n=(a_ma_{m-1}\cdots a_1a_0)_2$$

其中，$a_m=1,a_i=0$ 或 $1,i=0,1,\cdots,m-1$.

我们用数学归纳法证明

$$y_n=(b_mb_{m-1}\cdots b_1b_0)_2$$

其中，$b_m=1,b_i\equiv a_i+a_{i+1}\pmod 2,i=0,1,\cdots,m-1$.

当 $n=1$ 时，显然成立. 设对小于 n 的自然数结论成立. 对于 $n=(a_ma_{m-1}\cdots a_1a_0)_2$，记 $n'=(a_ma_{m-1}\cdots a_1)_2$，则

有 $y_{n'}=(b_m b_{m-1}\cdots b_1)_2$ 满足上述要求. 由题设：

(1)若 $a_1a_0=00$，则

$$y_n=2y_{n'}=2\cdot(b_m b_{m-1}\cdots b_1)_2=(b_m b_{m-1}\cdots b_1 b_0)_2$$

其中 $b_0=0\equiv a_1+a_0 \pmod 2$；

(2)若 $a_1a_0=10$，则

$$y_n=2y_{n'}+1=(b_m b_{m-1}\cdots b_1 1)_2=(b_m b_{m-1}\cdots b_1 b_0)_2$$

其中 $b_0=1\equiv a_1+a_0 \pmod 2$；

(3)若 $a_1a_0=01$，则

$$y_n=2y_{n'}+1=(b_m b_{m-1}\cdots b_1 1)_2=(b_m b_{m-1}\cdots b_1 b_0)_2$$

其中 $b_0=1\equiv a_1+a_0 \pmod 2$；

(4)若 $a_1a_0=11$，则

$$y_n=2y_{n'}=(b_m b_{m-1}\cdots b_1 0)_2=(b_m b_{m-1}\cdots b_1 b_0)_2$$

其中 $b_0=0\equiv a_1+a_0 \pmod 2$.

因此，命题对任意正整数 n 均成立. 反之，对任意数 $(b_m b_{m-1}\cdots b_1 b_0)_2$，可以唯一确定 $n=(a_m a_{m-1}\cdots a_1 a_0)_2$ 如下

$$a_m=b_m=1,a_i\equiv b_i-a_{i+1} \pmod 2$$

所以，$n\mapsto y_n$ 是 $\mathbf{N}^*\to\mathbf{N}^*$ 的一一对应，从而结论得证.

例 15 定义在正整数集上的函数 f 满足

$$f(1)=1$$

$$f(2n)=f(n)\quad(n\text{ 为偶数})$$

$$f(2n)=2f(n)\quad(n\text{ 为奇数})$$

$$f(2n+1)=2f(n)+1\quad(n\text{ 为偶数})$$

$$f(2n+1)=f(n)\quad(n\text{ 为奇数})$$

求 0～2 011 内满足 $f(n)=f(2\ 011)$ 的正整数 n 的个数. (2011 年英国数学竞赛题)

解 首先证明：$f(n)$可由如下过程得到.

将 n 写成二进制数，再将连续的多个“1”写为一

个“1”,多个“0”写为一个“0”.

例如,2 011=$(11111011011)_2$,则

$$f(2\ 011)=(10101)_2=21$$

记上述函数为 g.

接下来用数学归纳法证明:$f(n)=g(n)$对一切正整数 n 都成立.

显然

$$f(1)=1=g(1)$$
$$f(2)=2=g(2)$$
$$f(3)=1=g(3)$$

故当 $n=1,2,3$ 时,结论成立.

假设 $f(t)=g(t)$对任意正整数 $t<n$ 都成立.

(1)$n=2k$.

(i)若 k 为偶数,则 $f(2k)=f(k)$,且二进制中 $n=2k$ 末尾为…00,于是,$g(2k)=g(k)$.

故 $g(2k)=f(2k)$.

(ii)若 k 为奇数,则 $f(2k)=2f(k)$,且 $n=2k$ 末尾为…10,于是,$g(2k)=2g(k)$.

故 $g(2k)=f(2k)$.

(2)$n=2k+1$.

(i)若 k 为偶数,则

$$f(2k+1)=2f(k)+1$$

且 $n=2k+1$ 末尾为…01,于是

$$g(2k+1)=2g(k)+1$$

故 $g(2k+1)=f(2k+1)$.

(ii)若 k 为奇数,则

$$f(2k+1)=f(k)$$

且 $n=2k+1$ 末尾为…11,于是

$$g(2k+1)=g(k)$$

故 $g(2k+1)=f(2k+1)$.

由此知 $f(2\ 011)=21$,且

$$f(n)=f(2\ 011)$$

等价于 n 的二进制中有 5 次数码变化(假设在一个整数的前面有无穷多个 0,故该整数在首位数码处总有一次数码变化,比如 $(11110001)_2$ 有 3 次改变).

而 $n<2\ 048=2^{11}$,即 n 的二进制最多有 11 位数字,故 5 次变化分到 11 位数上有 $C_{11}^{2}=462$ 种可能.

逐一检验,知有 7 个数不小于 2 011,它们是

$(11111011011)_2$,$(11111011101)_2$

$(11111100101)_2$,$(11111101001)_2$

$(11111101011)_2$,$(11111101101)_2$

$(11111110101)_2$

因此,所求正整数 n 的个数为

$$462-7=455(\text{个})$$

例 16 求证:$\sqrt{2}-1$ 的每个正整数次幂都具有 $\sqrt{m}-\sqrt{m-1}$ 的形式,其中 m 是某个正整数(例如 $(\sqrt{2}-1)^2=3-2\sqrt{2}=\sqrt{9}-\sqrt{8}$).

(1994 年加拿大数学奥林匹克竞赛题)

证法 1 我们用数学归纳法证明

$$(\sqrt{2}-1)^n=\begin{cases}a\sqrt{2}-b,\text{其中 } 2a^2=b^2+1,n\text{ 为奇数}\\ a-b\sqrt{2},\text{其中 } a^2=2b^2+1,n\text{ 为偶数}\end{cases}$$

当 $n=1,2,$时,有

$$(\sqrt{2}-1)^1=1\times\sqrt{2}-1,2\times1^2=1^2+1$$

$$(\sqrt{2}-1)^2=3-2\sqrt{2},3^2=2\times2^2+1$$

假设对奇数 $n(n\geqslant1)$结论成立,则

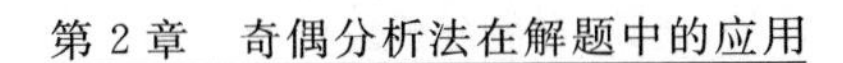

$$(\sqrt{2}-1)^{n+1}=(\sqrt{2}-1)^n(\sqrt{2}-1)=$$

$$(a\sqrt{2}-b)(\sqrt{2}-1)=\quad(\text{其中 }2a^2=b^2+1)$$

$$(2a+b)-(a+b)\sqrt{2}=A-B\sqrt{2}$$

其中,$A=2a+b$,$B=a+b$. 于是

$$A^2=(2a+b)^2=4a^2+4ab+b^2=$$

$$2a^2+4ab+2b^2+1=2B^2+1$$

从而结论对 $n+1$ 也成立.

假设对偶数 $n(n\geqslant 2)$ 结论成立,则

$$(\sqrt{2}-1)^{n+1}=(\sqrt{2}-1)^n(\sqrt{2}-1)=$$

$$(a-b\sqrt{2})(\sqrt{2}-1)=\quad(\text{其中 }a^2=2b^2+1)$$

$$(a+b)\sqrt{2}-(a+2b)=A\sqrt{2}-B$$

其中,$A=a+b$,$B=a+2b$. 于是

$$2A^2=2a^2+4ab+2b^2=$$

$$a^2+4ab+4b^2+a^2-2b^2=B^2-1$$

从而结论对 $n+1$ 也成立.

综上所述,欲证结论成立. 于是,当 n 是奇数时,取 $m=2a^2$;当 n 是偶数时,取 $m=a^2$.

证法2　对于给定的正整数 n,记 $a=(\sqrt{2}-1)^n$,$b=(\sqrt{2}+1)^n$,则 $ab=1$,记 $c=\dfrac{b+a}{2}$,$d=\dfrac{b-a}{2}$.

若 n 为偶数,设 $n=2k$,则

$$c=\frac{1}{2}\sum_{i=0}^{n}C_n^i((\sqrt{2})^{n-i}+(-1)^i(\sqrt{2})^{n-i})=$$

$$\sum_{j=0}^{k}C_{2k}^{2j}(\sqrt{2})^{2k-2j}=\sum_{j=0}^{k}C_{2k}^{2j}2^{k-j}$$

$$\frac{d}{\sqrt{2}}=\frac{1}{\sqrt{2}}\cdot\frac{1}{2}\sum_{i=0}^{n}C_n^i((\sqrt{2})^{n-i}-(-1)^i(\sqrt{2})^{n-i})=$$

$$\frac{1}{\sqrt{2}}\sum_{j=0}^{k-1}\mathrm{C}_{2k}^{2j+1}(\sqrt{2})^{2k-2j-1}=\sum_{j=0}^{k-1}\mathrm{C}_{2k}^{2j+1}2^{k-j}$$

这表明 c 和$\frac{d}{\sqrt{2}}$均为正整数. 类似的,当 n 为奇数时,有$\frac{c}{\sqrt{2}}$和 d 都是正整数,从而 c^2 和 d^2 均为正整数. 注意到

$$c^2-d^2=\frac{1}{4}((b+a)^2-(b-a)^2)=ab=1$$

令 $m=c^2$,则

$$m-1=c^2-1=d^2,a=c-d=\sqrt{m}-\sqrt{m-1}$$

结论得证.

证法 3 设 m,n 为正整数,则

$$(\sqrt{2}-1)^n(\sqrt{2}+1)^n=1=(\sqrt{m}-\sqrt{m-1})(\sqrt{m}+\sqrt{m-1})$$

从而

$$(\sqrt{2}-1)^n=\sqrt{m}-\sqrt{m-1}$$

与

$$(\sqrt{2}+1)^n=\sqrt{m}+\sqrt{m-1}$$

必同时成立. 将上两式相加,得

$$2\sqrt{m}=(\sqrt{2}-1)^n+(\sqrt{2}+1)^n$$

从而

$$m=\frac{1}{4}[(\sqrt{2}-1)^{2n}+2+(\sqrt{2}+1)^{2n}]$$

此时,$\sqrt{m}-\sqrt{m-1}=(\sqrt{2}-1)^n$,故只需证明

$$4\mid(\sqrt{2}-1)^{2n}+2+(\sqrt{2}+1)^{2n}$$

又

$$(\sqrt{2}-1)^{2n}+(\sqrt{2}+1)^{2n}=$$

$$\sum_{k=0}^{2n}\mathrm{C}_{2n}^{k}[(-1)^k\cdot(\sqrt{2})^{2n-k}+(\sqrt{2})^{2n-k}]=$$

$$\sum_{l=0}^{n} C_{2n}^{2l} \cdot 2^{n-l+1}$$

当 $l=0,1,2,\cdots$ 时，$2^{n-l+1} \equiv 0 \pmod 4$；当 $l=n$ 时，$C_{2n}^{2l} \cdot 2^{n-l+1} = 2$，从而

$$\sum_{l=0}^{n} C_{2n}^{2l} \cdot 2^{n-l+1} \equiv 2 \pmod 4$$

则

$$(\sqrt{2}-1)^{2n} + 2 + (\sqrt{2}+1)^{2n} \equiv 2+2 \equiv 0 \pmod 4$$

结论得证.

例 17　设 E 为全体偶数的集合，对任意实数 x，定义 $d(x,E)$ 为 x 到最近一个偶数的距离，如 $d(1.2,E)=2-1.2=0.8$，$d(0.7,E)=0.7$ 等. 现有数列 $\{x_n\}$ 满足 $x_{n+1}=d(2x_n,E)$，$x_1=\frac{1}{p}$，其中 p 为奇素数. 求数列 $\{x_n\}$ 的周期 T（在本题中，数列的周期 T 是指存在 N，使 $n>N$ 时，满足 $x_{n+T}=x_n$）.

（1996 年 IMO 试题）

解　在下面的讨论中，$\mathbf{R}$，$\mathbf{Z}$ 分别表示全体实数，全体整数的集合. 实数 x 总可表为 $x=2k\pm b$，其中，$k\in\mathbf{Z}$，$0\leqslant b\leqslant 1$. 由题意，应有 $d(x,E)=b$.

先证明 $d(x,E)$ 的三个性质：

(1) $\forall y\in\mathbf{R}$，$k\in\mathbf{Z}$，$d(2k\pm y,E)=d(y,E)$.

事实上，令 $y=2L\pm b$，$L\in\mathbf{Z}$，$0\leqslant b\leqslant 1$，则

$$左边=d(2k\pm 2L\mp b,E)=d(2(k\pm L)\mp b,E)=b$$

$$右边=d(2L\pm b,E)=b$$

所以(1)成立.

(2) $\forall x\in\mathbf{R}$，$d(2d(x,E),E)=d(2x,E)$.

令 $x=2k\pm b$，k，b 的含义同上. 因为

$$\text{左边}=d(2b,E)$$

$$\text{右边}=d(2(2k\pm b),E)=$$
$$d(4k\pm 2b,E)=d(2b,E)\quad(\text{由}(1))$$

所以(2)成立.

(3) $d(2^{n-1}d(2x,E),E)=d(2^nx,E)$.

令 $x=2k\pm b$, k, b 的含义同上. 于是

$$\text{左边}=d(2^{n-1}d(2(2k\pm b),E),E)=$$
$$d(2^{n-1}d(2b,E),E)\quad(\text{由}(1))$$

如果 $0\leqslant b\leqslant\frac{1}{2}$, 那么

$$\text{上式}=d(2^{n-1}\cdot 2b,E)=d(2^nb,E)$$

如果 $\frac{1}{2}<b\leqslant 1$, 那么 $0\leqslant 2-2b<1$. 于是

$$\text{上式}=d(2^{n-1}d(2-(2-2b),E),E)=$$
$$d(2^{n-1}(2-2b),E)=$$
$$d(2^n-2^nb,E)=d(2^nb,E)\quad(\text{由}(1))$$

$$\text{右边}=d(2^n(2k\pm b),E)=$$
$$d(2^{n+1}k\pm 2^nb,E)=d(2^nb,E)$$

所以(3)成立.

下面证明原题.

$$x_n=d(2x_{n-1},E)=$$
$$d(2d(2x_{n-2},E),E)=$$
$$d(4x_{n-2},E)=\quad(\text{由}(2))$$
$$d(2^n\cdot d(2x_{n-3},E),E)=$$
$$d(2^3x_{n-3},E)=\cdots=$$
$$d(2^{n-1}x_1,E)=d\left(\frac{2^{n-1}}{p},E\right)$$

由于 p 是奇素数, 利用费马小定理知 $2^{|2|}\equiv 1(\bmod p)$, 故 n 充分大时, $2^{n+p-2}\equiv 2^{n-2}(\bmod p)$.

于是，$\frac{2^{n+p-2}}{p}=\frac{2^{n-1}}{p}+2k,k\in\mathbf{N}$（当 n 较大时，$2^{n+p-2}-2^{n-1}$ 是偶数）.

由上式即可导出 $x_{n+p-1}=x_n$. 故所求周期 $T=p-1$（T 不一定是最小周期）.

例 18　正整数数列 $\{a_n\}$ 满足

$$a_{n+1}=a_n+b_n,n\geqslant 1$$

其中，b_n 是将 a_n 的各位数字的次序反过来得到的数（数 b_n 的首位数字可以是零）. 例如 $a_1=170,a_2=241,a_3=383,a_4=766$，等等. 问：$a_7$ 是否可以是一个素数？

（第 55 届捷克-斯洛伐克数学奥林匹克竞赛题）

解法 1　a_7 不能是素数.

我们证明 a_7 总是一个能被 11 整除的合数.

若 $m=\overline{c_kc_{k-1}\cdots c_1c_0}$，则 m 除以 11 的余数与

$$\mathrm{res}(m)=c_0-c_1+c_2-\cdots+(-1)^kc_k$$

除以 11 的余数相同.

因此

$$\mathrm{res}(b_n)=\pm\mathrm{res}(a_n)$$

其中，当 a_n 的位数是偶数时，取负号；当 a_n 的位数是奇数时，取正号.

于是，若数列中有一个数可以被 11 整除，则其后面的数也可以被 11 整除. 若 a_n 的位数是偶数，则

$$\mathrm{res}(a_n)=-\mathrm{res}(b_n)$$

所以，$a_{n+1}=a_n+b_n$ 可以被 11 整除.

由条件可知 a_n 是严格递增的.

若 a_1 的位数是偶数，于是，当 $a_1\neq 10$ 时，a_2 是被 11 整除的合数；当 $a_1=10$ 时，$a_2=11,a_3=22$ 是被 11 整除的合数.

下面证明：当 a_7 的位数是奇数时，前六个数中有一个数的位数是偶数.

若 $a_1, a_2, a_3, a_4, a_5, a_6$ 的位数都是奇数，设 c 是 a_1 的首位数字，d 是 a_1 的末位数字，则 $1 \leqslant c \leqslant 9, 0 \leqslant d \leqslant 9$（若 a_1 是一位数，则 $c=d$）.

所以，b_1 的首位数字为 d，末位数字为 c.

因为 $a_2=a_1+b_1$ 的位数是奇数位，所以，a_2 与 a_1 的位数相同，且有 $c+d<10$. 于是，a_2 的首位数字为 $c+d$ 或 $c+d+1$（这取决于第二位是否进位），末位数字为 $c+d$. 因此，a_2 的首位数字不小于 $c+d$.

同理，$a_3=a_2+b_2$ 的首位数字至少是 $2(c+d)$，$a_4=a_3+b_3$ 的首位数字至少是 $4(c+d)$，$a_5=a_4+b_4$ 的首位数字至少是 $8(c+d)$，$a_6=a_5+b_5$ 的首位数字至少是 $16(c+d)$.

因为 $1 \leqslant c+d<10$，与 $16(c+d)<10$ 矛盾.

综上所述，a_7 总是合数.

***解法 2**　a_7 不是素数.

首先证明：若数 a_n 有偶数位，则 a_{n+1} 必为一个可以被 11 整除的合数.

记

$$a_{2n}=10^{2n-1}b_{2n}+\cdots+10^1b_2+b_1$$

则

$$a_{2n+1}=\sum_{i=1}^{n}(10^{2n-i}+10^{i-1})(b_i+b_{2n+1-i})$$

而 $10^{2n-i}+10^{i-1}(i=1,2,\cdots,n)$ 都可以被 11 整除，所以，a_{2n+1} 必为可以被 11 整除的数.

下面证明：奇数位数 a_n 至多经 6 次变换升位为偶数位.

若数 a_n 有 k 位，k 为奇数，则 a_{n+1} 至多有 $k+1$ 位.

这是因为

$$a_{n+1}\leqslant 2(10^{k+1}-1)=1\underbrace{99\cdots9}_{k-1\text{个}}8$$

若 a_n 末位为 0，则 a_{n+1} 末位不能为 0，这是显然的.

若 a_n 变成 a_{n+1}，a_{n+1} 末位为 0，则它一定进行了升位，因为末位为 0 必为 $1+9,2+8,\cdots$.

所以，首位为 $1+9,2+8,\cdots$，从而进行了升位.

于是，若 a_n 变为 a_{n+1}，则 a_{n+1} 首项一定与末项相同，或首项比末项大 1(这是由不能进行升位为保证的).

我们考虑一种极端情况.

若首次项为 $\overline{1\times0}$，第二次位数不变，而第三次不可能是 $\overline{2\times1}$，至少为 $\overline{2\times2}$，于是，第四次可能为 $\overline{5\times4}$ 或 $\overline{4\times4}$，第五次即 a_5 若不进行升位，则必为 $\overline{8\times8}$ 或 $\overline{9\times8}$. 所以，第六次必然升位为偶数位，得证.

例 19　考虑两个正实数列

$$a_1\geqslant a_2\geqslant a_3\geqslant\cdots,b_1\geqslant b_2\geqslant b_3\geqslant\cdots$$

记

$$A_n=a_1+a_2+\cdots+a_n$$

$$B_n=b_1+b_2+\cdots+b_n\quad(n=1,2,\cdots)$$

设

$$c_i=\min\{a_i,b_i\},C_n=c_1+c_2+\cdots+c_n\quad(n=1,2,\cdots)$$

(1)是否存在数列 $\{a_i\}$，$\{b_i\}$，使得数列 $\{A_n\}$，$\{B_n\}$ 无界，而数列 $\{C_n\}$ 有界?

(2)若 $b_i=\dfrac{1}{i}$，$i=1,2,\cdots$，则(1)的结论是否改变? 证明你的结论.　　　　(2003 年 IMO 预选题)

解　(1)存在.

设$\{c_i\}$是任意正数列，且满足 $c_i \geqslant c_{i+1}$ 及 $\sum_{i=1}^{+\infty} c_i < +\infty$，又设整数列$\{k_m\}$满足 $1=k_1<k_2<k_3<\cdots$，且 $(k_{m+1}-k_m)c_{k_m} \geqslant 1$.

定义数列$\{a_i\}$，$\{b_i\}$如下：

当 n 为奇数，且 $k_n \leqslant i < k_{n+1}$ 时，定义 $a_i = c_{k_n}$，$b_i = c_i$，则

$$A_{k_{n+1}-1} = A_{k_n-1} + (k_{n+1}-k_n)c_{k_n} \geqslant A_{k_n-1} + 1$$

当 n 为偶数，且 $k_n \leqslant i < k_{n+1}$ 时，定义 $a_i = c_i$，$b_i = c_{k_n}$，则

$$B_{k_{n+1}-1} \geqslant B_{k_n-1} + 1$$

于是，数列$\{A_n\}$，$\{B_n\}$无界，且 $c_i = \min\{a_i, b_i\}$.

(2)假设结论不改变.

若只有有限个 i 满足 $b_i = c_i$，则存在一个足够大的 I，使得当 $i \geqslant I$ 时，有 $c_i = a_i$. 所以，$\sum_{i\geqslant I} c_i = \sum_{i\geqslant I} a_i = +\infty$，矛盾.

若有无穷多个 i 满足 $b_i = c_i$，设整数列$\{k_m\}$满足 $k_{m+1} \geqslant 2k_m$，且 $b_{k_m} = c_{k_m}$. 因为数列$\{c_i\}$也单调下降，所以

$$\sum_{k=k_i+1}^{k_{i+1}} c_k \geqslant (k_{i+1}-k_i)c_{k_{i+1}} = (k_{i+1}-k_i)\frac{1}{k_{i+1}} \geqslant \frac{1}{2}$$

于是，$\sum_{i=1}^{+\infty} c_i = +\infty$，矛盾.

综上所述，(1)的结论改变.

例 20 设 $a_1 = 11^{11}$，$a_2 = 12^{12}$，$a_3 = 13^{13}$，且

$$a_n = |a_{n-1} - a_{n-2}| + |a_{n-2} - a_{n-3}|, n \geqslant 4$$

求 $a_{14^{14}}$.　　　　　　　　(2001 年 IMO 预选题)

解 对于 $n \geqslant 2$，定义 $s_n = |a_n - a_{n-1}|$. 则对于

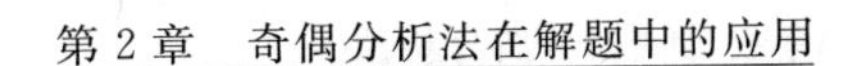

$$n\geqslant 5,a_n=s_{n-1}+s_{n-2},a_{n-1}=s_{n-2}+s_{n-3}$$

于是,$s_n=|s_{n-1}-s_{n-3}|$. 因为 $s_n\geqslant 0$,若 $\max\{s_n,s_{n+1},s_{n+2}\}\leqslant T$,则对于所有 $m\geqslant n$,有 $s_m\leqslant T$. 特别的,有序列$\{s_n\}$有界,下面证明如下命题:

若对于某个 i,$\max\{s_i,s_{i+1},s_{i+2}\}=T\geqslant 2$,则 $\max\{s_{i+6},s_{i+7},s_{i+8}\}\leqslant T-1$.

用反证法. 若以上结论不成立,则对于 $j=i,i+1,\cdots,i+6$,均有

$$\max\{s_j,s_{j+1},s_{j+2}\}=T\geqslant 2$$

对于 s_i,s_{i+1} 或 $s_{i+2}=T$,相应地取 $j=i,i+1$ 或 $i+2$,于是序列 $s_j,s_{j+1},s_{j+2},\cdots$ 有 $T,x,y,T-y,\cdots$ 的形式,其中 $0\leqslant x,y\leqslant T$,$\max\{x,y,T-y\}=T$. 因此,要么 $x=T$,要么 $y=T$,要么 $y=0$.

(1)若 $x=T$,则序列有 $T,T,y,T-y,y,\cdots$ 的形式,因此 $\max\{y,T-y,y\}=T$,所以 $y=T$ 或 $y=0$.

(2)若 $y=T$,则序列有 $T,x,T,0,x,T-x,\cdots$ 的形式. 因为 $\max\{0,x,T-x\}=T$,所以 $x=0$ 或 $x=T$.

(3)若 $y=0$,则序列有 $T,x,0,T,T-x,T-x,x,\cdots$ 的形式. 因为 $\max\{T-x,T-x,x\}=T$,所以 $x=0$ 或 $x=T$.

在上述每一种情况中,x,y 要么是 0,要么是 T. 特别的,T 一定整除 s_j,s_{j+1} 和 s_{j+2} 中的每一项. 由于

$$\max\{s_2,s_3,s_4\}=s_3=T$$

则对于 $n\geqslant 4$,均有 T 整除 s_n. 但是

$$s_4=11^{11}<13^{13}-12^{12}=s_3$$

因此,s_3 不整除 s_4,矛盾. 所以,结论成立.

设 $M=14^{14}$,$N=13^{13}$,则

$$\max\{s_2,s_3,s_4\}\leqslant N$$

由命题可知

$$\max\{s_{6(N-1)+2},s_{6(N-1)+3},s_{6(N-1)+4}\}\leqslant 1$$

因为 a_1 为奇数，a_2 为偶数，a_3 为奇数，a_4 为偶数，a_5 为偶数，a_6 为奇数，a_7 为奇数，a_8 为奇数，a_9 为偶数，a_{10} 为奇数……因此

$$a_n\equiv a_{n+7}\pmod 2$$

所以，相邻的三个 s_i 不可能都是 0，于是有

$$\max\{s_{6(N-1)+2},s_{6(N-1)+3},s_{6(N-1)+4}\}=1$$

特别的，当 $n\geqslant 6(N-1)+2$ 时，有 $s_n=0$ 或 1. 故当 $n\geqslant M>6(N-1)+4$ 时，有

$$a_n=s_{n-1}+s_{n-2}=0,1\text{ 或 }2$$

特别的，$a_M=0,1$ 或 2. 因为 M 是 7 的倍数，所以，$a_M\equiv a_7\equiv 1\pmod 2$，故 $a_M=1$.

例 21 求所有的正整数 n，使得存在正整数数列 $a_1,a_2,\cdots,a_n$，对于每一个正整数 $k(2\leqslant k\leqslant n-1)$，有

$$a_{k+1}=\frac{a_k^2+1}{a_{k-1}+1}-1$$

(2009 年 IMO 预选题)

解 当 $n=1,2,3,4$ 时，这样的数列是存在的.

事实上，若对于某个 n，这样的数列存在，则对于所有项数比 n 小的数列也存在.

给出一个 $n=4$ 时的例子

$$a_1=4,a_2=33,a_3=217,a_4=1\ 384$$

下面证明：当 $n\geqslant 5$ 时，这样的数列不存在.

事实上，只要证明 $n=5$ 时这样的数列不存在即可.

假设当 $n=5$ 时，存在满足条件的正整数数列 a_1,a_2,a_3,a_4,a_5，且有

$$a_2^2+1=(a_1+1)(a_3+1) \quad ①$$

$$a_3^2+1=(a_2+1)(a_4+1) \quad ②$$

$$a_4^2+1=(a_3+1)(a_5+1) \quad ③$$

假设 a_1 为奇数,则由式①得 a_2 也为奇数.于是

$$a_2^2+1\equiv 2(\bmod 4)$$

从而,a_3+1 为奇数,即 a_3 为偶数,这与式②矛盾.

因此,a_1 为偶数.

若 a_2 为奇数,用类似的方法得出与式③矛盾,因此,a_2 也是偶数.进而,分别由式①②③得 a_3,a_4,a_5 均为偶数.

设 $x=a_2,y=a_3$,则

$$(x+1)\mid(y^2+1)$$

$$(y+1)\mid(x^2+1)$$

下面证明:不存在正偶数 x,y 满足这两个条件.

若不然,则 $(x+1)\mid(y^2+1+x^2-1)$,即

$$(x+1)\mid(x^2+y^2)$$

类似的,可得 $(y+1)\mid(x^2+y^2)$.

设 d 是 $x+1$ 与 $y+1$ 的最大公因数,则 d 可整除

$$(x^2+1)+(y^2+1)-(x^2+y^2)=2$$

因为 $x+1$ 与 $y+1$ 均为奇数,所以,$d=1$,即 $x+1$ 与 $y+1$ 互素.故存在正整数 k,使得

$$k(x+1)(y+1)=x^2+y^2$$

假设 (x_1,y_1) 是满足上式的正偶数解且满足 x_1+y_1 最小,不妨假设 $x_1\geqslant y_1$.于是,x_1 是二次方程

$$x^2-k(y_1+1)x+y_1^2-k(y_1+1)=0$$

的一个解.

设另一个解为 x_2,由韦达定理得

$$x_1+x_2=k(y_1+1)$$
$$x_1x_2=y_1^2-k(y_1+1)$$

若 $x_2=0$，则 $y_1^2=k(y_1+1)$，这是不可能的（因为 $y_1+1>1$，y_1^2 与 y_1+1 互素）．因此，$x_2\neq 0$．

因为

$$(x_1+1)(x_2+1)=x_1x_2+x_1+x_2+1=y_1^2+1$$

为奇数，所以，x_2 一定是正偶数，且有

$$x_2+1=\frac{y_1^2+1}{x_1+1}\leqslant\frac{y_1^2+1}{y_1+1}\leqslant y_1\leqslant x_1$$

这表明，数对 (x_2,y_1) 是

$$k(x+1)(y+1)=x^2+y^2$$

的另一对正偶数解，且满足 $x_2+y_1<x_1+y_1$，与 (x_1,y_1) 的选取矛盾．

设 $a_1=2,a_2=34,a_n=34a_{n-1}-225a_{n-2}(n\geqslant 3)$．

问：是否存在正整数 k，使 $2\ 011\mid a_k$？如果存在，试求出最小的正整数 k；如果不存在，请说明理由．

这样的正整数 k 不存在．

易知，$a_n=9^{n-1}+25^{n-1}=(3^{n-1})^2+(5^{n-1})^2$．

假设存在正整数 k，使 $2\ 011\mid a_k$，即

$$2\ 011\mid[(3^{k-1})^2+(5^{k-1})^2]$$

注意到 $(3^{n-1},5^{n-1})=1$，且 $2\ 011$ 是 $4k+3$ 型的素数．

故存在整数 a,b，使 $(a,b)=1$，且 a^2+b^2 含有 $4k+3$ 型的素因子（设为 p）．

取使 p 达到最小的一个数对为 (a,b)．

若这样的数对 (a,b) 有多个，再设其中使 a^2+b^2 达到最小的一个数对为 (a,b)，则

$$|a|<\frac{p}{2},|b|<\frac{p}{2}$$

否则，不妨设$|a|\geqslant\frac{p}{2}$.

因为p是奇数，可令

$$a\equiv a_0 \pmod p,\ b\equiv b_0 \pmod p$$

其中，$|a_0|<\frac{p}{2}$，$|b_0|<\frac{p}{2}$，所以

$$a_0^2+b_0^2\equiv a^2+b^2\equiv 0 \pmod p$$

但由$|a_0|<\frac{p}{2}\leqslant|a|$，$|b_0|\leqslant|b|$，有

$$a_0^2+b_0^2<a^2+b^2$$

与a^2+b^2最小矛盾.

令$a^2+b^2=mp$，则

$$mp=a^2+b^2<\left(\frac{p}{2}\right)^2+\left(\frac{p}{2}\right)^2=\frac{p^2}{2}$$

所以，$m<\frac{p}{2}$.

(1)若a,b为一奇一偶，则

$$mp=a^2+b^2\equiv 1 \pmod 4$$

又$p\equiv 3 \pmod 4$，则

$$m\not\equiv 0,1,2 \pmod 4\Rightarrow m\equiv 3 \pmod 4$$

于是，m有$4k+3$型的素因子p'.

由$p'|m$，有$p'|(a^2+b^2)$，但

$$p'\leqslant m<\frac{p}{2}<p$$

与p的最小性矛盾.

(2)若a,b同为奇数，则

$$\frac{mp}{2}=\frac{a^2+b^2}{2}=\left(\frac{a+b}{2}\right)^2+\left(\frac{a-b}{2}\right)^2$$

因为$\frac{a+b}{2}+\frac{a-b}{2}=a$为奇数，所以，$\frac{a+b}{2}$，$\frac{a-b}{2}$为

一奇一偶.

同(1),$\frac{m}{2}$有模 4 余 3 的素因子 p',即 $p'\mid\frac{m}{2}$,进而,$p'\mid(a^2+b^2)$.

但 $p'\leqslant\frac{m}{2}<\frac{p}{2}<p$,与 p 的最小性矛盾.

例 22 数列 $a_0,a_1,a_2,\cdots$定义如下:对于所有的 $k(k\geqslant 0)$,$a_0=2$,$a_{k+1}=2a_k^2-1$.证明:若奇素数 p 整除 a_n,则 $2^{n+3}\mid(p^2-1)$. (2003 年 IMO 预选题)

证明 由数学归纳法可以证明

$$a_n=\frac{(2+\sqrt{3})^{2^n}+(2-\sqrt{3})^{2^n}}{2}$$

若 $x^2\equiv 3(\bmod p)$有整数解,设整数 m 满足 $m^2\equiv 3(\bmod p)$.由 $p\mid a_n$,有

$$(2+\sqrt{3})^{2^n}+(2-\sqrt{3})^{2^n}\equiv 0(\bmod p)$$

从而可得

$$(2+m)^{2^n}+(2-m)^{2^n}\equiv 0(\bmod p)$$

因为$(2+m)(2-m)\equiv 1(\bmod p)$,所以

$$(2+m)^{2^n}[(2+m)^{2^n}+(2-m)^{2^n}]\equiv 0(\bmod p)$$

故

$$(2+m)^{2^{n+1}}\equiv -1(\bmod p)$$

于是可得

$$(2+m)^{2^{n+2}}\equiv 1(\bmod p)$$

所以,$2+m$ 对模 p 的阶为 2^{n+2}.

因为$(2+m,p)=1$,由费马小定理有

$$(2+m)^{p-1}\equiv 1(\bmod p)$$

所以,有 $2^{n+2}\mid(p-1)$.

由于 p 是奇素数,因此,$2^{n+3}\mid(p^2-1)$.

若 $x^2\equiv 3(\bmod p)$无整数解,同样有

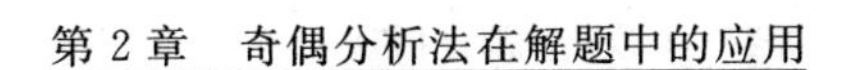

$$(2+\sqrt{3})^{2^n}+(2-\sqrt{3})^{2^n}\equiv 0 \pmod p$$

即存在整数 q,使得

$$(2+\sqrt{3})^{2^n}+(2-\sqrt{3})^{2^n}=qp$$

两端同乘以$(2+\sqrt{3})^{2^n}$,得

$$(2+\sqrt{3})^{2^{n+1}}+1=qp(2+\sqrt{3})^{2^n}$$

因此,存在整数 a,b,使得

$$(2+\sqrt{3})^{2^{n+1}}=-1+pa+pb\sqrt{3}$$

因为

$$[(1+\sqrt{3})a_{n-1}]^2=(a_n+1)(2+\sqrt{3})$$

且$p\mid a_n$,不妨设 $a_n=tp$,于是,有

$$[(1+\sqrt{3})a_{n-1}]^{2^{n+2}}=(a_n+1)^{2^{n+1}}(2+\sqrt{3})^{2^{n+1}}=$$
$$(tp+1)^{2^{n+1}}(-1+pa+pb\sqrt{3})$$

所以,存在整数 a',b',使得

$$[(1+\sqrt{3})a_{n-1}]^{2^{n+2}}=-1+pa'+pb'\sqrt{3}$$

设集合

$$S=\{i+j\sqrt{3}\mid 0\leqslant i,j\leqslant p-1,(i,j)\neq(0,0)\}$$
$$I=\{a+b\sqrt{3}\mid a\equiv b\equiv 0 \pmod p\}$$

下面证明对于每个$(i+j\sqrt{3})\in S$,不存在一个$(i'+j'\sqrt{3})\in S$,满足

$$(i+j\sqrt{3})(i'+j'\sqrt{3})\in I$$

实际上,若 $i^2-3j^2\equiv 0 \pmod p$,因为 $0\leqslant i,j\leqslant p-1$,且$(i,j)\neq(0,0)$,则 $j\neq 0$. 于是,存在整数 u,使得 $uj\equiv 1 \pmod p$. 因而有

$$(ui)^2\equiv 3(uj)^2\equiv 3 \pmod p$$

与 $x^2\equiv 3 \pmod p$无整数解矛盾. 因此

$$i^2-3j^2\not\equiv 0 \pmod p$$

若$(i+j\sqrt{3})(i'+j'\sqrt{3})\in I$,则

$$ii'\equiv -3jj'(\bmod p),ij'=-i'j(\bmod p)$$

所以,$i'j'\equiv 0(\bmod p)$,推出$i=j=0$或$i'=j'=0$,矛盾.

因为$(1+\sqrt{3})a_{n-1}\in S$,所以,对于任意$(i+j\sqrt{3})\in S$,存在映射$f:S\to S$,满足

$$[(i+j\sqrt{3})(1+\sqrt{3})a_{n-1}-f(i+j\sqrt{3})]\in I$$

且是双射.

于是,有$\prod\limits_{x\in S}x=\prod\limits_{x\in S}f(x)$. 所以

$$\left(\prod_{x\in S}x\right)[((1+\sqrt{3})a_{n-1})^{p^2-1}-1]\in I$$

因此

$$[((1+\sqrt{3})a_{n-1})^{p^2-1}-1]\in I$$

由前面的结论知满足$[((1+\sqrt{3})a_{n-1})^r-1]\in I$的$r$的最小值为$2^{n+3}$.

从而,有$2^{n+3}\mid(p^2-1)$.

例 23 对素数$p\geqslant 3$,定义

$$F(p)=\sum_{k=1}^{\frac{p-1}{2}}k^{120}$$

$$f(p)=\frac{1}{2}-\left|\frac{F(p)}{p}\right|$$

这里$\{x\}=x-[x]$,表示x的小数部分. 求$f(p)$的值.

(1993年中国国家队选拔考试题)

解 作120除以$p-1$的带余除法

$$120=q(p-1)+r,0\leqslant r\leqslant p-2$$

因为120与$p-1$都是偶数,所以r也是偶数.

定义$G(p)=\sum\limits_{k=1}^{\frac{p-1}{2}}k^r$.

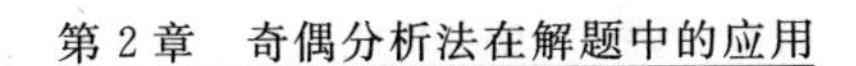

根据费马小定理,对于 $k=1,\cdots,\frac{p-1}{2}$ 有

$$k^{p-1}\equiv 1(\bmod p)$$

所以

$$F(p)\equiv G(p)(\bmod p)$$

$$f(p)=\frac{1}{2}-\left\{\frac{F(p)}{p}\right\}=\frac{1}{2}-\left\{\frac{G(p)}{p}\right\}$$

以下分两种情形讨论.

情形 1:$r=0$.对这种情形

$$G(p)=\frac{p-1}{2}$$

$$f(p)=\frac{1}{2}-\left\{\frac{G(p)}{p}\right\}=\frac{1}{2}-\frac{p-1}{2p}=\frac{1}{2p}$$

情形 2:$r\neq 0$.因为 r 是偶数,所以模 p 有

$$G(p)=1^r+2^r+\cdots+\left(\frac{p-1}{2}\right)^r\equiv$$

$$(p-1)^r+(p-2)^r+\cdots+\left(p-\frac{p-1}{2}\right)^r=$$

$$(p-1)^r+(p-2)^r+\cdots+\left(\frac{p+1}{2}\right)^r$$

$$2G(p)=G(p)+G(p)\equiv$$

$$1^r+2^r+\cdots+\left(\frac{p-1}{2}\right)^r+$$

$$\left(\frac{p+1}{2}\right)^r+\cdots+(p-1)^r$$

又因为同余方程 $x^r\equiv 1(\bmod p)$ 的互不同余的解不超过 r 个,$0\leqslant r\leqslant p-2$,所以至少存在一个

$$a\in\{1,2,\cdots,p-1\}$$

使得 $a^r\not\equiv 1(\bmod p)$.

我们有

$$2a^rG(p)\equiv(1\cdot a)^r+(2\cdot a)^r+\cdots+((p-1)\cdot a)^r\equiv 2G(p)\pmod p$$

因为 $1\cdot a,2\cdot a,\cdots,(p-1)\cdot a$ 模 p 两两不同余，它们构成缩剩余系的一组代表. 又因为

$$2(a^r-1)G(p)\equiv0\pmod p$$

$$2(a^r-1)\not\equiv0\pmod p$$

所以

$$G(p)\equiv0\pmod p$$

对这种情形

$$f(p)=\frac{1}{2}-\left\{\frac{G(p)}{p}\right\}=\frac{1}{2}$$

下面判定哪些素数 $p\geqslant3$ 属于情形 1. 使得 $(p-1)|120$ 的素数 $p\geqslant3$，有

$$3,5,7,11,13,31,41,61$$

这些素数属于情形 1，其他奇素数属于情形 2.

综上所述，本题的答案如表 3 所示.

表 3

p	3	5	7	11	13	31	41	61	其他奇素数
$f(p)$	$\frac{1}{6}$	$\frac{1}{10}$	$\frac{1}{14}$	$\frac{1}{22}$	$\frac{1}{26}$	$\frac{1}{62}$	$\frac{1}{82}$	$\frac{1}{122}$	$\frac{1}{2}$

例 24 设 r 为正整数，定义数列 $\{a_n\}$ 如下：$a_1=1$，且对每个正整数 n 有

$$a_{n+1}=\frac{na_n+2(n+1)^{2r}}{n+2}$$

证明：每个 a_n 都是正整数，并且确定对哪些 n，a_n 是偶数. （1992 年中国国家队选拔考试题）

证明 由所设，有

$$(n+2)a_{n+1}=na_n+2(n+1)^{2r}$$

两边同乘以 $n+1$，得

$$(n+2)(n+1)a_{n+1}=(n+1)na_n+2(n+1)^{2r+1}$$

令 $b_n=(n+1)na_n(n=1,2,\cdots)$，便得

$$b_{n+1}=b_n+2(n+1)^{2r+1}\quad(n=1,2,\cdots)$$

或

$$b_k-b_{k-1}=2k^{2r+1}\quad(k=2,3,\cdots)\qquad ①$$

于是

$$\begin{aligned}b_n&=\sum_{k=2}^{n}(b_k-b_{k-1})+b_1=\\&\sum_{k=2}^{n}2k^{2r+1}+2=\quad(\text{因 } b_1=(1+1)\times 1\times a_1=2)\\&2\sum_{k=1}^{n}k^{2r+1}=\\&2n^{2r+1}+\sum_{k=1}^{n-1}k^{2r+1}+\sum_{k=1}^{n-1}(n-k)^{2r+1}=\\&2n^{2r+1}+\sum_{k=1}^{n-1}[k^{2r+1}+(n-k)^{2r+1}]\end{aligned}$$

注意到 $2r+1$ 是奇数，故

$$[k+(n-k)]\mid[k^{2r+1}+(n-k)^{2r+1}]$$

即

$$n\mid k^{2r+1}+(n-k)^{2r+1}$$

所以，$n\mid b_n$.

再将 b_n 改写成

$$\begin{aligned}b_n&=\sum_{k=1}^{n}k^{2r+1}+\sum_{k=1}^{n}(n+1-k)^{2r+1}=\\&\sum_{k=1}^{n}[k^{2r+1}+(n+1-k)^{2r+1}]\end{aligned}$$

即得 $(n+1)\mid b_n$. 由于 $n,n+1$ 互素，故

$$n(n+1)\mid b_n$$

从而

$$a_n=\frac{b_n}{(n+1)n}\quad(n=1,2,\cdots)$$

是正整数.

为了确定 a_n 的奇偶性,先证明下面的结论

$$\frac{b_n}{n}=\begin{cases}偶数,若\ n\equiv0(\mathrm{mod}\ 4)\\ 奇数,若\ n\equiv2(\mathrm{mod}\ 4)\end{cases}$$

事实上,由于 n 是偶数,故

$$b_n=2\sum_{k=1}^{n}k^{2r+1}=2n^{2r+1}+2\sum_{k=1}^{n-1}k^{2r+1}=$$

$$2n^{2k+1}+2\sum_{k=1}^{\frac{n-2}{2}}[k^{2r+1}+(n-k)^{2r+1}]+2\left(\frac{n}{2}\right)^{2r+1}$$

所以,$\frac{b_n}{n}$与$\frac{1}{n}\cdot2\left(\frac{n}{2}\right)^{2r+1}=\left(\frac{n}{2}\right)^{2r}$有相同的奇偶性. 而

当 $n\equiv0(\mathrm{mod}\ 4)$时,$\left(\frac{n}{2}\right)^{2r}$为偶数;当 $n\equiv2(\mathrm{mod}\ 4)$时,

$\left(\frac{n}{2}\right)^{2r}$为奇数.

结论得证.

最后,利用上述结论分析 a_n 的奇偶性:

1)若 $n\equiv0(\mathrm{mod}\ 4)$,由于 a_n 是正整数,故

$$a_n=\frac{1}{n+1}\cdot\frac{b_n}{n}=\frac{偶}{奇}=偶$$

2)若 $n\equiv1(\mathrm{mod}\ 4)$,则

$$n+1\equiv2(\mathrm{mod}\ 4)$$

于是,由①有

$$a_n=\frac{b_n}{(n+1)n}=\frac{b_{n+1}-2(n+1)}{n+1}\cdot\frac{1}{n}=奇-偶=奇$$

3)若 $n\equiv2(\mathrm{mod}\ 4)$,同理可知 a_n 为奇数.

4)若 $n\equiv3(\mathrm{mod}\ 4)$,$a_n$ 为偶数.

综上知,当且仅当 $n\equiv 0$ 或 $3 \pmod 4$ 时,a_n 为偶数.

评注　本题关于 a_n 奇偶性的结论,可用数学归纳法证明.

例 25　对于任何正整数 x_0,三个序列 $\{x_n\}$,$\{y_n\}$,$\{z_n\}$ 定义如下:

(1) $y_0=4$ 和 $z_0=1$;

(2) 对 $n\geqslant 0$,如果 x_n 是偶数,$x_{n+1}=\frac{x_n}{2}$,$y_{n+1}=2y_n$ 和 $z_{n+1}=z_n$;

(3) 对 $n\geqslant 0$,如果 x_n 是奇数,$x_{n+1}=x_n-\frac{y_n}{2}-z_n$,$y_{n+1}=y_n$ 和 $z_{n+1}=y_n+z_n$.

整数 x_0 称为一个好数,当且仅当对某个 $n\geqslant 1$,$x_n=0$. 求不大于 1 994 的好数的个数.

(1994 年 IMO 预选题)

解　从题目条件,可知:对于任意正整数 n,$y_n=2^k$,这里 k 是某个与 n 有关的正整数,且 $k\geqslant 2$;和 $z_n\equiv 1 \pmod 4$.

下面证明如下命题:

对于正整数 n,若 x_{n-1} 是偶数,则 $y_n>z_n$;若 x_{n-1} 是奇数,则 $2y_n>z_n$.

对 n 用数学归纳法.

当 $n=1$ 时,由于 $y_0=4$ 和 $z_0=1$,则 $y_0>z_0$ 和 $2y_0>z_0$ 都成立.

设命题对某个正整数 n 成立,考虑 $n+1$ 的情况.

当 x_n 是偶数时,$y_{n+1}=2y_n>z_n=z_{n+1}$.

当 x_n 是奇数时,首先确定 x_{n-1} 是奇数还是偶数.

如果 x_{n-1} 是奇数，利用 $x_n=x_{n-1}-\frac{y_{n-1}}{2}-z_{n-1}$，以及 $y_{n-1}=2^k$，正整数 $k\geqslant2$，z_{n-1} 始终为奇数，知 x_n 是偶数，这与 x_n 是奇数矛盾. 因此，x_{n-1} 必是偶数. 那么，由题目的条件及归纳法假设

$$y_{n+1}=y_n>z_n$$

有

$$2y_{n+1}=2y_n>y_n+z_n=z_{n+1}$$

所以上述命题对任何正整数 n 成立.

如果 x_0 是一个好数，当且仅当从 $n=1$ 开始，$x_n=0$，那么，x_0 如何确定呢？首先 $x_0\neq0$. 若 x_0 是偶数，则由 $x_1=\frac{1}{2}x_0$，有 $x_0=0$，这与 $x_0\neq0$ 矛盾，因此 x_0 必是奇数. 利用 $y_0=4$，$z_0=1$ 和 $x_1=x_0-\frac{1}{2}y_0-z_0$，可得 $x_0=3$. 因此，$x_0=3$ 是一个好数.

如果 x_0 是一个好数，当且仅当从某个 $n\geqslant2$ 开始，$x_n=0$. 先确定 x_{n-2} 是奇数还是偶数. 若 x_{n-2} 是一个奇数，则 x_{n-1} 必是偶数，利用 $x_n=\frac{1}{2}x_{n-1}$，可得 $x_{n-1}=0$，这是一个矛盾. 因此，x_{n-2} 必是一个偶数，且 x_{n-1} 必是一个奇数. 从上述命题，可知 $y_{n-1}>z_{n-1}$. 从条件(3)，有

$$x_{n-1}=\frac{1}{2}y_{n-1}+z_{n-1}$$

$$y_n=y_{n-1},z_n=y_{n-1}+z_{n-1} \quad ①$$

因而，当 y_{n-1}，z_{n-1} 已知时，x_{n-1}，y_n，z_n 可以确定. 由于 x_{n-2} 是偶数，由条件(2)，有

$$x_{n-2}=2x_{n-1},y_{n-2}=\frac{1}{2}y_{n-1},z_{n-2}=z_{n-1} \quad ②$$

$x_{n-2}, y_{n-2}, z_{n-2}$可以定出.

一般的,如果 x_k, y_k, z_k 已经求出,而且有序数组$(y_k, z_k) \neq (4,1)$,那么 $x_{k-1}, y_{k-1}, z_{k-1}$怎样来确定呢?

(i)当 $y_k > z_k$ 时(y_k 偶,z_k 奇,两者不能相等),x_{k-1}必定是偶数.因为当 x_{k-1} 是奇数时,由题目条件(3)可知 $y_k = y_{k-1} = z_k - z_{k-1} < z_k$,与 $y_k > z_k$ 矛盾.再由条件(2),有

$$x_{k-1} = 2x_k, y_{k-1} = \frac{1}{2} y_k, z_{k-1} = z_k \qquad ③$$

(ii)当 $y_k < z_k$ 时,x_{k-1}必定是奇数.因为当 x_{k-1}是偶数时,从上述命题可知 $y_k > z_k$.再利用题目条件(3),有

$$y_{k-1} = y_k, z_{k-1} = z_k - y_k$$

$$x_{k-1} = x_k + \frac{1}{2} y_{k-1} + z_{k-1} \qquad ④$$

一直做下去,直到有序数组$(y_0, z_0) = (4,1)$为止,相应地有一个 x_0 可以得到.

从上面的叙述可以看出,从任一对正整数 $k(k \geqslant 2)$,t 出发,取 $y_{n-1} = 2^k, z_{n-1} = 4t+1, x_n = 0$,如果 x_0 是一个好数,当且仅当从某个 $n \geqslant 2$ 开始,$x_n = 0$,那么全部 $x_k, y_k, z_k (0 \leqslant k \leqslant n)$都可以算出,直到 $y_0 = 4, z_0 = 1$为止.记 $x_0 = f(y_{n-1}, z_{n-1})$.

取 $y_{n-1} = 64, z_{n-1} = 61$,可以利用上面的方法,得到下列数表,并能定出 $n=9$.于是

$$x_9 = 0, y_9 = 64, z_9 = 125$$

$$x_8 = 93, y_8 = 64, z_8 = 61$$

$$x_7 = 186, y_7 = 32, z_7 = 61$$

$$x_6 = 231, y_6 = 32, z_6 = 29$$

$$x_5 = 462, y_5 = 16, z_5 = 29$$

$$x_4=483,y_4=16,z_4=13$$
$$x_3=966,y_3=8,z_3=13$$
$$x_2=975,y_2=8,z_2=5$$
$$x_1=1\ 950,y_1=4,z_1=5$$
$$x_0=1\ 953,y_0=4,z_0=1 \quad ⑤$$

另一个例子是

$$x_6=0,y_6=128,z_6=129$$
$$x_5=65,y_5=128,z_5=1$$
$$x_4=130,y_4=64,z_4=1$$
$$x_3=260,y_3=32,z_3=1$$
$$x_2=520,y_2=16,z_2=1$$
$$x_1=1\ 040,y_1=8,z_1=1$$
$$x_0=2\ 080,y_0=4,z_0=1 \quad ⑥$$

由⑤及⑥，有

$$1\ 953=f(64,61),2\ 080=f(128,1) \quad ⑦$$

从上面两个例子可以看出 1 953 是一个好数，而 2 080>1 994，不是要寻找的好数.

利用①②③④等的叙述，由列表，易看到

$$f(2y,z)>f(y,z),f(y,z+4)>f(y,z) \quad ⑧$$

有兴趣的读者可以列出数表，证明上式.

从⑦和⑧，小于或等于 1 994 的好数的集合是由下述正整数组成

$$f(4,1),f(8,1),f(8,5)$$
$$f(16,1),f(16,5),f(16,9),f(16,13),\cdots$$
$$f(64,1),f(64,5),f(64,9),\cdots,f(64,61)$$

这个集合一共有 $1+2+4+8+16=31$ 个元素.

习　题　七

1. 已知 a,b,c,d 均为偶数，且 $0<a<b<c<d$，$d-a=90$. 若 a,b,c 成等差数列，b,c,d 成等比数列，则 $a+b+c+d$ 的值为（　　）.

(A)194　(B)284　(C)324　(D)384

2. 已知数列 $\{a_n\}$ 定义如下：$a_1=1$，且当 $n\geqslant 2$ 时

$$a_n=\begin{cases} a_{\frac{n}{2}}+1, & n\text{ 为偶数} \\ \dfrac{1}{a_{n-1}}, & n\text{ 为奇数} \end{cases}$$

若 $a_n=\dfrac{20}{11}$，则正整数 $n=$____.

3. 已知 $a_1,a_2,\cdots$ 是以 $a_1=a$ 为首项、r 为公比的等比数列（$a,r\in\mathbf{Z}_+$）. 设

$$\log_8 a_1+\log_8 a_2+\cdots+\log_8 a_{12}=2\ 006$$

求满足条件的有序数对 (a,r) 的个数.

（2006 年美国数学邀请赛题）

4. 在图 8 所示的 4×4 的正方形表中记有 1,9,8,5 四个数. 是否可能在其余的格子里填这样的数，使得每一行及每一列均成为等差数列.

试分别按：(1)整数；(2)实数，两种情况讨论.

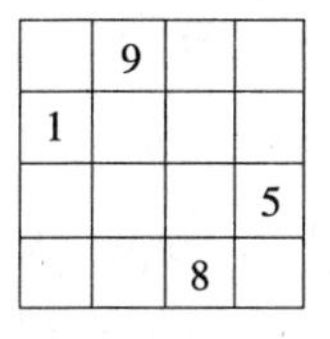

图 8

（1985 年全俄数学奥林匹克竞赛题）

5. 按如下规则构造数列 1,2,3,4,0,9,6,9,4,8,7,…，从第 5 个数字开始，每一个数字是前 4 个数字和的末位数码. 问：

(1)数字 2,0,0,4 会出现在所构造的数列中吗?

(2)开头的数字 1,2,3,4 会出现在所构造的数列中吗?　(2004 年克罗地亚数学奥林匹克竞赛题)

6. 设 h 是一个正整数,数列 $\{a_n\}$ 定义为

$$a_0=1, a_{n+1}=\begin{cases}\frac{a_n}{2}, a_n \text{ 是偶数} \\ a_n+h, a_n \text{ 是奇数}\end{cases}$$

问:对于怎样的 h,存在大于 0 的整数 n,使得 $a_n=1$.

(2005 年意大利数学奥林匹克竞赛题)

7. 设数列 $\{a_n\}$:1,9,8,5,…,其中 a_{i+4} 是 a_i+a_{i+3} $(i=1,2,\cdots)$ 的个位数字,求证:$a_{1\,985}^2+a_{1\,986}^2+\cdots+a_{2\,000}^2$ 是 4 的倍数.

8. 已知数列 $\{a_n\}$ 满足

$$a_0=3, a_n=2+a_0a_1\cdots a_n \quad (n\geqslant 1)$$

(1)证明:数列 $\{a_n\}$ 的任意两项互素;

(2)求 $a_{2\,007}$.　(2007 年克罗地亚数学竞赛题)

9. 由给定的正整数 a_0 开始,按如下法则构造数列 $\{a_n\}$,使得

$$a_{n+1}=\begin{cases}a_n^2-5, \text{若 } a_n \text{ 为奇数} \\ \frac{a_n}{2}, \text{若 } a_n \text{ 为偶数}\end{cases} \qquad ①$$

证明:对任何奇数 $a>5$,在数列 $\{a_n\}$ 中都会出现任意大的正整数.　(2000 年俄罗斯数学奥林匹克竞赛题)

10. 设 P 是大于 2 的素数,数列 $\{a_n\}$ 满足

$$na_{n+1}=(n+1)a_n-\left(\frac{p}{2}\right)^4$$

求证:当 $a_1=5$ 时,$16|a_{81}$.

(2006 年中国北方数学奥林匹克竞赛题)

11. 设 $E=\{1,2,3,\cdots,200\}$,$G=\{a_1,a_2,\cdots,a_{100}\}\subseteq$

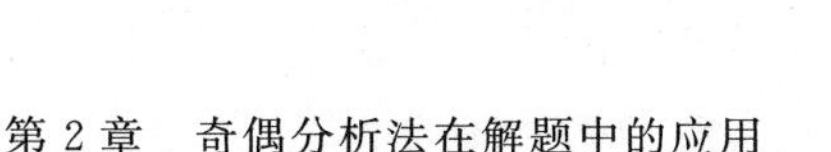

E，且 G 具有下列两条性质：

(1)对任何 $1\leqslant i<j\leqslant 100$，恒有 $a_i+a_j\neq 201$；

(2) $\sum_{i=1}^{100} a_i = 10\ 080$.

求证：G 中的奇数的个数是 4 的倍数，且 G 中所有数字的平方和为一个定数.

(1990 年全国高中数学联赛题)

12. 数列 $\{a_n\}$ 定义如下：$a_1=1$，且当 $n\geqslant 2$ 时

$$a_n=\begin{cases} a_{\frac{n}{2}}+1, \text{当 } n \text{ 为偶数时} \\ \dfrac{1}{a_{n-1}}, \text{当 } n \text{ 为奇数时} \end{cases}$$

已知 $a_n=\dfrac{30}{19}$，求正整数 n.

(2006 年上海市高中数学竞赛题)

13. 确定由 7 个不同素数所组成的等差数列中，最大项的最小可能值.

(2005 年英国数学奥林匹克竞赛题)

14. 设 k 是一个大于 1 的固定的整数，$m=4k^2-5$. 证明：存在正整数 a,b，使得如下定义的数列 $\{x_n\}$ 满足

$$x_0=a, x_1=b$$

$$x_{n+2}=x_{n+1}+x_n \quad (n=0,1,\cdots)$$

其所有的项均与 m 互素.　　(2004 年 IMO 预选题)

15. 从 n 个实数

$$a_1<a_2<\cdots<a_n$$

中最多能选出几组不同的三项等差数列？

(1980 年美国数学奥林匹克竞赛题)

16. 已知 $\{a_n\}$ 是非负整数组成的数列，满足

$$a_1=0, a_2=3$$

且

$$a_{n+1}a_n=(a_{n-1}+2)(a_{n-2}+2)\quad(n\geqslant 3)$$

若 S_n 是数列 $\{a_n\}$ 的前 n 项和，求证：$S_n\leqslant\frac{n(n+1)}{2}$，并指出等号成立的条件.

17. 函数

$$f(x)=\cos x\cdot\cos\frac{x}{2}\cdot\cos\frac{x}{3}\cdot\cdots\cdot\cos\frac{x}{2\ 009}$$

在区间 $\left[0,\frac{2\ 009\pi}{2}\right]$ 上函数值共变号多少次？

（2009 年俄罗斯数学奥林匹克竞赛题）

18. 设 $n\in\mathbf{N}^*$，试求满足如下条件的最大非负实数 $f(n)$：只要 n 个实数 $a_1,a_2,\cdots,a_n$ 之和是整数，就存在某些 i，使得

$$\left|a_i-\frac{1}{2}\right|\geqslant f(n)$$

（2006 年亚太地区数学奥林匹克竞赛题）

19. 求所有的函数 $f:\mathbf{Z}_+\to\mathbf{Z}_+$，使得对于所有的正整数 n 和所有的素数 p，均有

$$f^p(n)\equiv n(\bmod f(p))$$

（2008 年加拿大数学奥林匹克竞赛题）

20. 设函数 f 定义在正整数上，满足

$$f(1)=1,f(2)=2$$

$$f(n+2)=f[n+2-f(n+1)]+f[n+1-f(n)]\quad(n\geqslant 1)$$

(1) 证明：

(i) $0\leqslant f(n+1)-f(n)\leqslant 1$；

(ii) 若 $f(n)$ 为奇数，则 $f(n+1)=f(n)+1$.

(2) 确定（并证明）使 $f(n)=2^{10}+1$ 的所有解.

（1990 年加拿大数学奥林匹克竞赛题）

21. 设$\{x_n\}$，$\{y_n\}$为如下定义的两个整数数列

$$x_0=1,x_1=1,x_{n+1}=x_n+2x_{n-1}\quad(n=1,2,3,\cdots)$$

$$y_0=1,y_1=7,y_{n+1}=2y_n+3y_{n-1}\quad(n=1,2,3,\cdots)$$

于是，这两个数列的前几项为

$$x:1,1,3,5,11,21,\cdots$$

$$y:1,7,17,55,161,487,\cdots$$

证明：除了“1”这项，不存在那样的项，它同时出现在两个数列中.　（1973年美国数学奥林匹克竞赛题）

22. 证明：不存在这样的一个素数数列$\{p_n\}$（$n\in\mathbf{N}$），使得对每个$k\in\mathbf{N}^*$，都有$p_k=2p_{k-1}+1$或$p_k=2p_{k-1}-1$.　（2010年克罗地亚国家队选拔考试题）

23. 求所有的正整数数列$\{a_n\}$（$n\geqslant1$），满足$a_n+a_{n+1}=a_{n+2}a_{n+3}-200$.

（2011年克罗地亚国家队选拔考试题）

24. 若正整数数列$a_0,a_1,\cdots,a_n$满足$|a_i-a_{i-1}|=i^2$（$i=1,2,\cdots,n$），则称该数列为“二”阶数列.

(1)证明：对任意两个整数b,c（$b<c$），必存在一个自然数n及一个二阶数列$a_0,a_1,\cdots,a_n$，满足$a_0=b,a_n=c$.

(2)试找出最小的自然数n，使得存在一个二阶数列$a_0,a_1,\cdots,a_n$，其中$a_0=0,a_n=2\ 012$.

（2011年中国香港数学奥林匹克竞赛题）

25. 数列$x_1,x_2,\cdots,x_n$的定义如下

$$x_1=1,x_{2k}=-x_k,x_{2k-1}=(-1)^{k+1}x_k$$

其中$k>1$. 证明：对于所有的$n\geqslant1$，$x_1+x_2+\cdots+x_n\geqslant0$.

（2010年IMO预选题）

26. 设$d\in\mathbf{Z}_+$，证明：对任意整数S，存在正整数n与数列$\varepsilon_1,\varepsilon_2,\cdots,\varepsilon_n$，其中，对任意$k$，$\varepsilon_k=1$或$-1$，使得

$$S=\varepsilon_1(1+d)^2+\varepsilon_2(1+2d)^2+\cdots+\varepsilon_n(1+nd)^2$$

(2011 年加拿大数学奥林匹克竞赛题)

27. 求所有正整数对(b,c)，使得数列 $a_1=b,a_2=c,a_{n+2}=|3a_{n+1}-2a_n|(n\geqslant 1)$，只有有限个合数.

(2002 年保加利亚数学奥林匹克(决赛)竞赛题)

28. 设 $k\in\mathbf{N}^*$，定义

$$A_1=1,A_{n+1}=\frac{nA_n+2(n+1)^{2k}}{n+2}\quad(n=1,2,\cdots)$$

证明：当 $n\geqslant 1$ 时，A_n 是整数，当且仅当 $n\equiv 1$ 或 $2\pmod 4$时，A_n 为奇数.

(2009 年新加坡数学奥林匹克公开赛试题)

29. 设 r 为正整数，定义数列$\{a_n\}$如下：$a_1=1$，且对每个正整数 n，有

$$a_{n+1}=\frac{na_n+2(n+1)^{2r}}{n+2}$$

证明：每个 a_n 都是正整数，并且确定对哪些 n，a_n 是偶数. (1992 年中国台湾数学奥林匹克竞赛题)

§8　利用奇偶分析法解决操作变换问题

例 1　6 只盘子排成一行，每次操作任取两只盘子，将它们移到相邻(或左或右)的位置上，盘子可以重叠，问能否经若干次操作后，使 6 只盘子叠在一起.

(匈牙利数学竞赛题)

解　设想盘子的位置是数轴上的整数点 1,2,3,4,5,6. 由于相邻整数的奇偶性不同，故每次移动改变了两个位置的奇偶性.

原来有奇数(3)个盘子在奇数位置，每次移动有三种可能：(1)将两个奇数位置的盘子移到偶数位置；(2)将两个偶数位置的盘子移到奇数位置；(3)将一个奇数位置的盘子移到偶数位置，将一个偶数位置的盘子移到奇数位置. 无论哪种情况，每次移动后仍有奇数个盘子在奇数位置上，这就表明不能把 6 只盘子重叠在一起(因为 6 只盘子叠在一起时，奇数位置的盘子是偶数(6 或 0)个).

例 2　在黑板上写出三个整数，然后擦去一个换成其他两数的和减去 1，这样继续下去，最后得到 17，1 967，1 983. 问原来的三个数能否为：

(1)2,2,2；

(2)3,3,3.

(1983 年全苏中学生数学竞赛题)

解　(1)不能为 2,2,2. 因为 2,2,2 是三个偶数，按规则，第一次换数后，三个偶数就变成两偶一奇. 第二次换数时，若擦去的是偶数，则换上的仍是偶数，这是因为(偶数+奇数)－1＝偶数，继续保持两偶一奇；若擦去的是奇数，则换上的仍是奇数，这是因为(偶数+偶数)－1＝奇数，同样保持两偶一奇．这表明在第一次换数后，以后的换数不论怎样进行，三个数的奇偶性永远保持两偶一奇不变，而 19，1 969，1 987 三个数都是奇数，这种情况是绝不会出现的．

所以，原来的三个数不能是 2，2，2．

(2)能为 3，3，3．具体作法如下：首先按下法作 8 次变换，即

$$3,3,3\to3,3,5\to3,5,7\to3,7,9\to3,9,11\to$$
$$3,11,13\to3,13,15\to3,15,17\to17,15,31$$

再注意到

$$1\,967=122\times16+15,1\,983=122\times16+31$$

便知只要由 17，15，31 再按“$17,a,a+16\to17,a+16,a+32$”作 122 次变换，即可得到 17，1 967，1 983．

例 3　在黑板上记上数 1，2，3，…，1 974．允许擦去任意两个数，且写上它们的和或差，重复这样的操作手续，直至在黑板上留下一个数为止．求证：这个数不可能为零．　　(1974 年基辅数学奥林匹克竞赛题)

证明　考虑黑板上保留奇数的个数．

经过一次操作，如果是一个奇数和一个偶数，那么由奇数与偶数的和与差为奇数，于是擦去一个奇数和一个偶数得到一个奇数．此时，奇数的个数保持不变．

如果是两个奇数，那么由奇数与奇数的和与差为偶数，于是擦去两个奇数得到一个偶数，同样擦去两个偶数得到一个偶数．此时，奇数的个数减少两个或保持不变．

由以上,经过操作,黑板上奇数的个数的奇偶性不变.

因为一开始黑板上共有$\frac{1\ 974}{2}=987$个奇数,即有奇数个奇数,所以经过若干次操作后,黑板上必须保留奇数个奇数,因而不可能为零.

例 4　如图 9,给定两张 3×3 方格纸,并且在每一方格内填上"+""−"号.现在对方格纸中任何一行或一列做全部变号的操作,问可否经过若干次操作,使图 9(a)变成图 9(b)?　(第 10 届全俄数学竞赛题)

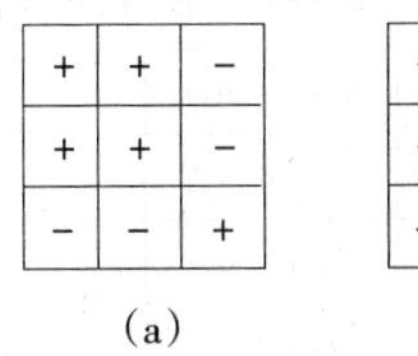

图 9

解法 1　答案是否定的.假设图 9(a)在一、二、三行经过 m_1, m_2, m_3 次操作,而第一、二、三列经过 n_1, n_2, n_3 次操作变成了图 9(b).由于图 9(a)和图 9(b)左上角符号相反,而从"+"变到"−"要进行奇数次变号,故 m_1+n_1 是奇数.同理,m_1+n_2 是偶数,m_2+n_1,m_2+n_2 都是奇数.这样,$(m_1+n_1)+(m_1+n_2)+(m_2+n_1)+(m_2+n_2)$是奇数.但这个和又等于 $2(m_1+m_2+n_1+n_2)$是偶数,矛盾.故不能经过若干次操作使图 9 由(a)变成(b).

解法 2　考虑图 9(a)中左上角 2×2 小块(全是"+"号).每次操作是把一行或一列同时变号,所以这个小块中每次都改变偶数个符号(2 个或 0 个),故它永远有偶数个"+"号.这样,如果图 9(a)能变为图 9(b),那么相应的左上角的 2×2 小块相同,但图 9(b)中这一块中有奇数个"+"号(1 个),这就表明这样的操作是不可能的.

例 5　如图 10,现有两张 3×3 方格表,将数 1,

2,…,9 按某种顺序填入图 10(a)(每格填写一个数),然后依照如下规则填写图 10(b):使图 10(b)中第 i 行第 j 列交叉处的方格内所填的数等于图 10(a)中第 i 行的各数和与第 j 列的各数和之差的绝对值(如图 10(b)中的

$$b_{12}=|(a_{11}+a_{12}+a_{13})-(a_{12}+a_{22}+a_{32})|)$$

问:能否在图 10(a)中适当填入数 1,2,…,9,使得在图 10(b)中也出现 1,2,…,9 这九个数字?

(2007 年青少年数学国际城市邀请赛试题)

a_{11}	a_{12}	a_{13}
a_{21}	a_{22}	a_{23}
a_{31}	a_{32}	a_{33}

(a)

b_{11}	b_{12}	b_{13}
b_{21}	b_{22}	b_{23}
b_{31}	b_{32}	b_{33}

(b)

图 10

解　不能做出这样的安排.

将图 10(b)中的各数去掉绝对值符号,所得到的表格如图 11 所示.则

c_{11}	c_{12}	c_{13}
c_{21}	c_{22}	c_{23}
c_{31}	c_{32}	c_{33}

图 11

$$c_{11}=(a_{11}+a_{12}+a_{13})-(a_{11}+a_{21}+a_{31})$$
$$c_{12}=(a_{11}+a_{12}+a_{13})-(a_{12}+a_{22}+a_{32})$$
$$\vdots$$
$$c_{33}=(a_{31}+a_{32}+a_{33})-(a_{13}+a_{23}+a_{33})$$

易见,$c_{11}+c_{12}+\cdots+c_{33}=0$.

故图 11 中有偶数个奇数.

因为 $b_{ij}=|c_{ij}|$,所以 b_{ij} 与 c_{ij} 同奇偶,于是,图 10(b)中也有偶数个奇数,但 1,2,…,9 中有奇数个奇数,因此,不能做出这样的安排.

例 6　将 1,2,…,9 这 9 个数填入 3×3 棋盘,使

各行、各列及两对角线之和均相等.

例6就是三阶幻方问题.

解法1　因三阶幻方要求各行、各列及两对角线之和均相等,不妨将其和称作“幻和”,记为S.注意到三行之和数相加就是1～9全部数之和,因此,$3S=45$,即$S=15$.

再考虑将15分拆为1～9内3个不同的正整数之和时,有8种不同的情况

$1+5+9,1+6+8,2+4+9,2+5+8$

$2+6+7,3+4+8,3+5+7,4+5+6$

可见,此8个式子正是所要求的8个幻和,其中数字5出现4次应填在正中央;数字2,8,4,6各出现3次应填入四角;把各出现2次的剩余4个数1,9,3,7分别如图12填入,便可得到满足题目要求的填法.

2	9	4
7	5	3
6	1	8

图12

a_1	a_2	a_3
a_4	a_5	a_6
a_7	a_8	a_9

图13

解法2　由解法1知幻和$S=15$.

如图13,不妨记三阶幻方各方格中的数分别为$a_1,a_2,\cdots,a_9$.注意到

$$a_1+a_5+a_9=15 \quad ①$$

$$a_3+a_5+a_7=15 \quad ②$$

$$a_2+a_5+a_8=15 \quad ③$$

$$a_4+a_5+a_6=15 \quad ④$$

①+②+③+④得

$$3a_5+(a_1+a_2+\cdots+a_9)=60$$

即$3a_5+45=60$,得$a_5=5$.

余下的8个数中有4个偶数、4个奇数.若假设a_1为奇数,则由式①知a_9必为奇数.

分类讨论如下：

(1)若 a_2 为奇数，则由式③知 a_8 必为奇数. 于是，由 $a_1+a_2+a_3=15$，知 a_3 也必为奇数，即 a_1,a_2,a_3,a_8,a_9 为奇数，矛盾.

(2)若 a_2 为偶数，则由式③知 a_8 必为偶数. 于是，由 $a_1+a_2+a_3=15$，知 a_3 必为偶数. 同理，a_4,a_6,a_7 必为偶数，矛盾.

故 a_1 必定为偶数.

同理，a_9,a_3,a_7 也必为偶数.

取 $a_1+a_9=2+8$，$a_3+a_7=4+6$，于是，$a_2=9$，$a_4=7$，$a_6=3$，$a_8=1$.

例 7 甲和乙在一个 $n\times n$ 的方格表中做填数游戏，每次允许在一个方格中填入数字 0 或者 1(每个方格中只能填入一个数字)，由甲先填，然后轮流填数，直至表格中每个小方格内都填了数. 如果每一行中各数之和都是偶数，则规定为乙获胜，否则当作甲获胜，请问：

(1)当 $n=2\,006$ 时，谁有必胜的策略？

(2)对于任意正整数 n，回答上述问题.

(2006 年青少年数学国际城市邀请赛队际赛试题)

解 (1)当 $n=2\,006$ 时，后填数的乙有必胜策略.

用 1×2 的多米诺骨牌对表格进行分割，使得每一行都由 1 003 块多米诺所组成，当甲对某块多米诺中的一个填数时，乙也在该多米诺中填数，并且使得这块多米诺中两个数之和为偶数. 依此策略，乙可以使得表格的每一行中各数之和都是偶数，故乙获胜.

(2)当 n 为偶数时，同上述操作，可知乙有必胜策略.

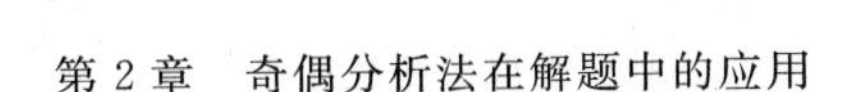

当 n 为奇数时,甲有必胜策略:他可以先在第 1 行第 1 列的方格中写上 1,然后对第 1 行中其余方格作前面的多米诺分割,采取同样的操作方式,可使表格中第 1 行中各数之和为奇数.

例 8　有 7 只正立着的茶杯,要求全部翻成口朝下.规定每次翻动其中 6 只,试问能否办到?如果茶杯是 8 只,规定每次翻动 7 只,又能否把正立的茶杯全部翻过来?

分析　为解决这个存在性问题,我们在不改变问题实质的前提下,尝试从最简的情形中发现规律.

若有 2 只茶杯,允许每次翻动 1 只茶杯,则依次翻动 2 只茶杯,即可把它们全部翻过来.

若有 3 只茶杯,允许每次翻动 2 只茶杯,无论如何都不能将 3 只茶杯全部翻过来.

若有 4 只茶杯,可以按表 4 进行翻动(表中"↑""↓"表示杯子正立或倒置).每次翻动 3 只,经 4 次翻动,4 只茶杯全部都翻成口朝下了.

由此归纳并猜想,可以得到当茶杯的个数是奇数时,不能按要求翻转.下面来证明这个结论.

表 4

次数 \ 杯号	1	2	3	4
0	↑	↑	↑	↑
1	$\boxed{\uparrow}$	↓	↓	↓
2	↓	$\boxed{\downarrow}$	↑	↑
3	↑	↑	$\boxed{\uparrow}$	↓
4	↓	↓	↓	$\boxed{\downarrow}$

证明　假设这 7 只茶杯都已按要求全部翻过来

了,那么每只茶杯必经过奇数次翻动.一方面,总的翻动次数是奇数;另一方面,每次翻动 6 只茶杯,茶杯总的翻动次数是 6 的倍数,应为偶数,这是不可能的.

进一步看,由于奇数个奇数相加,其和仍为奇数,故只要茶杯的个数是奇数,都不可能按要求把茶杯翻过来.

当茶杯是 8 只时,则可以按要求把茶杯全部翻过来.事实上,第一次翻动时,只要不翻动第 1 号茶杯;第二次翻动时,只要不翻动第 2 号茶杯……第八次翻动时,只要不翻动第 8 号茶杯,这样每个茶杯正好翻动 7 次,最后一定口朝下.显然,上述过程对茶杯数为偶数的情形都适合.

例 9 将 1×2 的纸片的两个小方格上分别写上 $+1$ 和 -1,今用这样的纸片拼成 $5\times n$ 的方格表(纸片横放或竖放都可以),要求此方格表每行、每列各数字的乘积都是 1.问 n 为何值时,这样的方格表可以拼成?

解 如果满足要求的 $5\times n$ 方格表可以拼成,因为每一行各数字的乘积为 1,所以每一行中 -1 的个数必为偶数,从而在方格表中 -1 的总数为偶数,设共 $2m$ 个.因为方格表是由完整的纸片拼成的,所以表中的 1 的个数与 -1 的个数相同,这样表中共 $4m$ 个数,于是 $5n=4m$.因 5 是素数,故 n 必须是 4 的倍数.

当 n 是 4 的倍数时,只需在水平方向上不断重复图 14 中的构型,就可得到满足要求的拼法.

-1	-1	1	1
1	-1	1	-1
-1	-1	1	1
1	1	-1	-1
1	-1	-1	1

图 14

例 10 对 $3n\times3n$ 的棋盘进行黑白染色.每次操

作为：改变任意一行(或列)的格子的颜色．起初，棋盘中仅有一个黑格，经过一系列操作，发现棋盘中恰有 36 个黑格．求 n 的所有可能值．

(2011 年白俄罗斯数学奥林匹克竞赛题)

解　注意到，若对棋盘中某一行(或列)进行偶数次改变，则其不发生变化．

不妨设对棋盘每行、每列最多进行了一次操作．设操作了 x 行、y 列，则棋盘格中有

$$c=3nx+3ny-2xy \qquad ①$$

个格发生了颜色变化．

而式①可写为

$$(3n-2x)(3n-2y)=9n^2-2c \qquad ②$$

注意到，棋盘开始时的黑格是否改变颜色，易知，$c=35$或 37.

若 n 为偶数，由于经过偶数次变化，棋盘中黑格数的奇偶性不会发生改变，而事实上，黑格数却从 1 变成 36，矛盾．

故 n 为奇数．

由于 $0\leqslant x\leqslant 3n$，$0\leqslant y\leqslant 3n$，故 $|3n-2x|$，$|3n-2y|$ 均是不超过 $3n$ 的奇数．

若 $|3n-2x|$ 与 $|3n-2y|$ 中至少有一个为 $3n$，则式②右边可被 3 整除，而当 $c=35$ 或 37 时，都不能被 3 整除．

故 $|3n-2x|$，$|3n-2y|$ 均小于 $3n$，于是

$$|3n-2x|\leqslant 3n-2,|3n-2y|\leqslant 3n-2\Rightarrow$$

$$9n^2-2c\leqslant(3n-2)^2=9n^2-12n+4\Rightarrow$$

$$n\leqslant\frac{c+2}{6}\leqslant\frac{39}{6}=\frac{13}{2}\Rightarrow$$

$n=1,3,5$

当 $n=1$ 时，对于 3×3 的棋盘，不会有 36 个格，舍去.

当 $n=3$ 时，$(9-2x)(9-2y)=11$ 或 17.

解得 $\{x,y\}=\{4,-1\}$（舍去），$\{4,1\}$.

当 $n=5$ 时，$(15-2x)(15-2y)=155$ 或 151.

无满足条件的解.

所以，$n=3$.

此时，在 9×9 的棋盘中，令左下角的格为黑色，然后改变第一行和前四列的颜色，由此操作后恰有 36 个黑格.

例 11 将 2 009 个砝码排成一行，每个砝码的质量都是整数克，且都不超过 1 000 g. 每两个相邻砝码的质量都刚好相差 1 g，所有砝码的总质量为偶数克. 证明：可将所有砝码分为两堆，使得两堆砝码的总质量彼此相等. （2010 年俄罗斯数学奥林匹克竞赛题）

证明 显然，排在奇数号位置上的砝码质量具有相同的奇偶性，而放在偶数号位置上的砝码质量具有另一种相同的奇偶性.

因为所有砝码的总质量为偶数克，所以，放在 1 005个奇数号位置上的砝码质量均为偶数克.

将第 1 个砝码置于天平左端（假设其质量为 $2a\leqslant$ 1 000 g），将其余 2 008 个砝码分为 1 004 个相邻对（第 2 个与第 3 个砝码为一对，第 4 个与第 5 个砝码为一对……）. 易知，每一对中的两个砝码的质量都刚好相差 1 g.

将某 $502-a$ 对砝码中较轻的砝码放到天平右端，较重的放到天平左端；而把其余 $502+a$ 对砝码中较轻

的砝码放到天平左端，较重的放到天平右端. 此时，天平两端砝码的质量之差为

$$2a+(502-a)-(502+a)=0$$

符合要求.

例 12　别佳在商店里使用计算机，需按下述标准交费：每给一次所输入的数乘 3 要交 5 戈比，而每给任何数加 4 要交 2 戈比，但在计算机中输入 1 是免费的. 别佳希望从 1 开始算到 1 981 为止能花费最少的钱，试问，他需要多少钱才够花费？而如果他想算到 1 982 为止呢？　　(1982 年莫斯科数学奥林匹克竞赛题)

解　(1)我们采取逆运算，即从 1 981 起进行减 4 和除以 3 的运算. 在数比较大的时候，显然用除以 3 的运算更能省钱.

由于 1 981 不能被 3 整除，则先减 4，以下运算为

$$1\ 981 \xrightarrow{-4} 1\ 977 \xrightarrow{\div 3} 659 \xrightarrow{-4} 655 \xrightarrow{-4} 651 \xrightarrow{\div 3}$$

$$217 \xrightarrow{-4} 213 \xrightarrow{\div 3} 71 \xrightarrow{-4} 67 \xrightarrow{-4} 63 \xrightarrow{\div 3} 21$$

从 1 到 21 有两种途径：

第一种：$1 \xrightarrow{\times 3} 3 \xrightarrow{+4} 7 \xrightarrow{\times 3} 21$.

这要花费 $2\times5+2=12$ 戈比.

第二种：$1 \xrightarrow{+4} 5 \xrightarrow{+4} 9 \xrightarrow{+4} 13 \xrightarrow{+4} 17 \xrightarrow{+4} 21$.

这要花费 $2\times5=10$ 戈比.

显然第二种途径较省钱.

于是从 1 到 1 981 的运算途径为

$$1 \xrightarrow{+4} 5 \xrightarrow{+4} 9 \xrightarrow{+4} 13 \xrightarrow{+4} 17 \xrightarrow{+4} 21 \xrightarrow{\times 3}$$

$$63 \xrightarrow{+4} 67 \xrightarrow{+4} 71 \xrightarrow{\times 3} 213 \xrightarrow{+4} 217 \xrightarrow{\times 3}$$

$$651 \xrightarrow{+4} 655 \xrightarrow{+4} 659 \xrightarrow{\times 3} 1\ 977 \xrightarrow{+4} 1\ 981$$

共花费 $11\times2+4\times5=42$ 戈比.

(2)由于数的一系列运算是

$$a_0=1,a_1,a_2,\cdots,a_{k-1},a_k,\cdots,a_n$$

其中

$$a_k=3a_{k-1},a_k=a_{k-1}+4$$

由于当 a_{k-1} 是奇数时，$3a_{k-1}$ 和 $a_{k-1}+4$ 都是奇数，从而 a_k 是奇数.

因为 $a_0=1$ 是奇数，所以所有的 $a_i(i=1,2,\cdots)$ 都是奇数，因此不可能得到 1 982.

例 13 如图 15，依顺时针方向，从 1 开始，走 1 步到 2，再走 2 步到 3，最后走 3 步到 4. 对于大于 1 的自然数 n，能否将 1 至 n 排在圆周上，使得从 1 开始，走一步到 a_2，再走 a_2 步到 a_3……最后，走 a_{n-1} 步到 a_n？这里 $a_1(a_1=1),a_2,a_3,\cdots,a_n$ 是 $1,2,\cdots,n$ 的一个排列.

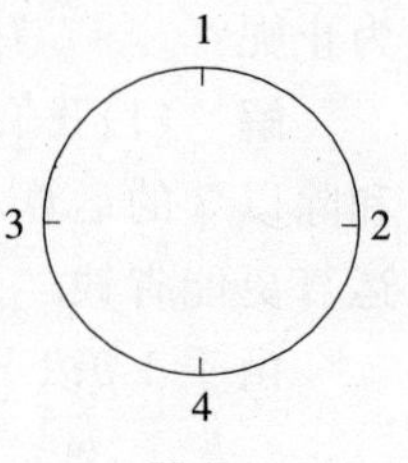

图 15

(2007 年江苏省高中数学联赛复赛试题)

解 当 $n=2k$ 时，可以. 图 16就是符合要求的一种排法.

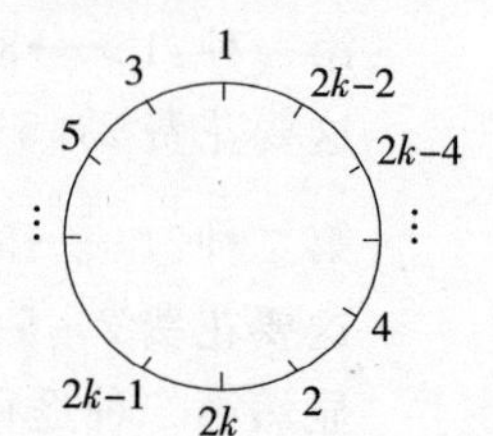

图 16

当 $n=2k+1$ 时，没有符合要求的排法.

用反证法.

假设有符合要求的排法，那么，每个数既有值(这个数本身)，又有位(在圆周上的位置).

将 $a_1=1,a_2,a_3,\cdots,a_n$ 分别记作(位作为横坐标，值作为纵坐标)

$(1,1),(1+1,a_2),(1+1+a_2,a_3),\cdots,$

$(1+1+a_2+\cdots+a_{n-1},a_n)$

显然,$a_n=n$. 所以

$$1+1+a_2+\cdots+a_{n-1}=$$
$$1+1+2+3+\cdots+(n-1)=$$
$$1+\frac{n(n-1)}{2}$$

因为 n 为奇数,所以,$\frac{n-1}{2}$是整数.

故 $1+\frac{n(n-1)}{2}=1(\bmod n)$,即 $a_n=n$ 的位是 1,这与 1 的位也是 1 矛盾.

例 14　甲、乙两人玩下面的游戏. 规定:他们轮流将 0~9 的数码之一代替形如

$$* \ * \ * \ * \ * \ * \ * \ * \ * \ *$$

中的一个星号,最后得到一个十位数(每个数码恰用一次,0 不能是这个十位数的第一位). 若这个十位数能被 11 整除,则甲获胜,否则乙获胜. 问:在下列两种情况下,谁有获胜策略?

(1)甲先开始;

(2)乙先开始.

(2009 年白俄罗斯数学奥林匹克竞赛题)

解　两种情况乙均获胜.

设 $X=\overline{x_1x_2\cdots x_{10}}$是最后得到的数,且设

$$S_0=x_2+x_4+x_6+x_8+x_{10}$$
$$S_1=x_1+x_3+x_5+x_7+x_9$$

则 X 能被 11 整除当且仅当 $R=S_1-S_0$ 能被 11 整除.

因为 X 的各位数字之和为

$$S=S_0+S_1=x_1+x_2+\cdots+x_{10}=$$

$$0+1+2+\cdots+9=45$$

所以,与 S 有相同奇偶性的 R 为奇数.

又

$$|R|\leqslant(5+6+\cdots+9)-(0+1+\cdots+4)=25$$

则 X 能被 11 整除当且仅当 $|R|=11$.

由 $S_0+S_1=45$ 及 $|R|=11$,得 X 能被 11 整除当且仅当

$$S_0=17,S_1=28 \text{ 或 } S_0=28,S_1=17$$

(1)甲第一次操作后,乙用 0 替代一个星号,且与甲所选的位数的奇偶性相反(若甲第一次操作选的是 0,则乙任意选择一个其他的数码). 甲第二、三次操作后的每一次,乙与甲所选位数的奇偶性相反,而且乙可以任取剩下的数码. 两个人各操作三次以后,第奇数位和偶数位还各有两个星号. 不失一般性,假设甲第四次操作选的是第奇数位. 则在剩下的三个数中(都不等于 0)至少有一个不等于 $28-S_1$,$17-S_1$. 乙用这个数来代替最后一个第奇数位的星号. 于是,游戏结束后,$x_1\neq0$,$S_1\neq17$,$S_1\neq28$.

因此,乙获胜.

(2)乙先开始,他取 $x_{10}=0$.

因此,可知乙有获取策略.

例 15 计算机屏幕上显示了一个 98×98 的棋盘,将棋盘用通常方法染色(即两种颜色相间地染). 一个人能够拖动鼠标选择一个边框为棋盘线的矩形,然后点击鼠标,这个框内所有的颜色变色(即白变黑、黑变白). 问至少要点击多少次鼠标才能将整个棋盘变成同一种颜色? 证明你的结论.

证明 我们证明对 $n\times n$ 的棋盘,若 n 为奇数,则

至少需要点击 $n-1$ 次鼠标,才能将整个棋盘变成同一种颜色;若 n 为偶数,则至少需要点击 n 次鼠标,才能将整个棋盘变成同一种颜色.

考虑沿着边框线的 $4(n-1)$ 个小方格,由于它们黑白相间,故一共有 $4(n-1)$ 对由相邻异色小方格组成的异色小方格对.而每一次点击至多减少 4 对这样的异色小方格对,故至少要点击 $n-1$ 次鼠标,才能将整个棋盘变成同一种颜色.

(1) n 为奇数.

(i) 若 $n=1$,则棋盘只有一种颜色,无须点击鼠标;

(ii) 若 $n=2k+1$(k 为正整数),则可先点击第 $2,4,\cdots,2k$ 行,再点击第 $2,4,\cdots,2k$ 列(每次点击可减少 4 对异色小方格对),共点击 $n-1$ 次鼠标,即可将整个棋盘变成同一种颜色.

(2) n 为偶数.

设 $n=2k$(k 为正整数),由于这个棋盘的 4 个顶点不同色,故必有矩形包含这些顶点.而点击这些矩形一次至多可以减少 2 对异色小方格对,所以,至少需要点击 n 次鼠标,才能将整个棋盘变成同一种颜色——可先点击第 $2,4,\cdots,2k$ 行,再点击第 $2,4,\cdots,2k$ 列,第 k 次和第 $2k$ 次点击鼠标每次可减少 2 对异色小方格对,其余各次点击鼠标每次可减少 4 对异色小方格对,共点击 n 次.

因此,至少要点击 98 次鼠标,才能将一个 98×98 的棋盘变成同一种颜色.

例 16　在游戏开始前,桌上有 m 个红筹码和 n 个绿筹码,A,B 两选手按照下面的规则轮流取筹码.A

先开始，若轮到谁，谁就选择一种颜色，并从桌上取走该色的筹码的个数 k 是另一种实际个数的约数. 如果某人能从桌上取走是后一个筹码，就判定他赢. 问：A，B 两选手谁有获胜策略？

（2007年德国数学奥林匹克竞赛题）

解 若 $\frac{m}{(m,n)}$ 和 $\frac{n}{(m,n)}$ 均为奇数，则 B 有获胜策略，否则 A 有获胜策略.

令 $m_i=2^{s_i}t_i,n_i=2^{v_i}w_i$ 是第 i 步之前红筹码与绿筹码的个数，其中 t_i,w_i 为奇数.

(1)当 $m_in_i=0$ 时，由于0可以被任何正整数整除，故选手可以直接获胜，于是假设 $m_in_i\neq0$.

(2)$s_i=v_i$.

设另一个选手拿走 $k=2^ab$（b 为奇数）个筹码，$a\leqslant s_i\leqslant v_i$.

若 $a=v_i$，则 $n_{i+1}=2^a(w_i-b)$，括号中的数 w_i-b 为偶数，故

$$v_{i+1}>v_i \text{ 且 } v_{i+1}\neq s_{i+1}=s_i$$

若 $a<v_i$，则 $n_{i+1}=2^a(w_i2^{v_i-a}-b)$，其中 $w_i\cdot2^{v_i-a}-b$ 为奇数，故

$$v_{i+1}<v_i \text{ 且 } v_{i+1}\neq s_{i+1}$$

(3)$s_i\neq v_i$.

令 $s_i<v_i$. 由下一位选手拿走 2^{s_i} 个绿筹码得 $n_{i+1}=2^{s_i}(2^{v_i-s_i}w_i-1)$，因此

$$v_{i+1}=s_i=s_{i+1} \text{ 且 } m_{i+1}n_{i+1}\neq0$$

故易知，接下来的选手不会获胜.

如果 A 在(3)的条件下开始，他将所有颜色的筹码按(2)的情况留给 B，按着 B 又把情况(3)留给 A，由

于每次操作筹码数会减少，最终 B 拿走一种颜色的最后一个筹码，故 A 获胜. 相反，若 A 面临(2)的情况，选手的角色会发生转变，则 B 获胜.

例 17　在黑板上写有自然数

$$1,2,3,\cdots,n \quad (n\geqslant 3)$$

每一次允许擦去其中任何两个数字 p 与 q，而代之以 $p+q$ 和 $|p-q|$. 经过这样若干次改写之后，黑板上所有的数字全都变成 k.

试问：k 可能取哪些值？

(1991 年全苏数学奥林匹克竞赛题)

解　设 s 是任何一个满足不等式 $2^s\geqslant n$ 的自然数.

在每一步之后，黑板上所写的数都是非负整数.

如果两个非负整数的和与差都是某个奇数 d 的倍数，那么，这两个数本身也都是 d 的倍数.

因此，如果数 k 是奇数 $d(d>1)$ 的倍数，那么，一开始写在黑板上的数就应该是奇数 d 的倍数，然而这是不可能的. 因为一开始有 1，1 就不是 $d(d>1)$ 的倍数.

因此，k 不能含有奇的素因数，即 $k=2^s$.

由于在每一步之后，黑板上的数中的最大值不会下降，于是 $k\geqslant n$.

下面证明 k 可为任何不小于 n 的 2^s.

由题设，可由数对 $(2^a,2^a)$ 得到数对 $(0,2^{a+1})$，也可由数对 $(0,2^c)$ 得到数对 $(2^c,2^c)$.

因此，如果在黑板上写有一组由 2 的方幂所组成的数，它们的指数都不超过 s_0，而其中又有两个相等的小于 2^{s_0} 的数，那么，经过几步之后，就可以使所有的数

全部变成为 2^{s_0}.

下面用数学归纳法证明：由数组 $1,2,\cdots,n$ 出发，由题设的变换要求，总可以得到全由 2 的方幂所组成的数组.

(1)当 $n=3$ 时，由 1,2,3 可得

$$(1,2,3)\to(4,2,2)\to(4,4,0)\to$$
$$(8,0,0)\to(8,8,0)\to(8,8,8)$$

(或由 $(4,4,0)\to(4,4,4)$).

(2)假设结论对 $3\leqslant n\leqslant m$ 的所有 n 都成立. 下面证明当 $n=m+1$ 时结论成立.

如果 $m+1\leqslant 8$，可直接验证.

现设 $m+1=2^t+b$，其中 $1\leqslant b\leqslant 2^t$，$t\geqslant 3$.

我们对 $p=2^t-u$，$q=2^t-u$，其中 $1\leqslant u\leqslant b$，(当 $b=2^t$ 时，$1\leqslant u\leqslant b-1$)作题目要求的变换.

这样可得到如下三部分数所构成的数组：

第一组：$\{1,2,\cdots,2^t-b-1\}$. 当 $b=2^t$ 和 $b=2^t-1$ 时，这一组数不存在；

第二组：$\{2,4,\cdots,2b\}$(由差 $|p-q|$ 得出)；

第三组：$\{2^t,2^{t+1},\cdots,2^{t+1}\}$(由和 $p+q$ 及 2^t 得出).

如果第一组与第二组这两部分数各不少于 3 个 $(3\leqslant b\leqslant 2^t-4)$，那么可分别用归纳假设.

如果只有其中一组的数不少于 3 个，那么可对该组用归纳假设，而另两组一定都是 2 的幂.

如果第一组与第二组的数均少于 3 个，那么不可能有 $t\geqslant 3$，因为这时由

$$\begin{cases}2^t-b-1\leqslant 2\\2b\leqslant 4\end{cases}$$

可得

$$2^t \leqslant 5, t<3$$

于是由数学归纳法证明了 $1,2,\cdots,n$ 可以由题设的变换得到全部由 2 的幂所构成的数组.

因此,k 能够取任何不小于 n 的 2^s.

例 18　设有 2^n 个球分成了许多堆.我们可以任意选甲乙两堆来按照以下规则挪动:若甲堆的球数 p 不少于乙堆的球数 q,则从甲堆拿 q 个球放到乙堆里去,这样算是挪动一次.证明:可以经过有限次挪动把所有的球合并成一堆.　　　(1963 年北京市高中数学竞赛题)

证法 1　用数学归纳法证明本题.

当 $n=1$ 时,共有 $2^1=2$ 个球,可能只有一堆,不必挪动,可能分为两堆,每堆一个,挪动一次就并成一堆.

假设当 $n=k$ 时结论成立,即 2^k 个球分成许多堆之后,按规则经过有限次挪动能并成一堆.

当 $n=k+1$ 时,2^{k+1} 个球所分各堆的球数或是奇数,或是偶数.奇数个球的堆数必是偶数(否则,总球数将是奇数与题设不符).对奇数个球的许多堆,任意把它们两两配合,在每两堆之间挪动一次,从而使各堆的球数都变为偶数.把每堆里的每两个球看作一个大球,则这时 2^{k+1} 个球变成 2^k 个大球.

根据归纳假设,这 2^k 个大球总能按规则并成一堆,并成一堆之后,再把每一个大球分拆成两个小球,这时 2^k 个大球又成为 2^{k+1} 个球,并且并成了一堆.

于是对所有自然数 n,2^n 个球可以按规则,经有限次挪动变成一堆.

证法 2　假设 2^n 个球最初分成了 h 堆,设这 h 堆的球数依次为

$$a_1, a_2, \cdots, a_h$$

显然由 $a_1+a_2+\cdots+a_h=2^n$ 可知,其中有偶数个 a_i 为奇数. 把相应的奇数个球堆两两配合,并按规则移动一次,这时总堆数 $k\leqslant h$,各堆的球数变为偶数. 设各堆的球数为

$$a'_1, a'_2, \cdots, a'_k \quad ①$$

由于 $a'_i(i=1,2,\cdots,k)$ 是偶数,则总存在一个整数 $p\geqslant1$,使得 2^p 能整除所有的 a'_i,而 2^{p+1} 不能整除所有的 a'_i. 于是①可以写为

$$2^pb_1, 2^pb_2, \cdots, 2^pb_k \quad ②$$

它们必须满足

$$2^p(b_1+b_2+\cdots+b_k)=2^n$$

在此式中,$b_1, b_2, \cdots, b_k$ 必有奇数.

若 $p=n$,则 $k=1, b_1=1$,此时,所有的球都已并入一堆.

若 $p<n$,则有

$$b_1+b_2+\cdots+b_k=2^{n-p}$$

于是,$b_1, b_2, \cdots, b_k$ 之中的奇数必有偶数个. 再把这些奇数按规则两两配合,挪动,每这样两堆移动一次,就使得各堆球数变为

$$2^pb'_1, 2^pb'_2, \cdots, 2^pb'_l \quad (l\leqslant k) \quad ③$$

这时,$b'_1, b'_2, \cdots, b'_l$ 都是偶数,因此又存在整数 $q\geqslant1$,使 2^q 能整除所有的 $b'_i(i=1,2,\cdots,l)$,但 2^{q+1} 不能整除所有的 b'_i. 这样,③又可改写为

$$2^{p+q}c_1, 2^{p+q}c_2, \cdots, 2^{p+q}c_l \quad ④$$

如果 $p+q=n$,那么 $l=1, c_1=1$,这些球已并成一堆.

如果 $p+q<n$,必然

$$c_1+c_2+\cdots+c_l=2^{n-(p+q)}$$

这里，$c_1,c_2,\cdots,c_l$ 中的奇数有偶数个，再把奇数个球的堆两两配合挪动.

这样每调整一次，各堆能够提出的公因数（如 2^p，2^{p+q}）就加大一次，而且每次都至少乘一个因数 2. 因此，必有一个时刻，使公因数变为 2^n，即并成一堆. 从而本题得证.

例 19　对 $n\times n$ 的方格表，称有公共边的方格是"相邻的". 开始时，每个方格中都写着 $+1$，对方格表进行一次操作是指：任取其中一个方格，不改变此方格中的数，而将所有与此方格相邻的方格中的数都改变符号. 求所有的正整数 $n\geqslant2$，使得可以经过有限次操作，将所有方格中的数都变为 -1.

（2012 年中国西部数学奥林匹克竞赛题）

解　所求结果为所有的偶数. 首先，记第 i 行第 j 列的方格为 A_{ij}，其中 $i,j\in\{1,2,\cdots,n\}$.

先证明：当 n 为偶数时，可以将所有方格中的数都变为 -1.

图 17

当 $n=2k(k\in\mathbf{N}^*)$ 时，如图 17，将方格 $A_{ij}(i+j\equiv0\pmod 2)$ 染成黑色，将方格 $A_{ij}(j-i\equiv3\pmod 4$ 且 $j-i\not\equiv j+i\pmod 4)$ 染成灰色.

这样，与每一个灰色方格相邻的方格都是黑色的，与每一个黑色方格相邻的灰色方格都恰好只有一个. 现对所有的灰色方格均操作一次，则所有的黑色方格中的 $+1$ 均变为 -1，且其余方格中数字不变.

由于 n 为偶数，故将表格关于中心 O 作逆时针旋转 90° 的变换，则所有被染成黑色的方格恰好覆盖未染色及被染成灰色的方格.因此,对所有旋转后灰色方格所在位置再做一次操作,表格中剩余的$+1$就都变为-1了,而其余方格中数字不变.

所以,当n为偶数时,表格中的数字可以都变为-1.

再证明:当n为奇数时,不可能将所有方格中的数都变为-1.

当n为奇数时,记主对角线上的方格依次为$M_1,M_2,\cdots,M_n$,与它们相邻的方格被选取作为操作中心的次数为$x_1,x_2,\cdots,x_{n-1},y_1,y_2,\cdots,y_{n-1}$(图18).

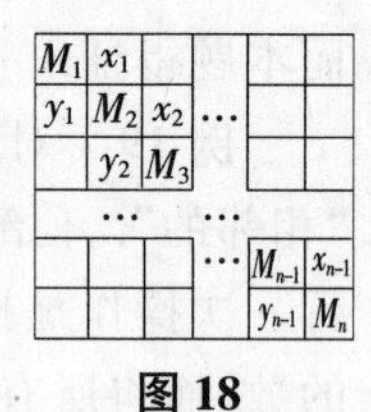

图18

因为方格$M_1,M_2,\cdots,M_{n-1},M_n$分别由$+1$变为$-1$,均被改变了奇数次,所以,$x_1+y_1,x_1+y_1+x_2+y_2,\cdots,x_{n-2}+y_{n-2}+x_{n-1}+y_{n-1},x_{n-1}+y_{n-1}$均是奇数.

上述奇数个奇数相加,总和为

$$2(x_1+x_2+\cdots+x_{n-1}+y_1+y_2+\cdots+y_{n-1})$$

是个偶数,矛盾.

故所求n是偶数.

例20 在正整数集合中,开始将从1至2 005的所有整数都做了标签,称一个有标签的有限个连续整数组成的集为一"块",如果它不包含在任何一个较大的有标签的连续整数集内.在每一步,我们选择有标签的整数构成的集合,其中不包含任何块的第一个元素或最后一个元素,将这些整数的标签摘掉,从比有标签的最大整数大2的整数开始的连续整数依次标上相同数量的标签.问至少要经过多少步,才能使2 005个有标签的数都是一个数成为一块.

(2005年土耳其IMO代表队选拔考试题)

解　因为每个块后面至少有一个不带标签的数，所以，一个长度为 k 的块实际上“占用”了 $k+1$ 个数.

因此，在每一步操作中，一个长度为 k 的块最多被分解成 $\left[\frac{k+1}{2}\right]$ 个块.

设在某一步操作之前有 n 个块，它们的长度分别为 $a_1,a_2,\cdots,a_n$. 在这一步操作后，这些块被分成的块的个数不超过

$$\sum_{i=1}^{n}\left[\frac{a_i+1}{2}\right]\leqslant\sum_{i=1}^{n}\frac{a_i+1}{2}=\sum_{i=1}^{n}\frac{a_i}{2}+\frac{n}{2}=\frac{2\ 005+n}{2}$$

再加上最后生成的一个块，总块数不超过 $\frac{2\ 007+n}{2}$.

又因为总块数是整数，所以，总块数不超过 $\left[\frac{2\ 007+n}{2}\right]$.

设 $f(m)$ 表示经过 m 次操作后总块数的最大值，则

$$f(0)=1,f(m+1)\leqslant\left[\frac{2\ 007+f(m)}{2}\right]$$

故

$$f(1)\leqslant 1\ 004,f(2)\leqslant 1\ 505$$
$$f(3)\leqslant 1\ 756,f(4)\leqslant 1\ 881$$
$$f(5)\leqslant 1\ 944,f(6)\leqslant 1\ 975$$
$$f(7)\leqslant 1\ 991,f(8)\leqslant 1\ 999$$
$$f(9)\leqslant 2\ 003,f(10)\leqslant 2\ 005$$

可见，至少需要 10 步才能达到 2 005 块，即 2 005 个有标签的数都是一个数成为一块.

下面证明：10 步操作可以使 2 005 个有标签的数

都是一个数成为一块.

我们采取下面的操作方式:

对任一个长度为奇数 $2m+1$ 的块,取出它的第 2,4,…,$2m$ 个数,把它分解成 $m+1$ 个长度为 1 的块. 对任一个长度为偶数 $2m(m\geqslant 2)$ 的块,取出它的第 2,4,…,$2m-2$,$2m-1$ 个数,把它分解成 m 个长度为 1 的块. 于是,每步操作之后都剩下一些长度为 1 的块和一个新生成的块.

设第 m 步操作后这个新生成的块的长度为 $g(m)$,则

$$g(m+1)=\left[\frac{g(m)}{2}\right]$$

故

$$g(1)=1\,002, g(2)=501$$
$$g(3)=250, g(4)=125$$
$$g(5)=62, g(6)=31$$
$$g(7)=15, g(8)=7$$
$$g(9)=3, g(10)=1$$

所以,10 步操作后,所有块的长度均为 1.

综上,所求的最小值是 10.

例 21 在一个正六边形的顶点上写着 6 个和为 2 003的非负整数,伯特可以做如下操作:

他可以选出一个顶点,把它上面的数擦去,然后写上相邻两个顶点上数的差的绝对值.

证明:伯特可以进行一系列操作,使得最后每个顶点的数都为 0. (2003 年美国数学奥林匹克竞赛题)

证明 用 $\begin{matrix} & B-C & \\ A & & D \\ & F-E & \end{matrix}$ 表示操作过程中的某

个状态，其中 A,B,C,D,E,F 为 6 个顶点上所写的非负整数.

用 $\begin{array}{ccc} & B-C & \\ A & & D \\ & F-E & \end{array}$ (mod 2)表示所写的数 mod 2 的结果.

用 S 表示某一状态时所有数的和，M 表示这 6 个数中的最大值.

由于 6 个非负整数的和为 2 003 是奇数，我们证明更为一般的情形：从任何 S 为奇数的状态出发，都可以变到各顶点的数都为 0 的状态.

为了实现这一目标，构造下面两个操作步骤，交替进行：

(1)从一个 S 为奇数的状态变到只有一个奇数的状态；

(2)从只有一个奇数的状态变到 S 为奇数且 M 变小或 6 个数全为 0 的状态.

因为任何操作都不会增加 M，而每次操作(2)都使得 M 至少减少 1，所以，上面的步骤一定会结束，且只能结束在各顶点数全为 0 的状态.

下面给出每一步操作.

操作(1)，首先对某个 S 为奇数的状态：$\begin{array}{ccc} & B-C & \\ A & & D \\ & F-E & \end{array}$，$A+C+E$ 和 $B+D+F$ 有一个是奇数.

不妨设 $A+C+E$ 是奇数.

若 A,C,E 中只有一个奇数，比如 A 是奇数，可按下面的顺序操作

```
  ／B—0＼  对B,D,F操作    ／1—0＼  对左顶点操作
1         D ──────────→ 1         0 ──────────→
  ＼F—0／                 ＼1—0／

  ／1—0＼  对左下顶点操作  ／1—0＼
0         0 ──────────→ 0         0  (mod 2)
  ＼1—0／                 ＼0—0／
```

因此,可以变到只有一个奇数的状态.

若 A,C,E 都是奇数,可按下面的顺序操作:

```
  ／B—0＼  对B,D,F操作    ／0—1＼  对右上、右下顶点操作
1         D ──────────→ 1         0 ──────────→
  ＼F—0／                 ＼0—1／

  ／0—0＼
1         0  (mod 2)
  ＼0—0／
```

因此,可变到只有一个奇数的状态.

操作(1)能够实现.

对操作(2),不妨考虑只有 A 是奇数,B,C,D,E,F 都是偶数的状态,我们的目的是变到使 M 更小的状态.

记 M_0 为该状态的 M,根据 M_0 的奇偶性,分两种情况讨论.

(1)M_0 是偶数,即 B,C,D,E,F 中的某一个是最大值,且 $A<M$.

我们可以按 B,C,D,E,F 的顺序操作,使 S 为奇数,且 M_0 变小,即 $M<M_0$.

```
  ／0—0＼        ／1—0＼        ／1—0＼
1         0 ─→ 1         0 ─→ 1         0 ─→
  ＼0—0／        ＼0—0／        ＼1—0／

  ／1—0＼        ／1—0＼
0         0 ─→ 0         0  (mod 2)
  ＼1—0／        ＼0—0／
```

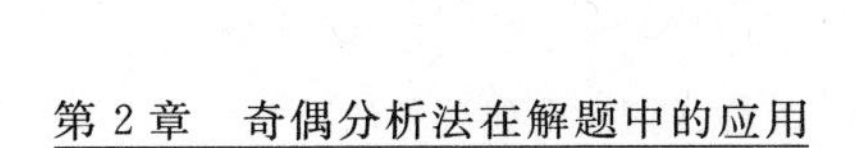

称这一状态为 $\begin{array}{ccc} & B'-C' & \\ A' & & D' \\ & F'-E' & \end{array}$，则 S 为奇数，且 A'，B'，C'，D'，E'都小于 M_0（这是因为它们是奇数，而 M_0 是偶数）. 同时 $F'=|A'-E'|\leqslant\max|A',E'|<M_0$.

所以 M 变小了.

(2)M_0 是奇数，即 $M_0=A$，其余的数都小于 M_0，若 $C>0$，则按照 B,F,A,F 的顺序操作

$$\begin{array}{ccc} & 0-0 & \\ 1 & & 0 \\ & 0-0 & \end{array}\to\begin{array}{ccc} & 1-0 & \\ 1 & & 0 \\ & 0-0 & \end{array}\to\begin{array}{ccc} & 1-0 & \\ 1 & & 0 \\ & 1-0 & \end{array}\to$$

$$\begin{array}{ccc} & 1-0 & \\ 0 & & 0 \\ & 1-0 & \end{array}\to\begin{array}{ccc} & 1-0 & \\ 0 & & 0 \\ & 0-0 & \end{array}\pmod 2$$

称这一状态为 $\begin{array}{ccc} & B'-C' & \\ A' & & D' \\ & F'-E' & \end{array}$，则 S 为奇数，而 M 只在 $B'=A$ 时才不减少，但这是不可能的，因为 $B'=|A-C|<A$，而 $0<C<M_0=A$，这样又变到了一个 S 为奇数，而 M 较小的状态.

若 $E>0$，因为 E 和 C 是对称的，所以和上面的讨论相同.

若 $C=E=0$，可以按照下面的顺序操作，把数全变为 0 的状态，即

$$\begin{array}{ccc} & B-(0) & \\ A & & D \\ & F-(0) & \end{array}\to\begin{array}{ccc} & A-(0) & \\ A & & D \\ & A-(0) & \end{array}\to\begin{array}{ccc} & A-(0) & \\ 0 & & (0) \\ & A-(0) & \end{array}\to$$

$$\begin{array}{ccc} & 0-(0) & \\ (0) & & (0) \\ & 0-(0) & \end{array}\pmod 2$$

其中(0)表示数0,而无括号的0表示偶数.

操作(2)得以实现.

因为2 003是一个奇数,当然满足结论.

例22 在一个n行n列的棋盘上放置$n^2-1(n\geqslant 3)$枚棋子.棋子的编号为

$$(1,1),\cdots,(1,n),(2,1),\cdots,(2,n),\cdots,$$
$$(n,1),\cdots,(n,n-1)$$

如果编号为(i,j)的棋子刚好在棋盘的第i行第j列,即第n行第n列是空的,那么,称棋盘处于"标准状态".

现把n^2-1枚棋子随意地放到棋盘上,每个格子只能放置一枚棋子,每一步可以把空格相邻的一个格子中的棋子移到空格中(两格子相邻是指其有公共边).问:是否在任意放置下,都可以经过有限次移动,使棋盘达到标准状态?证明你的结论.

(2011年陈省身杯全国高中数学奥林匹克竞赛题)

解 不能.

把棋子按字典序重新编号,即(i,j)编号为$(i-1)n+j$.棋盘的格子也按字典序编号,第i行第j列为$(i-1)n+j$.标准状态就是第k枚棋子在第k个格子中.

按格子的编号从小到大记录格子中棋子的编号,空格不记录.于是,得到n^2-1个数的一个排列.

下面分情形讨论.

(1)当n为奇数时,移动空格左右两侧的棋子,对应的排列不变,移动空格上下两侧的棋子,相当于对排列做了一个n轮换.因为n为奇数,所以n轮换是偶置换.因而,排列的奇偶性不变.

(2)当 n 为偶数时，移动空格左右两侧的棋子，排列仍不变，移动空格上下两侧的棋子，排列的奇偶性互换，同时，空格所在行数的奇偶性也互换.

综上，在标准状态下，把编号 $(n,n-2)$ 与 $(n,n-1)$ 的两枚棋子换位，是无法移动到标准状态的.

例 23　将 $m\times n(m,n\geqslant 5)$ 棋盘的每个方格都随意染黑白两色之一，每次操作是将其中同行、同列、同对角线的连续五个方格改变成相反的颜色. 试问：能否经过有限次操作，使得所有方格的颜色都变成与原先相反的颜色?

解　当 $5\mid mn$ 时，目标可以实现；当 $5\nmid mn$ 时，目标不可以实现.

(1)如果 $5\mid mn$，可由 5 是素数，不妨设 $5\mid n$，则 $m\times n$ 棋盘可划分为若干个 1×5 的矩形，对每一个 1×5 的矩形操作一次即可.

(2)如果 $5\nmid mn$，可设

$$m=5p+s,n=5q+t\quad(1\leqslant s,t\leqslant 4)$$

将 $m\times n$ 棋盘的方格用 1,2,3,4,5 编号，使每一行、每一列的数都构成周期为 5 的周期数列，其左上角 5×5 棋盘的编号如图 19.

1	2	3	4	5
3	4	5	1	2
5	1	2	3	4
2	3	4	5	1
4	5	1	2	3

图 19

因为图中每行、每列的数都是以 5 为周期的周期数列，所以，同行、同行、同对角线的连续五个数都恰好包含 1,2,3,4,5 各一个. 故每次操作都使每一类编号的方格中恰有一个方格改变了一次颜色.

用 $S(i)$ 表示编号为 i 的方格颜色改变的次数和

$(i=1,2,3,4,5)$，则每次操作，各 $S(i)$ 同时增加 1，于是，操作中恒有

$$S(1)=S(2)=S(3)=S(4)=S(5)$$

若所有方格的颜色都变成与原先颜色相反，则每个方格颜色改变的次数为奇数.

考察棋盘左上角 $s\times t$ 子棋盘的编号，对任何 s,t $(1\leqslant s,t\leqslant 4)$，在 $s\times t$ 子棋盘中一定存在一个编号 i 与一个编号 $j(1\leqslant i,j\leqslant 5)$，使得 i 出现的次数比 j 出现的次数多一次（逐一验证 $1\times1,1\times2,1\times3,1\times4,2\times1,2\times2,\cdots,4\times4$ 子棋盘即可）.

去掉此 $s\times t$ 子棋盘，则 $m\times n$ 棋盘的剩余部分各编号出现的次数相等. 于是，整个 $m\times n$ 棋盘中编号 i，j 的个数一个为奇数、一个为偶数. 由于每个方格都改变奇数次颜色，从而，$S(i)$，$S(j)$ 一个为奇数个奇数的和，一个为偶数个奇数的和，亦即 $S(i)$，$S(j)$ 一为奇数、另一为偶数. 于是，$S(i)\neq S(j)$，矛盾.

故不可能所有方格的颜色都变成与原先相反的颜色.

例 24 正 100 边形的每个顶点都覆盖着一块布. 已知恰有一块布下面藏有一枚硬币. 下面的行为称为一次操作：任选四块布检查它们下面是否藏有硬币，每次操作后，所选布放回原处，而硬币被偷偷地转移到与这次操作时其所处位置相邻的顶点处的布的下面. 求一定可以找到硬币的最少的操作次数.

（2009 年俄罗斯数学奥林匹克竞赛题）

解 33 次. 不妨设正 100 边形被放置在一个可转动的水平圆桌上，且从中心向一顶点所引向量指向正北. 将初始位置的多边形各顶点所在的方位从正北开

始依逆时针方向依次定义为 0,1,…,99. 每操作一次且硬币被转移后,圆桌将自动按顺时针方向转动 $\frac{2\pi}{100}$. 这样硬币所处位置不变,或者按顺时针方向转动两个方位. 因此,硬币所处方位的奇偶性在每次圆桌自动旋转后都保持不变.

如果某一时刻一个方位不可能有硬币,那么该方位称作"空的",否则,称为"非空的".

显然,初始时刻,空方位的个数为 0.

于是,每次操作使得空方位的个数至多增加 4.

连续的几个奇(偶)空方位构成奇(偶)空方位区间.

如果一个奇(偶)空方位区间不是一个奇(偶)空方位区间的真子集,那么该区间称为"最大的".

由于硬币被转移,在圆桌旋转后的时刻,每个最大奇(偶)空方位区间的逆时针方向的端点都将变成非空的. 这表明,在整个寻找硬币的过程中,只有在下面情况下,硬币的被转移不会带来非空方位的增加:当所有奇(偶)方位都是空的,而同时所有偶(奇)方位都是非空的(这种情况最多遇到一次). 在所有其他情况下,这次操作前的空方位数至多比上次操作前的空方位数多 3. 这样,经 32 次操作后的空方位数最多为 $31\times3+4=97$,这不能保证找到硬币.

下面说明:在至多 33 次操作下可以找到硬币.

首先检查 0,2,4,6 处.

如果找到硬币,问题已解决;

如果没有,那么在桌子旋转后,0,2,4 为空方位(以下总是假定在前 32 次操作中没有找到硬币).

一般的,如果在桌子旋转后,已知 0,2,…,2s 为空方位,那么接下来的操作检查 $2s+2,2s+4,2s+6,2s+8$.

经过硬币转移和桌子转动后,0,2,…,$2s+6$ 为空方位.这样,经 16 次操作及桌子转动后,得到 48 个空方位,即 0,2,…,94.

第 17 次操作检查 96,98,1,3.

在桌子转动后,得到 51 个空方位,即 0,1,2,4,6,…,98.接下来依次检查 3,5,7,9;9,11,13,15;….

在第 32 次操作及桌子转动后,得到 96 个空方位,即 0,1,2,…,91,92,94,96,98.

第 33 次操作我们检查最后四个方位 93,95,97,99,必然找到硬币.

例 25 对 $n\times n(n\geqslant 3)$ 的格阵进行黑白相间地染色(左上角染黑色).再把染好色的白色方格依如下方式染成黑色:任选一个 2×3 或 3×2 的矩形,若其中有三个白色方格,均将其染成黑色.问:对于怎样的 n,可在施行一些上述操作步骤之后,使得整个格阵都染成黑色?

(2008 年捷克-斯洛伐克数学奥林匹克竞赛题)

解 由于每步操作仅能将三个白色方格染黑,故白色方格的总数应能被 3 整除.

当 n 为偶数时,白色方格的总数为$\frac{n^2}{2}$;

当 n 为奇数时,白色方格的总数为$\frac{1}{2}(n^2-1)$.

若 $3\left|\frac{1}{2}n^2\right.$,则 $n=6k$;

若 $3\left|\frac{1}{2}(n^2-1)\right.$,则 $n=6k\pm 1$.

接下来证明：对任意 $n=6k$ 或 $n=6k\pm1$，均能找到一种适当的方式，把整个 $n\times n$ 格阵都染黑.

(1)当 $n=6k$ 时，上述结论显然成立.

(2)当 $n=6k\pm1$ 时，用数学归纳法证明原命题.

当 $k=1$ 时，$n=5$ 或 $n=7$ 可依图20中的方式分别对 5×5，7×7 的格阵进行分割、染色(由题中条件知中间的那个方格最初时就被染成黑色).

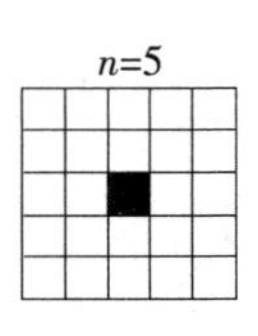

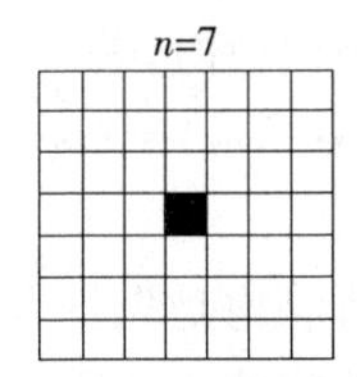

图20

设当 $n=6k\pm1$ 时，$n\times n$ 格阵可被染成黑色.

下面证明：当 $(n+6)\times(n+6)$ 时，也可将其全部染黑.

如图21，对 $(n+6)\times(n+6)$ 格阵进行相应的分割，中间的 $n\times n$ 格阵用归纳假设，而对于外边的四个 $(n+3)\times3$ 或 $3\times(n+3)$ 矩形，由于 $n+3$ 可被2整除，故相应地分成 $\frac{n+3}{2}$ 个 3×2 或 2×3 矩形，再分别进行染色即可.

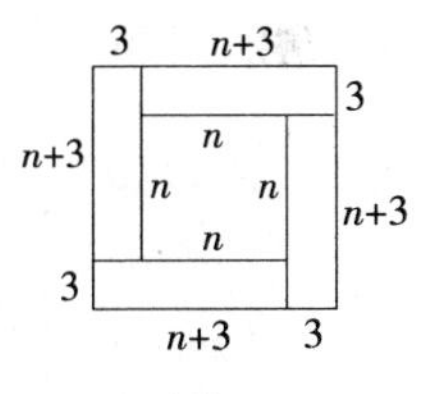

图21

综上，当 $n=6k\pm1$ 时，原命题成立.

因此，满足题意的 n 为 $6k$，$6k\pm1(k\in\mathbf{N}^*)$ 型的全体整数.

例26　现有若干堆石子，其中第 i 堆中有石子 n_i $(n_i\geqslant1)$ 个. 两人轮流进行如下游戏：选定其中的一堆，永久地移走其中的一些石子，然后，将剩下的石子的一部分(或全部)进行重新分配(保持不变或放到其他的一堆或多堆),并且若某堆已没有石子,则不能再向该堆添加石子.两个游戏者中移走最后一堆的为胜者.试求必胜策略,特别的,分别确定正整数组$(n_1,n_2,\cdots,n_k)$使得先行者或后行者取胜.

(2007年中国台湾数学奥林匹克选拔考试题)

解 当k为奇数时,先行者胜.

当k为偶数时,若

$$(n_1,n_2,\cdots,n_k)=(m_1,m_1,m_2,m_2,\cdots,m_{\frac{k}{2}},m_{\frac{k}{2}})$$

后行者胜;

其余情况均是先行者胜.

用数学归纳法证明.

当$k=1$时,显然先行者胜.

当$k=2$时,设甲先行,乙后行.

$(1,1)$乙胜.

$(1,a)(a\geqslant 2)$甲$(1,a)\to(1,1)$之后甲胜.

$$(2,2)\text{甲}\begin{cases}(2,2)\to(1,2),\text{乙胜}\\(2,2)\to(3)\text{或}(2),\text{乙胜}\end{cases}.$$

$(2,a)(a\geqslant 3)$甲$(2,a)\to(2,2)$之后甲胜.

当$i\leqslant m$时,(i,i)乙胜,$(i,a)(a>i)$甲胜.

则$m+1$时

$$(m+1,m+1)\text{甲}\begin{cases}(m+1,m+1)\to(i,a)(i\leqslant m,a>i),\text{乙胜}\\(m+1,m+1)\to(a),\text{乙胜}\end{cases}.$$

$(m+1,a)(a>m+1)$甲$(m+1,a)\to(m+1,m+1)$之后甲胜.

由归纳法原理知,当$k=2$时,结论成立.

假设当$k\leqslant m$时,结论成立.

当$k=m+1$时:

(1)$m+1$ 为奇数.

在$(n_1,n_2,\cdots,n_k)$中 $n_1\leqslant n_2\leqslant\cdots\leqslant n_k$.

甲$(n_1,n_2,\cdots,n_k)\to(n_2,n_2,n_4,n_4,\cdots,n_{k-1},n_{k-1})$

其中

$$n_{k-1}-n_{k-2}+n_{k-3}-n_{k-4}+\cdots+n_2-n_1=$$
$$n_{k-1}-n_1-(n_{k-2}-n_{k-3})-\cdots-(n_3-n_2)\leqslant n_k-1$$

则甲的操作可行,之后甲必胜.

结论成立.

(2)$m+1$ 为偶数.

定义:若对$(n_1,n_2,\cdots,n_k)$与$(n'_1,n'_2,\cdots,n'_k)$,有

$$n_1+n_2+\cdots+n_k>n'_1+n'_2+\cdots+n'_k$$

则

$$(n_1,n_2,\cdots,n_k)>(n'_1,n'_2,\cdots,n'_k)$$

下将$(n_1,n_2,\cdots,n_{m+1})$从小到大排列,记其中的第 l 个为 A_l,同样将

$$(c_1,c_1,c_2,c_2,\cdots,c_{\frac{m+1}{2}},c_{\frac{m+1}{2}})$$

从小到大排列组成集合 C,记其中的第 l 个为 c_l.

首先,对于$(n_1,n_2,\cdots,n_{m+1})$,其中,n_1 与 n_2,n_3 与 n_4……n_m 与 n_{m+1} 中有一组两数不同组成集合 B.

甲$(n_1,n_2,\cdots,n_{m+1})\to(n_1,n_3,n_3,n_5,n_5,\cdots,n_m,n_m,n_1)$

即

$$(n_1,n_1,n_3,n_3,\cdots,n_m,n_m)\in C$$

而

$$n_m-n_{m-1}+n_{m-2}-n_{m-3}+\cdots+n_3-n_2=$$
$$n_m-n_2-(n_{m-1}-n_{m-2})-\cdots-(n_4-n_3)\leqslant$$
$$n_{m+1}-n_1-1$$

则上述操作可行,且 C 中元素只有 B 中元素可通过一步得到.

下面 $c_1=(\underbrace{1,1,\cdots,1}_{m+1\text{个}})$乙胜.

下设 $p\leqslant l$ 时，对 c_p 均是乙胜.

当 $p=l+1$ 时

$$C_{l+1}=(c_1,c_1,c_2,c_2,\cdots,c_{\frac{m+1}{2}},c_{\frac{m+1}{2}})$$

(i)甲 $C_{l+1}\to(n_1,n_2,\cdots,n_m)$（$m$ 为奇数），乙胜；

(ii)甲 $C_{l+1}\to(n_1,n_2,\cdots,n_m,n_{m+1})\in B$.

$$乙\to C_l'=(c_1',c_1',c_2',c_2',\cdots,c'_{\frac{m+1}{2}},c'_{\frac{m+1}{2}})$$

且

$$c_1'+c_2'+\cdots+c'_{\frac{m+1}{2}}<c_1+c_2+\cdots+c_{\frac{m+1}{2}}$$

则 $l'\leqslant l$.

之后由归纳假设知乙胜.

故对任意的 $c_p\in C$，均是乙胜；

对任意 $(n_1,n_2,\cdots,n_{m+1})\in B$，甲 $(n_1,n_2,\cdots,n_{m+1})\to C_l$ 之后甲胜.

综上所述，$m+1$ 为偶数时成立.

由归纳法原理知对所有的正整数 k 均成立.

例 27 甲、乙两人玩下述游戏.

开始时，桌子上有几堆硬币，每堆硬币的数目不同，且每堆至少有一枚硬币，两人轮流选择下述两种方式之一：

(1)选有偶数枚硬币的一堆，设为 $2k(k>0)$ 枚硬币，将这堆硬币平分成两堆，每堆中有 k 枚硬币；

(2)将桌子上有奇数枚硬币的每堆都拿走(即所有的奇数枚硬币的堆).

在每一轮每个人必须要选择一种方式. 若一种方式不存在，他必须选另一种方式. 若甲先选，且规定从桌子上拿走最后一枚硬币的人获胜.

(1)若开始时只有一堆硬币,硬币数目为 $2\,008^{2\,008}$,问谁有获胜策略?

(2)开始时,怎样的情形才能保证甲有获胜策略?

(2008 年意大利数学奥林匹克竞赛题)

解　每次操作后,要么硬币的数目减少,要么有偶数枚硬币的那一堆被分成两堆.

将有偶数枚硬币的堆按硬币的数目由大到小按字典的次序排列,则操作后排列小于操作前排列. 因此,操作次数是有限的.

甲有获胜策略当且仅当他操作前和($\delta+A+\delta AB$)为奇数(A 是硬币为 4 的倍数的堆的数目,B 是硬币为 2 的奇数倍的堆的数目. 当存在奇数枚硬币的堆时,δ 取 1,否则,δ 取 0).

若开始时只有一堆,且包含 $2\,008^{2\,008}$ 枚硬币,则 $\delta+A+\delta AB$为奇数. 从而,甲有获胜策略.

显然,在最后一次操作之前 $\delta+A+\delta AB$ 为 1($\delta=1,A=B=0$).

下面证明:对于 $\delta+A+\delta AB$ 为奇数时所对应的硬币分布情形,总可以选取一种方法,使得操作后硬币分布所对应的 $\delta+A+\delta AB$ 为偶数;而对于 $\delta+A+\delta AB$ 为偶数时所对应的硬币分布情形,只可能使得操作后硬币分布所对应的 $\delta+A+\delta AB$ 为奇数.

(1)在操作前硬币分布所对应的 $\delta+A+\delta AB$ 为奇数.

若 $\delta=0$,A 为奇数,则可以将含有 $4k$ 枚硬币的那堆分成两堆,此时,$\delta=0$,A 要么增加 1,要么减少 1. 因此,A 变为偶数,从而,$\delta+A+\delta AB$ 为偶数.

若 $\delta=1$,A 为偶数,则把所有包含奇数枚硬币的堆拿走后，$\delta=0$，于是，$\delta+A+\delta AB$ 为偶数；

若 $\delta=1$，A 为奇数，则 B 一定是奇数. 将包含 $2d$（d 为奇数）枚硬币的一堆分为两堆，则 δ，A 不变，B 减少 1，于是，B 变为偶数，从而，$\delta+A+\delta AB$ 为偶数.

(2)在操作前硬币分布所对应的 $\delta+A+\delta AB$ 为偶数.

若 $\delta=0$，则 A 为偶数.

如果将包含 $4k$ 枚硬币的一堆分成两堆，此时，$\delta=0$，且 A 要么增加 1，要么减少 1. 因此，A 变为奇数.

如果将包含 $2d$（d 为奇数）枚硬币的一堆分成两堆，此时，$\delta=1$，且 B 减少 1，A 仍为偶数.

因此，无论哪种情况，$\delta+A+\delta AB$ 均变为奇数.

若 $\delta=1$，则 A 为奇数，B 为偶数.

如果把所有包含奇数的堆拿走，此时，$\delta=0$；

如果将包含 $4k$ 枚硬币的一堆分成两堆，那么 A 要么增加 1，要么减少 1；

如果将包含 $2d$（d 为奇数）枚硬币的一堆分成两堆，那么 B 减少 1，于是，B 变为奇数.

因此，无论哪种情况，$\delta+A+\delta AB$ 均变为奇数.

习　题　八

1. 掷一次硬币，出现正面与背面的概率都是$\frac{1}{2}$. 当第 n 次投掷出现正面时，令 $a_n=1$；当第 n 次投掷出现背面时，令 $a_n=-1$. 又记 $S_n=a_1+a_2+\cdots+a_n$，则 $S_n=2$的概率是______.

（2007 年江苏省高中数学联赛复赛题）

2. 甲、乙玩下面的游戏：开始时，桌子上有几堆石子. 甲先玩，两个人轮流进行如下的两种操作之一：

(1)从任意一堆石子中取一颗石子；

(2)选取一堆，并将这堆分成两堆，且每堆中必须有石子.

取到最后一颗石子的人获胜. 根据初始状况，确定选手的获胜策略.

（2006 年意大利数学奥林匹克竞赛题）

3. 桌上放有 1 993 枚硬币，第一次翻动 1 993 枚，第二次翻动其中的 1 992 枚，第三次翻动其中的 1 991 枚……第 1 993 次翻动其中的一枚，按这样的方法翻动硬币，问能否使桌上所有的 1 993 枚硬币原先朝下的一面都朝上？说明你的理由.

（1992 年浙江省初中数学竞赛题）

4. 桌子上有一堆石子共 1 001 粒. 第一步从中扔去一粒石子，并将余下的石子分成两堆. 以后的每一步，都从某个石子数目多于 1 的堆中扔去一粒，再把某一堆分作两堆. 试问，能否在若干步之后，桌上的每一堆中都刚好有 3 粒石子？（1988 年列宁格勒数学奥林匹克竞赛题）

5. 一张 8×8 的方格纸，任意把其中 32 个方格涂成黑色，剩下的 32 个方格涂成白色，接着对涂了色的方格纸进行“操作”，每次操作把任意横行或者竖列上每个方格同时变换颜色，问能否最终得到恰有一个黑色方格的方格纸？

6. 两人进行游戏：在黑板上写着数字 2，两人轮流将黑板上所写的数字 n 改为 $n+d$，其中 d 是 n 的任意一个小于自身的正约数. 当某人所写出的数大于 19 891 989时，即判他输. 试问在正确的玩法之下，谁将取胜——是先开头的，还是其对手？

(1989 年列宁格勒数学奥林匹克竞赛题)

7. 已知如下数列

−3	−4	5	24	−5	3
0.2	−3.15	2.7	−2	−7	1.1
−7	π	−1	3.3×10^5	6	−9
−1.2	6.3	720	−631	8	7
63	e	−15	−9.1	−11	8
−30	10	−18	−2	−9	−0.5

将它的任一行或任一列中的所有数同时变号，称为一次变换. 问能否经过若干次变换，使表中的数全变为正数？

8. 在黑板上写着若干个 0，1，2，可以擦去其中两个不相等的数字，并代之以与擦去的数字不相同的数字（例如，用 2 代替 0 和 1，用 0 代替 1 和 2，用 1 代替 0 和 2）.

证明：如果经过若干步这样的运算后在黑板上还

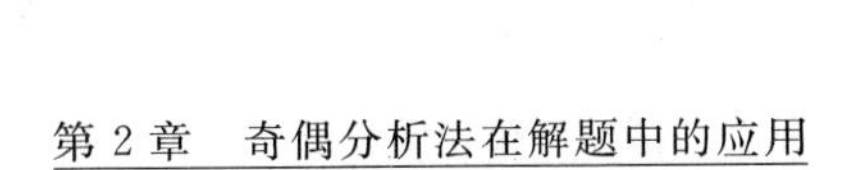

有一个数，那么这个数与擦去数字的先后次序无关.

（1975 年全苏数学奥林匹克竞赛题）

9. 置于暗室的一只抽屉内装有 100 只红袜子，80 只绿袜子，60 只蓝袜子，40 只黑袜子，一个人从抽屉中选取袜子，但他无法看清所取袜子的颜色. 为确保取出的袜子至少有 10 双（一双袜子是指两只相同颜色的袜子，但每只袜子只能一次用在一双中），问至少需取多少只袜子？　（第 37 届美国中学生数学竞赛题）

10. 已知圆上有 N 盏灯，开始时全是关着的. 对于 N 的每一个正因数 d（包括 1 和 N），从第一盏灯开始，每 d 盏灯就改变一次它的开关状态，且对于每个 d 都进行 N 次开或关. 问：对于怎样的 N，能够在最后使所有的 N 盏灯都是开着的？

（2005 年新西兰数学奥林匹克选拔考试题）

11. 如图 22 表示 64 间陈列室，凡邻室皆有门相通，一人从 A 进，从 B 出，但要求每室都到且只到一次，问这种路线是否存在？

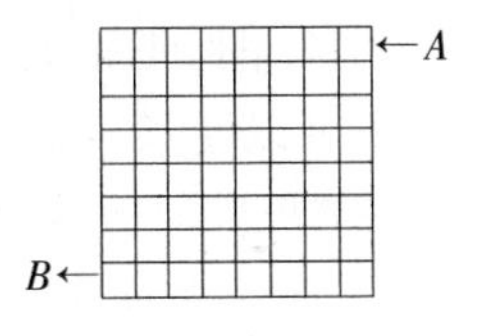

图 22

12. 求证：不存在三阶幻体，即将数 1，2，…，27 填入 $3\times3\times3$ 的立方体中，不可能使所有“共线”的三数之和均相等.

13. 在一直线上相邻两点的距离都等于 1 的四个点上各有一只青蛙，允许任意一只青蛙以其余三只青蛙中的某一只为中心跳到其对称点上.

证明：无论跳动多少次后，四只青蛙所在的点中相邻两点之间的距离不能都等于 2 008.

（2008 年中国西部数学奥林匹克竞赛题）

14. 在两张 1 994×1 995 的方格纸上涂上红蓝两

种颜色，使得每一行及每一列都有偶数个方格是蓝色的，如果将这两张纸重叠时，有一个蓝格与一个红格重合，求证：至少还有三个方格与不同颜色的方格重合.

15. 试问：能否将 1 至 21 这 21 个自然数分别填入图 23 中的各个圆圈内，使得除第一行外，每个圆圈内的数字都等于其肩膀上两个圆圈内的数字之差的绝对值(亦即 $c=|a-b|$).

图 23

(1990 年全俄数学奥林匹克竞赛题)

16. 17×17 枚硬币按正方形摆放. 起初，所有硬币都是正面朝上的. 每一次翻转五枚相邻的(或水平或垂直或对角)硬币.

如此有限多次翻转后，所有的硬币有无可能都是背面朝上？ (2005 年日本数学奥林匹克竞赛题)

17. 图 24(a)是一个英文字母电子显示盘，每一次操作可以使某一行 4 个字母同时改变，或者使某一列 4 个字母同时改变. 改变的规则是：按照英文字母表的顺序，每个英文字母变成它下一个字母(即 A 变成 B，B 变成 C……最后字母 Z 变成 A). 问：能否经过若干次操作，使图 24(a)变为图 24(b)？如果能，请写出变化过程. 如果不能，说明理由.

(1991 年祖冲之杯初中数学邀请赛题)

$S\quad O\quad B\quad R$
$T\quad Z\quad F\quad P$
$H\quad O\quad C\quad N$
$A\quad D\quad V\quad X$

(a)

$K\quad B\quad D\quad S$
$H\quad E\quad X\quad G$
$R\quad T\quad B\quad S$
$C\quad F\quad Y\quad A$

(b)

图 24

18. 今有 16 个一模一样的弹子球，欲从中取出 n 个球来堆成一个空间图形，使得其中每个球都恰好同另外 3 个球相切. 试问，对怎样的 n，上述的要求可以实现？试列举出所有这样的 n 来.

（1991 年莫斯科数学奥林匹克竞赛题）

19. 若干个球分布在 $2n+1$ 个袋中，如果任意取走一个袋，总可以把剩下的 $2n$ 个袋分成两组，每组 n 个袋，并且这两组的球的个数相等. 证明：每个袋中的球的个数相等.　　（1990 年意大利数学竞赛题）

20. 开始时黑板上写着 10 个连续的正整数，对黑板上的数进行如下操作：任取黑板上的两个数 a 和 b，将它们用数 $a^2-2\ 011b^2$ 和 ab 替换. 经过若干次上述操作后，黑板上开始时的 10 个数已全部被替换掉，问：此时在黑板上是否可能还是 10 个连续的正整数？

（2012 年俄罗斯数学奥林匹克竞赛题）

21. 若干个球分布在 $2n+1$ 个袋中，如果任意取走一个袋，总可以把剩下的 $2n$ 个袋分成两组，每组 n 个袋，并且这两组的球的个数相等. 证明：每个袋中的球的个数相等.　（1990 年意大利数学奥林匹克竞赛题）

22. 在 $100\times 1\ 001$ 的方格表中的每个格中都填上 0 或 1：一个方格称为美丽的，如果与其相邻的格中各数之和为偶数（称两个方格相邻，如果它们有一条公共边）. 问：表中是否可能仅有一个美丽格.

（2011 年俄罗斯数学奥林匹克竞赛题）

23. 现有 11 张卡片分别写有数字 1，2，…，11. 将这些卡片发给成等距圆桌排列的 11 个人. 起初，将卡片 1～11 沿逆时针方向发给这 11 个人，每人恰好一张. 现规定每一次的操作规则如下：每一次操作中一个人把他的一张卡片给与他相邻的一个人，如果这张卡片上的数字 i 满足：这一次操作前后，写有数字 $i-1$，i，$i+1$ 的三张卡片的位置不是一个锐角三角形的顶点（卡片 0 等价于卡片 11，卡片 12 等价于卡片 1）. 证明：无论进行多少次操作，这些卡片不会全传到一个人手上.（2010 年伊朗数学奥林匹克竞赛题）

24. 已知一列数 1，2，…，2 010，用其中任意两数差的绝对值来代替这两个数，称这种代替为一次操作. 持续进行这种操作直到这列数变为一个数. 试求所有可能的最后这个数.（2010 年阿根廷数学奥林匹克竞赛题）

25. 有一个红色卡片盒和 k 个（$k>1$）蓝色卡片盒，还有一副卡片，共有 $2n$ 张，它们被分别编为 1 至 $2n$ 号. 开始时，这副卡片被按任意顺序叠置在红色卡片盒中. 从任何一个卡片盒中都可以取出最上面的一张卡片，或者把它放到空盒中，或者把它放到比它号码大 1 的卡片的上方. 对于怎样的最大的 n，可以通过这种操作把所有卡片移到其中一个蓝色卡片盒中？

（2002 年俄罗斯数学奥林匹克竞赛题）

26. 黑板上写有一些整数，这些数均在 1～7 之间，且 1～7 中每个数可能不出现，也可能出现多次.

现随意选择一些不同的数擦掉，再写上另外的数，使得两者的并集为 $\{1,2,\cdots,7\}$，并把这种替换视为一次操作.

例如，(1)若擦掉一个 4 和一个 5，则写上 1，2，3，6，7；

(2)若擦掉数 1，2，…，7，则不再写任何数.

证明：若对于一组数进行一系列操作后，黑板上只剩下一个数，此数与操作无关.

（2011 年意大利数学奥林匹克竞赛题）

27. 海顿和贝多芬用一个游戏庆祝莫扎特的生日．他们按照下列规则交替取数：

首先，海顿取的数是 2，然后，每一个人可以选取前面曾选取过的两个数（可以相同）的和或积，所选的数必须是不同的，且小于 1 757，选到 1 756 的人获胜．

问哪个人有必胜策略？

（2005 年匈牙利数学奥林匹克竞赛题）

28. 桌面上一张 100×100 的方格纸被分割为多米诺（指 1×2 的矩形）纸片的并．两人玩游戏，依次轮流进行如下操作：游戏者将某两个尚未被粘上公共边的小方格沿公共边粘上．如果一游戏者在他的一次操作后得到了一张连通的纸片（指整个正方形可以通过抓住一个小方格提离桌面），那么，该游戏者失败．问：在正确策略下谁必定获胜——开始游戏者还是他的对手？　（2006 年俄罗斯数学奥林匹克竞赛题）

29. 一次宴会有 n 位客人被邀请，他们围着圆桌坐成一圈，且座位已经被主人用卡片分别标为 $1,2,\cdots,n$ 共 n 个号．一位服务员根据一种奇特的规则为客人服务：他挑选一位客人为其服务，然后，他根据这位客人座位上的数目逆时针移动相同数目个座位，于是，为这个刚到达的座位上的客人服务．类似的，他用同样的方式逆时针移动的座位的数目等于他刚服务的客人座位上的数目．

求所有的正整数 n，使得主人可以放置这 n 张卡片，且服务员能恰当地选择一位客人开始，依据如上的规则，为每位客人服务．

（2003 年意大利数学竞赛题）

30. 一个博物馆呈正方形，且被分成 n^2 个单位房间，每两个相邻的房间(有一面是公共的墙)有一扇门，人们可以自由通行(图 25 为当 $n=4$ 时的情形). 夜间值班的警卫计划依照下面的原则进行巡查:他在一间给定的房间停留 1 min，然后离开这个房间到与其相邻的房间，每到一个房间，他只停留 1 min，再到与其相邻的房间去. 他可以多次经过同一个房间，且也可以在一个与开始出发的房间不同的房间停止，但他必须在每个房间都停留 k min. 求所有的 n 和 k，使得警卫可以按照上面的原则巡查. (2003 年意大利数学竞赛题)

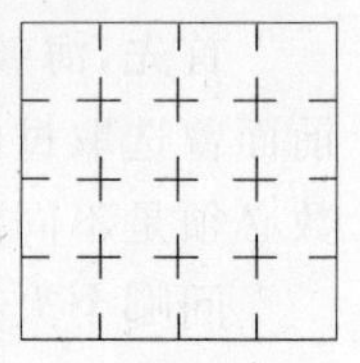

图 25

31. 在一个盒子中有 $n(n>1)$ 个奇数、2 个偶数. 甲、乙两人玩一种游戏:甲先开始从盒子中取出两个数，这两个数的和为 x，然后乙从盒子中剩下的数中取出两个数，这两个数的和为 y. 若 x 是偶数，y 是奇数，则甲胜;若 x 是奇数，y 是偶数，则乙胜;若 x，y 奇偶性相同，则为平局. 求使得平局的概率最小的 n 的值.

(2008 年匈牙利数学奥林匹克竞赛题)

32. 在桌面的同一水平线上放置有 k 个圆和 1，2，…，k 这 k 个数. 起初任何一个圆都没有数相对应，但可以按照如下方式将圆与数相对应:

(1)若圆不与数相对应，则给这个圆添加一个数;

(2)若圆对应着一个数，就删掉这个数.

对于 $d|k(d\in\mathbf{N},1\leqslant d\leqslant k)$，若圆所对应的数是 d 的倍数时，可以随意改变圆的对应方式，即对于 d 的每个正约数，从左到右有 k 种改变方式. 若有必要也可以再按照从右往左的方式进行.

假设从左起第一个圆所对应的数是 d 的倍数时，若按照 k 的正约数的方式仅改变一次，使得 $1,2,\cdots,k$ 都能与圆对应.问：k 的可能值是多少？

（2010 年希腊数学奥林匹克竞赛题）

33.在一个圆的周围放 2 004 张书签，每张书签一面为白色，一面为黑色.定义一次变动：选取 1 张黑色面朝上的书签，将这张书签及与它相邻的 2 张书签同时翻转过来.假设开始时，只有 1 张黑色面朝上的书签，问可否经过若干次变动将所有书签都变为白色面朝上？ 2 003 张书签情况又如何呢？

（2004 年西班牙数学奥林匹克竞赛题）

34.设有一个正 $2n+1(n>1)$ 边形.两人按如下法则做游戏：轮流在该正多边形内画对角线，每人每次画一条新的(以前没有画过的)对角线，而它恰好与已画出的偶数条对角线相交(交点在正多边形内)，凡无法按照要求画出对角线者即为负方.问：谁有取胜策略？

（2007 年俄罗斯数学奥林匹克竞赛题）

35.号码分别为 $1,2,\cdots,7$ 的七名滑雪运动员依次离开出发点，每人以各自不变的速度滑行同样的距离.在此期间，每个人都刚好有两次“超越”经历(每次超越的经历者有两人：超越别人的人和被人超越的人).滑雪结束后将根据每人到达终点的先后顺序排列名次.证明：在所述的情形下，至多可能出现两种不同的名次排列.　　（2010 年俄罗斯数学奥林匹克竞赛题）

§9　解组合计数与组合极值等问题

例1　在坐标平面上，纵横坐标都是整数的点称为整点，而顶点均为整点的多边形称为整点多边形. 求证：整点凸五边形上必可找到一个四边形至少覆盖五个整点.

证明　设五边形 $A_1A_2A_3A_4A_5$ 的每个顶点均为整点. 由于坐标的奇偶性共有四类：

（奇，奇），（奇，偶），（偶，奇），（偶，偶），故五个顶点中必有两点属于同一类，记为 A_i，A_j（$1\leqslant i\neq j\leqslant 5$）. 由中点公式知，线段 A_iA_j 的中点 B 也是整点.

因为五边形的五个顶点中除 A_i，A_j 外还有三个顶点，所以在直线 A_iA_j 的某一侧至少有两个顶点 A_s，A_t（$1\leqslant s\neq t\leqslant 5$），则以 A_i，A_j，A_s，A_t 为顶点可以作一个凸四边形，它至少覆盖了五个整点 A_i，A_j，A_s，A_t，B.

进一步可以证明，凸五边形内部有整点.

例2　将 8 个车放到如图 26(a)所示的 9×9 棋盘中，使得这 8 个车互不攻击且所在小方格颜色相同，问共有多少种不同的方法.（两车互不攻击是指这两个车不同在任何一行或任何一列.）

（2004 年加拿大数学奥林匹克竞赛题）

解法1　如图 26(b)，首先计算所有车都在黑格的放法数.

将棋盘中的黑格分为两类，一类是奇数行，一类是偶数行，分别用 O 和 E 标记. 容易知道奇数行的车和偶数行的车互不攻击，则将 5 个车放入奇数行有 5!

种放法，将 4 个车放入偶数行有 4！种放法，将 9 个车放入棋盘有 5！×4！种放法，而现在要放 8 个车，则所有放法种数为

$$C_9^8\times5!\times4!=9\times5!\times4!$$

同理，如图 26(c)，将白格做同样的划分，可知，在奇数行中，可以放入 4 个互不攻击的车，放法为 $A_5^4=5!$（种），在偶数行中也只能放下 4 个互不攻击的车，放法为 $A_5^4=5!$（种），故在白格中的放法数为 5！×5！种.

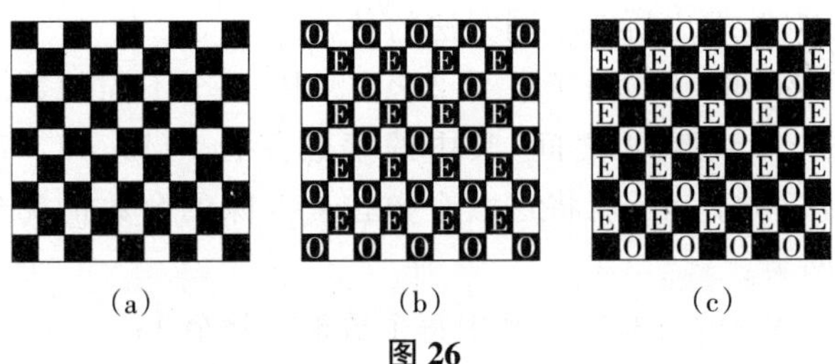

(a)　　(b)　　(c)

图 26

综上，总的放法种数为

$$9\times5!\times4!+5!\times5!=14\times5!\times4!=40\ 320\text{(种)}$$

解法 2　首先考虑车在黑格中的情形，注意到 8 个车放到 9 行中，恰有一行没有车，分两种情况：

第一种情况：不含车的行为奇数行，此时先在 5 个奇数行中选一行不放车，然后将 8 个车依次放入奇数行和偶数行，放法总数为

$$5\times A_5^4\times A_4^4=(5!)^2\text{(种)}$$

第二种情况：不含车的行为偶数行，此时先在 4 个偶数行中选一行不放车，然后将 8 个车依次放入奇数行和偶数行，放法总数为

$$4\times A_4^3\times A_5^5=4(5!\times4!)\text{(种)}$$

类似地处理车在白格中的情形，注意到5个奇数行中每行白格仅有4个，则所去掉的行只能是白行，此时放法数为

$$5\times A_5^4\times A_4^4=(5!)^2\text{(种)}$$

综上所述，放法总数为

$$(5!)^2+4(5!\times4!)+(5!)^2=40\ 320\text{(种)}$$

例3 将1,2,…,9分成三组，每组三个数，使得每组中的三数之和皆为素数.

(1)证明：其中必有两组数的和相等；

(2)求出所有不同分法的种数.

证明 (1)由于在1,2,…,9中，三个不同的数之和介于6和24之间，其中的素数只有7,11,13,17,19,23这六个. 现将这六个数按被3除的余数情况分为两类：

$A=\{7,13,19\}$，其中每个数被3除余1；

$B=\{11,17,23\}$，其中每个数被3除余2.

假若所分成的A,B,C三组数对应的和p_a,p_b,p_c为互异素数.

因为$p_a+p_b+p_c=1+2+\cdots+9=45$能被3整除，所以三个和数$p_a,p_b,p_c$必为同一类数. 注意到$A$类三数的和$7+13+19=39<45$，$B$类三数的和$11+17+23=51>45$，矛盾.

故三个和数中必有两个相等.

(2)据(1)知，将45表成7,11,13,17,19,23中的三数和(其中有两数相等)，只有四种情况：

①19+19+7；②17+17+11；

③13+13+19；④11+11+23.

由于在1,2,…,9中有五个奇数，故分成的三组中

必有一组三数全为奇数,另两组各有一个奇数.

对于情形①,和为 7 的组只有{1,2,4},将剩下的六个数 3,5,6,7,8,9 分为和为 19 的两组,且其中一组全为奇数,只有唯一的分法:{3,7,9}与{5,6,8}.

对于情形②,若三奇数的组为{1,7,9},则另两组为{4,5,8},{2,3,6}或{3,6,8},{2,4,5};

若三奇数的组为{3,5,9},则另两组为{2,8,7},{1,4,6}或{4,6,7},{1,2,8};

若三奇数的组为{1,3,7},则另两组为{2,6,9},{4,5,8}.

共得五种分法.

对于情形③,若三奇数的组为{3,7,9},则另两组为{1,4,8},{2,5,6};

若三奇数的组为{1,3,9},则另两组为{2,4,7},{5,6,8}或{2,5,6},{4,7,8};

若三奇数的组为{1,5,7},则另两组为{3,4,6},{2,8,9}或{2,3,8},{4,6,9}.

共得五种分法.

对于情形④,和为 23 的组只有{6,8,9},则另两组为{1,3,7},{2,4,5}.

综上,共计 $1+5+5+1=12$ 种分法.

例 4　求证:直角坐标平面上的格点凸七边形(每个顶点均为格点——纵、横坐标均为整数的点)的内部最少包含四个格点.

证明　首先,不妨设格点凸七边形 $ABCDEFG$ 的各边的内部都没有格点(否则,如 FG 的内部有一个格点 H,则用七边形 $ABCDEFH$ 代替原来的七边形,由于格点个数有限,故这种过程一定会在某一步终止).

其次，任何五个格点或五个顶点的坐标按奇偶性分类，至多有四类：(奇，奇)，(偶，偶)，(奇，偶)，(偶，奇)，因而，必有五个顶点中的某两个点属于同一类，这两点的中点 M 也是格点，且点 M 在凸七边形的内部.

考虑 A,B,C,D,E 这五个格点，其中某两点的中点 M 也是格点，且点 M 在七边形 $ABCDEFG$ 的内部.

同理，由格点五边形 $AMEFG$(若 M 为 BE 的中点，则取格点五边形 $AMDCB$)可确定另一个格点 $N(N\neq M)$ 也在七边形 $ABCDEFG$ 的内部，如图 27.

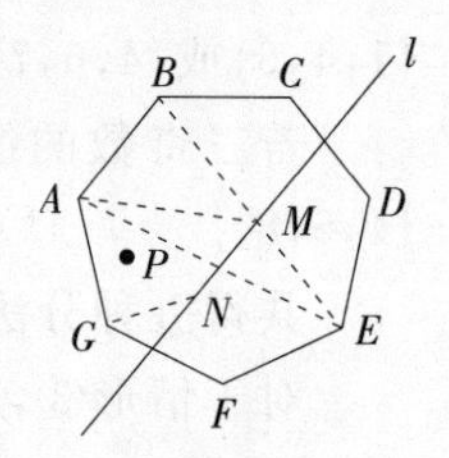

图 27

直线 MN 将平面分为两部分，其中必有某一侧至少含有格点凸七边形的三个顶点. 不妨设 A,B,G 在 MN 的同一侧，则由凸五边形 $ABMNG$ 可知，七边形 $ABCDEFG$ 的内部还有第三个格点 P.

(1)若 MN 的另一侧也含有七边形 $ABCDEFG$ 的三个顶点，同理可得第四个格点 Q.

(2)若 MN 的另一侧至多含两个顶点 D 和 E，则 C,F 在直线 MN 上或与 A,B,G 在 MN 的同一侧，这时，又有两种情况：

(i)若点 P 不在$\triangle ABM$ 内，则 A,B,C,M,P 组成凸五边形，又可得到一个格点(第四个)Q；

(ii)若点 P 在$\triangle ABM$ 内(或边上)，则 A,P,N,F,G 组成凸(非凹)五边形，可得到第四个格点 Q(注：若 C,D 在 MN 同一侧，E,F 与 A,B,G 在 MN 同侧，则考虑五边形 $PNEFG$).

另一方面，容易举出一个例子，使得七边形 ABC-$DEFG$ 的内部恰有四个格点.

例 5　有 n 个人，已知他们中的任意两人至多通电话一次，他们中的任意 $n-2$ 个人之间通电话的总次数相等，都是 3^k 次，其中 k 是自然数. 求 n 的所有可能值.　　　(2000 年全国高中数学联赛试题)

解　显然 $n\geqslant5$. 因为 n 个人共可组成 $C_n^{n-2}=C_n^2$ 个"$n-2$ 人组"，所以 n 个人之间通话的总次数按重数计算是 $3^kC_n^2$ 次.

若某两人之间通电话一次，则这次通话在 $C_{n-2}^{n-4}=C_{n-2}^2$ 个"$n-2$ 人组"中被各算了一次，所以每次通电话的计算重数都是 C_{n-2}^2. 故实际 n 个人之间通话的总次数为 $l=\dfrac{C_n^2 3^k}{C_{n-2}^2}$，其中 l 为自然数，即

$$\frac{(n-2)(n-3)}{2}l=\frac{n(n-1)}{2}3^k$$

因为 n 与 $n-2$ 或 $n-1$ 与 $n-3$ 中恰有一个数是 4 的倍数，另一个数是偶数，且不是 4 的倍数，所以，$\dfrac{1}{2}(n-2)(n-3)$ 与 $\dfrac{1}{2}n(n-1)$ 一奇一偶.

又因为 $n,n-1,n-2,n-3$ 中任两数的公因数不超过 3，故

$$d=\left(\frac{1}{2}(n-2)(n-3),\frac{1}{2}n(n-1)\right)=3 \text{ 或 } 1$$

若 $d=3$，则必为 $3\mid n,3\mid(n-3)$. 设 $n=3n_1$，则

$$\frac{1}{2}(3n_1-2)(n_1-1)l=\frac{1}{2}n_1(3n_1-1)3^k$$

且

$$\left(\frac{1}{2}(3n_1-2)(n_1-1),\frac{1}{2}n_1(3n_1-1)\right)=1$$

所以

$$\frac{1}{2}(3n_1-2)(n_1-1)\mid 3^k$$

又因为

$$(3n_1-2,n_1-1)=1$$

当 n_1 为奇数时

$$\frac{n_1-1}{2}=1,3n_1-2=7,7\mid 3^k$$

矛盾. 当 n_1 是偶数时

$$n_1-1=\frac{1}{2}(3n_1-2)=2,2\mid 3^k$$

矛盾. 故 $d=1$,且有

$$\frac{1}{2}(n-2)(n-3)\mid 3^k$$

若 n 是偶数,因为 $\left(\frac{n-2}{2},n-3\right)=1$,所以 $\frac{n-2}{2}=1,n=4$,矛盾.

若 n 是奇数,有 $\frac{n-3}{2}=1,n=5$.

当 $n=5$ 时,满足要求.

例 6 有 $n(n\geqslant 6)$ 个人聚会,已知:

(1)每个人至少同其中 $\left[\frac{n}{2}\right]$ 个人互相认识;

(2)对于其中任意 $\left[\frac{n}{2}\right]$ 个人,或者其中有 2 人相识,或者余下的人中有 2 人相识.

证明:这 n 个人中必有 3 人两两相识.

(1996 年全国高中数学联赛试题)

证明 假设这 n 个人中无 3 人彼此相识.

设 a,b 是这 n 个人中相识的 2 人,由反证假设可

推出余下的 $n-2$ 个人中，无 1 人与 a，b 皆相识. 因此，至少有 $2\left[\frac{n}{2}\right]$个不同的人，其中每个人或同 a 相识，或同 b 相识.

当 n 为偶数时，由上述讨论可知，这 n 个人中恰有一半人与 a 相识，而另一半人则与 b 相识. 于是，由题设可推出在某一半人中必含 2 个相识的人. 这与反证假设矛盾.

当 n 为奇数时，$n=2\left[\frac{n}{2}\right]+1$. 若这 n 个人中每人与 a 或 b 相识，则与上述讨论类似，可推出矛盾.

否则，存在 c，他同 a，b 皆不相识，于是，n 个人中除 c 之外的 $2\left[\frac{n}{2}\right]$个人中必有一半与 a 相识，另一半与 b 相识. 所有与 a 相识的人互不相识，所有与 b 相识的人也互不相识.

假设有 k_1 个人同 a，c 皆相识，k_2 个人同 b，c 皆相识，不难由题设推出 $k_i\geqslant 1(i=1,2)$，并且这 k_1+k_2 个人构成与 c 相识的人的全部. 因而，$k_1+k_2\geqslant\left[\frac{n}{2}\right]$. 不妨设 $k_1\geqslant k_2$，由 $n\geqslant 6$ 可知 $k_1\geqslant 2$.

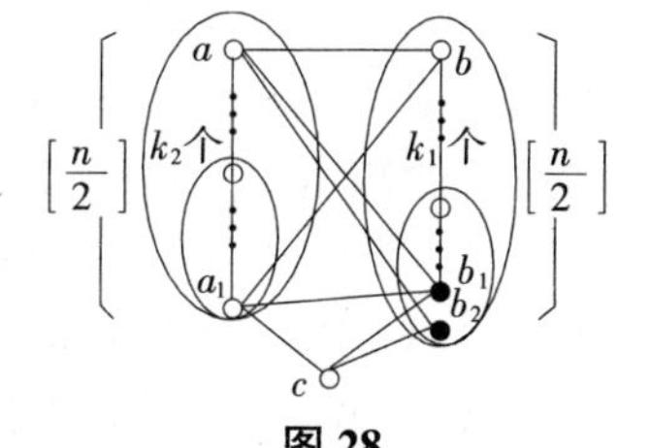

图 28

设 a_1 同 b，c 皆相识，b_1 与 b_2 同 a_1，c 皆相识(图 28)，由于 n 个人中同 a_1 相识的人至少为$\left[\frac{n}{2}\right]$个，他们中除 c 外同 a 都相识，故 a_1 必与 b_1，b_2 之一相识. 不妨设 a_1 与 b_1 相识，则 a_1，b_1 与 c 是彼此相识的人，此与反证假设相矛盾.

因此命题为真.

例 7 有$n(n\geqslant 3)$名乒乓球选手参加循环赛,每两名选手之间恰比赛一次(比赛无平局).赛后发现,可以将这些选手排成一圈,使得对于任意三名选手A,B,C,若A,B在圈上相邻,则A,B中至少有一人战胜了C.求n的所有可能值.

(2011年中国女子数学奥林匹克竞赛题)

解 n的所有可能值为所有大于或等于3的奇数.理由如下.

当n是大于或等于3的奇数时,设$n=2k+1$,n名选手编号为$A_1,A_2,\cdots,A_{2k+1}$,构造比赛结果如下:选手$A_i(1\leqslant i\leqslant 2k+1)$战胜了$A_{i+2},A_{i+4},\cdots,A_{i+2k}$(令$A_{2k+1+j}=A_j,j=1,2,\cdots,2k+1$),输给了其他选手.现在将这些选手按照$A_1,A_2,\cdots,A_{2k+1}$的顺序顺时针排成一圈,对于任意三名选手$A,B,C$,若$A,B$在圈上相邻,不妨设$A=A_t,B=A_{t+1},C=A_{t+r}(1\leqslant t\leqslant 2k+1,2\leqslant r\leqslant 2k)$,则$r$与$r-1$中至少有一个为不大于$2k$的偶数.故$A,B$中至少有一人战胜了$C$.因此,当$n$是大于或等于3的奇数时,可能发生题目所述的情况.

另一方面,当n是大于或等于4的偶数时,假设题目所述的情况出现,将这n名选手按照在圈上的位置顺时针记为$A_1,A_2,\cdots,A_n$,不妨设A_1战胜了A_2.由题目条件知A_2,A_3中至少有一人战胜了A_1,故A_3战胜了A_1,再由A_1,A_2中至少有一人战胜A_3可知A_2战胜了A_3.依此类推可知对任意$1\leqslant i\leqslant n$,A_i战胜了A_{i+1}(其中$A_{n-1}=A_1$).对于每个$A_i(1\leqslant i\leqslant n)$,他输给了$A_{i-1}$(其中$A_0=A_n$),将剩下$n-2$人两两相邻配对,由条件知$A_i$至少输掉了$\frac{n-2}{2}$场,再加上输给$A_{i-1}$

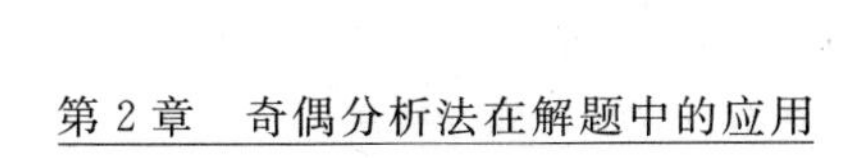

的一场至少输掉$\frac{n}{2}$场.因此 n 名选手共输掉至少$\frac{n^2}{2}$场,但这与 $C_n^2=\frac{n(n-1)}{2}<\frac{n^2}{2}$矛盾!因此当 n 是大于或等于 4 的偶数时,不可能发生题目所述的情况.

综上所述,n 的所有可能值为所有大于或等于 3 的奇数.

例 8　设 m 是正整数,$n=2^m-1$,数轴上 n 个点所构成的集合为 $P_n=\{1,2,\cdots,n\}$.

一只蚱蜢在这些点上跳跃,每步从一个点跳到与之相邻的点.求 m 的最大值,使得对任意 $x,y\in P_n$,从点 x 跳 2 012 步到点 y 的跳法种数为偶数(允许中途经过点 x,y).

(2012 年中国东南数学奥林匹克竞赛题)

解　当 $m\geqslant 11$ 时,$n=2^m-1>2\,013$.

因为从点 1 跳 2 012 步到达点 2 013 的跳法只有一种,矛盾,所以,$m\leqslant 10$.

下面证明:$m=10$ 满足题意.

对 m 用数学归纳法证明一个更强的命题:

对任意 $k\geqslant n=2^m-1$ 及任意 $x,y\in P_n$,从点 x 跳 k 步到点 y 的跳法种数为偶数.

当 $m=1$ 时,跳法种数必为 0,结论成立.

当 $m=l$ 时结论成立.

对 $k\geqslant n=2^{l+1}-1$,将从点 x 跳 k 步到点 y 的路径分成三类,只要证明每种情形下的路径种数均为偶数即可.

(1)路径从不经过点 2^l.

此时,点 x 和 y 位于点 2^l 的同侧,由归纳假设知,路径有偶数种.

(2)路径经过点 2^l 恰一次.

设第 $i(i\in\{0,1,\cdots,k\})$ 步跳到点 2^l,其中,$i=0$ 表示点 x 就是点 2^l,$i=k$ 表示点 y 就是点 2^l.证明对任意 i,路径种数都是偶数.

设路径为

$$x,a_1,\cdots,a_{i-1},2^l,a_{i+1},\cdots,a_{k-1},y$$

将其分为两条子路:从点 x 到 a_{i-1},共 $i-1$ 步;从点 a_{i+1} 到 y,共 $k-i-1$ 步(对 $i=0$ 或 k,只有一条子路,共 $k-1$ 步).

因为 $k\geqslant n=2^{l+1}-1$,若 $i-1<2^l-1$,且 $k-i-1<2^l-1$,所以

$$i-1\leqslant 2^l-2,\text{且 } k-i-1\leqslant 2^l-2$$

相加得 $k\leqslant 2^{l+1}-2$,矛盾.

所以,$i-1\geqslant 2^l-1$ 或 $k-i-1\geqslant 2^l-1$ 必有一个成立.

由归纳假设,必有一条子路的路径种数为偶数.

由乘法原理,知第 i 步跳到点 2^l 的路径种数为偶数.

(3)路径经过点 2^l 不少于两次.

此时,将第一次与第二次到点 2^l 之间的路径沿点 2^l 作对称,则对此类中的路径进行了两两配对,必为偶数种路径.

由数学归纳法,结论得证.

综上,m 的最大值为 10.

例 9　设空间中有 $2n(n>1)$ 个点,其中任何四点都不共面,它们之间连有 n^2+1 条线段,求证:这些线段必能构成两个有公共边的三角形.

(1987 年中国国家队选拔赛试题)

证明　当 $n=2$ 时，$n^2+1=5$，即四点之间连有五条线段，当然构成两个有公共边的三角形.可见，结论当 $n=2$ 时成立.

设结论当 $n=k$ 时成立.当 $n=k+1$ 时，设 AB 是任一条线段并把由 A，B 两点向其余各点所引出的线段条数分别记为 a，b.

(1)设有线段 AB，使 $a+b\geqslant 2k+2$，于是在除 A，B 之外的 $2k$ 点中，至少存在两点 C 和 D，使线段 AC，BC，AD，BD 都存在.这时$\triangle ABC$ 和$\triangle ABD$ 即为一对有公共边的三角形.

(2)设有线段 AB，使 $a+b\leqslant 2k$，于是去掉 A 和 B 时，其余的 $2k$ 点间至少连有 k^2+1 条线段.由归纳假设即知必存在一对有公共边的三角形.

(3)若对已给线段中的任一条线段 AB，都有 $a+b=2k+1$，则对固定的线段 AB，存在一点 C，使$\triangle ABC$ 存在.记由 A，B，C 向其余 $2k-1$ 个点引出的线段条数分别为 a'，b'，c'，则

$$a'+b'=b'+c'=c'+a'=2k-1$$

从而有

$$2(a'+b'+c')=6k-3$$

上式左端为偶数，右端为奇数，矛盾.这意味着(1)(2)两条至少有一条成立，从而结论当 $n=k+1$ 时成立，这就完成了归纳证明.

例 10　有 n 支足球队进行比赛，每两队都赛一场.胜队得 3 分，负队得 0 分，平局各得 1 分.问一个队至少要得多少分，才能保证得分不少于该队的至多有 $k-1$ 支队，其中 $2\leqslant k\leqslant n-1$？

(1999 年 IMO 中国国家队选拔考试题)

解 显然，最坏的情形是有 $k+1$ 支队得分相同且均得最高分.

(1)当 k 为偶数，设 $k=2m$. 将 $2m+1$ 个队用圆周上的 $2m+1$ 个等分点来表示. 每个队都战胜由它所对应的点算起按顺时针接下去的 m 支队而负于另外的 m 支队. 同时，这 $k+1$ 支队每队都战胜另外的 $n-k-1$ 支队的所有队. 于是这 $k+1$ 支队中的每队得分都是

$$3(n-k-1)+3m=3n-\frac{3}{2}k-3$$

(2)当 k 为奇数，设 $k=2m+1$. 仍将 $2m+2$ 支队用圆周上的 $2m+2$ 个等分点来表示. 与(1)中一样，每支队都战胜由它算起顺时针接下去的 m 支队，战平第 $m+1$支队而负于另外的 m 支队. 此外，这 $k+1$ 支队每队都全胜另外的 $n-k-1$ 支队. 所以，这 $k+1$ 支队中的每队得分都是

$$3(n-k-1)+3m+1=3n-\frac{1}{2}(3k+1)-3$$

将(1)与(2)结合起来，无论 k 是奇数还是偶数，都有 $k+1$ 支队的得分同为 $3n-\left[\frac{3k+1}{2}\right]-3$.

这表明，当一个队得分为 $3n-\left[\frac{3k+1}{2}\right]-3$ 时，还不足以保证得分不少于该队的至多有 $k-1$ 支队.

下面证明：当一个队得分不少于 $3n-\left[\frac{3k+1}{2}\right]-2$ 时，得分不少于它的队至多有 $k-1$ 支队.

若不然，设有 k 支队得分都不少于 $3n-\left[\frac{3k+1}{2}\right]-2$，于是，这 $k+1$ 支队的得分总数不少于

$$(k+1)\left(3n-\left[\frac{3k+1}{2}\right]-2\right)$$

记这 $k+1$ 支队为 A 组，另外的 $n-k-1$ 支队为 B 组. A 组队与 B 组队比赛的得分总数至多为

$$3(k+1)(n-k-1)$$

A 组队之间比赛得分总数至多为

$$3C_{k+1}^{2}=\frac{3}{2}k(k+1)$$

所以，A 组队总得分不多于

$$3(k+1)(n-k-1)+\frac{3}{2}k(k+1)=$$

$$(k+1)\left(3n-3k-3+\frac{3}{2}k\right)=$$

$$(k+1)\left(3n-\frac{3}{2}k-3\right)<$$

$$(k+1)\left(3n-\left[\frac{3k+1}{2}\right]-2\right)$$

矛盾.

综上可知，所求的得分数的最小值为

$$3n-\left[\frac{3k+1}{2}\right]-2$$

例 11　对于 $2n$ 元集合 $M=\{1,2,\cdots,2n\}$，若 n 元集合

$$A=\{a_1,a_2,\cdots,a_n\},B=\{b_1,b_2,\cdots,b_n\}$$

满足 $A\cup B=M,A\cap B=\varnothing$，且 $\sum\limits_{k=1}^{n}a_k=\sum\limits_{k=1}^{n}b_k$，则称 $A\cup B$ 是集合 M 的一种“等和划分”($A\cup B$ 与 $B\cup A$ 算是同一种划分). 试确定集合 $M=\{1,2,\cdots,12\}$ 共有多少种等和划分？（2008 年江西省高中数学竞赛题）

解法 1　不妨设 $12\in A$. 由于当集合 A 确定后，集

合 B 便唯一确定，故只需考虑集合 A 的个数.

设 $A=\{a_1,a_2,\cdots,a_6\}$，a_6 为最大数.

由 $1+2+\cdots+12=78$，知

$$a_1+a_2+\cdots+a_6=39, a_6=12$$

于是

$$a_1+a_2+a_3+a_4+a_5=27$$

故 $A_1=\{a_1,a_2,a_3,a_4,a_5\}$ 中有奇数个奇数.

(1)若 A_1 中有五个奇数，因为 M 中的六个奇数之和为 36，而 $27=36-9$，所以

$$A_1=\{1,3,5,7,11\}$$

此时，得到唯一的 $A=\{1,3,5,7,11,12\}$.

(2)若 A_1 中有三个奇数、两个偶数，用 p 表示 A_1 中这两个偶数 x_1,x_2 之和，q 表示 A_1 中这三个奇数 y_1,y_2,y_3 之和，则

$$p\geqslant 6, q\geqslant 9$$

于是，$q\leqslant 21$，$p\leqslant 18$.

共得 A_1 的 24 种情形.

①当 $p=6$，$q=21$ 时

$$(x_1,x_2)=(2,4)$$

$$(y_1,y_2,y_3)=(1,9,11),(3,7,11),(5,7,9)$$

可搭配成 A_1 的 3 种情形；

②当 $p=8$，$q=19$ 时

$$(x_1,x_2)=(2,6)$$

$$(y_1,y_2,y_3)=(1,7,11),(3,5,11),(3,7,9)$$

可搭配成 A_1 的 3 种情形；

③当 $p=10$，$q=17$ 时

$$(x_1,x_2)=(2,8),(4,6)$$

$$(y_1,y_2,y_3)=(1,5,11),(1,7,9),(3,5,9)$$

可搭配成 A_1 的 6 种情形；

④当 $p=12,q=15$ 时

$$(x_1,x_2)=(2,10),(4,8)$$

$$(y_1,y_2,y_3)=(1,3,11),(1,5,9),(3,5,7)$$

可搭配成 A_1 的 6 种情形；

⑤当 $p=14,q=13$ 时

$$(x_1,x_2)=(4,10),(6,8)$$

$$(y_1,y_2,y_3)=(1,3,9),(1,5,7)$$

可搭配成 A_1 的 4 种情形；

⑥当 $p=16,q=11$ 时

$$(x_1,x_2)=(6,10),(y_1,y_2,y_3)=(1,3,7)$$

可搭配成 A_1 的 1 种情形；

⑦当 $p=18,q=9$ 时

$$(x_1,x_2)=(8,10),(y_1,y_2,y_3)=(1,3,5)$$

可搭配成 A_1 的 1 种情形.

(3)若 A_1 中有一个奇数、四个偶数，由于 M 中除 12 外，其余的五个偶数和为 $2+4+6+8+10=30$，从中去掉一个偶数，补加一个奇数，使 A_1 中五数之和为 27，分别得到 A_1 的 4 种情形

$$(7,2,4,6,8),(5,2,4,6,10)$$

$$(3,2,4,8,10),(1,2,6,8,10)$$

综上，集合 A 有 $1+24+4=29$ 种情形，即 M 有 29 种等和划分.

解法 2　元素交换法.

显然，$\sum\limits_{i=1}^{6}a_i=\sum\limits_{i=1}^{6}b_i$，恒设 $12\in A$.

(1)首先注意极端情况的一种分划

$$A_0=\{1,2,3,10,11,12\}$$

$$B_0=\{4,5,6,7,8,9\}$$

显然,数组$\{1,2,3\}$与$\{10,11,12\}$中,若有一组数全在A中,则另一组数必全在A中.

以下考虑10,11两个数至少一个不在A中的情况.为此,考虑A_0,B_0中个数相同且和数相等的元素交换.

(2)$(10,1)\leftrightarrow(5,6),(4,7)$;

$(10,2)\leftrightarrow(5,7),(4,8)$;

$(10,3)\leftrightarrow(6,7),(5,8),(4,9)$;

$(10,2,3)\leftrightarrow(4,5,6)$.

共得到8种对换.

(3)$(11,1)\leftrightarrow(5,7),(4,8)$;

$(11,2)\leftrightarrow(6,7),(5,8),(4,9)$;

$(11,3)\leftrightarrow(6,8),(5,9)$;

$(11,1,3)\leftrightarrow(4,5,6)$;

$(11,2,3)\leftrightarrow(4,5,7)$.

共得到9种对换.

(4)$(10,11,1)\leftrightarrow(6,7,9),(5,8,9)$;

$(10,11,2)\leftrightarrow(6,8,9)$;

$(10,11,3)\leftrightarrow(7,8,9)$;

$(10,11,1,2)\leftrightarrow(4,5,7,8),(4,5,6,9)$;

$(10,11,1,3)\leftrightarrow(4,6,7,8),(4,5,7,9)$;

$(10,11,2,3)\leftrightarrow(5,6,7,8),(4,6,7,9),(4,5,8,9)$.

共得到11种对换.

每种对换都得到一种新的划分.

因此,总共得$1+8+9+11=29$种等和划分.

例12 凸n边形P中的每条边和每条对角线都被染为n种颜色中的一种.问:对怎样的n,存在一种

染色方式，使得对于这 n 种颜色中的任何三种不同颜色，都能找到一个三角形，其顶点为多边形 P 的顶点，且它的三条边分别被染为这三种颜色？

（2009 年中国数学奥林匹克竞赛题）

解　当 $n(n\geqslant 3)$ 为奇数时，存在符合要求的染法；当 n 为偶数时，不存在所述的染法.

因为每三个顶点形成一个三角形，三角形的个数为 C_n^3，而颜色的三三搭配也刚好有 C_n^3 种，所以，本题相当于要求不同的三角形对应于不同的颜色组合，即形成一一对应.

以下将多边形的边与对角线都称为线段.

对于每一种颜色，其余的颜色形成 C_{n-1}^2 种搭配，从而，每种颜色的线段（边或对角线）都应出现在 C_{n-1}^2 个三角形中，而每一条线段都是 $n-2$ 个三角形的边，因此，在满足要求的染法中，每种颜色的线段都应当有

$$\frac{C_{n-1}^2}{n-2}=\frac{n-1}{2}(\text{条})$$

当 n 为偶数时，$\frac{n-1}{2}$ 不是整数，因此，不可能存在满足条件的染法.

下设 $n=2m+1$ 为奇数，我们给出一种染法，并证明它满足题中条件.

自某个顶点开始，按顺时针方向将凸 $2m+1$ 边形的各个顶点依次记为 $A_1, A_2, \cdots, A_{2m+1}$.

对于 $i\notin\{1,2,\cdots,2m+1\}$，按模 $2m+1$ 理解顶点 A_i. 再将 $2m+1$ 种颜色分别记为颜色 $1,2,\cdots,2m+1$.

将边 A_iA_{i+1} 染为颜色 $i(i=1,2,\cdots,2m+1)$. 再对每个 i 都将线段（对角线）$A_{i-k}A_{i+1+k}(k=1,2,\cdots,m-1)$ 染为颜色 i，于是，每种颜色的线段都刚好有 m 条.

值得注意的是，在规定的染色方法之下，当且仅当

$$i_1+j_1\equiv i_2+j_2 \pmod{2m+1} \quad ①$$

时，线段 $A_{i_1}A_{j_1}$ 与 $A_{i_2}A_{j_2}$ 同色.

因此，对任何 $i\not\equiv j \pmod{2m+1}$，任何 $k\not\equiv 0 \pmod{2m+1}$，线段 A_iA_j 都不与 $A_{i+k}A_{j+k}$ 同色.

换言之，如果

$$i_1-j_1\equiv i_2-j_2 \pmod{2m+1} \quad ②$$

线段 $A_{i_1}A_{j_1}$ 都不与 $A_{i_2}A_{j_2}$ 同色.

任取两个 $\triangle A_{i_1}A_{j_1}A_{k_1}$ 和 $\triangle A_{i_2}A_{j_2}A_{k_2}$，如果它们之间至多只有一条线段同色，当然它们不含对应相同的颜色组合. 如果它们之间有两条线段同色，接下来证明：第三条线段必不同色. 为确定起见，不妨设 $A_{i_1}A_{j_1}$ 与 $A_{i_2}A_{j_2}$ 同色.

分以下两种情况讨论.

(1)如果 $A_{j_1}A_{k_1}$ 与 $A_{j_2}A_{k_2}$ 也同色，那么由式①知

$$i_1+j_1\equiv i_2+j_2 \pmod{2m+1}$$

$$j_1+k_1\equiv j_2+k_2 \pmod{2m+1}$$

将两式相减得

$$i_1-k_1\equiv i_2-k_2 \pmod{2m+1}$$

故由式②知 $A_{k_1}A_{i_1}$ 不与 $A_{k_2}A_{i_2}$ 同色.

(2)如果 $A_{i_1}A_{k_1}$ 与 $A_{i_2}A_{k_2}$ 也同色，那么亦由式①知

$$i_1+j_1\equiv i_2+j_2 \pmod{2m+1}$$

$$i_1+k_1\equiv i_2+k_2 \pmod{2m+1}$$

将两式相减得

$$j_1-k_1\equiv j_2-k_2 \pmod{2m+1}$$

由式②知 $A_{j_1}A_{k_1}$ 与 $A_{j_2}A_{k_2}$ 不同色.

总之，$\triangle A_{i_1}A_{j_1}A_{k_1}$ 与 $\triangle A_{i_2}A_{j_2}A_{k_2}$ 对应不同的颜色组合.

例 12　对于每个正整数 n，将 n 表示成 2 的非负整数次方的和. 令 $f(n)$ 为正整数 n 的不同表示法的个数.

如果两个表示法的差别仅在于它们中各个数相加的次序不同，这两个表示法就被视为是相同的. 例如，$f(4)=4$，因为 4 恰有下列四种表示法

$$4;2+2;2+1+1;1+1+1+1$$

证明：对于任意整数 $n\geqslant 3$，有

$$2^{\frac{n^2}{4}}<f(2^n)<2^{\frac{n^2}{2}}$$

（1997 年 IMO 试题）

证明　对于任意一个大于 1 的奇数 $n=2k+1$，n 的任一表示中必包含一个“1”. 去掉这个 1 就得到 $2k$ 的一个表示. 反之，给 $2k$ 的任一表示加上一个“1”就得到 $2k+1$ 的一个表示. 这显然是 $2k+1$ 和 $2k$ 的表示之间的一个一一对应. 从而有如下递归式

$$f(2k+1)=f(2k) \quad ①$$

进一步，对于任意正偶数 $n=2k$，其表示可以分为两类：包含若干个“1”的表示和不包含“1”的表示. 对于前者，去掉一个 1 就得到 $2k-1$ 的一个表示；对于后者，将每一项除以 2，就得到 k 的一个表示. 这两种变换都是可逆的，从而都是一一对应. 于是得到第二个递归式

$$f(2k)=f(2k-1)+f(k) \quad ②$$

式①②对于任意 $k\geqslant 1$ 都成立. 显然 $f(1)=1$，定义 $f(0)=1$，则式①对于 $k=0$ 也成立. 根据式①②，函数 f 是不减的.

由式①，可以将式②中的 $f(2k-1)$ 换成 $f(2k-2)$，得

$$f(2k)-f(2k-2)=f(k) \quad (k=1,2,3,\cdots)$$

给定任一正整数 $n\geqslant 1$，将上式对 $k=1,2,\cdots,n$ 求和，得

$$f(2n)=f(0)+f(1)+\cdots+f(n)\quad(n=1,2,3,\cdots)\qquad ③$$

下面先证明上界.

在式③中,右端所有的项都不大于最后一项.对于 $n\geqslant 2,2=f(2)\leqslant f(n)$.于是,有

$$\begin{aligned}f(2n)=&2+(f(2)+\cdots+f(n))\leqslant\\&2+(n-1)f(n)\leqslant\\&f(n)+(n-1)f(n)=\\&nf(n)\quad(n=2,3,4,\cdots)\end{aligned}$$

进而得到

$$\begin{aligned}f(2^n)\leqslant&2^{n-1}\cdot f(2^{n-1})\leqslant\\&2^{n-1}\cdot 2^{n-2}\cdot f(2^{n-2})\leqslant\\&2^{n-1}\cdot 2^{n-2}\cdot 2^{n-3}\cdot f(2^{n-3})\leqslant\cdots\leqslant\\&2^{(n-1)+(n-2)+\cdots+1}\cdot f(2)=\\&2^{\frac{n(n-1)}{2}}\cdot 2\end{aligned}$$

因为当 $n\geqslant 3$ 时,有 $2^{\frac{n(n-1)}{2}}\cdot 2<2^{\frac{n^2}{2}}$,上界得证.

为了证明下界,我们先证明对于具有相同奇偶性的正整数 $b\geqslant a\geqslant 0$,有如下不等式成立

$$f(b+1)-f(b)\geqslant f(a+1)-f(a)\qquad ④$$

事实上,若 a,b 同为偶数,则由式①知上式两端均等于 0.而当 a,b 同为奇数时,由式②知

$$f(b+1)-f(b)=f\left(\frac{b+1}{2}\right)$$

$$f(a+1)-f(a)=f\left(\frac{a+1}{2}\right)$$

由函数 f 是不减的即得不等式④成立.

任取正整数 $r\geqslant k\geqslant 1$,其中 r 为偶数,在式④中依次令 $a=r-j,b=r+j,j=0,1,\cdots,k-1$.然后将这些

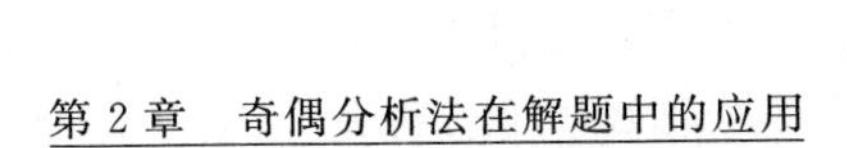

不等式加起来，得

$$f(r+k)-f(r)\geqslant f(r+1)-f(r-k+1)$$

因为 r 是偶数，所以

$$f(r+1)=f(r)$$

从而

$$f(r+k)+f(r-k+1)\geqslant 2f(r)\quad (k=1,2,\cdots,r)$$

对于 $k=1,2,\cdots,r$，将上述不等式相加，即得

$$f(1)+f(2)+\cdots+f(2r)\geqslant 2rf(r)$$

根据式③，上式左端等于 $f(4r)-1$. 从而对于任意偶数 $r\geqslant 2$，有

$$f(4r)\geqslant 2rf(r)+1>2rf(r)$$

取 $r=2^{m-2}$ 即得

$$f(2^m)>2^{m-1}f(2^{m-2}) \qquad ⑤$$

要使 $r=2^{m-2}$ 为偶数，m 必须为大于 2 的整数. 但是式⑤对于 $m=2$ 也成立.

令 n 为大于 1 的整数. 如果 l 是一个满足 $2l\leqslant n$ 的整数，那么对 $m=n,n-1,\cdots,n-2l+2$ 应用不等式⑤，得

$$\begin{aligned}f(2^n)>&2^{n-1}\cdot f(2^{n-2})>\\&2^{n-1}\cdot 2^{n-3}\cdot f(2^{n-4})>\\&2^{n-1}\cdot 2^{n-3}\cdot 2^{n-5}\cdot f(2^{n-6})>\cdots>\\&2^{(n-1)+(n-3)+\cdots+(n-2l+1)}\cdot f(2^{n-2l})=\\&2^{l(n-l)}\cdot f(2^{n-2l}).\end{aligned}$$

如果 n 是偶数，取 $l=\frac{n}{2}$；如果 n 是奇数，取 $l=\frac{n-1}{2}$. 于是：

当 n 为偶数时

$$f(2^n)>2^{\frac{n^2}{4}}\cdot f(2^0)=2^{\frac{n^2}{4}}$$

当 n 为奇数时

$$f(2^n)>2^{\frac{n^2-1}{4}}\cdot f(2^1)=2^{\frac{n^2-1}{4}}\cdot 2>2^{\frac{n^2}{4}}$$

因此,对于 $n\geqslant 2$ 下界成立.

例 13 求满足下面条件的最小正整数 k:对集合 $S=\{1,2,\cdots,2\ 012\}$ 的任意一个 k 元子集 A,都存在 S 中的三个互不相同的元素 a,b,c,使得 $a+b,b+c,c+a$ 均在 A 中. (2012 年中国数学奥林匹克竞赛题)

解 设 $a<b<c$. 令 $x=a+b,y=a+c,z=b+c$,则 $x<y<z,x+y>z$,且 $x+y+z$ 为偶数. 反之,若存在 $x,y,z\in A$ 满足 $x<y<z,x+y>z$,且 $x+y+z$ 为偶数,则取 $a=\frac{x+y-z}{2},b=\frac{x+z-y}{2},c=\frac{y+z-x}{2}$,我们有 $a,b,c\in\mathbf{Z},1\leqslant a<b<c\leqslant 2\ 012$,且 $x=a+b,y=a+c,z=b+c$.

于是,题述条件等价于对任意 k 元子集 A,均有 $x,y,z\in A$,满足

$$x<y<z,x+y>z,\text{且 } x+y+z \text{ 是偶数} \quad (*)$$

若 $A=\{1,2,3,5,7,\cdots,2\ 011\}$,则 $|A|=1\ 007$,且 A 不含有满足(*)的三个元素. 因此 $k\geqslant 1\ 008$.

下面证明任意一个 1 008 元子集均含有三个元素满足(*).

我们证明一个更一般的结论:对任意整数 $n\geqslant 4$,集合 $\{1,2,\cdots,2n\}$ 的任意一个 $n+2$ 元子集均含有三个元素满足(*). 下面对 n 进行归纳.

当 $n=4$ 时,设 A 是 $\{1,2,\cdots,8\}$ 的一个 6 元子集,则 $A\cap\{3,4,5,6,7,8\}$ 至少有四个元素. 若 $A\cap\{3,4,5,6,7,8\}$ 中含有三个偶数,则 $4,6,8\in A$ 且满足(*);

若 $A\cap\{3,4,5,6,7,8\}$ 中恰含有两个偶数，则它还应含有至少两个奇数，取这两个奇数，则 4,6,8 中至少有两个数与这两个奇数可以形成一个满足(*)的三元数组，由于 A 至少含 4,6,8 中的两个数，故 A 存在三个数满足(*)；若 $A\cap\{3,4,5,6,7,8\}$ 中恰含有一个偶数，则它含有全部三个奇数，此偶数与 5,7 即构成满足(*)的三元数组. 因此当 $n=4$ 时结论成立.

假设结论对 n 成立($n\geqslant 4$)，考虑 $n+1$ 的情况. 设 A 是 $\{1,2,\cdots,2n+2\}$ 的一个 $n+3$ 元子集，若

$$|A\cap\{1,2,\cdots,2n\}|\geqslant n+2$$

则由归纳假设可知结论成立，于是只需考虑

$$|A\cap\{1,2,\cdots,2n\}|=n+1$$

且 $2n+1,2n+2\in A$ 的情况. 此时若 $\{1,2,\cdots,2n\}$ 中有一个大于 1 的奇数 x 在 A 中，则 $x,2n+1,2n+2$ 即构成满足(*)的三元数组；若 $\{1,2,\cdots,2n\}$ 中所有大于 1 的奇数均不在 A 中，则

$$A\subseteq\{1,2,4,6,\cdots,2n,2n+1,2n+2\}$$

而后者恰有 $n+3$ 个元素，故

$$A=\{1,2,4,6,\cdots,2n,2n+1,2n+2\}$$

此时 $4,6,8\in A$ 满足(*).

综上所述，所求最小的 k 为 1 008.

例 14　设 $n\in\mathbf{N}^*$，$S=\{1,2,\cdots,2n\}$ 的 R 个子集 $A_1,A_2,\cdots,A_k$ 满足：

(1)对任意的 $i\neq j(i,j=1,2,\cdots,k)$，$A_i\cap A_j$ 恰有奇数个元素；

(2)对任意的 $i(i=1,2,\cdots,k)$，都有 $i\notin A_i$；

(3)若 $i\in A_j$，则 $j\in A_i$.

试确定 R 的最大值.

解 $R_{\max}=2n-1$.

首先，下列 $2n-1$ 个集合满足条件(1)(2)(3).

$A_i=\{2n-i,2n\}\quad(i=1,2,\cdots,n-1,n+1,\cdots,2n-1)$

$$A_n=\{2n\}$$

其次证明：$k\leqslant 2n-1$.

若不然，设 S 的 $2n$ 个子集 $A_1,A_2,\cdots,A_{2n}$ 同时满足(1)(2)(3).

称满足(3)的数对 $i,j(i\neq j)$ 为"搭档"，用 $|M|$ 表示集合 M 的元素个数.

先给出一个引理.

引理 在奇数个顶点的图中，必有一个顶点的度数为偶数.

证明略.

回到原题.

(1)若存在 $i(1\leqslant i\leqslant 2n)$，使得 $|A_i|$ 为奇数，不妨设 $A_1=\{b_1,b_2,\cdots,b_{2m-1}\}$，则对每个 $b_i(1\leqslant i\leqslant 2m-1)$，由题设 b_i 在 A_1 中的搭档个数为奇数.

设 $b_1,b_2,\cdots,b_{2m-1}$ 对应的点分别为 $B_1,B_2,\cdots,B_{2m-1}$.

若 $b_i,b_j(\in A_1)$ 为搭档关系，则在对应的两点之间连一条线. 这些点构成的图中每个顶点度数为奇数，由引理，这不可能.

(2)若对任意的 $i(i=1,2,\cdots,2n)$，$|A_i|$ 为偶数，设 $A_1=\{b_1,b_2,\cdots,b_{2m}\}$. 设 $C_i(i=1,2,\cdots,2m)$ 为 b_i 除 1 之外的搭档构成的集合，则 $|C_i|$ 为奇数. 从而，$\sum_{i=1}^{2m}|C_i|$ 为偶数.

再考虑 $2,3,\cdots,2n$ 这 $2n-1$ 个数，其中必有一个

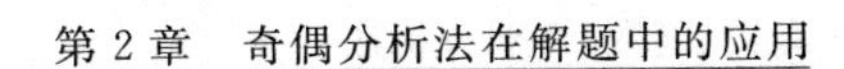

出现在偶数个 C_i 中(否则,奇数个奇数的和为奇数,即出现的总次数为奇数,与 $\sum_{i=1}^{2m}|C_i|$ 为偶数矛盾)(设这个数为 t),则 1 与 t 的公共搭档数为偶数,即 $|A_1\cap A_t|$ 为偶数,与假设矛盾.

综上,$k\leqslant 2n-1$.

例 15　给定整数 $n\geqslant 3$,实数 $a_1,a_2,\cdots,a_n$ 满足 $\min\limits_{1\leqslant i<j\leqslant n}|a_i-a_j|=1$. 求 $\sum_{k=1}^{n}|a_k|^3$ 的最小值.

(2009 年中国数学奥林匹克竞赛题)

解　不妨设 $a_1<a_2<\cdots<a_n$,则对 $1\leqslant k\leqslant n$,有

$$|a_k|+|a_{n-k+1}|\geqslant|a_{n-k+1}-a_k|\geqslant|n+1-2k|$$

所以

$$\begin{aligned}\sum_{k=1}^{n}|a_k|^3=&\frac{1}{2}\sum_{k=1}^{n}(|a_k|^3+|a_{n+1-k}|^3)=\\&\frac{1}{2}\sum_{k=1}^{n}(|a_k|+|a_{n+1-k}|)\cdot\\&\Big(\frac{3}{4}(|a_k|-|a_{n+1-k}|)^2+\\&\frac{1}{4}(|a_k|+|a_{n+1-k}|)^2\Big)\geqslant\\&\frac{1}{8}\sum_{k=1}^{n}(|a_k|+|a_{n+1-k}|)^3\geqslant\\&\frac{1}{8}\sum_{k=1}^{n}|n+1-2k|^3\end{aligned}$$

当 n 为奇数时

$$\sum_{k=1}^{n}|n+1-2k|^3=2\cdot 2^3\cdot\sum_{i=1}^{\frac{n-1}{2}}i^3=\frac{1}{4}(n^2-1)^2$$

当 n 为偶数时

$$\sum_{k=1}^{n}|n+1-2k|^3=2\sum_{i=1}^{\frac{n}{2}}(2i-1)^3=$$

$$2\left(\sum_{j=1}^{n}j^3-\sum_{i=1}^{\frac{n}{2}}(2i)^3\right)=$$

$$\frac{1}{4}n^2(n^2-2)$$

所以，当 n 为奇数时

$$\sum_{k=1}^{n}|a_k|^3\geqslant\frac{1}{32}(n^2-1)^2$$

当 n 为偶数时

$$\sum_{k=1}^{n}|a_k|^3\geqslant\frac{1}{32}n^2(n^2-2)$$

等号均当 $a_i=i-\frac{n+1}{2},i=1,2,\cdots,n$ 时成立.

因此，$\sum\limits_{k=1}^{n}|a_k|^3$ 的最小值为 $\frac{1}{32}(n^2-1)^2$（n 为奇数），或者 $\frac{1}{32}n^2(n^2-2)$（n 为偶数）.

例 16 设 $a_1,a_2,\cdots,a_n(n\geqslant3)$ 是实数，证明

$$\sum_{i=1}^{n}a_i^2-\sum_{i=1}^{n}a_ia_{i+1}\leqslant\left[\frac{n}{2}\right](M-m)^2$$

其中 $a_{n+1}=a_1,M=\max\limits_{1\leqslant i\leqslant n}a_i,m=\min\limits_{1\leqslant i\leqslant n}a_i$，$[x]$ 表示不超过 x 的最大整数.（2011 年中国数学奥林匹克竞赛题）

证明 若 $n=2k$（k 为正整数），则

$$2\left(\sum_{i=1}^{n}a_i^2-\sum_{i=1}^{n}a_ia_{i+1}\right)=\sum_{i=1}^{n}(a_i-a_{i+1})^2\leqslant n(M-m)^2$$

从而

$$\sum_{i=1}^{n}a_i^2-\sum_{i=1}^{n}a_ia_{i+1}\leqslant\frac{n}{2}(M-m)^2=\left[\frac{n}{2}\right](M-m)^2$$

若 $n=2k+1$（k 为正整数），则对于循环排列的 $2k+1$ 个数，必有连续三项递增或递减（因为 $\prod_{i=1}^{2k+1}(a_i-a_{i-1})(a_{i+1}-a_i)=\prod_{i=1}^{2k+1}(a_i-a_{i-1})^2\geqslant 0$，其中 $a_0=a_{2k+1}$，所以不可能对于每一个 i，都有 a_i-a_{i-1} 与 $a_{i+1}-a_i$ 异号），不妨设为 a_1,a_2,a_3，则有

$$(a_1-a_2)^2+(a_2-a_3)^2\leqslant(a_1-a_3)^2$$

从而

$$2\left(\sum_{i=1}^{n}a_i^2-\sum_{i=1}^{n}a_ia_{i+1}\right)=\sum_{i=1}^{n}(a_i-a_{i+1})^2\leqslant (a_1-a_3)^2+\sum_{i=3}^{n}(a_i-a_{i+1})^2$$

这就将问题化为了 $2k$ 个数的情形. 我们有

$$2\left(\sum_{i=1}^{n}a_i^2-\sum_{i=1}^{n}a_ia_{i+1}\right)\leqslant(a_1-a_3)^2+\sum_{i=3}^{n}(a_i-a_{i+1})^2\leqslant 2k(M-m)^2$$

即

$$\left(\sum_{i=1}^{n}a_i^2-\sum_{i=1}^{n}a_ia_{i+1}\right)\leqslant k(M-m)^2=\left[\frac{n}{2}\right](M-m)^2$$

证毕.

例 17　已知实数 $x_1,x_2,\cdots,x_{2\,008}$ 满足 $|x_1|=999$，对于所有的满足 $2\leqslant n\leqslant 2\,008$ 的整数 n，$|x_n|=|x_{n-1}+1|$. 求 $x_1+x_2+\cdots+x_{2\,008}$ 的最小值.

（2008年日本数学奥林匹克竞赛题）

解　设

$$S=x_1+x_2+\cdots+x_{2\,008}$$

由

$$x_1^2=|x_1|^2=999^2$$

$$x_n^2=|x_{n-1}+1|^2=(x_{n-1}+1)^2\quad(2\leqslant n\leqslant 2\,008)$$

则

$$\sum_{i=1}^{2\,008}x_i^2=999^2+\sum_{i=1}^{2\,007}(x_i+1)^2=$$
$$\sum_{i=1}^{2\,007}x_i^2+2\sum_{i=1}^{2\,007}x_i+2\,007+999^2=$$
$$\sum_{i=1}^{2\,007}x_i^2+2(S-x_{2\,008})+1\,000\,008$$

故

$$2S=x_{2\,008}^2+2x_{2\,008}-1\,000\,008=$$
$$(x_{2\,008}+1)^2-1\,000\,009$$

由于$|x_n|=|x_{n-1}+1|$，则 x_n 与 x_{n-1} 的奇偶性不同，即当 n 增加 1 时，x_n 的奇偶性发生改变.

因为 x_1 是奇数，所以，$x_{2\,008}$ 是偶数.

于是

$$(x_{2\,008}+1)^2\geqslant 1$$

从而

$$S\geqslant\frac{1-1\,000\,009}{2}=-500\,004$$

另一方面，设

$$x_n=n-1\,000\quad(1\leqslant n\leqslant 1\,000)$$
$$x_n=-1\quad(1\,001\leqslant n\leqslant 2\,008,\text{且 }n\text{ 为奇数})$$
$$x_n=0\quad(1\,001\leqslant n\leqslant 2\,008,\text{且 }n\text{ 为偶数})$$

则 $x_1,x_2,\cdots,x_{2\,008}$ 满足条件.

因为 $x_{2\,008}=0$，所以，$S=-500\,004$.

从而，S 的最小值为$-500\,004$.

例 18 设 n 是固定的正整数，对于满足 $0\leqslant x_i\leqslant 1$ $(i=1,2,\cdots,n)$的任何 n 个实数，对应着和式

$$\sum_{r\leqslant i<j\leqslant n}|x_i-x_j|=|x_1-x_2|+|x_1-x_3|+\cdots+|x_1-x_{n-1}|+|x_1-x_n|+|x_2-x_3|+|x_2-x_4|+\cdots+|x_2-x_{n-1}|+|x_2-x_n|+\cdots+|x_{n-2}-x_{n-1}|+|x_{n-2}-x_n|+|x_{n-1}-x_n|$$

设 $S(n)$表示和式的最大可能值，求 $S(n)$.

（1974 年加拿大数学奥林匹克竞赛题）

解　不失一般性，设 $0\leqslant x_1\leqslant x_2\leqslant\cdots\leqslant x_n\leqslant 1$. 由题意

$$S(n)=\sum_{1\leqslant i<j\leqslant n}|x_i-x_j|=\sum_{1\leqslant i<j\leqslant n}(x_j-x_i)$$

这个和式有 $C_n^2=\frac{n(n-1)}{2}$（项）. 对于每个 k，$1\leqslant k\leqslant n$，x_k 出现在这些项中的 $n-1$ 项：$k-1$ 次在左边位置（即在 $x_k-x_1,x_k-x_2,\cdots,x_k-x_{k-1}$各项中），且 $n-k$ 次在右边位置（即在 $x_{k+1}-x_k,x_{k+2}-x_k,\cdots,x_n-x_k$ 各项中）. 因此

$$S(n)=\sum_{k=1}^{n}x_k[k-1-(n-k)]=\sum_{k=1}^{n}x_k(2k-n-1)$$

当 $k<\frac{n+1}{2}$时，x_k 的系数 $2k-n-1$ 是负数，弃掉这些项（只需令 $x_k=0$ 即可），我们看出

$$S(n)\leqslant\sum_{k\geqslant\frac{n+1}{2}}x_k(2k-n-1)$$

因此，当 n 为偶数时

$$S(n)\leqslant\sum_{k=\frac{n+1}{2}}^{n}x_k(2k-n-1)\leqslant\sum_{k=\frac{n}{2}+1}^{n}(2k-n-1)=$$

$$1+3+5+\cdots+(n-1)=\frac{n^2}{4}$$

当 n 为奇数时

$$S(n)\leqslant\sum_{k=\frac{n+1}{2}}^{n}x_k(2k-n-1)\leqslant\sum_{k=\frac{n+1}{2}+1}^{n}(2k-n-1)=$$

$$2+4+6+\cdots+(n-1)=\frac{n^2-1}{4}$$

所以

$$\begin{cases}S(n)\leqslant\dfrac{n^2}{4},\text{如果 } n \text{ 为偶数}\\ S(n)\leqslant\dfrac{n^2-1}{4},\text{如果 } n \text{ 为奇数}\end{cases}$$

或者简单地写成 $S(n)\leqslant\left[\frac{n^2}{4}\right]$(即不超过 $\frac{n^2}{4}$ 的最大整数). 等式出现的条件是:当 n 为偶数时

$$x_1=x_2=\cdots=x_{\frac{n}{2}}=0$$

$$x_{\frac{n}{2}+1}=x_{\frac{n}{2}+2}=\cdots=x_n=1$$

当 n 为奇数时

$$x_1=x_2=\cdots=x_{\frac{n-1}{2}}=0$$

$$x_{\frac{n+1}{2}}=x_{\frac{n+3}{2}}=\cdots=x_n=1$$

所以

$$S(n)=\left[\frac{n^2}{4}\right]$$

例 19 已知正整数 $a,b,c<99$,且 $a^2+b^2=c^2+99^2$. 求 $a+b+c$ 的最大值与最小值.

(2010 年阿根廷数学奥林匹克竞赛题)

解 不妨假设 $a\geqslant b$,则

$$0<c<b\leqslant a<99,2a^2\geqslant a^2+b^2>99^2$$

故 $a\geqslant 71$.

当 $71\leqslant a\leqslant 98$ 时

$$(b+c)(b-c)=(99-a)(99+a)$$

首先求 $a+b+c$ 的最小值.

当 $a=98$ 时

$$(b+c)(b-c)=197$$

因为 197 为素数,所以

$$b+c=197\Rightarrow a+b+c=295$$

当 $a=97$ 时

$$(b+c)(b-c)=392=14\times 28$$

要使 $a+b+c$ 最小,则

$$b+c=28,b-c=14\Rightarrow b=21,c=7\Rightarrow a+b+c=125$$

其次证明 125 为所求最小值.

事实上,由

$$(b+c)(b-c)=(99-a)(99+a)\Rightarrow$$

$$b+c>\sqrt{99^2-a^2}\Rightarrow$$

$$a+b+c>a+\sqrt{99^2-a^2}$$

若证 $a+b+c>125$,只需证

$$a+\sqrt{99^2-a^2}>125\Rightarrow a^2-125a+2\,912<0$$

设 $f(t)=t^2-125t+2\,912$,其在 $\left(62\frac{1}{2},+\infty\right)$ 上为增函数,且 $f(94)<0$.

故当 $a\in[71,94]$ 时,$a+b+c>125$ 成立.

当 $a=95$ 时

$$(b+c)(b-c)=4\times 194$$

因为 $b+c,b-c$ 同奇偶,所以

$$b+c\geqslant 194>125$$

当 $a=96$ 时

$$(b+c)(b-c)=3\times 195=15\times 39\Rightarrow$$

$$a+b+c\geqslant 96+39=135>125$$

于是,最小值为 125.

最后求 $a+b+c$ 的最大值.

由题意知 $a+b+c$ 为奇数,且

$$99-a<b-c<b+c<99+a$$

同时,$b+c,b-c,99-a,99+a$ 有相同的奇偶性.

设 $b-c=(99-a)+2k(k\in\mathbf{N}^*)$.

接下来证明:当 $k=1$,即 $b-c=101-a$ 时,$a+b+c$ 取最大值.

若

$$b-c=101-a=x\Rightarrow a=101-x\Rightarrow$$

$$a+b+c=a+\frac{(99-a)(99+a)}{b-c}=$$

$$303-2\left(x+\frac{200}{x}\right)$$

因为 $a+b+c$ 为奇数,$x+\frac{200}{x}$ 为整数,所以,x 为 200 的因数.

若使 $a+b+c$ 为最大值,需求 $x+\frac{200}{x}$ 的最小值.

当 $\left\{x,\frac{200}{x}\right\}=\{10,20\}$ 时,$x+\frac{200}{x}$ 最小,即

$$a+b+c\leqslant 303-2(10+20)=243$$

此时,$(a,b,c)=(91,81,71)$.

若

$$b-c\neq 101-a\Rightarrow$$

$$b-c\geqslant 103-a>0\Rightarrow$$

$$a+b+c=a+\frac{(99-a)(99+a)}{b-c}\leqslant$$

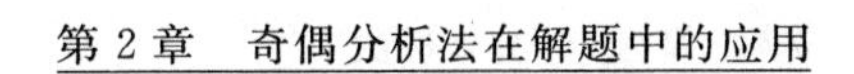

$$a+\frac{(99-a)(99+a)}{103-a}=$$

$$309-2\left[(103-a)+\frac{404}{103-a}\right]<229$$

所以 243 为最大值.

例 20　对于所有正整数 n，求 $C(n)$ 的最大值，使得对于任意的 n 元两两不同的整数组 $(a_1,a_2,\cdots,a_n)$，有

$$(n+1)\sum_{j=1}^{n}a_j^2-\left(\sum_{j=1}^{n}a_j\right)^2\geqslant C(n)$$

（2007 年奥地利数学奥林匹克竞赛题）

解　因为

$$(n+1)\sum_{j=1}^{n}a_j^2-\left(\sum_{j=1}^{n}a_j\right)^2=\sum_{1\leqslant j<i\leqslant n}(a_i-a_j)^2+\sum_{j=1}^{n}a_j^2$$

且 $a_1,a_2,\cdots,a_n$ 两两不同，所以，当 a_i 是 n 个连续整数时，$\sum\limits_{1\leqslant j<i\leqslant n}(a_i-a_j)^2$ 的值最小；当 a_i 的绝对值尽可能接近 0 时，$\sum\limits_{j=1}^{n}a_j^2$ 的值最小.

因此，当 n 为奇数时，取

$$(a_1,a_2,\cdots,a_n)=\left(-\frac{n-1}{2},-\frac{n-3}{2},\cdots,0,\cdots,\frac{n-1}{2}\right)$$

当 n 为偶数时，取

$$(a_1,a_2,\cdots,a_n)=\left(-\frac{n}{2}+1,-\frac{n}{2}+2,\cdots,0,\cdots,\frac{n}{2}\right)$$

此时，有

$$\sum_{1\leqslant j<i\leqslant n}(a_i-a_j)^2=\sum_{i=1}^{n-1}i(n-i)^2=$$

$$\sum_{i=1}^{n-1}(n^2i-2ni^2+i^3)=$$

$$\frac{n^3(n-1)}{2}-\frac{n^2(n-1)(2n-1)}{3}+\frac{n^2(n-1)^2}{4}=$$

$$\frac{n^2(n^2-1)}{12}$$

当 n 为奇数时

$$\sum_{j=1}^{n}a_j^2=2\cdot\frac{\frac{n-1}{2}\cdot\frac{n+1}{2}\cdot n}{6}=\frac{n^3-n}{12}$$

当 n 为偶数时

$$\sum_{j=1}^{n}a_j^2=\left(\frac{n}{2}\right)^2+2\cdot\frac{\frac{n-2}{2}\cdot\frac{n}{2}\cdot(n-1)}{6}=\frac{n(n^2+2)}{12}$$

故当 n 为奇数时，$C(n)$的最大值为

$$\frac{n^2(n^2-1)}{12}+\frac{n^3-n}{12}=\frac{n(n^2-1)(n+1)}{12}$$

当 n 为偶数时，$C(n)$的最大值为

$$\frac{n^2(n^2-1)}{12}+\frac{n(n^2+2)}{12}=\frac{n(n+2)(n^2-n+1)}{12}$$

例 21 求最大的正整数 n 满足：在区间$[2\times 10^{n-1},10^n)$内可以选取2 007个不同的整数，使得对任意的 $i,j(1\leqslant i<j\leqslant n)$都存在一个被选出的数 $\overline{a_1a_2\cdots a_n}$，有

$$a_j\geqslant a_i+2$$

（2007 年保加利亚数学奥林匹克竞赛题）

解 考虑 2 007 个满足题目要求的正整数.

将这 2 007 个正整数中的每个数的所有是偶数的数码加 1，得到 2 007 个“新的”正整数，且每个正整数的数码都是奇数（可能有些数没有改变，有些数会相等）.

若 a_i,a_j 奇偶性相同，则当它们同奇时，a_i,a_j 没

有变化；当它们同偶时，a_i，a_j 分别变为 a_i+1，a_j+1.

若 a_i，a_j 奇偶性不同，则 a_j，a_i+2 的奇偶性也不同.

因此，$a_j \geqslant a_i+2$.

实际上，满足 $a_j > a_i+2$. 从而，当偶数的数码增加 1 后，满足条件的不等式仍然成立. 于是，这 2 007 个新的正整数也满足题目的要求.

将这 2 007 个数写在 $2\,007\times n$ 的表格内，使得每一行对应着一个数，并依次将每个数码写在一个方格内. 因此，第 1 列方格内的数至少是 3. 为满足要求，后面的每一列中至少有一个数比 3 大，因此，没有一列只包含 1 和 3. 于是，包含 1，3，5，7，9 的列有 $5^{2\,007}$ 种取法，包含 1，3 的列有 $2^{2\,007}$ 种取法，第 1 列可以全取 3. 因此，最多有 $1+5^{2\,007}-2^{2\,007}$ 列，即

$$n \leqslant 1+5^{2\,007}-2^{2\,007}$$

下面构造一个 $2\,007\times(1+5^{2\,007}-2^{2\,007})$ 的表格，使得每个方格内写一个数码. 每行数对应着一个数，这 2 007 个数满足题目的要求.

在第 1 行依次写 $5^{2\,006}$ 个 1，$5^{2\,006}$ 个 3，$5^{2\,006}$ 个 5，$5^{2\,006}$ 个 7，$5^{2\,006}$ 个 9；

在第 2 行依次写 $5^{2\,005}$ 个 1，$5^{2\,005}$ 个 3，$5^{2\,005}$ 个 5，$5^{2\,005}$ 个 7，$5^{2\,005}$ 个 9，共重复写 5 遍；

在第 3 行依次写 $5^{2\,004}$ 个 1，$5^{2\,004}$ 个 3，$5^{2\,004}$ 个 5，$5^{2\,004}$ 个 7，$5^{2\,004}$ 个 9，共重复写 5^2 遍；

……

在第 2 007 行依次写 1 个 1，1 个 3，1 个 5，1 个 7，1 个 9，共重复写 $5^{2\,006}$ 遍.

则对于任意的 i，$j(1\leqslant i<j\leqslant 5^{2\,007})$，考虑第 i 列和

第 j 列:从上到下第一次出现在某行的两个数不同,这两个数 a_i,a_j 一定满足 $a_j>a_i$. 于是,$a_j\geqslant a_i+2$.

上述 $2\,007\times5^{2\,007}$ 表格中每一行表示的 n 位数(其每位数码都是奇数)满足条件,但其没有限制在区间 $[2\times10^{n-1},10^n)$ 内,其中,$n=5^{2\,007}$.

删去只包含 1 和 3 的列,并在第 1 列加上全是 3 的列,则共有 $1+5^{2\,007}-2^{2\,007}$ 列,满足题目的要求.

例 22 平面上给定 n 个点 $A_1,A_2,\cdots,A_n(n\geqslant3)$,任意三点不共线. 由其中 k 个点对确定 k 条直线(即过 k 个点对中的每一点对作一条直线),使这 k 条直线不相交成三个顶点都是给定点的三角形. 求 k 的最大值.

(1996 年上海市高中数学竞赛题)

解 如果用直线 l 联结某两点(不妨记为 A_1,A_2),那么不相交成这样的三角形这一限制表示,这两点不能同时与其余 $n-2$ 个点中的任意一点联结,即经过 A_1,A_2 中至少一点的直线至多只有 $n-1$ 条(包括直线 l).

同理,对 $A_3,A_4,\cdots,A_n$ 这 $n-2$ 个点而言,至少过 A_3,A_4 中一点的直线至多只有 $n-3$ 条,等等. 这样

$$k\leqslant(n-1)+(n-3)+(n-5)+\cdots=\begin{cases}(n-1)+(n-3)+\cdots+1=\dfrac{n^2}{4},\text{若 } n \text{ 为偶数}\\(n-1)+(n-3)+\cdots+2=\dfrac{n^2-1}{4},\text{若 } n \text{ 为奇数}\end{cases}$$

另一方面,我们可以把 n 个点分成两组:n 为偶数时,每组各 $\frac{n}{2}$ 个点;n 为奇数时,一组 $\frac{n-1}{2}$ 个点,一组 $\frac{n+1}{2}$ 个点. 把第一组的每点与第二组的每点联结成 $\frac{n^2}{4}$

或$\frac{n^2-1}{4}$条直线，这些直线不相交成三个顶点都是给定点的三角形.

$$故\ k_{\max}=\begin{cases}\frac{n^2}{4},若\ n\ 为偶数\\ \frac{n^2-1}{4},若\ n\ 为奇数\end{cases}.$$

例23　在平面上有n条直线，其中任意两条直线不平行，任意三条直线不共点. 对其中任意两条直线，记它们相交所成的较小的角为它们的夹角. 试求这n条直线相交所成的C_n^2个夹角的和的最大值.

(2007年伊朗数学奥林匹克竞赛题)

解　设$l_1,l_2,\cdots,l_n$是n条直线.

不失一般性，不妨设$l_1,l_2,\cdots,l_n$共点，且$l_1,l_2,\cdots,l_n$按它们的斜率排列.

对$1\leqslant i<j\leqslant n$，记$l_i,l_j$之间的夹角为$(l_i,l_j)$，则$0\leqslant(l_i,l_j)\leqslant\frac{\pi}{2}$.

记从l_i沿某个确定的方向(如顺时针方向)旋转后与l_j重合所需转过的角度为$\langle l_i,l_j\rangle$. 则

$$0\leqslant\langle l_i,l_j\rangle<\pi$$

且$\langle l_i,l_j\rangle\geqslant(l_i,l_j)$.

当n为奇数，即$n=2m+1$时，有

$$\sum_{1\leqslant i<j\leqslant n}(l_i,l_j)\leqslant\sum_{k=1}^{m}\sum_{j-i\equiv k(\bmod n)}\langle l_i,l_j\rangle=\sum_{k=1}^{m}k\pi=\frac{m(m+1)\pi}{2}$$

当n为偶数，即$n=2m$时，有

$$\sum_{1\leqslant i<j\leqslant n}(l_i,l_j)\leqslant\sum_{k=1}^{m-1}\sum_{j-i\equiv k(\bmod n)}\langle l_i,l_j\rangle+\sum_{j-i=m}\langle l_i,l_j\rangle=$$

$$\sum_{k=1}^{m-1} k\pi + \frac{m\pi}{2} = \frac{m^2\pi}{2}$$

在平面直角坐标系 xOy 中，取过原点且与 x 轴正方向的夹角分别为 $0, \frac{\pi}{n}, \cdots, \frac{(n-1)\pi}{n}$ 的 n 条直线，则上述不等式中等号成立.

例 24　在一个圆上给了 2 000 个点，从某点开始标上 1，按顺时针方向数两点标上 2，再数三点标上 3(图 29)，继续下去，标出 1，2，…，1 993. 有些点会有不止一个数标记在其上，有的点没有标上任何数. 问被标上 1 993 的那个点被标上的数中最小的是多少?

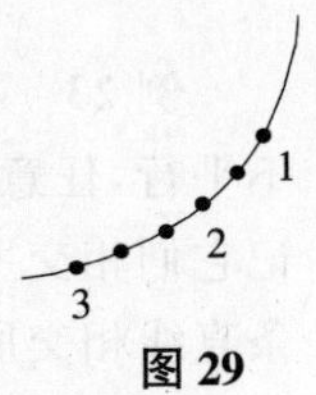

图 29

(第 11 届美国数学邀请赛(AIME)试题)

解　令 A 是标记为 1 的点，对任何 n，可以找到标记为 n 的点，只要数 $1+2+\cdots+n=\frac{1}{2}n(n+1)$ 个点(沿圆周顺时针方向，从 A 开始). 所以，两个正整数 l，m 标记同一个点当且仅当

$$\frac{1}{2}l(l+1) \equiv \frac{1}{2}m(m+1) \pmod{2\ 000}$$

从而，如果 k 是一个正整数，也标记 1 993 所标记的那个点，那么

$$2\left(\frac{1\ 993(1\ 993+1)}{2}-\frac{k(k+1)}{2}\right)=(1\ 993-k)(1\ 994+k)$$

必须是 4 000 的倍数. 显然，$k=1\ 993$ 满足条件. 我们要看看是否有正整数 $k<1\ 993$ 也满足条件. 若存在，找出其中最小的.

既然 $1\ 993-k$ 和 $1\ 994+k$ 奇偶不同，且不能同时

被 5 整除，其中之一必须被 125 整除. 另一个是 32 的倍数. 若 $k<1\ 993$，则 $1\ 994+k<32\times125=4\ 000$. 所以恰好 $1\ 993-k$ 和 $1\ 994+k$ 中一个是 125 的倍数，另一个是 32 的倍数，考虑以下两种情况：

(1) $125\mid(1\ 993-k)$，$32\mid(1\ 994+k)$.

因为

$$1\ 993=15\cdot125+118$$

$$1\ 994=62\cdot32+10=63\cdot32-22$$

所以

$$125\mid(k-118),32\mid(k-22)$$

即

$$k=118+125r,k=22+32s\quad(r\geqslant0,s\geqslant0)$$

显然，当 $k\geqslant118$，且 $r=0$，$s=3$ 时，$k=118$.

(2) $125\mid(1\ 994+k)$，$32\mid(1\ 993-k)$.

因为

$$1\ 994=15\cdot125+119$$

$$1\ 993=62\cdot32+9$$

所以

$$125\mid(k+119),32\mid(k-9)$$

即

$$k=125r-119,k=32s+9\quad(r\geqslant0,s\geqslant0)$$

所以

$$125r=128+32s$$

故 r 是 32 的倍数.

于是，对于任意整数 t，有

$$k=125\cdot32t-119$$

所以，任何这样的正整数 $k\geqslant1\ 993$.

因此，118 是最小的. 于是

$$|n-2x|\leqslant n-2,|n-2y|\leqslant n-2\Rightarrow$$
$$|n^2-2c|\leqslant(n-2)^2=n^2-4n+4\Rightarrow$$
$$n\leqslant\frac{c+2}{2}\leqslant\frac{13}{2}$$

又由于 n 为奇数，故 $n\leqslant 5$. 当 $n=1$ 时，对于 1×1 的棋盘，不会有 9 个格，舍去. 总之，有 $n\leqslant 11$.

当 $n=3$ 时

$$(3-2x)(3-2y)=-5\text{ 或 }-9\text{ 或 }-13$$

解得 $\{x,y\}=\{0,3\}$.

显然，这样的 x,y 不满足要求.

当 $n=5$ 时，在 5×5 的棋盘中，令第一列最下面的两个格为黑色，然后，改变第一列和前两行的颜色，由此操作后恰出现 9 个黑格.

当 $n=11$ 时，在 11×11 的棋盘中，令第一列最下面的两个格为黑色，然后改变第一列的颜色，由此操作后恰出现 9 个黑格.

故 $n_{\max}=11,n_{\min}=5$.

例 25 边长为 n 的等边三角形被平行于它的边的直线分为 n^2 个单位等边三角形. 将一些小三角形做上记号，使得末做记号的三角形与做记号的三角形至少有一条公共边. 试确定做记号三角形可能的最少数目. （2005 年白俄罗斯数学奥林匹克竞赛题）

解 当 n 为偶数时，有 $\frac{n^2}{4}$ 个；当 n 为奇数时，有 $\frac{n^2+3}{4}$ 个.

因为任何单位三角形至多有三个邻接三角形（即与之有一公共边的三角形），于是，推断至少有 $\frac{n^2}{4}$ 个做

记号的三角形.

下面证明:此结论对偶数 n 成立.

实际上,对于偶数 n,可将已知三角形分割成$\frac{n^2}{4}$个边长为2的等边三角形,并在任一个这样的三角形中将中心的单位三角形做记号(图30(a)).

设 n 为奇数,则$\frac{n^2}{4}$不是整数.于是,推断至少有

$$\left[\frac{n^2}{4}\right]+1=\frac{n^2+3}{4}$$

个做记号的三角形.

下面证明:此结论对奇数 n 成立.

当 $n=4k+1$ 时,考虑由三个边长为 $2k$ 的三角形块和一个边长为 $2k+2$ 的三角形块所组成的图形(图30(b)).由于四个三角形块的边长都是偶数,因此,可以用偶数 n 情形的作法.为了满足条件给

$$k^2+k^2+k^2+(k+1)^2=\frac{n^2+3}{4}$$

个三角形做记号.

当 $n=4k+3$ 时,将已知三角形划分为3个边长为 $2k+2$ 的三角形块(任何两个三角形块都有一个公共单位三角形)和一个边长为 $2k$ 的中心三角形块(图30(c)).于是,可给

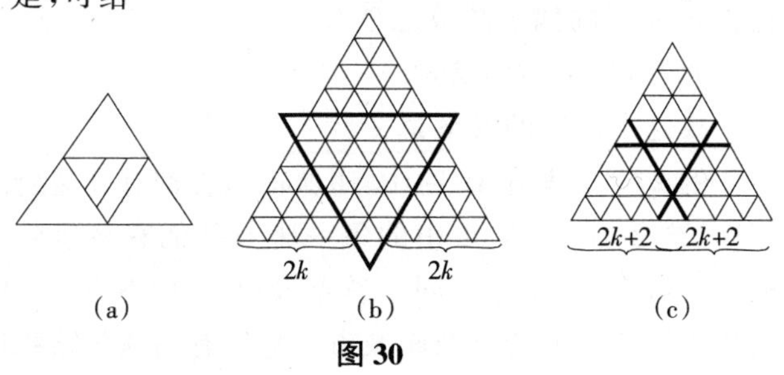

图30

$$3(k+1)^2+k^2=\frac{n^2+3}{4}$$

个三角形做记号.

例 26 设 G 为有 80 个顶点和 2 005 条边的连通图,而 n_G 为使得 80 个顶点度数均为偶数的 G 的子图个数,求 n_G 的最大值.

(2005 年日本数学奥林匹克竞赛题)

解 称顶点度数全为偶数的子图为"偶子图".

先对 q 作归纳,证明以下命题.

命题 设 G 为有 p 个顶点和 q 条边的连通图. 则偶子图的个数是 2^{q-p+1}.

命题的证明 $q=p-1$ 的情形是显然的,因为这个图是树,而且仅有空图是偶子图.

设 G 是有 p 个顶点、q 条边的连通的非完全图,其有 l 个偶子图. 再取一条边 $e\notin G$. 设 $G'=G+e$.

显然,不包含 e 的 G' 的偶子图个数为 l. 因 G 连通,故 G' 中有包含 e 的环 C. 令 S' 为包含 e 的 G' 的子图. 对于 C 的每一条边,若 S' 不包含这条边则添加其至 S';若 S' 包含这条边则去除它,令这个过程后的子图为 S. 所以,S' 为偶子图当且仅当 S 为偶子图. 因此,包含 e 的 G' 的偶子图一一对应于 G 的偶子图. 从而,包含 e 的 G' 的偶子图数也是 l.

通过归纳,命题成立.

故这个问题的答案是 $2^{2\,005-80+1}=2^{1\,926}$.

例 27 在某国有 2 010 座城市与首都有高速公路相连,这 2 010 座城市中的每一座与其他有高速公路相连的城市(可能是不同于首都及这 2010 座城市)的数目小于 2 010. 若有两座城市与它们有高速公路相连

的城市的数目相等，则这个数是偶数. 由于维修的原因，有 k 条与首都相连的高速公路将被关闭. 求 k 的最大值，使得无论高速公路网如何设计，该国的公路运输仍能正常运行.

（2010 年土耳其数学奥林匹克竞赛题）

解　k 的最大值为 503.

将城市视为点，高速公路视为边，于是，得到一个连通图 G.

设首都对应的点为 v_0，且保证要去掉与 v_0 相连的 k 条边后，所得的图仍保持连通.

设去掉 v_0 后得到图 G'，C 为 G' 的一个连通分支.

假设 C 中只有一个顶点 v' 与图 G 中的点 v_0 相连. 则要么 $\deg_G v'$ 是奇数，要么 $\deg_G v'$ 是偶数.

而 C 中存在另外一个点 v'' 满足 $\deg_G v''$ 为奇数（这是因为 C 在图 G' 中一定有偶数个顶点的次数为奇数，其中，$\deg_G v$ 表示图 G 中点 v 的次数），这两种情形均有 C 中存在一点在图 G 中的次数为奇数.

另一方面，若 C 与 v_0 至少有两条边相连，则至少可去掉一条而不影响 C 的连通性.

因为次数为奇数的取值最多有 1 005 个，且次数为奇数的顶点的数目为偶数，所以，图 G 中最多有 1 004个次数为奇数的顶点.

于是，最少可去掉与 v_0 相连的

$$\frac{2\,010-1\,004}{2}=503$$

条边，而不影响图 G 的连通性.

下面构造一个图 G，使得不能去掉多于 503 条与 v_0 相连的边.

设图 G 的顶点为 $v_i(0\leqslant i\leqslant 2\ 010)$，及 $w_{ij}(1<i\leqslant 2\ 004,1<j<2i-2)$，图 G 的边为

$$\{v_0,v_i\}\quad(1<i\leqslant 2\ 010)$$

$$\{v_i,w_{ij}\}\quad(1<i\leqslant 1\ 004,1<j\leqslant 2i-2)$$

$$\{v_{2m-1},v_{2m}\}\quad(503\leqslant m\leqslant 1\ 005)$$

$$\{w_{i,2m-1},w_{i,2m}\}\quad(1<i\leqslant 1\ 004,1\leqslant m\leqslant i-1)$$

例 28 某次数学奥林匹克共有 8 道试题. 若参赛选手能完全答对的题多于全部题的一半，就称他为“高手”. 如果完全答对某题的高手不到全部高手的一半，就称此题为“难题”.

(1)求这次竞赛中难题题数的最大可能值；

(2)若这次竞赛中难题题数取得最大可能值，求高手人数为偶数的最小值及高手人数为奇数的最小值.

(2004 年白俄罗斯数学奥林匹克竞赛题)

解 (1)5；(2)10，5.

设有 n 道难题，m 个高手.

下面分 m 为偶数和奇数两种情况讨论.

(1)$m=2k$.

因为任一位高手答对的题目数多于总数的一半，至少为 5 道，所以，高手答对的总题数不少于 $5m=10k$. 另一方面，由于每道难题只有不超过一半的高手做对，即不多于 $k-1$ 人，故知至多有 $n(k-1)$ 道难题被高手做出. 由高手做对的其他题(容易题)的题数不多于 $2k(8-n)$，于是

$$10k\leqslant n(k-1)+(8-n)\cdot 2k$$

解得

$$n\leqslant 6-\frac{6}{k+1}\qquad ①$$

(2)$m=2k+1$.

类似有不等式

$$5(2k+1)\leqslant nk+(8-n)(2k+1)$$

解得

$$n\leqslant 6-\frac{3}{k+1} \quad ②$$

结合以上两种情况,有 $n\leqslant 5$.

当 $n=5$ 时,由式①知 $k\geqslant 5$,即 $m\geqslant 10$;

由式②知 $k\geqslant 2$,即 $m\geqslant 5$.

下面举例说明,$n=5,m=10$ 和 $n=5,m=5$ 的比赛(图 31).

高手

问题	1	2	3	4	5
1	+				+
2	+	+			
3		+	+		
4			+	+	
5				+	+
6	+	+	+	+	+
7	+	+	+	+	+
8	+	+	+	+	+

高手

问题	1	2	3	4	5	6	7	8	9	10
1	+				+	+				+
2	+	+				+	+			
3		+	+				+	+		
4			+	+				+	+	
5				+	+				+	+
6	+	+	+	+	+	+	+	+	+	+
7	+	+	+	+	+	+	+	+	+	+
8	+	+	+	+	+	+	+	+	+	+

图 31

例 29　一种密码锁的密码设置是在正 n 边形 $A_1A_2\cdots A_n$ 的每个顶点处赋值 0 和 1 两个数中的一个,同时,在每个顶点处染红、蓝两种颜色之一,使得任意相邻的两个顶点的数字或颜色中至少有一个相同.问:该种密码锁共有多少种不同的密码设置?

(2010 年全国高中数学联赛题)

分析　可以用递推数列.

首先重新标数.原来标 0 并染红色的点标 0,原来标 0 并染蓝色的点标 1,原来标 1 并染红色的点标 2,原来标 1 并染蓝色的点标 3.这样,相邻的点标的数和不为 3.

解法 1 去掉边 A_nA_1. 将 $A_i(1\leqslant i\leqslant n)$标上 0,1,2,3,使得相邻的点标的数和不为 3,并且 A_1 标 0. 设此时 A_n 标 0,1,3 的标法分别有 b_n,c_n,d_n 种. 则 A_n 标 2 的标法也是 c_n 种.

易知

$$b_2=1,b_3=3,b_4=7$$
$$c_2=1,c_3=2,c_4=7$$
$$d_2=0,d_3=2,d_4=6$$
$$b_n=b_{n-1}+2c_{n-1}$$
$$c_n=b_{n-1}+c_{n-1}+d_{n-1}$$
$$d_n=2c_{n-1}+d_{n-1}$$

消去 b_{n-1},b_n 得

$$c_{n+1}-2c_n-c_{n-1}=d_n-d_{n-1}$$

再消去 c_{n+1},c_n,c_{n-1} 得

$$d_{n+2}=3d_{n+1}+d_n-3d_{n-1}$$

于是

$$4d_n=3^{n-1}-2-(-1)^n$$

设本题答案为 a_n,则

$$a_n=4\times 3^{n-1}-4d_n=3^n+2+(-1)^n$$

解法 2 去掉边 A_nA_1. 将 $A_i(1\leqslant i\leqslant n)$标上 0,1,2,3,使得相邻的点标的数不同,并且 A_n 与 A_1 所标的数不同.

设此时的标法为 x_n 种,则

$$x_2=4\times 3$$

且

$$x_n=4\times 3^{n-1}-x_{n-1}$$

故

$$x_n-3^n=-(x_{n-1}-3^{n-1})=\cdots=$$
$$(-1)^n(x_2-3^2)=(-1)^n\times 3$$

因此，当 n 为偶数时，$x_n=3^n+3$. 而且此时恢复边 A_nA_1，并将下标为偶数的点标的数 a 改为 $3-a$，就得到合乎本题要求的标法，反之亦然. 故在 n 为偶数时，答案是 3^n+3.

去掉边 A_nA_1. 将 $A_i(1\leqslant i\leqslant n)$ 标上 0,1,2,3，使得相邻的点标的数不同，并且 A_n 与 A_1 所标的数和不为 3.

设此时的标法为 y_n 种，则

$$y_3=4\times(3+2+2)=28=3^3+1$$

且

$$y_n=4\times 3^{n-1}-y_{n-1}$$

同样可得 n 为奇数时，$y_n=3^n+1$，而且此时恢复边 A_nA_1，并将下标为偶数的点标的数 a 改为 $3-a$，就得到合乎本题要求的标法，反之亦然. 故在 n 为奇数时，答案是 3^n+1.

解法 3　设对正 n 边形 $A_1A_2\cdots A_n(n\geqslant 3)$，密码锁的设置方法有 a_n 种.

易算得 $a_3=28$，$a_4=84$.

对于正 n 边形 $A_1A_2\cdots A_n$，对 A_1 赋值并染色，共有 4 种不同设置. 当 A_1 取定后，A_2 的设置必须与 A_1 的数字、颜色中至少有一个相同，于是，只有 3 种不同设置. 以后每个点都有 3 种不同设置，共有 $4\times 3^{n-1}$ 种不同设置. 但其中使得 A_1 的设置与 A_n 的设置中数字、颜色都不相同的所有设置都不满足要求.

用 b_n 表示使得正 n 边形 $A_1A_2\cdots A_n$ 中 A_i 与 A_{i-1} $(i=2,3,\cdots,n)$ 处的数字、颜色至少有一个相同，并且 A_1 与 A_n 处的数字、颜色均不相同的设置数. 则

$$\begin{cases} a_n=4\times 3^{n-1}-b_n \\ b_n=4\times 3^{n-2}-a_{n-2} \end{cases}$$

代入得

$$a_n-a_{n-2}=8\times 3^{n-2}$$

故

$$a_{2m}=a_4+\sum_{j=2}^{m}(a_{2j}-a_{2j-2})=$$

$$a_4+\sum_{j=2}^{m}8\times 3^{2j-2}=3^{2m}+3$$

$$a_{2m+1}=a_3+\sum_{j=2}^{m}(a_{2j+1}-a_{2j-1})=$$

$$a_3+\sum_{j=2}^{m}8\times 3^{2j-1}=3^{2m+1}+1$$

综上，$a_n=3^n+2+(-1)^n$.

解法4 记一条折线上依次排列的 n 个点的坐标为 $A_k(x_k,y_k)(k=1,2,\cdots,n)$，其中，$x_k=0$ 或 1，$y_k=$ 红或蓝. 则问题转化为求同时满足：

(1)任何相邻两个顶点至少有一个坐标相等；

(2)A_1 与 A_n 至少有一个坐标相等.

定义 a_n 表示满足(1)且

$x_1=x_n,y_1=y_n$ 或 $x_1=x_n,y_1\neq y_n$

或 $x_1\neq x_n,y_1=y_n$ 或 $x_1\neq x_n,y_1\neq y_n$

的点列个数分别记为 a_n,b_n,c_n,d_n，并记

$$f_n=a_n+b_n+c_n+d_n$$

则由乘法原理知 $f_n=4\times 3^{n-1}$.

另一方面

$$\begin{cases} a_{n+1}=a_n+b_n+c_n \\ b_{n+1}=a_n+b_n+d_n \\ c_{n+1}=a_n+c_n+d_n \\ d_{n+1}=b_n+c_n+d_n \end{cases} \quad ①$$

由式①得

$$a_{n+1}=f_n-d_n, d_{n+1}=f_n-a_n \quad (n\in \mathbf{N}^*)$$

消去 a_n, f_n 得

$$d_{n+2}=d_n+8\times 3^{n-1}$$

再由题设条件知 $d_2=0, d_3=8$.

故

$$d_{2n}=(d_4-d_2)+(d_6-d_4)+\cdots+(d_{2n}-d_{2n-2})=$$
$$8(3+3^3+\cdots+3^{2n-3})=3^{2n-1}-3$$
$$d_{2n+1}=d_3+(d_5-d_3)+(d_7-d_5)+\cdots+(d_{2n+1}-d_{2n-1})=$$
$$8(3^2+3^4+\cdots+3^{2n-2})+8=3^{2n}-1$$

综上，$d_n=3^{n-1}-2-(-1)^n$.

所以，满足(1)(2)的点列个数(即密码设置)为

$$f_n-d_n=3^n+2+(-1)^n$$

解法5　从题目知，每个顶点共有四种情况(0，红)，(0，蓝)，(1，红)，(1，蓝)，分别记为 t_1, t_2, t_3, t_4.

若 A_n 处为 t_1，则 A_{n+1} 处只有 t_1, t_2, t_3 三种可能，这一过程记为 $F(t_1)=t_1+t_2+t_3$.

同理

$$F(t_2)=t_1+t_2+t_4$$
$$F(t_3)=t_1+t_3+t_4$$
$$F(t_4)=t_2+t_3+t_4$$

若在 A_1 处为 t_1，记为 $F^{(1)}(t_1)=t_1$. 则 A_2 处只有 t_1, t_2, t_3 三种可能，记为

$$F^{(2)}(t_1)=F(t_1)=t_1+t_2+t_3$$

根据 A_2 处的不同情况，A_3 处可能出现3次 t_1，2次 t_2，2次 t_3，2次 t_4，即

$$F^{(3)}(t_1)=F(F^{(2)}(t_1))=F(t_1+t_2+t_3)=$$

$$F(t_1)+F(t_2)+F(t_3)=$$
$$3t_1+2t_2+2t_3+2t_4$$

依此类推.

若不考虑 A_n 与 A_1 是否至少有一个相同,有 $F^{(n)}(t_1)=F(F^{(n-1)}(t_1))$,并且按照密码设置可得 $F(a+b)=F(a)+F(b)$.

则对 $F^{(n)}(t_1)$必有以下形式

$$F^{(n)}(t_1)=a_nt_1+b_nt_2+c_nt_3+d_nt_4$$

即在 A_n 处可能出现 a_n 次 t_1,b_n 次 t_2,c_n 次 t_3,d_n 次 t_4.

因为 A_n 与 A_1 数字或颜色中至少有一个相同,所以,A_n 处不能为 t_4. 于是,A_1 处为 t_1 时不同的密码设置数为 $a_n+b_n+c_n$ 种.

同理,当 A_1 处为 t_2,t_3,t_4 时,所得不同密码数与 t_1 时相同. 所以,不同的密码设置数为 $4(a_n+b_n+c_n)$种.

下面根据递推公式求数列 a_n,b_n,c_n,d_n. 于是

$$\begin{cases}a_1=1,b_1=c_1=d_1=0\\ a_2=b_2=c_2=1,d_2=0 & ①\\ a_n=a_{n-1}+b_{n-1}+c_{n-1} & ②\\ b_n=a_{n-1}+b_{n-1}+d_{n-1} & ③\\ c_n=a_{n-1}+c_{n-1}+d_{n-1} & ④\\ d_n=b_{n-1}+c_{n-1}+d_{n-1}\end{cases}$$

①+②+③+④得

$$a_n+b_n+c_n+d_n=3^{n-1}$$

式①②③④两两相减并整理得

$$\begin{cases}a_n-b_n=a_{n-2}-b_{n-2}\\ b_n-c_n=b_{n-1}-c_{n-1}=0\\ c_n-d_n=c_{n-2}-d_{n-2}\\ a_n-d_n=a_{n-1}-d_{n-1}=1\end{cases}$$

当 n 为奇数时

$$a_n-b_n=a_1-b_1=1,c_n-d_n=c_1-d_1=0$$

解得

$$a_n=\frac{3^{n-1}+3}{4},b_n=c_n=d_n=\frac{3^{n-1}-1}{4}$$

所以,共有 3^n+1 种密码设置.

当 n 为偶数时

$$a_n-b_n=a_2-b_2=0,c_n-d_n=c_2-d_2=1$$

解得

$$a_n=b_n=c_n=\frac{3^{n-1}+1}{4},d_n=\frac{3^{n-1}-3}{4}$$

所以,共有 3^n+3 种密码设置.

综上,该种密码锁的不同密码设置数,当 n 为奇数时为 3^n+1 种,当 n 为偶数时为 3^n+3 种.

解法 6　将凸 n 边形的边分为三个不相交的集合:

(1)两端点颜色与数字均相同,设这些边组成的集合为 S;

(2)颜色相同,数字不同,设为 X;

(3)数字相同,颜色不同,设为 Y.

用 $|S|$ 表示 S 中元素的个数,有

$$|S|+|X|+|Y|=n$$

首先证明:满足要求的 $|X|$,$|Y|$ 均为偶数.

注意到 X 中的边的两端数字不同,而 S,Y 中的边两端数字相同,从凸多边形的某定点起顺时针遍历一圈,每经过一条属于 X 的边数字被改变一次,最终回到起始点,应被改变偶数次,即 $|X|$ 是偶数.

同理,$|Y|$ 也是偶数.

设对于固定的 A_1,使得:

$|X|$,$|Y|$ 均为偶数的方法有 t 种;

$|X|$为偶数、$|Y|$为奇数的方法有 p 种；

$|X|$为奇数、$|Y|$为偶数的方法有 q 种；

$|X|$，$|Y|$均为奇数的方法有 r 种.

则 $t+p+q+r=3^n$(每条边或者属于 S 或者属于 X 或者属于 Y).

按顺时针对边编号为 $1,2,\cdots,n$.

再证明如下三个结论：

(i)$t=r+1$.

当$|X|$与$|Y|$均为偶数且不同时为 0 时，将 $X\cup Y$ 中编号最大的边放入另一个集合中，则$|X|$与$|Y|$均为奇数，反之亦然. 故该操作形成一一对应.（偶，偶）比（奇，奇）多了 $X=Y=\varnothing$一种，该结论成立.

(ii)当 n 为偶数时，$t=p+1=q+1$.

当$|S|$与$|Y|$均为偶数且不同时为 0 时(此时$|X|$为偶数)，将(i)的讨论中的 X 换成 S 可知 $t=p+1$. 同理，$t=q+1$.

(iii)当 n 为奇数时，$t=p=q$.

类似可得$|S|$为奇数、$|Y|$为偶数与$|S|$为偶数、$|Y|$为奇数一一对应，即 $t=p$.

同理，$t=q$.

综上，当 n 为奇数时，$t=p=q=r+1$，则

$$t=\frac{3^n+1}{4}$$

当 n 为偶数时，$t=p+1=q+1=r+1$，则

$$t=\frac{3^n+3}{4}$$

又 A_1 有四种情况，则密码种类有 3^n+1(n 为奇数)、3^n+3(n 为偶数)种.

习　题　九

1. 在一个$\triangle ABC$内部有m个点，在这些点之间及这些点与A，B，C三点之间联结一些线段，这些线段在三角形内部没有这m个点以外的公共点，并恰将$\triangle ABC$分成的小区域全部是小三角形. 请你证明：

(1)分成的小三角形区域的总个数必为奇数；

(2)位于$\triangle ABC$内部的所联结线段的条数是 3 的倍数.　　(2006 年北京市中学初二年级数学竞赛题)

2. 证明：可以把全体正整数分成 100 个非空子集，使得对任何 3 个满足关系式$a+99b=c$的正整数a，b，c，都可以从中找出两个数属于同一个子集.

(2000 年俄罗斯数学奥林匹克竞赛题)

3. 平面上给定 1 994 个点，其中任何三点不共线，将以这些点为端点的每条线段都标上$+1$或-1，如果以这些点为顶点的三角形三边所标的数乘积为-1，称三角形为负的. 试证明：负三角形的个数为偶数.

4. 设n为奇数，在$n\times n$方格表的每一个小方格里任意填上一个$+1$或一个-1. 一列数的下方写上该列数的乘积，在每行数的右方写上该行数的乘积. 证明：所得的乘积的和不会为零.（八年级仅需对$n=25$解答本题）　　(1962 年俄罗斯数学奥林匹克竞赛题)

5. 在两个大小为$1\ 982\times 1\ 983$的方格纸上，每一个小格(1×1的正方形)中涂上红色或蓝色，使得每一行和每一列上都有偶数个小格涂上蓝色. 把这两张方格纸叠在一起，若其中有一个蓝小格与红小格重叠. 证明:还至少存在三个由两种不同颜色相叠而成的小格.

(1983 年基辅数学奥林匹克竞赛题)

6. 在圆周上有 1 995 个点,若在这些点把圆周分成的 1 995 段小弧中,有 665 段长度为 1,还有 665 段长度为 2,其余段长度为 3. 求证:在这 1 995 个点中必可找到两个点,它们是这个圆的一条直径上的两个端点.

7. 圆周上有 800 个点,依顺时针方向标号依次为 1,2,…,800. 它们将圆周分成 800 个间隙. 任意选定一点染成红色,然后按如下规则逐次染红其余的一些点:若第 k 号点已被染红,则可按顺时针方向经过 k 个间隙,将所到达的那个点染红. 如此继续下去,试问圆周上最多可得到多少个红点? 证明你的结论.

(2005 年全国高中数学联赛山东赛区试题)

8. 设 $ABCD$ 是块矩形的板,$|AB|=20$,$|BC|=12$. 这块板分成 20×12 个单位正方形.

设 r 是给定的正整数,当且仅当两个小方块的中心之间的距离等于$\sqrt{r}$时,可以把放在其中一个小方块里的硬币移到另一个小方块中.

在以 A 为顶点的小方块中放有一枚硬币,我们的工作是要找出一系列的移动,使这枚硬币移到以 B 为顶点的小方块中.

(1)证明:当 r 被 2 或 3 整除时,这一工作不能够完成;

(2)证明:当 $r=73$ 时,这项工作可以完成;

(3)当 $r=97$ 时,这项工作是否能完成?

(1996 年 IMO 试题)

9. 在一个 $n\times n(n\geqslant 2)$的方格表中,每一个方格均

标上1,2,3,4之一,使得共顶点的四个方格内包含四个不同的数字.求满足条件的方法种数.

(2010年克罗地亚数学竞赛题)

10.设$n(n>3)$是整数,在一次会议上有n位数学家,每一对数学家只能用会议规定的n种办公语言之一进行交流,对于任意3种不同的办公语言,都存在3位数学家用这3种语言互相交流.求所有可能的n,并证明你的结论.

(2002年中国香港数学奥林匹克竞赛题)

11.证明:$\frac{1}{1\ 991}C_{1\ 991}^{0}-\frac{1}{1\ 990}C_{1\ 990}^{1}+\frac{1}{1\ 989}C_{1\ 989}^{2}-\frac{1}{1\ 988}C_{1\ 988}^{3}+\cdots-\frac{1}{996}C_{996}^{995}=\frac{1}{1\ 991}$.

(1991年IMO预选题)

12.设正整数$k>1$.一个由正整数所构成的集合S满足所有的正整数被染为k种颜色,使得S中没有元素是两个同色的不同整数的和,则称集合S是“好的”.求最大的正整数t,使得对于所有的正整数a,集合$S=\{a+1,a+2,\cdots,a+t\}$是好的.

(2007年保加利亚数学奥林匹克竞赛题)

13.若有n个整数$a_1,a_2,\cdots,a_n$满足下面的等式

$$a_1+a_2+\cdots+a_n=a_1a_2\cdots a_n=1\ 990$$

求最小的自然数$n(n\geqslant 2)$.

(1990年全俄数学奥林匹克竞赛题)

14.在一个10×10的方格中有一个由$4n$个1×1的小方格所组成的图形,它既可被n个“ ”形(A形)的图形覆盖,也可被n个“ ”或“ ”形(B形)(可以旋转)的图形覆盖,求正整数n的最小值.(朱

华伟供题）（2009 年中国女子数学奥林匹克竞赛题）

15. 对 $n\times n$ 的棋盘进行黑、白染色. 每次操作为：改变任意一行（或列）的格子颜色. 起初，棋盘中仅有两个黑格，经过一系列操作，发现棋盘中恰有 9 个黑格，求满足题意的 n 的最大值和最小值.

16. 一种密码锁的密码设置是在正 n 边形 $A_1A_2\cdots A_n$ 的每个顶点处赋值 0 和 1 两个数中的一个，同时在每个顶点处涂染红、蓝两种颜色之一，使得任意相邻的两个顶点的数字或颜色中至少有一个相同. 问：该种密码锁共有多少种不同的密码设置？

（2011 年全国高中数学联赛试题）

17. 给定整数 $n\geqslant 3$，求最小的正整数 k，使得存在一个 k 元集合 A 和 n 个两两不同的实数 $x_1,x_2,\cdots,x_n$，满足

$$x_1+x_2,x_2+x_3,\cdots,x_{n-1}+x_n,x_n+x_1$$

均属于 A.（熊斌供题）

（2009 年中国西部地区数学奥林匹克竞赛题）

18. 已知 $n(n\geqslant 3)$ 元集合 A 的一些子集满足：每个子集至少含两个元素，每两个不同子集的交集至多含两个元素，记这些子集的元素个数的立方和为 S. 问：是否存在不小于 3 的正整数 n，使 S 的最大值等于 2 009的方幂？说明你的理由.

19. 设 n 是大于 2 的整数，a_n 是最大的 n 位数，且既不是两个完全平方数的和，又不是两个完全平方数的差.

（1）求 a_n（表示成 n 的函数）；

（2）求 n 的最小值，使得 a_n 的各位数字的平方和是一个完全平方数.

（2002 年匈牙利数学奥林匹克竞赛题）

20. 求使前 $n(n>1)$ 个自然数的平方的平均数是一个整数的平方的最小正整数 n.

(1986 年美国数学奥林匹克竞赛题)

21. 2 010 个正实数 $a_1, a_2, \cdots, a_{2\,010}$ 满足对任意 $1 \leqslant i < j \leqslant 2\,010$，有 $a_i a_j \leqslant i + j$.

试求 $a_1 a_2 \cdots a_{2\,010}$ 的最大值.

(2010 年美国数学奥林匹克竞赛题)

§10 利用奇偶性解其他一些问题

例 1 在以 1,9,8,5,…开头的序列中,从第五项起,每个数字等于它前面四个数字之和的个位数字.求证:在序列中不会出现…,1,9,8,6,….

证明 由 1,9,8,5 开头的序列的奇偶性为

奇,奇,偶,奇,奇,奇,奇,偶,奇,奇,奇,奇,偶,…

下面的规律是"奇,奇,奇,奇,偶"循环出现,而 1,9,8,6 的奇偶性是"奇,奇,偶,偶",所以它们不会在序列中出现.

例 2 (1)任意重排某一自然数的所有数字,求证:所得数与原数之和不等于$\underbrace{99\cdots9}_{n个}$($n$ 为奇数).

(2)重排某一数的所有数字,并把所得数与原数相加.求证:如果这个和等于 10^{10},那么原数能被 10 整除.

(1967 年全苏数学竞赛题)

证明 (1)显然,原数有 n 位,设 $a_1,a_2,\cdots,a_n$ 是原数各数位的数码,$a_1',a_2',\cdots,a_n'$ 是改变顺序后各数位的数码.若新得的数与原数的和等于$\underbrace{99\cdots9}_{n个}$,则必有

$$a_1+a_1'=9,a_2+a_2'=9,\cdots,a_n+a_n'=9$$

但原数的各数位的数码之和与改变顺序后的各数位的数码之和相等,即

$$a_1+a_2+\cdots+a_n=a_1'+a_2'+\cdots+a_n'$$

故

$$2(a_1+a_2+\cdots+a_n)=9\times n$$

但此时左边是偶数,而右边是奇数,矛盾.

故本题获证.

(2)若数 a 的末位数字不等于 0,则它与数 b 的末位数字之和等于 10,而其余 9 个数位上的数字之和都等于 9,由此得出 $2S(a)=9\cdot 9+10=91$,其中 $S(x)$ 表示数 x 的各数字之和.这是不可能的.

例 3　某电影院共有 1 985 个座位.某天,这家电影院上、下午各演一场电影.看电影的是甲、乙两所中学的各 1 985 名学生(同一个学校的学生有的看上午场,也有的看下午场).

证明:电影院一定有这样的座位,这天看电影时,上、下午在这个座位上坐的是两个不同学校的学生.

(1985 年北京市初中二年级数学竞赛题)

证明　设甲校上午场有 n 名学生,则乙校上午场一定有 $1\,985-n$ 名学生.

此时,甲校上午共占 n 个座位,乙校上午共占 $1\,985-n$ 个座位,到了下午场,甲校应占 $1\,985-n$ 个座位,乙校应占 n 个座位.

假设每个座位上、下午场坐的都是同一学校的学生,则每个学校上午占的座位与下午占的座位必相等,即

$$n=1\,985-n$$
$$1\,985=2n$$

这显然是不可能的.

因此,至少存在这样一个座位,上、下午坐的是甲、乙不同学校的学生.

例 4　象棋比赛中,每名选手恰好比赛一局,每局赢者记 2 分,输者记 0 分,平局两名选手每人记 1 分.今有四名同学统计了比赛中全部得分总数,分别是 1 979,1 980,1 984,1 985.经核实确实有一位同学统

计无误.计算这次比赛共有多少名选手参加.

（1983 年北京市初二数学竞赛题）

解 根据题设，不管胜负如何，每局双方得分的和为 2，所以全部选手得分的总数应为偶数，故只有 1 980，1 984 中的一个正确.设有 n 名选手参加比赛，则

$$2 \cdot \frac{n(n-1)}{2} = 1\,980 \text{ 或 } 2 \cdot \frac{n(n-1)}{2} = 1\,984$$

解第一个方程得 $n_1 = 45$，$n_2 = -44$（舍去）.

第二个方程 $n^2 - n - 1\,984 = 0$ 无整数解.

故有 1 980 这个得分总数是正确的，从而可断定这次比赛共有 45 名选手参加.

例 5 设沿江有 A_1，A_2，A_3，A_4，A_5，A_6 六个码头，相邻两码头间的距离相等.早晨有甲、乙两船从 A_1 出发，各自在这些码头间多次往返运货.傍晚，甲船停泊在 A_6 码头，乙船停泊在 A_1 码头.求证：无论如何，两船的航程总不相等（假定船在相邻两码头航行时，中途不改变航向）.

分析 由于相邻两码头间的距离相等，可设为 a，故往返的距离为 a 的偶数倍.若甲、乙所行距离相等，则必须同奇偶，否则不相等.

证明 六个码头把 A_1 到 A_6 这段水路分成五个小段，设每段水路的长为 a，由于船在任意一个码头出发，又返回码头时，往返每小段的水路总是相同的，因此，乙船的航程是 a 的偶数倍.甲船的航程是从 A_1 到 A_6 再加上各码头之间的往返路程，即 $5a + a$ 的偶数倍等于 a 的奇数倍，a 的偶数倍不等于 a 的奇数倍，故甲、乙船的航程总不相等.

例 6　从数集{0,1,2,…,13,14}中选出不同的数,填入图 32 中的 10 个小圆内,使得由线段相连接的两个相邻的小圆内的数之差的绝对值均不相同,这是可能的吗?请证明你的结论.

(1991 年加拿大数学竞赛题)

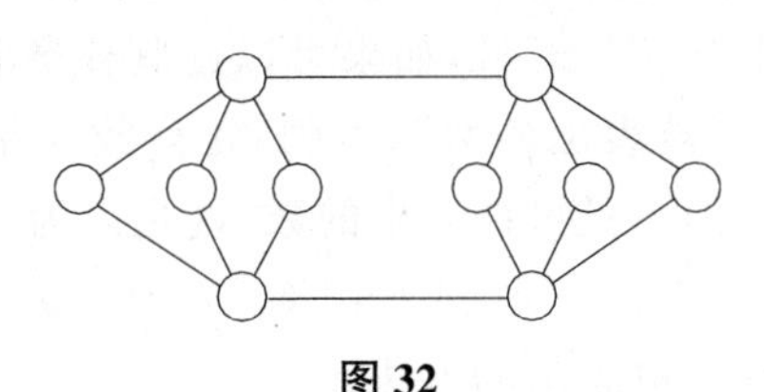

图 32

解法 1　如果题设的要求能够实现,那么两相邻小圆内的数的差的绝对值(共 14 个)必须是

$$1,2,3,\cdots,13,14$$

它们的和为 105,是一个奇数.

又记填入这些小圆内的数为 $x_i(i=1,2,\cdots,10)$.若 x_i 与 x_j 有线段相连,则

$$105=\sum_{i\neq j}|x_i-x_j|$$

其中每个 x_i 计算的次数与连接线段数相同,注意到每个小圆的连接线段数为偶数,因此在和式中具有 x_i 的项数为偶数,这与总和为奇数相矛盾.

这说明,题设的要求不能实现.

解法 2　假设按题目要求已将数填入各小圆中,我们不难发现有一条由线段连接成的封闭路径,它包含每条线段且只有一次.

当沿此路径一笔画地前进,并观察所遇到的每个圆内的数的奇偶性,因为封闭路径的终点即是出发点,所以奇偶性必须改变偶数次.

但是在差的绝对值 1,2,3,…,13,14 中的每个数恰只出现一次,而且其中有 7 个奇数,所以奇偶性改变偶数次是不可能的.

因此,题设的要求不可能做到.

例 7 在"□1□2□3□4□5□6□7□8□9"的小方格中填上"+""-"号,如果可以使其代数和为 n,就称数 n 是"可被表出的数",否则,就称数 n 是"不可被表出的数"(如 1 是可被表出的数,这是因为

$$+1+2-3-4+5+6-7-8+9$$

是 1 的一种可被表出的方法).

(1)求证:7 是可被表出的数,而 8 是不可被表出的数;

(2)求 25 可被表出的不同方法种数.

(2008 年四川省初中数学联赛试题)

证明 (1)因为

$$+1-2-3+4+5-6+7-8+9=7$$

所以,7 是可被表出的数.

又 $+1+2+3+4+5+6+7+8+9=45$ 是奇数,而对于任意两个整数 a,b,有 $a+b$ 与 $a-b$ 具有相同的奇偶性,因此,无论怎样填"+""-"号,所得代数和一定是奇数,不可能为 8. 所以,8 是不可被表出的数.

(2)设填"+"号的数字和为 x,填"-"号的数字和为 y. 则

$$x-y=25$$

又

$$x+y=1+2+\cdots+9=45$$

则

$$x=35, y=10$$

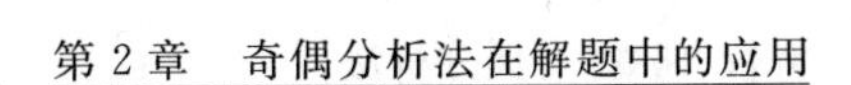

因为 $9<10$，$1+2+3+4=10$，所以，填“$-$”号的那些数字至少有 2 个，至多有 4 个.

由此可知，填“$-$”号的数之和为 10.

接下来只要在和为 10 的那些数前面填“$-$”号，其余的数前面填“$+$”号，就得到 25 的一种表示方法. 所以，只要计算出从 1 到 9 中选出若干个其和为 10 的数字的不同方法，就得到 25 可表示的不同方法种数.

(i) 10 等于两数之和：$10=1+9=2+8=3+7=4+6$，共有 4 种方法；

(ii) 10 等于三数之和：$10=1+2+7=1+3+6=1+4+5=2+3+5$，共有 4 种方法；

(iii) 10 等于四数之和：$10=1+2+3+4$，只有 1 种方法.

综上，25 是可被表出的不同方法共有 $4+4+1=9$ 种.

例 8　(1) 试证：1 998 不能表示成任意多个连续奇数的和；

(2) 若用“$+$”“$-$”号连接从 1 到 1 997 这 1 997 个数，则无论用多少个“$-$”号都不能使运算结果恰为 1 998；

(3) 用“$+$”“$-$”号连接从 1 到 1 999 这 1 999 个数，则最少用多少个“$-$”号可使结果恰为 2 000.

证明　(1) 若能表示，可设 n_0 为第一个奇数，则

$$\begin{aligned}1\,998=&n_0+(n_0+2)+\cdots+(n_0+2k)=\\&(n_0+2k)+(n_0+2k-2)+\cdots+\\&(n_0+2)+n_0\end{aligned}$$

所以

$$2\times1\,998=(k+1)(2n_0+2k)$$

故

$$1\,998=(k+1)(n_0+k)$$

当 k 为奇数时，$k+1$ 为偶数，n_0+k 也为偶数，从而 $4|(k+1)(n_0+k)$，但 $4\nmid 1\,998$.

当 k 为偶数时，$k+1$，n_0+k 都为奇数，从而 $(k+1)(n_0+k)$ 为奇数. 这说明 $1\,998=(k+1)(n_0+k)$ 不成立.

故 1 998 不能表示成任意多个连续奇数之和.

(2)由于

$$1+2+\cdots+1\,997=\frac{1\,997\times 1\,998}{2}=1\,997\times 999$$

为奇数，上述和式只要改变一个"+"号为"−"号，则相当于用 1 997×999 减去一个偶数. 由于任意一个偶数的和为偶数，且奇数与偶数之差为奇数，所以无论用多少个"−"号，运算结果都不能为 1 998.

(3)因 $1+2+\cdots+1\,999=1\,999\,000$，要想改变若干项符号使运算结果恰为 2 000，且减号用得最少，则改变符号的项应尽量大，从而可以使数 1 999 000 较快变为 2 000. 而

$$2(1\,415+1\,416+\cdots+1\,999)=1\,997\,190$$

且

$$1\,999\,000-1\,997\,190=1\,810$$

又

$$1\,810=2\times 905$$

所以

$$1+2+\cdots+903+904-905+906+907+\cdots+1\,413+1\,414-1\,415-1\,416-\cdots-1\,997-1\,998-1\,999=2\,000$$

共计负号 586 个.

例 9　设 $x_1, x_2, \cdots, x_{1\,998}$ 都是 $+1$ 或者 -1. 求证：$x_1 + 2x_2 + \cdots + 1\,998x_{1\,998} \neq 0$.

证明　题目的意思是说，当 $x_1, x_2, \cdots, x_{1\,998}$ 随意取 $+1$ 或者 -1 时，所得的和 $x_1 + 2x_2 + \cdots + 1\,998x_{1\,998}$ 都不会是零.

我们有等式

$$\begin{aligned}
&x_1 + 2x_2 + \cdots + 1\,998x_{1\,998} = \\
&(x_1 + |x_1|) + 2(x_2 + |x_2|) + \cdots + \\
&1\,998(x_{1\,998} + |x_{1\,998}|) - \\
&(|x_1| + 2|x_2| + \cdots + 1\,998|x_{1\,998}|) = \\
&(x_1 + |x_1|) + 2(x_2 + |x_2|) + \cdots + \\
&1\,998(x_{1\,998} + |x_{1\,998}|) - (1 + 2 + \cdots + 1\,998) = \\
&(x_1 + |x_1|) + 2(x_2 + |x_2|) + \cdots + \\
&1\,998(x_{1\,998} + |x_{1\,998}|) - 1\,999 \times 999 \qquad ①
\end{aligned}$$

这里应用了

$$1 + 2 + \cdots + 1\,998 = \frac{1}{2}(1 + 1\,998) \times 1\,998$$

注意 $|x_1| + x_1, |x_2| + x_2, \cdots, |x_{1\,998}| + x_{1\,998}$ 总是 0 或者 2，即它们都是偶数，于是

$(x_1 + |x_1|) + 2(x_2 + |x_2|) + \cdots + 1\,998(x_{1\,998} + |x_{1\,998}|)$ 是偶数. 由①可知，$x_1 + 2x_2 + \cdots + 1\,998x_{1\,998}$ 是偶数与一个奇数 $(1\,999 \times 999)$ 的差，故是奇数，当然不会为 0.

例 10　求证：对于任意正整数 k，$2k-1$ 和 $2k+1$ 两数中至少有一个不能等于两整数的平方和.

（1990 年湖北省黄冈地区初中数学竞赛题）

证明　如果 k 为奇数，设 $k = 2m + 1$，那么

$$2k + 1 = 4m + 3$$

如果 k 为偶数,设 $k=2m$,那么

$$2k-1=4m-1=4(m-1)+3$$

即 $2k-1,2k+1$ 两奇数中至少有一个被 4 除余 3. 我们来证明形如 $4m+3$ 的整数不可能等于两整数的平方和.

假设 $4m+3=a^2+b^2$(a,b 为整数). 如果 a,b 都为奇数,那么

$$a^2+b^2=4m_1+1+4m_2+1=4m+2$$

如果 a,b 都为偶数,那么

$$a^2+b^2=4m_1+4m_2=4m$$

如果 a,b 为一奇一偶,那么

$$a^2+b^2=4m_1+1+4m_2=4m+1$$

故知任何两整数平方和被 4 除余数都不为 3. 换言之,被 4 除余 3 的整数不可能等于两整数平方之和. 故 $2k-1,2k+1$ 中至少有一个数不能等于两整数的平方和.

例 11 设正整数序列 $\{a_n\}$ 满足对所有 $n\geqslant 2$,a_{n+1} 是 $a_{n-1}+a_n$ 的最小素因数,实数 x 的小数部分是按 $a_1,a_2,\cdots,a_n,\cdots$ 的次序写出的. 证明:x 是有理数.

(2002 年罗马尼亚为 IMO 和巴尔干地区数学奥林匹克选拔考试供题(第四轮))

证明 由奇偶性可知,开始的五个数中一定有一个数是 2.

若 $a_i=a_{i+1}=2$,则 $a_n=2,n\geqslant i$.

若有相邻两数为 2,3 或 3,2,则可得周期序列

$$2,3,5,2,7,3,2,5,7,2,3,\cdots$$

若 $a_i=2$,a_{i+1} 是一个大于 3 的奇素数,则要么 $a_{i+1}\equiv 1\pmod 6$,要么 $a_{i+1}\equiv -1\pmod 6$. 当 a_{i+1} 为 $6k+1$ 型

时，有序列 $2,6k+1,3,2,\cdots$；当 a_{i+1} 为 $6k-1$ 型时，则 $a_{i+2}\mid(6k+1)$. 若 $a_{i+2}\equiv1\pmod 6$，则可得序列 $2,6k-1,6l+1,2,3,\cdots$；若 $a_{i+2}\equiv-1\pmod 6$，设 $a_{i+2}=6l-1$，由 $6l-1<\frac{6k+1}{2}<6k-1$，得 $l<k$，即 $a_{i+2}<a_{i+1}$，且有 $a_{i+3}=2$；若 $a_{i+4}\equiv-1\pmod 6$，同理可得 $a_{i+4}<a_{i+2}<a_{i+1}$. 重复以上过程，假设所有奇素数均模 6 余 -1，则可得一严格递减的素数序列，矛盾. 因此，一定存在某个 i，使得 $a_i=2,a_{i+1}=6k+1$.

综上所述，x 是有理数.

例 12　设 $\mathbf{Z}$ 表示全部整数的集合. 试证明：对任何整数 A,B，可找到一个整数 C，使集合 $M_1=\{x^2+Ax+B\mid x\in\mathbf{Z}\}$，与集合 $M_2=\{2x^2+2x+C\mid x\in\mathbf{Z}\}$ 互不相交.　　　（1995 年国际数学奥林匹克预选题）

证明　对 A 分奇偶数讨论.

（1）如果 A 是奇数，那么

$$x^2+Ax+B=x(x+A)+B\equiv B\pmod 2$$

$$2x^2+2x+C\equiv C\pmod 2$$

从而 x^2+Ax+B 与 B 具有相同的奇偶性，$2x^2+2x+C$ 与 C 有相同的奇偶性.

为使 M_1 与 M_2 不相交，可选取 $C=B+1$.

（2）如果 A 是偶数，那么

$$x^2+Ax+B=\left(x+\frac{A}{2}\right)^2+B-\frac{A^2}{4}\equiv\begin{cases}B-\frac{A^2}{4}\text{或}\\B-\frac{A^2}{4}+1\end{cases}\pmod 4$$

且

$$2x^2+2x+C=2x(x+1)+C\equiv C\pmod 4$$

为使 M_1 与 M_2 不相交，可选取 $C=B-\frac{A^2}{4}+2$.

例 13 求证：当 n,k 都是给定的正整数，且 $n>2$，$k>2$ 时，$n(n-1)^{k-1}$ 可以写成 n 个连续偶数的和.

（1978 年全国中学数学竞赛题）

证明 设 n 个连续偶数为 $2a,2a+2,2a+4,\cdots,2a+2(n-1)$，则

$$S_n=\frac{2a+2a+2(n-1)}{2}\cdot n=[2a+(n-1)]n$$

令

$$[2a+(n-1)]n=n(n-1)^{k-1}$$

则

$$2a+(n-1)=(n-1)^{k-1}$$

所以

$$a=\frac{(n-1)[(n-1)^{k-2}-1]}{2}$$

由上式可知，不论 n 是奇数，还是偶数，只要 n 为大于 2，k 为大于 2 的整数，那么 a 一定是正整数. 所以当

$$a=\frac{(n-1)[(n-1)^{k-2}-1]}{2}$$

时，$n(n-1)^{k-1}$ 等于 n 个连续偶数之和.

例 14 对每一个正整数 n，若 n 的二进制表示中 1 的个数为偶数，则令 $a_n=0$，否则令 $a_n=1$. 证明：不存在正整数 k 和 m 使得

$$a_{k+j}=a_{k+m+j}=a_{k+2m+j}\quad(0\leqslant j\leqslant m-1)$$

（1993 年美国普特南数学竞赛题）

证明 观察易得

$$a_{2n}=a_n,a_{2n+1}=1-a_{2n}=1-a_n$$

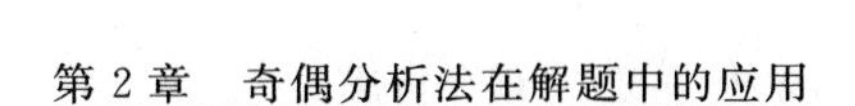

假设存在 k,m 满足条件,我们可以假定 m 是使得满足条件的最小值.

假设 m 是奇数,不妨设 $a_k=a_{k+m}=a_{k+2m}=0$($a_k=1$ 的情况可以同样处理).因为不论 k 还是 $k+m$ 是偶数,都有 $a_{k+1}=a_{k+m+1}=a_{k+2m+1}=1$;再因为不论 $k+1$ 还是 $k+m+1$ 是偶数,都有

$$a_{k+2}=a_{k+m+2}=a_{k+3m+2}=0$$

由此下去,我们知道项 $a_k,a_{k+1},a_{k+2},\cdots,a_{k+m-1}$ 在 0 与 1 之间是交替的.于是,因为 $m-1$ 是偶数,有

$$a_{k+m-1}=a_{k+2m-1}=a_{k+3m-1}=0$$

但是因为不论 $k+m-1$ 还是 $k+2m-1$ 是偶数,都蕴涵 $a_{k+m}=a_{k+2m}=1$,推出矛盾.

于是,m 必须是偶数.取出项 $a_{k+j}=a_{k+m+j}=a_{k+2m+j}$($0\leqslant j\leqslant m-1$)的所有下标,并利用 $a_r=a_{\frac{r}{2}}$(r 为偶数),我们得到

$$a_{[\frac{k}{2}]+j}=a_{[\frac{k}{2}]+(\frac{m}{2})+i}=a_{[\frac{k}{2}]+m+i}\quad\left(0\leqslant i\leqslant\left(\frac{m}{2}\right)-1\right)$$

(大于或等于 k 的偶数为 $2\left[\frac{k}{2}\right],2\left[\frac{k}{2}\right]+2,\cdots$).这与 m 的最小性矛盾.

因而,不存在 k,m 满足条件.

例 15　奇数 $n\geqslant 3$ 称为"好"奇数,当且仅当存在 $\{1,2,\cdots,n\}$ 的一个排列 $\{a_1,a_2,\cdots,a_n\}$ 使得以下 n 个和

$$a_1-a_2+a_3-a_4+\cdots-a_{n-1}+a_n$$
$$a_2-a_3+a_4-a_5+\cdots-a_n+a_1$$
$$\vdots$$
$$a_n-a_1+a_2-a_3+\cdots-a_{n-2}+a_{n-1}$$

都是正的,求所有的“好”奇数.

(1991 年国际数学奥林匹克预选题)

解 令

$$y_1=a_1-a_2+a_3-a_4+\cdots-a_{n-1}+a_n$$
$$y_2=a_2-a_3+a_4-a_5+\cdots-a_n+a_1$$
$$\vdots$$
$$y_n=a_n-a_1+a_2-a_3+\cdots-a_{n-2}+a_{n-1}$$

则

$$y_1+y_2=2a_1$$
$$y_2+y_3=2a_2$$
$$\vdots$$
$$y_i+y_{i+1}=2a_i$$
$$\vdots$$
$$y_n+y_1=2a_n$$

且对每一个 $1\leqslant i\leqslant n$,有

$$y_i=S-2(a_{i+1}+a_{i+3}+\cdots+a_{i+n-2})$$

其中

$$S=a_1+a_2+\cdots+a_n=\frac{1}{2}n(n+1),a_{n+k}=a_k$$

(1)$n=4k-1,k\geqslant 1$.

由于此时 S 是偶数,则每一个 y_i 都是偶数.

又存在 $1\leqslant j\leqslant 4k-1$,使得

$$y_j+y_{j+1}=2\quad (y_{4k}=y_1)$$

从而 y_j 与 y_{j+1} 不可能全是正数.

于是,$n=4k-1$ 不是“好”奇数.

(2)$n=4k+1,k\in\mathbf{N}$.

由于此时 S 是奇数,则每一个 y_i 都是奇数.

令

$$y_1=1, y_2=3, \cdots, y_{2k+1}=4k+1$$

$$y_{2k+2}=4k+1, y_{2k+3}=4k-3, y_{2k+4}=4k-3, \cdots,$$

$$y_{4k-1}=5, y_{4k}=5, y_{4k+1}=1$$

则

$$a_1=2, a_2=4, \cdots, a_{2k}=4k, a_{2k+1}=4k+1, a_{2k+2}=4k-1$$

$$a_{2k+3}=4k-3, \cdots, a_{4k-1}=5, a_{4k}=3, a_{4k+1}=1$$

于是,所有的 $n=4k+1, k\in\mathbf{N}$ 都是“好”奇数.

例 16　求有多少个小于 1 000 的整数 N,其可以写成 $j(j\geqslant1)$个连续正奇数的和的形式恰有 5 种?

(2006 年美国数学邀请赛试题)

解　前 m 个正奇数的和为 m^2.

因此,若 N 等于第 $k+1$ 个到第 m 个正奇数的和,则

$$N=m^2-k^2=(m-k)(m+k)$$

设 $a=m-k, b=m+k$.

注意到,$a\leqslant b$,且 a, b 有相同的奇偶性.

所以,N 要么为奇数,要么为 4 的倍数.

相反的,若 $N=ab$(整数 a, b 有相同的奇偶性),则

$$N=m^2-k^2 \quad \left(m=\frac{b+a}{2}, \text{且 } k=\frac{b-a}{2}\right)$$

故 N 是第 $k+1$ 个到第 m 个正奇数的和.

因此,在其和为 N 的连续正奇数的集合与使得 a, b 具有相同奇偶性的有序正整数数对 (a, b) 之间是一一对应的,$ab=N$,且 $a\leqslant b$.

(1)N 为奇数.

因为所有数均为奇数,所以,N 的所有因子有相同的奇偶性.

又 5 对正整数的乘积为 N,则 N 有 9 或 10 个因

子.

因此，N 为 p^8，p^9，p^2q^2 或 pq^4（p,q 为不同的奇素数）.

但 N 不可能为 p^8 或 q^9，否则，$N\geqslant 3^8>1\ 000$，矛盾.

若 N 为 p^2q^2，则 $pq\leqslant 31$，且 N 有两个可能取值 $3^2\times 5^2$ 和 $3^2\times 7^2$.

若 N 为 pq^4，则 N 为 5×3^4，7×3^4 或 11×3^4.

(2)N 为偶数.

设 $N=ab$，$a=2a'$，$b=2b'$（$a',b'\in \mathbf{Z}_+$）.

在这种情形下，N 有 5 对奇偶性相同的因子当且仅当 $\frac{N}{4}$ 有 9 或 10 个因子. 计算小于 250 的整数的个数，则有上面提到的形式，p 或 q 可为 2. 没有小于 250 的整数 p^8 或 p^9；有 4 种形如 p^2q^2 的整数，分别为 $2^2\times 3^2$，$2^2\times 5^2$，$2^2\times 7^2$ 和 $3^2\times 5^2$；有 6 种形如 pq^4 的整数，分别为 3×2^4，5×2^4，7×2^4，11×2^4，13×2^4 和 2×3^4.

因此，N 的可能取值共有 $2+3+4+6=15$ 种.

例 17 设 $S_r=x^r+y^r+z^r$，其中 x,y,z 为实数. 已知 $S_1=0$，对 $(m,n)=(2,3)$，$(3,2)$，$(2,5)$ 或 $(5,2)$，有

$$\frac{S_{m+n}}{m+n}=\frac{S_m}{m}\cdot\frac{S_n}{n} \quad ①$$

试确定所有的其他适合式①的正整数组 (m,n)（如果这样的数组存在的话）.

（1982 年美国数学奥林匹克竞赛题）

解 我们将证明式①对其他的正整数对是不成立的.

当 m,n 都是奇数时，令 $(x,y,z)=(1,-1,0)$，那么

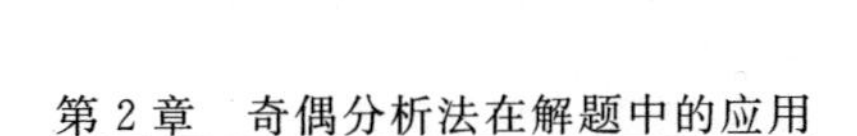

$$S_{m+n}=2, S_m=0=S_n$$

这与式①矛盾.故 m,n 不能都是奇数.

当 m,n 为偶数时,令 $(x,y,z)=(1,-1,0)$,那么

$$S_{m+n}=S_m=S_n=2$$

式①为

$$\frac{2}{m+n}=\frac{2}{m}\cdot\frac{2}{n}$$

即

$$(m-2)(n-2)=4$$

易知 $m=n=4$.当 $m=n=4$ 时,$\frac{S_8}{8}\neq\frac{S_4}{4}\cdot\frac{S_4}{4}$,故 m,n 不能同为偶数.

当 m,n 一奇一偶时,不妨设 m 为奇数,n 为偶数.当 $n=2$ 时,用 $(x,y,z)=(-1,-1,2)$ 代入式①,得

$$\frac{-2+2^{m+2}}{m+2}=\frac{6(2^m-2)}{2m}$$

$$(m-6)2^m=-4m-12 \tag{②}$$

当 $m\geqslant 7$ 时,式②的左边为正,右边为负,故 m 只能为 3,5.

当 $n\geqslant 4$ 时,令 $(x,y,z)=(-1,-1,2)$,式①为

$$(2^{m+n}-2)(mn-m-n)=(m+n)(2^{m+1}-2^{n+1}-2)$$

因 $mn-m-n>0$,故 $2^{m+1}-2^{n+1}-2>0$,$m>n$.所以 $m\geqslant 5$.由于

$$(m+n)(2^{m+1}-2^{n+1}-2)<(m+n)(2^{m+n}-2)$$

因此 $mn-m-n<m+n$,即 $(m-2)(n-2)<4$,这与 $m\geqslant 5$,$n\geqslant 4$ 矛盾.

于是 $(m,n)=(2,3),(3,2),(2,5),(5,2)$ 就是满足式①的全部正整数组.

例 18　设 $n\in\mathbf{N}^*$,用 $d(n)$ 表示 n 的所有正约数

的个数，$\varphi(n)$表示$1,2,\cdots,n$中与n互素的数的个数.

求所有的非负整数c，使得存在正整数n，满足

$$d(n)+\varphi(n)=n+c$$

并且对这样的每一个c，求出所有满足上式的正整数n.

（2004年中国西部地区数学奥林匹克竞赛题）

解 设n的所有正约数组成的集合为A，$1,2,\cdots,n$中与n互素的数组成的集合为B. 因为$1,2,\cdots,n$中恰好有一个数$1\in A\cap B$，所以$d(n)+\varphi(n)\leqslant n+1$，故$c=0$或1.

(1)当$c=0$时，由$d(n)+\varphi(n)=n$知，$1,2,\cdots,n$中恰好有一个不属于$A\cup B$. 若n为偶数，且$n>8$，则$n-2$，$n-4$都不属于$A\cup B$，此时n不满足方程；若n为奇数，则当n为素数或1时，$d(n)+\varphi(n)=n+1$（属于情形(2)），当n为合数时，设$n=pq$，$1<p\leqslant q$，p，q都是奇数，若$q\geqslant 5$，则$2p$，$4p$不属于$A\cup B$，此时n不满足方程.

综上可知，只有当$n\leqslant 8$，n为偶数，或$n\leqslant 9$，n为奇合数，才有

$$d(n)+\varphi(n)=n$$

直接验证可知：n只能是6，8和9.

(2)当$c=1$时，由$d(n)+\varphi(n)=n+1$知，$1,2,\cdots,n$中每个数都属于$A\cup B$，易知，此时$n=1$或素数都符合要求. 对于n为偶数（非素数）时的情形，同上讨论可知，$n\leqslant 4$（考虑数$n-2$即可）；若n为奇合数，设$n=pq$，$3\leqslant p\leqslant q$，p，q都是奇数，这时$2p\notin A\cup B$，矛盾. 直接验证知，$n=4$符合要求.

所以，满足$d(n)+\varphi(n)=n+1$的n为1，4或素数.

评注 $A\cap B=\{1\}$是显然的，故$c\leqslant 1$. 当n为素

数时，易知 $d(n)+\varphi(n)=n+1$；当 n 为合数时，对充分大的合数 n，找到足够数量的小于 n 的合数，使之既非 n 的约数，又不与 n 互素是容易的，这时 $d(n)+\varphi(n)\neq n+c(c=0$ 或 $1)$. 此问题的一般情形是取消整数 c 为"非负"的限制.

例 19　如图 33，在 4×4 的正方形表中写有 1，9，8，5 四个数，能否在其余的格里填上整数，使得同一行或同一列的四个数中，后面一个数减去相邻的前面一个数的差都相等.

（1985 年全俄中学生数学竞赛题）

解　假设存在这样的整数，第一行相邻的数之差为 a，则左上角的数为 $9-a$，右上角的数为 $9+2a$；第四行相邻数之差为 c，则左下角的数为 $8-2c$，右下角的数为 $8+c$；第一列相邻数之差为 b，则左上角的数为 $1-b$，右下角的数为 $1+2b$；第四列相邻数之差为 d，则左上角为 $5-2d$，右下角为 $5+d$. 观察四个角的数可以得到

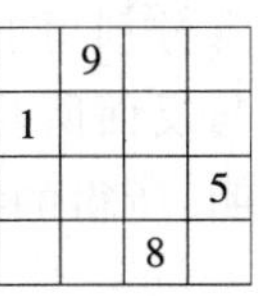

	9		
1			
			5
		8	

图 33

$$9-a=1-b \tag{①}$$

$$9+2a=5-2d \tag{②}$$

$$1+2b=8-2c \tag{③}$$

$$8+c=5+d \tag{④}$$

可以看出式③左边是奇数，右边是偶数，故式③不成立，即不能按要求填上所有的整数.

例 20　用 18 张 1×2 的纸牌随意地拼成 6×6 的方格 A（纸牌横放竖放都可以）. 求证：必存在一条直线把 A 分成非空的两块，且此直线不穿过任何一张纸牌.

（1963 年全俄中学生数学竞赛题）

证明 考察把 A 划分成方格的 5 条水平线和 5 条竖直线，如果它们都至少穿过一张纸牌，因为这些直线中的每一条都是把 A 划分成有偶数个方格的非空的两块，所以它们中的每一条都穿过偶数张纸牌（否则划分的两块各有奇数个方格）. 再由所设知，每条直线至少要穿过两张纸牌. 又因为这些直线中任两条不会穿过同一块纸牌，这样 A 中至少有 $5\times2+5\times2=20$ 张纸牌，导致矛盾. 从而问题得证.

例 21 在六张纸片的正面分别写上整数 1,2,3,4,5,6，打乱次序后，将纸片翻过来，在它们的反面也随意分别写上 1～6 这六个整数，然后计算每张纸片正面与反面所写数字之差的绝对值，得出六个数. 请你证明：所得的六个数中至少有两个是相同的.

（2001 年北京市初二数学竞赛题）

解 设六张卡片正面写的数是

$$a_1,a_2,a_3,a_4,a_5,a_6$$

反面写的数对应为

$$b_1,b_2,b_3,b_4,b_5,b_6$$

（a_i,b_i 分别取值为 1,2,3,4,5,6，且 $i=1,2,3,4,5,6$）.

则这六张卡片正面写的数与反面写的数的绝对值分别为

$$|a_1-b_1|,|a_2-b_2|,|a_3-b_3|$$

$$|a_4-b_4|,|a_5-b_5|,|a_6-b_6|$$

设这六个数两两都不相等，则它们只能取 0,1,2,3,4,5 这六个值. 于是

$$\sum_{i=1}^{6}|a_i-b_i|=0+1+2+3+4+5=15 \quad ①$$

是个奇数.

另一方面，$|a_i-b_i|$与$a_i-b_i(i=1,2,3,4,5,6)$的奇偶性相同，所以

$$\sum_{i=1}^{6}|a_i-b_i|$$

与

$$\begin{aligned}\sum_{i=1}^{6}(a_i-b_i)=&(a_1+a_2+a_3+a_4+a_5+a_6)-\\&(b_1+b_2+b_3+b_4+b_5+b_6)=\\&(1+2+3+4+5+6)-\\&(1+2+3+4+5+6)=0\end{aligned}$$

的奇偶性相同，是个偶数，与式①矛盾.

故$|a_1-b_1|,|a_2-b_2|,|a_3-b_3|,|a_4-b_4|,|a_5-b_5|,|a_6-b_6|$这六个数中至少有两个是相同的.

例22　一个$n\times n$的方格表的n列从左至右分别称为1列、2列……n列.将$1\sim n$这n个正整数填入方格表中，使得表中的每一行和每一列都含有n个不同的数.若方格表中一个方格所填的数大于这个方格所在列的列数，则称这个方格是“好的”.请找出所有正整数n，使得可以在方格表中按上面的要求填上数且满足每行中好的方格的个数都相等.

（2008年俄罗斯数学奥林匹克竞赛题）

解　首先找出好的方格的总数.

第1列中有$n-1$个（除了填上数1的方格外都是好的），第2列中有$n-2$个（除了填上数1和2的方格外都是好的）……第n列没有好格.故好方格共有

$$(n-1)+(n-2)+\cdots+1=\frac{n(n-1)}{2}$$

因此，每行有好方格的个数为$\frac{n-1}{2}$，由此，n为奇

数.

当 $n=2k+1$ 为奇数时，在位于第 i 行和第 j 列的相交处的方格中填上数字 a_{ij}，且

$$a_{ij}=\begin{cases}n-(j-i), j\geqslant i\\ i-j, j<i\end{cases}$$

则不难验证此时第 $2i$ 行的好方格为前 $i-1$ 个和从第 $2i$ 到 $k+i$ 个，而在 $2i-1$ 行的好方格为前 $i-1$ 个和从第 $2i-1$ 到 $k+i-1$ 个，每一行恰有 k 个好方格.

例 23 已知 n 是正整数，如果存在整数 a_1，a_2，…，a_n（不一定是不同的）使得

$$a_1+a_2+\cdots+a_n=a_1a_2\cdots a_n=n$$

则称 n 是"迷人的".求迷人的整数.

（2005 年匈牙利数学奥林匹克竞赛题）

解 若 $k=4t+1$，$t\in\mathbf{N}$，显然满足要求.取 $4t+1$ 及 $2t$ 个 1，$2t$ 个 -1 即可.

若 $k=4$，则 $a_1a_2a_3a_4=4$.只可能是 $a_4=4$ 或 $a_4=a_3=2$，显然无解.

若 $k=4t$，$t\geqslant 2$，分两种情况讨论.

当 t 为奇数时，取 $2t$，-2，x 个 1，y 个 -1（x，y 待定），则

$$\begin{cases}x+y=4t-2\\ x-y+2t-2=4t\end{cases}$$

解得 $x=3t$，$y=t-2$.

显然，这样一组数满足题设要求.

当 t 为偶数时，类似地取 $2t$，2，x 个 1，y 个 -1（x，y 待定），则

$$\begin{cases}x+y=4t-2\\ x-y=2t-2\end{cases}$$

解得 $x=3t-2, y=t$.

这一组数必满足题设要求.

综上, $4t(t\geqslant 2)$ 型数是迷人的.

下面证明: $4t+2$, $4t+3$ 型数不是迷人的.

若 $4t+2$ 型数是迷人的, 设

$$4t+2=a_1+a_2+\cdots+a_{4t+2}=a_1a_2\cdots a_{4t+2}$$

易知, a_i 中有且仅有一个偶数, 其余 $4t+1$ 个数均为奇数, 故 $a_1+a_2+\cdots+a_{4t+2}$ 必为奇数, 矛盾.

因此, $4t+2$ 型数不是迷人的.

若 $4t+3$ 型数是迷人的, 设

$$4t+3=a_1a_2\cdots a_{4t+3}=a_1+a_2+\cdots+a_{4t+3}$$

其中模 4 余 1 的有 x 个, 模 4 余 3 的有 $4t+3-x$ 个.

故 $x+3(4t+3-x)\equiv 3 \pmod 4$.

所以, $2x\equiv 2 \pmod 4$.

于是, x 为奇数, $4t+3-x$ 为偶数. 则

$$3\equiv 4t+3=a_1a_2\cdots a_{4t+3}\equiv 1^x\times 3^{4t+3-x}\equiv 1 \pmod 4$$

矛盾.

因此, $4t+3$ 型数不是迷人的.

综上所述, 全部迷人的数为 $4t+1, t\in \mathbf{N}$; $4t, t\in \mathbf{N}, t\geqslant 2$.

例 24　一个由 $n\times n$ 个方格所组成的正方形表格, 其中填满 $1,2,3,\cdots,n$ 等数, 且在任一行、任一列都能遇到所有这些数字. 若表格中的数字关于对角线 AB 是对称的, 求证: 当 n 是奇数时, 在对角线 AB 上的那些方格中将会遇到所有的 $1,2,\cdots,n$ 这些数字.

解　如图 34, 因为在表格的每一行、每一列都出现 $1,2,\cdots,n$ 各数, 所以任一行(或列)中, 每个数只出现一次, 于是表格中有 n 个 1, n 个 2……n 个 n.

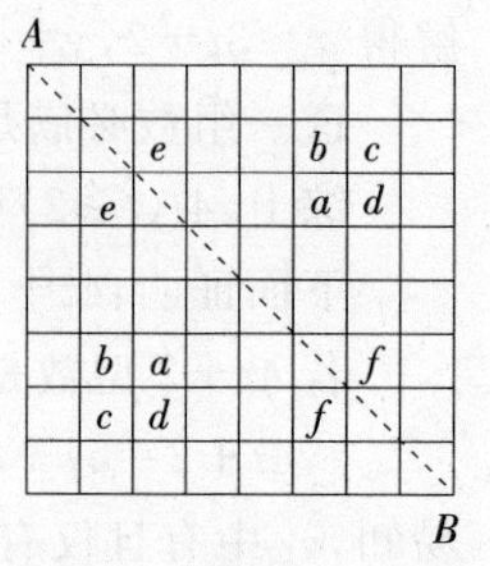

图 34

又由于整个表格关于 AB 对称，因此除对角线上的数外，任何一个数都将在其对称位置出现，如图中 a,b,c,d,e,f 等数.因此除对角线外表格中 $1,2,\cdots,n$ 等数各有偶数个.

当 n 为奇数时，表格中共有奇数个 1，奇数个 2……奇数个 n. 所以对角线 AB 上出现 $1,2,\cdots,n$，且 1 到 n 个数都必将出现，但对角线上只有 n 个格子，因此，所有的数在对角线上都恰好出现一次.

例 25 有无数个边长为 1 的正方形，每个正方形各有一条红边、一条蓝边、一条黄边和一条白边.不同的正方形可能有不同的颜色相邻顺序，但每种可能相邻顺序都有无数个正方形.现用这些正方形拼成 $m\times n$ 的矩形($m,n\in\mathbf{N}$)，限定正方形以同色边相靠.试问：对怎样的 m 与 n，可使拼得的矩形也是一条红边、一条蓝边、一条黄边和一条白边？

（第 18 届全苏数学竞赛题）

解 若 m 与 n 奇偶性不同，则矩形有且只有两边其长度为奇数，不妨设其中一边是红的，是由奇数个正方形的红边拼成的.那么其他正方形的红边只能出现在矩形内部.由于正方形以同色边相靠，所以红边在矩形内部的这些正方形应有偶数个，连同前面的奇数个正方形共有奇数个.但正方形总数 mn 显然是偶数，矛盾.故 m,n 奇偶性不能不同.

若 m,n 的奇偶性相同，先设同为奇数.如图 35，可作满足题设的 $1\times n$ 矩形.若 $m>1$，则再作 $m-1$ 个这

样的 $1\times n$ 矩形，其中一半蓝、黄位置交换. 所有这 m 个矩形显然可拼成满足题设的 $m\times n$ 矩形.

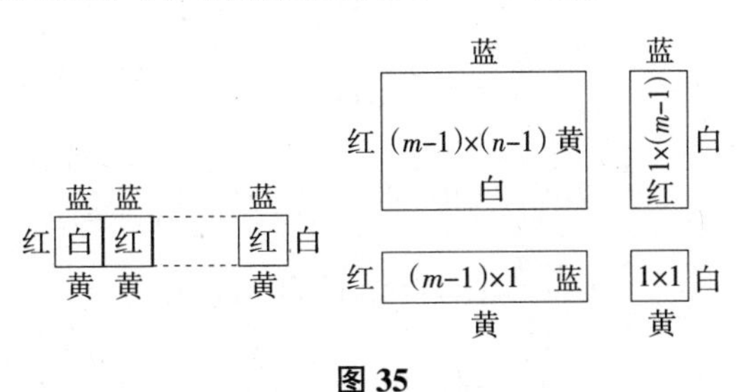

图 35

再设 m,n 同为偶数，则可按图进行拼接，故也存在满足要求的矩形.

例 26　设 n 是一个正整数，满足

$$|x|+\left|y+\frac{1}{2}\right|<n$$

的整点 (x,y) 的集合记为 S_n. 若 S_n 中的不同的点 $(x_1,y_1),(x_2,y_2),\cdots,(x_l,y_l)$ 满足对于 $i=2,3,\cdots,l$，点 (x_i,y_i) 与 (x_{i-1},y_{i-1}) 的距离为 1（即 (x_i,y_i) 和 (x_{i-1},y_{i-1}) 是相邻的整点），则称这些点构成的点列为“一条路”. 证明：S_n 中的点不能被分成少于 n 条路（将 S_n 分成 m 条路是指：由 S_n 中的点所构成的 m 条非空的路构成的集合（设为 P），S_n 中的每个点恰属于 P 中的 m 条路中的一条路）.

（2008 年美国数学奥林匹克竞赛题）

证明　将 S_n 中的点按如下方式进行染色：

如果 $y\geqslant 0$，当 $x+y-n$ 是偶数时，将点 (x,y) 染为白色；当 $x+y-n$ 是奇数时，将点 (x,y) 染为黑色.

如果 $y<0$，当 $x+y-n$ 是奇数时，将点 (x,y) 染为白色；当 $x+y-n$ 是偶数时，将点 (x,y) 染为黑色.

如图 36 是 S_3 的染色图.

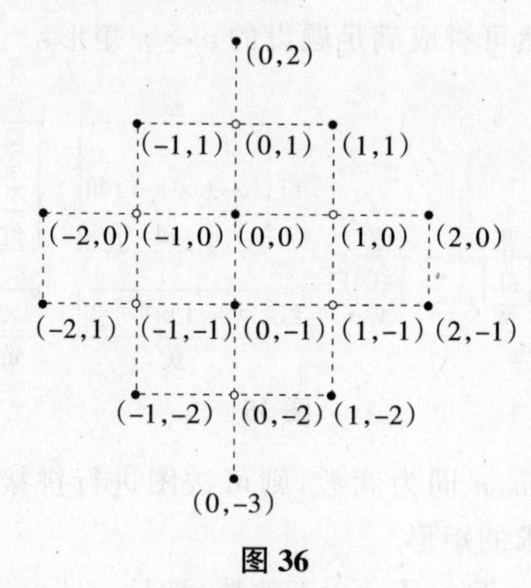

图 36

考虑 S_n 中的一条路 $(x_1,y_1),(x_2,y_2),\cdots,(x_l,y_l)$.

若这条路中的两个相邻的点 (x_{i-1},y_{i-1}) 和 (x_i,y_i) 都是黑色的,则称为"相邻的黑色点对".

假设 S_n 被分成 m 条路,在所有的路中相邻的黑色点对的数目为 k. 将每对相邻的黑色点对切断得到 $k+m$ 条路,每条路中黑色点的数目最多比白色点的数目多 1. 因此,S_n 中黑色点的数目与白色点的数目的差不超过 $k+m$.

另一方面,S_n 中每行黑色点比白色点恰好多 1 个,因此,S_n 中黑色点的数目比白色点的数目恰好多 $2n$ 个. 于是

$$2n\leqslant k+m$$

又因在 S_n 中距离为 1 的黑色点对恰有 n 个,即点对 $(x,0)$ 和 $(x,-1)$ $(x=-n+1,-n+3,\cdots,n-3,n-1)$,所以,$k\leqslant n$(即在 S_n 分成的所有路中相邻的黑色点

对的数目不超过 S_n 中距离为 1 的黑色点对的数目).

因此,$2n \leqslant k+m \leqslant n+m$.

从而,$n \leqslant m$.

例 27　(1)若一个 $5\times n$ 的矩形能被 n 块由 5 个小正方形所组成的形如图 37 的两种纸板覆盖,证明:n 是偶数.

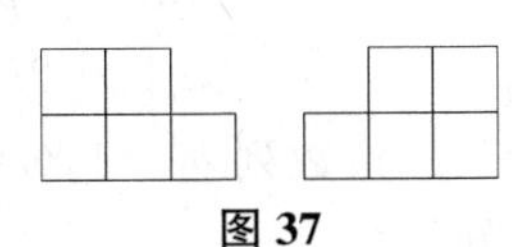

图 37

(2)证明:用 $2k$ 块纸板覆盖 $5\times 2k(k\geqslant 3)$ 的矩形至少有 $2\times 3^{k-1}$ 种方法,其中对称地摆放认为是不同的.　　　　(1999 年 IMO 预选题)

证明　(1)将 $5\times n$ 的矩形的第一、三、五行染成红色,第二、四行染成白色,则共有 $3n$ 个红色的小正方形和 $2n$ 个白色的小正方形.由于每块纸板最多覆盖 3 个红色的小正方形,因此要使 $5\times n$ 的矩形能被 n 块纸板覆盖,每块纸板恰覆盖了 3 个红色的小正方形、2 个白色的小正方形.因为 2 个白色的小正方形在同一行,所以白色的行中一定有偶数个小正方形,从而 n 是偶数.

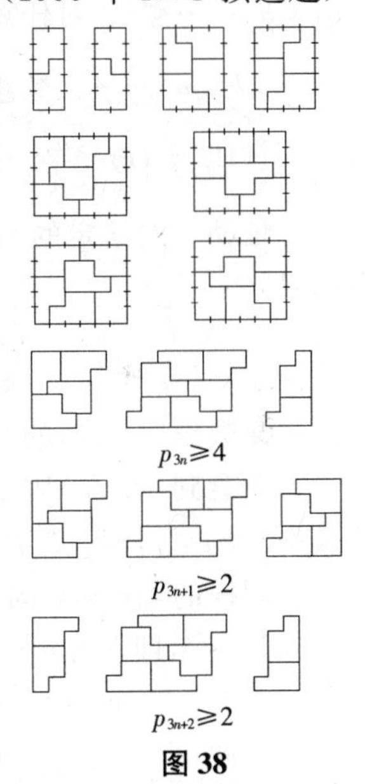

图 38

(2)设 a_k 为用 $2k$ 块纸板覆盖 $5\times 2k$ 的矩形所有可能的方法的种数,p_k 是这些种覆盖中不包含覆盖了一个较小的 $5\times 2i$ 的矩形的数目.

如图 38,$p_1\geqslant 2$,$p_2\geqslant 2$,$p_3\geqslant 4$,进而有 $p_{3n}\geqslant 4$,

$p_{3n+1}\geqslant 2, p_{3n+2}\geqslant 2$. 考虑 $5\times 2k$ 的矩形左边的 $5\times 2i(i=1,2,\cdots,k-1)$ 的矩形，有

$$a_k=p_1a_{k-1}+p_2a_{k-2}+\cdots+p_{k-1}a_1+p_k\geqslant 2a_{k-1}+2a_{k-2}+\cdots+2a_1+2$$

设数列 $b_1=1, b_k=2b_{k-1}+2b_{k-2}+\cdots+2b_1+2$，易知

$$b_k-b_{k-1}=2b_{k-1}$$

所以，$a_k\geqslant b_k\geqslant 2\times 3^{k-1}$.

例 28 设 $a_1,a_2,\cdots,a_n(n\geqslant 4)$ 是给定的正实数，$a_1<a_2<\cdots<a_n$. 对任意正实数 r，满足 $\frac{a_j-a_i}{a_k-a_j}=r(1\leqslant i<j<k\leqslant n)$ 的三元数组 (i,j,k) 的个数记为 $f_n(r)$.

证明：$f_n(r)<\frac{n^2}{4}$.（2011 年全国高中数学联赛试题）

证明 对给定的 $j(1<j<n)$，满足 $1\leqslant i<j<k\leqslant n$，且

$$\frac{a_j-a_i}{a_k-a_j}=r \quad ①$$

的三元数组 (i,j,k) 的个数记为 $g_j(r)$.

注意到，若 i,j 固定，则显然至多有一个 k 使得①成立. 因 $i<j$，即 i 有 $j-1$ 种选法，故 $g_j(r)\leqslant j-1$.

同样的，若 j,k 固定，则至多有一个 i 使得①成立. 因 $k>j$，即 k 有 $n-j$ 种选法，故 $g_j(r)\leqslant n-j$. 从而

$$g_j(r)\leqslant\min\{j-1,n-j\}$$

因此，当 n 为偶数时，设 $n=2m$，则有

$$f_n(r)=\sum_{j=2}^{n-1}g_j(r)=\sum_{j=2}^{m-1}g_j(r)+\sum_{j=m}^{2m-1}g_j(r)\leqslant \sum_{j=2}^{m}(j-1)+\sum_{j=m+1}^{2m-1}(2m-j)=$$

$$\frac{m(m-1)}{2}+\frac{m(m-1)}{2}=$$

$$m^2-m<m^2=\frac{n^2}{4}$$

当 n 为奇数时，设 $n=2m+1$，则有

$$f_n(r)=\sum_{j=2}^{n-1}g_j(r)=\sum_{j=2}^{m}g_j(r)+\sum_{j=m+1}^{2m}g_j(r)\leqslant$$

$$\sum_{j=2}^{m}(j-1)+\sum_{j=m+1}^{2m}(2m+1-j)=$$

$$m^2<\frac{n^2}{4}$$

例 29　有 n 个学生，老师分配 N 个问题给这些学生，学生 i 得到 a_i 个问题，$1\leqslant i\leqslant n$. 若所有的 a_i 不全相等，则用下面的方法重新分配他们的问题：某两个学生 i 和 j 总共得到 a_i+a_j 个问题. 如果它是偶数，那么每个人得到 $\frac{a_i+a_j}{2}$ 个问题；如果它是奇数，那么他们保留他们的问题. 若所得问题的数目仍不全相同，则继续分配. 问用下面给定的值，若干次分配后能否使学生得到的问题的数目全相同？

(1)$n=8$，$N=80$；(2)$n=10$，$N=100$.

(第 53 届白俄罗斯数学奥林匹克(决赛 D 类)竞赛题)

解　将原命题改写为如下命题：

有 n 个非负整数之和为 N，每一步选择任意两个具有相同奇偶性的数 a 和 b，均用 $\frac{a+b}{2}$ 替换原来的 a 和 b. 问若干步后是否有可能使所有的数均相同？

(1)证明 $n=8$，$N=80$ 时答案是肯定的.

假定数目的总和是 0(因为我们可以将每个均减去 10).

使用上述步骤，我们验证能使所有数目为0.如果若干步以后不是所有数目为0，那么选择某一偶数 a 满足 $|a|$ 最大.因为这8个数之和为0，所以存在偶数 b.将数 a 和 b 都用 $\frac{a+b}{2}$ 来替换，如果 $a\neq b$，那么这步之后偶数的绝对值的最大值减小.

同样的步骤也可用于奇数，重复这个过程可使所有数目为0.

若当上述步骤不能减小绝对值的最大值时，一定有 m 个奇数都等于 α，$8-m$ 个偶数都等于 $\beta(0<m<8)$.则有

$$m\alpha+(8-m)\beta=0$$

即

$$m(\beta-\alpha)=8\beta$$

因为 $\alpha-\beta$ 是奇数，所以 m 能被8整除，与 $0<m<8$ 矛盾.

(2)答案是否定的.

例如，$a_1=\cdots=a_8=11$，$a_9=a_{10}=6$.

例30 考虑由99个字母所组成的字母列 S，其中，有66个是 A，33个是 B.若对于每个包含前 $n(1\leqslant n\leqslant 99)$ 个字母的子列，其中的字母组成的所有排列的数目为奇数，则称 S 为"好的".问有多少个好的字母列？哪些字母列是好的？ (2006年意大利国家队选拔考试题)

解法1 因为 a 个 A 和 b 个 B 构成的 n 个字母的排列为 C_n^a，于是，问题转化为在杨辉三角形中找一条从 C_1^1 到 C_{99}^{33} 的通路，使得经过的每个数都是奇数.

若 $n=64$，则只有当 $a=0$ 和 $a=64$ 时，C_{64}^a 是奇数；若 $n=96$，则只有 $a=0,32,64,96$ 时，C_{96}^a 是奇数.这是

因为 C_n^a 是奇数当且仅当 a 是 $n=\sum_i 2^{k_i}(k_i<k_{i+1})$ 的部分和.

因此,只有一个好的字母列

$$\underbrace{AA\cdots A}_{64个}\underbrace{BB\cdots B}_{32个}AAB$$

解法 2　先证一个引理.

引理　C_n^k 为奇数的充分必要条件是

$$F(k)\subseteq F(n)$$

当 $x=2^{r_1}+2^{r_2}+\cdots+2^{r_l}(r_1>r_2>\cdots>r_l\geqslant 0)$ 时,记 $F(x)=\{r_1,r_2,\cdots,r_l\}$.

特别的,$F(0)=\varnothing$.

引理的证明　用数学归纳法证明

$$(1+x)^{2^k}\equiv 1+x^{2^k}\pmod 2$$

当 $k=1$ 时,显然.

设命题对 $1,2,\cdots,k-1(k\geqslant 2)$ 时成立,则

$$(1+x)^{2^k}=((1+x)^{2^{k-1}})^2\equiv(1+x^{2^{k-1}})^2\equiv$$
$$1+x^{2^k}+2x^{2^{k-1}}\equiv 1+x^{2^k}\pmod 2$$

设 $n=2^{r_1}+2^{r_2}+\cdots+2^{r_l}$,则

$$(1+x)^n\equiv(1+x)^{2^{r_1}}(1+x)^{2^{r_2}}\cdots(1+x)^{2^{r_l}}\equiv$$
$$(1+x^{2^{r_1}})(1+x^{2^{r_2}})\cdots(1+x^{2^{r_l}})\equiv$$
$$\sum_{F(k)\subseteq F(n)}x^k\pmod 2$$

又 $(1+x)^n$ 中,x^k 项系数为 C_n^k.

若 $F(k)\subseteq F(n)$,则 C_n^k 为奇数,否则 C_n^k 为偶数.

下面证明原题.

令 $f(n)$ 表示前 n 个字母中 B 的个数,则

$$f(99)=33$$

$$f(n)\leqslant f(n+1)\leqslant f(n)+1$$

又 $C_n^{f(n)}$ 为奇数，当 $n=64$ 时，有

$$F(f(64))\subseteq F(64)=\{6\}$$

所以，$f(64)=0$ 或 64.

但 $f(64)\leqslant f(99)=33<64$，所以

$$f(64)=0$$

又 $F(f(96))\subseteq F(96)=\{6,5\}$，且

$$f(96)\leqslant f(99)<64$$

从而，$f(96)=0$ 或 32.

但 $f(96)\geqslant f(99)-3>0$，故 $f(96)=32$.

又对任意的 $i(64\leqslant i\leqslant 96)$，都有

$$f(i)-f(64)\leqslant i-64$$

$$f(96)-f(i)\leqslant 96-i$$

故 $f(96)-f(64)\leqslant 96-64=32$.

因为等号成立，所以

$$f(i)-f(64)=i-64, f(i)=i-64 \quad (64\leqslant i\leqslant 96)$$

若 $f(97)=33$，则

$$f(98)=f(99)=33$$

但 $F(98)=\{6,5,1\}$，$F(33)\not\subseteq F(98)$，矛盾.

故 $f(97)\neq 33$.

所以，$f(97)=32$.

又 $F(98)=\{6,5,1\}$，从而，$F(33)\not\subseteq F(98)$.

则 $f(98)\neq 33$.

由此得 $f(98)=32$，$f(99)=33$.

故只有一个好的字母列

$$\underbrace{AA\cdots A}_{64个}\underbrace{BB\cdots B}_{32个}AAB$$

例 31　设 n 是正整数，$\mathbf{R}^n$ 是 n 元有序实数组的集合. T 是所有这样一类 n 元有序实数组的集合：$(x_1, x_2, \cdots, x_n)\in\mathbf{R}^n$，且存在一个 $1,2,\cdots,n$ 的排列 σ，使得

对任意的 $1\leqslant i<n$ 满足 $x_{\sigma(i)}-x_{\sigma(i+1)}\geqslant 1$. 证明：存在一个实数 d 满足以下条件：

对任意 $(a_1,a_2,\cdots,a_n)\in\mathbf{R}^n$，存在 $(b_1,b_2,\cdots,b_n)$，$(c_1,c_2,\cdots,c_n)\in T$ 满足

$$a_i=\frac{1}{2}(b_i+c_i),|a_i-b_i|\leqslant d$$

$$|a_i-c_i|\leqslant d\quad(1\leqslant i\leqslant n)$$

（2002 年土耳其数学奥林匹克竞赛题）

证明　不妨设 $a_1\geqslant a_2\geqslant\cdots\geqslant a_n$，记 $a_1,a_2,\cdots,a_n$ 的整数部分为 $A_1,A_2,\cdots,A_n$，小数部分为 $B_1,B_2,\cdots,B_n$. 下面用数学归纳法证明当 $d=4n-3$ 时结论成立.

(1)当 $n=1$ 时，若 A_1 是偶数，则取 $b_1=c_1=a_1$；若 A_1 是奇数，则取 $b_1=a_1+1,c_1=a_1-1$. 因此，当 $d=1$ 时结论成立，且 b_1,c_1 的整数部分是偶数.

(2)当 $n>1$ 时，假设当 $n=k$ 时，可取 $d=4k-3$，使得 $b_i,c_i(i=1,2,\cdots,k)$ 的整数部分都是偶数且互不相等.

当 $n=k+1$ 时，若 A_{k+1} 是偶数，则设

$$S=\{[b_1],[b_2],\cdots,[b_k],[c_1],[c_2],\cdots,[c_k]\}$$

$$M_0=\{A_{k+1}\}$$

$$M_1=\{A_{k+1}+1\times 2,A_{k+1}-1\times 2\}$$

$$M_2=\{A_{k+1}+2\times 2,A_{k+2}-2\times 2\}$$

$$\vdots$$

$$M_{2k}=\{A_{k+1}+4k,A_{k+1}-4k\}$$

因为 S 中只有 $2k$ 个元素，所以，在 $M_0,M_1,\cdots,M_{2k}$ 这 $2k+1$ 个集合中，必有一个集合 M_j，使得 $M_j\cap S=\varnothing$. 取 $b_{k+1}=a_{k+1}+2j,c_{k+1}=a_{k+1}-2j$，就能使得 $b_i,c_i(i=1,2,\cdots,k+1)$ 的整数部分都是偶数且互不相等.

将 $b_1, b_2, \cdots, b_{k+1}$ 从大到小排列为

$$b_{\delta(1)}, b_{\delta(2)}, \cdots, b_{\delta(k+1)}$$

因为 $b_{\delta(i)}$ 和 $b_{\delta(i+1)}$ 的整数部分都是偶数，且不相等，所以，它们的整数部分的差至少为 2.

故 $b_{\delta(i)} - b_{\delta(i+1)} \geqslant 1$.

因此，$(b_1, b_2, \cdots, b_n) \in T$.

同理，$(c_1, c_2, \cdots, c_n) \in T$.

所以，当 $n=k+1$ 时结论成立.

综上所述，当 $d=4n-3$ 时结论成立.

例 32 在方格纸上画有一个矩形，它的边与方格线交成 $45°$ 的角，它的顶点都不在方格线上. 试问：矩形的各条边能否都刚好穿过奇数条方格线？

（2005 年俄罗斯数学奥林匹克竞赛题）

解法 1 不可能. 如图 39，假设存在矩形 $ABCD$，它的各条边都刚好穿过奇数条方格线. 不妨设 AB 是它的较短边. 选择一个平面直角坐标系，它的原点位于某个结点上，它的坐标轴位于方格线上，使得在矩形的各个顶点中，顶点 A 的横坐标最小，顶点 B 的纵坐标最小. 分别以 A_x, B_x, C_x, D_x 和 A_y, B_y, C_y, D_y 表示各个顶点在 x 轴与 y 轴上的投影.

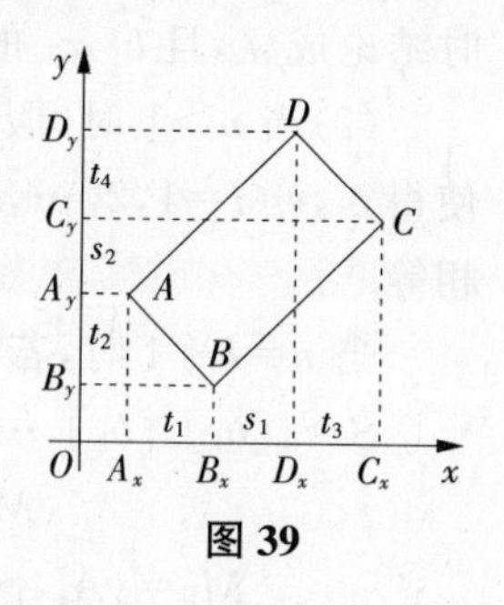

图 39

因为顶点 A, B, C, D 均不在方格线上，所以，点 A_x，B_x, C_x, D_x 的横坐标和点 A_y, B_y, C_y, D_y 的纵坐标都不是整数. 注意到 $A_xB_x = D_xC_x$ 和 $A_xD_x = AD\cos 45° \geqslant AB\cos 45° = A_xB_x$，所以，四个顶点在 x 轴上的投影按

A_x, B_x, D_x, C_x 的顺序排列(点 B_x 与 D_x 可能重合).同理,四个顶点在 y 轴上的投影按 B_y, A_y, C_y, D_y 的顺序排列.同时,有

$$A_xB_x = D_xC_x = B_yA_y = C_yD_y = AB\cos 45^\circ$$

$$B_xD_x = A_yC_y = (AD - AB)\cos 45^\circ$$

分别用 $t_1, t_2, t_3, t_4, s_1, s_2$ 表示线段 $A_xB_x, B_yA_y, D_xC_x, C_yD_y, B_xD_x, A_yC_y$ 上的坐标为整数的点的个数.因为在线段 A_xB_x 上恰好有 t_1 个坐标为整数的点,所以,边 AB 恰与 t_1 条纵向的方格线相交.同理,因为在线段 A_yD_y 上有 t_4+s_2 个坐标为整数的点,所以,边 AD 恰与 t_4+s_2 条横向的方格线相交.其他线段类似.

综上可知,矩形的每条边与奇数条方格线相交等价于以下各数都是奇数

$$t_1+t_2, t_3+t_4, t_1+t_4+s_1+s_2, t_2+t_3+s_1+s_2$$

引理　如果数轴上的两条线段的长度都是 d,并且它们的端点的坐标都不是整数,那么,它们上面的整点的数目至多相差1.

引理的证明　事实上,若线段的左端点位于非整数 a 处,右端点位于非整数 b 处,且它上面有 k 个整点 $n, n+1, \cdots, n+k-1$,则

$$n-1<a<n, n+k-1<b<n+k$$

因此,$k-1<d=b-a<k+1$.

于是,$d-1<k<d+1$.

从而,$k=[d]$或 $k=[d]+1$.

引理得证.

由引理知,t_1, t_2, t_3, t_4 至多相差1,即它们等于 t 或 $t+1$.

同理,s_1 与 s_2 等于 s 或 $s+1$.

因为 t_1+t_2 为奇数，所以 $t_1\neq t_2$.

为确定起见，设 $t_1=t, t_2=t+1$.

(1)若 $t_3=t$，因 t_3+t_4 为奇数，知 $t_4=t+1$. 则

$$s_1+s_2=(t_1+t_4+s_1+s_2)-(t_1+t_4)=$$
$$(t_1+t_4+s_1+s_2)-(2t+1)$$

为偶数.

于是，$s_1=s_2$.

这样一来，就有

$$(t_2+s_2+t_4)-(t_1+s_1+t_3)=2$$

与引理中关于线段 A_xC_x 和 D_yB_y 上的整点个数至多相差1的断言矛盾.

(2)若 $t_3=t+1$，则 $t_4=t$. 此时

$$s_1+s_2=(t_1+t_4+s_1+s_2)-(t_1+t_4)$$

为奇数. 于是

$$s_1=s, s_2=s+1 \text{ 或 } s_1=s+1, s_2=s$$

但是，第一种情况与引理关于线段 A_xD_x 和 B_yC_y 的断言矛盾；后一种情况与引理关于线段 A_yD_y 和 B_xC_x 的断言矛盾.

解法2 假设存在满足条件的矩形 $ABCD$.

设 $AB\geqslant\sqrt{2}$. 分别在边 AB 和 CD 上截取 $BB'=CC'=\sqrt{2}$. 于是，线段 BB' 和 CC' 都恰好分别与一条纵向的方格线相交，也都恰好分别与一条横向的方格线相交，且 $B'C'$ 可由线段 BC 平移具有整坐标的向量 $\overrightarrow{BB'}$ 来得到. 因此，矩形 $AB'C'D$ 仍然满足条件.

继续进行这样的操作，最终，可得到一个满足条件的矩形，其各边长都小于$\sqrt{2}$（仍记作 $ABCD$）.

此时，矩形的每条边都恰好与一条方格线相交，即

或者与一条纵向方格线相交，或者与一条横向方格线相交.

设矩形的最靠左的顶点为 A，最靠下的顶点为 B，最右的顶点为 C，最上的顶点为 D. 若线段 AB 与 BC 都与纵向方格线相交，则折线 CDA 也与这些方格线相交，且它们都不与横向方格线相交. 此时，矩形 $ABCD$ 在水平方向的投影长度就大于 1(在 A 与 C 之间至少有两条纵向方格线)，而在竖直方向的投影长度却小于 1，这是不可能的.

若 AB 与 BC 都与(同一条)横向方格线相交，则矩形 $ABCD$ 被夹在两条相邻的纵向方格线之间. 此时，AD 和 DC 也都与横向方格线相交，根据同样的理由，这也是不可能的.

现只剩下一种情况(或其对称情况)，即 AB 与 CD 都与同一条纵向方格线 v 相交，而 BC 与 AD 都与同一条横向方格线 h 相交. 此时，点 A 与点 B 位于 h 的下方，点 C 位于 h 的上方，因此，$BC>AB$. 同理，点 B 与点 C 位于 v 的右侧，点 D 位于 v 的左侧. 从而，$BC<CD$. 于是，$AB<BC<CD$，这是不可能的.

例 33　能否把 1，1，2，2，3，3，…，1 986，1 986 这 3 972个数排成一列，使得两个 1 之间有 1 个数，两个 2 之间有 2 个数，两个 3 之间有 3 个数……两个 1 986 之间有 1 986 个数？请证明你的结论.

(1986 年全国中学生数学冬令营试题)

解法 1　为了理解题意，我们来分析一个特殊情况：对于 8 个数 1，1，2，2，3，3，4，4，我们说明以下排法能符合要求. 先排两个 4，中间留下四个空格

4					4

这四个空格中只能填其余的三个数1,2,3.因此,其中至少有一个必须重复出现.重复出现的数字显然不能为3,也不能为2,只能是1,因此,必须是

4	1		1		4

其余两个空格必须填入2与3,下面的填法正好能符合要求

4	1	3	1	2	4	3	2

由此可见,对于我们的问题,符合要求的排列能否存在,一定与1 986这一数的某些性质有关系.

把所有数排好之后,共占了2×1 986=3 972个位置.依从左到右的顺序,给这些位置进行编号:第1号位置直到3 972号位置.

对于每一个$i(1\leqslant i\leqslant 1\ 986)$,设两个$i$占据了$a_i$位号和$b_i$位号,依题目要求,应有

$$b_i-a_i=i+1$$

即

$$b_i+a_i-2a_i=i+1$$

从1到1 986求和,得

$$\sum_{i=1}^{1\ 986}(b_i+a_i)-2\sum_{i=1}^{1\ 986}a_i=1\ 986+\sum_{i=1}^{1\ 986}i$$

因为$\sum_{i=1}^{1\ 986}(b_i+a_i)$是一切位号之和,所以它等于

$$\sum_{i=1}^{3\ 972}i=\sum_{i=1}^{1\ 986}i+\sum_{i=1}^{1\ 986}(1\ 986+i)$$

因此,我们有$\sum_{i=1}^{1\ 986}(1\ 986+i)=$偶数,由此知$\sum_{i=1}^{1\ 986}i=$偶数.但上式右边$=\frac{1}{2}\times 1\ 986\times 1\ 987=$奇数,这样就

得出了矛盾,这说明具有所要求的性质的排列不存在.

解法2 由上面可知 $a_i+b_i=i+(1+偶数)=i+$奇数($i=1,2,\cdots,1\ 986$)($a_i<b_i$). 由此可得:若 i 为奇数,即 i 所占的两个位号 a_i 与 b_i 奇偶性相同;若 i 为偶数,则 i 所占的两个位号 a_i 和 b_i 奇偶性相反. 由此可知,在从1到1 986这1 986对数中,偶数共有993对,必有993个占有奇号位,另外993个占有偶号位. 因为偶数之所占的两个位置 a_i 与 b_i 必是一奇一偶,奇偶数成对出现;而在3 972个位号中共有1 986个奇号位,被偶数占去993个,奇数就占有993个奇号位. 另外,由于奇数 i 所占的一对位号 a_i 与 b_i 的奇偶性必须相同,这样另外993个奇数必须仍占有奇号位,但这是不可能的,因为它们已被偶数占去,得出矛盾. 所以这种排数方法是不可能的.

解法3 考察任何两个 a 和两个 b 的相互被夹的关系,它们不外乎是下列三种情形之一:

(1)如果恰有一个 b 被夹在两个 a 之间,那么也恰有一个 a 被夹在两个 b 之间(此时,两对数相互被夹的数的个数之和为2).

(2)如果两个 b 都被夹在两个 a 之间,那么就不会有 a 被夹在两个 b 之间(此时,两对数相互被夹的数的个数之和为2).

(3)如果没有 b 被夹在两个 a 之间,那么或者没有 a 被夹在两个 b 之间(此时,两对数相互被夹的数的个数之和为0),或者两个 a 都被夹在两个 b 之间(此时,两对数相互被夹的数的个数之和为2).

综合这三种情况,就是说:任何两对不同的数相互被夹的数的个数之和不是2就是0,总是偶数. 推而广

之，即知在两个1，两个2……两个1 986之间，被夹的其他的个数之总和一定是偶数. 但根据题意，这个总和是

$$1+2+\cdots+1\ 986=\frac{1\ 987\times1\ 986}{2}=1\ 987\times993$$

这是个奇数，奇数=偶数，矛盾！故按题目要求的排法是不存在的.

此例还有其他多种解法，限于篇幅，这里不再做介绍. 一般的，考虑1，1，2，2，…，n，n，这$2n$个数的同样的排法是否可能的问题.

让我们退到最简单的情况来考察一下：

当$n=1$或2时，显然是不行的.

但对于$n=3$或4时，我们有

2，3，1，2，1，3

2，3，4，2，1，3，1，4

正好是满足题设条件的排列.

对于$n=5$，情况比较复杂，让我们做一点比较细微的分析，假定可以构成这样的排列，那么两个5之间应该排进去五个数，因此，1，2，3，4四个数中至少有一个数再出现两次.

这个数不可能是4，因为两个4之间要填入四个数，这样两个5之间至少有六个数. 也不可能是3，因为两个3要排就排在五个数的两端，如

5 3 □ □ □ 3 5

这样，下一步排两个1及两个2时，无法同时满足条件. 同样，也不可能是2，如

5 2 □ □ 2 □ 5

所以，下一步同时排好两个1、两个3和两个4也是不

可能的.

关于中间排两个 1 也不可能的讨论比较复杂，为节省篇幅，此处从略. 这样，就验证了 1，1，2，2，…，5，5 不可能按要求排成一列.

类似的，可讨论对于 $k=6$ 时，也不可能.

但对于 $n=7,8$ 时，又有

$$5,3,6,7,2,3,5,2,4,6,1,7,1,4$$

$$5,3,7,8,2,3,5,2,6,4,7,1,8,1,4,6$$

由以上讨论，可知似乎是以 4 为周期的重复出现，因此，可以作出猜想：

(1)当 $n=4k+1$ 或 $4k+2$(k 为自然数)时，满足题设要求的排列不存在；

(2)当 $n=4k+3$ 或 $4k$(k 为自然数)时，可以得到满足题设要求的排列.

对于(1)，可以用原题的方法予以证明：

例如，对于 $n=4k+1$，有数列各项的项数之和为 $\frac{1}{2}\{2(4k+1)[1+2(4k+1)]\}$ 是一个奇数. 而小于 $4k+1$的自然数有 $2k+1$ 个奇数，$2k$ 个偶数，因此，数列各项的项数和又应为

$$(2k+1)\text{个偶数}+2k\text{ 个奇数}=\text{偶数}$$

推出矛盾.

对于 $n=4k+2$ 的情形，证明由读者自己完成，这里从略.

为了论证当 $n=4k+3,4k$ 时，构成合乎条件的排列可能性，有必要给出一个构造这种排列的法则. 因此，先观察几个具体的排列：

当 $n=11$ 时，9，7，5，10，2，11，④，2，5，7，9，4，8，6，

10,3,1,11,1,3,6,8;

当$n=12$时,9,7,5,10,2,12,④,2,5,7,9,4,10,8,6,11,3,1,12,1,3,6,8,10;

当$n=15$时,13,11,9,7,14,4,4,2,15,⑥,2,4,7,9,11,13,6,12,10,8,14,5,3,1,15,1,3,5,8,10,12;

当$n=16$时,13,11,9,7,15,4,2,16,⑥,2,4,7,9,11,13,6,14,12,10,8,15,5,3,1,16,1,3,5,8,10,12,14.

注意圆圈中的4和6,它们是给出构造方法的突破口.这两个数是怎样得来的呢?

从$n=11$及15来看,有

$$4=\frac{1}{2}(11-3),6=\frac{1}{2}(15-3)$$

一般的,当$n=4k+3$时,有

$$M=\frac{1}{2}(n-3)\quad(k\geqslant1)\qquad①$$

从$n=12,16$来看,有

$$4=\frac{1}{2}(12-4),6=\frac{1}{2}(16-4)$$

一般的,当$n=4k$时,有

$$M=\frac{1}{2}(n-4)\qquad②$$

当4或6确定以后,下面的问题就好办了.以$n=15$为例.

首先是排好两个15,并把6排在后一个15的右侧;然后在15和6的两侧按从小到大的顺序排上所有小于6的偶数对;

其次,在前一个15的两侧,按从小到大的顺序排上所有小于6的奇数对;

第三，在上面已排好的两群数的左端分别排上一个 14（小于 15 的最大自然数）；

第四，在上面排好的靠左边的一群数的两端按从小到大的顺序排上所有大于 6 而小于 15 的奇数对，并在这些奇数对的右端排上第二个 6；

关于 $n=4k$ 的情形，完全可以照上述方法写成合乎条件的数列. 具体写法和证明，留给读者.

由此，我们证明了前面的猜想是正确的. 而当 $n=1\,986$ 时，被 4 除余数为 2，因此，这种排列是不存在的.

习　题　十

1. 给定两组数，A 组为：$1,2,\cdots,100$；B 组为：$1^2,2^2,\cdots,100^2$. 对于 A 组中的数 x，若有 B 组中的数 y，使 $x+y$ 也是 B 组中的数，则称 x 为“关联数”. 那么，A 组中这样的关联数有________个.

2. 将 3 个连续自然数的和记作 A，将紧接着它们之后的 3 个连续自然数的和记作 B. 试问，乘积 $A\cdot B$ 能否等于$\underbrace{111\cdots111}_{共9个1}$？（1988 年列宁格勒数学奥林匹克竞赛题）

3. 在 $1,2,3,\cdots,1\,989$ 之间填上“+”“−”号，求和式可以得到的最小的非负数是多少？

（第 15 届全俄中学生数学竞赛题）

4. 设 n 是正的偶数，试问下列诸数

$$1\times(n-1),2\times(n-2),\cdots,(n-1)\times1$$

中哪个数最大？为什么？

（1989 年浙江省初二数学竞赛题）

5. 有一无穷小数 $A=0.a_1a_2a_3\cdots a_na_{n+1}a_{n+2}\cdots$，其中 $a_k(k=1,2,\cdots)$是 $0,1,2,\cdots,9$ 中的一个数，且 a_1 为奇数，a_2 为偶数，a_3 等于 a_1+a_2 的个位数，a_4 等于 a_2+a_3的个位数……a_{n+2} 等于 a_n+a_{n+1} 的个位数. 求证：A 是一个循环小数.

（1991 年浙江省初中数学竞赛题）

6. 把 n^2 个互不相等的实数排成下表

$$a_{11},a_{12},\cdots,a_{1n}$$
$$a_{21},a_{22},\cdots,a_{2n}$$
$$\vdots$$

$$a_{n1}, a_{n2}, \cdots, a_{nn}$$

取每行的最大值得 n 个数,其中最小的一个是 x;再取每列的最小值,又得 n 个数,其中最大的一个是 y,试比较 x^n 与 y^n 的大小.

(1982 年上海市高中数学竞赛题)

7. 设 a,b,c 为自然数,使得

$$p=b^c+a, q=a^b+c, r=c^a+b$$

且 p,q,r 为素数.

证明:p,q,r 中必有两数相等.

(1975 年莫斯科数学奥林匹克竞赛题)

8. 某人在圆周上写了 11 个正整数,并且计算了每两个相邻数之差的绝对值. 已知在他所得的 11 个差数中,有 4 个 1,4 个 2 和 3 个 3. 证明:该人的计算结果有误.　(2010 年俄罗斯数学奥林匹克竞赛题)

9. 设 a,b 是自然数,且有关系式 $123\ 456\ 789=(11\ 111+a)(11\ 111-b)$,求证:$a-b$ 是 4 的倍数.

(1990 年日本高考数学题)

10. 有 100 个民兵,每天晚上三个人值班. 证明:不能排出这样一个值班表,使得任何两人在一起值班的次数为 1.　(1965 年全俄数学奥林匹克竞赛题)

11. 设 a,b,c 为三个偶数,且 $a>b>c>0$,它们的最小公倍数为 1 988. 当 a 在它可取值的范围内取最小的一个时,试确定 a,b,c 可能组成的数组.

(1988 年天府杯初中数学竞赛题)

12. 圆周上写着从 1 到 n 的 n 个整数,任何两个相邻的整数之和都能被它(顺时针方向)后面的那个整数整除. 求 n 的所有可能的值.

(1999 年世界城市数学竞赛题)

13.设有 7 个 3 的不同方幂：$3^{x_1},3^{x_2},\cdots,3^{x_7}$ ($x_i\geqslant 0,i=1,2,\cdots,7$).求证：可以从中找到 4 个数，它们的积等于某整数的四次方.

14.已知 6 个互不相同的正整数 a,b,c,d,e,f，杰克与杰瑞分别计算这些数中任两数之和.杰克说数之和中含有 10 个素数，而杰瑞说素数只有 9 个.问：谁说得对？　(2008 年新加坡数学奥林匹克竞赛题)

15.已知 6 个互不相同的正整数 a,b,c,d,e,f，杰克与杰瑞分别计算这些数中任两数之和，杰克说数 i 中含有 10 个素数，而杰瑞说素数只有 9 个，问：谁说得对？　(2008 年新加坡数学奥林匹克低年级赛试题)

16.在 11 张卡片上各写有一个不超过 5 的数字.将这些卡片排成一行，得到一个 11 位数；再将它们按另一种顺序排成一行，又得到一个 11 位数.证明：这两个 11 位数的和的十进制表达式中至少有一位数字是偶数.　(1994 年圣彼得堡数学奥林匹克竞赛题)

17.将正整数乘以 2 后，按任意顺序重新排列它的各位数字(但是 0 不能排在首位)称为操作.证明：不能经过若干次这种操作，由 1 得出 74.

(1995 年圣彼得堡数学奥林匹克竞赛题)

18.设集合 M 由奇数个元素所组成，如果对于 M 中的每一个元素 x，都有一个唯一确定的集合 $H_x\subseteq M$ 与 x 对应，并且满足条件：(1)对于任意 $x\in M$，都有 $x\in H_x$；(2)对于任意两个元素 $x,y\in M$，当且仅当 $y\in H_x$ 时，$x\in H_y$.求证：至少有一个 H_x 由奇数个元素所组成.　(1987 年安徽省数学竞赛题)

19.全国初中数学竞赛共有 14 道题(5 道选择题，5 道填空题，4 道解答题)，满分 150 分，其中选择题和

填空题每题答对得 7 分，答错得 0 分，没有其他分值；解答题每题 20 分，步骤分只能是 0，5，10，15，20 分，没有其他分值. 则所有可能得到的不同分值共有多少个？

20. 如图 40，现有两张 3×3 的方格表，将数 1，2，3，4，5，6，7，8，9 按某种顺序填入如图 40(a)（每格填写一个数），然后按照如下规则填写图 40(b)；使图 40(b) 中第 i 行第 j 列交叉处的方格内所填的数等于图 40(a) 中第 i 行的各数和与第 j 列的各数和之差的绝对值（如图 40(b) 中的 b_{12}，满足 $b_{12}=|(a_{11}+a_{12}+a_{13})-(a_{12}+a_{22}+a_{32})|$）.

a_{11}	a_{12}	a_{13}
a_{21}	a_{22}	a_{23}
a_{31}	a_{32}	a_{33}

(a)

b_{11}	b_{12}	b_{13}
b_{21}	b_{22}	b_{23}
b_{31}	b_{32}	b_{33}

(b)

图 40

问：能否在图 40(a) 中适当填入数 1，2，…，9，使得在图 40(b) 中也出现 1，2，…，9 这九个数？

（2007 年数学国际城市邀请赛试题）

21. 给定互不相等的正整数 $a_1, a_2, \cdots, a_{14}$. 在黑板上写出 196 个形如 $a_k+a_l(1\leqslant k, l\leqslant 14)$ 的数. 能否对于任何两个数码的组合，都能在黑板上的数中找到一个数以其结尾（即能找到分别以 00，01，…，99 结尾的数）？　（2011 年俄罗斯数学奥林匹克竞赛题）

22. 在 4 000 与 7 000 之间有多少个偶数具有 4 个不同的数字？　（1993 年美国数学邀请赛试题）

23. 设 x 为一个 1 978 位数，y 为 x 的各位数码重新排列后得到的数. 等式

$$x+y=\underbrace{99\cdots9}_{1\,978\text{个}}$$

有可能成立吗？如果将 1 978 改变为 1 977，那么回答改变吗？（1978 年基辅数学奥林匹克竞赛题）

24. 尺寸为 6×6 的方格表被 18 块尺寸为 2×1 的多米诺骨牌所覆盖（每一块多米诺骨牌盖住两个小方格）. 证明：对于任何一种盖法，都可以沿着某条水平方向的直线或垂直方向的直线把表格分成两部分，而不伤及任何一块骨牌.

（1963 年俄罗斯数学奥林匹克竞赛题）

25. 在序列 19752…中，自第 5 个数字开始，每个数字都等于它前面的 4 个数字之和的个位数. 试问：在该序列中：

(1)是否会出现数字组 1234 和 3269?

(2)是否会再次出现数字组 1975?

(3)是否会出现数字组 8197?

（1975 年莫斯科数学奥林匹克竞赛题）

26. 给定如图 41 所示的由 16 条线段所构成的图形. 证明：不可能作一条折线，使它同每一条线段都刚好相交一次（折线可以是非闭的及自交的，但它的顶点不可位于线段上，它的边不可通过线段的端点）.（1961 年全俄罗斯数学奥林匹克竞赛题）

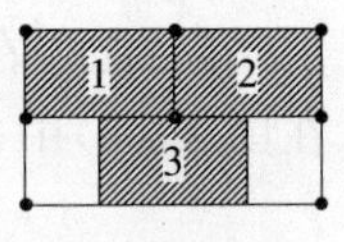

图 41

27. 设 a,b 是正整数，满足 $(a,b)=1$，a,b 不同奇偶. 如果集合 S 具有下面的性质：

(1) $a,b\in S$；

(2)由 $x,y,z\in S$ 可推出 $x+y+z\in S$.

求证：每个大于 $2ab$ 的正整数都属于 S.

（2008 年中国国家集训队培训试题）

28. 已知在 $2\,007\times2\,007$ 的方格表中的每个方格

内写一个奇数,设第 i 行的所有数的和为 Z_i,第 j 列的所有数的和为 $S_j(1\leqslant i,j\leqslant 2\,007)$, $A=\prod_{i=1}^{2\,007}Z_i$,$B=\prod_{j=1}^{2\,007}S_j$. 证明

$$A+B\neq 0$$

(2007 年奥地利数学奥林匹克竞赛题)

29. 设存在 n 个整数 $a_1,a_2,\cdots,a_n$,使得 $\prod_{i=1}^{n}a_i=n$,且 $\sum_{i=1}^{n}a_i=0$. 求正整数 n 的所有可能的取值.

30. 给定 2 011 个非零整数,其中任何一个数与其余 2 010 个数的乘积之和都是负数. 证明:若将这2 011 个数任意分为两组,并求出两组数的乘积,则所得的两个乘积的和也是负数.

(2011 年俄罗斯数学奥林匹克竞赛题)

31. 丹娘想出一个自然数 $X\leqslant 100$,萨沙试图猜出这个数. 他选出一对小于 100 的自然数 M 和 N,然后问丹娘:"$X+M$ 和 N 的最大公约数是多少?"证明:萨沙在问过丹娘 7 个这种问题之后,就可以猜出丹娘所想出的数.　　(2000 年俄罗斯数学奥林匹克竞赛题)

32. 在坐标平面上,具有整数坐标的点构成单位边长的正方格的顶点,这些正方格被涂上黑白相间的两种颜色(像国际象棋棋盘那样).

对于任意一对正整数 m 和 n,考虑一个直角三角形,它的顶点具有整数坐标,两条直角边的长度分别为 m 和 n,且两条直角边都在这些正方格的边上.

令 S_1 为这个三角形区域中所有黑色部分的总面积,S_2 则为所有白色部分的总面积. 令 $f(m,n)=$

$|S_1-S_2|$.

(1)当 m 和 n 同为正偶数或同为正奇数时，计算 $f(m,n)$ 的值；

(2)证明：$f(m,n)\leqslant\frac{1}{2}\max\{m,n\}$ 对所有的 m 和 n 都成立；

(3)证明：不存在常数 c，使得对所有的 m 和 n，不等式 $f(m,n)<c$ 都成立.

(1997 年 IMO 试题)

33. m 个互不相同的正偶数与 n 个互不相同的正奇数的总和为 1 987，对于所有这样的 m 与 n，问 $3m+4n$ 的最大值是多少？请证明你的结论.

(第 2 届全国中学生数学冬令营试题)

34. (1)若一个正整数能表示为一些正整数(这些正整数均为 2 的非负整数次幂，且可以相同)的算术平均，则称这个正整数为“好数”. 证明：所有正整数均为“好数”；

(2)若一个正整数不能表示为一些两两不同的正整数(这些正整数均为 2 的非负整数次幂)的算术平均，则称这个正整数为“坏数”. 证明：存在无穷多个“坏数”.

35. 设 a,b,c,d 为奇数，$0<a<b<c<d$，且 $ad=bc$. 试证：如果 $a+d=2^k$，$b+c=2^m$，其中 k,m 为整数，则 $a=1$. (1984 年国际数学奥林匹克竞赛题)

36. 我们称一个非负实数集合 S 是好集，是指对于 S 中所有 x 和 y，或者 $x+y$ 在 S 中，或者 $|x-y|$ 在 S 中. 例如，若 r 是正实数，n 是正整数，则 $S(n,r)=\{0,r,2r,\cdots,nr\}$ 就是好集. 证明：每个除 $\{0\}$ 以外，有有

限个元的好集,要么具有形式 $S(n,r)$,要么恰有四个元.　　　　　　(1992 年 IMO 加拿大队训练题)

37.每个正整数都可以表示成一个或者多个连续正整数之和,试对每个正整数 n,求 n 有多少种不同的方法表示成这样的和.(1992 年中国台湾数学竞赛题)

奇数和偶数的特殊表示法

第3章

奇偶性有多种特殊的表述法,如染色法,01法,+1,-1等表述法.下面分别做一些介绍.

§1 涂色法

最简单的涂色问题是从一种民间游戏中发展起来的方格盘上的涂色问题.经过数学工作者的探索和研究,解决这类问题的方法已经发展成为解数学题的一种重要方法.特别是在数学竞赛中,许多问题借助于涂色(即对所研究的对象进行分类,一种颜色代表一类),就能得到简捷的解答.当然,在具体的应用时,还应结合其他方法使用.

(1)对点涂色.

例1 求证:马从中国象棋盘上任一点出发,要跳回原处,必须经过偶数步.

(1983年中国科学院研究生入学试题)

证明 如图1,把棋盘上各点按黑色、

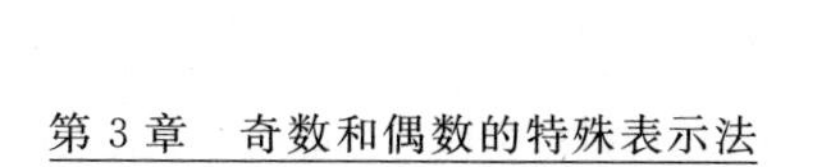

白色间隔涂色.不妨设马从黑点出发,则一步只能跳到白点,下一步再从白点跳到黑点,因此,从开始位置起相继经过的点的颜色是白、黑、白……要想回到黑点,必须黑白成对,即经过偶数步回到原来的位置.

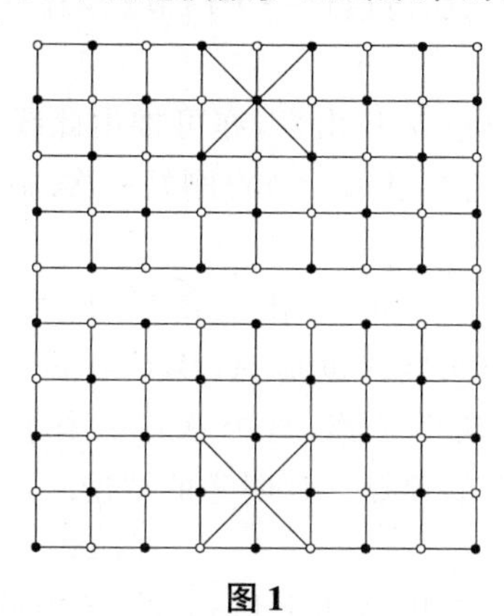

图 1

例 2　如图 2,能否沿此图上的线画出一条线,它经过每一个节点恰好一次?

解　注意到图 2 中恰好有 16 个节点,且具有对称性,故可将这 16 个节点一一相间地涂上黑白两种颜色,易知这是能做到的.

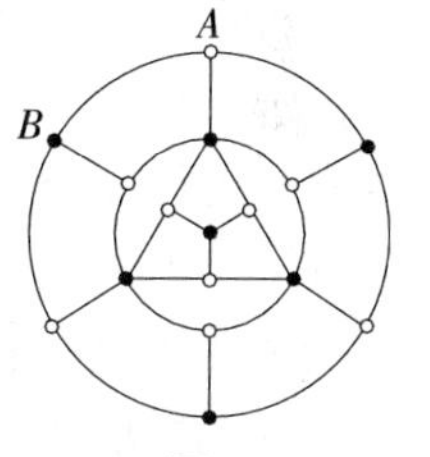

图 2

根据节点的颜色分布规律,可以看出每条线段或圆弧的两个端点总是异色的.于是对于到达了一个白点(或黑点)后所画的线紧接着必须到达一个黑色(或白色)节点.由于图中有 7 个黑节点,9 个白节点,假设可以画一条满足题设要求的线,不外乎两种情形:

(1)从一白色节点出发;

(2)从一黑色节点出发.

若从一白点 A 出发，则颜色变化如下

$$白\rightarrow\overset{①}{黑}\rightarrow白\rightarrow\overset{②}{黑}\rightarrow\cdots\rightarrow\overset{⑦}{黑}(\rightarrow白)$$

此时有 7 个黑点都通过一次，而有 2 个白色节点尚未通过，而最多只能再通过一个白节点，另一个不可能通过.

若从一黑色点 B 出发，亦可推出此线不可能经过所有节点，使它经过每个节点刚好一次. 故不可能达到题设要求.

例 3 设$\triangle ABC$ 为正三角形，E 为由三条线段 BC,CA,AB 上的点(包括 A,B,C 在内)所组成的点集. 将 E 分成两个子集，是否总有一个子集中含有一个直角三角形的顶点？证明你的结论.

(1983 年 IMO 试题)

解 问题可化为如下形式：将 E 中的点红、蓝二染色，求证：一定存在一个直角三角形，三顶点的颜色相同.

如图 3，在边 AB,BC,CA 上分别取点 P,Q,R，使

$AP:PB=BQ:QC=CR:RA=2$

则有

$PQ\perp AB,QR\perp BC,RP\perp CA$

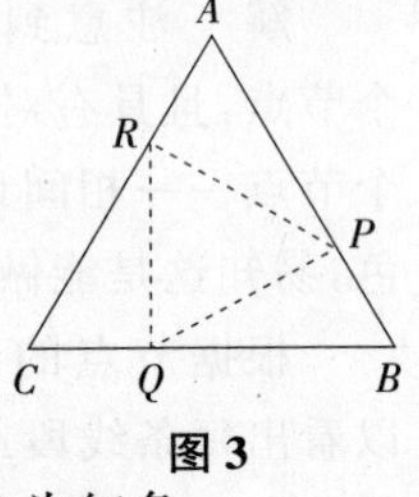

图 3

对点集 E 进行红、蓝二染色，则 P，Q，R 中至少有两点同色，不妨设 R,Q 为红色.

(1)如果 BC 边上，除点 Q 外还有红色点 X，那么$\triangle RQX$ 组成红色顶点的直角三角形.

设 BC 边上除点 Q 外没有红点，则有：

(2)如果 AB 边上除点 B 外还有蓝点 Y，那么作 $YM\perp BC$，M 为垂足. 显然 M 不同于 Q，$\triangle YBM$ 为蓝

色顶点的直角三角形，现设 AB 边上除点 B 外都染以红点，这时作 $RZ \perp AB$，Z 为垂足，则 $\triangle RAZ$ 为红色顶点的三角形.

例 4　平面上有三个方向的直线，互相交成 60°的角，构成边长为 1 的正三角形网络. 我们把其上的交点叫广义"格点". 求证：如果凸 n 边形的顶点在这网络的"格点"上，多边形内部和边上都没有其他"格点"，那么 $n \leqslant 4$.

证明　把正三角形网络上的"格点"，按如图 4 所示的方式，分别涂上四种颜色中的一种.

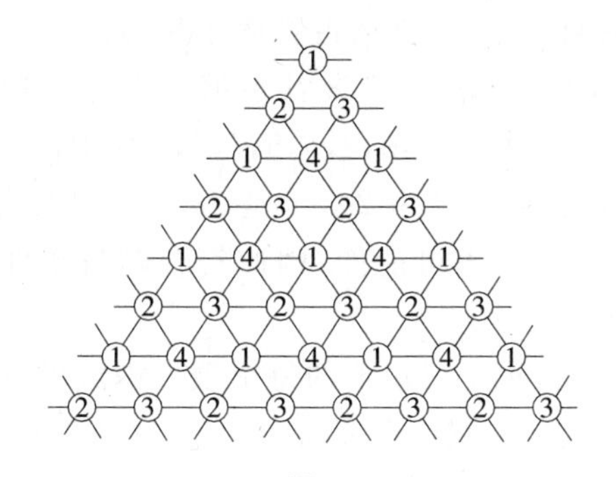

图 4

我们来证明：当 $n \geqslant 5$ 时，多边形的内部或边上必有其他的"格点".

事实上，如果 $n \geqslant 5$，那么，"格点"n 边形必有两个同色"格点"作为这个多边形的顶点. 而按我们的涂色，当以两个同色"格点"为端点时，这条线段的中点必是网络的"格点". 又因为这 n 边形是凸的，以它的顶点为端点的线段中点，或者在多边形内部，或者在多边形的边上.

这表明，当 $n \geqslant 5$ 时的以"格点"为顶点的凸多边形均与题设条件不符合，所以 $n\leqslant4$.

例 5 有 20 张卡片，将数字 0 至 9 每一个都写在两张卡片上面. 试问：能否将这些卡片排成一排，使得两个 0 相邻，两个 1 之间恰好有 1 张卡片，两个 2 之间恰好有 2 张卡片，等等，直到两个 9 之间恰有 9 张卡片？（第 28 届莫斯科数学竞赛题）

解 将 10×2 个位置按奇数位染白色，偶数位染黑色，于是黑、白点各有 10 个. 因相同两个偶数之间有偶数个点，相同两个奇数之间有奇数个点，故相同的两个偶数占据一个黑点和一个白点. 而相同的两个奇数要么占据两个白点，要么占据两个黑点. 于是 10 个偶数 0,0,2,2,4,4,6,6,8,8 共占据 5 个黑点和 5 个白点，而 10 个奇数 1,1,3,3,5,5,7,7,9,9 中占据黑点位置的必为偶数个，设为 $2a$，于是 $2a+5=10$，得到 $5=2a$ 为偶数. 这是不可能的，因此符合题目条件的排法是不存在的.

例 6 将正十三边形的每个顶点染成黑色或染成白色，每顶点染一色. 求证：存在三个同色顶点，它们刚好成为一个等腰三角形的顶点.

（第 35 届莫斯科数学竞赛题）

证明 设 13 个顶点依次为 $A_1,A_2,\cdots,A_{12},A_{13}$. 若 13 个顶点都染成黑色或都染成白色，则结论显然成立. 故只需考虑 13 个顶点中有染黑色也有染白色的情形. 这时必有相邻两顶点同色，不妨设 A_1,A_2 同色，现考虑 A_{13},A_1,A_2,A_3,A_8 这五个顶点，由抽屉原理知其中必有三顶点同色，这又分为下列三种情形：

(1) A_{13},A_1,A_2,A_3 中有三点同色，又 A_1,A_2 同色，故 A_{13},A_1,A_2,A_3 同色. 这时 $\triangle A_1A_2A_3$ 为三顶点

同色的等腰三角形.

(2)A_{13},A_3,A_8 同色,这时$\triangle A_{13}A_3A_8$ 为三顶点同色的等腰三角形.

(3)A_1,A_2,A_8 同色,这时$\triangle A_1A_2A_8$ 为三顶点同色的等腰三角形. 证毕.

例 7　假设对平面上每一点,任意染上红、蓝、黄三种颜色中的一种,则一定存在一条端点同色而长为 1 的线段.

证明　首先作一个边长为 1 的等边$\triangle ABC$,若$\triangle ABC$ 三顶点中任何两点不同色,不妨设 A,B,C 分别染成红、蓝、黄色. 这时再以 BC 为边在 A 的异侧作等边$\triangle BCD$,若 D 为蓝色或黄色,则结论已成立,否则 D 与 A 同为红色,将菱形 $ABCD$ 绕 A 旋转到 $AEFG$,使 $DG=1$(图 5). 若$\triangle AEF$ 或$\triangle EFG$ 中有两点同色,则结论已成立,否则,E,F 中只能一点为蓝色,另一点为黄色,从而 G 与 A 同为红色,于是得到 DG 是长度为 1 且两端点同为红色的线段. 至此,例 7 得证.

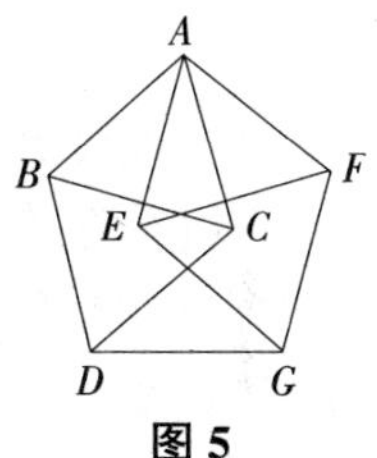

图 5

例 8　用任意的方式,给平面上的每一个点染上黑色或白色,求证:一定存在一个边长为 1 或$\sqrt{3}$的正三角形,它的三个顶点是同色的.

(1986 年首届全国中学生数学冬令营试题)

证明　分为两步:

(1)先用反证法证明:如果给平面上的每一个点都染上黑色或白色,那么必定存在距离为 2 且不同色的两点.

假设平面上任何距离为 2 的两点都是同色的. 因

为平面上的各点不全同色，所以必有两点 M,N 是不同色的. 不失一般性，不妨设点 M 是黑色的，点 N 是白色的. 根据阿基米德公理，在射线 MN 上必定存在 n 个点 $M_1,M_2,\cdots,M_n$，使

$$MM_1=M_1M_2=\cdots=M_{n-1}M_n=2$$

且点 N 落在线段 $M_{n-1}M_n$ 内. 由假设，点 $M_1,M_2,\cdots,M_n$ 都与点 M 同色，即都是黑色的. 现分别以点 N,M_n 为圆心，2 为半径作弧相交于点 P(图 6)，则无论点 P 是黑色的还是白色的，都必定与点 M_n 或点 N 同色. 这个矛盾说明存在着不同色的距离为 2 的两点.

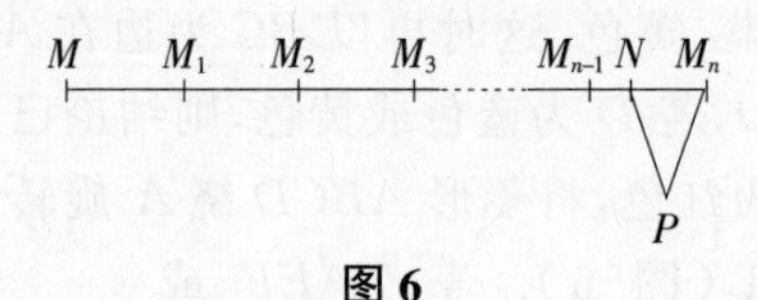

图 6

(2)现设 A,B 两点的距离为 2 且不同色，比如，点 A 为黑色，点 B 为白色. 不失一般性，不妨设线段 AB 的中点 C 是黑色的. 分别以点 A,C 为圆心，1 为半径作弧，相交于点 D 与 E(图 7). 如果点 D 或 E 中有一点是黑色的，就已经有了一个边长为 1 的正三角形，它的三个顶点同色. 如果点 D 与 E 都是白色的，那么边长为$\sqrt{3}$的正$\triangle BDE$的三个顶点同色.

运用此例，很容易解决下列问题：

用任意的方式，给平面上的每一个点染上黑色或白色，求证：一定存在一个边长为$\sqrt{2}$，$\sqrt{6}$，π 的三角形，它的三个顶点是同色的.

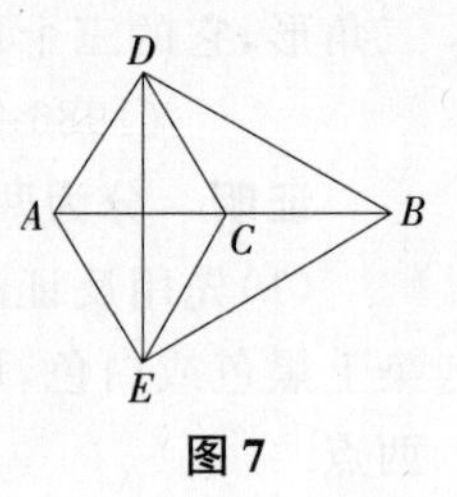

图 7

证明　如果以$\sqrt{2}$作度量单位，那么只需讨论边长为$1,\sqrt{3},\frac{\pi}{\sqrt{2}}$的三角形. 由例 8 知，总存在着边长为 1 或$\sqrt{3}$的三个顶点同色的正三角形；而无论这两种情况中的任何一种发生，都因为有$\frac{\pi}{\sqrt{2}}-\sqrt{3}<1<\frac{\pi}{\sqrt{2}}+\sqrt{3}$或者$\frac{\pi}{\sqrt{2}}-1<\sqrt{3}<\frac{\pi}{\sqrt{2}}+1$，所以必存在着边长为$1,\sqrt{3},\frac{\pi}{\sqrt{2}}$的三个顶点同色的三角形.

(2)对线段涂色.

例 9　(1)求证：任意六个人中，总有三个人相互认识，或者相互不认识.　(1947 年匈牙利数学竞赛题)

(2)空间中的六点，任三点不共线，任四点不共面，成对地联结它们得十五条线段，用红色或蓝色染这些线段(一条线段只染一种颜色). 求证：无论如何染色，总存在同色的三角形.

(1953 年美国普特南数学竞赛题)

注：(1)的变形是多种多样的，如可将其中人的“相互认识或相互不认识”关系改为国家之间“相互有外交关系或相互没有外交关系”，或是几何体之间“两两相交或两两不相交”关系，或是直线之间“两两共面或两两异面”关系. 下面是一个加强了条件并且经过变形的波兰数学竞赛题：

(3)平面上有六点，任何三点都是一个不等边三角形的顶点，求证：这些三角形中的一个三角形的最短边同时是另一个三角形的最大边.　(波兰数学竞赛题)

当然(3)中的“平面”也可以用“空间”来代替，下面仅给出这一问题的证明.

证明 设 $P_1,P_2,\cdots,P_6$ 是空间中六个已知点. 在每个 $\triangle P_iP_jP_k$ 中,把最短边涂成红色,于是,每个三角形中必有一条边为红色,其余的边未涂色. 从每个点 P_i 可作 5 条线段与其余已知点相连. 按抽屉原则,这五条线段中,或者至少有三条线段已被涂色,或者至少有三条线段还未涂色.

(1)如果经过点 P_1 的五条线段中至少有三条(例如,设为线段 P_1P_2,P_1P_3,P_1P_4)涂红,那么,在以这三条线段的另一顶点为顶点的 $\triangle P_2P_3P_4$ 中至少须有一边(最短边)涂红,设为边 P_2P_3,那么 $\triangle P_1P_2P_3$ 的三边就都被涂红了.

(2)如果经过点 P_1 的线段中至少有三条未被涂红(例如设为线段 P_1P_4, P_1P_5, P_1P_6),由于 $\triangle P_1P_4P_5,\triangle P_1P_5P_6,\triangle P_1P_6P_4$ 中每个都至少有一边是红的,这边显然不会是经过点 P_1 的. 因此,线段 P_4P_5,P_5P_6,P_6P_4 全是红的,即 $\triangle P_4P_5P_6$ 的各边就都是红色的了.

例 10 17 个科学家中的每一个和所有其他人都通信. 在他们的通信中仅仅讨论三个题目,而任两个科学家仅仅讨论一个题目. 求证:其中至少有三个科学家,他们的互相通信中讨论的是同一个题目.

(1964 年 IMO 试题)

证明 将科学家用点 $A_0,A_1,\cdots,A_{16}$ 表示. 每两点之间连一条棱,若讨论的是第一个题目,相应的棱涂红色,若讨论的是第二个题目,则涂黄色,第三个题目涂蓝色.

自 A_0 引出的 16 条棱,根据抽屉原则,其中至少有六条是同一颜色. 设 A_0A_1, A_0A_2, A_0A_3, A_0A_4,

A_0A_5，A_0A_6 为红色，考虑以 A_1，A_2，…，A_6 为顶点的所有棱，若有一条是红色的，比如 A_1A_2 是红色的，则 A_0，A_1，A_2 三人讨论的是同一个题目，如果 A_iA_j（$1\leqslant i<j\leqslant 6$）中没有一条边是红色的，问题就变为："若六个点间的所有棱用黄、蓝两种颜色去染，则一定有一个同色三角形"，亦即三人讨论的同一个题目.

在 A_1A_2，A_1A_3，A_1A_4，A_1A_5，A_1A_6 这五条棱中，由于只有两种颜色，则至少有三条棱的颜色相同. 设 A_1A_2，A_1A_3，A_1A_4 染有黄色，若在 A_2A_3，A_2A_4，A_3A_4 三条棱中有一条是黄色，则完成证明，若都为蓝色，则 $\triangle A_2A_3A_4$ 为蓝色三角形，亦证明了命题的结论.

例 11　(1)大厅中会聚 100 个客人，他们中每人至少认识 67 人. 求证：在这些客人中，一定可以找到四个人，他们之中任何两人都彼此认识.

（1966 年波兰数学竞赛题）

(2)九位数学家在一次国际会议上相遇，他们之中的任意三个人中，至少有两人会说同一种语言. 如果每一位数学家最多只能说三种语言，求证：至少有三位数学家能用同一种语言交谈.

（1978 年美国数学竞赛题）

证明　上面两例的证法仿照例 10 即可得出.

例 12　一个国际社团的成员来自六个国家，共有成员 1 978 人，用 1，2，…，1 977，1 978 编号，求证：该社团至少有一个成员的顺序号数，等于他的两个同胞的顺序号数之和，或等于一个同胞的顺序号数的二倍.

（1978 年 IMO 试题）

证明　此题等价于"把 1，2，…，1 977，1 978 这 1 978个数分成六个集合，则一定存在一个集合 M，M

中至少有一个数,它等于 M 中某两个数之和,或等于 M 中某一个数的两倍.”

下面我们来证明这个命题.

将 1,2,…,1 978 任意分成六个集合 M_i($i=1,2,\cdots,6$),并设这 1 978 个数对应平面上 1 978 个点 P_i($i=1,2,\cdots,1\,978$),且其中任三点不共线.用六种颜色去涂任两点的连线 P_iP_j,当且仅当 $|i-j|\in M_k$ 时,线段 P_iP_j 涂第 k 种颜色.由拉姆赛定理,一定存在一个同色$\triangle P_aP_bP_c$.不妨设$\triangle P_aP_bP_c$ 三边涂的是第一种颜色,且 $a<b<c$,则 $b-a\in M_1$,$c-b\in M_1$,$c-a\in M_1$,但 $c-a=(b-a)+(c-b)$,这正是我们所要证明的.

例 13 设 n 为一个正数,且 $A_1,A_2,\cdots,A_{2n+1}$ 是集合 B 的子集,设(1)每一个 A_i 恰含有 $2n$ 个元素;(2)每一 $A_i\cap A_j$($1\leqslant i<j\leqslant 2n+1$)恰含有一个元素;(3)$B$ 中每个元素属于至少两个子集 A_i.问:对怎样的 n,可以对 B 中的每一元素贴一张写有 0 或 1 的标签,使得每个 A_i 中恰含有 n 个贴上了写有 0 的标签的元素? (1988 年 IMO 试题)

解 由已知(1)(2)(3)可得 B 中每一元素恰好属于某两个子集 A_i.假设有一个元素属于三个子集(不妨设 $a\in A_1\cap A_2\cap A_3$),由(2)知 A_1 和 $A_2,A_3,\cdots,A_{2n+1}$ 的公共元素至多有 $2n-1$ 个,又由(1)知 A_1 中有一个元素仅属于 A_1,这与(3)矛盾.

下面我们用 $2n+1$ 个点 P_i($i=1,2,\cdots,2n+1$)表示 $2n+1$ 个子集 A_i,P_i 与 P_j($i,j=1,2,\cdots,2n+1,i\neq j$)间的连线表示 A_i 与 A_j 的公共元素,则问题变为求 n($n\in\mathbf{N}$),将 $2n+1$ 个点 P_i 间的连线涂上黑色或白

色,使得从每一顶点恰好引出 n 条边,显然此时共有 $\frac{1}{2}n(2n+1)$ 条白边,从而 n 为偶数. 不难证明 n 为偶数时这样的涂色存在.

例 14 设 $A_1,A_2,A_3,\cdots,A_6$ 是平面上的六点,其中任三点不共线. 如果这些点之间任意联结了 13 条线段,求证:必存在四点,它们每两点之间都有线段联结.

(1989 年全国初中数学联赛题)

证明 将已联结的 13 条线段全染成红色,还未连上的两条用蓝线连上(因为所有两点连一线段时应该共有 15 条). 由例 9 知必有一个同色三角形,现在的蓝色线只有两条,所以同色三角形必为红色的. 不妨设 $\triangle A_1A_2A_3$ 是红色的.

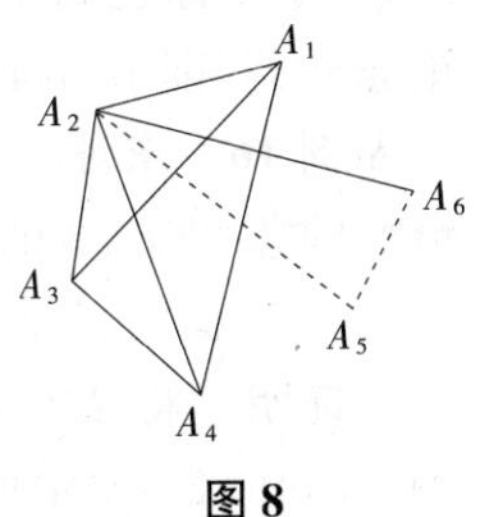

图 8

从 A_4 引向 $\triangle A_1A_2A_3$ 顶点有三条线段,从 A_5 引向 $\triangle A_1A_2A_3$ 顶点也有三条,从 A_6 引向 $\triangle A_1A_2A_3$ 顶点也有三条,这九条线段中最多只有两条蓝色,起码有七条是红色的,因此,或者是 A_4,或者是 A_5,或者是 A_6,引向 $\triangle A_1A_2A_3$ 顶点的线段全是红色的. 比如说,A_4A_1,A_4A_2,A_4A_3 全是红色的,那么四点 A_1,A_2,A_3,A_4 的每两点连线全是红色的,换句话说,这四点中每两点连线都是题目中给出的 13 条连线之一. 命题得证.

(3)对小方格涂色.

例 15 如图 9,是由 14 个大小相同的正方形所组成的图形. 求证:不论如何用剪刀沿着图中的直线进行裁剪,总剪不出七个由相邻的两个小正方形所组成的矩形来.

证明 如图 9 进行涂色，若能剪出七个由相邻两正方形所组成的矩形，则每个矩形必定由一个涂色的小正方形和一个不涂色的小正方形所组成，因此，图中应该有七个涂色的小正方形和七个不涂色的小正方形，但图中有八个涂色的小正方形，六个不涂色的小正方形，与要求产生矛盾，因此，无论怎样剪，都不可能剪出符合要求的七个矩形.

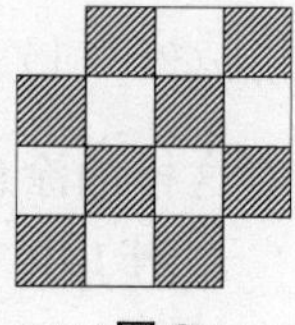
图 9

例 16 求证：只用 2×2 及 3×3 的两种瓷砖不能恰好铺盖 23×23 的正方形地面.

（1993 年黄冈地区初中数学竞赛题）

证明 将 23×23 的正方形地面中第 1，4，7，10，13，16，19，22 列中的小方格全染成黑色，剩下的小方格全染成白色，于是白色的小方格的个数为 15×23，这是一奇数. 因为每块 2×2 瓷砖总是盖住二黑格和二白格或者盖住四白格，每块 3×3 瓷砖总是盖住三黑格和六白格，故无论多少 2×2 及 3×3 的瓷砖盖住的白格数总是一个偶数，不可能盖住 23×15 个白格，所以，只用 2×2 及 3×3 的瓷砖不能盖住 23×23 的地面.

例 17 如图 10 是由 4 个 1×1 的小正方形组成的"L"形，用若干张这种"L"形的硬纸片无重叠地拼成一个 $m\times n$（长为 m 个单位，宽为 n 个单位）的矩形. 求证：mn 必定是 8 的倍数.

图 10

（1986 年北京市初二数学竞赛题）

分析 $m\times n$ 的矩形是由若干张"L"形纸片无重叠地拼成，它共有 mn 个单位正方形. 因为每个"L"形含有 4 个单位正方形，所以 mn 是 4 的倍数，这样一

来，只需证明 $m\times n$ 矩形中含有偶数个"L"形纸片即可.

证明　因为 $m\times n$ 是4的倍数，m，n 中必有一个是偶数，不妨设 m 为偶数，把 $m\times n$ 矩形中的 m 列，按黑白相间涂色(图11)，则不论"L"形在这个矩形中放置的位置如何("L"形放置的位置共有8种，如图12)，"L"形或占有3个白格单位正方形和1个黑格单位正方形，或占有3个黑格单位正方形和1个白格单位正方形. 设第一种"L"形共 p 个，第二种"L"形共 q 个，则 $m\times n$ 矩形中共有白格单位正方形数为 $3p+q$，而它的黑格正方形数为 $3q+p$. 因为 $m\times n$ 为偶数，所以 $m\times n$ 矩形中黑白条数相同，黑白单位正方形的总数相等，故 $3p+q=3q+p$，从而有 $p=q$，所以"L"形有 $2p$ 个，即"L"的总数为偶数，因此 m，n 一定是8的倍数.

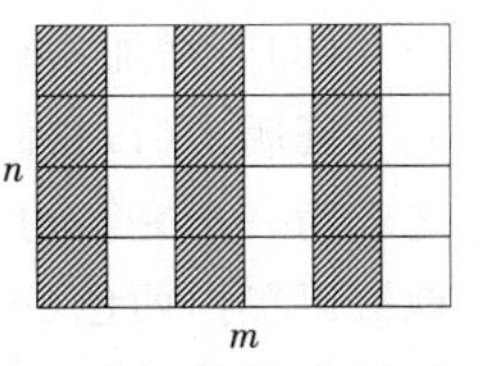

图11

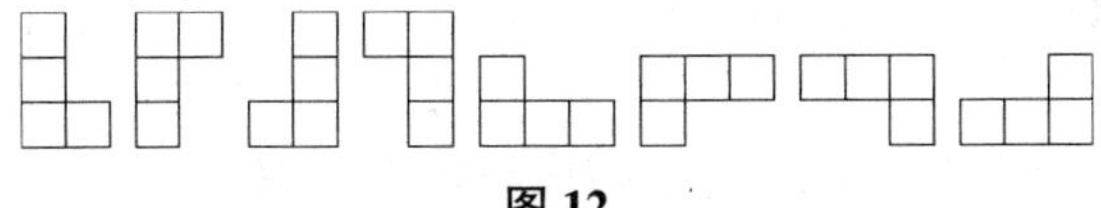
图12

例18　某展览馆有24个陈列室，排成如图13所示的一个有缺口的正方形，每个方格代表一室，缺口处有三扇门进出，邻室有门相通.

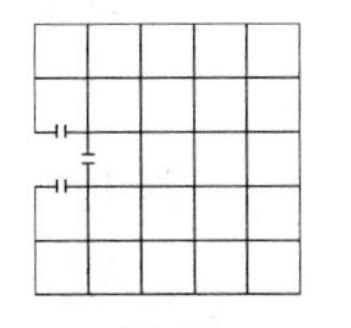
图13

(1)求证：不存在这样的参观路线，使每室到且仅到一次；

(2)可否改变缺口的位置，门的方式不变，使路线成为可能？

(3)若增加一行(5 个)陈列室，问题又将怎样？

证明 (1)我们将其缺口补起来，使之成为一个完整的 5×5 正方形，并相间地涂以黑白两色(图 14). 由于缺口所在位置为黑格，因而从缺口进出相当于从黑格出发又回到黑格，但每进一格必改变所在格的颜色，因此要从黑格走到黑格，必须经过偶数个方格(包括最后所在方格). 特别的，要从黑格回到黑格，必须经过偶数个方格. 今要求每格到且仅到一次，而且图中共 25(奇数)个方格，因此不存在这样的参观路线.

图 14

(2)无论怎样改变缺口的位置(即使是正方形的中间一个“洞”)，要从缺口回到缺口，必须经过偶数个方格(包括缺口所在的方格)，因而总不存在这样的路线.

(3)增加一行(5 个)陈列室，则不论缺口的位置在何处，这样的参观路线总是存在的.

事实上，如图 15 中的虚线回路经过每个方格恰一次. 因此，无论将哪一个陈列室作起始位置，都可按此回路参观，使得每室到且仅到一次.

图 15

例 19 超级象棋在 12×12 的棋盘上进行，超级马每一步从 3×4 的矩形的一个角走到相对的角. 问它能否走过棋盘中每个方格恰好一次，然后回到出发点？

(1985 年 IMO 候选题)

解 如果马能走过棋盘中的每个方格恰好一次，

我们将它的第一步、第三步、第五步……所走到的方格的集合记为 S.

将棋盘按通常的方法涂上黑白两种颜色，马的每一步从一种颜色的方格走到另一种颜色的方格. 因此，在马的路线中，黑格与白格交错出现，也就是 S 由同一种颜色的方格所组成.

另一方面，如果将棋盘上的方格分成另两个集：集 A 由第一、二、六、七、十一、十二这六行组成，集 B 由另六行组成. 显然马的每一步从集 A 跳到集 B，而集 B 的格数与集 A 一样多，所以在马的路线中，集 A 的格与集 B 的格交错出现. $S=A$ 或 $S=B$，然而集 A 或集 B 都不是由同一种颜色的方格所组成的，矛盾！所以马不能走过每个方格恰好一次.

例 20　在 8×8 的方格棋盘上最多能放多少个马，它们互不相吃(假定有足够多的马)？

(苏联数学竞赛题)

解　我们将棋盘相间染成黑白两色，则黑格与白格各 32 个. 按马的走法(图 16)知，黑格上的马只能吃白格上的马，因此，将所有黑格都放马，它们是互不相吃的. 这就是说，我们可以放 32 个马，它们互不相吃. 现证任意放 33 个马必有被吃的情形.

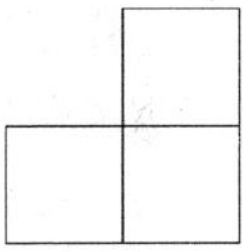

图 16

事实上，将棋盘划分为 8 个 2×4 的小棋盘，则至少有 1 个小棋盘要放 5 个马，其放法只有两种可能：要么一排放 1 个，另一排放 4 个；要么一排放 2 个，另一排放 3 个. 显然这两种放法都不可避免地发生互相“残杀”的结局.

因此，最多能放 32 个马，它们互不相吃.

例 21 一个 $m\times n$ 的长方形表中填写了自然数，可以将相邻方格中的两个数同时加上一个整数，使所得的数为非负整数（有一条公共边的两个方格称为相邻的）. 试确定充分必要条件，使可以经过有限多次这种运算后，表中各数为 0.

（1989 年 IMO 候选题）

解 将 $m\times n$ 的表中相邻的方格涂上两种不同的颜色：黑与白. 两种方格中的数的和分别记为 $S_{黑}$，$S_{白}$，令 $S=S_{黑}-S_{白}$. 因为每次运算 S 均保持不变，所以 $S=0$是经过若干次运算后，表中各数为 0 的必要条件.

现证明 $S=0$ 也是充分条件. 从表中的第一列开始，设第一列第一行的数为 a，第一列第二行的数为 b，第一列第三行的数为 c.

若 $a>b$，将 b，c 同时加上 $a-b$，然后再将 a 与$b+(a-b)=a$ 同时加上 $-a$.

若 $a\leqslant b$，将 a，b 同时加上 $-a$.

这样进行下去，直至表成为

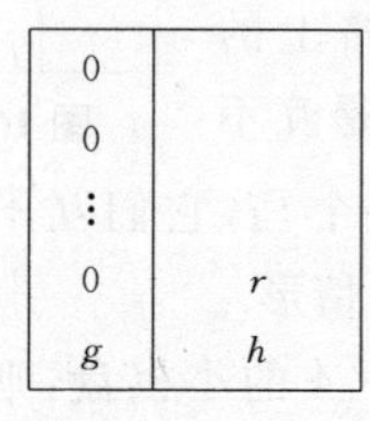

或

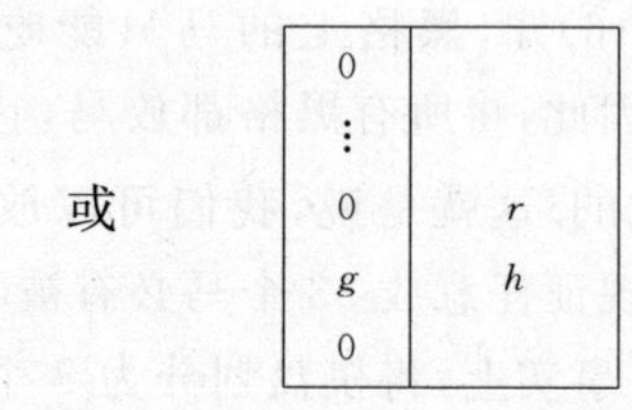

若 $g\leqslant h$，则将 g 与 h 同时加上 $-g$. 若 $g>h$，则将 r，h 同时加上 $g-h$，然后将 g 与 $h+(g-h)$同时加上 $-g$. 总之，我们可以使第一列的数全变成 0. 如此继续下去，可以使表中只有第 n 列的一个数可能非零，其余各数都变成 0.

因为 $S=0$，所以这时每一个数都是 0.

(4)对区域涂色.

例 22　在 $1\,987\times1\,987$ 大小的正方形表格的每一个格子中写上绝对值不超过 1 的数，使得在任意的 2×2 方格中的四数之和都等于零. 求证：表格中所有数的和不超过 1 987.

(1987 年全苏数学竞赛题)

证明　按如图 17 中的方法涂色(阴影部分表示涂黑色)，并记黑方格的集合为 A，B 是集合 A 关于表格对角线对称的方格集合，$C=A\cap B$，$D\notin A$，$D\notin B$ 的方格集合. 记 A,B,C,D 的格子中数的和分别为 $|A|,|B|,|C|,|D|$，则表中所有数的和 $S=|A|+|B|-|C|+|D|$. 由题意 $|A|=|B|=0$，而 C 和 D 的方格总数恰为对角线上的方格数，即为 1 987，因此，$|C|+|D|\leqslant1\,987$，从而有 $S=|D|-|C|\leqslant1\,987-2|C|\leqslant1\,987$.

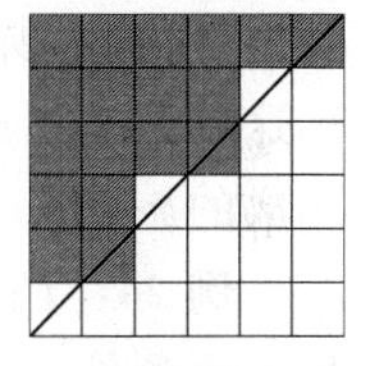

图 17

例 23　假定在球面上画一地图，这个地图上的国家由任意三个都不共点的大圆所确定，求证：如果 n 是 4 的倍数，那么人们不可能进行每个国家去一次且只去一次的旅游，这里旅游时规定不准沿边界走，也不准在边界的交叉点处跨越边界.

证明　用数学归纳法不难证明，对于任意 n，可以用黑白两种颜色给所有国家分别着色，使任何两个有公共边界的国家的颜色不同.

由大圆关于球心的对称性推知，球面上每个国家都与另一个国家关于球心互相对称，从一个国家到与它对称的国家去，必须跨越所有的 n 个大圆. 由此知，

当 n 是偶数时，两个互相对称的国家所着的颜色必相同，从而黑色国家与白色国家的数目都是偶数.

对于 $n=1,2,\cdots$，不难用递推方法推出球面上的国家总数为 $F=n(n-1)+2$，当 n 是 4 的倍数时，F 为 $4k+2$ 型的数，此时黑白国家的个数不可能相等，否则都等于奇数 $2k+1$，矛盾. 于是黑白国家个数之差至少是 2，但旅游者从一个国家进入另一个国家时，颜色必须改变一次，所经历的不同颜色国家个数之差最多是 1. 这就证明了旅游者不能进行每个国家去一次且只去一次的旅游.

例 24 凸 n 边形被一些对角线分划为三角形，满足下列条件：

(1)从每个顶点发出的对角线的条数都是偶数；

(2)任两对角线除顶点外没有其他公共点.

求证：n 是 3 的倍数. （1973 年波兰数学竞赛题）

分析 首先，我们指出可以用数学归纳法证明："如果平面图形 F 被直线分为 k 部分，那么这些部分可用两种颜色来着色，使任何相邻两部分涂有不同的颜色".

证明 因为已知的 n 边形被一些对角线划分成几个部分，按刚才指出的，分划所得的各个部分可以用两种颜色（比如黑色与白色）着色，使相邻的两个三角形不同色.

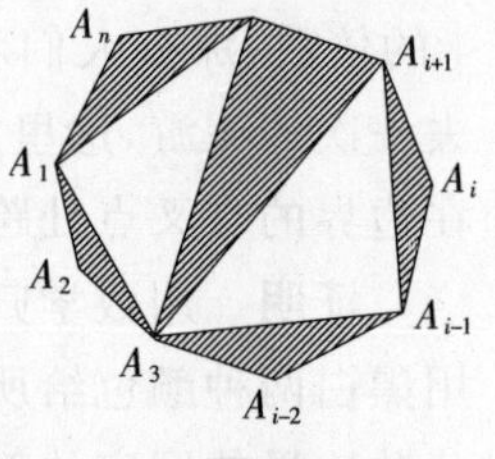

图 18

因为按条件从已知 n 边形的每个顶点 A 所引的对角线条数是偶数，所以，以 A_i 为一个顶点的三角形的个数必是奇数. 由于相邻的三角形着色不同，因而对

于每个顶点来说，第一个与最后一个三角形的着色一定相同.

由此可推得，有一边与已知 n 边形的边相重合的三角形总是着有相同的颜色. 不妨设为“黑色”，于是有

n 边形的边数(n)+画出的对角线的条件(l)=
着有“黑色”的三角形的边数之和=
3×着有“黑色”的三角形的个数 M_1

同时

这个多边形画出的对角线条数(l)=
着有“白色”的三角形的边数之和=
3×着有“白色”的三角形的个数 M_2

所以

$$n+l=3M_1, l=3M_2$$

两式相减得

$$n=3(M_1-M_2)$$

这就是说，n 边形的边数是 3 的倍数.

(5)对位置涂色.

例 25　某班有 50 位学生，男女各占一半，他们围成一圈席地而坐开营火晚会. 求证：必能找到一位两旁都是女生的学生.　(1984 年上海市初中数学竞赛题)

证明　将 50 个座位，相间地涂成黑白两色(图 19)，假如不论如何围坐都找不到一位两旁都是女生的学生，那么 25 个涂有黑色记号的座位至多坐 12 个女生. 否则一定存在两相邻的涂有黑色标记的座位，其上面都坐着女生，其间坐着的那一个学生与题设导致矛盾. 同理，25 个涂有白色标记的座位至多只能坐 12

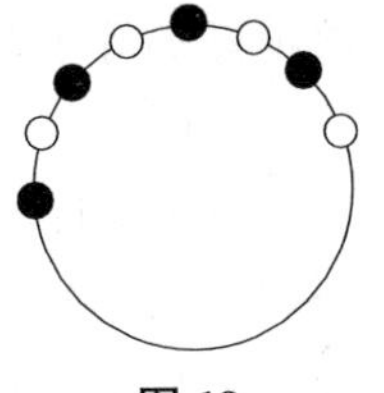

图 19

个女生，因此全部入座的女生不超过 24 人，与题设相矛盾. 故结论得证.

(6)其他涂色问题.

例 26 设 $a_1, a_2, \cdots$ 是一不减的正整数序列，对于 $m \geqslant 1$，定义 $b_m = \min\{n: a_n \geqslant m\}$，即 b_m 是使 $a_n \geqslant m$ 的 n 的最小值. 若 $a_q = p$，其中 p, q 为正整数，求证：$a_1 + a_2 + \cdots + a_q + b_1 + b_2 + \cdots + b_p = p(q+1)$.

(1985 年美国数学竞赛题)

分析 以 $a_3 = 5$，且 $a_1 = 1, a_2 = 3, a_3 = 5$ 的情况为例试作剖析.

因为 $a_1 \geqslant 1$，所以 $b_1 = 1$；

因为 $a_1 < 2, a_2 \geqslant 2$，所以 $b_2 = 2$；

同理 $b_3 = 2$；

因为 $a_2 < 4, a_3 \geqslant 4$，所以 $b_4 = 3$；

同理 $b_5 = 3$.

这个情况正好与如下的构图相吻合：画一个三行五列的方格图，将图中第 i 行左面的 a_i 格涂成黑色，即，使得第 i 行的黑格数均等于 a_i（图 20）.

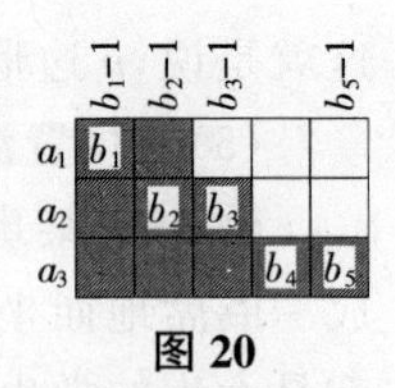

图 20

于是我们看到，第 m 列中从上往下看碰到的第一个黑格，正是最小的 n，使 $a_n \geqslant m$. 这样，第 m 列的白格数正好都等于 $b_m - 1$.

证明 作一个 q 行 p 列的方格图.

将第 i 行($1 \leqslant i \leqslant q$)左边的 a_i 个方格涂黑；在第 j 列($1 \leqslant j \leqslant p$)中的白方格数，就是小于 j 的 a_i 的个数，即 $b_j - 1$. 由此得到

$$a_1 + a_2 + \cdots + a_q + (b_1 - 1) + (b_2 - 1) + \cdots + (b_p - 1) = pq$$

即

$$\sum_{i=1}^{q} a_i + \sum_{j=1}^{p} b_j = p(q+1)$$

习 题 十 一

1.如图21,有62个边长为1的正方形,用剪刀剪成1×2的矩形(不能用两个小正方形拼接),能否得到31个这样的1×2矩形?

图21

2.一个教室有25个座位,排成一个5行5列的正方形.假设开始时每个座位都有学生坐着,问是否可能改变学生的座位,使得每个学生换到他原来座位的前面、后面、左面和右面的座位上去?

3.国际象棋中的马能否从左下角的方格开始,经过棋盘上的每个格子恰好一次,最后到达右上角的方格(国际象棋中的马就是先沿一方走两格,再转弯走一格,棋子放在格子中间)?

4.求证:马从中国象棋盘上任意一点出发要跳至它的相邻点,必须经过奇数步.

5.将一平面分成正六边形形状的相等房间,在某些墙壁上做这样的门,对于任何由三个墙壁汇集(六边形的各边)的顶点,正好两个墙壁上有门.求证:经过这种迷宫的任何闭路都通过偶数个门.

6.能否用如图22中的一块拐角板及11块大小为3×1的矩形板,不重叠、不遗漏地来铺满一个6×6的棋盘?

7.用如图23的15个T字形及1个田字形,能否覆盖8×8的棋盘?

8. 8×8 的国际象棋盘剪去左上角的一个方格后，能否用 21 个 3×1 的矩形覆盖，剪去哪一个方格才能用 21 个 3×1 的矩形覆盖？

9. 用若干个如图 24 的纸片恰好覆盖一个 $m\times n$ 的棋盘，求证：$12|mn$.

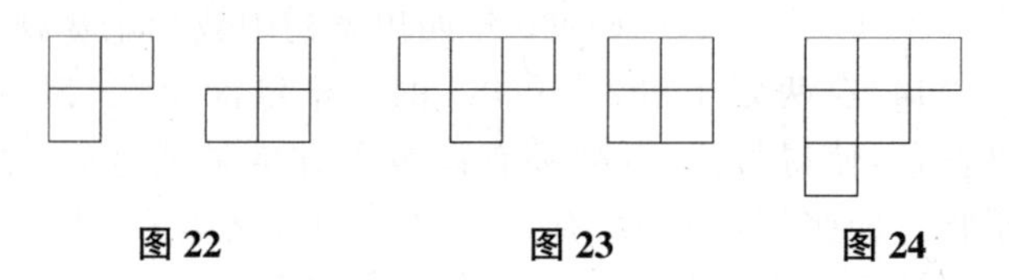

图 22　　　　图 23　　　　图 24

10. 用 15 个 Γ 形(图 25)与 1 个田字形能覆盖 8×8 的棋盘吗？

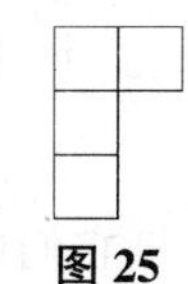

图 25

11. 用 T 字形(图 23)能恰好覆盖 8×8 的棋盘吗？能恰好覆盖 10×10 的棋盘吗？

12. 如图 26，对于由小方格所组成的棋盘通常是用两种颜色来着色的. 今要求对棋盘重新着色，使得相邻的两个小方格(指上、下；左、右)，以及对角的两个小方格着有不同的颜色，这样至少需要四种颜色. 求证：如果用四种颜色，并且根据上述要求对棋盘着色，那么有某些行或者某些列仅出现两种不同的颜色.

图 26

(1990 年全国部分省市初中数学通讯赛题)

13. 如图 27，将半个正六边形等分成 $3n^2$ 个小正三角形，并把这些三角形标上号码 $1,2,3,\cdots,m$，使得号码相邻的三角形有

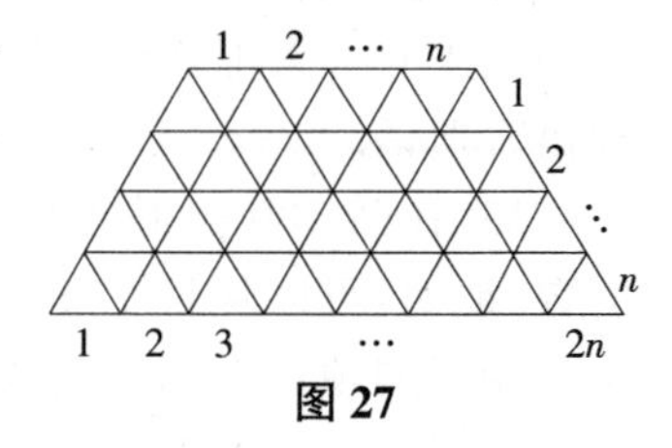

图 27

相邻的边.

(1)当 $n=4$ 时,请你按上述要求给出一种标号,使不能标号的三角形只有 3 个;

(2)求证:在 $3n^2$ 个三角形中至少有 $n-1$ 个三角形不能按上述要求标号.

(1990 年四川省初中数学竞赛题)

14.在两张 1 982×1 983 的方格纸涂上红、黑两种颜色,使得每行、每列都有偶数个方格是黑色的.如果将这两张纸重叠时,有一黑格与一红格重合,求证:至少还有三个方格与不同颜色的方格重合.

(第 49 届基辅数学竞赛题)

15.在 9×9 棋盘的每格中都有一只甲虫,根据信号它们(同时沿着对角线)各自爬到相邻的格中.同时有些格中有若干只甲虫,而有些格是空的.求空格数最少是多少? (1989 年全俄数学竞赛题)

16.一张 $2m\times 2n$ 的方格纸如果剪去了左上角和右下角的两个方格,试问对余下的部分能不能沿格线剪成完全是 1×2 的矩形纸片?

17.某展览会共有 9×221=1 989 个展室,相邻两室之间有门相通.问:是否存在这样一个展室,从它开始,可依次而又不重复地走过每一间展室,以后仍回到原展室?

18.有 9 名科学家,每人至少会讲 3 种语言,每 3 名中至少有 2 人能通话.求证:其中必有 3 人能用同一种语言通话.

19.在凸 100 边形的每个顶点上都写有两个不同的数.证明:可以从每个顶点上画去一个数,使得任意两个相邻的顶点上剩下的数都互不相同.

(2007 年俄罗斯数学奥林匹克竞赛题)

20. 在 100×100 方格表的每个方格中都填上 0 或 1. 若一个方格与其相邻的方格中各数之和为偶数(两个方格有一条公共边,视为两个方格相邻),则称此方格为“美丽的”. 问:方格表中是否可能仅有一个美丽格？　　(2011 年俄罗斯数学奥林匹克竞赛题)

21. 在 9×9 的方格表中,任取 46 个方格染成红色. 证明:存在一个由 4 个方格构成的 2×2 的方块,至少有 3 个方格被染成红色.

(2006 年印度数学奥林匹克竞赛题)

§2　标数法(或赋值法)

在解某些数学问题时,可以先将问题中的某些元素赋适当的数值,然后利用这些数值的大小、正负、奇偶及相互之间的运算结果等来进行推理解题的方法称为“赋值法”.常见的赋值方法有:对点赋值,对字母赋值,对线段赋值,对小方格赋值,对区域赋值,对方向赋值.

赋值法的好处是:将实际问题转化为数学问题的同时,还将抽象的推理转化为具体的计算.

前面的染色方法其实质就是一种赋值法,只不过赋的是色而不是数.凡是能用染色方法来解的题目,一般都可以用赋值法来解,只需将染成某一种颜色换成赋以某一数值.因此,可以说赋值法的适用范围更为广泛.

(1)什么是标数法.

先从下面的例子谈起.

例 1　如图 28 是 14 个 1×1 的正方形组成的图形,求证:无论怎样用剪刀沿着图中直线裁剪,总剪不出 7 个 1×2 的矩形来.

分析　虽然图中只有 14 个正方形,但是剪法却是多种多样的,为了在各种不同的剪法中找出它们的共同性质,我们可在各个正方形中依次标上 1,2 两数(图 29).从图中可见,按题意任意剪下 1×2 的矩形,

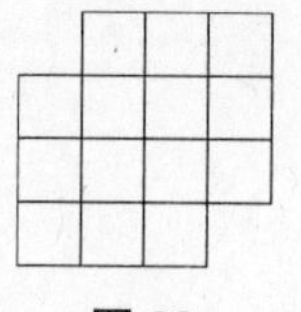

图 28

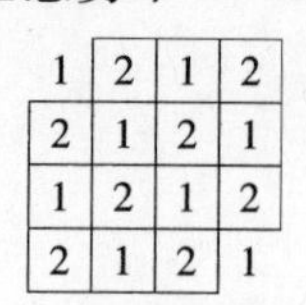

图 29

无论采用怎样的剪法，这个矩形必定是由标上1和2两数的正方形所组成，这就是各种不同的剪法所具有的共同性质.

证明　用反证法.如果能剪出7个1×2的矩形来，那么从上述分析中可知，一共就有7个由1表示的正方形及7个由2表示的正方形.但从图中可知，仅有6个由1表示的正方形，而标号为2的正方形却有8个，矛盾.证毕.

例2　如图30，在2×3的矩形方格纸上，各个小正方形的顶点称为格点.则以格点为顶点的等腰直角三角形的个数为(　).

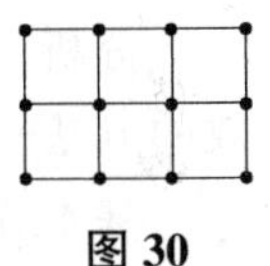

图30

(A)24　　(B)38　　(C)46　　(D)50

此题采用标数法，解答一目了然.

解　如图31，在每个格点处标上以它为直角顶点的等腰直角三角形的个数.比如：A_{2+0}表示以A为直角顶点的等腰直角三角形有2个正置的、没有斜置的；B_{3+2}表示以B为直角顶点的等腰直角三角形有3个正置的、2个斜置的，其中1个斜置的(用虚线表示)不容易发现.

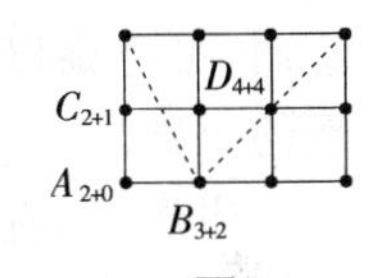

图31

由图形的对称性，故只需对$\frac{1}{4}$面积内的格点进行标数.注意，其中A类点和B类点各有4个，C类点和D类点各有2个.从而，一共有$4(2+5)+2(3+8)=50$个等腰直角三角形.

由以上两例可知，所谓标数法，就是把题中的研究对象标上数码进行分类，使问题中隐蔽的条件和关系明朗化，以便研究它们的共同特性，从而使问题获得简捷巧妙的解法.

再来看 2003 年福建省泉州市中考数学试题中有这样一道加分题：

例 3 如图 32 是由 4 个单位正方形拼成的图形，每个单位正方形的顶点称为格点. 以其中任意 3 个格点为顶点，共能组成多少个不同的等腰直角三角形？

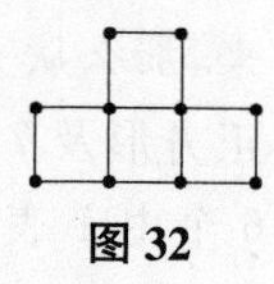

图 32

分析 下面介绍解决这类计数问题的一种行之有效的方法——标数法，它能很好地避免上述失误.

基本作法是，在每个格点处标上一个数，格点 A 处的标数就是以 A 作为特殊元素的计数对象(如等腰直角三角形)的个数.

因为每个等腰直角三角形都有唯一的直角顶点，从而，可考察以每个格点为直角顶点的等腰直角三角形的个数.

当然，当直角顶点确定后，等腰直角三角形可分成两大类：

(1)直角边平行于格线(称为正置的)；

(2)直角边不平行于格线(称为斜置的).

对每一大类，又可按上下左右不同的方向分类. 当方向确定后，又可按直角边的长度分类.

解 通过上述分类，在每个格点处标上以它为直角顶点的等腰直角三角形的个数(图 33). 比如：B_{3+1} 表示以 B 为直角顶点的等腰直角三角形有 3 个正置的、1 个斜置的；E_{1+2} 表示以 E 为直角顶点的等腰直角三角形有 1 个正置的、2 个斜置

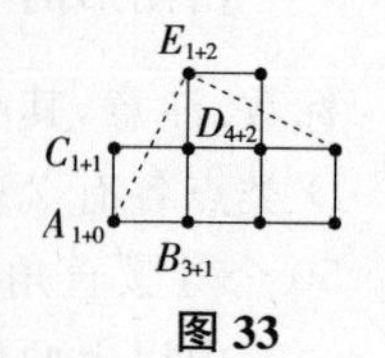

图 33

的，其中有 1 个斜置的（虚线表示）不容易发现.

注意到图形的对称性，故只需对一半格点进行标数. 因为各类格点都出现两次，所以，一共有 $2(1+4+2+6+3)=32$ 个等腰直角三角形.

记 $f(m,n)$ 表示在 $m\times n$ 的矩形方格纸上以格点为顶点的等腰直角三角形的个数，则

$$f(1,n)=6n-2$$

$$f(2,n)=\begin{cases}10,n=1\\28,n=2\\24n-22,n\geqslant 3\end{cases}$$

用标数法，此公式的推导轻而易举.

对于 $1\times n$ 的矩形方格棋盘（图 34），除矩形的 4 个顶点外，其余格点处的标数都是 $2+1$，而 4 个顶点处的标数都是 $1+0$. 从而

A_{1+0} B_{2+1} … P_{2+1} Q_{1+0}

图 34

$$f(1,n)=4\times 1+3(2n-2)=4+6n-6=6n-2$$

对于 $2\times n$ 的矩形方格棋盘，当 $n=1$ 时，显然有

$$f(2,1)=f(1,2)=10$$

当 $n=2$ 时，A，B 两类格点各有 4 个，C 类格点有 1 个，各类格点的标数如图 35 所示.

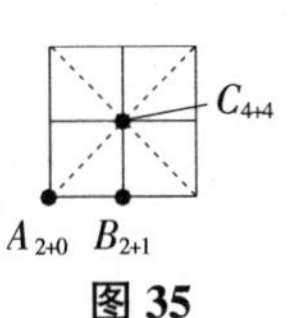

图 35

于是

$$f(2,2)=4\times 2+4\times 3+1\times 8=28$$

当 $n\geqslant 3$ 时，A，B 两类格点各有 4 个，C 类格点有 $2(n+1-4)=2n-6$ 个，D 类格点有 2 个，E 类格点有 $n+1-2=n-1$ 个，各类格点的标数如图 36 所示，其中，一些格点处斜置

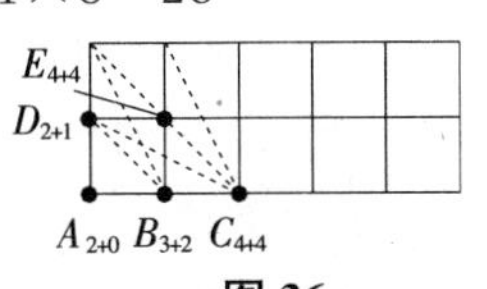

图 36

的等腰直角三角形只标出了一条直角边(虚线),将其绕直角顶点按顺时针方向旋转 90°便得到另一条直角边(下同). 于是

$$f(2,n)=4\times2+4\times5+8(2n-6)+2\times3+8(n-1)=24n-22$$

采用类似的方法,不难求得 $f(3,n)$的计算公式.

首先,显然有

$$f(3,1)=f(1,3)=16$$

$$f(3,2)=f(2,3)=50$$

其次,当 $n=3$ 时,A,C 两类格点各有 4 个,B 类格点有 8 个,各类格点的标数如图 37 所示. 于是

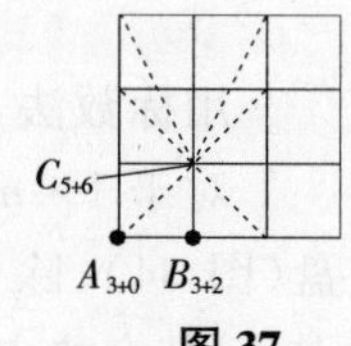

图 37

$$f(3,3)=4\times3+4\times11+8\times5=96$$

当 $n=4$ 时,A,B,D,E 四类格点各有 4 个,C,F 类格点各有 2 个,各类格点的标数如图 38,39所示.

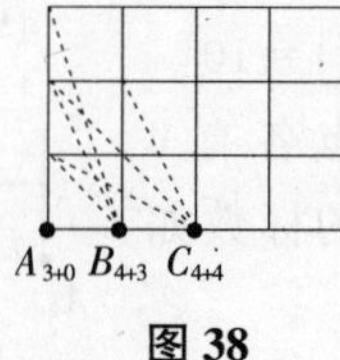

图 38

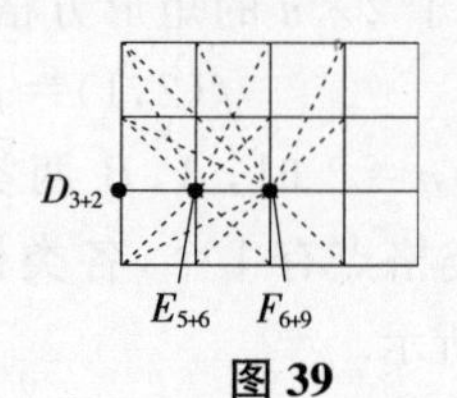

图 39

于是

$$f(3,4)=4(3+7+5+11)+2(8+15)=150$$

当 $n\geqslant5$ 时,A,B,C,E,F,G 六类格点各有 4 个,D,H 两类格点各有 $2(n+1-6)=2n-10$ 个,各类格点的标数如图 40,41 所示.

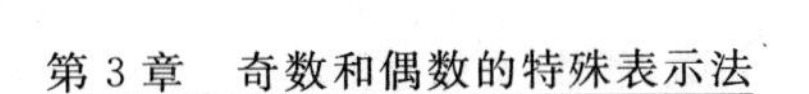

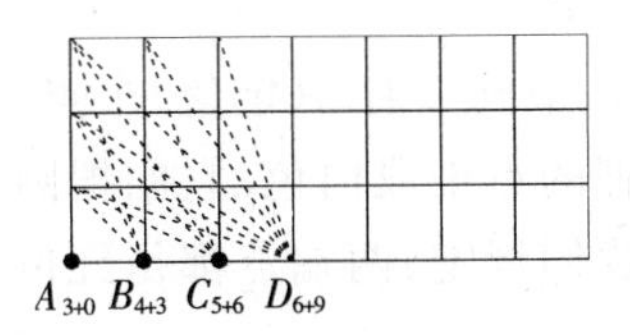

图 40

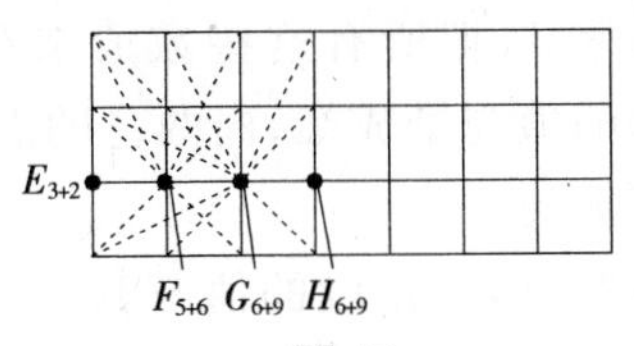

图 41

于是

$$f(3,n)=4(3+7+11+5+11+15)+$$
$$(15+15)(2n-10)=60n-92$$

$$综上,f(3,n)=\begin{cases}16,n=1\\50,n=2\\96,n=3\\150,n=4\\60n-92,n\geqslant 5\end{cases}.$$

如何求出 $f(m,n)$的计算公式？这是一个相当复杂的问题，用标数法似乎难于获解，因此，改进方法无疑是十分必要的.

(2)用赋值法解题，有以下几种方式：

①通过赋值，把问题转化为算术运算或代数运算.

对问题中的元素赋予特殊值，从而把问题转化为数字问题，就为通过算术运算或代数运算解决问题创造了条件.

例 4 在一个圆上有 n(定值)个点,把其中一些点染成红色,余下的点染成白色.它们把圆周划分为互不包含的弧段,我们规定:两端点都是红色的弧段标上数字 2,两端点都是白色的弧段标上数字 $\frac{1}{2}$,两端点异色的弧段标上数字 1,把所有这些数值乘在一起得它们的积.证明:积的值与染成红、白两色的点的个数有关,而与染色顺序无关.

分析 由题设知,弧段的值与其两端点的颜色有关,若能给端点赋值,使两端点的值的积等于弧段的值,将欲证转化为数字运算,问题便好解决了.

证明 给红点赋上值$\sqrt{2}$,白点赋上值$\frac{1}{\sqrt{2}}$,则每条弧段的值即为两端点数值的乘积.假设 n 点中有 m 个点被染成了红色,根据乘法交换律知:所有弧段值的乘积等于各点所标数字积的平方

$$\left[(\sqrt{2})^m\left(\frac{1}{\sqrt{2}}\right)^{n-m}\right]^2=2^{2m-n}$$

由上式可知:在 n 为定值的情况下,弧段值的积只与染成红、白两色点的个数有关,而与染色顺序无关.

例 5 A,B,C,D,E 五人参加一次考试,试题有 7 道,都是判断题.评分规则是:对于每道题,答对了得 1 分,答错了扣 1 分,不回答的不得分也不扣分.图 42 中记录的是 A,B,C,D,E 五个人的答案.现知 A,B,C,D 各得了 2 分,问 E 应得多少分?每道题目的答案是什么?

题号＼人	A	B	C	D	E
1	√	√		×	√
2		×	√	×	√
3	×	√	×	×	×
4	√	√	×	√	
5	×	×	√	√	√
6	√	×	×		×
7	√		√	×	√

图 42

解　赋值

$$x_k=\begin{cases}1,\text{如果第 }k\text{ 题结论正确}\\-1,\text{如果第 }k\text{ 题结论错误}\end{cases}$$

其中 $k=1,2,\cdots,7$. 这样，当第 k 题结论正确，即 $x_k=1$ 时，若判断其为正确（即画了符号"√"），则得 x_k 分，若判断其为错误（即画了符号"×"），则得 $-x_k$ 分；当第 k 题结论错误，即 $x_k=-1$ 时，若判断其为正确，则得 x_k 分，若判断其为错误，则得 $-x_k$ 分. 由于 A,B,C,D 各得 2 分，于是可得方程组

$$\begin{cases}x_1+0\cdot x_2-x_3+x_4-x_5+x_6+x_7=2\\x_1-x_2+x_3+x_4-x_5-x_6+0\cdot x_7=2\\0\cdot x_1+x_2-x_3-x_4+x_5-x_6+x_7=2\\-x_1-x_2-x_3+x_4+x_5+0\cdot x_6-x_7=2\end{cases}$$

把这四个方程相加，得

$$x_1-x_2-2x_3+2x_4+0\cdot x_5-x_6-x_7=8$$

注意到 $x_i=\pm1(i=1,2,\cdots,7)$，因而上式左边$\leqslant$8，而右边$=8$，故

$$x_1=1,x_2=-1,x_3=-1,x_4=1,x_6=-1,x_7=1$$

把这些结果代入方程组的第一式，得 $x_5=1$. 所以，第

1,4,5,7 题是正确的,第 2,3,6 题是错误的. 于是,据题设可知 E 得了 4 分.

例 6 今有男女各 $2n$ 人,围成内外两圈跳舞,每圈各 $2n$ 人,有男有女,外圈的人面向内,内圈的人面向外. 跳舞规则如下:每当音乐声起,若面对面者为一男一女,则男女配成舞伴跳舞,若均为男或均为女,则鼓掌助兴,曲终时,外圈的人均向左横移一个位置,内圈人不动. 如此继续下去,直到外圈的人移动一周. 证明:在整个跳舞过程中至少有一次跳舞的人不少于 n 对.

证明 将男人记为 $+1$,女人记为 -1,则外圈 $2n$ 个数 $a_1,a_2,\cdots,a_{2n}$ 与内圈的 $2n$ 个数 $b_1,b_2,\cdots,b_{2n}$ 中共有 $2n$ 个 $+1$ 和 $2n$ 个 -1. 因此

$$a_1+a_2+\cdots+a_{2n}+b_1+b_2+\cdots+b_{2n}=0$$

又

$$(a_1+a_2+\cdots+a_{2n})^2-(b_1+b_2+\cdots+b_{2n})^2=0$$

从而

$$(a_1+a_2+\cdots+a_{2n})(b_1+b_2+\cdots+b_{2n})=$$
$$-\frac{1}{2}[(a_1+a_2+\cdots+a_{2n})^2+(b_1+b_2+\cdots+b_{2n})^2]=$$
$$-(a_1+a_2+\cdots+a_{2n})^2\leqslant 0 \quad ①$$

另一方面,当 a_1 与 b_i 面对面时,$a_1b_i,a_2b_{i+1},\cdots,a_{2n}b_{i-1}$ 中的 -1 的个数表示这时跳舞的对数.

假设在整个过程中,每次跳舞的人数均少于 n 对,那么恒有

$$a_1b_i+a_2b_{i+1}+\cdots+a_{2n}b_{i-1}>0 \quad (i=1,2,\cdots,2n)$$

从而总和

$$\sum_{i=1}^{2n}(a_1b_i+a_2b_{i+1}+\cdots+a_{2n}b_{i-1})=$$

$$(a_1+a_2+\cdots+a_{2n})(b_1+b_2+\cdots+b_{2n})>0 \qquad ②$$

式①与②矛盾，故至少有一次跳舞的人数不少于 n 对.

②通过赋值，把问题转化为奇偶性分析.

例7　在数轴上给定两点1和$\sqrt{2}$，在区间$(1,\sqrt{2})$内任取 n 个点，在此 $n+2$ 个点中，每相邻两点连一线段，可得 $n+1$ 条线段. 证明：在此 $n+1$ 条线段中，以一个有理点和一个无理点为端点的线段恰有奇数条.

证明　按从小到大的顺序，依次将此 $n+2$ 个点记为 $A_1,A_2,\cdots,A_{n+2}$，并对每一点赋以整数值

$$a_i=\begin{cases}1,\text{当 } A_i \text{ 为有理点时}\\-1,\text{当 } A_i \text{ 为无理点时}\end{cases}$$

同时，对每小线段 A_iA_{i+1} 赋予整数值 a_ia_{i+1}，即

$$a_ia_{i+1}=\begin{cases}1,\text{当 } A_i,A_{i+1} \text{ 同为有理点或同为无理点时}\\-1,\text{当 } A_i,A_{i+1} \text{ 中一为有理点、一为无理点时}\end{cases}$$

设一端点为有理点，另一端点为无理点的线段有 k 条. 现有两种方法求此 $n+1$ 条线段对应值的积：其一，积显然为$(-1)^k$；其二，其积为

$$(a_1a_2)(a_2a_3)\cdots(a_{n+1}a_{n+2})=a_1a_2^2a_3^2\cdots a_{n+1}^2a_{n+2}=a_1a_{n+2}=-1$$

故$(-1)^k=-1$. 因此，k 为奇数.

例8　将正方形 $ABCD$ 分割成 n^2 个相等的小方格（n 是正整数），把相对的顶点 A,C 染成红色，B,D 染成蓝色，其交点染成红、蓝两色中任一种颜色. 证明：恰有三个顶点同色的小方格的数目必是偶数.

证明　不妨将红色记为1，蓝色记为-1；并将小方格编号分别记为$1,2,\cdots,n^2$，记第 i 个小方格四个顶点相应数字的乘积为 A_i. 若恰有三个顶点同色，则

$A_i=-1$,否则,$A_i=1$.

在乘积 $A_1A_2\cdots A_{n^2}$ 中,因为正方形内部的交点各点相应的数重复了四次;边上非顶点各点相应的数重复了两次;A,B,C,D 四点相应的数乘积为 1,所以

$$A_1A_2\cdots A_{n^2}=1$$

这表明,点 $A_1,A_2,\cdots,A_{n^2}$ 中,-1 的个数必为偶数,也就是恰有三个顶点同色的小方格数必为偶数.

评注 例 1,2 都属于"两色分布"问题,这里将两种不同的颜色赋以 $+1,-1$,使染色问题转化为对数值正负性的研究.对于本题也可以将红点记为 0,蓝点记为 1,并记第 i 个小方格四个顶点相应数字之和为 A_i $(i=1,2,\cdots,n^2)$.若恰有三个顶点同色,则 $A_i=1$ 或 3,否则,A_i 为偶数,然后考虑从和 $A_1+A_2+\cdots+A_{n^2}$ 的奇偶性入手进行论证.

③通过赋值,进行分类.

把问题中的研究对象赋以特定数字进行分类,可以使题中隐蔽的条件和关系明朗化,以便研究它们的共同特性,从而使问题获得简捷巧妙的解决方法.

例 9 证明:用 15 块大小为 1×4 的矩形瓷砖和一块大小为 2×2 的矩形瓷砖不能恰好铺盖 8×8 的矩形地面.

证明 先把 8×8 的方格图中每块小方格赋上如图 43 所示的值.可见,每块 1×4 的瓷砖,无论采取怎样的铺法,所盖住的四个小方格已填出的值必是 1,2,3,4.又一块 2×2 的瓷砖,无论采取怎样的铺法,所盖住的四个小方格中已填上的四个数必是如图 44 所示之一,即 2×2 的正方形瓷砖所盖住的四个小正方格中,必有两个小方格填有相同的数.若 15 块 1×4、一

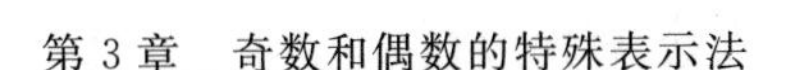

块 2×2 的瓷砖恰好铺满 8×8 的地面，则这 64 个小方格中，有某一种标号的小方块共有 17 块，但实际上，标号为 1,2,3,4 的小方块各有 16 块，矛盾. 故结论成立.

1	2	3	4	1	2	3	4
2	3	4	1	2	3	4	1
3	4	1	2	3	4	1	2
4	1	2	3	4	1	2	3
1	2	3	4	1	2	3	4
2	3	4	1	2	3	4	1
3	4	1	2	3	4	1	2
4	1	2	3	4	1	2	3

图 43

1	2
2	3

2	3
3	4

3	4
4	1

4	1
1	2

图 44

④通过赋值，构造一一映射解题.

通过赋值，在问题的性态与数字之间建立一一映射，再通过对数字的特点的研究来解决问题，这正是赋值法的本质所在.

例 10　如果 1,2,3,…,14 中，按由小到大的顺序取出 a_1,a_2,a_3，使同时满足 $a_2-a_1\geqslant 3$ 与 $a_3-a_2\geqslant 3$. 求所有不同的取法的总数.（1989 年全国高中联赛试题）

解　赋值

$$x_i=\begin{cases}1,\text{若数 } i \text{ 被选取}\\0,\text{若数 } i \text{ 没被选取}\end{cases}$$

其中 $i=1,2,\cdots,14$. 则从 14 个数中任选 3 个数的任一种取法，对应着一个排列 $(x_1,x_2,\cdots,x_{14})$，反之，任一排列$(x_1,x_2,\cdots,x_{14})$必对应着一种取法. 故一种取法$\to(x_1,x_2,\cdots,x_{14})$是一一映射.

根据题设的要求,取法总数等于排列$(x_1,x_2,\cdots,x_{14})$中有3个1,11个0,而且每2个1中至少隔着2个0的排列数. 为了求这样的排列数,我们选排好模式1001001,然后将剩下的7个0插入3个1形成的4个空位中,故有$C_{7+4-1}^{7}=C_{10}^{3}$种方法,此即为所有不同的取法总数.

例11 用n个数(允许重复)组成一个长为N的数列,且$N\geqslant 2^n$. 证明:可在这个数列中找出若干个连续的项,它们的乘积是一个完全平方数.

证明 设n个数$a_1,a_2,\cdots,a_n$组成的长为N的数列为$b_1,b_2,\cdots,b_n$,这里$b_i\in\{a_1,a_2,\cdots,a_n\}$,$i=1,2,\cdots,N$.

建立映射

$$B=\{b_1,b_2,\cdots,b_n\}\to\{v_1,v_2,\cdots,v_n\}$$

其中$v_j=(c_1,c_2,\cdots,c_n)$. 对于每个$j(1\leqslant j\leqslant n)$,我们赋值

$$c_j=\begin{cases}0,\text{若 } a_i \text{ 在 } b_1,b_2,\cdots,b_j \text{ 中出现偶数次}\\1,\text{若 } a_i \text{ 在 } b_1,b_2,\cdots,b_j \text{ 中出现奇数次}\end{cases}$$

如果有某个$v_j=\{0,0,\cdots,0\}$,那么,在积$b_1b_2\cdots b_j$中,每个a_i都出现偶数次,所以积为完全平方数.

如果每个$v_i\neq(0,0,\cdots,0)$,那么,由于集合

$$\{(c_1,c_2,\cdots,c_n)\mid c_i=0\text{ 或 }1,i=1,2,\cdots,n\}$$

恰有2^n-1个元素,由题设$N\geqslant 2^n>2^n-1$,所以必有h和$k(1\leqslant k<h\leqslant N)$满足$v_k=v_h$. 这时,在乘积$b_1b_2\cdots b_k$和$b_1b_2\cdots b_h$中每个$a_i$出现的次数具有相同的奇偶性,从而它们的商,即乘积$b_{k+1}b_{k+2}\cdots b_h$中每个$a_i$出现偶

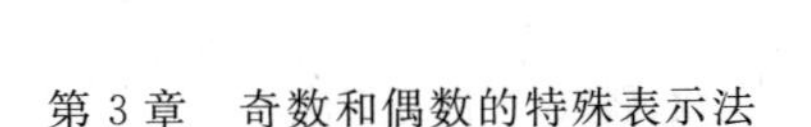

数次，亦即 $b_{k+1}b_{k+2}\cdots b_h$ 为完全平方数.

(3)对点标数.

例 12　象棋中的马，每步由 1×2 格的一个顶点跳到其对角顶点. 求证：该马从棋盘上任意一点出发要跳到它的相邻格，必须经过奇数步.

证明　赋象棋盘每个格点 (i,j) 以数 $(-1)^{i+j}$，马每跳一步，必在行和列中，一种增减 2，另一种增减 1，即乘以 $(-1)^{2+1}=-1$.

所以，马跳 k 步后，到它的相邻格点时，必有

$$(-1)^{i+j}\cdot(-1)^k=(-1)^{i+j+1}=(-1)^{i+j}\cdot(-1)$$

所以 $(-1)^k=-1$，即 k 为奇数.

例 13　在直线 l 上依次排列着 n 个点 $A_1,A_2,A_3,\cdots,A_n$，每个点涂上红色或蓝色之一，若线段 A_iA_{i+1} 的两端点异色，则称线段 A_iA_{i+1} 为标准线段，又已知 A_1 与 A_n 异色. 求证：直线 l 上的标准线段的条数一定是奇数.　　(1979 年安徽省中学数学竞赛题)

证明　设 l 上的标准线段共有 k 条，对 n 个点 A_i 赋值

$$a_i=\begin{cases}1,\text{若点 } A_i \text{ 是红点}\\-1,\text{若点 } A_i \text{ 是蓝点}\end{cases}\quad(i=1,2,\cdots,n)$$

于是

$$a_1a_n=-1,a_i^2=1\quad(i=1,2,\cdots,n-1)$$

可见

$$-1=a_1a_n=a_1a_na_2^2a_3^2\cdots a_{n-1}^2=(a_1a_2)(a_2a_3)\cdots(a_{n-1}a_n)=(-1)^k$$

故 k 为奇数，由此结论得证.

例 14　已知△ABC 内有 n 个点(无三点共线)，连同点 A,B,C 共 $n+3$ 个点，以这些点为顶点把△ABC

分割为若干个互不重叠的小三角形，现把 A,B,C 分别染成红色、蓝色、黄色，而其余 n 个点，每点任意染上红、蓝、黄三色之一.求证：三顶点都不同色的小三角形的总数必是奇数.

证明 把这些小三角形的边赋值：边的端点同色的，赋值 0，边的端点不同色的，赋值 1，于是每个小三角形的三边赋值的和，有如下三种情形：

(1)三顶点都不同色的小三角形，赋值和为 2；

(2)恰有两顶点同色的小三角形，赋值和为 3；

(3)三顶点同色的小三角形，赋值和为 0.

设所有小三角形的边的赋值总和为 S，又设情形(1)(2)(3)中三类小三角形的个数分别为 a,b,c，于是

$$S=3a+2b+0c=3a+2b \quad ①$$

注意到，所有小三角形的边的赋值总和中，除了边 AB,BC,CA 外，其余各边都被计算了两次，故它们的赋值和是这些边的赋值和的两倍，再加上$\triangle ABC$ 的三边，赋值和为 3，故 S 是奇数，因此，由式①得 a 是奇数.由此结论得证.

评注 这个例子，在图论中称为斯潘纳(Sperner)定理.

例 15 将正方形 $ABCD$ 分割为 n^2 个相等的小方格(n 是自然数)，把相对的顶点 A,C 染成红色，把 B,D 染成蓝色，其他交点任意染成红、蓝两色中的一种颜色.求证：恰有三个顶点同色的小方格的数目必是偶数. (1991 年全国初中数学联赛题)

分析 本题的证明体现了典型的奥林匹克技巧，如不变量、数字化、整体化、奇偶分析等.

证法 1 当 $n=1$ 时，满足条件的小方格为零个，

是偶数. 对 $n>1$,考虑任一种染色均有：

(1)改变一个交点的染色,便把以此点为顶点的小方格从满足条件变为不满足条件,或从不满足条件变为满足条件；

(2)除 A,B,C,D 外,每一个交点必是偶数个小方格的顶点(两个或四个),因此,改变一个交点的染色并不改变满足条件小方格的奇偶性.

据此,每次改变一个交点的染色,最终总可以使 B,D 之外的点都为红色. 这时,三顶点同色的小方格只有两个,为偶数.

因此,任意染色时,三顶点同色的小方格为偶数个.

证法 2　用数代表颜色:红色记为 1,蓝色记为 -1. 将小方格编号,记为 $1,2,\cdots,n^2$. 记第 i 个小方格四个顶点处数字之乘积为 A_i. 若该格恰有三个顶点同色,则 $A_i=-1$,否则 $A_i=1$.

今考虑乘积 $A_1\times A_2\times\cdots\times A_{n^2}$. 对正方形内部的交点,各点相应的数重复出现四次;正方形各边上的不是端点的交点相应的数各出现两次;A,B,C,D 四点相应的数的乘积为 $1\times1\times(-1)\times(-1)=1$. 于是,$A_1\times A_2\times\cdots\times A_{n^2}=1$. 因此,$A_1,A_2,\cdots,A_{n^2}$ 中 -1 的个数必为偶数,即恰有三个顶点同色的小方格必有偶数个.

证法 3　将红色记为 0,蓝色记为 1. 再将小方格编号,记为 $1,2,3,\cdots,n^2$. 又记第一个小方格四个顶点数字之和为 A_1. 若恰有三顶点同色,则 $A_1=1$ 或 3,为奇数,否则 A_1 为偶数.

在 $A_1+A_2+\cdots+A_{n^2}$ 中,有如下事实：

对正方形内部的交点，各加了四次；原正方形边上非端点的交点，各加了两次；

对原正方形的四个顶点，各加了一次（含两个 0，两个 1）. 因此

$A_1+A_2+\cdots+A_{n^2}=$

$4\times$（内部交点相应的数之和）$+$

$2\times$（边上非端点的交点相应的数之和）$+2$

必为偶数.

于是，在 $A_1, A_2, \cdots, A_{n^2}$ 中必有偶数个奇数. 这就是说，恰有三个顶点同色的小方格必有偶数个.

例 16 （哈密顿周游世界问题）在菱形十二面体表面上有 14 个城市，一个旅游人沿十二面体的棱线希望不重复地游览全部城市，这个旅游人的希望能实现吗？为什么？

解 这个旅游人的希望不能实现. 因为从图中可知，这 14 个城市有两种类型：一类城市向外连接三条路（棱），在图 45 中填上“3”；另一类城市向外连接四条路（棱），在图中填上“4”. 于是 14 个城市中，有 8 个城市都向外连接三条路，有 6 个城市都向外连接四条路. 又由图可知，每个“3”城市都被“4”城市包围，每个“4”城市都被“3”城市包围，所以旅游人希望不重复地游览全部城市，必定是“3”城市与“4”城市交替地游览. 如果旅游人的希望能实现，那么游览了这 14 个城市的旅游人必定是游览了 7 个“3”城市，7 个“4”城市，这与已知矛盾.

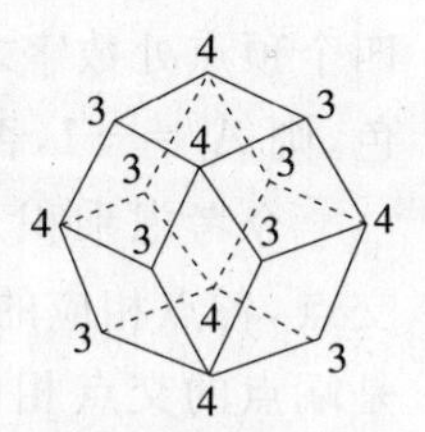

图 45

评注 本例是有趣的菱形十二面体表面上不存在

哈密顿道路的结论. 但是对一般的多面体，在其表面上哈密顿道路存在的充要条件是什么，至今尚未解决.

例 17　如图 46 是半张中国象棋盘.

(1)一只马跳了 n 步回到起点，求证：n 是偶数；

(2)一只马能否跳遍这半张象棋盘，每点都不重复，最后的一步跳回起点？

(3)一只马能否从点 A 出发，跳遍这半张象棋盘，每点都不重复，最后跳到除 A 以外的另外一点？

(4)一只车从位置 B 出发，在这半张象棋盘上走，每步走一格，走了若干步后，到了位置 A. 求证：至少有一个点没被走过或被走过不止一次.

解　(1)如图 46，先在棋盘上各点处依次地以 1，2 相间地标记. 不妨假设马从 1 号位置出发，那么马每走一步，无论选取怎样的走法，它只能是从 1(2)号位置跳到 2(1)号位置. 因此，马从 1 号位置出发，再跳到 1 号位置，必须跳偶数步才能做到. 现在已知马跳了 n 步回到起点(即 1 号位置)，所以 n 是偶数.

1	2	1	2	1	2	1	2	1
2	1	2	1	2	1	2	1	2
1	2	1	2	1	2	1	2	1
2	1	2	1	2	1	2	1	2
1	2	1	2	1	2	1	2	1
B	A							

图 46

(2)因半张棋盘上共有 $5\times9=45$ 点，所以马从某点出发，不重复地跳遍每一点，共要跳 45 次(奇数次)才回到起始位置，但这与结论(1)矛盾，因此一只马不能跳遍这半张象棋盘.

(3)因半张棋盘上共有45点，马从点A出发，不重复地跳遍各点，共需跳44次，由结论(1)的证明中可知，马总共跳过1号位置的点与2号位置的点各有22个，但从图中可知，除点A外，标有2号位置的点仅21个，因此这种跳法是不存在的.

(4)用反证法. 若结论不成立，则车从位置B出发，不重复地走遍半张棋盘，并在最后一步走到了位置A，那么车共走了44步，据题设车从第一步走到第44步，它们的点上的标数应是2，1，2，1，…，2，1，因此，走到第44步点A处应标数为1，但这与图中点A标的数2矛盾. 由此(4)得证.

例 18 在电脑屏幕上给出一个正2 011边形，它的顶点分别被涂成黑、白两色；某程序执行这样的操作：每次可选中多边形连续的a个顶点(其中a是小于2 011的一个固定的正整数)，一按鼠标键，将会使这a个顶点“黑白颠倒”，即黑点变白，而白点变黑.

(1)证明：若a为奇数，则可以经过有限次这样的操作，使得所有顶点都变成白色，也可以经过有限次这样的操作，使得所有顶点都变成黑色；

(2)当a为偶数时，是否也能经过有限次这样的操作，使得所有的顶点都变成一色？证明你的结论.

(2011年江西省高中数学联赛预赛题)

证明 (1)由于2 011为素数，而$1\leqslant a<2\ 011$，则$(a,2\ 011)=1$. 据裴蜀定理，存在正整数m,n使

$$am-2\ 011n=1 \quad ①$$

于是当a为奇数时，则①中的m,n一奇一偶.

若m为偶数，n为奇数，则将①改写成

$$a\cdot(m+2\ 011)-2\ 011\cdot(n+a)=1$$

令 $m'=m+2\ 011$，$n'=n+a$，上式成为

$$am'-2\ 011n'=1$$

其中 m' 为奇数，n' 为偶数.

总之存在奇数 m 和偶数 n，使式①成立；据①有

$$am=2\ 011n+1 \quad ②$$

现进行这样的操作：选取一个点 A，自 A 开始，按顺时针方向操作 a 个顶点，再顺时针方向操作接下来的 a 个顶点……当这样的操作进行 m 次后，据②知，点 A 的颜色被改变了奇数次（$n+1$ 次），从而改变了颜色，而其余所有顶点都改变了偶数次（n 次）状态，其颜色不变；称这样的 m 次操作为"一轮操作". 由于每一轮操作恰好只改变一个点的颜色，因此，可以经过有限多轮这样的操作，使所有黑点都变成白点，从而多边形所有顶点都成为白色；也可以经过有限多轮这样的操作，使所有白点都变成黑点，从而多边形所有顶点都成为黑色.

(2)当 a 为偶数时，也可以经过有限多次这样的操作，使得多边形所有顶点都变成一色. 具体说来，我们将有如下结论：

若给定的正多边形开始有奇数个黑点、偶数个白点，则经过有限次操作，可以将多边形所有顶点变成全黑，而不能变成全白；反之，若给定的正多边形开始有奇数个白点、偶数个黑点，则经过有限次操作，可以将多边形所有顶点变成全白，而不能变成全黑；

为此，采用赋值法：将白点改记为"$+1$"，而黑点记为"-1"，改变一次颜色，相当于将其赋值乘以 -1，而改变 a 个点的颜色，即相当于乘了 a 个（偶数个）-1，因为 $(-1)^a=1$.

因此当多边形所有顶点赋值之积为-1,即总共有奇数个黑点,偶数个白点时,每次操作后,其赋值之积仍为-1,因此无论操作多少次,都不能将全部顶点变白.

但此时可以变成全黑,这是由于,对于偶数a,则①②中的n为奇数.设A,B是多边形的两个相邻顶点,自点A开始,按顺时针方向操作a个顶点,再按顺时针方向操作接下来的a个顶点……当这样的操作进行m次后,据②知,点A的颜色被改变了偶数次($n+1$次),从而颜色不变,而其余所有2 010个顶点都改变了奇数次(n次)状态,即都改变了颜色;再自点B开始,按同样的方法操作m次后,点B的颜色不变,其余所有2 010个顶点都改变了颜色;于是,经过上述$2m$次操作后,多边形恰有A,B两个相邻顶点都改变了颜色,其余所有2 009个点的颜色不变.

现将这样的$2m$次操作合并,称为"一轮操作";每一轮操作,可以使黑白相邻的两点颜色互换,因此经过有限轮操作,总可使同色的点成为多边形的连续顶点.

于是当多边形开始总共有偶数个白点时,每一轮操作又可将相邻两个白点变成黑点,使得有限轮操作后,多边形所有顶点都成为黑色.

同理得,如果给定的正多边形开始总共有奇数个白点、偶数个黑点,经过有限次操作,可以使多边形顶点变成全白,而不能变成全黑(只需将黑点赋值为"$+1$",白点赋值为"-1",证法便完全相同).

(4)对区域标数.

例 19 将8×8方格纸板的一角剪去一个2×2

的正方形，问余下的 60 个方格能否剪成 15 块形如“ ”的小纸片.

（第 4 届东北三省数学邀请赛试题）

解　如图 47 填入±1，则任一符合要求的“Γ”形四连格中的数字之和或为 2 或为－2. 若能分成 15 块“Γ”形四连格，设其中数字和为 2 的有 x 块，数字和为－2 的有 y 块，则

$$\begin{cases} x+y=15 \\ 2x-2y=0 \end{cases}$$

解得 $x=y=\dfrac{15}{2}$，不是整数，矛盾.

+1	-1	+1	-1	+1	-1	+1	-1
+1	-1	+1	-1	+1	-1	+1	-1
+1	-1	+1	-1	+1	-1	+1	-1
+1	-1	+1	-1	+1	-1	+1	-1
+1	-1	+1	-1	+1	-1	+1	-1
+1	-1	+1	-1	+1	-1	+1	-1
+1	-1	+1	-1	+1	-1		
+1	-1	+1	-1	+1	-1		

图 47

所以，题中所给的 60 个方格不可能剪成“Γ”形四连格小纸片.

例 20　如图 48 是一个有 24 个展室的平面图，每相邻两室有门相通，如果参观者从进口入内，出口出来，希望每间展览室都走到而又不重复，那么参观者的愿望能实现吗？为什么？

解　参观者的愿望不能实现，先把如图中相邻两

室用 1,2 两数表示.若进口室是 1,则出口室也是 1,由此可见,参观者无论怎样参观,其路线必然是 $1\to2\to1\to2\to\cdots\to2\to1$,因而必然经过奇数个展览室,但图中的展览室共有 24 间,是个偶数,因此,参观者欲每室都走到又不重复的参观路线是不存在的,由此得证.

出口

1	2	1	2
2	1	2	1
1	2	1	2
2	1	2	1
1	2	1	2
2	1	2	1

进口

图 48

评注 (1)用上述方法可把本例推广到 $2n\times2m=4mn$ 间展览室的情形(m,n 是正整数);

(2)如有 $m\times n=mn$ 间展室,m,n 中至少有一个奇数,那么参观者的愿望是能实现的.

例 21 如图 49,在 8×8 的小方格棋盘上剪去左上角一个小方格,求证:剩下的棋盘不能用 21 块 1×3 的矩形覆盖.

证明 用标数法,把全体小方格分别标上 1,2,3,不管 1×3 的矩形怎样铺在图中,每一个 1×3 的矩形恰好盖住有 1,2,3 的小方格各 1 个,因此,如果 21 块 1×3 的矩形能覆盖这个棋盘,那么标有 1,2,3 的小方格各有 21 个,但图中标有 1 的方格仅有 20 个,矛盾!因此得证.

	2	3	1	2	3	1	2
2	3	1	2	3	1	2	3
3	1	2	3	1	2	3	1
1	2	3	1	2	3	1	2
2	3	1	2	3	1	2	3
3	1	2	3	1	2	3	1
1	2	3	1	2	3	1	2
2	3	1	2	3	1	2	3

图 49

例 22 求证:用 15 块大小是 1×4 的矩形瓷砖和 1 块大小是 2×2 的正方形瓷砖,不能恰好铺盖 8×8 的正方形地面.

(1986 年全国部分省市初中数学通讯赛题)

证法 1 把 8×8 的正方形地面上 64 个小方格依

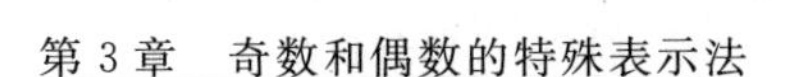

次赋值 1,2,3,4(图 50). 无论 1×4的矩形瓷砖怎样盖在图中所示的地面上,每块 1×4 的矩形瓷砖恰好盖住赋有 1,2,3,4 的小方块各 1 个,可见 15 块 1×4的矩形瓷砖恰好盖住赋有 1,2,3,4 的小方格各 15 个,而一块 2×2 的正方形瓷砖无论盖在何处,只有如图 51 所示的四种情形之一. 这就是说,2×2 的正方形瓷砖所盖住的 4 个小方块中,必有 2 个小方块有相同数码. 由此可见,如果 15 块 1×4,1 块 2×2 的瓷砖恰好能铺盖 8×8 的正方形地面,那么这 64 个小方块中,某一种赋值的小方块应有 17 块,但实际上,赋值 1,2,3,4 的小方块各 16 块,矛盾.

1	2	3	4	1	2	3	4
2	3	4	1	2	3	4	1
3	4	1	2	3	4	1	2
4	1	2	3	4	1	2	3
1	2	3	4	1	2	3	4
2	3	4	1	2	3	4	1
3	4	1	2	3	4	1	2
4	1	2	3	4	1	2	3

图 50

1	2
2	3

2	3
3	4

3	4
4	1

4	1
1	2

图 51

证法 2　赋值方法同证法 1,如果能够恰好盖住,注意 1×4 小矩形瓷砖赋值之和是 $1+2+3+4=10$,所以,15 个 1×4 的小矩形瓷砖赋值的和是 10×15 而不是 4 的倍数. 而一块 2×2 的正方形瓷砖上赋值的和,或为 8,或为 12,都是 4 的倍数,因此,所有各块赋值的总和不是 4 的倍数. 但图中各块赋值总和为 4 的倍数,矛盾.

评注　利用证法 2 可把本例推广为如下命题:求证用 k 块 1×4 的矩形瓷砖和 $4n^2-k$ 块 2×2 的矩形瓷砖不能恰好铺盖 $2n\times2n$ 的正方形地面(k 为奇数,$1\leqslant k\leqslant4n^2$).

(5)对某个数学对象或某种状态标数.

例 23 n 个人围坐一圈,每相邻四人中,若女的不成双,则这四人各罚出一筹;若女的成双,则这四人各取得一筹.结果取得筹数正是所罚筹数.求证:n 是 4 的倍数.

证明 赋 n 人以 $x_1,x_2,\cdots,x_n$,其中 $x_1^2=x_2^2=\cdots=x_n^2=1$,$+1$ 表示男,-1 表示女,$x_ix_{i+1}x_{i+2}x_{i+3}<0$ 表示 $x_i,x_{i+1},x_{i+2},x_{i+3}$ 各罚出一筹,$x_ix_{i+1}x_{i+2}x_{i+3}>0$ 表示 $x_i,x_{i+1},x_{i+2},x_{i+3}$ 各取得一筹.

因为

$$所罚筹数=所得筹数$$

所以

$$x_1x_2x_3x_4+x_2x_3x_4x_5+\cdots+x_nx_1x_2x_3=0$$

左边 n 项中,正项数与负项数相同,设各为 k 项,所以

$$n=2k$$

$$(x_1x_2x_3x_4)(x_2x_3x_4x_5)\cdots(x_nx_1x_2x_3)=(-1)^k=1$$

$$k=2l$$

故 $n=2k=4l$,即 n 是 4 的倍数.

例 24 男女若干人围坐一圆桌,然后相邻两人间插上一朵花,同性者中间插一红花,异性者中间插一蓝花.若所插红花与蓝花数相等,求证:男女人数总和是 4 的倍数.

证明 先分别对人赋值:男人赋值$+1$,女人赋值-1.这样,红花在$(+1)(+1)$或$(-1)(-1)$之间插入(注意其积为$+1$);蓝花在$(+1)(-1)$或$(-1)(+1)$之间插入(注意其积为-1).这样问题转化为:

已知 $x_1,x_2,\cdots,x_n$ 是一组数,且它们均为$+1$或-1.若 $x_1x_2+x_2x_3+\cdots+x_{n-1}x_n+x_nx_1=0$,则 n 是 4

的倍数.

设 $y_i=x_ix_{i+1}(i=1,2,\cdots,n-1)$，$y_n=x_nx_1$，则 y_i 不是 $+1$ 就是 -1. 又因为 $y_1+y_2+\cdots+y_n=0$，故其中 $+1$ 与 -1 的个数相同，设为 k，所以 $n=2k$. 又 $y_1y_2\cdots y_n=1$，即 $(-1)^k=1$，所以 k 也是偶数，故 $n=4l$ 是 4 的倍数.

例 25　某班有 49 位同学，坐成七行七列，每个座位的前、后、左、右的座位叫它的"邻座". 要让这 49 位同学中的每一位都换到他的邻座上去，问这种调换座位的方案能不能实现？

解　如图 52，赋每个座位以数 $+1$ 或 -1，邻座的数不同，换位的原则是：凡坐在 -1 上的都必须换到 $+1$ 上去；凡坐在 $+1$ 上的应当换到 -1 上来. 那么，参加换位的 $+1$ 和 -1 就一样多，其和为 0. 但图中 -1 比 $+1$ 多一个，这 49 个数之和是 -1，这就是说，上面换位的方案实际上是不可能的.

-1	+1	-1	+1	-1	+1	-1
+1	-1	+1	-1	+1	-1	+1
-1	+1	-1	+1	-1	+1	-1
+1	-1	+1	-1	+1	-1	+1
-1	+1	-1	+1	-1	+1	-1
+1	-1	+1	-1	+1	-1	+1
-1	+1	-1	+1	-1	+1	-1

图 52

例 26　在圆周上均匀地放 4 枚围棋子，规定操作规则如下：原来相邻棋子若同色，就在其间放一枚黑子,若异色,就在其间放一枚白子,然后把原来的4枚棋子取走,完成这个程序,就算一次操作.求证:无论开始时圆周上的黑白棋子的排列顺序如何,最多只需操作4次,圆周上就全是黑子了.

证明 据题意,对开始时的第1,2,3,4这四枚棋子,依次地用 x_1,x_2,x_3,x_4 表示,且赋值为

$$x_i=\begin{cases}1,\text{若第 } i \text{ 子为黑子}\\-1,\text{若第 } i \text{ 子为白子}\end{cases}\quad(i=1,2,3,4)$$

则 $x_i^2=1$,且

$$x_ix_{i+1}=\begin{cases}1,\text{若第 } i \text{ 子与第 } i+1 \text{ 子同色}\\-1,\text{若第 } i \text{ 子与第 } i+1 \text{ 子异色}\end{cases}$$

$$(i=1,2,3,4,x_n=x_1)$$

因此,各次操作后,棋子的赋值情况如下

开　始	x_1	x_2	x_3	x_4
第一次操作后	x_1x_2	x_2x_3	x_3x_4	x_4x_1
第二次操作后	$x_1x_2^2x_3=x_1x_3$	$x_2x_3^2x_4=x_2x_4$	$x_3x_4^2x_1=x_3x_1$	$x_4x_1^2x_2=x_4x_2$
第三次操作后	$x_1x_2x_3x_4$	$x_1x_2x_3x_4$	$x_1x_2x_3x_4$	$x_1x_2x_3x_4$
第四次操作后	1	1	1	1

这是因为 $(x_1x_2x_3x_4)^2=1$,因此,最多只需操作四次,圆周上全是黑子了.

例27 一个箱子里装有 p 个白球和 q 个黑球,箱子旁边还有一堆黑球.从箱子里取出两球:若这两个球是同颜色的,则从箱外取出一个黑球放回箱子里;若这两个球是异色的,则把其中的白球放回箱子.这个过程一直重复到最后一对球从箱子取出,并且最后一个球放回箱子.试问最后一对球有没有可能是白色的?并说明理由.

解 若在白球上记上数字1,黑球上记上数字0,

则任何时候箱中的白球数就等于箱内所有球的数字之和 S,并且开始时总和为 P. 若取的两个球是白色,则放回一个黑球,故总和变成 $S=P-2$. 若取的两个球是黑色,则放回一个黑球,故总和变成 $S=P$. 若取出的两球是一黑一白,则放回这个白球,故总和变成 $S=P$.

由此可知,每完成一个过程,箱子里球的数字之和或者不变,或者减少 2,即变换前后 S 的奇偶性不变. 故 P 为偶数时,最终将变成 0(黑球);P 为奇数时,最后必将是 1(白球).

例 28　m 只茶杯,杯口朝上,将其中 n 只($n\leqslant m$)翻转过来,即杯口朝上的变为杯口朝下,朝下的变为朝上,称为一次"运动",试问能否经过有限次运动,使得茶杯的杯口全部朝下?

解　我们把杯口朝上的杯子对应于+1,朝下的杯子对应于-1. 为了刻画这种翻转运动,我们引入目标函数 $S=\varepsilon_1\varepsilon_2\cdots\varepsilon_m$,其中 ε_i 表示第 i 个杯所对应的数字. 现若把其中 n 个杯翻转,目标函数值变成 $S'=d_1d_2\cdots d_m$,则在 $\varepsilon_i\cdot d_i$ 中,有 n 对的乘积为-1,其余乘积为+1,所以 $S\cdot S'=(-1)^n$.

因为开始时 m 只杯子杯口朝上,故 $S_0=1$. 利用上面的结果,可得序列 $\{S_n\}$

$$1,(-1)^n,1,(-1)^n,1,(-1)^n,\cdots$$

若经有限次运动能使杯口全部朝下,即目标函数值变成 $(-1)^m$,则必有 $(-1)^m=1$ 或者 $(-1)^m=(-1)^n$. 于是就得到问题有解的必要条件为:m 为偶数或者 m,n 具有相同的奇偶性. 这个条件也可换成如下等价形式:n 为奇数或者 m,n 同为偶数.

下面指出,上述条件也是充分的.

(1)当 n 为奇数时,我们把杯子依次编上号码 1,2,3,…,m,并依次做如下运动:

第一次,翻转 1,2,3,…,n;

第二次,翻转 2,3,4,…,$n+1$;

……

第 $m-1$ 次,翻转 $m-1,m,1,\cdots,n-2$;

第 m 次,翻转 $m,1,\cdots,n-1$.

这样经过 m 次翻转后,每一个杯子都被翻转了 $\frac{m\times n}{m}=n$ 次,这是一个奇数,因而每个杯子都由原来的 $+1\to-1$,即全部杯口朝下.

(2)当 m,n 同为偶数时,这时我们可以证明更一般的命题:可以经有限多次运动将 m 个杯口的一种初始状态全部变成它的相反状态.

我们对 m 进行归纳($m\geqslant n$).当 $m=n$ 时,显然翻转一次就达到目的,故命题成立.现设当 $m=2k\geqslant n$ 时命题成立,考虑 $m=2k+2$ 的情形,设 $2k+2$ 个杯口的初始状态为 $\varepsilon_1,\varepsilon_2,\cdots,\varepsilon_{2k},\varepsilon_{2k+1},\varepsilon_{2k+2}$,我们采取如下的翻转策略来运用归纳假设:

不动 ε_{2k+1} 和 ε_{2k+2},只变动 $2k$ 个杯 $\varepsilon_1,\varepsilon_2,\varepsilon_3,\cdots,\varepsilon_{2k}$,由归纳假设,每次翻转其中 n 个,可变为它的相反状态,即变成 $\bar{\varepsilon}_1,\bar{\varepsilon}_2,\cdots,\bar{\varepsilon}_{2k},\varepsilon_{2k+1},\varepsilon_{2k+2}$.

我们再保持 $\bar{\varepsilon}_1$ 与 ε_{2k+1} 不动,变动其他 $2k$ 个杯子,则可变成 $\bar{\varepsilon}_1,\varepsilon_2,\cdots,\varepsilon_{2k},\varepsilon_{2k+1},\bar{\varepsilon}_{2k+2}$.

最后,我们再保证 $\bar{\varepsilon}_1$ 与 $\bar{\varepsilon}_{2k+2}$ 不变,变动其他 $2k$ 个杯子,则可变成 $\bar{\varepsilon}_1,\bar{\varepsilon}_2,\cdots,\bar{\varepsilon}_{2k},\bar{\varepsilon}_{2k+1},\bar{\varepsilon}_{2k+2}$,这正是所需要的.

例 29　桌面上放有 1 989 枚硬币，其中有若干枚正面朝上，其余的正面朝下. 现有 1 989 人依次按如下方法翻转硬币：第一人翻转其中的一枚，第二人翻转其中的两枚……第 i 人翻转其中的 i 枚……第 1 989 人则将 1 989 枚硬币全部翻转. 证明：

(1)不论硬币最初的正反面分布情形如何，总可采取适当的步骤，使得在 1 989 人都翻过之后，恰使所有硬币朝同一个方向；

(2)硬币最后的统一朝向只依赖于初始分布，而与具体的翻币方案无关.

证明　(1)将 1 989 改成任一正奇数 n，讨论一般情形，对奇数 n 采用归纳法.

当 $n=1,3$ 时，结论显然成立.

假定 $n=2k-1$ 时，结论成立.

当 $n=2k+1$ 时，考虑如下两种情形.

(i)$2k+1$ 枚硬币朝向不全相同.

则其中必有一枚正面朝上的硬币(记为⊕)，一枚正面朝下的硬币(记为⊖). 暂将这两枚硬币做上记号，让前 $2k-1$ 人在其余未做记号的 $2k-1$ 枚硬币中进行翻币操作. 由归纳假设，可翻成同向，此方向必与标有记号的两枚硬币之一同向(不妨设为⊕向). 此时，全部 $2k+1$ 枚硬币中共有 $2k$ 枚⊕向，一枚⊖向. 现让第 $2k$ 人翻转 $2k$ 枚⊕向硬币，使得所有 $2k+1$ 枚硬币都成⊖向，而最后第 $2k+1$ 人翻转时，便可将所有$2k+1$枚全部翻成⊕向，即成同向.

(ii)$2k+1$ 枚硬币朝向完全相同.

由于第一人翻一枚，第二人翻两枚……第 $2k+1$ 人翻 $2k+1$ 枚，故总共要翻

$$1+2+\cdots+(2k+1)=(k+1)(2k+1)(\text{次})$$

即平均每枚硬币要翻 $k+1$ 次.

接下来安排这 $2k+1$ 人的翻法：

设想把 $2k+1$ 枚硬币排成一圈，按顺时针方向依次编号为 $1,2,\cdots,2k+1,2k+2,2k+3,\cdots$，其中第 $m(2k+1)+i$枚，即第 $i(i=1,2,\cdots,2k+1)$枚.

现让第一人翻 1 号币，第二人翻 2,3 号币，第三人翻 4,5,6 号币……如此下去，当 $2k+1$ 人顺次翻过之后，每枚硬币都翻转了 $k+1$ 次. 由于原先硬币都是同向的，故最后全部硬币也必同向.

综上，当 $n=2k+1$ 时，结论也成立.

从而，由数学归纳法，知对一切正奇数 n，所证结论都成立，特别是当 $n=1\ 989$ 时，结论成立.

(2)用反证法.

假设结论不真，则存在某种初始分布 T 以及翻法 A,B，使得按方法 A 可将硬币由“T 状态”翻成全“⊕状态”；而按方法 B 可将硬币由 T 状态翻成全“⊖状态”.

现将⊕状态按方法 A 的逆步骤翻回 T 状态，再由 T 状态按方法 B 翻成⊖状态. 这样每一枚硬币都改变了朝向，从而，每枚硬币各翻了奇数次.

因为硬币共有奇数枚，所以，由⊕状态到⊖状态总共翻了奇数枚(次).

另一方面，由⊕状态到 T 状态，再由 T 状态到⊖状态的过程中，每一人均翻了偶数枚(次)硬币，因而，总共翻转了偶数枚(次)，矛盾，故假设不真.

从而，结论(2)成立.

例 30 $A_1,A_2,\cdots,A_n$ 这 n 个球队进行单循环比

赛(全部比赛过程中任何一队都要分别与其他各队比赛一场且只比赛一场). 当比赛进行到一定阶段时,统计 $A_1,A_2,\cdots,A_{n-1}$ 这 $n-1$ 个球队已经赛过的场数为:A_1 队 $n-1$ 场,A_2 队 $n-2$ 场……A_{n-1} 队 1 场,请你判定哪些球队之间已经互相比赛过,其中 A_n 队比赛过多少场?

解　本题除运用图论知识求解外,也可以仿照矩阵,借助表格进行分析求解.

表 1 中数字的填写规律为

$$a_{ij}=\begin{cases}1, A_i \text{ 与 } A_j \text{ 比赛过} \\ 0, A_i \text{ 与 } A_j \text{ 未赛过}\end{cases}$$

表 1

	A_1	A_2	A_3	$\cdots$	A_{n-2}	A_{n-1}	A_n	
A_1	0	1	1	$\cdots$	1	1	1	$n-1$
A_2	1	0	1	$\cdots$	1	0	1	$n-2$
A_3	1	1	0	$\cdots$	0	0	1	$n-3$
$\vdots$	$\vdots$	$\vdots$	$\vdots$		$\vdots$	$\vdots$	$\vdots$	$\vdots$
A_{n-2}	1	1	0	$\cdots$	0	0	0	2
A_{n-1}	1	0	0	$\cdots$	0	0	0	1
A_n	1	1	1	$\cdots$	0	0	0	x

我们约定 A_i 与 A_i 未赛过. 这个矩阵应是对称矩阵,表中最右边的数字为对应球队已经比赛过的场数.

考虑 A_1,它赛过了 $n-1$ 场,故应有 $n-1$ 个 1,故除 $a_{11}=0$ 外,其余皆为 1. 这时 A_{n-1} 已赛足,故其余都是 0.

再考虑 A_2,它赛了 $n-2$ 场,已经有了两个 0,故其余应填上 1. 这时 A_{n-2} 已赛足,故其余为 0.

由此可知,对于 A_n 这一行的前面 $n-1$ 个数

($a_{nn}=0$除外),将是前面若干个为1,后面若干个为0,并且1与0首尾搭配.

当n为奇数时,$n-1$为偶数,从而有$\frac{n-1}{2}$个1,$\frac{n-1}{2}$个0,即$x=\frac{n-1}{2}$.

当n为偶数时,$n-1$为奇数.考虑$A_{\frac{n}{2}}$,由已知它应赛过$n-\frac{n}{2}=\frac{n}{2}$场.但它并不与$A_{\frac{n}{2}+1},\cdots,A_{n-1}$各队比赛,而与$A_1,A_2,\cdots,A_{\frac{n}{2}-1}$仅赛了$\frac{n}{2}-1$场,故还有一场,显然它应与$A_n$比赛过.从而$A_n$与$A_1,A_2,\cdots,A_{\frac{n}{2}}$比赛过,$x=\frac{n}{2}$.

综上所述,可知$x=\left[\frac{n+1}{2}\right]$.

至于哪些球队之间互相已赛过,则从表格中便一目了然.

例31 $n(n>3)$名乒乓球选手进行单打比赛若干场后,任意两名选手已赛过的对手恰好都不完全相同.求证:总可以从中去掉一名选手,而使在余下的选手中,任意两名选手已赛过的对手仍然都不完全相同.

(1987年全国高中数学联赛题)

证明 把n名选手$A_1,A_2,\cdots,A_n$像上例那样排列成一个方阵:在第i行第i列的交叉处填上实数a_{ij},即

$$a_{ij}=\begin{cases}0, A_i\text{ 与 }A_j\text{ 未赛过}\\1, A_i\text{ 与 }A_j\text{ 已赛过}\end{cases}$$

我们还规定$a_{ii}=0$.于是这个表格中的每一行都对应于一个n维向量$\mathbf{A}_i=(a_{i1},a_{i2},\cdots,a_{in})(i=1,2,\cdots,n)$,

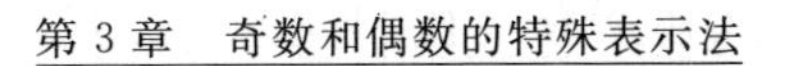

当且仅当它们各对应分量都相等时，才认为这两个向量相等. 显然，向量中数码1的排列位置，就表示相应的选手与A_i比赛过. 依题意，开始时这n个向量均不相同. 现在要证明的是：可以从中去掉某一列，使余下的每一行所表示的$n-1$维向量也不相同.

当然，我们可以抽象概括成一个更为广泛的命题：

有$n\times m$的实数排成n行n列($n\geqslant 2, m\geqslant 3$)，若任意两行均不相同，则总可以去掉某一列，使余下的数表中，任意两行仍不相同.

这个命题可以用数学归纳法加以证明，对行数n进行归纳加以证明，这里从略.

例32　戏院票房前有$2n$人排队买票，其中n个人只有5角纸币，其余n个人只有1元一张的纸币. 在开始买票时，票房里无钱可找，而每个人只要买一张5角的票. 问买票的人排成的队使买票的过程中不至于票房无钱可找的方法有多少种?

解　我们可以把一个实际问题先对应于一个数学模型：$2n$个人排队成数列$x_1, x_2, \cdots, x_{2n}$. 持5角票者$x_i=0$，持1元票者$x_i=1$，于是

$$\sum_{i=1}^{2n} x_i = n \quad (n\text{ 人有 5 角票}, n\text{ 人有 1 元票})$$

$$x_1 + x_2 + \cdots + x_j \leqslant \frac{1}{2} j \quad (j = 1, 2, \cdots, 2n)$$

(任何一个j之前，5角票不比1元票少，即0的个数不小于1的个数，故$\sum_{i=1}^{j} x_i$至多有一半项是1).

把此代数模型与一个几何模型一一对应：以x_j的下标j表示点的横坐标，约定

对$(j-1,y_i)\begin{cases}若\ x_j=0,则下一点(j,y_{i-1})递减\\若\ x_j=1,则下一点(j,y_{i+1})递增\end{cases}$

当约定一个起点(一般取(0,0))后,$(x_1,x_2,\cdots,x_{2n})$就表示一条由$2n+1$个点所组成的路径,其几何意义为:

(1)因0与1个数相等,故起点与终点在一水平线上(即终点是$(2n,0)$).

(2)从起点起第一点必递减,即第一个购票者必须拿5角,故$x_1=0$,其余整条路线都在x轴下方$\left(因\sum\limits_{i=1}^{j}x_i\leqslant\frac{1}{2}j,不能越过\ x\ 轴,仅能接触\right)$.

设这种路线集合为S_{2n},显见,排队方式集合与S_{2n}一一对应,只需求$|S_{2n}|$——由$(0,0)$到$(2n,0)$的不经过x轴的路径数(图53).

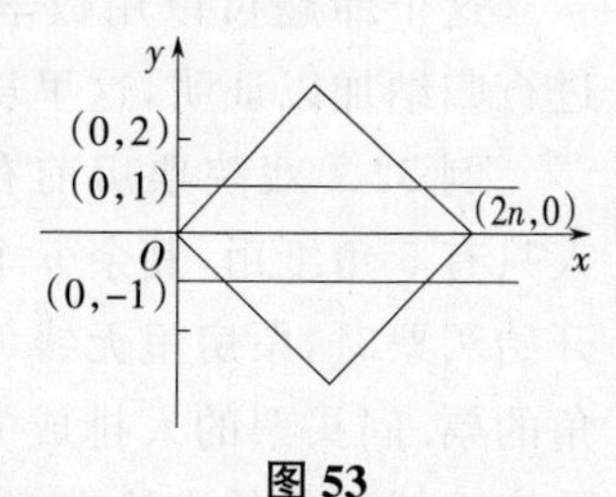

图 53

显见,由$(0,0)$到$(2n,0)$的所有路径数为$\frac{(n+n)!}{n!\ n!}=\frac{(2n)!}{n!\ n!}$.

现仅需考虑越过x轴的上述路径数,即与$y=1$接触的路径数T,则$\frac{(2n)!}{n!\ n!}$即为所求.

作$(0,0)$对于$y=1$的对称点$(0,2)$,则每一条T路径一一对应于一条由$(0,2)$到$(2n,0)$的路径,故所求为$C_{2n}^{n}-C_{2n}^{n-1}=\frac{1}{n}C_{2n}^{n-1}$(Catalan数).

例33 在一次选举中,A得p票,B得q票$(p>q)$.试问:使A的票数一直领先的唱票方式有多少种?

解 唱A得一票赋值1,唱B得一票赋值-1.这

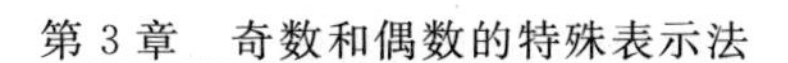

样问题转化为：由 p 个 1 和 q 个 -1 所组成的排列 x_1，x_2，…，x_{p+q}（$x_k^2=1,k=1,2,\cdots,p+q$）中，使对任何自然数 k，有 $S_k=x_1+x_2+\cdots+x_k>0$ 的排列有多少个？为此，我们在平面直角坐标系中描出所有的点 $P_k(k,S_k)(k=1,2,\cdots,p+q)$，依次联结 OP_1，P_1P_2，…，$P_{p+q-1}P_{p+q}$，得到一条从原点 O 到点 P_{p+q} 的折线，从而问题又转化为：这样的折线中，与 x 轴无交点的折线有多少条？

首先，从 O 到 P_{p+q} 的折线共有 C_{p+q}^{p} 条，因为整个折线由 p 条斜率为 1 和 q 条斜率为 -1 的线段所组成，可任选这 $p+q$ 条线段中的 p 条使其斜率为 1；其次，假定某条折线 l 与 x 轴有交点，且 OP_1 的斜率为正. 设 l 第一次与 x 轴相交的交点为 P_k，那么，将从 O 到 P_k 的折线以 x 轴为轴翻转到 x 轴下方，即得从 O 到 P_{p+q} 与 x 轴有交点的另一折线，但 OP_1 的斜率为负. 反之，由后一折线也可得前一折线. 注意到 P_{p+q} 在 x 轴上方，因此折线中若 OP_1 的斜率为负，则必与 x 轴有交点. 此即从 O 到 P_{p+q} 与 x 轴有交点且 OP_1 的斜率为负的折线条数. 于是，从 O 到 P_{p+q} 的折线中与 x 轴无交点的折线有 $C_{p+q}^{p}-2C_{p+q-1}^{p}=\dfrac{C_{p+q}^{p}(p-q)}{p+q}$ 条，这也就是原问题中的唱票方式数.

习 题 十 二

1.一个棋子在 8×8 格棋盘上或上或下或左或右移动一格，都算作一步，求证：该棋子不能经 1 995 步由一角移到它的对角.

2.在 8×8 的棋盘左上角剪去 1×1 的小方格一块，求证：剩下的棋盘能用 21 个如图 54 所示的“L”型的纸铺满.

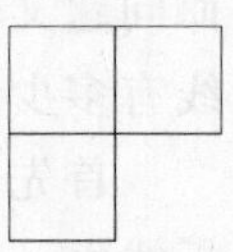

图 54

3.求证：用 63 块 1×16 的矩形瓷砖和 1 块 4×4 的正方形瓷砖，不能恰好铺盖 32×32 的正方形地面.

4.在 $2m$ 行 n 列的棋盘上去掉两格，剩下 $2mn-2$ 格，问能否被 $mn-1$ 块 1×2 格的骨牌完全盖住?

5.有 n 个青年围坐一圈，于每二人之间放一包糖，现在把糖做这样的调整：凡男女之间的糖拿走，同男同女之间的糖都改为两包. 经调整后，糖的包数不变，求证：n 为 4 的倍数.

6.已知 m 个非零实数 $a_1,a_2,\cdots,a_m$ 中共有 n 个负实数(n 为奇数)，规定这 m 个实数中任意改变其中 k 个实数的符号，算作一次变换(k 是偶数). 求证：无论做多少次变换，总不能把这 m 个实数全变为正数.

7.有 p 人持 5 角币，q 人持 1 元币($p\geqslant q$)，这 $p+q$ 人排队购买 5 角一张的戏票，而售票员没带零钱，问有多少排队方式使每持 1 元币的人购票时售票员都有零钱找补?

8.有 n 盒火柴摆成一圈，然后做如下调整：若连续 4 盒火柴根数之和为奇数，则其中每一盒均拿去一根

火柴棍，否则每一盒均放入一根火柴棍，而且每连续 4 盒火柴均恰好做一次这样的调整之后，n 盒火柴棍总数不变. 求证：n 是 4 的倍数.

9. A,B,C 三人打乒乓球，规定每局比赛后负者退下，让另一人与获胜者继续比赛，最后比赛结果是：A 胜 10 局，B 胜 12 局，C 胜 16 局. 问：A,B,C 各打了多少局？　（安徽省数学奥林匹克学校招生竞赛题）

10. 将 1 990×1 990 的方格表中的每一个方格都分别染成黑色或染成白色，使得关于方格表的中心相对称的每个方格所染得的颜色恰好相反，且使每一行和每一列中黑格和白格的数目都相等.

（第 24 届全苏数学奥林匹克竞赛题）

11. 已知如下的数表

$$\begin{pmatrix} -a_{11} & -a_{12} & a_{13} & a_{14} & -a_{15} & -a_{16} \\ a_{21} & -a_{22} & a_{23} & -a_{24} & a_{25} & -a_{26} \\ -a_{31} & a_{32} & a_{33} & a_{34} & -a_{35} & a_{36} \\ -a_{41} & a_{42} & a_{43} & -a_{44} & a_{45} & -a_{46} \\ a_{51} & a_{52} & -a_{53} & -a_{54} & -a_{55} & -a_{56} \\ -a_{61} & a_{62} & -a_{63} & -a_{64} & a_{65} & a_{66} \end{pmatrix}$$

且 $a_{ij}>0(i,j=1,2,\cdots,6)$. 现将它的任一行、任一列所有数都变号，称为一次变换. 问能否经过若干次变换，使表中的数全变成正数？

12. 如图 55 中共有多少个等腰直角三角形？

13. 如图 56 是由 9 个相同的带有对角线的正方形所组成的图形，假定已知形如 $ABCD$ 的四边形是正方形，则图中一共有________个正方形.

（1988 年上海市中学生数学竞赛题）

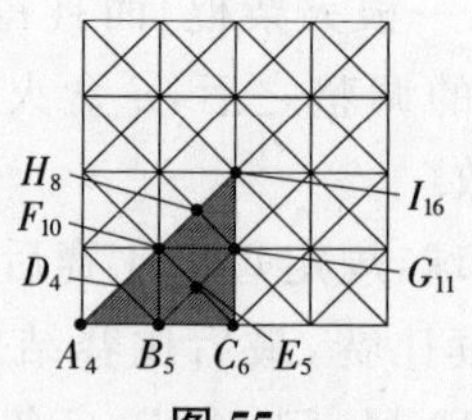

图 55

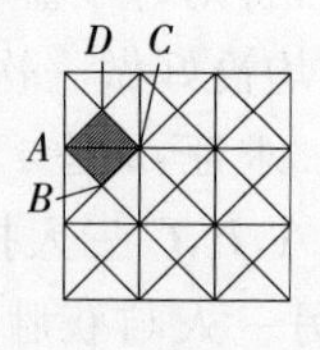

图 56

14. 从 10 个英文字母 A,B,C,D,E,F,G,X,Y,Z 中任取 5 个字母(字母允许重复)组成一个词,将所有可能的词按"字典次序"(即英汉辞典中英文词汇排列顺序)排列,得到一个词表 $AAAAA$, $AAAAB$, $AAAAC$, …, $AAAAZ$, $AAABA$, $AAABB$, …, $DEGXY$, $DEGXZ$, $DEGYA$, …, $ZZZZY$, $ZZZZZ$. 设位于 $CYZGB$ 与 $XEFDA$ 之间(除这两个词以外)的词的个数为 k,试写出词表中的第 k 个词.

(1988 年江苏省高中数学竞赛题)

15. 有男孩、女孩共 n 个人围坐在一个圆周上($n\geqslant 3$). 若顺序相邻的三个人中恰有一个男孩的组有 a 组,顺序相邻的三个人中恰有一个女孩的组有 b 组,求证: $3|(a-b)$.

16. 在一个圆周上,依次排列 n 个点 $A_1,A_2,\cdots,A_n$,对每个点任意染上白色或黑色. 证明:在联结相邻两点的 n 条圆弧 $\overset{\frown}{A_1A_2}$, $\overset{\frown}{A_2A_3}$, …, $\overset{\frown}{A_nA_1}$ 中,端点颜色不同的圆弧的条数必是偶数.

17. 圆周上标出 40 个红点、30 个蓝点、20 个绿点,圆周被分割成 90 段弧,每段依两端点的颜色写一个数:红—蓝弧写 1,红—绿弧写 2,蓝—绿弧写 3,两端点同色的弧写 0. 求所有数之和的最大值.

(2008 年俄罗斯数学奥林匹克竞赛题)

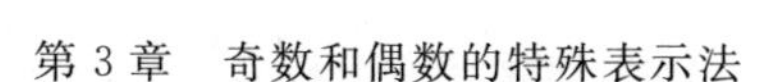

18. 把纵为10，横为14的长方形分为140个边长为1的小正方形. 然后，如图57所示把小正方形涂成黑白相间的颜色. 在各正方形中，填入0或1，使得每一行、每一列中，1的个数为奇数个. 证明：黑色小正方形中填入1的个数为偶数.

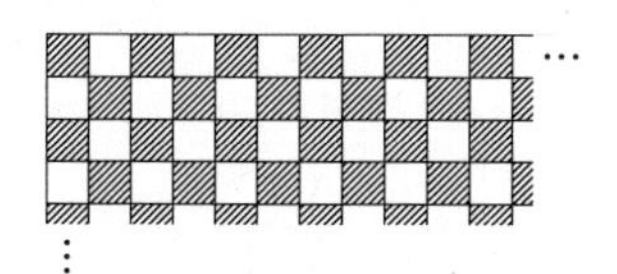

图57

（1991年日本数学奥林匹克竞赛题）

19. 对一个2 007×2 007的棋盘的每个方格赋值1或−1，用$A_i(i=1,2,\cdots,2\ 007)$表示第i行数字的乘积，用$B_j(j=1,2,\cdots,2\ 007)$表示第j列数字的乘积. 证明

$$\sum_{i=1}^{2007}(A_i+B_i)\neq 0$$

（2007年希腊数学奥林匹克竞赛题）

20. 对一个2 007×2 007的棋盘的每个小方格赋值1或−1，要求这个棋盘上的任意一个正方形中的各个小方格的数值之和的绝对值不超过1. 求满足要求的赋值方案数.　（2007年土耳其国家选拔考试题）

21. 有$n\times n(n\geqslant 4)$的一张空白方格表，在它的每一个方格内任意地填入+1与−1两个数中的一个. 现将表内n个两两既不同行(横)又不同列(竖)的方格中的数的乘积称为一个基本项.

试证：按上述方式所填成的每一个方格表，它的全部基本项之和总能被4整除(即总能表成$4k$的形式，其中$k\in\mathbf{Z}$).　（1989年中国高中数学联赛题）

答案

习题一答案

一、1. B　2. D　3. B　4. C　5. C　6. C　7. B　8. C　9. A　10. A　11. C　12. C　13. B　14. B

二、1. 若每个数都数 3 次，共数了 $6n$ 个数（$3n$ 个奇数，$3n$ 个偶数），则可列方程组

$$\begin{cases} 3a+2b+c=3n & ① \\ 2c+b+3d=3n & ② \end{cases}$$

由式①②消去 n 得

$$\frac{b-c}{a-d}=-3$$

2. 因为 a,b,c,d 是自然数，所以

$$a^2-a,b^2-b,c^2-c,d^2-d$$

都是偶数，因此

$$(a^2-a)+(b^2-b)+(c^2-c)+(d^2-d)$$

也是偶数，且设为 M，则

$$M=(a^2+b^2+c^2+d^2)-(a+b+c+d)$$

是偶数.

又

$$a^2+b^2=c^2+d^2$$

则

$$M=2(a^2+b^2)-(a+b+c+d)$$

故 $a+b+c+d$ 是偶数，因而一定是合数.

3. 证法 1：由于这 13 对数的差的和为 0，所以不可能每对数的差都是奇数(原因是它们的和为奇数). 于是至少有一对数的差为偶数，即 13 对数的差的积必为偶数.

证法 2：由于在 13 张牌的点数 1，2，…，13 中有 7 个奇数，6 个偶数，所以当红、黑牌配成 13 对之后，至少有一对数的奇偶性相同，则这对数的差必为偶数.

由于 13 对数的差中，至少有一个差为偶数，则它们的积必为偶数.

4. 因为 1，2，…，99 中，奇数个数多于偶数个数，两面数字之和中必有一个是两面为奇数的情况，此时必然得到其和为偶数，99 个和的乘积也必然是偶数.

5. 首先，98 个和数不可能都是奇数，否则，这 100 个自然数的排列顺序只能是下列情况之一：

(1)奇奇奇奇奇奇……

(2)奇偶偶奇偶偶……

(3)偶奇偶偶奇偶……

(4)偶偶奇偶偶奇……

这四种情况与 100 个连续自然数矛盾.

而把 1～100 个自然数按如下顺序排列

$$\underbrace{\text{奇偶偶奇偶偶……奇偶偶}}_{25\text{个奇数},50\text{个偶数}}\underbrace{\text{奇奇……奇}}_{25\text{个奇数}}$$

可得到 97 个奇数. 故和数为奇数的最多为 97 个.

6. 用 $s(A)$ 表示正整数 A 的各位数字之和.

通过观察两个正整数 A 和 B 的加法竖式，可知

$$s(A+B)\leqslant s(A)+s(B)$$

当且仅当不产生进位时，等号成立.

首先，由题设条件可以推知，在求 $5N+5N=10N$ 的过程中没有产生进位，这是因为

$$s(10N)=s(N)=100=s(5N)+s(5N)$$

其次，$5N$ 只能以 5 或 0 结尾，分别对应于 N 为奇数和偶数. 若以 5 结尾，在做加法 $5N+5N=10N$ 的过程中就会产生进位，与事实不符.

所以，$5N$ 必以 0 结尾，即 N 是偶数.

7. 研究以下 10 个七位数

$$a_1a_2a_3a_4a_5a_6 0, a_1a_2a_3a_4a_5a_6 1, \cdots, a_1a_2\cdots a_6 9$$

这里 $a_1, a_2, \cdots, a_6$ 为任意数字，且 $a_1 \neq 0$. 显然，数字和为偶数的有 5 个. 第一个数字 a_1 可以取 9 个不同的值，$a_2, a_3, \cdots, a_6$ 中的每一个可以取 10 个不同的值，所以，存在 $9\times 10^5\times 5=45\times 10^5$ 个不同的七位数字，其数字和为偶数.

8. 假设 a_1, a_2, a_3, a_4, a_5 及 b 都是奇数，由于

$$a_i^2 \equiv 1 \pmod 8$$

$$b^2 \equiv 1 \pmod 8$$

而

$$a_1^2+a_2^2+a_3^2+a_4^2+a_5^2 \equiv 5 \pmod 8$$

所以 $a_1^2+a_2^2+a_3^2+a_4^2+a_5^2=b^2$ 不可能成立.

因而 a_1, a_2, a_3, a_4, a_5 和 b 不可能都是奇数.

9. 如图 1，将杨辉三角中的每个数对 mod 2 取余数，即将奇数记为 1，偶数记为 0.

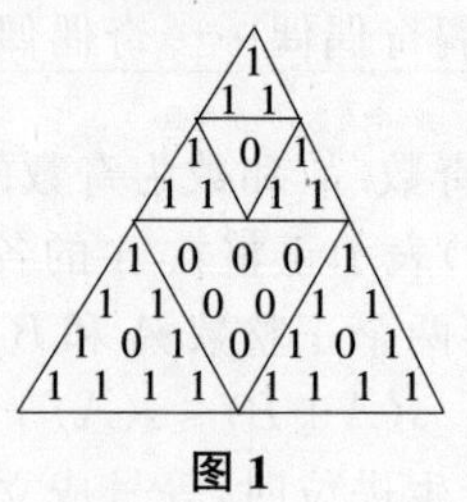

图 1

并记从第 2^k 行到第 $2^{k+1}-1$ 行之间的奇组数个数为 a_k.

易见

$$a_k = a_{k-1} + 2a_{k-1} = 3a_{k-1}$$

因为 $a_1 = 1, 63 = 2^6 - 1$ 以及 $a_k = 3^k$，所以，在杨辉三角中从第 0 行到第 63 行中奇组合数的个数为

$$a_6 = 3^6 = 729$$

从而偶组合数的个数为

$$(1 + 2 + \cdots + 64) - 729 = 1\ 351$$

10. 引理：对于任意的正整数 x, y 有

$$(4xy - 1) \mid (4x^2 - 1)^2 \Leftrightarrow x = y$$

此引理即为本届 IMO 第 5 题.

当 $x = k, y = 2n$ 时，由引理知

$$(8kn - 1) \mid (4k^2 - 1)^2 \Leftrightarrow k = 2n$$

因此，当 k 为奇数时，不存在这样的 n；当 k 为偶数时，n 为$\frac{k}{2}$.

11. 由于

$$\tan 15^\circ = \tan(60^\circ - 45^\circ) = \frac{\tan 60^\circ - \tan 45^\circ}{1 + \tan 60^\circ \cdot \tan 45^\circ} = \frac{\sqrt{3} - 1}{1 + \sqrt{3} \cdot 1} = 2 - \sqrt{3}$$

$$\cot 15^\circ = \frac{1}{\tan 15^\circ} = 2 + \sqrt{3}$$

故

$$\tan^n 15^\circ + \cot^n 15^\circ = (2 - \sqrt{3})^n + (2 + \sqrt{3})^n$$

根据二项式公式得

$$(2 - \sqrt{3})^n = 2^n - C_n^1 \cdot 2^{n-1} \cdot \sqrt{3} + C_n^2 \cdot 2^{n-2} \cdot (\sqrt{3})^2 - \cdots + (-1)^n (\sqrt{3})^n$$

$$(2 + \sqrt{3})^n = 2^n + C_n^1 \cdot 2^{n-1} \cdot \sqrt{3} + C_n^2 \cdot 2^{n-2} \cdot (\sqrt{3})^2 + \cdots + (\sqrt{3})^n$$

在和$(2 - \sqrt{3})^n + (2 + \sqrt{3})^n$ 中，有$\sqrt{3}$的奇次幂因子

的项等于 0,余下的项均为正整数,且成对出现,因此,和是一个正偶数.

12. 不难看出,如果 a 和 b 为自然数,并且 $a\leqslant k$ 和 $b\leqslant k$,那么下列两个不等式

$$|a+b|\leqslant k-1,|a-b|\leqslant k-1$$

至少有一个成立.

所以我们可以适当选择"+""-"号,使得下列不等式

$$|a_n\pm a_{n-1}|\leqslant n-1$$
$$|a_n\pm a_{n-1}\pm a_{n-2}|\leqslant n-2$$
$$\vdots$$
$$|a_n\pm a_{n-1}\pm\cdots\pm a_1|\leqslant 1$$

同时成立.

由于和数 $a_1+a_2+\cdots+a_n$ 是偶数,所以和数

$$a_n\pm a_{n-1}\pm\cdots\pm a_1$$

亦为偶数.

因此必能适当选择"+""-"号,使得

$$a_n\pm a_{n-1}\pm\cdots\pm a_1=0$$

13. (1)当 $n=3$ 时,存在满足题意的安排. 记这 9 位女同学为 1,2,3,4,5,6,7,8,9. 具体安排如下

(1,2,3),(1,4,5),(1,6,7),(1,8,9)

(2,4,6),(2,7,8),(2,5,9),(3,4,8)

(3,5,7),(3,6,9),(4,7,9),(5,6,8)

(2)任选一位女同学,因为她和其他每一位女同学恰好值勤一次,并且每天有 3 人值勤,所以,其余 $3n-1$ 位女同学两两成对. 所以有 $2|(3n-1)$,于是 n 是奇数.

14. 容易看出,各位数字之和等于 38 的五位数的各位数字中不可能有 0,否则它的各位数字之和不超过 $4\times9=36$. 如果将每个各位数字之和等于 38 的奇

数的末尾两位数字各减去 1,就可以得到一个各位数字之和等于 36 的偶数.由不同的奇数得到不同的偶数,所以,各位数字之和等于 38 的奇数不多于各位数字之和等于 36 的偶数.另一方面,存在各位数字之和等于 36 的偶五位数(如 99 990)不能通过这样的办法得到.所以,各位数字之和等于 36 的偶数更多.

15.在 $a_1,a_2,\cdots,a_{100}$ 中至多有 33 个偶数,证明如下:设在 $a_1,a_2,\cdots,a_{100}$ 中,最左面的一个偶数是 a_i,最右面的一个偶数是 a_k.考虑两个乘积

$$X_j=a_1a_2\cdots a_j,Y_j=a_{j+1}a_{j+2}\cdots a_{100}$$

易知,当 $j=1,2,\cdots,i-1$ 时,由于 $a_1,a_2,\cdots,a_{i-1}$ 都是奇数,则 X_j 为奇数,由于 a_i 是偶数,则 Y_j 为偶数.这时,和数 X_j+Y_j 为奇数.

当 $j=k,k+1,\cdots,100$ 时,由于 a_k 是偶数,而 $a_{k+1},\cdots,a_{100}$ 是奇数,则 X_j 为偶数,Y_j 为奇数.这时,和数 X_j+Y_j 也为奇数.

因此只有当 $j=i,i+1,\cdots,k-1$ 时,X_j,Y_j 都是偶数,这时,和数 X_j+Y_j 为偶数.

由题意 $k-i=32$.

而位于 a_i 与 a_j 之间的数既可为奇数,又可为偶数;只有当它们都是偶数时,在 $a_1,a_2,\cdots,a_{100}$ 中偶数最多,所以最多有 33 个偶数.

16.$n=2k$ 和 $n=3k(k\in\mathbf{N}^*)$.

显然,当 $n=2k$ 时,$n\times n$的方格能分成 k^2 个 2×2 的单元,因为任何的 2 单元中所有数之和为偶数,所以 $n\times n(n=2k)$的方格表中所有数之和为偶数.

同样,当 $n=3k$ 时,$n\times n$ 的方格能分成 k^2 个 3×3 的单元,因为任何的 3 单元中所有数之和为偶数,所以 $n\times n(n=3k)$的方格表中所有数之和为偶数.

当 $n\neq2k$ 且 $n\neq3k$ 时,可以找出所有数之和为奇数

的反例.

若 $n=6k+1$ 和 $6k-1(n\in\mathbf{N}^*)$,将 0 填入第 2,5,8,…行,直至第 $6k-1$ 行的所有格,其他格填 1.

这时,任一个 2×2 和 3×3 单元中均有偶数个 1,所以每一个这样的单元所有数之和为偶数.

但表中所有数之和 $n^2-2kn=n(n-2k)$ 为奇数.

17. 设恰好有 1 个奇数的有 x 组,则全部不是奇数的有

$$2\,004-600-500-x=904-x$$

将圆周上的数从某个数开始,依次记为 $x_1,x_2,\cdots,x_{2\,004}$,令

$$y_i=\begin{cases}-1,\text{当 } x_i \text{ 为奇数时}\\ 1,\text{当 } x_i \text{ 为偶数时}\end{cases}$$

则 $y_1+y_2+\cdots+y_{2\,004}=0$,且

$$A_i=y_i+y_{i+1}+y_{i+2}=$$
$$\begin{cases}-3,\text{当 } x_i,x_{i+1},x_{i+2} \text{ 全为奇数时}\\ -1,\text{当 } x_1,x_{i+1},x_{i+2} \text{ 恰好有 2 个奇数时}\\ 1,\text{当 } x_i,x_{i+1},x_{i+2} \text{ 恰好有 1 个奇数时}\\ 3,\text{当 } x_i,x_{i+1},x_{i+2} \text{ 全为偶数时}\end{cases}$$
$$(x_{2\,004+i}=x_i)$$

则

$$0=3(y_1+y_2+\cdots+y_{2\,004})=$$
$$A_1+A_2+\cdots+A_{2\,004}=$$
$$-3\times600-500+x+3(904-x)$$

解得 $x=206$,$904-x=698$.

因此,恰好有 1 个奇数的有 206 组,全部不是奇数的有 698 组.

18. 将 2×1 的矩形称为"多米诺".

将 $9\times9\times9$ 正方体的每个侧面上的方格表都按照

国际象棋棋盘的规则分别染上黑色与白色，使得各个角上的方格均为黑色. 这样一来，每个面上都有 41 个黑格和 40 个白格，并且每个跨越两个侧面的多米诺中的两个方格都是同色的，而其余多米诺中的两个方格都是异色的.

由于黑格的总数比白格的总数多 6 个，则跨越两个侧面的黑色多米诺比白色多米诺多 3 个. 因此，它们的个数的奇偶性不同. 从而，它们的和是奇数.

19. 若一步中所选的两个方格在同一行，则称为"水平步"，若在同一列，则称为"竖直步".

在 5×5 方格表中，考虑第二列之和 S_2 与第四列之和 S_4.

每一水平步使 S_2，S_4 之一加 1 或减 1(即改变 ±1)，另一个不变，故改变 S_2-S_4 的奇偶性；每一竖直步使 S_2，S_4 不变或改变 ±2，故不改变 S_2-S_4 的奇偶性.

由于开始与结束时均有 $S_2-S_4=0$，故水平步数为偶数.

类似的，考察第二行、第四行之和，可知竖直步数也为偶数.

所以，总步数为偶数.

20. 考虑不全为零的 7 个数组 (x,y,z)，其中 $x,y,z\in\{0,1\}$. 容易证明：若 a_j,b_j,c_j 不全是偶数，则集合

$$A_j=\{xa_j+yb_j+zc_j\mid x,y,z\in\{0,1\}\}$$

中恰有 4 个偶数和 4 个奇数，且在 $x=y=z=0$ 时为偶数.

由此结论可知

$$\{xa_j+yb_j+zc_j\mid x,y,z\in\{0,1\},\ x,y,z\text{ 不全为零},1\leqslant j\leqslant N\}$$

中恰有 $4N$ 个奇数.

于是，由抽屉原则，可知存在一组数(x,y,z)，$x,y,z\in\{0,1\}$，x,y,z不全为零，使得

$$\{xa_j+yb_j+zc_j\mid 1\leqslant j\leqslant N\}$$

中至少有$\frac{4}{7}N$个奇数.

21. 设$a_1+a_3+\cdots+a_{99}+a_{101}=P$，则

$$\begin{aligned}&a_1+2a_2+\cdots+101a_{101}=\\&P+(2a_2+4a_4+\cdots+100a_{100})+\\&(2a_3+4a_5+\cdots+100a_{101})=\\&P+2[(a_2+2a_4+\cdots+50a_{100})+\\&(a_3+2a_5+\cdots+50a_{101})]\end{aligned}$$

即$S=P+$偶数，而已知S是偶数，所以P是偶数.

22. 利用辅助命题"设n与m是两个奇偶性相同的正整数，则mn是n个连续奇数的和"证明.

23. $n=3k$，$n=5k$，$k\in\mathbf{N}^*$.

显然，当$n=3k(5k)$时，$n\times n$的方格表能分成k^2个$3\times3(5\times5)$的单元. 因为任一单元中所有整数之和为偶数，所以，$n\times n$的方格表中所有整数之和也是偶数.

下面举例证明：若n既不是3的倍数，也不是5的倍数，那么，方格表中所有整数之和可能为奇数.

考虑数列

$$1011011011\cdots \qquad ①$$

和

$$1000110001100011000110001\cdots \qquad ②$$

以上两个数列分别以三位和五位为周期. 设A_k，B_k分别是数列①②的前k项的和. 显然，对任意的k，$m\in\mathbf{N}^*$，有

$$A_{k+15m}\equiv A_k \pmod 2,\ B_{k+15m}\equiv B_k \pmod 2$$

将0和1按以下规则填入$n\times n$的方格表中：

若①的第 k 项是 1，就在方格表的第 k 列填入②的前 n 项；

若①的第 k 项是 0，就在方格表的第 k 列全填 0. 易证方格表中数的总和等于 A_nB_n. 记

$$A_1=1, A_2=1, A_4=3, A_7=5$$

$$A_8=5, A_{11}=7, A_{13}=9, A_{14}=9$$

$$B_1=1, B_2=1, B_4=1, B_7=3$$

$$B_8=3, B_{11}=5, B_{13}=5, B_{14}=5$$

因此，若 $n\neq 3k$ 且 $n\neq 5k(k\in\mathbf{N}^*)$，则 $n\times n$ 的方格表中数之和为奇数.

检验知，任一 3×3 和 5×5 的方格表中数字之和为偶数. 表 1 所示即为 7×7 的方格表所举例子.

表 1

1	0	1	1	0	1	1
0	0	0	0	0	0	0
0	0	0	0	0	0	0
0	0	0	0	0	0	0
1	0	1	1	0	1	1
1	0	1	1	0	1	1
0	0	0	0	0	0	0

24. 把棋盘从角上的白格开始，顺次给横行与纵列编号，这样棋盘上每一方格都有两个坐标 (i,j)，i 是所在的行，j 是所在的列.

对于白格来说，这两个坐标之和 $i+j$ 是偶数.

对于黑格来说，这两个坐标之和 $i+j$ 是奇数.

由于 8 个棋子所在的 8 个格子的坐标之和是偶数 $2(1+2+\cdots+8)$，所以这 8 个格子中只可能有偶数个黑格.

25. (1) 可以得到.

我们用Ⅰ,Ⅱ,Ⅲ表示自动机的编号,并把操作过程用箭头表示,箭头上方注明的是自动机的编号.

首先得到卡片(1,8).

$$(5,19)\xrightarrow{\text{I}}(6,20)\xrightarrow{\text{II}}(3,10)\xrightarrow{\text{I}}(4,11)\xrightarrow{\text{I}}(5,12)\xrightarrow{\text{I}}\cdots\xrightarrow{\text{I}}$$

$$\left.\begin{matrix}(10,17)\\(3,10)\end{matrix}\right\}\xrightarrow{\text{III}}(3,17)\xrightarrow{\text{I}}(4,18)\xrightarrow{\text{II}}(2,9)\xrightarrow{\text{I}}$$

$$(3,10)\xrightarrow{\text{I}}(4,11)\xrightarrow{\text{I}}\cdots\xrightarrow{\text{I}}\left.\begin{matrix}(9,16)\\(2,9)\end{matrix}\right\}\xrightarrow{\text{III}}(2,16)\xrightarrow{\text{II}}(1,8)$$

进一步有

$$\left.\begin{matrix}(1,8)\\(8,15)\end{matrix}\right\}\xrightarrow{\text{III}}\left.\begin{matrix}(1,15)\\(15,22)\end{matrix}\right\}\xrightarrow{\text{III}}\left.\begin{matrix}(1,22)\\(22,29)\end{matrix}\right\}\xrightarrow{\text{III}}(1,29)\to\cdots\to(1,1+7k)$$

所以能得到(1,50).

(2)不能得到(1,100).

由(1)可知,(5,19)上两数之差是7的倍数,而在三架自动机的任何运算中,卡片上两数之差都是7的倍数,而100−1=99不能被7整除.

(3)设d是$b-a$的最大奇因数,那么仅当$n=1+dk(k\in\mathbf{N})$时,从卡片(a,b)可以得到卡片$(1,n)$.

由(2)知,若从(a,b)得到$(1,n)$,则$n-1=dk$.

现在我们证明从(a,b)可以得到$(1,1+d)$.

如果a和b的奇偶性相同,那么将完成以下运算

$$(a,b)\to\left(\frac{a}{2},\frac{b}{2}\right)\text{或}(a,b)\to\left(\frac{a+1}{2},\frac{b+1}{2}\right)$$

这就给出了其差缩小$\frac{1}{2}$的两个数.

对于$(a,a+d)$,可以完成以下运算

$$(a,a+d)\xrightarrow{\text{I}}(a+1,a+1+d)\xrightarrow{\text{I}}\cdots\xrightarrow{\text{I}}$$

$$\left.\begin{array}{l}(a+d,a+2d)\\(a,a+d)\end{array}\right\}\xrightarrow{\text{Ⅲ}}(a,a+2d)$$

进一步有$\rightarrow\left(\frac{a}{2},\frac{a}{2}+d\right)$或者$\rightarrow\left(\frac{a+1}{2},\frac{a+1}{2}+d\right)$.

这就给出了其差相等的两个数,并且当 $a>1$ 时,将 a 变小了.

重复以上一系列运算,如同(1)可得到$(1,1+d)$,进而能得$(1,1+dk)$,即$(1,n)$.

26.令 λ 为方程

$$x^2-3x-2=0 \quad ①$$

的正根,则

$$\lambda=\frac{3+\sqrt{17}}{2}$$

$$\mu=\frac{3-\sqrt{17}}{2}$$

其中 μ 为方程①的负根,且满足

$$-1<\mu<0$$

令 $S_n=\lambda^n+\mu^n$,则由①有

$$\lambda^{n+2}-3\lambda^{n+1}-2\lambda^n=0$$

$$\mu^{n+2}-3\mu^{n+1}-2\mu^n=0$$

即

$$(\lambda^{n+2}+\mu^{n+2})-3(\lambda^{n+1}+\mu^{n+1})-2(\lambda^n+\mu^n)=0$$

$$S_{n+2}-3S_{n+1}-2S_n=0 \quad (n\geqslant 1)$$

容易求出

$$S_1=3,S_2=13$$

又

$$S_{n+2}\equiv S_{n+1}\pmod 2$$

则

$$S_n\equiv 1\pmod 2$$

再由$-1<\mu<0$ 及 $S_n=\lambda^n+\mu^n$ 可得

$$[\lambda^n]=\begin{cases}S_n\equiv n(\text{mod } 2),2\nmid n\\ S_n-1\equiv n(\text{mod } 2),2\mid n\end{cases}$$

27. 设 n 个连续偶数为

$$2a,2a+2,2a+4,\cdots,2a+2(n-1)$$

则

$$S_n=\frac{[2a+2a+2(n-1)]n}{2}=[2a+(n-1)]n$$

由题设,令

$$[2a+(n-1)]n=n(n-1)^{k-1}$$

则

$$2a+(n-1)=(n-1)^{k-1}$$

$$2a=(n-1)^{k-1}-(n-1)$$

$$a=\frac{1}{2}(n-1)[(n-1)^{k-2}-1]$$

当 n 为大于 2 的奇数及 $k>2$ 时,$n-1$ 为偶数,$(n-1)^{k-2}-1$ 为正整数,所以 a 为正整数.

当 n 为大于 2 的偶数及 $k>2$ 时,$(n-1)^{k-2}-1$ 为偶数,$n-1$为正整数,所以 a 也为正整数.

所以 $n(n-1)^{k-1}$ 可以写成从$(n-1)[(n-1)^{k-2}-1]$开始的 n 个连续偶数之和,即

$$n(n-1)^{k-1}=\sum_{j=0}^{n-1}\{(n-1)[(n-1)^{k-2}-1]+2j\}$$

习题二答案

1. 由已知得 $24|(n^3-1)$. 于是

$$n^3-1=(n-1)(n^2+n+1)=(n-1)[n(n+1)+1]$$

因为 $n(n+1)+1$ 是奇数,所以必有 $2^3|(n-1)$.

若 $3\nmid(n-1)$,则

$$3|n(n+1)$$

从而

$$3\nmid[n(n+1)+1]$$

因此,必有

$$3|(n-1)$$

这样就有 $24|(n-1)$,即

$$n=24k+1\quad(k\in\mathbf{Z})$$

由 $24k+1<150$,知 k 可能取的值是 0,1,2,3,4,5,6,故这样的 n 有 1,25,49,73,97,121,145,共 7 个.

2. 设 n 是满足条件的一个七位数,a,b 分别是其奇数数位、偶数数位的数码和,则 $a+b=28$,$a-b$ 为 11 的倍数.

由于 $a+b$ 与 $a-b$ 同奇偶,故均为偶数.

显然,$|a-b|\neq22$,只有 $a-b=0$.

于是,$a=b=14$.

因为 $1,2,\cdots,7$ 中的三数和为 14,所以,只有以下四种情形

$$\{1,6,7\},\{2,5,7\},\{3,4,7\},\{3,5,6\}$$

在每种情形下,它们只能排在偶数数位,剩下四数和也是 14,它们应排在奇数数位,因此,共得到 $4\times6\times24=576$ 个这样的七位数.

3. 可以. 分别在 10 张卡片上各写一个 2,在其余

每张卡片上各写一个1.众所周知,一个十进制正整数能被11整除,当且仅当它的奇数位上的数字之和与偶数位上的数字之和的差S是11的倍数.在19张卡片的各种不同的排法之下,有$-7\leqslant S\leqslant 11$,且$S$为奇数.其中,只有11是11的倍数,它相应于在各个奇数位上都放写有2的卡片,而在各个偶数位上都放写有1的卡片.

4.设k是十进制数,s是k的各位数字之积.易知$s\in\mathbf{N}$,故$8|k$且$\frac{25}{8}k-211\geqslant 0$,即$k\geqslant\frac{1\ 688}{25}$.

因为$k\in\mathbf{N}^*$,所以,$k\geqslant 68$.

又$8|k$,故k的个位数是偶数.从而,s是偶数.

由于211是奇数,故$\frac{25}{8}k$为奇数.所以,$16\nmid k$.

设$k=\overline{a_1a_2\cdots a_t}$,$0\leqslant a_i\leqslant 9(i=2,3,\cdots,t)$,$1\leqslant a_1\leqslant 9$.由定义

$$S=\prod_{i=1}^{t}a_i\leqslant a_1\times 9^{t-1}<a_1\times 10^{t-1}=\overline{a_1\underbrace{00\cdots 0}_{t-1个}}\leqslant k$$

故$k>s=\frac{25}{8}k-211$.所以,$k\leqslant 99$.

由$8|k$,$16\nmid k$,得$k=72$或88.经检验,k为72或88.

5.由于n个实数$x_1,x_2,\cdots,x_n$中每一个不是$+1$就是-1,所以n个实数$\frac{x_1}{x_2},\frac{x_2}{x_3},\cdots,\frac{x_n}{x_1}$中每一个不是$+1$就是$-1$.设其中有$a$个$+1$,$b$个$-1$,则$a+b=n$.又由

$$\frac{x_1}{x_2}+\frac{x_2}{x_3}+\cdots+\frac{x_n}{x_1}=0$$

即$a-b=0$,所以

$$a=b=\frac{n}{2}$$

又因为

$$\frac{x_2}{x_1}\cdot\frac{x_3}{x_2}\cdot\cdots\cdot\frac{x_n}{x_1}=1$$

即 $1^a\cdot(-1)^b=1$，所以 b 为偶数，设 $b=2m$，则 $n=4m$.

6. 设

$$1\ 980=a+(a+1)+\cdots+(a+n-1)$$

即

$$na+\frac{1}{2}n(n-1)=2^2\times3^2\times11\times5$$

故有

$$n(2a+n-1)=2^3\times3^2\times11\times5$$

易知 n 与 $2a+n-1$ 有不同的奇偶性，由此可得 n，$2a+n-1$与 a 的取值如下表 2.

表 2

n	1	3	5	8	9	11	15	24	33	40	45	55	…	3 960
$2a+n-1$	3 960	1 320	792	495	440	360	264	165	120	99	88	72	…	1
a	1 980	659	394	244	216	175	125	71	44	30	22	9	…	−1 979

可知分解成连续正整数的分解法有 12 种，分解成含有负整数的分解法也有 12 种，共有 24 种不同的分解法.

7. 应用反证法，进行奇偶性分析.

8. 对所给的自然数 n，考虑方程

$$n=x^2-y^2$$

其中，x 和 y 是自然数.

由于

$$x^2-y^2=(x+y)(x-y)$$

而 $x+y$ 与 $x-y$ 有相同的奇偶性，因此 n 或者能被 4

整除，或者具有 $4k\pm1$ 的形式.

下面我们证明，除 $n=1$ 和 $n=4$ 之外，凡具有 $4k$ 和 $4k+1$ 形式的自然数 n 都可以表示为 $n=x^2-y^2$ 的形式.

事实上，若 $n=4k$，则

$$(x-y)(x+y)=4k$$

我们可以取

$$x=k+1,y=k-1\quad(k>1)$$

若 $n=4k\pm1$，即 n 是奇数 $2l+1$，则

$$(x-y)(x+y)=2l+1$$

我们可以取

$$x=l+1,y=l\quad(l>0)$$

综上所述，仅有 $n=1,n=4$ 以及形如 $4k+2$ 的自然数不能表示为两个自然数的平方差.

9. 可表示成两个整数的平方和的奇数必是 $4m+1$ 型，故不存在.

10. 设三个素数分别为 x,y,z，则

$$x+y+z=\frac{xyz}{7}$$

所以 x,y,z 中必有一个是 7. 若 $x=7$，则

$$yz=y+z+7$$

即

$$yz-(y+z)=7$$

利用奇偶性分析求得 $y=5,z=3$.

11. 不存在. 下面用反证法证明.

假设存在三个大于 1 的自然数 a,b,c，不妨设 $a\geqslant b\geqslant c$.

因为 $b\mid(a^2-1)$，所以

$$(a,b)=1$$

又由于

$$a\mid(c^2-1),b\mid(c^2-1)$$

则

$$ab\mid(c^2-1)$$

从而

$$c^2-1\geqslant ab \quad ①$$

另一方面，由

$$a\geqslant c,b\geqslant c$$

则

$$ab\geqslant c^2>c^2-1 \quad ②$$

①与②矛盾.

所以不存在符合条件的三个自然数.

12.(1)分两种情况讨论：a,b 一奇一偶，则 a^2+b^2 为奇数.可设 $a^2+b^2=2k+1$，所以 $a^2+b^2+k^2=(k+1)^2$.故可找到 $c=k,d=k+1$，使 $a^2+b^2+c^2=d^2$ 成立.a,b 同为偶数，则 a^2+b^2 是 4 的倍数，可设 $a^2+b^2=4m+4$，所以，$a^2+b^2+m^2=(m+2)^2$，故可找到 $c=m$，$d=m+2$，使 $a^2+b^2+c^2=d^2$ 成立.

(2)因为 ab 是奇数，所以 a,b 都是奇数.不妨设

$$a=2m+1,b=2n+1$$

则

$$a^2+b^2=(2m+1)^2+(2n+1)^2=4m^2+4n^2+4m+4n+2$$

可见 a^2+b^2 是偶数，但不能被 4 整除.如果存在 c,d，使$a^2+b^2+c^2=d^2$成立，则 $d^2-c^2=(d+c)(d-c)$应为偶数，即$d+c$与 $d-c$ 应都是偶数，因此 $a^2+b^2=d^2-c^2$必能被 4 整除，这就导致了矛盾.

13.由已知可知四数必是三奇一偶或一奇三偶，不论哪一种，四数之立方和为奇数，不可能为 120.一般命题：如果偶数个正整数之和为奇数，那么它们的幂之和必为奇数.

14. 设 $x=2^s a, y=2^t b$（s,t 是非负整数，a,b 都是奇数），不妨设 $s\geqslant t$，则

$$\frac{4xy}{x+y}=\frac{2^{s+t+2}ab}{2^t(2^{s-t}a+b)}=\frac{2^{s+2}ab}{2^{s-t}a+b}$$

若 $s>t$，则上式的分母是一个奇数，而分子是一个偶数，故上式是偶数，与题设矛盾. 于是，$s=t$. 所以，$\frac{4xy}{x+y}=\frac{2^{s+2}ab}{a+b}$.

设

$$(a,b)=d, a=a_1 d, b=b_1 d, (a_1,b_1)=1$$

则 $\frac{4xy}{x+y}=\frac{2^{s+2}a_1 b_1 d}{a_1+b_1}$ 是一个奇数.

所以，a_1+b_1 能被 2^{s+2} 整除. 故 a_1+b_1 能被 4 整除. 又 a_1, b_1 都是奇数，它们除以 4 的余数为 1 或 3. 如果 a_1, b_1 除以 4 余数都是 1，那么它们的和不能被 4 整除，所以，其中一定有一个除以 4 余数为 3.

设 a_1 除以 4 余 3，则可设

$$a_1=4k-1 \quad (k\in \mathbf{N}^*)$$

因为 $(a_1, a_1+b_1)=1$，所以

$$a_1 \left| \frac{4xy}{x+y} \Rightarrow (4k-1) \right| \frac{4xy}{x+y}$$

15. 由于

$$a^3-b^3=(a-b)(a^2+ab+b^2)$$

当 $2^n \mid (a-b)$ 时，有

$$2^n \mid (a^3-b^3)$$

反之，当 $2^n \mid (a^3-b^3)$ 时，由于 a 和 b 是奇数，则 a^2+ab+b^2 是奇数，因而

$$(2^n, a^2+ab+b^2)=1$$

于是

$$2^n \mid (a-b)$$

因而

$$2^n \mid (a-b) \Leftrightarrow 2^n \mid (a^3-b^3) \quad (a,b\ 为奇数)$$

16.设十位数中，五个奇数位数字之和为 a，五个偶数位数字之和为 $b(10\leqslant a\leqslant 35,10\leqslant b\leqslant 35)$，则 $a+b=45$. 又十位数能被 11 整除，则 $a-b$ 应为 0,11,22. 由于 $a+b$ 与 $a-b$ 有相同的奇偶性，经分析所求的十位数是 9 876 524 130.

类似的，我们还可以求出由 0 到 9 十个不同数字所组成的能被 11 整除的最小十位数为 1 203 465 879.

17.只需证 $a^n+b^n+c^n$ 既可被 2 整除，又可被 3 整除. 因 a^n 与 a，b^n 与 b，c^n 与 c 分别具有相同的奇偶性，知 $a^n+b^n+c^n$ 与$a+b+c$具有相同的奇偶性，因后者可被 6 整除，是偶数，知$a^n+b^n+c^n$ 也为偶数，可被 2 整除.

为证 $a^n+b^n+c^n$ 可被 3 整除，可利用性质"若 n 为正奇数，k 为正整数，则 k^n 与 k 被 3 除的余数相同". 现证此性质：设 n 是大于 1 的正奇数，则有 $n-1=m\cdot 2^l$，其中 l 为正整数，m 为正奇数，于是

$$\begin{aligned}k^n-k=&k(k^{m\cdot 2^l}-1)=\\&k(k^{m\cdot 2^{l-1}}-1)(k^{m\cdot 2^{l-1}}+1)=\\&k(k^{m\cdot 2^{l-2}}-1)(k^{m\cdot 2^{l-2}}+1)(k^{m\cdot 2^{l-1}}+1)\end{aligned}$$

这个分解过程可以一直进行下去，得到

$$k^n-k=k(k-1)(k+1)\cdot p$$

其中

$$\begin{aligned}p=&(k^{m-1}+k^{m-2}+\cdots+1)(k^{m-1}-k^{m-2}+\cdots+1)\cdot\\&(k^{m\cdot 2}+1)(k^{m\cdot 2^2}+1)\cdots(k^{m\cdot 2^{l-1}}+1)\end{aligned}$$

由于 $k-1,k,k+1$ 是三个连续整数，其中一定有一个是 3 的倍数，所以 k^n-k 可被 3 整除，即 k^n 与k 被 3 除的余数相同.

18. 用数学归纳法.

(1)当 $n=3$ 时，$2^3=8=7+1$.

所以，当 $n=3$ 时，结论成立.

(2)假设当 $n=k$ 时，结论成立，即

$$2^k=7x^2+y^2 \quad (x \text{ 和 } y \text{ 都是奇数})$$

当 $n=k+1$ 时，由于

$$7\left[\frac{1}{2}(x-y)\right]^2+\left[\frac{1}{2}(7x+y)\right]^2=$$

$$\frac{7}{4}x^2+\frac{7}{4}y^2-\frac{7}{2}xy+\frac{49}{4}x^2+\frac{7}{2}xy+\frac{1}{4}y^2=$$

$$14x^2+2y^2=2(7x^2+y^2)=2^{k+1}$$

同理

$$7\left[\frac{1}{2}(x+y)\right]^2+\left[\frac{1}{2}(7x-y)\right]^2=2^{k+1}$$

当 x,y 是奇数时

$$\frac{1}{2}(x+y),\frac{1}{2}(7x-y),\frac{1}{2}(x-y),\frac{1}{2}(7x+y)$$

都是整数.

如果 $\frac{1}{2}(x-y)$ 是奇数，那么 $\frac{1}{2}(7x+y)$ 是奇数，我们就取奇数对 $\left(\frac{1}{2}(x-y),\frac{1}{2}(7x+y)\right)$.

如果 $\frac{1}{2}(x-y)$ 是偶数，那么 $\frac{1}{2}(x-y)+y=\frac{x+y}{2}$ 是奇数，此时 $\frac{1}{2}(7x-y)$ 也是奇数，我们就取奇数对 $\left(\frac{1}{2}(x+y),\frac{1}{2}(7x-y)\right)$.

于是，当 $n=k+1$ 时，结论成立.

由(1)与(2)，对 $n\geqslant 3$ 的自然数，结论成立.

19. 由于

$$\left(k+\frac{1}{2}\right)^n+\left(l+\frac{1}{2}\right)^n=\frac{(2k+1)^n+(2l+1)^n}{2^n}$$

因此，当且仅当 $2^n \mid ((2k+1)^n+(2l+1)^n)$ 时，$\left(k+\frac{1}{2}\right)^n+\left(l+\frac{1}{2}\right)^n$ 是整数.

因为

$$(2k+1)^n+(2l+1)^n \equiv 2n(k+l)+2 \pmod 4$$

所以，要使 2^n 整除 $(2k+1)^n+(2l+1)^n$，n 必定为奇数. 这时

$$(2k+1)^n+(2l+1)^n=$$
$$(2k+2l+2)[(2k+1)^{n-1}-$$
$$(2k+1)^{n-2}(2l+1)+\cdots+(2l+1)^{n-1}]$$

上式右边第二个因式是 n 个奇数之和，因此第二个因式为奇数.

因此，$2^n \mid ((2k+1)^n+(2l+1)^n)$，当且仅当 $2^n \mid 2(k+l+1)$.

当我们取 M 为 $2^n \mid 2(k+l+1)$ 的最大的 n 值，则当$n>M$时，$\left(k+\frac{1}{2}\right)^n+\left(l+\frac{1}{2}\right)^n$ 不是整数.

20. 因为四个连续自然数必有两个偶数，其中有一个是 4 的倍数. 又因为四个连续自然数至少有一个数是 3 的倍数，而$2\times3\times4=24$，故四个连续自然数必是 24 的倍数.

注意到 x 为正整数，则

$$(x-1)x(x+1)(x+2)=x(x^3+2x^2-x-2) \quad ①$$

由题设得

$$x(x^3-x-2)=24k \quad ②$$

由式①②得 $2x^3$ 为 24 的倍数，即 x^3 为 12 的倍数.

因为 $12=2^2\times3$，有 2 和 3 两个素因子，所以，

$2|x,3|x$.从而,$6|x$.

故 x 必为 6 的倍数.

21.因 2^n 仅含有因子 2,不含有任何大于 1 的奇数因子,但若干个连续整数之和为

$$m+(m+1)+\cdots+(m+k)=\frac{1}{2}(2m+k)(k+1)$$

因为 $2m+k$ 与 $k+1$ 具有不同的奇偶性,所以其中必有一个(大于 1 的)奇数因子,因此 2^n 不可能表示为若干个连续整数的和.设 r 为奇数,则 $\frac{1}{2}(r+1)$ 与 $\frac{1}{2}(r-1)$ 是两个连续整数,且有 $r=\frac{1}{2}(r+1)+\frac{1}{2}(r-1)$.设 r 为偶数,但 $r\neq 2^n$,则存在奇数 $p>1$,和正整数 l,使 $r=p\cdot 2^l$,于是

$$r=\frac{1}{2}[(p+1)+(p-1)+(p+3)+(p-3)+\cdots+(p+2^{l+1}-1)+(p-2^{l+1}+1)]$$

其中

$$\frac{1}{2}(p-2^{l+1}+1),\frac{1}{2}(p-2^{l+1}+3),\cdots,$$
$$\frac{1}{2}(p-1),\frac{1}{2}(p+1),\cdots,\frac{1}{2}(p+2^{l+1}-1)$$

是 2^{l+1} 个连续整数.

22.若 N 是"千禧数",则存在正整数 m,使得

$$N-\frac{k(k-1)}{2}=km$$

即

$$2N=k(2m+k-1)$$

显然,k 与 $2m+k-1$ 的奇偶性不同,且 $k>1$,$2m+k-1>1$.

所以 $2N$ 有大于 1 的奇约数.

从而 N 有大于 1 的奇约数.

反过来,若 N 有大于 1 的奇约数,可设 $2N=AB$,其中 A,B 的奇偶性不同,且 $A<B,A>1$. 则

$$N-\frac{A(A-1)}{2}=\frac{AB}{2}-\frac{A(A-1)}{2}=A\cdot\frac{B-A+1}{2}$$

其中$\frac{B-A+1}{2}$是整数.

所以 N 是"千禧数".

综上所述,只要 N 有大于 1 的奇约数,则 N 就是"千禧数".

在 1,2,…,2 000 中,只有

$$1,2,2^2,\cdots,2^{10}$$

不是"千禧数".

所以"千禧数"共有 2 000−11=1 989(个).

23.设这 40 个整数为

$$a_1,a_2,\cdots,a_{40}$$

且 $5\nmid a_i,i=1,2,\cdots,40$.

于是

$$a_i^2\equiv\pm1(\mathrm{mod}\ 5)$$
$$a_i^4\equiv1(\mathrm{mod}\ 5)$$

从而

$$\sum_{i=1}^{40}a_i^4\equiv40\equiv0(\mathrm{mod}\ 5)$$

24.所给的三个数可化为

$$a^3b-ab^3=ab(a^2-b^2)$$
$$b^3c-bc^3=bc(b^2-c^2)$$
$$c^3a-ca^3=ca(c^2-a^2)$$

若 a 和 b 中有一个偶数,则 $2|ab$,若 a 和 b 中没有一个偶数,即都是奇数,则 $2|(a^2-b^2)$,于是

$$2|ab(a^2-b^2)=a^3b-ab^3$$

同理

$$2|(b^3c-bc^3),2|(c^3a-ca^3)$$

即 $a^3b-ab^3,b^3c-bc^3,c^3a-ca^3$ 这三个数都能被 2 整除.

若 a,b,c 三数中，有一个能被 5 整除，则所给三个数中一定有一个能被 5 整除.

若 a,b,c 都不能被 5 整除，则有

$$a^2\equiv\pm1(\bmod 5)\quad(\text{当 }5\nmid a\text{ 时})$$

因为 a^2,b^2,c^2 三数被 5 除的余数只有 +1 和 −1 两种可能，于是，a^2,b^2,c^2 中必有两数对 5 同余，不妨设 a^2 和 b^2 对 5 同余，则 $5|(a^2-b^2)$，于是

$$5|ab(a^2-b^2)=a^3b-ab^3$$

因而，所给三个数 $a^3b-ab^3,b^3c-bc^3,c^3a-ca^3$ 中一定有一个能被 5 整除.

又因为 2 和 5 互素，所以所给三数中一定有一个能被 $2\times5=10$ 整除.

25. 注意到 $34^2=1\ 156$，容易证明

$$4\cdot1\ 155^{979}>34^{1\ 958}$$

于是有

$$(1\ 155^{979})^2<1\ 155^{1\ 958}+34^{1\ 958}<(1\ 155^{979}+2)^2$$

若 $1\ 155^{1\ 958}+34^{1\ 958}=n^2$，则应有

$$1\ 155^{1\ 958}+34^{1\ 958}=(1\ 155^{979}+1)^2$$

此式左边为奇数，右边为偶数，不可能成立.

于是不可能有

$$1\ 155^{1\ 958}+34^{1\ 958}=n^2$$

26. 不存在.

当 n 为奇数时

$$324+455^n\equiv1+(-1)^n\equiv0(\bmod 19)$$

是 19 的倍数.

当 $n\equiv2(\bmod 4)$ 时

$$324+455^n\equiv 1+(455^2)^{\frac{n}{2}}\equiv 1+(-1)^{\frac{n}{2}}\equiv 0 \pmod{17}$$

是 17 的倍数.

当 $n\equiv 0 \pmod 4$ 时,设 $n=4k(k\geqslant 0)$,则

$$\begin{aligned}324+455^{4k}=455^{4k}+18^2=\\ &(455^{2k}+18)^2-(6\times 455^k)^2=\\ &(455^{2k}-6\times 455^k+18)\cdot\\ &(455^{2k}+6\times 455^k+18)\end{aligned}$$

显然,每项均大于 1,故为合数.

综上,对任意 $n\geqslant 0$,$324+455^n$ 均为合数.

27. 若 $p=2$,由 $p\mid(q+6)$,得 $q=2$.

此时,$q\nmid(p+7)$,故 $p\neq 2$.

若 $q=2$,由 $p\mid(q+6)$,得 $p=2$.

而 $q\nmid(p+7)$,矛盾,故 $q\neq 2$.

因此,p,q 均为奇素数.

进而,$p+7$ 为偶数.

因为 $q\mid(p+7)$,所以

$$q\leqslant\frac{p+7}{2}\leqslant\frac{q+6+7}{2}$$

故 $q\leqslant 13$.

用枚举法讨论 $q=3,5,7,11,13$ 的情况.

综上,当且仅当 $q=13$,$p=19$ 时,满足题意.

28. 显然,$p\neq q$.

不妨设 $p<q$.

当 $p=2$ 时,由

$$q^q+5\equiv 5\equiv 0 \pmod q$$

知 q 只可能取 5.

经检验,知 $(p,q)=(2,5)$ 符合条件.

当 p,q 都是奇素数时,由

$$p^p+1\equiv 0 \pmod q$$

知

$$q\mid(p^{p-1}-p^{p-2}+\cdots-p+1)$$
$$p^{2p}\equiv 1(\bmod q)$$

另一方面,据费马小定理得

$$p^{q-1}\equiv 1(\bmod q)$$

若 $\gcd(2p,q-1)=2$,则 $p^2\equiv 1(\bmod q)$,于是

$$p\equiv 1(\bmod q)\text{或 }p\equiv -1(\bmod q)$$

从而

$$0\equiv p^{p-1}-p^{p-2}+\cdots-p+1\equiv 1\text{ 或 }p(\bmod q)$$

矛盾.

若 $\gcd(2p,q-1)=2p$,即 $q\equiv 1(\bmod p)$,则

$$0\equiv p^p+q^q+1\equiv p^p+1+1\equiv 2(\bmod p)$$

同样导致矛盾.

因此,所求的所有满足条件的素数对为(2,5)和(5,2).

29.(1)设 r 和 s 是正整数,其中 r 是奇数.如果 x 和 y 是 $\bmod 2^r$ 互不同余的奇数,那么,x^s 和 y^s 也使 $\bmod 2^r$ 互不同余.这是因为

$$x^s-y^s=(x-y)(x^{s-1}+x^{s-2}y+\cdots+y^{s-1})$$

并且 $x^{s-1}+x^{s-2}y+\cdots+y^{s-1}$ 是奇数.

因此,当 t 取遍 $\bmod 2^r$ 的既约剩余系(又称缩剩余系)时,t^s 也取遍 $\bmod 2^r$ 的既约剩余系.

(2)根据(1)中的讨论,对于奇数 $2m-1$,必有奇数 a 使得

$$2m-1=a^{19}+q2^{1\,999}$$

于是对于 $b=1$,有

$$2m=a^{19}+b^{99}+q2^{1\,999}$$

如果 $q\geqslant 0$,那么,题目的结论已得证.

如果 $q<0$,那么,分别以 $\tilde{a}=a-h2^{1\,999}$ 和

$$\tilde{q}=\frac{a^{19}-(a-ha^{1\,999})^{19}}{2^{1\,999}}+q=\frac{(h2^{1\,999}-a)^{19}+a^{19}}{2^{1\,999}}+q$$

代替 a 和 q，仍有

$$2m=\tilde{a}^{19}+1^{99}+\tilde{q}2^{1\,999}$$

取 h 足够大可使 $\tilde{q}\geqslant 0$.

于是，题目的结论得到完全的证明.

30. 设 $M=2^m-1$.

若 $M\mid(3^n-1)$，则

$$(3^{\frac{n+1}{2}})^2\equiv 3\pmod M$$

即 3 是模 M 的二次剩余.

因为 m 为奇数，所以

$$M\equiv 1\pmod 3$$

于是，$\left(\frac{M}{3}\right)=1$.

又 M 是奇数，且 $(M,3)=1$，由二次互反性定理有

$$\left(\frac{3}{M}\right)=\left(\frac{3}{M}\right)\left(\frac{M}{3}\right)=(-1)^{\frac{M-1}{2}\cdot\frac{3-1}{2}}=(-1)^{2^{m-1}-1}=-1$$

即 3 不是模 M 的二次剩余，矛盾.

31. $37.5^n+26.5^n=\frac{1}{2^n}(75^n+53^n)$.

当 n 为正偶数时

$$75^n+53^n\equiv(-1)^n+1^n\equiv 2\pmod 4$$

即

$$75^n+53^n=4l+2\quad(l\in\mathbf{N})$$

故

$$37.5^n+26.5^n=\frac{1}{2^{n-1}}(2l+1)$$

不是正整数.

当 n 为正奇数时

$$75^n+53^n=(75+53)(75^{n-1}-75^{n-2}\times 53+\cdots+53^{n-1})=$$
$$2^7(75^{n-1}-75^{n-2}\times 53+\cdots+53^{n-1})$$

上式括号内有 n 项，每一项都是奇数，因而和为奇

数.

由此可见,只有当 $n=1,3,5,7$ 时,$37.5^n+26.5^n$ 是正整数.

32.假定已得到了 n 个连续整数之和,其中最大数为 m,显然 $m>0$.由于这个和等于正数 n,可得

$$n=m+(m-1)+\cdots+[m-(n-1)]=$$
$$nm-[1+2+\cdots+(n-1)]=$$
$$nm-\frac{1}{2}(n-1)n$$

最后一式可化简为

$$1=m-\frac{1}{2}(n-1)$$

因此,n 一定是一个奇数,对任何一个正奇数 n,序列中的最大整数 $m=1+\frac{n-1}{2}=\frac{n+1}{2}$.这 n 个连续的整数和,可以这样写出:

以 $-\frac{n-3}{2}$ 开始,以 $\frac{n+1}{2}$ 结束,这个和恰好等于 n.

33.由题设得

$$192\mid(a^3-1)$$

又 $192=3\times2^6$,且

$$a^3-1=(a-1)[a(a+1)+1]=$$
$$(a-1)a(a+1)+(a-1)$$

因为 $a(a+1)+1$ 是奇数,所以

$$2^6\mid(a^3-1)\Leftrightarrow2^6\mid(a-1)$$

又 $3\mid(a-1)a(a+1)$,则

$$3\mid(a^3-1)\Leftrightarrow3\mid(a-1)$$

故 $192\mid(a-1)$.于是,$a=192k+1$.

又 $0<a<2\ 009$,则 $k=0,1,\cdots,10$.

因此,满足条件的所有可能的正整数 a 的和为

$11+192(1+2+\cdots+10)=10\ 571$.

34. 如果 m 和 n 都是偶数，那么 3^m+1 能被 4 整除. 但这是不可能的，因为对所有的偶数 m，$3^m+1\equiv 2(\bmod 4)$. 故 m,n 中至少有一个是奇数.

不妨设 m 为奇数，且 $m\neq 1$. 设 p 为整除 m 的最小素数，且 $m=pk$. 易知 $p\geqslant 5$.

由费马小定理有

$$3^{p-1}\equiv 1(\bmod p)$$

由题设有

$$3^{2pk}\equiv 1(\bmod p)$$

由素数 p 的定义有 $(2pk,p-1)=2$，所以

$$3^2\equiv 1(\bmod p)$$

这是不可能的，因此，m 和 n 中至少有一个等于 1. 这意味着满足条件的 (m,n) 为

$$(1,1),(1,2),(2,1)$$

35. 显然，三元数组中的任何两个数互不相同(因若 $p=q$，则 p^4-1 不能被 q 整除).

为确定起见，设 p 是三个数中最小的.

已知 $p^4-1=(p-1)(p+1)(p^2+1)$ 可被 qr 整除，而 $p-1$ 小于素数 q,r，故与 p,r 互素.

因为 $p^2+1<(p+1)(p+1)<qr$，所以，p^2+1 也不可能被 qr 整除.

这表明，$p+1$ 可被 q,r 之一整除.

为确定起见，设其可被 q 整除.

因为 $q>p$，所以，仅当 $q=p+1$ 时，才有可能.

这样一来，p 与 q 一奇一偶.

又由其均是素数，则 $p=2,q=3$.

由 $r|(p^4-1)=15=3\times 5$，且 $r\neq q=3$，故 $r=5$.

综上，$(p,q,r)=(2,3,5)$.

36. $a=1,3,5$.

称满足条件的数对(a,n)为“胜数对”.

直接验证,知数对(1,1),(3,1),(5,4)是胜数对.

假设正整数$a\neq 1,3,5$.

下面分三种情形.

(1)若a为偶数,设$a=2^{\alpha}d$,其中,α为正整数,d为奇数.

因为$a\geqslant 2^{\alpha}$,所以,对于每个正整数n,存在$i\in\{0,1,\cdots,a-1\}$,使得

$$n+i=2^{\alpha-1}e \quad (e\text{ 为奇数})$$

则

$$t(n+i)=t(2^{\alpha-1}e)=e$$

$$t(n+a+i)=t(2^{\alpha}d+2^{\alpha-1}e)=2d+e\equiv e+2 \pmod 4$$

故

$$t(n+a+i)-t(n+i)\equiv 2 \pmod 4$$

因此,(a,n)不是胜数对.

(2)若a是一个奇数,且$a>8$,对于每个正整数n,存在$i\in\{0,1,\cdots,a-5\}$,使得$n+i=2d$(d是奇数).

故

$$t(n+i)=d\not\equiv d+2=t(n+i+4) \pmod 4$$

$$t(n+a+i)=n+a+i\equiv n+a+i+4\equiv t(n+a+i+4) \pmod 4$$

即

$$t(n+a+i)-t(n+i)\text{ 与 }t(n+a+i+4)-t(n+i+4)$$

不能同时被4整除.

因此,(a,n)不是胜数对.

(3)若$a=7$,对于每个正整数n,存在$i\in\{0,1,\cdots,6\}$,使得$n+i$要么是$8k+3$型,要么是$8k+6$型,其中,k是非负整数.

由

$$t(8k+3)\equiv 3\not\equiv 1\equiv 4k+5\equiv t(8k+3+7) \pmod 4$$

$t(8k+6)\equiv 4k+3\equiv 3\neq 1\equiv t(8k+6+7) \pmod 4$
知$(7,n)$不是胜数对.

综上,$a=1,3,5$.

37. p为奇素数.

对任意正整数n,有$n^{n+1}+(n+1)^n$是奇数,于是,$p\neq 2$.

考虑$p\geqslant 3$的情形,证明满足条件的n有无穷个.

解法1:为了使得$(n+1)^n$除以p的余数确定,取$n=pk-2$且为奇数,则

$$n^{n+1}+(n+1)^n\equiv(-2)^{pk-1}+(-1)^{pk-2}\equiv 2^{k-1}(2^{p-1})^k-1\equiv 2^{k-1}-1 \pmod p$$

此时,只需再取$k-1=(p-1)t$即可.

于是,$n=p(p-1)t+p-2$都满足条件.

解法2:当$p\geqslant 3$时,$(2,p)=1$,由费马小定理,知

$$2^{p-1}\equiv 1 \pmod p$$

取$n=p^t-2(t=1,2,\cdots)$,则

$$n^{n+1}+(n+1)^n\equiv(-2)^{p^t-1}+(-1)^{p^t-2}\equiv 2^{p^t-1}-1\equiv(2^{p-1})^{p^{t-1}+p^{t-2}+\cdots+p+1}-1\equiv 0 \pmod p$$

所以,结论成立.

38. 因为奇数加偶数均不能被偶数整除,所以顺时针排列的三个数若为偶、奇、偶或奇、偶、偶,均不满足条件.

于是在圆周上两个相邻数之间至少有两个奇数.

所以偶数的个数k比奇数的个数至少要少k个.

而从1到n的n个整数,偶数比奇数最多多一个,于是$k=1,n=3$.

即$1+3=4$能被2整除,$1+2=3$能被3整除,$2+3=5$能被1整除.

39.解法1:从1到50的编号中,有25个奇数和25个偶数.

对于25个奇数,则需要有25个偶数和25个奇数组成的数对求差而得.

对于25个偶数,则需要有50个偶数或50个奇数组成的数对求差而得.

而1,2,…,100中共有50个奇数和50个偶数,所以不可能.

解法2:由于任意两个整数的和与差具有相同的奇偶性,因此,每一对中的两数之和与它的编号具有相同的奇偶性.

于是50对整数相加之和($1+2+\cdots+100=5\ 050$)与50对编号全部相加之和($1+2+\cdots+25=1\ 275$)应具有相同的奇偶性,但这是不可能的.

40.设 $a_n=n(n+2)(n+4)$,b_n 是 a_n 的正因子个数.

显然,$b_1=4$,$b_2=10$,$b_3=8$,$b_4=14$,$b_5=12$,$b_6=24$,$b_7=12$,$b_8=28$,$b_9=12$,$b_{10}=40$.

注意到,若正整数 m 的素因数分解式为 $p_1^{\alpha_1}p_1^{\alpha_2}\cdots p_k^{\alpha_k}$,则 m 的正因子个数为

$$(\alpha_1+1)(\alpha_2+1)\cdots(\alpha_k+1)$$

若 m 能整除正整数 t,则 t 的因子个数至少与 m 的因子个数相同.

下面设 $n\geqslant 11$.

(1)n 为偶数.

设 $n=2k$,则

$$a_n=2^3k(k+1)(k+2)$$

显然,k,$k+1$,$k+2$ 中至少有一个能被2整除,恰有一个能被3整除.

因为 $k\geqslant 6$,所以 k,$k+1$,$k+2$ 不可能全是2的幂或3的幂.

于是，$k(k+1)(k+2)$有一个素因数 p，其中，$p\neq 2,3$.

因此，$2^4\times 3p|a_n$.

故 a_n 至少有 $5\times 2\times 2=20$ 个正因数.

(2)n 为奇数.

则 $n,n+2,n+4$ 两两互素，且 $n,n+2,n+4$ 中有一个能被 3 整除，有两种情形：

第一种情形为这个数至少有一个素因子 $p(p\neq 3)$.

设 q,r 分别为另两个数的素因数，则 $3pqr|a_n$.

又 $n,n+2,n+4$ 互素，则 $3,p,q,r$ 也互素. 故 a_n 至少有 $2\times 2\times 2\times 2=16$ 个因子.

第二种情形为这个数就是 3 的幂.

因为 $n\geqslant 11$，所以这个数能被 3^3 整除.

类似知，a_n 至少有 $4\times 2\times 2=16$ 个因子.

故所求 n 为 1,2,3,4,5,7,9.

41. 由 $p-1$ 为偶数，可得

$$\sum_{k=1}^{p-1}k^{2p-1}=\sum_{k=1}^{\frac{p-1}{2}}(k^{2p-1}+(p-k)^{2p-1})$$

而

$$\begin{aligned}&k^{2p-1}+(p-k)^{2p-1}=\\&k^{2p-1}+p^{2p-1}+C_{2p-1}^{1}p^{2p-2}(-k)+\cdots+\\&C_{2p-1}^{2p-2}p(-k)^{2p-2}+(-k)^{2p-1}=\\&p^{2p-1}+C_{2p-1}^{1}p^{2p-2}(-k)+\cdots+\\&C_{2p-1}^{2p-3}p^2(-k)^{2p-3}+C_{2p-1}^{2p-2}p(-k)^{2p-2}\end{aligned}$$

则

$$k^{2p-1}+(p-k)^{2p-1}\equiv C_{2p-1}^{2p-2}p(-k)^{2p-2}\equiv (2p-1)p\cdot k^{2p-2}\pmod{p^2}$$

由费马小定理知

$$k^{p-1}\equiv 1\pmod p\quad(1\leqslant k<p)$$

则

$$(2p-1)k^{2p-2}\equiv(2p-1)\cdot 1^2\equiv-1\pmod p$$

故存在整数 m,使得

$$(2p-1)k^{2p-2}=mp-1$$

则

$$(2p-1)pk^{2p-2}=mp^2-p\equiv-p\pmod{p^2}$$

所以

$$\sum_{k=1}^{p-1}k^{2p-1}\equiv\sum_{k=1}^{\frac{p-1}{2}}(-p)\equiv\frac{p-1}{2}\cdot(-p)\equiv$$

$$\frac{p-p^2}{2}+p^2\equiv\frac{p(p+1)}{2}\pmod{p^2}$$

42. 所求的整数对 (a,b) 只有 $(0,0)$ 和 $(-1,-1)$.

若 a,b 中有一个数是 0,显然另一个数也必须是 0.

下设 $ab\neq 0$,取素数 p 使得 $p>|a+b^2|$,由费马小定理知

$$a^p+b^{p+1}\equiv a+b^2\pmod p$$

因为 $p\mid(a^p+b^{p+1})$ 且 $p>|a+b^2|$,得 $a+b^2=0$.

此时取素数 q 使得 $q>|b+1|$ 且 $(q,b)=1$,并设 $n=2q$,则

$$a^n+b^{n+1}=(-b^2)^{2q}+b^{2q+1}=b^{4q}+b^{2q+1}=$$

$$b^{2q+1}(b^{2q-1}+1)$$

由 $n\mid(a^n+b^{n+1})$ 且 $(q,b)=1$,知 $q\mid(b^{2q-1}+1)$.

因为

$$b^{2q-1}+1\equiv(b^{q-1})^2\cdot b+1\equiv b+1\pmod q$$

而 $q>|b+1|$,因此,只能是 $b+1=0$,即 $b=-1$,同时 $a=-b^2=-1$.

综上所述,所求的整数对只有 $(0,0)$ 和 $(-1,-1)$.

43. 最小值为 $7=12^1-5^1$.

首先，$|12^m-5^n|$一定是奇数. 由于$|12^m-5^n|$不被5整除，也不被3整除，所以$|12^m-5^n|\neq 3,5$.

如果$12^m-5^n=1$，考虑除以4的余数，左边12^m-5^n除以4余-1(即余3)，矛盾.

如果$5^n-12^m=1$，因为

$$5^n-12^m\equiv 5^n\equiv(-1)^n\equiv 1(\text{mod } 3)$$

所以n是偶数$2k$. 又因为

$$5^n-12^m\equiv -2^m\equiv 2^{m+2}\equiv 1(\text{mod } 5)$$

所以$m=4h+2$，从而

$$5^n-12^m=(5^k)^2-(12^{2h+1})^2=$$
$$(5^k+12^{2h+1})(5^k-12^{2h+1})\geqslant$$
$$5^k+12^{2h+1}>1$$

矛盾. 因此$|12^m-5^n|\geqslant 7$.

44. 只需考虑$k=\prod\limits_i p_i^{\alpha_i}$($p_i$是素数，$\alpha_i\geqslant 0$).

取$(x,k)=1$，则存在$m\in\mathbf{Z}_+$，且$1\leqslant m\leqslant k-1$，使得$mx^2\equiv -1(\text{mod } k)$.

令$y=mx$，则$k|(xy+1)$.

由条件有$k|(x+y)$，即$k|(m+1)x$.

所以，$k|(m+1)x^2$.

又$k|(mx^2+1)$，则$k|(x^2-1)$.

故$x^2\equiv 1(\text{mod } p_i)$，对任意$p_i,x(p_i\nmid x)$均成立.

因此，$p_i=2$或3，$k=2^\alpha\times 3^\beta$.

又对任意$x,2\nmid x$，有$x^2\equiv 1(\text{mod } 2^\alpha)$.

故$\alpha\leqslant 3$(注意到任意奇数的平方模8余1，而模16则没有这样的性质).

同理，$\beta\leqslant 1$.

所以，$k\leqslant 8\times 3=24$.

下面证明：24满足要求.

若存在$x,y\in\mathbf{Z}_+$使$24|(xy+1)$，则

$$(x,24)=1,(y,24)=1$$

$$x,y\equiv 1,5,7,11,13,17,19,23 \pmod{24}$$

由于对固定的 a，$ax\equiv -1 \pmod{24}$ 在模 24 下有且仅有一解，且 $xy\equiv -1 \pmod{24}$，于是

$$x\equiv 1 \pmod{24},y\equiv 23 \pmod{24}$$

$$x\equiv 5 \pmod{24},y\equiv 19 \pmod{24}$$

$$x\equiv 7 \pmod{24},y\equiv 17 \pmod{24}$$

$$x\equiv 11 \pmod{24},y\equiv 13 \pmod{24}$$

无论取哪种情况，均有 $24|(x+y)$.

故 $k=24$ 即为所求.

45. 不可能.

假设能找到这样的相连的六个正整数.

由于若干个正整数的最小公倍数可以被它们中的每个正整数整除，因而，也可被这些正整数的每个约数整除.

于是，当这些正整数中有偶数时，它们的最小公倍数就是偶数；当这些正整数都是奇数时，它们的最小公倍数才是奇数.

因为 2 009 是奇数，所以，它只能表示为一奇一偶两个数的差.

这表明，在所要求成立的等式中，有一个[*,*,*]中的三个“*”都是奇数，从而，另一个[*,*,*]中的三个“*”都是偶数(因为在任何相连的六个正整数中都是三奇三偶).

另一方面，在任何相邻的三个奇数中都有一个数是 3 的倍数，在任何相邻的三个偶数中也都有一个数是 3 的倍数，从而，式中的两个[*,*,*]都是 3 的倍数.因而，它们的差是 3 的倍数.但是 2 009 不是 3 的倍数，矛盾.

46. 首先证明一个引理.

引理：设 $2^m \parallel n$，则 $2^m \mid C_n^k$（k 为小于 n 的任意正奇数）.

引理的证明：设 $(n,k)=d$，$n=n_1 d$，$k=k_1 d$，则

$$(k_1,n_1)=1,2\nmid d$$

故

$$2^m \parallel n_1,C_n^k=\frac{n}{k}C_{n-1}^{k-1}=\frac{n_1}{k_1}C_{n-1}^{k-1}$$

因为 C_n^k 为整数，所以，$k_1 \mid n_1 C_{n-1}^{k-1}$.

又 $(k_1,n_1)=1$，则 $k_1 \mid C_{n-1}^{k-1}$.

故 $\frac{C_{n-1}^{k-1}}{k_1}$ 为整数. 于是，$n_1 \mid C_n^k$.

又因为 $2^m \parallel n_1$，所以，$2^m \mid C_n^k$.

回到原题.

注意到 $5^n-3^n=(4+1)^n-(4-1)^n$.

(1)当 n 为奇数时，有

$5^n-3^n=2(4^{n-1}C_n^1+4^{n-2}C_n^2+\cdots+4C_n^{n-2}+1)$

由 $2\mid(4^{n-1}C_n^1+4^{n-2}C_n^2+\cdots+4C_n^{n-2})$，则 $2\parallel(5^n-3^n)$.

故 $a=1\leqslant b+3$.

(2)当 $n(n\geqslant 4)$ 为偶数时（当 $n=2$ 时，$a=4$，$b=1$，成立），有

$5^n-3^n=2(4^{n-1}C_n^1+4^{n-3}C_n^3+\cdots+4^3C_n^{n-3}+4n)$

设 $2^m \parallel n$，易证 $m\leqslant b$.

由引理知

$$2^m\mid C_n^1,2^m\mid C_n^3,\cdots,2^m\mid C_n^{n-3}$$

故

$$2^{m+3}\mid(4^{n-1}C_n^1+4^{n-3}C_n^3+\cdots+4^3C_n^{n-3})$$

又因为 $2^{m+2}\parallel 4n$，所以

$$2^{m+2}\parallel(4^{n-1}C_n^1+\cdots+4^3C_n^{n-3}+4n)$$

故 $a=m+3\leqslant b+3$.

综上，结论得证.

47. 设正整数 a,b 满足 $15a+16b$ 和 $16a-15b$ 都是正整数的平方，即

$$15a+16b=r^2, 16a-15b=s^2$$

这里 $r,s\in\mathbf{N}$.

以上两式消去 b 得

$$15^2a+16^2a=15r^2+16s^2$$

即

$$481a=15r^2+16s^2 \quad ①$$

消去 a 得

$$16^2b+15^2b=16r^2-15s^2$$

即

$$481b=16r^2-15s^2 \quad ②$$

因此，$15r^2+16s^2$ 和 $16r^2-15s^2$ 都是 481 的倍数.

下面证明 r,s 也都是 481 的倍数.

由 $481=13\times 37$，所以只需证明 r,s 都是 13 和 37 的倍数.

首先证明 $13\mid r,13\mid s$. 用反证法.

假设 $13\nmid r,13\nmid s$. 由于 $13\mid(16r^2-15s^2)$，则

$$16r^2\equiv 15s^2 \pmod{13} \quad ③$$

因为 $13\nmid r,13\nmid s$，且 13 是素数，则由费马小定理

$$r^{12}\equiv 1 \pmod{13}, s^{12}\equiv 1 \pmod{13}$$

则式③化为

$$16r^2\cdot s^{10}\equiv 15s^{12}\equiv 15\equiv 2 \pmod{13} \quad ④$$

又由费马小定理

$$(16r^2\cdot s^{10})^6=(4rs^5)^{12}\equiv 1 \pmod{13}$$

再由式④有

$$2^6\equiv 1 \pmod{13}$$

事实上

$$2^6=64\equiv -1 \pmod{13}$$

出现矛盾，于是 $13\mid r,13\mid s$.

再证 $37|r,37|s$. 仍用反证法.

假定 $37\nmid r,37\nmid s$. 因为

$$37|(15r^2+16s^2),37|(16r^2-15s^2)$$

所以

$$37|((16r^2-15s^2)-(15r^2+16s^2))$$

即

$$37|(r^2-31s^2)$$

故

$$r^2\equiv 31s^2 \pmod{37}$$

又由

$$s^{36}\equiv 1 \pmod{37}$$

则

$$r^2s^{34}\equiv 31s^{36}\equiv 31 \pmod{37}$$

而

$$(r^2s^{34})^{18}=(rs^{17})^{36}\equiv 1 \pmod{37}$$

即

$$31^{18}\equiv 1 \pmod{37}$$

然而

$$31^{18}\equiv(31^2)^9\equiv((-6)^2)^9\equiv$$
$$36^9\equiv(-1)^9=-1 \pmod{37}$$

与前式矛盾,于是 $37|r,37|s$.

由以上可知 $481|r,481|s$.

于是完全平方数 $15a+16b$ 及 $16a-15b$ 均不小于 481^2.

另一方面,我们取 $a=481\times 31,b=481$,则

$$15a+16b=481^2,16a-15b=481^2$$

因此,所求最小值为 481^2.

48. $9\times 1+90\times 2+900\times 3+994\times 4=6\ 873$

整数 N_1 由 6 873 个数字构成,将这些数字依次编号为 1,2,3,…,6 873,我们考察编号的集合{1,2,…,

6 873}. 从 N_1 中擦掉位于偶数位的数字等价于从集合{1,2,…,6 873}中去掉{2,4,…,6 872}.

类似的,我们从剩下的集合{1,3,5,…,6 873}中去掉{1,5,9,…,6 873}而剩下(3,7,11,…,6 871}. 我们依次可得到集合

$$\{3,3+8=11,11+8=19,\cdots\}$$
$$\{11,11+16=27,\cdots\}$$
$$\{11,11+32=43,\cdots\}$$
$$\{43,43+64=107,\cdots\}$$
$$\{43,43+128=171,\cdots\}$$
$$\{171,171+256=427,\cdots\}$$
$$\{171,171+512=683,\cdots\}$$
$$\{683,683+1\ 024=1\ 707,\cdots\}$$
$$\{683,683+2\ 048=2\ 731\}$$
$$\{2\ 731,2\ 731+4\ 096=6\ 827\}$$

最后一步,即第十三步后只剩下{2 731}.

所求数字应是 N_1 从左至右的第 2 731 位数字

$$9\times1+90\times2<2\ 731<9\times1+90\times2+900\times3$$

这个数字应属于某个三位数. 一位数和两位数共占去 189 个位置, $2\ 731-189=2\ 542=3\times847+1$, 在三位数中第 848 个是 947, 此数左侧数字是 9. 最后黑板剩下的数字是 9.

49. 首先注意到 n 是一个素数, 因此, $n=2$ 或 n 是一个形如 $4k+1$ 的数. 下面证明 $n\leqslant5^2=25$.

假设 $n>25$, 则所有不大于 5 的素数整除 ab, 且

$$n=a^2+b^2\geqslant c^2+d^2\geqslant2cd\geqslant2(2\times3\times5)=60>49=7^2$$

其中, c 和 d 分别是 a 和 b 的不同的正素因子的积.

令 p_k 为第 k 个素数, 下面用数学归纳法证明:

若 $p_k\geqslant5$, 则 $2(2\times3\times\cdots\times p_k)\geqslant p_{k+1}^2$.

我们知道 $2p_{k+1}>p_{k+2}$(柏特龙公设). 由归纳假设

可得

$$2(2\times3\times\cdots\times p_k\times p_{k+1})>p_{k+1}^3>p_{k+1}\cdot\left(\frac{p_{k+2}}{2}\right)^2>p_{k+2}^2$$

其中 $p_{k+1}>5$. 因此,结论是正确的. 由此结论和假设 $n>25$,可得到:对于任意素数 p,$n>p^2$,这显然不能成立. 故 $n\leqslant25$.

n 的可能值只能为 2,5,13 和 17. 然而,$17=4^2+1$,$3\leqslant\sqrt{17}$,但 3 不能整除 2 或 1,而

$$2=1^2+1^2,5=2^2+1,13=2^2+3^2$$

且满足假设条件,故 $n=2,5$ 或 13.

50. 当 $n\geqslant4$ 时:

(1)若 $b_1,b_2,\cdots,b_n$ 中有两个偶数,则当 k 为偶数时,$b_1+a_1k,b_2+a_2k,\cdots,b_n+a_nk$ 中有两项同为偶数,不互素.

(2)若 $b_1,b_2,\cdots,b_n$ 中至多有一个偶数,则其中至少有三个奇数(不妨设为 b_1,b_2,b_3). 考虑 a_1,a_2,a_3,由题设其中至少有两个奇数(不妨设为 a_1,a_2),则当 k 为奇数时,b_1+a_1k,b_2+a_2k 同为偶数,不互素.

当 $n=3$ 时,由题意不妨设 $a_1+a_2=a_3$.

因为 $(a_1,a_2)=1$,所以,由裴蜀定理知存在整数 x,y 使得

$$a_1x+a_2y=1$$

不妨设 $x>0>y$.

令 $b_1=-y,b_2=x,b_3=b_1+b_2$,则

$$a_1b_2-a_2b_1=1$$

$$a_3b_2-a_2b_3=(a_1+a_2)b_2-a_2(b_1+b_2)=1$$

$$a_1b_3-a_3b_1=a_1(b_1+b_2)-(a_1+a_2)b_1=1$$

故

$$a_1(b_2+a_2k)-a_2(b_1+a_1k)=1$$

$$a_2(b_3+a_3k)-a_3(b_2+a_2k)=-1$$

$$a_3(b_1+a_1k)-a_1(b_3+a_3k)=-1$$

因此，$b_1+a_1k,b_2+a_2k,b_3+a_3k$ 两两互素.

所以，当 $n=3$ 时，这样的整数存在.

51. 显然，当 x 是非整的有理数时，$1+5\times2^x$ 不是有理数，不满足条件.

又显然 $x=0,1,2$ 均不满足条件.

先从简单情形入手.

当 x 为正整数时，$x\geqslant3$.

设 $1+5\times2^x$ 是正奇数 $2k+1$ 的平方，即

$$1+5\times2^x=(2k+1)^2$$
$$5\times2^{x-2}=k(k+1)$$

又 $(k,k+1)=1$，只可能 $k+1=5$，即

$$x=4,1+5\times2^4=81$$

若 $x=-y$ 为负整数，则

$$1+5\times2^x=\frac{2^y+5}{2^y}$$

为有理数的平方.

显然，$y=1$ 不是解，$y=2$ 是解.

不妨设 $y\geqslant3$，y 必为偶数，设 $y=2b$，记 $p=2^b$，则

$$5+2^y=5+p^2=q^2\Rightarrow$$
$$5=(q+p)(q-p)\Rightarrow$$
$$p=2,q=3\Rightarrow b=1$$

综上，满足条件的 x 为 -2 或 4.

52. 注意到

$$A=\sum_{r\geqslant0,2\mid r}C_n^{rp}\frac{(rp)!}{(p!)^r r!}$$

$$B=\sum_{r\geqslant0,2\nmid r}C_n^{rp}\frac{(rp)!}{(p!)^r r!}$$

其中，A 的求和式中空集相当于 $r=0$.

令 $u_r=\dfrac{(rp)!}{(p!)^r r!}(r\geqslant0)$，则有

$$u_{r+1}=\frac{(rp+1)(rp+2)\cdots(rp+p)}{p(r+1)(p-1)!}\cdot u_r$$

故

$$(p-1)!\ u_{r+1}=(rp+1)(rp+2)\cdots(rp+p-1)u_r$$

由此得 $u_{r+1}\equiv u_r(\bmod p)$，其中，$r\geqslant 0$.

又由 $u_0=1$，可得 $u_r\equiv 1(\bmod p)$，其中，$r\geqslant 0$.

于是

$$A-B\equiv\sum_{r=0}^{\left[\frac{n}{p}\right]}(-1)^r C_n^{rp}(\bmod p)$$

故只需证

$$p\mid M=\sum_{r=0}^{\left[\frac{n}{p}\right]}(-1)^r C_n^{rp}$$

若 p 为奇数，取 $f(x)=(1-x)^n$，ω 是 p 次单位根，则

$$\begin{aligned}\sum_{k=0}^{p-1}f(\omega^k)=\sum_{k=0}^{p-1}(1-\omega^k)^n=\\ \sum_{k=0}^{p-1}\sum_{j=0}^{n}C_n^j(-1)^j\omega^{kj}=\\ \sum_{j=0}^{n}C_n^j(-1)^j\sum_{k=0}^{p-1}\omega^{kj}\end{aligned}$$

注意到

$$\sum_{k=0}^{p-1}\omega^{kj}=\begin{cases}\dfrac{1-\omega^{pj}}{1-\omega^j}=0,p\nmid j\\ p,p\mid j\end{cases}$$

因此，上面的和式化为

$$p(C_n^0-C_n^p+C_n^{2p}-\cdots)=pM$$

而 $1,\omega,\omega^2,\cdots,\omega^{p-1}$ 是 $x^p-1=0$ 的根.

令 $\alpha_k=1-\omega^k(0\leqslant k\leqslant p-1)$，则 $\alpha_0,\alpha_1,\cdots,\alpha_{p-1}$ 是 $(x-1)^p+1=0$的根.

令 $c_j=(-1)^j C_p^j(j=1,2,\cdots,p-1)$，则

$$(x-\alpha_0)(x-\alpha_1)\cdots(x-\alpha_{p-1})=$$
$$x^p+c_1x^{p-1}+\cdots+c_{p-1}x+c_p$$

易知 $c_p=0$，且

$$p\mid c_j \quad (0\leqslant j\leqslant p-1)$$

令 $S_k=\sum\limits_{j=0}^{p-1}\alpha_j^k$，由牛顿恒等式知 $p\mid S_k$.

此外，对 $n\geqslant p$，有

$$S_n+c_1S_{n-1}+\cdots+c_{p-1}S_{n-(p-1)}+c_pS_{n-p}=0$$

所以，$p^2\mid S_n$.

但 $S_n=\sum\limits_{j=0}^{p-1}\alpha_j^n=\sum\limits_{j=0}^{p-1}(1-\omega^j)^n=pM$，由此得 $p\mid M$.

若 p 为偶数，则 $p=2,n\geqslant 2$. 从而

$$M\equiv\sum_{j\geqslant 0}C_n^{2j}\equiv 2^{n-1}\pmod 2$$

故 $2\mid M$.

53. 首先证明一个引理.

引理：3^n+1（n 是奇数）无 $3k+2$ 型的奇素因子.

引理的证明需要以下两个定理.

定理 1（欧拉判别法）：设素数 $p(p>2)$，$p\nmid d$，则 d 是 p 的平方剩余 $\Leftrightarrow d^{\frac{p-1}{2}}\equiv 1\pmod p$；$d$ 是 p 的平方非剩余 $\Leftrightarrow d^{\frac{p-1}{2}}\equiv -1\pmod p$.

定理 2（高斯二次互反律）：对奇素数 $p,q(p\neq q)$，有

$$\left(\frac{p}{q}\right)\left(\frac{q}{p}\right)=(-1)^{\frac{p-1}{2}\cdot\frac{q-1}{2}}$$

其中，引入勒让德符号

$$\left(\frac{d}{p}\right)=\begin{cases}1,d\text{ 是模 }p\text{ 的平方剩余}\\-1,d\text{ 是模 }p\text{ 的平方非剩余}\\0,p\mid d\end{cases}$$

下面证明引理.

引理的证明:设 p 是 3^n+1 的任意一个奇素因子,则

$$3^n+1\equiv 0 \pmod p$$

故

$$\left(3^{\frac{n+1}{2}}\right)^2\equiv -3 \pmod p$$

从而

$$\left(\frac{-3}{p}\right)=1$$

由定理 1 知

$$\left(\frac{-1}{p}\right)=(-1)^{\frac{p-1}{2}}$$

由定理 2 知,对奇素数 p,3,有

$$\left(\frac{3}{p}\right)\left(\frac{p}{3}\right)=(-1)^{\frac{p-1}{2}}$$

故

$$\left(\frac{p}{3}\right)=\left(\frac{p}{3}\right)\left(\frac{-3}{p}\right)=\left(\frac{p}{3}\right)\left(\frac{3}{p}\right)\left(\frac{-1}{p}\right)=(-1)^{\frac{p-1}{2}}(-1)^{\frac{p-1}{2}}=1$$

熟知

$$\left(\frac{2}{3}\right)=-1,\left(\frac{1}{3}\right)=1$$

因此,p 不是 $3k+2$ 型素数.

回到原题.

$$6m\mid[(2m+3)^n+1]\Leftrightarrow$$
$$6m\mid[(2m)^n+3^n+1]\Leftrightarrow$$
$$\begin{cases}(2m)^n\equiv 2 \pmod 3 & ①\\ 3^n+1\equiv 0 \pmod{2m} & ②\end{cases}$$

(1)若 $6m\mid[(2m+3)^n+1]$,则式①②同时成立.

由式①易得 $m\equiv1\pmod 3$，且 n 为奇数.

如果 m 是偶数，则由 n 为奇数有

$$3^n+1\equiv0\pmod 4$$
$$3^n+1\equiv4\pmod 8$$

从而

$$2^2\parallel(3^n+1)$$

故

$$2^2\parallel 2m\Rightarrow 2\parallel m$$

由 $m\equiv1\pmod 3$，知存在 k_0，使

$$m=6k_0+4$$

故

$$12k_0+8=2m\mid(3^n+1)$$

由引理知 3^n+1 的奇素因子全是 $3k+1$ 型的. 因此，3^n+1 的奇约数也全是 $3k+1$ 型的.

而对约数 $3k_0+2=\frac{3^n+1}{4}$ 是 3^n+1 的奇约数，矛盾.

所以，m 不是偶数.

由 $2m\mid(3^n+1)$ 与 $2^n\parallel(3^n+1)$，得

$$4m\mid(3^n+1)$$

(2)若 $4m\mid(3^n+1)$，则由上证明已说明 n,m 都为奇数，且 m 是 $3k+1$ 型的数. 故

$$3^n+1\equiv0\pmod{2m}$$
$$(2m)^n\equiv2^n\equiv2\pmod 3$$

故

$$6m\mid[(2m+3)^n+1]$$

综上

$$6m\mid[(2m+3)^n+1]\Leftrightarrow4m\mid(3^n+1)$$

习题三答案

1. 显然 x,y 的奇偶性相反. 若 $x=2n$,则

$$y=2k+1,(2n)^2+(2k+1)^2=1\ 983$$

即

$$4(n^2+k^2+k)=1\ 982$$

但 $4\nmid 1\ 982$,所以方程 $x^2+y^2=1\ 983$ 没有整数解.

2. 设方程有整数解,则 y 应是奇数,可设为 $y=2k+1$,则

$$2x^2-5(2k+1)^2=7$$

整理得

$$x^2-10k^2-10k=6$$

可见 x 是偶数. 设 $x=2M$,则有

$$2M^2-5k(k+1)=3$$

因为 $k(k+1)$ 是偶数,而两个偶数之差不可能等于奇数,所以等式不成立,原方程没有整数解.

3. 容易看出,若 m,n 同奇同偶,所给方程左边为偶数,而 1 987 是奇数,矛盾. 所以 m,n 一奇一偶,从而 $m+n$ 与 $m-n$ 都是奇数. 原方程为

$$4(m-n)^2+(m+n)^2+2n^2=1\ 987 \quad ①$$

(1)若

$$n=2k,m-n=2l+1,m+n=2p+1$$

由式①得

$$4(2l+1)^2+(2p+1)^2+2(2k)^2=1\ 987$$

即

$$16(l^2+l)+4p(p+1)+8k^2+5=1\ 987 \quad ②$$

因为 $p(p+1)$ 是偶数,所以 $16(l^2+l)+4p(p+1)+8k^2$ 能被 8 整除,则式②可写成 $8M+5=1\ 987$,但

1 987被 8 除余 3,故上式不可能成立.

(2)若 n 为奇数时,类似可推出式②左边为 $8k+7$,矛盾,故满足要求的整数 m,n 不存在.

4.因为

$$方程左边=(x+2y)^2+6(x+2y)=(x+2y)(x+2y+6)$$

所以原方程为

$$(x+2y)(x+2y+6)=1\,986$$

由于 $x+2y$ 和 $x+2y+6$ 同奇同偶,即 $(x+2y)(x+2y+6)$ 或者是奇数或者是 4 的倍数,而 1 986 既不是奇数又不是 4 的倍数,因此原方程无整数解.

5.令 $x=\frac{y}{a}$,则已知方程化为

$$y^2+by+ac=0 \quad ②$$

如果 x 是方程①的有理根,那么 y 也是方程②的有理根.

由于方程②的二次项系数是 1,则当 y 是②的有理根时,y 是整数.

设方程②有两个有理根 y_1,y_2,且 y_1 是整数,则有

$$\begin{cases} y_1+y_2=-b & ③ \\ y_1y_2=ac & ④ \end{cases}$$

由③知 y_2 也是整数.

所以有

$$abc=-y_1y_2(y_1+y_2)$$

因为对整数 y_1,y_2 和 y_1+y_2,这三个数之中必有一个偶数,所以 abc 为偶数,即 a,b,c 之中至少有一个偶数.

6.用反证法.设

$$\Delta=b^2-4ac=1\,986=4k+2 \quad (k\ 为正整数)$$

这时 b^2 能被 2 整除,因而 b 为偶数,令

$$b=2t,b^2=4t^2 \text{ 且 } 4t^2-4ac=4k+2$$

这时等式左边的数被 4 整除,而右边的数不能被 4 整除,矛盾.

7.假设 $x=\frac{p}{q}$是方程的解,$(p,q)=1$,则方程可化为

$$ap^2+bpq+cq^2=0$$

由已知 a,b,c 都为奇数:(1)当 p,q 都为奇数时,方程左边为奇数,而右边为零,矛盾;(2)当 p,q 为一奇一偶时,可推知方程左边仍为奇数,矛盾.

8.反证法.假设方程有整数根 x_0,则

$$f(x)=x^4+bx^3+cx^2+dx+e=$$
$$(x-x_0)(x^3+px^2+qx+r)$$

其中,p,q,r 是整数,且

$$x_0r=-e \quad ①$$

因为$(b+c+d)e$ 是奇数,所以 $b+c+d$ 是奇数,e 也是奇数.

又由式①知 x_0 是奇数,r 也是奇数.

故 $1-x_0$ 为偶数.

从而,$f(1)=(1-x_0)(1+p+q+r)$是偶数.

但 $f(1)=1+(b+c+d)+e$ 是奇数,矛盾.

因此,整系数一元四次方程

$$x^4+bx^3+cx^2+dx+e=0$$

无整数根.

9.设有正整数 x,y 使得 $5^x+2=17^y$,即

$$(3\times2-1)^x+2=(3\times6-1)^y$$

所以

$$3k+(-1)^x+2=3l+(-1)^y$$

即

$$(-1)^x+2=3m+(-1)^y$$

若 y 为奇数,则

$$(-1)^x=3(m-1)$$

这不可能,所以 y 必须是偶数.另一方面,由

$$5^x+2=17^y=(5\times3+2)^y=5M+2^y$$

知 2^y-2 可被 5 整除,但 y 为偶数时,2^y-2 的末位数是 2 或 4,又得矛盾.

10. 由①得

$$x=\frac{y-a}{2} \quad ③$$

将③代入②得

$$y^2-y\cdot\frac{y-a}{2}+\left(\frac{y-a}{2}\right)^2-b=0$$

整理得

$$3y^2=4b-a^2$$

$$(3y)^2=3(4b-a^2) \quad ④$$

假设 x 和 y 是满足方程组①和②的有理数,因而 x 和 y 也满足方程③和④.

因为 a 与 b 是整数,所以式④右边也是整数,于是 $(3y)^2$ 为整数,因此 $3y$ 也必须是整数.

又因为式④右边是 3 的倍数,从而 $(3y)^2$ 也能被 3 整除,因此 $3y$ 也必须是 3 的倍数,于是 y 是整数.

下面再证明 x 是整数.

由式④可得

$$(3y)^2+3a^2=12b$$

$$3y^2+a^2=4b$$

由于 $4b$ 是偶数,则 $3y^2$ 与 a^2 必须同为奇数或同为偶数,于是 y 和 a 也同为奇数或同为偶数.

于是,$y-a$ 为偶数,$x=\frac{y-a}{2}$ 为整数.

11. 由 $a(bcd-1)=1\ 961$ 以及 1 961 是奇数可知 a 是奇数. 同理,由第 2,3,4 个等式可知 b,c,d 也都是奇数. 于是,乘积 $abcd$ 为奇数. 从而 $abcd-a$ 为偶数,不可能等于 1 961. 因此,不存在满足题设要求的整数 a,b,c,d.

12. 存在. 我们来寻找如下形式的正整数

$$m=a^2,n=b^3,p=c^2,q=d^3$$

其中 a,b,c,d 为正整数.

注意,此时题中的条件转化为

$$a+b=c+d,a^2+b^3=c^2+d^3$$

即

$$a-c=d-b$$

$$(a-c)(a+c)=(d-b)(d^2+bd+b^2)$$

固定 b 与 d 的关系为

$$b=d-1>2\ 004$$

则如下的数对即可满足题中条件

$$c=\frac{d^2+bd+b^2-1}{2},a=\frac{d^2+bd+b^2+1}{2}$$

事实上,由于 b 与 d 的奇偶性不同,所以,上述两数均为整数,且易看出 $a>c>b^2>d>b>2\ 004$.

13. 首先,容易证明:当 m,n 都是奇数,或者都是偶数时,所给方程的左边是偶数. 而 2 003 是奇数,这是不可能的. 所以,m,n 一奇一偶,从而 $m+n$ 与 $m-n$ 都是奇数.

将方程改写为

$$4(m-n)^2+(m+n)^2+2n^2=2\ 003 \quad ①$$

下面分两种情况讨论:

(1)若 n 为偶数,记

$$n=2k,m-n=2l+1,m+n=2p+1$$

则由式①得

$$4(2l+1)^2+(2p+1)^2+2(2k)^2=2\ 003$$

即

$$16(l^2+l)+4+4p(p+1)+1+8k^2=2\ 003$$

因为 $p(p+1)$ 是偶数,所以上式可改写为

$$8M+5=2\ 003$$

但 2 003 被 8 除余 3,故上式不可能成立.

(2)若 n 为奇数,类似可求得式①左边是 $8k+7$,从而也导致矛盾.

综上讨论,满足要求的整数 m,n 不存在.

14. 令 $x=\cos \pi a$,则由三倍角与二倍角的余弦公式,已知方程可化为

$$4x^3+4x^2-3x-2=0$$

即

$$(2x+1)(2x^2+x-2)=0$$

(1)若 $2x+1=0, x=-\frac{1}{2}$,则

$$\cos \pi a=-\frac{1}{2}$$

由 $0<a<1$ 可得 $a=\frac{2}{3}$.

(2)若 $2x^2+x-2=0$,则

$$\cos \pi a=\frac{\sqrt{17}-1}{4}$$

我们证明,此时 a 不是有理数.

可以用数学归纳法证明:对每一个非负整数 n,有

$$\cos(2^n \pi a)=\frac{1}{4}(a_n+b_n\sqrt{17}) \qquad ①$$

其中 a_n 和 b_n 都是奇整数.

当 $n=0$ 时,由

$$\cos \pi a=\frac{-1+\sqrt{17}}{4}$$

可知,式①成立.

设对于 $n\geqslant 0$,式①成立,则

$$\cos(2^{n+1}\pi a)=2\cos^2(2^n\pi a)-1=2\left(\frac{a_n+b_n\sqrt{17}}{4}\right)^2-1=\frac{1}{8}[(a_n^2+17b_n^2-8)+2a_nb_n\sqrt{17}]$$

因为 a_n 和 b_n 都是奇数,所以

$$a_n^2+17b_n^2\equiv 2(\bmod 4)$$

从而存在整数 t,使得

$$a_n^2+17b_n^2-8=2+4t$$

则 $a_{n+1}=2t+1$ 是奇数.

令 $b_{n+1}=a_nb_n$ 也是奇数,则

$$\cos(2^{n+1}\pi a)=\frac{1}{4}(a_{n+1}+b_{n+1}\sqrt{17})$$

且 a_{n+1},b_{n+1} 为奇数.

所以,式①对一切非负整数 n 成立,且

$$a_{n+1}=\frac{1}{2}(a_n^2+17b_n^2-8)\geqslant\frac{1}{2}(a_n^2+9)>a_n$$

于是,$\{\cos(2^n\pi a)\mid n=0,1,2,\cdots\}$ 是一个无穷集,然而当 a 为有理数时,$\{\cos(m\pi a)\mid m\in\mathbf{Z}\}$ 只能是有限集.所以 a 不是有理数.

因此 $a=\frac{2}{3}$.

15.假设方程①有正整数解,且设 (x,y,z) 是所有正整数解中 x 最小的正整数解.

若 x 是偶数,由 $(x,y)=1$,则 y 是奇数.此时,$x^4-y^4\equiv 3(\bmod 4)$,x^4-y^4 不可能是完全平方数.所以,x 是奇数.

若 y 是奇数,则由方程①有

$$x^2=a^2+b^2, y^2=a^2-b^2, z=2ab$$

其中,$(a,b)=1, a,b\in\mathbf{N}^*$.

于是,$a^4-b^4=(xy)^2$.

从而,(a,b,xy)是方程①的正整数解.

然而,$0<a<x$,与 x 的最小性矛盾.

若 y 是偶数,则

$$x^2=a^2+b^2, y^2=2ab$$

其中,$(a,b)=1, a,b\in\mathbf{N}^*$.

此时,a 与 b 一为奇数,一为偶数.

不失一般性,设 a 为偶数,b 为奇数,则

$$a=2p^2, b=q^2$$

其中,$(p,q)=1, p,q\in\mathbf{N}^*$,且 q 为奇数.

于是

$$x^2=4p^4+q^4, y=2pq$$

故

$$p^2=rs, q^2=r^2-s^2 \quad ((r,s)=1, r,s\in\mathbf{N}^*)$$

又

$$r=u^2, s=v^2 \quad ((u,v)=1, u,v\in\mathbf{N}^*)$$

则

$$u^4-v^4=q^2$$

因此,(u,v,q)是方程①的正整数解,且

$$u=\sqrt{r}\leqslant p<x$$

仍与 x 的最小性矛盾.

综上,不定方程①没有正整数解(x,y,z).

16. 假设方程①有一组正整数解(a_0,b_0,c_0,n_0),且是所有正整数解中 n_0 最小的正整数解.

由方程①知 $b_0^2+3c_0^2$ 是偶数,则 b_0 和 c_0 同奇偶.

当 b_0 和 c_0 同为奇数时

$$2a_0^2+b_0^2+3c_0^2\equiv 4,6 \pmod 8$$

$$10n_0^2 \equiv 0, 2 \pmod 8$$

此时,方程①无正整数解.

当 b_0 和 c_0 同为偶数时,令 $b_0=2b_1, c_0=2c_1$,代入方程①得

$$a_0^2+2b_1^2+6c_1^2=5n_0^2 \qquad ②$$

此时,a_0 和 n_0 同奇偶.

当 a_0 和 n_0 同为奇数时

$$a_0^2+2b_1^2+6c_1^2 \equiv 1, 3, 7 \pmod 8$$

$$5n_0^2 \equiv 5 \pmod 8$$

此时,方程②无正整数解.

当 a_0 和 n_0 同为偶数时,令 $a_0=2a_1, n_0=2n_1$,代入方程②得

$$2a_1^2+b_1^2+3c_1^2=10n_1^2 \qquad ③$$

由方程③知,(a_1, b_1, c_1, n_1)满足方程①.

但 $n_1<n_0$,与 n_0 的最小性矛盾.

所以,方程 $2a^2+b^2+3c^2=10n^2$ 没有正整数解(a, b, c, n).

17. 假设方程①有正整数解,且(x_0, y_0, z_0, u_0)是使 x^2+y^2 最小的一组正整数解,即

$$x_0^2+y_0^2=3(z_0^2+u_0^2) \qquad ②$$

由式②知 $x_0^2+y_0^2$ 是 3 的倍数. 此时,x_0 和 y_0 都是 3 的倍数. 因此,可设

$$x_0=3m, y_0=3n \quad (m, n \in \mathbf{N}^*)$$

代入式②得

$$9m^2+9n^2=3z_0^2+3u_0^2$$

即

$$z_0^2+u_0^2=3(m^2+n^2)$$

由上式知(z_0, u_0, m, n)也是方程①的解.

然而,由式②知 $z_0^2+u_0^2<x_0^2+y_0^2$,这与 $x_0^2+y_0^2$ 的

最小性矛盾.

所以,方程①没有正整数解(x,y,z,u).

18. 由③－④,④－⑤得

$$y_1^2-y_2^2=a^2-b^2,x_1^2-x_2^2=b^2-c^2$$

因此

$$(y_1-y_2)q=a^2-b^2,(x_1-x_2)p=b^2-c^2$$

$$y_1pq-y_2pq=(a^2-b^2)p \quad ⑦$$

$$x_1pq-x_2pq=(b^2-c^2)q \quad ⑧$$

又

$$y_1pq+y_2pq=pq^2 \quad ⑨$$

$$x_1pq+x_2pq=p^2q \quad ⑩$$

若 x_1pq 为整数,则由⑩知 x_2pq 也为整数.再由⑩及 p^2q 是奇数可知 x_1pq 和 x_2pq 中必有一个为奇数,不妨设 x_1pq 为奇数.同理,可设 y_1pq 为奇数.于是

$$(x_1pq)^2+(y_1pq)^2=(x_1^2+y_1^2)p^2q^2=a^2p^2q^2$$

此式左端为两个奇数的平方和,被4除余2,而右边为整数的平方,被4除只能余0或1,因而这是不可能的.

于是,x_1pq,x_2pq,y_1pq,y_2pq 不可能为整数.

由⑦⑧⑨⑩可得

$$2x_1pq=(b^2-c^2)q+p^2q$$

$$2x_2pq=p^2q-(b^2-c^2)q$$

$$2y_1pq=(a^2-b^2)p+pq^2$$

$$2y_2pq=pq^2-(a^2-b^2)p$$

从而,$2x_1pq,2x_2pq,2y_1pq,2y_2pq$ 都是整数,显然不能都是偶数.否则,x_1pq,x_2pq,y_1pq,y_2pq 就出现整数,不妨设 $2x_1pq$ 为奇数,则

$$(2x_1pq)^2+(2y_1pq)^2=4a^2p^2q^2$$

由于奇数 $2x_1pq$ 的平方被 4 除余 1，而 $4a^2p^2q^2$ 能被 4 整除，因而整数 $2y_1pq$ 的平方被 4 除余 3，这是不可能的.

因此满足题目等式的实数 x_1,x_2,y_1,y_2 不存在.

习题四答案

1.由方程左边因式分解得

$$(m^2+1)(-m^2+2^n+5)=0$$

所以

$$-m^2+2^n+5=0$$

故

$$2^n+4=(m+1)(m-1)$$

因为 $m+1$ 与 $m-1$ 奇偶性相同，所以，它们都是偶数，即 m 为奇数. 设 $m=2k+1$，则

$$2^{n-2}+1=k(k+1)$$

因此，2^{n-2} 为奇数，$n=2$，$m=3$. 故正整数解有1组.

2.先考虑 a 是自然数的情况：设 $\sqrt{a^2-1\ 996}=m$，则

$$a^2-m^2=1\ 996,(a+m)(a-m)=1\ 996$$

由于 $a+m$ 与 $a-m$ 的奇偶性相同，而它们的乘积为偶数，故 $a+m$ 与 $a-m$ 同为偶数. 而 $1\ 996=2\times 998$ 是唯一能分成两个偶数乘积的情况，则有

$$a+m=998,a-m=2$$

解得 $a=500$，$m=498$. 因为满足 $\sqrt{a^2-1\ 996}$ 是整数的最大自然数是500，所以满足 $\sqrt{a^2-1\ 996}$ 是整数的最小整数是 -500.

3.若 a,b 均为奇数，则

$$\text{式①左边}\equiv 1\times 1\equiv 1 \pmod 2$$

$$\text{式①右边}\equiv(2\times 1+1+1)(2\times 1+1+1)\equiv 0 \pmod 2$$

显然，左边 $\not\equiv$ 右边 $\pmod 2$，矛盾.

从而，a,b 中必存在偶数.

又 a,b 均为素数，由对称性不妨先设 $a=2$.

则

$$2^b b^2=(b+5)(2b+3) \quad ②$$

显然，$b\neq 2$，故 $b\geqslant 3$.

若 $b>3$，则 $b\geqslant 5$. 于是

$$2^b b^2\geqslant 2^5 b^2=4b\times 8b>(b+5)(2b+3)$$

与式②矛盾.

当 $b=3$ 时，式②成立.

因此，$a=2$，$b=3$.

由对称性知 $a=3$，$b=2$ 也符合条件.

综上，素数对的个数为 2.

4. 一般的，n^2（n 是正整数）的个位数字只能是 0，1，4，5，6，9，则 $n^2+1\ 085$ 的个位数字只能是 5，6，9，0，1，4. 而 3^m（m 为正整数）的个位数字只能是 1，3，7，9.

由已知，设 $n^2+1\ 085=3^m$（n，m 均为正整数），可得 3^m 的个位数字只能是 1 或 9，m 是偶数.

设 $m=2k$（k 为正整数），则有

$$n^2+1\ 085=3^{2k}$$

变形得

$$(3^k-n)(3^k+n)=1\times 5\times 7\times 31$$

可得

$$\begin{cases}3^k-n=1\\3^k+n=1\ 085\end{cases},\begin{cases}3^k-n=5\\3^k+n=217\end{cases},\begin{cases}3^k-n=7\\3^k+n=155\end{cases},\begin{cases}3^k-n=31\\3^k+n=35\end{cases}$$

但是，只有方程组 $\begin{cases}3^k-n=7\\3^k+n=155\end{cases}$ 有满足条件的解 $\begin{cases}k=4\\n=74\end{cases}$.

5. 题设方程即为

$$n?\ -32=2(n-8) \quad ①$$

由于 $n?$ 不能被 4 整除，故由式①推知，$n-8$ 为奇数.

设 $n>9$,则 $n-8$ 具有奇数素因数 p.

又由于 $p<n$,则 p 能够整除 n?.这就意味着 32 可被 p 整除,而这是不可能的.

由上可知 $n\leqslant 9$ 且为奇数.

当 $n=9$ 时,有 n? $=210>2\times 9+16$.

当 $n=7$ 时,显然是方程的根.

而当 $n=5$ 时,却有 n? $=6<16$.

故方程有唯一的根 $n=7$.

6. 设 $n-48=m^2$,$n+41=l^2$,解得 $m=\pm 44$,$l=\pm 45$,所以,$n=48+44^2=1\ 984$.

7. 原方程即

$$(x+y+z)(x+y-z)(x-y+z)(x-y-z)=24$$

左边的四个因数奇偶性相同.若全为奇数,则左边为奇数;若全为偶数,则左边被 16 整除.而偶数 24 不被 16 整除,所以本题无解.

8. 由于

$$\frac{(x+1)^m}{x^n}-1=\frac{(x+1)^p}{x^q} \quad ①$$

对一切 $x>0$ 都成立,因此可取 $x=1$,得

$$2^m-1=2^p$$

因为 m 和 p 均为非负整数,所以 2^m-1 为正奇数,从而只能有 $2^p=1$,$p=0$.于是

$$2^m-1=1,m=1$$

再对式①中的 x 取 $x=2$,并注意到,$m=1$,$p=0$,则有

$$\frac{3}{2^n}-1=\frac{1}{2^q}$$

$$3\cdot 2^q-2^{n+q}=2^n$$

$$3=2^{n-q}+2^n$$

若 $n>q$,则上式左边为奇数,右边为偶数,不可能

成立.

若 $n<q$,则上式左边为整数,右边为分数,不可能成立.

于是,只有 $n=q$,即 $3=2^0+2^n$,从而 $n=1,q=1$.

所以

$$(m^2+2n+p)^{2q}=(1+2+0)^2=9$$

9.设方程的两个素数根为 p,q.由一元二次方程根与系数的关系,有

$$p+q=-k^2-ak \quad ①$$

$$pq=1\ 999+k^2+ak \quad ②$$

由①+②,得

$$p+q+pq=1\ 999$$

所以

$$(p+1)(q+1)=2^4\times5^3 \quad ③$$

由③知,p,q 显然均不能为 2,故必为奇数.

所以 $\frac{p+1}{2}$ 和 $\frac{q+1}{2}$ 均为整数,且

$$\frac{p+1}{2}\cdot\frac{q+1}{2}=2^2\times5^3$$

若 $\frac{p+1}{2}$ 为奇数,必有

$$\frac{p+1}{2}=5^r \quad (r=1,2,3)$$

则 $p=2\times5^r-1$ 为合数,矛盾.

同理,$\frac{q+1}{2}$ 也为偶数.因此,$\frac{p+1}{4}$ 和 $\frac{q+1}{4}$ 均为整数,且

$$\frac{p+1}{4}\cdot\frac{q+1}{4}=5^3$$

不妨设 $p\leqslant q$,则 $\frac{p+1}{4}=1$ 或 5.

当$\frac{p+1}{4}=1$时，$\frac{q+1}{4}=5^3$，得$p=3,q=499$，均为素数.

当$\frac{p+1}{4}=5$时，$\frac{q+1}{4}=5^2$，得$p=19,q=99$，为合数，不合题意.

综上可知$p=3,q=499$.

代入①，得

$$k^2+ak+502=0 \quad ④$$

依题意，方程④有唯一的实数解，所以

$$\Delta=a^2-4\times502=0$$

故$a=2\sqrt{502}$.

10. 若$5^n-12^m=7$，两边 mod 4 得

$$1\equiv3(\text{mod }4)$$

这不可能.

若$12^m-5^n=7$，而m,n中有一个大于1，则另一个也大于1. 两边 mod 3 可得

$$(-1)^{n+1}\equiv1(\text{mod }3)$$

所以n为奇数. 而两边 mod 8 可得

$$-5^n\equiv-1(\text{mod }8)$$

由于n为奇数，由上式导出

$$-5\equiv-1(\text{mod }8)$$

矛盾.

所以，$m=1,n=1$是唯一的解.

11. 有$\frac{(m+1)(m-2)}{2}=p^n$. 若m是奇数，则对某个整数t，$0\leqslant t\leqslant n$，有$\frac{m+1}{2}=p^t$和$m-2=p^{n-t}$，即$p^{n-t}+3=2p^t$. 显然，$t>0$.

当$n-t>0$，则必有$p=3$，从而

$$3^{n-t-1}+1=2\cdot 3^{t-1}$$

由 $n-t-1=0$ 可推出 $t-1=0$. 反之亦然. 因此 $t=1,n=2,m=5$.

当 $n-t=0$ 时,则 $1+3=2p^t$. 从而

$$p=2,n=t=1,m=3$$

若 m 是偶数,则对于某个整数 $t,0\leqslant t\leqslant n$,有 $m+1=p^t$ 和 $\frac{m-2}{2}=p^{n-t}$,即

$$p^t-3=2p^{n-t}$$

显然,$t>0$. 同理可得

$$p=3,t=2,n=3,m=8;p=5,n=t=1,m=4$$

总之仅有四组解

$$(m,n,p)=(3,1,2),(4,1,5),(5,2,3),(8,3,3)$$

12. 若 n 是奇数,则 n 的所有因子都是奇数,即 $n\not\equiv 0 \pmod 4$.

而 $n=p_1^2+p_2^2+p_3^2+p_4^2\equiv 0 \pmod 4$,矛盾.

所以,$2|n$.

若 $4|n$,则 $p_1=1,p_2=2$.

从而,$n=1+4+p_3^2+p_4^2\not\equiv 0 \pmod 4$,矛盾.

所以,$4\nmid n$.

因此,$\{p_1,p_2,p_3,p_4\}=\{1,2,p_3,p_4\}$或$\{1,2,p_3,2p_3\}$.

若$\{p_1,p_2,p_3,p_4\}=\{1,2,p_3,p_4\}$,这是不可能的.

从而,$\{p_1,p_2,p_3,p_4\}=\{1,2,p_3,2p_3\}$,即 $n=5(1+p_3^2)$.

故 $p_3=5$. 因此 $n=130$.

13. 设 $y_0=t^2$(t 为素数),则

$$\left(x_0-\frac{1}{p}\right)\left(x-\frac{p}{2}\right)=t^2$$

即

$$(px_0-1)(2x_0-p)=2pt^2 \quad ①$$

因为 p 为素数，且 $p \nmid (px_0-1)$，所以

$$p \mid (2x_0-p) \Rightarrow p \mid 2x_0$$

又 $p>2$，因此，p 与 2 互素，则 $p \mid x_0$.

设 $x_0=kp(k\in \mathbf{N}^*)$，代入式①中得

$$(kp^2-1)(2kp-p)=2pt^2$$

所以

$$(kp^2-1)(2k-1)=2t^2 \quad ②$$

故

$$(2k-1) \mid 2t^2$$

由 $2k-1$ 与 2 互素得 $(2k-1) \mid t^2$.

而 t 为素数，则 $2k-1$ 只可能是 $1,t,t^2$.

若 $2k-1\geqslant t$，则

$$kp^2-1\geqslant 3^2k-1=9k-1>4k-2=2t$$

故

$$(kp^2-1)(2k-1)>2t^2$$

与式②矛盾.

因此

$$2k-1<t\Rightarrow 2k-1=1\Rightarrow k=1$$

将 $k=1$ 代入式②得

$$p^2-1=2t^2\Rightarrow p^2=2t^2+1 \quad ③$$

若 $t=3$，则 $p^2=2\times 3^2+1=19$，p 不是素数，与已知矛盾.

从而，$t\neq 3$. 则

$$t\equiv \pm 1 \pmod 3\Rightarrow 2t^2+1\equiv 2\times 1+1\equiv 0 \pmod 3\Rightarrow$$

$$3 \mid (2t^2+1)\Rightarrow 3 \mid p^2\Rightarrow 3 \mid p\Rightarrow p=3$$

此时，$t=2$，即 $x_0=3$，$y_0=2^2$ 符合条件.

综上，$p=3$ 为所求.

14.设 $x+y=2^a$，$xy+1=2^b$.

若 $xy+1\geqslant x+y$，则 $b\geqslant a$.于是

$$xy+1\equiv 0 \pmod{2^a}$$

又因为

$$x+y\equiv 0 \pmod{2^a}$$

所以

$$-x^2+1\equiv 0 \pmod{2^n}$$

即

$$2^n \mid (x+1)(x-1)$$

因为 $x+1$ 与 $x-1$ 只能均为偶数，且 $(x+1,x-1)=2$，所以，$x-1$ 和 $x+1$ 中一定有一个能被 2^{a-1} 整除.

因为 $1\leqslant x\leqslant 2^a-1$，所以

$$x=1,2^{a-1}-1,2^{a-1}+1 \text{ 或 } 2^a-1$$

相应的

$$y=2^a-1,2^{a-1}+1,2^{a-1}-1 \text{ 或 } 1$$

若 $x+y>xy+1$，则

$$xy-x-y+1<0,(x-1)(y-1)<0$$

矛盾.所以，所求的 x,y 应为

$$\begin{cases}x=1\\y=2^a-1\end{cases},\begin{cases}x=2^b-1\\y=2^b+1\end{cases},\begin{cases}x=2^c+1\\y=2^c-1\end{cases},\begin{cases}x=2^d-1\\u=1\end{cases}$$

其中 $a,b,c,d\in\mathbf{N}^*$.

15.由于 a 是方程的根，则

$$a^4+3a^3+2a^2=2\times 3^n$$

即

$$a^2(a+2)(a+1)=2\times 3^n$$

由此得 $a\neq 0,-1,-2$.

若 a 是偶数，则上式左端是 4 的倍数，而右端不是，矛盾.所以，a 是奇数.

当 a 是奇数时，a 与 $a+2$ 只有一个是 3 的倍数.

若 a 是 3 的倍数，则

$$|a+2|=1 \Rightarrow a=-1（舍去）,a=-3$$

当 $a=-3$ 时，$n=2$.

若 $a+2$ 是 3 的倍数，则

$$|a|=1 \Rightarrow a=-1（舍去）,a=1$$

当 $a=1$ 时，$n=1$.

所以，满足条件的数对

$$(n,a)=(2,-3),(1,1)$$

16.(1)若 $m,n,r\geqslant 2$，由

$$mn\geqslant 2m,nr\geqslant 2n,mr\geqslant 2r$$

得

$$mn+nr+mr\geqslant 2(m+n+r)$$

故以上不等式均取等号.

所以，$m=n=r=2$.

若 $1\in\{m,n,r\}$，不妨设 $m=1$，则

$$nr+n+r=2(1+n+r)$$

于是

$$(n-1)(r-1)=3$$

所以

$$\{n-1,r-1\}=\{1,3\}$$

故

$$\{n,r\}=\{2,4\},\{m,n,r\}=\{1,2,4\}$$

这样的解有 3！=6 组.

所以，不定方程共有 7 组正整数解.

(2)将 $mn+nr+mr=k(m+n+r)$ 化为

$$[n-(k-m)][r-(k-m)]=k^2-km+m^2$$

易知

$$n=k-m+1,r=k^2-km+m^2+k-m$$

满足上式，且当$m=1,2,\cdots,\left[\frac{k}{2}\right]$时，$0<m<n<r$.

当 k 为奇数时

$$\{m,n,r\}=\{l,k-l+1,k^2-kl+l^2+k-l\}$$

其中，$l=1,2,\cdots,\frac{k-1}{2}$，给出了不定方程的 $3(k-1)$ 组正整数解，m,n,r 中有两个 $\frac{k+1}{2}$，另一个为

$$k^2-k\cdot\frac{k+1}{2}+\left(\frac{k+1}{2}\right)^2+k-\frac{k+1}{2}=\frac{(k+1)(3k-1)}{4}$$

的情况给出了不定方程的 3 组正整数解.

而 $m=n=r=k$ 亦为不定方程的正整数解.

故不定方程至少有 $3k+1$ 组正整数解.

17. $(a,b,c)=(1,2,2),(7,4,4)$.

由 a 是奇数，可设 $a=2a_1+1$，则

$$2^{b+1}=3^c-a^2=3^c-1-4a_1(a_1+1)$$

因为 $4\mid 2^{b+1}$，所以

$$4\mid(3^c-1)=2(3^{c-1}+3^{c-2}+\cdots+3+1)$$

要使 c 个奇数的和为偶数，c 一定是偶数. 设 $c=2c_1$，于是

$$2^{b+1}=(3^{c_1}+a)(3^{c_1}-a)$$

设 $3^{c_1}+a=2^x,3^{c_1}-a=2^y$，则

$$x+y=b+1,且\ x>y$$

由于 $3^{c_1}=2^{x-1}+2^{y-1}$，因此，2^{y-1} 一定是奇数.

从而，$y=1,x=b,3^{c_1}=2^{b-1}+1$.

当 $b=1$ 时无解；当 $b=2$ 时，$c_1=1$.

于是，$c=2,a=1$，即 $(1,2,2)$ 满足条件.

当 $b\geqslant 3$ 时，$4\mid(3^{c_1}-1)$，由前面的结论可知 c_1 是偶数（设 $c_1=2c_2$），则

$$2^{b-1}=(3^{c_2}+1)(3^{c_2}-1)$$

只可能是 $c_2=1,b=4,c=4,a=7$.

因此，$(7,4,4)$ 满足条件.

18.(1)若 n 是偶数，则方程左边的三项都是非负的.而这三项不可能同时为0，可见在这种情况下方程没有实数解.

(2)假设 n 为奇数，且大于或等于3.展开后，方程左边是一个首项系数为1的多项式，所有系数都是非负整数且常数项为 2^{n+1}.因而方程可能的整数解只能形如 -2^{t}，t 为非负整数.

若 $t=0$，则 $x=-1$.方程左边是三个奇整数的和且不等于0.

若 $t=1$，则 $x=-2$.方程的左边等于 $(-2)^{n}+0+4^{n}$，也不等于0.

若 $t\geqslant 2$，则令 $t=p+1$，其中 $p\geqslant 1$.方程左边等于

$$2^{n}[-2^{pn}+(1-2^{p})^{n}+(1+2^{p})^{n}]=$$
$$2^{n}[-2^{pn}+2(1+C_{n}^{2}2^{2p}+C_{n}^{4}2^{4p}+\cdots)]$$

因为当 $n\geqslant 3$ 时

$$-2^{pn}+2(1+C_{n}^{2}2^{2p}+C_{n}^{4}2^{4p}+\cdots)\equiv 2 \pmod 4$$

所以，在这种情况下原方程左边不等于0.因此，原方程对 $n\geqslant 3$ 无整数解.

(3)设 $n=1$，显然 $x=-4$ 是其解.

综上可知，当且仅当 $n=1$ 时，原方程有一个整数解.

19.因为

$$p^{x}=(y+1)(y^{2}-y+1),y>0$$

所以，$y+1\geqslant 2$.

令 $y+1=p^{t}(t\in \mathbf{Z}_{+},1\leqslant t\leqslant x)$，则

$$y=p^{t}-1$$

从而

$$y^{2}-y+1=p^{x-t}$$

将 $y=p^{t}-1$ 代入上式得

$$(p^{t}-1)^{2}-(p^{t}-1)+1=p^{x-t}$$

即

$$p^{2t}-3p^t+3=p^{x-t}$$

故

$$p^{x-t}(p^{3t-x}-1)=3(p^t-1)$$

(1)当 $p=2$ 时，$p^{3t-x}-1$，p^t-1 为奇数，则 p^{x-t} 为奇数.

故

$$x=t,y^2-y+1=1$$

因此

$$y=1,p=2,x=1$$

(2)当 $p\neq 2$ 时，p 为奇数，则 $p^{3t-x}-1$，p^t-1 为偶数，p^{x-t} 为奇数.

从而，$3\mid p^{x-t}$ 或 $3\mid(p^{3t-x}-1)$.

当 $3\mid p^{x-t}$ 时，$p=3$，$x=t+1$，则

$$y^2-y+1=3$$

解得 $y=2$，$x=2$.

当 $3\mid(p^{3t-x}-1)$ 时，有

$$p^{x-t}\mid(p^t-1),x=t$$

由(1)得 $y=1$，$p=2$，矛盾.

综上所述，有两组解

$$p=2,x=1,y=1 \text{ 和 } p=3,x=2,y=2$$

20. 设 $t\in\mathbf{N}^*$，使得

$$2^t=a^b\pm 1$$

显然，a 是奇数.

(1)若 b 是奇数，则

$$2^t=(a\pm 1)(a^{b-1}\mp a^{b-2}+a^{b-3}\mp\cdots\mp a+1)$$

由于 a，b 均为奇数，上式右边的第二个因式 $a^{b-1}\mp a^{b-2}+a^{b-3}\mp\cdots\mp a+1$ 是奇数个奇数的和与差，一定是奇数，从而只可能有

$$a^{b-1}\mp a^{b-2}+a^{b-3}\mp\cdots\mp a+1=1$$

于是

$$2^t=a^b\pm1=a\pm1$$

从而 $b=1$,与已知 $b>1$ 矛盾.

(2)若 b 是偶数,令 $b=2m$,则

$$a^b\equiv1(\bmod 4)$$

若 $2^t=a^b+1$,则

$$2^t=a^b+1\equiv2(\bmod 4)$$

从而,只能有 $t=1$,故 $a^b=2^1-1=1$ 与 $a>1$ 矛盾.

若

$$2^t=a^b-1=a^{2m}-1=(a^m-1)(a^m+1)$$

由于两个连续偶数的乘积是 2 的幂,则必有

$$\begin{cases}a^m-1=2\\a^m+1=4\end{cases}$$

从而 $a=3,b=2$,因此

$$2^t=a^b-1=3^2-1=8,t=3$$

综合以上,满足题设的 $t=3$.

21. 由于

$$6^m+2^n+2=2(3^m\times2^{m-1}+2^{n-1}+1)$$

为偶数,若要使它为完全平方数,则右边括号中的数必为偶数.这表明 2^{m-1} 与 2^{n-1} 恰有一个为奇数,即 m 与 n 有一个为 1,另一个大于1.

分两种情况讨论如下.

(1)$m=1$.

在这种情况下,只需保证当 $n\geqslant2$ 时

$$6^1+2^n+2=2^n+8$$

为完全平方数.

由于 $2^n+8=4(2^{n-2}+2)$,则 $2^{n-2}+2$ 为完全平方数.

若 $n\geqslant4$,则

$$2^{n-2}+2\equiv2(\bmod 4)$$

这与它为完全平方数矛盾.

故 $2\leqslant n\leqslant 3$.

将 $n=2,3$ 代入计算可知，仅有 $n=3$ 满足题意.

(2) $n=1$.

由于

$$6^m+2^1+2\equiv(-1)^m+4 \pmod 7$$

即在模 7 的意义下，6^m+2^1+2 的余数只能为 3 或 5. 这与完全平方数模 7 余数只能为 0，1，2，4 矛盾.

综上，本题的唯一解为 $(m,n)=(1,3)$.

22. 显然，a,b 均为非负整数. 设 $3^a+7^b=n^2$（n 为正整数），首先两边 mod 4，得

$$n^2=3^a+7^b\equiv(-1)^a+(-1)^b \pmod 4$$

注意到 $n^2\not\equiv 2 \pmod 4$，则 a,b 必为一奇一偶. 下面分别讨论：

情形 1：a 为奇数，b 为偶数. 设 $b=2c$，则

$$3^a=n^2-7^b=(n+7^c)(n-7^c)$$

注意到 $n+7^c-(n-7^c)=2\times 7^c$ 不为 3 的倍数，则 $n+7^c$ 和 $n-7^c$ 不可能均为 3 的倍数，故必有 $n-7^c=1$，从而

$$3a=2\times 7^c+1$$

若 $c=0$，则 $a=1$，从而 $(a,b)=(1,0)$ 为一组解.

若 $c\geqslant 1$，则 $3^a\equiv 1 \pmod 7$，易知使得 $3^a\equiv 1 \pmod 7$ 的最小正整数 $a=6$，从而满足上式的 a 均为 6 的倍数，这与 a 为奇数矛盾.

情形 2：a 为偶数，b 为奇数. 设 $a=2c$，则

$$7^b=n^2-3^a=(n+3^c)(n-3^c)$$

注意到 $n+3^c-(n-3^c)=2\times 3^c$ 不为 7 的倍数，则 $n+3^c$ 和 $n-3^c$ 不可能均为 7 的倍数，故必有 $n-3^c=1$，从而 $7^b=2\times 3^c+1$.

若 $c=1$，则 $b=1$，从而 $(a,b)=(2,1)$ 为一组解.

若 $c>1$，则 $7^b\equiv1\pmod 9$. 而使得 $7^b\equiv1\pmod 9$ 的最小正整数 $b=3$，从而满足上式的 b 均为 3 的倍数. 设 $b=3d$，注意到 d 为大于或等于 1 的奇数，并记 $y=7^d$，则 $y^3-1=2\times3^c$，从而

$$2\times3^c=(y-1)(y^2+y+1)$$

注意到 y^2+y+1 为奇数，则

$$y-1=2\times3^u$$
$$y^2+y+1=3^v$$

其中 u,v 为正整数，且 $v\geqslant2$. 又由

$$3y=(y^2+y+1)-(y-1)^2$$

知 $9\mid3y$，从而 $3\mid y$，这与 $3\mid(y-1)$ 矛盾.

综上可知，$(a,b)=(1,0)$ 或 $(2,1)$.

23. 分以下两种情形讨论：

(1)若 $1+5\times2^x$ 为整数的平方，则 $x\in\mathbf{N}$.

设 $1+5\times2^x=y^2(y\in\mathbf{N})$，则

$$(y+1)(y-1)=5\times2^x$$

若 $x=0$，则 $y^2=6$，这不可能. 故 $x\neq0$.

又因为 $y+1,y-1$ 的奇偶性相同，所以，其均为偶数.

(i)若 $\begin{cases}y+1=2^\alpha\\y-1=5\times2^\beta\end{cases}$，其中，$\alpha,\beta\in\mathbf{N}^*$，$\alpha+\beta=x$ 且 $\alpha>\beta$.

以上两式作差得

$$2^\beta(2^{\alpha-\beta}-5)=2$$

故奇数 $2^{\alpha-\beta}-5=1$，即 $2^{\alpha-\beta}=6$.

这不可能.

(ii)若 $\begin{cases}y+1=5\times2^\alpha\\y-1=2^\beta\end{cases}$，其中，$\alpha,\beta\in\mathbf{N}^*$，且 $\alpha+\beta=x$.

以上两式作差得

$$5\times 2^{\alpha}=2(2^{\beta-1}+1)$$

即

$$5\times 2^{\alpha-1}=2^{\beta-1}+1$$

由 $5\mid(2^{\beta-1}+1)$ 知 $\beta\geqslant 3$.

所以,$2\nmid(2^{\beta-1}+1)$.

故 $\alpha=1,\beta=3$.

从而,$x=\alpha+\beta=4$.

(2)若 $1+5\times 2^{x}$ 为分数的平方,则 $x\in\mathbf{Z}_{-}$.

设 $x=-y(y\in\mathbf{N}^{*})$,则

$$1+5\times 2^{x}=\frac{2^{y}+5}{2^{y}}$$

因为 $2\nmid(2^{y}+5)$,所以,$2\mid y$.

设 $y=2y_1,2^{y}+5=m^{2}(m\in\mathbf{N}^{*})$,则

$$(m+2^{y_1})(m-2^{y_1})=5$$

因此,$\begin{cases}m+2^{y_1}=5\\m-2^{y_1}=1\end{cases}$.

以上两式作差得 $2^{y_1+1}=4$,故 $y_1=1$.

从而,$y=2y_1=2,x=-y=-2$.

综上,$x=-2$ 或 4.

24.原方程两边模 3 可得 z 是偶数.

设 $z=2r(r\in\mathbf{N}^{*})$,则

$$(5^{r}-1)(5^{r}+1)=2^{x}\times 3^{y}$$

由$(5^{r}-1,5^{r}+1)=(5^{r}-1,2)=2$,得

$$\left(\frac{5^{r}-1}{2},\frac{5^{r}+1}{2}\right)=1$$

故

$$\frac{5^{r}-1}{2}\cdot\frac{5^{r}+1}{2}=2^{x-2}\times 3^{y}\quad(x\geqslant 2)$$

又$\frac{5^{r}-1}{2}$是偶数,且$\frac{5^{r}+1}{2}\geqslant 3$,则

$$\frac{5^r-1}{2}=2^{x-2},\frac{5^r+1}{2}=3^y$$

故

$$3^y-2^{x-2}=1 \quad ①$$

当 $x=2$ 时，y 不是整数.

当 $x=3$ 时，$y=1,z=2$.

当 $x\geqslant 4$ 时，式①两边模 4 知 y 是偶数.

设 $y=2t(t\in \mathbf{N}^*)$，则

$$(3^t-1)(3^t+1)=2^{x-2}$$

又 $(3^t-1,3^t+1)=(3^t-1,2)=2$，故

$$\left(\frac{3^t-1}{2},\frac{3^t+1}{2}\right)=1$$

因此

$$\frac{3^t-1}{2}\cdot\frac{3^t+1}{2}=2^{x-4}\quad(x\geqslant 4)$$

由于 $\frac{3^t-1}{2}<\frac{3^t+1}{2}$，于是，$\frac{3^t-1}{2}=1$.

解得 $t=1,y=2$.

由 $\frac{5^r+1}{2}=3^y$，知 r 不是整数，此时，原方程无正整数解.

综上，原方程的正整数解为

$$(x,y,z)=(3,1,2)$$

25. 显然 $n=1$ 是方程的一个解.

当 $n>1$ 时，设 $n=p_1^{\alpha_1}p_2^{\alpha_2}\cdots p_m^{\alpha_m}$，其中，$p_1,p_2,\cdots,p_m$ 是不同的素数，α_i 为正整数. 注意到 $d(n)$ 是整数，则 n 必为完全平方数，从而 α_i 均为偶数. 记 $\alpha_i=2\beta_i(1\leqslant i\leqslant m)$，则

$$d(n)=(2\beta_1+1)(2\beta_2+1)\cdots(2\beta_m+1)$$

显然 $d(n)$ 为奇数，则 n 也为奇数. 从而 $p_i\geqslant 3(1\leqslant i\leqslant m)$，则

$$p_1^{\beta_1}p_2^{\beta_2}\cdots p_m^{\beta_m}=(2\beta_1+1)(2\beta_2+1)\cdots(2\beta_m+1)$$

以下先证一个引理：

引理：对任意正整数 t 和 $p(p\geqslant3)$，均有 $p^t\geqslant2t+1$，当且仅当 $p=3,t=1$ 时取等号.

引理的证明：我们对 t 进行归纳.

当 $t=1$ 时，由 $p\geqslant3$，得

$$p^1\geqslant3^1\geqslant2\times1+1$$

设当 $t=k$ 时，命题成立，即 $p^k\geqslant2k+1$. 则当 $t=k+1$时

$$p^{k+1}=p^k\cdot p\geqslant3p^k=p^k+2p^k>p^k+2\geqslant 2k+1+2=2(k+1)+1$$

即当 $t=k+1$ 时，命题也成立.

综上，对任意正整数 t，均有 $p^t\geqslant2t+1$，当且仅当 $p=3,t=1$ 时取等号，引理得证.

回到原题，注意到 $p_i\geqslant3(1\leqslant i\leqslant m)$，则 $p_i^{\beta_i}\geqslant2\beta_i+1$，且当 $p_i>3$ 时，有 $p_i^{\beta_i}>2\beta_i+1$，从而，若存在 $p_i>3(1\leqslant i\leqslant m)$，则

$$p_1^{\beta_1}p_2^{\beta_2}\cdots p_m^{\beta_m}>(2\beta_1+1)(2\beta_2+1)\cdots(2\beta_m+1)$$

故只能 $m=1,p_1=3,\beta_1=1$，即 $n=3^2=9$.

综上，适合方程的正整数 n 仅有 1 和 9.

26. 当 $k=1$ 时，方程为

$$2^{x^2}=4^y=2^{2y}$$

解得 $2y=x^2$，即

$$(x,y)=(2t,2t^2)\quad(t\in\mathbf{N})$$

当 $k=2$ 时，方程为

$$2^{A_{12}(x)}=4^{B_1(y)}=2^{2B_1(y)}\Leftrightarrow$$

$$A_{12}(x)=2B_1(y)\Leftrightarrow$$

$$2^{x^{2^2}}=2\times4^y=2^{2y+1}\Leftrightarrow$$

$$x^4=2y+1$$

易知，$2y+1$ 是奇数，则 x 也必须是奇数.

令 $x=2t+1$，则

$$y=8t^4+16t^3+12t^2+4t$$

故

$$(x,y)=(2t+1,8t^4+16t^3+12t^2+4t)\quad(t\in\mathbf{N})$$

当 $k>2$ 时，方程为

$$2^{A_{(k-1)k}(x)}=4^{B_{k-1}(y)}=2^{2B_{k-1}(y)}$$

即

$$A_{(k-1)k}(x)=2^{A_{(k-2)k}(x)}=2B_{k-1}(y)=2\times 2^{2B_{k-2}(y)}=2^{2B_{k-2}(y)+1}$$

因为 $A_{(k-2)k}(x)$ 是 2 的指数函数，所以，$A_{(k-2)k}(x)$ 不是偶数就是 1.

另一方面，指数 $2B_{k-2}(y)+1$ 必是一个大于 1 的奇数，矛盾.

所以，当 $k>2$ 时，无解.

27. 显然 x 是奇数. 记 t 中 2 的幂次为 $V_2(t)$.

若 m 是奇数，设 $y=x-1$，则

$$x^m-1=(y+1)^m-1=y^m+C_m^1y^{m-1}+C_m^2y^{m-2}+\cdots+C_m^{m-1}y$$

其中 $C_m^{m-1}y$ 项中 2 的幂次为 y 中 2 的幂次，其余项均满足

$$V_2(C_m^iy^i)=V_2(y)+(i-1)V_2(y)+V_2(C_m^i)>V_2(y)$$

故

$$V_2(x^m-1)=V_2(y)=V_2(x-1)$$

又

$$V_2(x^m-1)=V_2(2^{2n+1}+2^n)=n$$

有

$$V_2(x-1)=n$$

则 $2^n\mid(x-1)$.

所以，$x-1\geqslant 2^n$，$x\geqslant 2^n+1$.

而

$$x^3\geqslant(2^n+1)^3=2^{3n}+3\times 2^{2n}+3\times 2^n+1>2^{2n+1}+2^n+1=x^m$$

所以，$m<3$.

故 $m=1$. 此时，$x=2^{2n+1}+2^n+1$.

若 m 为偶数，设 $m=2m_0$，则

$$(x^{m_0})^2=7\times 2^{2n-2}+(2^{n-1}+1)^2$$

即

$$(x^{m_0}-2^{n-1}-1)(x^{m_0}+2^{n-1}+1)=7\times 2^{2n-2}$$

若 $n=1$，则

$$x^m=2^3+2^1+1=8+2+1=11$$

不是平方数，不可能.

因此，$n\geqslant 2$.

所以

$$x^{m_0}-2^{n-1}-1\not\equiv x^{m_0}+2^{n-1}+1 \pmod 4$$

又因为它们都是偶数，所以它们之一中 2 的幂次为 1. 只有下面四种情形

$$\begin{cases}x^{m_0}-2^{n-1}-1=14\\x^{m_0}+2^{n-1}+1=2^{2n-3}\end{cases}\quad ①$$

$$\begin{cases}x^{m_0}-2^{n-1}-1=2^{2n-3}\\x^{m_0}+2^{n-1}+1=14\end{cases}\quad ②$$

$$\begin{cases}x^{m_0}-2^{n-1}-1=7\times 2^{2n-3}\\x^{m_0}+2^{n-1}+1=2\end{cases}\quad ③$$

$$\begin{cases}x^{m_0}-2^{n-1}-1=2\\x^{m_0}+2^{n-1}+1=7\times 2^{2n-3}\end{cases}\quad ④$$

由①有 $2^{n-1}+1=2^{2n-4}-7$，即

$$2^{n-4}+1=2^{2n-7}$$

解得

$$n=4, x^{m_0}=23$$

故 $x=23, m_0=1$.

由②有 $2^{n-1}+1=7-2^{2n-4}$，即

$$2^{n-1}+2^{2n-4}=6$$

因为 $6=4+2$，所以无解.

由③有 $2^{n-1}+1=1-7\times 2^{2n-4}$，也不可能.

由④有 $2^{n-1}+1=7\times 2^{2n-4}-1$，即

$$2^{n-2}+1=7\times 2^{2n-5}$$

考虑二进制表示中 1 的个数，故也不可能.

所以，$(x,m,n)=(2^{2n+1}+2^n+1,1,n),(23,2,4)$.

28. 方程两边同时取模 4 得

$$z^2\equiv(-1)^x-1^y=(-1)^x-1 \pmod 4$$

必有 z,x 均为偶数.

不妨设 $x=2t(t\in \mathbf{N}^*)$，则方程化为

$$(3^t-z)(3^t+z)=5^y$$

于是，存在 $k\in \mathbf{N}^*$ 使得

$$3^t-z=5^k, 3^t+z=5^{y-k}\Rightarrow$$
$$5^k+5^{y-k}=2\times 3^t\Rightarrow k=0\Rightarrow$$
$$2\times 3^t=5^y+1$$

若 $t\geqslant 2$，则

$$5^y+1\equiv 0 \pmod 9$$

当且仅当 $y\equiv 3 \pmod 6$ 时，上式成立.

此时，$5^y+1\equiv 5^3+1\equiv 0 \pmod 7$，故

$$7\mid(5^y+1)$$

进而，$7\mid 2\times 3^t$，显然不可能.

于是，$t\leqslant 1$，即 $t=1$.

因此，$y=1, x=2, z=2$.

故方程的唯一解为 $(x,y,z)=(2,1,2)$.

29. 当 $p=2$ 时，显然无解. 则 p 为奇数，且 $p\geqslant 3$.

故

$$2^p+3^p\equiv(-1)^p \pmod 4\equiv -1 \pmod 4$$

于是，n 必为奇数.

又

$$2^p+3^p\equiv(-2)^p+2^p \pmod 5\equiv$$
$$-2^p+2^p \pmod 5\equiv 0 \pmod 5$$

则 $5|a$.

因为 $n\geqslant 2$，所以，$25|(2^p+3^p)$. 而

$$2^{10}\equiv -1 \pmod{25}, 3^{10}\equiv -1 \pmod{25}\Rightarrow$$
$$p\equiv \pm 5 \pmod{20}$$

又因为 p 是素数，所以 $p=5$.

当 $p=5$ 时，$2^5+3^5=275=25\times 11$，矛盾.

因此原方程无解.

30. 先证明一个引理.

引理：p 为奇素数，当 x 取遍模 p 的完全剩余系时，x^2 模 p 恰能取到 $0,1,\cdots,p-1$ 中的 $\frac{p+1}{2}$ 个值.

引理的证明：当 $x\equiv 0 \pmod p$ 时，$x^2\equiv 0 \pmod p$.

当 $p\nmid x$ 时，若

$$x_1^2\equiv x_2^2 \pmod p, x_1\not\equiv x_2 \pmod p$$

则有

$$p|(x_1+x_2)(x_1-x_2), p|(x_1+x_2)$$

所以

$$x_1\equiv -x_2 \pmod p$$

这样，将 $1,2,\cdots,p-1$ 分成 $\frac{p-1}{2}$ 组

$$(1,p-1),(2,p-2),\cdots,\left(\frac{p-1}{2},\frac{p+1}{2}\right)$$

同组数的平方模 p 相等，不同组数的平方模 p 不相等.

因此，二次剩余恰能取到 $1+\frac{p-1}{2}=\frac{p+1}{2}$ 个值.

接下来求解原题.

当存在 $x\in\mathbf{Z}$,使 $x^2+ax+b\equiv0\pmod{167}$ 时,则有整数解 (x,y),即

$$4x^2+4ax+4b\equiv0\pmod{167}$$

$$a^2-4b\equiv(2x+a)^2\pmod{167}$$

因此,a 取一个值时,a^2-4b 取模 167 的二次剩余.

由引理 a^2-4b 模 167 能取到 84 个不同的值,所以,b 模 167 能取 84 个不同的值.

又因为 $\frac{2\ 004}{167}=12$,故每个 a 对应 84×12 个满足要求的 b,因此,共有

$$2\ 004\times84\times12=2\ 020\ 032$$

个有序整数对.

31.由费马小定理,$q\mid(5^q-5)$,得 $q\mid30$,即 $q=2,3,5$.易验证素数对 $(2,2)$ 不合要求,$(2,3)$,$(2,5)$ 合乎要求.

若 pq 为奇数且 $5\mid pq$,不妨设 $p=5$,则 $5q\mid(5^5+5^q)$,故 $q\mid(5^{q-1}+625)$.

当 $q=5$ 时素数对 $(5,5)$ 合乎要求,当 $q\neq5$ 时,由费马小定理有 $q\mid(5^{q-1}-1)$,故 $q\mid626$.由于 q 为奇素数,而 626 的奇素因子只有 313,所以 $q=313$.经检验素数对 $(5,313)$ 合乎要求.

若 p,q 都不等于 2 和 5,则有 $pq\mid(5^{p-1}+5^{q-1})$,故

$$5^{p-1}+5^{q-1}\equiv0\pmod{p} \quad ①$$

由费马小定理,得

$$5^{p-1}\equiv1\pmod{p} \quad ②$$

故由①②得

$$5^{q-1}\equiv-1\pmod{p} \quad ③$$

设 $p-1=2^k(2r-1)$,$q-1=2^l(2s-1)$,其中 $k,l,$

r,s 为正整数.

若 $k\leqslant l$,则由②③易知

$$1=1^{2^{l-k}(2s-1)}\equiv(5^{p-1})^{2^{l-k}(2s-1)}=5^{2^{l}(2r-1)(2s-1)}=$$
$$(5^{q-1})^{2r-1}\equiv(-1)^{2r-1}\equiv-1(\mathrm{mod}\ p)$$

这与 $p\neq2$ 矛盾！所以 $k>l$.

同理有 $k<l$,矛盾！即此时不存在合乎要求的 (p,q).

综上所述,所有满足题目要求的素数对 (p,q) 为 $(2,3),(3,2),(2,5),(5,2),(5,5),(5,313)$ 及 $(313,5)$.

32. 因为 $2^4\equiv1(\mathrm{mod}\ 5)$,所以,$4\mid y$.

对方程两边取模 4 得

$$2^z\equiv2(\mathrm{mod}\ 4)$$

故 $z=1$.

设 $y=4r$,得 $5^x+1=2^{4r}+2\times5^t$,即

$$5^x-2\times5^t=16^t-1$$

对上式两边取模 3 得到

$$(-1)^x+(-1)^t\equiv0(\mathrm{mod}\ 3)$$

所以,x,t 一奇一偶.

又 $5^t\equiv1$ 或 $5(\mathrm{mod}\ 8)$,则对 $5^x=2\times5^t+16^r-1$ 两边取模 8 得

$$5^x\equiv2\times5^t-1\equiv1(\mathrm{mod}\ 8)$$

故 x 为偶数,t 为奇数.

(1)若 $t=1$,则 $5^x=16^r+9$. 设 $x=2m$,有

$$(5^m-3)(5^m+3)=16^r$$

$$(5^m-3,5^m+3)=(5^m-3,6)=2\Rightarrow$$
$$5^m-3=2,5^m+3=2^{4r-1}\Rightarrow$$
$$m=1,2^{4r-1}=2^3\Rightarrow$$
$$r=1,y=4,x=2\Rightarrow$$

$$(x,y,z,t)=(2,4,1,1)$$

(2)若 $t>1$,则 $t\geqslant 3,x\geqslant 4$,且

$$5^3\mid(5^x-2\times 5^t)=16^r-1$$

因为

$$16^r-1=(15+1)^r-1=15^r+\cdots+C_r^2 15^2+C_r^1 15$$

所以,$5\mid r$.

令 $r=5k$,则

$$16^{5k}-1\equiv 5^{5k}-1\equiv(5\times 3^2)^k-1\equiv 0\pmod{11}\Rightarrow$$
$$11\mid(5^x-2\times 5^t)=5^t(5^{x-t}-2)\Rightarrow$$
$$11\mid(5^{x-t}-2)$$

但 $5^n\equiv 1,3,4,5,9\pmod{11}$,即 $11\nmid(5^{x-t}-2)$,矛盾.

故原方程有唯一解 $(x,y,z,t)=(2,4,1,1)$.

33. 考虑模 4,则对于所有的 x,有 $8^x\equiv 0\pmod 4$,而对于所有的 z,有 $17^z\equiv 1\pmod 4$. 因此 $15^y\equiv 1\pmod 4$,于是 y 必须是偶数. 考虑模 7,则对于所有的 x,有 $8^x\equiv 1\pmod 7$,而对于所有的 y,有 $15^y\equiv 1\pmod 7$. 因此,$17^z\equiv 2\pmod 7$ 仅当 z 是偶数时成立. 取模 3,而对于所有的 y,有 $15^y\equiv 0\pmod 3$. 因为 z 是偶数,所以 $17^z\equiv 1\pmod 3$. 因此,$8^x\equiv 1\pmod 3$ 仅当 x 是偶数时成立. 由此即得 x,y,z 都是偶数. 令 $x=2k,y=2m,z=2n$,则

$$2^{6k}=(17^n-15^m)(17^n+15^m)$$

从而

$$17^n-15^m=2^t \text{ 和 } 17^n+15^m=2^{6k-t}\quad(1\leqslant t\leqslant 3k)$$

这两个方程相加得

$$2\cdot 17^n=2^t(2^{6k-2t}+1)$$

因此,$t=1$ 和 $17^n-15^m=2$. 考虑模 9,当 n 是奇数时,$17^n\equiv 8\pmod 9$,当 n 是偶数时,$17^n\equiv 1\pmod 9$. 另一方面,$15\equiv 6\pmod 9$,和当 $m\geqslant 2$ 时,$15^m\equiv 0\pmod 9$. 因此 $m=1$,从而推出 $n=1$ 和 $k=1$. 故原方程的唯一解是 $(x,y,z)=(2,2,2)$.

34.首先引入勒让德记号$\left(\frac{a}{p}\right)$:

p 为奇素数,$(a,p)=1$;

$$\left(\frac{a}{p}\right)=\begin{cases}1,当\ x^2\equiv a(\mathrm{mod}\ p)有解时\\-1,当\ x^2\equiv a(\mathrm{mod}\ p)无解时\end{cases}$$

勒让德记号有如下性质:

(1)$\left(\frac{a}{p}\right)\cdot\left(\frac{b}{p}\right)=\left(\frac{ab}{p}\right)$;

(2)$\left(\frac{-1}{p}\right)=\begin{cases}1,p\equiv 1(\mathrm{mod}\ 4)\\-1,p\equiv -1(\mathrm{mod}\ 4)\end{cases}$.

下面给出一个引理.

引理:若$(a,p)=1$,p 为奇素数,$x^2\equiv a(\mathrm{mod}\ p)$有解,则它有且仅有两个解.

引理的证明:设 $x\equiv x_0(\mathrm{mod}\ p)$是一解,则 $x\equiv -x_0(\mathrm{mod}\ p)$也是一解.又 p 是奇数,则 $x_0\not\equiv -x_0(\mathrm{mod}\ p)$.所以,至少有两个解.

若另有一解 x_1,且 $x_1\not\equiv x_0(\mathrm{mod}\ p)$,$x_1\not\equiv -x_0(\mathrm{mod}\ p)$,则

$$x_0^2\equiv x_1^2(\mathrm{mod}\ p)$$

$$(x_0-x_1)(x_0+x_1)\equiv 0(\mathrm{mod}\ p)$$

所以,$p|(x_0-x_1)$或 $p|(x_0+x_1)$.矛盾.

因此,仅有两解.

下面证明原题.

记 $f(x)=x^3-x$,则 $f(x)$是奇函数.当 $p=2$ 时,$y^2\equiv f(x)(\mathrm{mod}\ p)$恰有两解$(0,0)$,$(1,0)$.

当 $p\equiv 3(\mathrm{mod}\ 4)$时,因为

$$\left(\frac{-a}{p}\right)=\left(\frac{-1}{p}\right)\left(\frac{a}{p}\right)=-\left(\frac{a}{p}\right)$$

所以,$y^2\equiv f(x)(\mathrm{mod}\ p)$与 $y^2\equiv -f(x)\equiv f(-x)(\mathrm{mod}\ p)$一个有解,一个无解.

设 $x=2,3,\cdots,\frac{p-1}{2}$ 中，$y^2\equiv f(x)\pmod p$ 有 k 个有解，则 $x=\frac{p+1}{2},\frac{p+3}{2},\cdots,p-2$ 中，$y^2\equiv f(x)\pmod p$ 有 $\frac{p-3}{2}-k$ 个有解.

所以，$x=2,3,\cdots,p-2$ 中，$y^2\equiv f(x)\pmod p$ 有 $\frac{p-3}{2}$ 个有解.

又由引理它们有两个解，则 $x=2,3,\cdots,p-2$ 中，有 $p-3$ 组解.

当 $x=0,1,p-1$ 时，$y^2\equiv f(x)\equiv 0\pmod p$ 各有一组解.

所以，共有 p 组解.

当 $p\equiv 1\pmod 4$ 时，因为

$$\left(\frac{-a}{p}\right)=\left(\frac{-1}{p}\right)\left(\frac{a}{p}\right)=\left(\frac{a}{p}\right)$$

所以，$y^2\equiv f(x)\pmod p$ 与 $y^2\equiv f(-x)\pmod p$ 或同有两个解或同无解.

设 $x=2,3,\cdots,\frac{p-1}{2}$ 中，$y^2\equiv f(x)\pmod p$ 有 k 个有解，则 $x=\frac{p+1}{2},\frac{p+3}{2},\cdots,p-2$ 中，$y^2\equiv f(x)\pmod p$ 有 k 个有解.

所以，$x=2,3,\cdots,p-2$ 中，$y^2\equiv f(x)\pmod p$ 有 $4k$ 组解.

当 $x=0,1,p-1$ 时，$y^2\equiv f(x)\equiv 0\pmod p$ 各有一组解.

所以，共有 $4k+3$ 组解.

但 $p\neq 4k+3$，所以，$p\equiv 1\pmod 4$ 必不满足条件.

综上所述，$p=2\pmod 4$ 或 $p\equiv 3\pmod 4$.

习题五答案

1.(1)当 b 为偶数且 $x=-\frac{b}{2}$ 时，y 有最小值. 由题设

$$y=\left(-\frac{b}{2}\right)^2+b\left(-\frac{b}{2}\right)+c>0$$

$$-\frac{b^2}{4}+c>0$$

$$b^2-4c<0$$

(2)当 b 为奇数且 $x=\frac{-b\pm1}{2}$ 时，y 有最小值，即

$$y=\left(\frac{-b\pm1}{2}\right)^2+b\left(\frac{-b\pm1}{2}\right)+c>0$$

$$b^2-4c<1$$

又由 b,c 是整数，所以

$$b^2-4c\leqslant0$$

由(1)与(2)，$b^2-4c\leqslant0$.

2.(1)由题设知 $c,a-b+c,4a-2b+c$ 都是整数. 因此

$$a-b=(a-b+c)-c$$

与

$$4a-2b=(4a-2b+c)-c$$

都是整数. 进而

$$2a=(4a-2b)-2(a-b)$$

$$2b=(4a-2b)-4(a-b)$$

都是整数.

所以，当 x 为偶数时(不妨设 $x=2k$)，$y=4ak^2-2bk+c$ 为整数；

当 x 为奇数时(不妨设 $x=2k+1$),有

$$y=a(2k+1)^2-b(2k+1)+c=$$
$$4ak^2+4ak-2bk+(a-b+c)$$

仍为整数.

(2)因为当 $x=0$ 时,$y=c$,所以,c 必为整数,但 a,b 不一定是整数.

如函数 $y=\frac{1}{2}x^2+\frac{1}{2}x+1=\frac{1}{2}x(x+1)+1$,当 x 为任何整数时,y 的值都是整数. 但此函数中的二次项、一次项的系数并不是整数.

3. 显然,如果 N 是偶数,那么 $P(N)$ 和 $P(0)$ 有相同的奇偶性;而如果 N 是奇数,$P(N)$ 就与 $P(1)$ 有相同的奇偶性. 既然 $P(0)$ 和 $P(1)$ 是奇数,可见 $P(N)$ 永远是奇数,所以 $P(N)\neq 0$.

4. 设原式 $=(x^2+ax+b)(x^2+cx+d)$,则

$$a+c=0 \quad ①$$
$$b+ac+d=1\ 980 \quad ②$$
$$bc+ad=2\ 000 \quad ③$$
$$bd=1\ 990 \quad ④$$

由④,b,d 一奇一偶. 否则,要么 bd 为奇数,要么 bd 被 4 整除,都不可能等于 1 990. 不妨设 b 为奇数,d 为偶数. 考察方程③,因 d 为偶数,2 000 为偶数,则 bc 为偶数,而 b 为奇数,所以 c 为偶数. 再考察②,已有 b 为奇数,c,d 都为偶数,可知 $b+ac+d$ 为奇数,这与 1 980 为偶数矛盾.

5. 对于所研究的表达式中的 (x,y),用 $(1,0)$,$(0,0)$ 和 $(-1,0)$ 代入,这时,表达式

$$a_1x+b_1y+c_1 \text{ 和 } a_2x+b_2y+c_2$$

中的某一个至少有两次取得偶数值.

这样一来,在数 $a+c$,c,$-a+c$ 中,至少有两个取

偶数值,因此至少有两个数的差是偶数.由于这三个数中任何两个数的差或者等于 a,或者等于 $2a$,于是 a 或 $2a$ 为偶数,从而 a 是整数.

在同一表达式 $a+c$ 或 $-a+c$ 中,由于它们至少有一个整数,且 a 是整数,则 c 是整数.

于是,两个表达式中的某一个表达式的系数 a 和 c 是整数.

利用类似的方法,对 (x,y) 代之以数对 $(0,1)$,$(0,0)$,$(0,-1)$,可以证明:在两个表达式中的某一个表达式的系数 b 和 c 也是整数.

若在上述两种情况下,a,c 为整数及 b,c 为整数的是同一表达式,则这个表达式的系数 a,b,c 是整数.若在一个表达式中 a 和 c 是整数,而在另一个表达式中 b 和 c 是整数,这时再用 $x=1$,$y=1$ 代入两个表达式,则 $a+b+c$ 是整数,因而系数 a,b,c 都是整数.

6.已知条件等价于

$$(x+1)^n-1=P(x)Q(x) \quad ①$$

如果两个整系数多项式 $f(x)$ 和 $g(x)$ 的同次项系数的奇偶性相同,就称这两个多项式相似,记作 $f(x)\equiv g(x)$.

由式①有

$$(x+1)^n-1\equiv(x^k+x^{k-1}+\cdots+x+1)Q(x) \quad ②$$

在②中,将 x 换成 $\frac{1}{x}$ 后乘以 x^n,得

$$(x+1)^n-x^n\equiv(x^k+x^{k-1}+\cdots+x+1)x^{n-k}Q\left(\frac{1}{x}\right) \quad ③$$

在式③中,$x^{n-k}Q\left(\frac{1}{x}\right)$ 是一个次数不超过 $n-k$ 的多项式.

由②－③得

$$x^n-1\equiv(x^k+x^{k-1}+\cdots+x+1)R(x)$$

这里，$R(x)$是一个整系数多项式.

若$(k+1)\nmid n$，则

$$n=q(k+1)+r\quad(0<r<k+1)$$

于是

$$x^{k+1}-1=(x^k+x^{k-1}+\cdots+x+1)(x-1)\mid(x^n-x^r)=$$

$$x^r(x^{q(k+1)}-1)$$

故

$$x^r-1=(x^n-1)-(x^n-x^r)\equiv(x^k+\cdots+x+1)R_1(x)$$

$R_1(x)$是一个整系数多项式，与 $r<k+1$ 矛盾，所以，$(k+1)\mid n$.

7. 设方程 $f(x)=0$ 有有理根 $x=\dfrac{p}{q}$，其中 p 和 q 是互素的整数，则

$$f\left(\frac{p}{q}\right)=0$$

$$q^nf\left(\frac{p}{q}\right)=\sum_{i=0}^{n}q^na_i\left(\frac{p}{q}\right)^{n-i}=0$$

即

$$a_0p^n+qa_1p^{n-1}+\cdots+q^{n-1}a_{n-1}p+q^na_n=0\qquad ①$$

由此可得

$$p\mid a_n,q\mid a_0$$

因为 a_0 和 a_n 都是奇数，所以 p 和 q 都是奇数.

考虑式①左边以 2 为模的余数，则

$$a_0p^n+qa_1p^{n-1}+\cdots+q^{n-1}a_{n-1}p+q^na_n\equiv$$

$$a_0+a_1+\cdots+a_{n-1}+a_n=f(1)\equiv1\pmod 2$$

与式①矛盾.

因而方程 $f(x)=0$ 没有有理根.

8. (1)设 $m=a^2+ab+b^2$，因为

$$3\mid m\Rightarrow 3\mid[(a-b)^2+3ab]$$

所以

$$a\equiv b \pmod 3$$

则 $x=\dfrac{b-a}{3}$，$y=\dfrac{b+2a}{3}$ 为正整数，且

$$3(x^2+xy+y^2)=$$
$$\frac{(b-a)^2}{3}+\frac{(b-a)(b+2a)}{3}+\frac{(b+2a)^2}{3}=$$
$$a^2+ab+b^2$$

故 $x^2+xy+y^2=\dfrac{m}{3}$，且 x,y 为整数.

从而 $\dfrac{m}{3}\in S$.

(2)证法 1：设

$$m=x^2+xy+y^2, n=z^2+zt+t^2$$

则

$$m=\frac{3(x+y)^2+(x-y)^2}{4}$$
$$n=\frac{3(z+t)^2+(z-t)^2}{4}$$

又设

$$m_0=x+y, n_0=x-y, p=z+t, q=z-t$$

则

$$mn=\frac{3m_0^2+n_0^2}{4}\cdot\frac{3p^2+q^2}{4}=$$
$$\frac{1}{16}[(3m_0p+n_0q)^2+3(m_0q-n_0p)^2]=$$
$$\frac{1}{4}\left[\left(\frac{3m_0p+n_0q}{2}\right)^2+3\left(\frac{m_0q-n_0p}{2}\right)^2\right]$$

设

$$u-v=\frac{3m_0p+n_0q}{2}, u+v=\frac{m_0q-n_0p}{2}$$

则

$$u=\frac{3m_0p+m_0q+n_0q-n_0p}{4}$$

$$v=\frac{m_0q-n_0p-n_0q-3m_0p}{4}$$

故 $u^2+uv+v^2=mn$.

设 $u=2^{\alpha}u_1$，$v=2^{\beta}v_1$，其中，u_1，v_1 为奇数，α，β 为整数，且$\alpha\geqslant-2$，$\beta\geqslant-2$. 则

$$2^{2\alpha}u_1^2+2^{2\beta}v_1^2+2^{\alpha+\beta}u_1v_1=mn$$

若 $\alpha=\beta$，则

$$2^{2\alpha}(u_1^2+v_1^2+u_1v_1)=mn$$

又因为 $u_1^2+v_1^2+u_1v_1$ 是奇数，所以，$\alpha\geqslant0$.

若 $\alpha\neq\beta$（不妨假设 $\alpha<\beta$），则

$$2^{2\alpha}[u_1^2+2^{2(\beta-\alpha)}v_1^2+2^{\beta-\alpha}u_1v_1]=mn$$

又因为 $u_1^2+2^{2(\beta-\alpha)}v_1^2+2^{\beta-\alpha}u_1v_1$ 是奇数，所以，$\beta>\alpha\geqslant0$.

证法 2：设

$$m=x^2+xy+y^2,n=z^2+zt+t^2\quad(x,y,z,t\in\mathbf{Z})$$

则

$$\begin{aligned}mn=&(x^2+xy+y^2)(z^2+zt+t^2)=\\&(xz+yt+xt)^2+(xz+yt+xt)\cdot\\&(yz-xt)+(yz-xt)^2\end{aligned}$$

设

$$m_0=xz+yt+xt,n_0=yz-xt$$

则

$$mn=m_0^2+m_0n_0+n_0^2\quad(m_0,n_0\in\mathbf{Z})$$

由 S 的定义知 $mn\in S$.

9. 由题意得

$$b_{n+1}=\sum_{i=1}^{n+1}a_{(n+1)i}=$$

$$(1+a_{n1})+\sum_{i=1}^{n-1}[a_{ni}+a_{n(i+1)}]+(a_{nn}+1)=$$

$$2+2\sum_{i=1}^{n}a_{ni}=2+2b_n$$

故 $b_{n+1}=2b_n+2$，即$\frac{b_{n+1}+2}{b_n+2}=2$.

所以，$\{b_n+2\}$是以 $b_1+2=3$ 为首项、2 为公比的等比数列. 则

$$b_n+2=3\times 2^{n-1}\Rightarrow b_n=3\times 2^{n-1}-2$$

若数列$\{b_n\}$中存在不同的三项 $b_p,b_q,b_r(p,q,r\in \mathbf{N}^*)$恰好成等差数列，不妨设$(p>q>r)$，显然，$\{b_n\}$是递增数列. 则$2b_q=b_p+b_r$. 故

$$2(3\times 2^{q-1}-2)=(3\times 2^{p-1}-2)+(3\times 2^{r-1}-2)$$

于是

$$2\times 2^{q-r}=2^{p-r}+1 \quad ①$$

由 $p,q,r\in \mathbf{N}^*$，且 $p>q>r$，知

$$q-r\geqslant 1,p-r\geqslant 2$$

由于式①的左边为偶数，右边为奇数，不成立. 故数列$\{b_n\}$中不存在不同的三项 $b_p,b_q,b_r(p,q,r\in \mathbf{N}^*)$恰好成等差数列.

10. 假设存在满足条件的 $f\in F$，使得 $m(k)$恰有 k 个互不相同的整数根，设这 k 个整数根为 $\beta_1,\beta_2,\cdots,\beta_k$.

则存在整系数多项式 $g(x)$，使得

$$f(x)-m(k)=(x-\beta_1)(x-\beta_2)\cdots(x-\beta_k)g(x) \quad ①$$

由于 $f\in F$，则存在整数 α，使得 $f(\alpha)=1$.

将 α 代入式①，并在等式两边取绝对值，得

$$m(k)-1=|\alpha-\beta_1|\cdot|\alpha-\beta_2|\cdot\cdots\cdot|\alpha-\beta_k|\cdot|g(\alpha)| \quad ②$$

依题设，$\alpha-\beta_1,\alpha-\beta_2,\cdots,\alpha-\beta_k$ 是互不相同的整

数，又由$m(k)>1$，即$m(k)-1>0$，则由式②，$\alpha-\beta_1$，$\alpha-\beta_2$，…，$\alpha-\beta_k$均不等于零.

为保证$m(k)$最小，由式②，显然有$|g(\alpha)|=1$，且$\alpha-\beta_1$，$\alpha-\beta_2$，…，$\alpha-\beta_k$应取绝对值最小的k个非零整数.因而，应从±1，±2，±3，…中选取.

下面对k分为奇偶数讨论.

当k为偶数时，$\alpha-\beta_1$，$\alpha-\beta_2$，…，$\alpha-\beta_k$应取±1，±2，…，$\pm\frac{k}{2}$共k个值，其中有$\frac{k}{2}$个负数.由式①，$g(\alpha)$必等于$(-1)^{\frac{k}{2}+1}$，于是

$$m(k)=\left[\left(\frac{k}{2}\right)!\right]^2+1$$

相应的f可取

$$f(x)=(-1)^{\frac{k}{2}+1}\prod_{i=1}^{\frac{k}{2}}(x^2-i^2)+\left[\left(\frac{k}{2}\right)!\right]^2+1$$

当k为奇数时，$\alpha-\beta_1$，$\alpha-\beta_2$，…，$\alpha-\beta_k$应取±1，±2，…，$\pm\frac{k-1}{2}$，$\frac{k+1}{2}$，$g(\alpha)$应等于$(-1)^{\frac{k-1}{2}+1}$，从而

$$m(k)=\left(\frac{k-1}{2}\right)!\ \left(\frac{k+1}{2}\right)!\ +1$$

相应的f可取

$$f(x)=(-1)^{\frac{k+1}{2}}\prod_{i=1}^{\frac{k-1}{2}}(x^2-i^2)\left(x+\frac{k+1}{2}\right)+\left(\frac{k-1}{2}\right)!\left(\frac{k+1}{2}\right)!+1$$

11.设$P(x)$为n次多项式，其中$n>0$，记

$$P(x)=a_nx^n+a_{n-1}x^{n-1}+\cdots+a_1x+a_0$$

其中$a_n\neq0$.

假设存在小于n的最大数i，使得$a_i\neq0$，由

$$P(x^k)=a_nx^{kn}+a_ix^{ki}+a_{i-1}x^{ki-k}+\cdots+a_1x^k+a_0$$

及

$$(P(x))^k=(a_nx^n+a_ix^i+a_{i-1}x^{i-1}+\cdots+a_1x+a_0)^k$$

且

$$kn>(k-1)n+i>ki$$

所以，$P(x^k)$ 中 $x^{(k-1)n+i}$ 的系数为 0，$(P(x))^k$ 中 $x^{(k-1)n+i}$ 的系数为 $ka_n^{k-1}a_i\neq0$，矛盾.

因此，多项式 $P(x)=a_nx^n$.

若 $n=0$，则 $P(x)=a_0$.

由 $P(x^k)=(P(x))^k$，可得 $a_nx^{nk}=a_n^kx^{nk}$，即

$$a_n(a_n^{k-1}-1)=0$$

于是，$a_n=0$ 或 $a_n^{k-1}=1$.

当 k 为奇数时，$a_n=\pm1$；当 k 为偶数时，$a_n=1$.

综上所述，$P(x)=0$ 或 $P(x)=x^n$，其中 n 为任意非负整数. 当 k 为奇数时，还有 $P(x)=-x^n$ 亦满足条件.

12. 为解答本题，需要用到下列事实：

(1)如果连续函数(特别的，多项式)在区间的两个端点处的值的符号不同，那么，它在该区间中至少有一次取值为 0.

(2)当 $x>0$ 并且充分大时，多项式的值与它的首项系数同号；当 $x<0$ 并且绝对值充分大时，若多项式是偶次的，则它的值与首项系数同号；若多项式是奇次的，则它的值与首项系数异号. 特别的，结合(1)可知，奇次多项式必有实根.

下面逐个删除 $P(x)$ 中的项，使得每一步上的多项式都有实根.

设 $P(x)=ax^n+bx^m+\cdots+c$ 中不少于 3 项，其中 $a,b\neq0$，x^n，x^m 是该多项式中两个次数最高的项.

由题意知 $c=P(0)\neq0$.

若 n 或 m 为奇数，则自 $P(x)$ 中相应地删去一项 ax^n 或 bx^m（留下指数为奇数的项），使得 $P(x)$ 成为奇次多项式，此时至少有一实根. 所以，只需考虑 n,m 都是偶数的情形. 必要时可乘以 -1，因此，可设 $a>0$.

若 $c<0$，则可自 $P(x)$ 中删去除了首项与常数项之外的任意一项，所得的多项式 $P_1(x)$ 当 $x=0$ 时等于 c，而当 $x>0$ 充分大时，其值为正，故有实根.

下面讨论 $c>0$ 的情形.

令 $P(t)=0$，若 $b>0$，自 $P(x)$ 中删去 bx^m，所得的多项式 $P_1(x)$ 在 $x>0$ 充分大时，其值为正，而

$$P_1(t)=P(t)-bt^m<0$$

（因为 $t\neq 0$，而 m 为偶数），因此，$P_1(x)$ 有实根.

若 $b<0$，则自 $P(x)$ 中删去 ax^n. 此时，所得的多项式 $P_1(x)$ 当 $x>0$ 充分大时，其值为负，但是，$P_1(0)=P(0)=c>0$，故它有实根.

通过上述步骤，最终会得到一个有实根的多项式，它刚好具有两项，其中一项为 $P(0)$.

13.(1)若 m 是偶数，记 $m=2k(k\in\mathbf{N}^*)$. 由 $b^2=a^m=a^{2k}$，故 $b=a^k$ 或 $-a^k$.

当 $b=a^k$ 时，则

$$P(R(a,a^k))=a \quad (a\in\mathbf{R})$$

记 $L(x)=R(x,x^k)$，则

$$P(L(x))=x \quad (x\in\mathbf{R})$$

显然，$P(x)$ 与 $L(x)$ 不能是零次多项式.

比较次数得

$$\deg P(x)=\deg L(x)=1$$

设 $L(x)=ux+v$，则

$$P(x)=\frac{x-v}{u} \quad (u,v \text{ 是常数})$$

当 $b=-a^k$ 时，记 $L_0(x)=R(x,-x^k)$.

同理

$$x=P(R(x,-x^k))=P(L_0(x))$$

从而

$$L_0(x)=ux+v=L(x)$$

$$R(x,-x^k)=R(x,x^k)$$

$$a^k=Q(R(a,a^k))=Q(R(a,-a^k))=-a^k$$

这对 $a\neq 0$ 不成立，故 m 不是偶数.

(2)若 m 是奇数，记

$$m=2k+1, R(x^2,x^{2k+1})=L_1(x)$$

取 $a=x^2$，则 $b=x^{2k+1}$. 故

$$x^2=a=P(R(a,b))=P(R(x^2,x^{2k+1}))=P(L_1(x))$$

同理，$P(x)$，$L_1(x)$也不是零次多项式.

(i)若 $\deg L_1(x)=2$，由

$$x^{2k+1}=b=Q(R(a,b))=Q(L_1(x))$$

知左边是奇次多项式，右边是偶次多项式，矛盾.

(ii)若 $\deg L_1(x)=1$，即 $R(x^2,x^{2k+1})$是一次多项式.

但 $1=\deg R(x^2,x^{2k+1})\geqslant\min\{2,2k+1\}$，则必有

$$2k+1\leqslant 1\Rightarrow k\leqslant 0$$

故只有 $k=0$ 符合题意.

此时，$m=2k+1=1$.

当 $m=1$ 时，取

$$R(x,y)=y, P(x)=x^2, Q(x)=x$$

即可.

综上，$m=1$.

14. 设 $\deg(f_k)=\alpha_k(\alpha_k\in\mathbf{N}^*, 1\leqslant k\leqslant n)$.

由题中等式得

$$\alpha_k+\alpha_{k+1}=\alpha_{k+1}\alpha_{k+2}$$

即 $\alpha_{k+1}\mid\alpha_k$. 因此，$\alpha_1=\alpha_2=\cdots=\alpha_n=2$.

设

$$f_k(x)=a_kx^2+b_kx+c_k \quad (1\leqslant k\leqslant n, a_k\neq 0)$$

代入题中等式，比较两边 x^4 的系数得

$$a_k=a_{k+2}^2$$

若 $n=2m$ 为偶数，则

$$a_1=a_3^2=a_5^{2^2}=\cdots=a_{2m-1}^{2^{m-1}}=a_1^{2^m}$$

因此，$a_1=a_3=\cdots=a_{2m-1}=1$.

同理，$a_2=a_4=\cdots=a_{2m}=1$.

若 n 为奇数，也可由类似的讨论知

$$a_1=a_2=\cdots=a_n=1$$

再比较两边 x^3 的系数得

$$b_k+b_{k+1}=2b_{k+2}$$

设 $\min\{b_1,b_2,\cdots,b_n\}=b_s=b$，则由

$$b_{s-2}+b_{s-1}=2b_s$$

知 $b_{s-2}=b_{s-1}=b$.

如此进行下去，可得

$$b_1=b_2=\cdots=b_n=b$$

最后，再比较两边 x^2 的系数得

$$c_k+c_{k+1}=2c_{k+2}+b$$

将这 n 个等式相加得 $nb=0$，即 $b=0$.

则又可由类似对 b_k 的讨论知

$$c_1=c_2=\cdots=c_n=c$$

因此，$f_k(x)=x^2+c$. 代入原方程得

$$(x^2+c)^2=(x^2+c)^2+c$$

故 $c=0$.

则 $f_1(x)=f_2(x)=\cdots=f_n(x)=x^2$.

习题六答案

1. 设 a, $2\ 009^{12}$, c 是直角三角形的三边长(c 为斜边),则

$$(c-a)(c+a)=2\ 009^{24}=41^{24}\times 7^{48}$$

因为 $c+a>c-a$,且这两个数奇偶性相同,所以,均为奇数.

又 $2\ 009^{24}=41^{24}\times 7^{48}$ 有 25×49 个不同的因子,可以配成 $\frac{49\times 25-1}{2}=612$ 对,每对因子构成一种可能的解.

另一方面,$2\ 009^{12}$ 显然是不符合要求的.

所以,共有 $\frac{49\times 25-1}{2}=612$ 个不同的整边直角三角形满足条件.

2. 如果斜边长为 12,两直角边长为 a,b,那么

$$a^2+b^2=12^2$$

显然 a,b 同奇同偶.

当 a,b 同为奇数时

$$a^2+b^2\equiv(2m+1)^2+(2n+1)^2\equiv 1+1\equiv 2(\bmod 4)$$

而 $12^2\equiv 0(\bmod 4)$,则 a,b 不可能同为奇数.

当 a,b 同为偶数时,设 $a=2a_1$,$b=2b_1$,有

$$a_1^2+b_1^2=6^2$$

同理,a_1,b_1 同偶.不妨设 $a_1=2a_2$,$b_1=2b_2$,则

$$a_2^2+b_2^2=3^2=9$$

显然 $a_2^2+b_2^2=9$ 无整数解.

所以,长为 12 的边应是直角边.

设另一条直角边为 x,而斜边为 y,则

$$12^2+x^2=y^2$$

有

$$(y+x)(y-x)=144=2\times2\times36 \quad ①$$

因为 $y+x$ 与 $y-x$ 同奇同偶，且 $y+x>y-x$，又 144 为偶数，所以 $y+x$ 与 $y-x$ 同为偶数.

而 36 的正因数有 $(2+1)(2+1)=9$ 个，因此，方程①满足 $y+x>y-x$ 的整数解有 $(9-1)\div2=4$ 个，故勾股三角形有 4 个.

3. 设 n 个正方形的边长分别为 $x_1,x_2,\cdots,x_n$，则

$$x_1^2+x_2^2+\cdots+x_n^2=2\ 006$$

由于 $x_i^2\equiv0$ 或 $1(\bmod 4)$，而 $2\ 006\equiv2(\bmod 4)$，故 x_i 中至少有两个奇数.

若 $n=2$，则 x_1,x_2 均为奇数，设为 $2p+1,2q+1$，则

$$(2p+1)^2+(2q+1)^2=2\ 006$$

故

$$p^2+p+q^2+q=501$$

但是 p^2+p,q^2+q 均为偶数，矛盾.

若 $n=3$，可设

$$x_1=2p+1,x_2=2k,x_3=2q+1$$

则

$$(2p+1)^2+(2k)^2+(2q+1)^2=2\ 006$$

即

$$p^2+p+k^2+q^2+q=501$$

显然，k 为奇数且 $k\leqslant\sqrt{501}$，故 $k\leqslant21$.

当 $k=1$ 时，$p^2+p+q^2+q=500$ 无正整数解.

当 $k=3$ 时，$p^2+p+q^2+q=492$ 有解 $p=8,q=20$.

故得 $17^2+6^2+41^2=2\ 006$. 所以，$n_{\min}=3$.

4. 由题设知 $EF=AE=x$.

由圆的对称性知 $FG=DE=y$.

由相交弦定理得

$$AE\cdot EB=DE\cdot EG$$

即

$$x(86-x)=y(x+y)$$

如果 x 是奇数,那么,$x(86-x)$ 也是奇数,此时,$y(x+y)$ 是偶数.所以,x 只能是偶数,y 也是偶数.

由 $x(86-x)=y(x+y)$,得

$$x^2+(y-86)x+y^2=0$$

所以

$$x=\frac{86-y\pm\sqrt{(y-86)^2-4y^2}}{2}$$

由 $\Delta=(y-86)^2-4y^2\geqslant 0$,得 $0<y\leqslant 28$.

又因为 x 是正整数,所以,Δ 的值必须是一个完全平方数.

由于 $\Delta=(86-3y)(86+y)$,且 $y=2,4,\cdots,28$,经验证知,只有 $y=12$ 时,Δ 的值才是一个完全平方数,此时,$x=2$ 或 72.

5.设 a,b 分别是两条直角边的长度,c 是斜边的长度.显然,a,b 中必有一个偶数,否则若 a,b 都是奇数,则

$$a^2\equiv b^2\equiv 1 \pmod 4$$

$$a^2+b^2\equiv 2 \pmod 4$$

而一个平方数不能被 4 除余 2.

a,b 不可能都是偶素数,因为 2^2+2^2 不是平方数.

由于 a,b 一为奇素数,另一为偶素数,则斜边 c 为奇数.

设 $a=2$,则

$$4=c^2-b^2=(c+b)(c-b)\geqslant 2\times 8=16$$

出现矛盾.

所以 a,b 不可能都是素数.

6. 假设存在这样的直角三角形. 设两直角边长度分别为 x,y,则

$$x^2+y^2=2\ 006$$

又 2 006 为偶数,故 x,y 的奇偶性相同.

若 x,y 均为偶数,则必有 $4\mid(x^2+y^2)$,但 $4\nmid 2\ 006$,所以,x,y 均为奇数.

设 $x=2k+1,y=2l+1$(k,l 为非负整数),则原方程化为

$$(2k+1)^2+(2l+1)^2=2\ 006$$

化简得

$$k(k+1)+l(l+1)=501$$

对于任何整数 n,$n(n+1)$ 为偶数,故上式左边为偶数,而右边为奇数,矛盾.

因此,这样的三角形不存在.

7. 设 Rt$\triangle ABC$ 三边长为 a,b,c,内切圆圆 O 与 BC,AC 切于点 D,E.

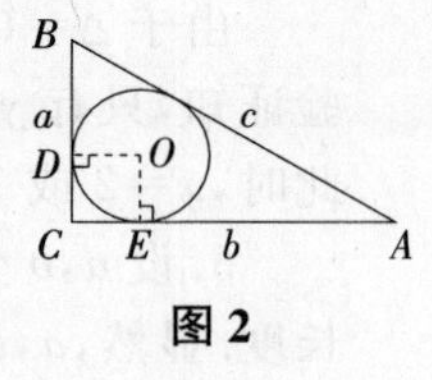

图 2

如图 2,易知,四边形 $ODCE$ 为正方形. 则

$$OD=DC=\frac{a+b-c}{2}$$

而 $S_{\triangle ABC}=\frac{1}{2}ab$ 为正整数,则 a,b 中至少有一个为偶数(不妨设为 a).

因为 $a^2+b^2=c^2$,所以,b^2 与 c^2 同奇偶,即 b 与 c 同奇偶,$b-c$ 为偶数.

因此,$OD=\frac{a+b-c}{2}$ 为整数.

8. 设勾、股分别是素数 p 及 $p+2$($p\neq 2$,否则 $p+$

$2=4$ 不是素数)，弦为正整数 k. 由

$$p^2+(p+2)^2=k^2$$

得

$$2p^2+4p+4=k^2$$

上式左边是偶数，故 k 为偶数. 设 $k=2m$，得

$$2p^2+4p+4=4m^2$$

即

$$p^2+2p+2=2m^2$$

又因 p 为奇数，这样，上式左端为奇数，而右端为偶数，这是不可能的.

9. 若 n 为奇数，则 n^2 为奇数. 又 $n>2$，从而 n^2+1，n^2-1 为正偶数. 由恒等式

$$\left(\frac{n^2-1}{2}\right)^2+n^2=\left(\frac{n^2+1}{2}\right)^2$$

知结论成立；若 n 为偶数，则 n^2 为 4 的倍数，又 $n>2$，从而$\frac{n^2}{4}$是大于 1 的整数. 由恒等式

$$\left(\frac{n^2}{4}-1\right)^2+n^2=\left(\frac{n^2}{4}+1\right)^2$$

知结论成立.

10. 从任意方向开始，计算到达顶点的方向数. 由于有偶数条边，故这些数之和必是偶数. 所以，奇顶点(有奇数个方向到达该顶点)数必为偶数.

若无奇顶点，结论成立. 否则，进行如下操作，使奇顶点数减少 2：选择两个奇顶点，用一条沿着某些边的折线联结. 改变折线上每一条边的方向. 那么，折线内任一顶点的方向数变化或 $+2$ 或 -2 或为 0，奇偶性不变. 而两个端点处方向数变化或 $+1$ 或 -1，成为偶数.

11. 设 5 个格点为 A_k，其坐标是 (x_k, y_k) $(k=1,2,3,4,5)$. 在 5 个整数 x_1, x_2, x_3, x_4, x_5 中至少有 3 个同

是奇数或者同是偶数.不妨设3个整数为x_1,x_2,x_3,则x_1-x_3和x_2-x_3都是偶数.于是

$$\triangle A_1A_2A_3\text{ 的面积}=\frac{1}{2}\begin{vmatrix} x_1 & y_1 & 1 \\ x_2 & y_2 & 1 \\ x_3 & y_3 & 1 \end{vmatrix}\text{ 的绝对值}=$$

$$\frac{1}{2}|(x_1-x_3)(y_2-y_3)-$$

$$(x_2-x_3)(y_1-y_3)|$$

因为y_2-y_3和y_1-y_3都是整数,所以$(x_1-x_3)\cdot(y_2-y_3)-(x_2-x_3)(y_1-y_3)$是偶数,因此$\triangle A_1A_2A_3$的面积为整数.

12.设小三角形的个数为k,则k个小三角形共有$3k$条边,减去n边形的n条边及重复计算的边数后共有$\frac{1}{2}(3k-n)$条线段.显然只有k与n有相同的奇偶性时,$\frac{1}{2}(3k-n)$才是整数.

13.假设存在这样的直角三角形.设两条直角边长分别为x,y,则$x^2+y^2=2\ 009$.

又2 009为奇数,故x,y必一奇一偶,不妨设$x=2k,y=2l+1$,则

$$4k^2+4l(l+1)=2\ 008\Rightarrow k^2+l(l+1)=502$$

又$l(l+1)$为偶数,故k为偶数,设$k=2n,l(l+1)=2g$,则

$$4n^2+2g=502\Rightarrow$$
$$2n^2+g=251\Rightarrow$$
$$2n^2=251-g>0\Rightarrow$$
$$0<n\leqslant 11\Rightarrow$$
$$n=1,2,\cdots,11$$

由验证知

$$n=1, g=249, 2g=498$$
$$n=2, 2g=486; n=3, 2g=466$$
$$n=4, 2g=438; n=5, 2g=402$$
$$n=6, 2g=358; n=7, 2g=306$$
$$n=8, 2g=246; n=9, 2g=178$$
$$n=10, 2g=102; n=11, 2g=18$$

又 $l(l+1)$ 的尾数为 2,0,6,则 $l(l+1)$ 可能是 486,466,402,306,246,102.

通过计算知,只有 $l(l+1)=306$,l 的值是整数,此时,$l=17$.

故当 $x=2k=4n=28$,$y=2\times17+1=35$ 时,满足条件的直角三角形存在.此时,三角形的两条直角边长分别为 28 和 35.

14. 4 016 条.下面用归纳法证明对于凸 n 边形,至多可画上 $2n-6$ 条对角形,设 $A_1A_2\cdots A_n$ 是一个凸多边形,别佳可以如下依次画出 $2n-6$ 条对角线

$$A_2A_4, A_3A_5, A_4A_6, \cdots, A_{n-2}A_n, A_1A_3, A_1A_4, \cdots, A_1A_{n-1}$$

下面用归纳法证明至多画出 $2n-6$ 条对角线.$n=3$ 结论显然.下面假设对小于 n 时结论都成立.对凸 n 边形,设别佳画上的最后一条对角线为 A_1A_k,它与前面已画的对角线中的至多一条(如果存在设为 d)交于内点.所有已画出的对角线,除了 A_1A_k 和 d 以外全部位于 k 边形 $A_1A_2\cdots A_k$ 或 $n+2-k$ 边形 $A_kA_{k+1}\cdots A_nA_1$ 内.由归纳法假设至多有

$$(2k-6)+(2(n+2-k)-6)=2n-8(\text{条})$$

它们加上 A_1A_k 和 d 后至多有 $2n-6$ 条.

15.设各三角形三边上的号码和分别为 $S_1, S_2, \cdots, S_{1\,000}$,则当 $S_1=S_2=\cdots=S_{1\,000}=S$ 时

$1\,000S=S_1+S_2+\cdots+S_{1\,000}=$

$$3(1+2+\cdots+1\ 000)=\frac{3}{2}\times1\ 000\times1\ 001$$

得 $2S=3\ 003$，矛盾！所以找不到这样的编号法.

16. 因为单独一块砖的体积为 12，设一个棱长为 n 的正方体需用 m 块砖拼成，由 $12m=n^3$ 知 n 是 6 的倍数. 设 $n=6l$，其中 l 是正整数. 另一方面，两块砖可以拼成一个 $2\times3\times4$ 的长方体，用若干个这样的长方体可以拼成一个棱长为 12 的正方体，从而棱长为 12 的整数倍的正方体也可用这样的长方体拼成. 下面我们证明这个条件是必要的，即证明 l 是偶数.

将由 $m=\frac{n^3}{12}=18l^3$ 块砖拼成的正方体放在第一卦限，即每个单位正方体的顶点的坐标 (x,y,z) 满足 $x,y,z\geqslant0$，且一个顶点在原点 $O(0,0,0)$，而每条棱平行于坐标轴.

依据三元数组 (i,j,k) 的奇偶性，将每一个单位立方体 $[i,i+1]\times[j,j+1]\times[k,k+1]$ 染成 8 种颜色之一. 每块楼梯型砖都包含 8 种颜色，且它们中的 6 种颜色只出现 1 次，余下的 2 种颜色各出现 3 次.

从这 8 种颜色中任选一种颜色，设 p 是这种颜色出现 3 次的楼梯型砖的数目，在 m 块砖所拼成的正方体中，这种颜色出现的总次数为

$$3p+(m-p)=m+2p$$

另一方面，在每个 $6\times6\times6$ 的正方体内，这 8 种颜色各出现 27 次，因此，棱长为 $6l$ 的正方体关于这 8 种颜色出现的次数是均等的. 所以，每种颜色恰出现 $\frac{12m}{8}$ 次. 故 $m+2p=\frac{12m}{8}$，即 $m=4p$. 从而，$18l^3=4p$，由此可知 l 是偶数.

17.(1)从每个顶点出发有 6 条对角线,9 个顶点共发出 54 条对角线;每条重复计算一次共有对角线 $\frac{54}{2}=27$ 条.

又因为边与对角线共 36 条($C_9^2=$边数+对角线数$=36$),每条属于 7 个三角形(与端点外 7 点各成一个三角形),所以三角形数为$\frac{36\times7}{3}=84(C_9^3=84)$.

(2)我们先考察 84 个三角形的每个三角形三顶点和之总和.由于每个顶点属于其中 28 个三角形(其余 8 点构成 28 条线段各与这点构成一个三角形),故每个顶点所写的数在总和中被计算了 28 次.就是说,上述总和应为 9 顶点所标数总和的 28 倍,定为偶数.

若奇三角形的个数为奇数,则它们顶点和之和为奇数(奇数个奇数之和为奇数).而偶三角形顶点和之和必为偶数.于是,上述总和=奇数+偶数=奇数,矛盾.故奇三角形个数必为偶数.

18.$n=8k+1,k\in\mathbf{N}$.

设此题的循环赛能进行,那么一个网球选手的所有对手可以分为若干“对”,因此 n 是奇数.所有选手可以组成的“对”应能分为若干个能打一场比赛的若干个“两对”,所以,n 个人能组成的“对”的个数$\frac{n(n-1)}{2}$是 4 的倍数,由此 $n-1=8k$.

下证对任意 $k\in\mathbf{N}$,$n=8k+1$ 个运动员能举行题设所要求的循环赛.

当 $k=1$ 时,为了描述循环赛,把正九边形 $A_1A_2\cdots A_9$ 的顶点对应网球运动员.在图 3 中表示的是 A_1,A_2 对 A_3,A_5 的比赛,同时用线段把对

图 3

手联结起来.绕正九边形的中心将由线段所组成的这个结构旋转 $m\cdot\frac{2\pi}{9}$(m 是正整数,$1\leqslant m\leqslant 8$)弧度,就得到其余 8 场比赛的图示.同时形如 A_iA_j 的弦在所得图示中出现一次,即弦 A_2A_3,A_1A_3,A_2A_5,A_1A_5 之一.

当 $k>1$ 时,从 $8k+1$ 个运动员中分出 1 个,而将其余的运动员分为 k 组,每组 8 人,把分出的那个运动员依次添加到每个组后,对这 9 个人举行上述的循环赛.剩下只需进行不同组的对手之间的比赛.为此,只要把每个组分为 4 个队,每队 2 人,并进行所有队之间可能的比赛.

19.(1)设 n 是奇数.

注意到每一节都和其相邻的两节没有交点,所以,每一节最多有 $n-3$ 个交点.

又因为每个交点同时属于其中的两个节,所以

$$A(n)\leqslant\frac{n(n-3)}{2}$$

下面构造一个满足 $A(n)=\frac{n(n-3)}{2}$ 的闭圈.

设 $n=2m+1$,且

$$\{B_1,B_2,\cdots,B_n\}=\{P_1,P_2,\cdots,P_n\}$$

其中,$B_1,B_2,\cdots,B_n$ 按逆时针排列.

作节 $B_iB_{i+m+1}(i=1,2,\cdots,n)$,并以此生成闭圈

$$B_1B_{m+2}B_2B_{m+3}\cdots B_mB_nB_{m+1}B_1$$

易得每个节有 $2(m-1)=n-3$ 个交点,所以

$$A(n)=\frac{n(n-3)}{2}$$

(2)设 n 是偶数.

假设有三个节,每个节上都有 $n-3$ 个交点,设其中一个节为 P_iP_{i+1},则偶数点(如 P_2 等)和奇数点分

居在节所在直线 P_iP_{i+1} 的两侧.

设其他两个节为 P_jP_{j+1}，P_kP_{k+1}，位置关系如图 4.

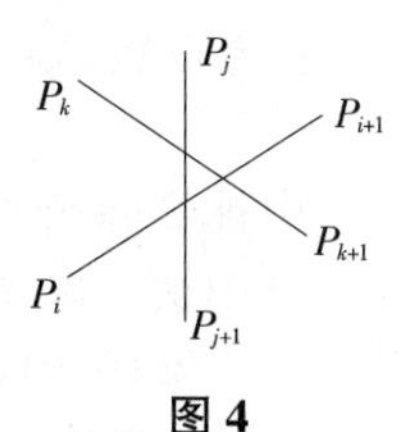

图 4

当 k,j 在 P_iP_{i+1} 的同侧时，有 $k\equiv j(\bmod 2)$；

当 k,i 在 P_jP_{j+1} 的同侧时，有 $k\equiv i(\bmod 2)$.

进而推出 $i\equiv j(\bmod 2)$，知 i,j 应该在 P_kP_{k+1} 的同侧，与图矛盾.

所以，闭圈中至多有两个节，且每个节上各有 $n-3$ 个交点. 故

$$A(n)\leqslant\frac{(n-2)(n-4)}{2}+\frac{n-3}{2}\times 2=\frac{n(n-4)}{2}+1$$

下面构造一个满足 $A(n)=\dfrac{n(n-4)}{2}+1$ 的闭圈.

设 $n=2k$，且

$\{L_0,L_1,\cdots,L_{k-1},R_0,R_1,\cdots,R_{k-1}\}=\{P_1,P_2,\cdots,P_n\}$

其中，$L_0,L_1,\cdots,L_{k-1},R_0,R_1,\cdots,R_{k-1}$ 按逆时针排列. 先依次联结 $(R_0,L_1,R_2,L_3,\cdots)$ 和 $(L_0,R_1,L_2,R_3,\cdots)$，最后联结 $L_0R_0,L_{k-1}R_{k-1}$. 容易看出 $R_0L_0,R_{k-1}L_{k-1}$ 上各有 $n-3$ 个交点，其余每节上各有 $n-4$ 个交点. 所以，$A(n)=\dfrac{n(n-4)}{2}+1$.

20. 长方形边界上共有 $2(a+b)$ 个整点，则有

$$n\mid 2(a+b)$$

长方形内共有 $(a-1)(b-1)$ 个整点，则有

$$n\mid (a-1)(b-1)$$

当 $n=2$ 时，为使其中被 2 除余 0，1 的点的个数相同，则必有 $2\mid(a-1)(b-1)$.

从而，a,b 中至少有一个为奇数.

另一方面，当 a,b 中至少有一个为奇数时，不妨设 a 为奇数，则对一切 $j=1,2,\cdots,b-1$，在 $a-1$ 个点

$$(1,j),(2,j),\cdots,(a-1,j)$$

中被 2 除余 0，1 的点的个数相同.从而，长方形内的整点中被 2 除余 0，1 的个数相同.

又 $(0,0),(1,0),\cdots,(a,0)$ 及 $(0,b),(1,b),\cdots,(a,b)$ 中被 2 除余 0，1 的点的个数相同，且对一切 $j=1,2,\cdots,b-1$，点 $(0,j)$ 与 (a,j) 被 2 除余数一个为 0，一个为 1，从而，长方形边界上的点中被 2 除余 0，1 的个数也相同.

故此时 (a,b) 满足要求，其中 (a,b) 中至少有一个奇数.

当 $n\geqslant 3$ 时，边界上共有 $2(a+b)$ 个整点

$$(0,0),(1,0),(2,0),\cdots,(a,0),(a,1),(a,2),\cdots,(a,b)$$
$$(0,1),(0,2),\cdots,(0,b),(1,b),(2,b),\cdots,(a-1,b)$$

它们的坐标和分别为 $0,1,2,\cdots,a,a+1,a+2,\cdots,a+b$ 与 $1,2,\cdots,b,b+1,b+2,\cdots,a+b-1$.

设 $l\not\equiv 0,a+b\pmod n$，则边界上的点中被 n 除余 l 的有偶数个，且若 $0\not\equiv a+b\pmod n$，则边界上的点中被 n 除余 0 的有奇数个，这不可能，故必有 $0\equiv a+b\pmod n$，且当 $a+b\equiv 0\pmod n$ 时，边界上的点中被 n 除余 $0,1,\cdots,n-1$ 的个数必相同.

又长方形内部共有 $(a-1)(b-1)$ 个点，故必有

$$n\mid(a-1)(b-1)$$

若 $a,b\not\equiv 1\pmod n$，则设 a',b' 分别是 a,b 除以 n 的余数，则 $a',b'\neq 1$，且若 $a'=0$，则又由 $n\mid(a+b)$ 知 $b'=0$，从而

$$0\equiv(a-1)(b-1)\equiv(-1)^2\equiv 1\pmod n$$

这不可能，故 $a'\neq 0$.同理知 $b'\neq 0$.

于是，长方形内部整点被 n 除余 $0,1,\cdots,n-1$ 的

个数相同等价于$(i,j)(i=1,2,\cdots,a'-1;j=1,2,\cdots,b'-1)$中被$n$除余$0,1,\cdots,n-1$的个数相同.

又$n|(a'+b')$,$2\leqslant a'\leqslant n-1$,$2\leqslant b'\leqslant n-1$,故必有$a'+b'=n$.于是,$(i,j)(i=1,2,\cdots,a'-1;j=1,2,\cdots,b'-1)$中没有被$n$除余0的点,矛盾.

从而a,b之一必被n除余1,而另一个被n除余$n-1$.此时,由于$n|(a-1)$或$n|(b-1)$,可知内部整点被n除余$0,1,\cdots,n-1$的个数相同.

综上所述,满足条件的(a,b)为:当$n=2$时,a,b中至少有一个为奇数;当$n\geqslant 3$时,$a\equiv 1 \pmod n$,$b\equiv n-1 \pmod n$或$a\equiv n-1 \pmod n$,$b\equiv 1 \pmod n$.

习题七答案

1. A. 依题意可设 a,b,c,d 分别为 $b-m,b,b+m,\frac{(b+m)^2}{b}$（$m$ 为正偶数，且 $m<b$）.

由 $d-a=90$，得

$$\frac{(b+m)^2}{b}-(b-m)=90$$

即

$$m^2+3bm-90b=0 \quad ①$$

由 a,b,c,d 为偶数，且 $0<a<b<c<d$，可知 m 为 6 的倍数，且 $m<30$.

令 $m=6k$，代入式①得

$$36k^2+18bk-90b=0$$

解得 $b=\frac{2k^2}{5-k}$.

将 $k=1,2,3,4$ 逐一代入，结合已知条件，可知只能是 $k=4,b=32$. 从而，$m=24$.

故 a,b,c,d 依次为 8，32，56，98，即

$$a+b+c+d=194$$

2. 由题设知，当 n 为偶数时，$a_n>1$；

当 $n(n>1)$ 为奇数时，$a_n=\frac{1}{a_{n-1}}<1$.

因为 $a_n=\frac{20}{11}>1$，所以，n 为偶数.

从而，$a_{\frac{n}{2}}=\frac{20}{11}-1=\frac{9}{11}<1$.

因此，$\frac{n}{2}$ 是奇数.

于是，依次可得：

$a_{\frac{n}{2}-1}=\frac{11}{9}>1$，$\frac{n}{2}-1$ 是偶数；

$a_{\frac{n-2}{4}}=\frac{11}{9}-1=\frac{2}{9}<1$，$\frac{n-2}{4}$是奇数；

$a_{\frac{n-2}{4}-1}=\frac{9}{2}>1$，$\frac{n-6}{4}$是偶数；

$a_{\frac{n-6}{8}}=\frac{9}{2}-1=\frac{7}{2}>1$，$\frac{n-6}{8}$是偶数；

$a_{\frac{n-6}{16}}=\frac{7}{2}-1=\frac{5}{2}>1$，$\frac{n-6}{16}$是偶数；

$a_{\frac{n-6}{32}}=\frac{5}{2}-1=\frac{3}{2}>1$，$\frac{n-6}{32}$是偶数；

$a_{\frac{n-6}{64}}=\frac{3}{2}-1=\frac{1}{2}<1$，$\frac{n-6}{64}$是奇数；

$a_{\frac{n-6}{64}-1}=2>1$，$\frac{n-70}{64}$是偶数；

$a_{\frac{n-70}{128}}=2-1=1$.

所以，$\frac{n-70}{128}=1\Rightarrow n=198$.

3.注意到

$\log_8 a_1+\log_8 a_2+\cdots+\log_8 a_{12}=\log_8 a_1 a_2\cdots a_{12}=$
$\log_8(a\cdot ar\cdot\cdots\cdot ar^{11})=\log_8 a^{12}r^{66}$

因此

$$a^{12}r^{66}=8^{2\,006}=2^{3\times 2\,006}\Rightarrow a^2 r^{11}=2^{1\,003}$$

因为 $a,r\in\mathbf{Z}_+$，且为 $2^{1\,003}$ 的因子，所以，对于非负整数 x,y 有

$$a=2^x,r=2^y\Rightarrow 2x+11y=1\,003$$

且满足此式的每一个有序数对(a,r)恰好对应一个有序数对(x,y).

又 $2x$ 是偶数，1 003 是奇数，则 y 必为奇数，即

$$y=2k-1\quad(k\in\mathbf{N}^*)$$

由

$$1\ 003=2x+11y=2x+22k-11$$

得 $x=507-11k$.

所以

$$507-11k\geqslant 0,\text{且 } 1\leqslant k\leqslant\left[\frac{507}{11}\right]=46$$

因此，满足条件的有序数对 (a,r) 有 46 对.

4. 假定存在这样的填表法. 记第一行的公差为 a，第四行的公差为 c，第一列的公差为 b，第四列的公差为 d.

则右上角为 $9+2a$，于是

$$5=9+2a+2d \qquad ①$$

左下角为 $1+2b$，于是

$$8=1+2b+2c \qquad ②$$

左上角为 $9-a$ 或 $1-b$，于是

$$9-a=1-b \qquad ③$$

右下角为 $5+d$ 或 $8+c$，于是

$$5+d=8+c \qquad ④$$

由式②，左边为偶数 8，右边为奇数，则在方格里都填整数不可能做到.

若方格里都填实数，

由②③④中消去 b 和 c 得

$$a+d=\frac{29}{2}$$

而由①得

$$a+d=-2$$

出现矛盾，所以在方格里都填实数也不可能做到.

5. (1) 在数列中，用 P 代表偶数数码，N 代表奇数数码，于是，所给数列相当于

$$NPNPPNPNPP\cdots$$

此数列的奇偶性以 5 为周期排列.此外,任何四个依次相连的数码中至少有一个是奇数码.

由于 2,0,0,4 都是偶数码,所以不可能出现在所构造的数列之中.

(2)因为数列中连续四个数码的情况是有限的(少于 10 000),所以必然在有限项后按周期排列.

显然,数列能从任意连续四个数字向前或向后延伸.

因此,数列从后向前也是周期排列,故 1,2,3,4 会周期性出现.

6.若 h 为偶数,则 $a_n=1+nh\neq 1$.

若 h 为奇数,则 $a_1=1+h$ 是偶数,$a_2=\frac{h+1}{2}\leqslant h$.

类似的,可得当 a_n 是奇数时,$a_n\leqslant h$.

于是,数列 $\{a_n\}$ 有上界.因此,一定有相等的项.

设 r 是满足相等的项 $a_r=a_s(r\neq s)$ 中下标最小的.若 $r>0$,当 $a_r\leqslant h$ 时,则 a_r 和 a_s 分别是由 a_{r-1} 和 a_{s-1} 除以 2 得到的,即有 $a_{r-1}=a_{s-1}$,与 r 的最小性矛盾;当 $a_r>h$ 时,a_r 为偶数,则 a_r 和 a_s 分别是由 a_{r-1} 和 a_{s-1} 加上 h 得到的,即有 $a_{r-1}=a_{s-1}$,也与 r 的最小性矛盾.

于是,$r=0$,即 $a_s=a_0=1$.

7.当原数列中 a_i 为奇数、偶数时,分别记 b_i 为 1,0,则得数列 $\{b_i\}$

1,1,0,1,0,1,1,0,0,1,0,0,0,1,1,1,1,0,1,0,…

且 a_i 与 b_i 的奇偶性相同.由观察及 $\{a_n\}$,$\{b_n\}$ 的定义可见,$\{b_n\}$ 从第 15 项开始出现循环,即 $b_i=b_{i+15}$.因为

$$1\,985=15\times 132+5$$

$$1\,986=15\times 132+6$$

$$\vdots$$

$$2\,000=15\times133+5$$

所以

$$b_{1\,985}=b_5=0, b_{1\,986}=b_6=1, \cdots, b_{2\,000}=b_5=0$$

即在 $a_{1\,985}$ 到 $a_{2\,000}$ 的 16 项中,奇数、偶数各有 8 项.由于偶数的平方能被 4 整除,奇数的平方被 4 除余 1,所以 $a_{1\,985}^2+\cdots+a_{2\,000}^2$ 是 4 的倍数.

8.(1)因为 a_0 为奇数,所以,由 a_n 的递推关系式知$\{a_n\}$的每一项均为奇数.

设$(a_k, a_n)=m(k<n)$.

下面证明:$m=1$.

因为 $a_n-2=a_0a_1\cdots a_k\cdots a_{n-1}$,所以,$m|2$.

若 $m=2$,则 a_k, a_n 均为偶数,矛盾.

故 $m=1$.

(2)因为 $a_{n-1}-2=a_0a_1\cdots a_{n-2}$,所以

$$a_n-2=(a_{n-1}-2)a_{n-1}$$

即

$$a_n-1=(a_{n-1}-1)^2$$

因此

$$a_n-1=(a_{n-1}-1)^2=(a_{n-2}-1)^4=\cdots=(a_{n-k}-1)^{2^k}=\cdots=(a_0-1)^{2^n}=2^{2^n}$$

即 $a_n=2^{2^n}+1$.

因此,$a_{2\,007}=2^{2^{2\,007}}+1$.

9.我们只需证明,在数列$\{a_n\}$中,由奇数所组成的子数列是一个严格递增数列.

设 a_n 为奇数,且设 $a_n=2k+1$,由①得

$$a_{n+1}=a_n^2-5=(2k+1)^2-5=4k^2+4k-4$$

为偶数,则

$$a_{n+2}=\frac{a_{n+1}}{2}=2k^2+2k-2$$

为偶数,则

$$a_{n+3}=\frac{a_{n+2}}{2}=k^2+k-1$$

为奇数,比较奇数 a_n 和 a_{n+3} 得

$$a_{n+3}-a_n=k^2+k-1-(2k+1)=$$
$$k^2-k-2=(k-2)(k+1)$$

由 $a_0>5$ 知

$$a_n=2k+1>5,k>2$$

所以 $a_{n+3}>a_n$,a_{n+3} 与 a_n 是相邻奇数项,所以$\{a_n\}$中所有等于奇数的项组成一个严格递增数列,即满足

$$a_0<a_3<a_6<\cdots<a_{3n}$$

10.由条件得

$$\frac{a_{n+1}}{n+1}=\frac{a_n}{n}-\frac{p^4}{16}\cdot\frac{1}{n(n+1)}$$

则有

$$\frac{a_n}{n}-\frac{p^4}{16n}=\frac{a_{n-1}}{n-1}-\frac{p^4}{16(n-1)}=\cdots=\frac{a_1}{1}-\frac{p^4}{16}$$

即

$$a_n=na_1-\frac{1}{16}(n-1)p^4$$

当 $a_1=5$ 时

$$a_{81}=81\times5-5p^4=5(81-p^4)$$

因此,欲证 $16|a_{81}$,只需证 $16|(p^4-81)$.

因为

$$p^4-81=(p^2+9)(p-3)(p+3)$$

而 p 是大于2的素数,所以,p^2+9,$p-3$,$p+3$ 都是偶数,且 p 用4除余数为1或3,即

$$p=4k+1 \text{ 或 } p=4k+3$$

当 $p=4k+1$ 时,$4|(p+3)$;

当 $p=4k+3$ 时,$4|(p-3)$.

因此，$16|(p^4-81)$，故 $16|a_{81}$.

11. 将集 E 中的数分成 100 个数对

$$(2p,201-2p)\quad(p=1,2,\cdots,100)$$

由条件(1)，每一对数不能同属于集 G. 但 G 有 100 个数，所以上述每一对中必恰有一个数属于 G，易知这样的 100 个数满足条件(1). 试取 E 中所有偶数，则其和为

$$\frac{1}{2}\times100\times(2+200)=10\ 100>10\ 080$$

这说明 G 不能全由偶数所组成. 试将 k 个偶数 $2p_1$，$2p_2$，$\cdots$，$2p_k$ 换成奇数

$$201-2p_1,201-2p_2,\cdots,201-2p_k$$

使新的 100 个数总和为 10 080，即

$$10\ 100-\sum_{i=1}^{k}2p_i+\sum_{i=1}^{k}(201-2p_i)=10\ 080$$

亦即

$$20-4\sum_{j=1}^{k}p_i=-201k \qquad ①$$

上式左边是 4 的倍数，右边 201 与 4 互素，所以 G 中奇数个 k 是 4 的倍数. G 中各数的平方和为

$$\sum_{i=1}^{100}(2i)^2-\sum_{i=1}^{k}(2p_i)^2+\sum_{i=1}^{k}(201-2p_i)^2=$$

$$4\sum_{i=1}^{100}i^2+201(201k-4\sum_{i=1}^{k}p_i)=$$

$$4\cdot\frac{1}{6}\cdot100\cdot101\cdot201-201\cdot20=1\ 349\ 380$$

12. 由题设易知，$a_n>0(n=1,2,\cdots)$.

又由 $a_1=1$，可知：

当 n 为偶数时，$a_n>1$；

当 $n(n>1)$ 为奇数时，$a_n=\frac{1}{a_{n-1}}<1$.

因为，$a_n=\frac{30}{19}>1$，所以，n 为偶数.

从而，$a_{\frac{n}{2}}=\frac{30}{19}-1=\frac{11}{19}<1$. 因此，$\frac{n}{2}$是奇数.

于是，依次可得：

$a_{\frac{n}{2}-1}=\frac{19}{11}>1$，$\frac{n}{2}-1$ 是偶数；

$a_{\frac{n-2}{4}}=\frac{19}{11}-1=\frac{8}{11}<1$，$\frac{n-2}{4}$是奇数；

$a_{\frac{n-2}{4}-1}=\frac{11}{8}>1$，$\frac{n-6}{4}$是偶数；

$a_{\frac{n-6}{8}}=\frac{11}{8}-1=\frac{3}{8}<1$，$\frac{n-6}{8}$是奇数；

$a_{\frac{n-6}{8}-1}=\frac{8}{3}>1$，$\frac{n-14}{8}$是偶数；

$a_{\frac{n-14}{16}}=\frac{8}{3}-1=\frac{5}{3}>1$，$\frac{n-14}{16}$是偶数；

$a_{\frac{n-14}{32}}=\frac{5}{3}-1=\frac{2}{3}<1$，$\frac{n-14}{32}$是奇数；

$a_{\frac{n-14}{32}-1}=\frac{3}{2}>1$，$\frac{n-46}{32}$是偶数；

$a_{\frac{n-46}{64}}=\frac{3}{2}-1=\frac{1}{2}<1$，$\frac{n-46}{64}$是奇数；

$a_{\frac{n-46}{64}-1}=2>1$，$\frac{n-110}{64}$是偶数；

$a_{\frac{n-110}{128}}=2-1=1$.

所以，$\frac{n-110}{128}=1$，解得 $n=238$.

13. 设等差数列为

$p, p+d, p+2d, p+3d, p+4d, p+5d, p+6d$

易知，$p>2$. 因为若 $p=2$，则 $p+2d$ 为偶数且非 2，其不是素数.

因为 p 必为奇数,所以 d 是偶数,否则,$p+d$ 是偶数且大于 2,其不是素数.

又 $p>3$,因为若 $p=3$,则 $p+3d$ 是 3 的倍数且非 3,其不是素数.

所以,d 必须是 3 的倍数,否则,$p+d$ 和 $p+2d$ 中的一个将会是 3 的倍数.

用同样的方法,$p>5$,因为若 $p=5$,则 $p+5d$ 是 5 的倍数且非 5.

类似的,d 是 5 的倍数,否则 $p+d,p+2d,p+3d,p+4d$ 中的一个将会是 5 的倍数,其不是素数.

综上,有 $p\geqslant 7$ 和 $30\mid d$.

若 $p>7$,当 $7\nmid d$ 时,总有 7 的倍数存在于等差数列中,故$7\mid d$.这表明 $210\mid d$.此时,最大项的最小可能值为 $11+6\times 210=1\ 271$.

若 $p=7$(同时 $30\mid d$),则必须避免在数列中有 $187=11\times 17$.因此,必须有 $d\geqslant 120$.

若 $d=120$,则数列为

$$7,127,247,367,487,607,727$$

但 $247=13\times 19$,所以,这不成立.

当 $d=150$ 时,数列为

$$7,157,307,457,607,757,907$$

且所有的数为素数.

因为 $907<1\ 271$,此即为最大项的最小可能值.

14.取 $a=1,b=2k^2+k-2$.

因为 $4k^2\equiv 5(\bmod m)$,所以

$$2b=4k^2+2k-4\equiv 2k+1(\bmod m)$$

$$4b^2\equiv 4k^2+4k+1\equiv 4k+6\equiv 4b+4(\bmod m)$$

又因为 m 是奇数,所以

$$b^2\equiv b+1(\bmod m)$$

又因为

$$(b,m)=(2k^2+k-2,4k^2-5)=$$
$$(2k^2+k-2,2k+1)=(2,2k+1)=1$$

所以，$(b^n,m)=1$，其中 n 为任意正整数.

下面用数学归纳法证明.

当 $n\geqslant 0$ 时，有 $x_n\equiv b^n \pmod m$.

当 $n=0,1$ 时，显然结论成立.

假设对于小于 n 的非负整数结论也成立，其中 $n\geqslant 2$，则有

$$x_n=x_{n-1}+x_{n-2}\equiv b^{n-1}+b^{n-2}\equiv$$
$$b^{n-2}(b+1)\equiv$$
$$b^{n-2}\cdot b^2\equiv b^n \pmod m$$

因此，对于所有的非负整数 n，有

$$(x_n,m)=(b^n,m)=1$$

15. 当 $n=2k+1$ 为奇数时，那么对于一个给定的第二项 $a_i(1<i\leqslant k)$，有 $i-1$ 个可能的首项 $a_1,a_2,\cdots,a_{i-1}$，对于所有这样的 a_i，这样的数列组数至多为

$$1+2+\cdots+(k-1)=\frac{k(k-1)}{2}$$

对于第二项为 $a_i(k<i<n)$ 时，有 $n-i$ 个可能的第三项 $a_{i+1},a_{i+2},\cdots,a_n$，这样的数列组数至多为

$$1+2+\cdots+k=\frac{k(k+1)}{2}$$

因此，这样数列的总组数至多为

$$\frac{k(k-1)}{2}+\frac{k(k+1)}{2}=k^2=\frac{(n-1)^2}{4}$$

当 $n=2k$ 为偶数时，那么当第二项为 $a_i(1<i\leqslant k)$ 时，数列的组数至多为

$$1+2+\cdots+(k-1)=\frac{k(k-1)}{2}$$

当第二项为 $a_i(k<i<n)$ 时，数列的组数至多为

$$1+2+\cdots+(k-1)=\frac{k(k-1)}{2}$$

因此，数列的总组数至多为

$$\frac{k(k-1)}{2}+\frac{k(k-1)}{2}=k(k-1)=\frac{n^2-2n}{4}$$

对于 n 是奇数或偶数时，两种结果可统一表示为

$$\left[\frac{(n-1)^2}{4}\right]$$

易知这个值是可达到的，只要 $a_1,a_2,\cdots,a_n$ 本身是等差数列即可．但这不是必要条件．例如，从数列 1，2，3，5 中，我们也得到等差数列的最多组数 $\left[\frac{(4-1)^2}{4}\right]=2$，即 1，2，3 和 1，3，5 两组．

16．当 $n=3$ 时，因为 $a_4a_3=10$，所以

$$a_3=1,2,5,10$$

当 $n=4$ 时，$a_5a_4=5(a_3+2)$，若 $a_3=1,5$，则 $a_4=10,2$，但 $a_5\notin\mathbf{N}$；

当 $n=5$ 时，$a_6a_5=(a_4+2)(a_3+2)$，若 $a_3=10$，则 $a_4=1,a_5=60$，但 $a_6\notin\mathbf{N}$．

因此，$a_3=2,a_4=5,a_5=4,a_6=7$．

令 $b_n=\frac{a_n}{a_{n-2}+2}(n\geqslant3)$，则 $b_nb_{n+1}=1$．

因为 $b_3=\frac{a_3}{a_1+2}=1$，所以

$$b_4=b_5=\cdots=b_n=1$$

即

$$a_n=a_{n-2}+2$$

故

$$a_{2k-1}=0+(k-1)2=2k-2$$
$$a_{2k}=3+(k-1)2=2k+1$$

则

$$a_n=n+(-1)^n$$

所以

$$S_n=\begin{cases}\dfrac{n(n+1)}{2},n\text{ 为偶数}\\ \dfrac{n(n+1)}{2}-1,n\text{ 为奇数}\end{cases}$$

于是，$S_n\leqslant\dfrac{n(n+1)}{2}$，其中等号成立仅当 n 为偶数.

17.75 次. 令 $n=2\ 009$，$[K]$为不超过 K 的最大整数. 考虑函数 $\cos\dfrac{x}{k}$. 它在 $x=\dfrac{k(2m+1)\pi}{2}$处变号. 这表明 $f(x)$的零点为 $x_i=\dfrac{\pi i}{2}$，$1\leqslant i\leqslant n$. 只需考虑$f(x)$在 $x_i(i=1,2,\cdots,n-1)$的变号情况. $\cos\dfrac{x}{k}$在 x_i 处变号当且仅当 $i=k(2m+1)$. 函数 $\cos x,\cos\dfrac{x}{2},\cdots,\cos\dfrac{x}{n}$ 中在 x_i 处变号的个数等于 i 的奇因数的个数. 故$f(x)$在 x_i 处变号当且仅当 i 有奇数个奇因数. 令$i=2^l j$，j 为奇数，则 i 与 j 有相同个奇因数. 而一个奇数有奇数个奇因数当且仅当它为平方数. 而 j 为平方数当且仅当 $2^l j$ 为一个平方数或为一个平方数的两倍(依赖于 l 的奇偶性). 而 1 到 $n-1$ 中有$[\sqrt{n-1}]$个平方数，$\left[\sqrt{\dfrac{n-1}{2}}\right]$个两倍平方数. 故变号次数为

$$[\sqrt{n-1}]+\left[\sqrt{\frac{n-1}{2}}\right]=44+31=75$$

18. 当 n 为偶数时，对 $i=1,2,\cdots,n$，取 $a_i=\dfrac{1}{2}$，则 $a_1+a_2+\cdots+a_n$ 为整数.

由于 $\left|a_i-\frac{1}{2}\right|=0$ 对所有的 i 均成立，因此，对所有的偶数 n，都有 $f(n)=0$.

当 n 为奇数时，假设对所有的 $i=1,2,\cdots,n$，均有

$$\left|a_i-\frac{1}{2}\right|<\frac{1}{2n}$$

于是，由 $\sum_{i=1}^{n}a_i$ 是整数知

$$\frac{1}{2}\leqslant\left|\sum_{i=1}^{n}a_i-\frac{n}{2}\right|\leqslant\sum_{i=1}^{n}\left|a_i-\frac{1}{2}\right|<\frac{1}{2n}\cdot n=\frac{1}{2}$$

矛盾.

从而，存在某些 i，使得

$$\left|a_i-\frac{1}{2}\right|\geqslant\frac{1}{2n}$$

另一方面，取 $n=2m+1$，且 $a_i=\frac{m}{2m+1}(i=1,2,\cdots,n)$，则 $\sum_{i=1}^{n}a_i=m$. 此时，对所有的 i，均有

$$\left|a_i-\frac{1}{2}\right|=\frac{1}{2}-\frac{m}{2m+1}=\frac{1}{2(2m+1)}=\frac{1}{2n}$$

所以，对奇数 n，有 $f(n)=\frac{1}{2n}$.

综上

$$f(n)=\begin{cases}0, n\text{ 为偶数}\\ \frac{1}{2n}, n\text{ 为奇数}\end{cases}$$

19. 取 $n=p$（p 是一个素数）.

于是，$p\equiv f^p(p)\equiv 0(\bmod f(p))$.

因此，$f(p)\mid p$.

从而,对于每一个 p,都有

$$f(p)=1 \text{ 或 } f(p)=p$$

设 $S=\{p \mid p$ 是素数,且 $f(p)=p\}$.

(1)若 S 是无限集,则有无穷多个素数 p,满足 $f^p(n)\equiv n \pmod p$.

由费马小定理得

$$n\equiv f^p(n)\equiv f(n) \pmod p$$

因此,$f(n)-n$ 可以被无穷多个素数 p 整除.从而,对于每一个正整数 n,有

$$f(n)=n$$

经验证,$f(n)=0$ 是满足条件的一个解.

(2)若 S 是空集,则 $f(p)=1$(p 是任意的素数).

经验证,任意的函数 $f:\mathbf{Z}_+\to\mathbf{Z}_+$ 且对于任意的素数 p,$f(p)=1$均是满足条件的解.

(3)若 S 是非空有限集,设 q 是 S 中最大的素数.若 $q\geqslant 3$,则对于任意的素数 $p(p>q)$,有 $f(p)=1$.于是

$$p\equiv f^q(p)\equiv 1 \pmod{f(q)}$$

即 $p\equiv 1 \pmod q$.

设不超过 q 的奇素数的乘积为 Q,则 $Q+2$ 中的所有素因数都大于 q,且均模 q 与 1 同余,故 $Q+2$ 也模 q 与 1 同余,这与 $Q+2\equiv 2 \pmod q$ 矛盾.

因此,$S=\{2\}$.从而,$f(2)=2$,且对于每个奇素数 p,有 $f(p)=1$.

因为 $f^2(n)\equiv n \pmod 2$,所以,$f(n)$与 n 具有相同的奇偶性.

经验证,任意满足 $f(n)\equiv n \pmod 2$,$f(2)=2$,且对于任意的奇素数 p,有 $f(p)=1$ 的函数 f 均是满足条件的解.

20.(1)(i)设对 $n=1,2,\cdots,m-1$,有

$$f(n+1)-f(n)=0 \text{ 或 } 1 \quad ①$$

则对每个 $n\in\{1,2,\cdots,m-1\}$，有

$$[(n+2)-f(n+1)]-[(n+1)-f(n)]=$$
$$1-[f(n+1)-f(n)]\in\{0,1\}$$

因此，由归纳假设

$$f[n+2-f(n+1)]-f[n+1-f(n)]\in\{0,1\} \quad ②$$

情况 1：$f(m)=f(m-1)+1$. 这时

$$f(m+1)-f(m)=$$
$$f[m+1-f(m)]-f[m-1-f(m-2)]=$$
$$f[m-f(m-1)]-f[m-1-f(m-2)]\in\{0,1\}$$

（最后一步根据②）.

情况 2：$f(m)=f(m-1)$. 这时由已知的递推式

$$f[m-f(m-1)]=f[m-2-f(m-3)]$$

根据②，它们均等于 $f[m-1-f(m-2)]$. 从而

$$f(m+1)-f(m)=$$
$$f[m+1-f(m)]-f[m-1-f(m-2)]=$$
$$f[m+1-f(m)]-f[m-f(m-1)]\in\{0,1\}$$

（根据②）.

无论哪种情况，②均对 $n=m$ 成立. 从而②对所有自然数成立，即①对所有自然数成立.

(2)(ii)设结论当 $n<m$ 时成立. 若 $f(m)$ 为奇数，则 $f(m-1)$ 必为偶数（否则，由归纳假设，$f(m)=f(m-1)+1$，与 $f(m)$ 为奇数矛盾）. 于是

$$f(m)=f(m-1)+1$$
$$f(m+1)=f[m+1-f(m)]+f[m-f(m-1)]=$$
$$2f[m-f(m-1)]$$

即 $f(m+1)$ 为偶数，因而由(1)(i)，有

$$f(m+1)=f(m)+1$$

(2)我们用归纳法来证明：对任意整数 $k>1$，$n=2^k$ 是方程 $f(n)=2^{k-1}+1$ 的唯一解. 从而 $n=2^{11}$ 是

$f(n)=2^{10}+1$ 的唯一解.

当 $k=2$ 时,结论显然.设 $n=2^m$ 是 $f(n)=2^{m-1}+1$ 的唯一解.

由于 $f(n)$ 的值每次增加 0 或 1,并且从已知的递推式可以看出 $f(n)\to\infty$(否则从某一时刻起,$f(n)$ 将为(正的)常数值,而对于足够大的 n,$f(n+2)$ 却为此值的两倍,矛盾),所以必有整数 u,使

$$f(u)=2^m+1$$

这时,$f(u-1)$ 必为偶数,并且

$$f(u-1)=2^m$$

因为

$$f[u-f(u-1)]+f[u-1-f(u-2)]=f(u)=2^m+1$$

并且左端两项之差为 0 或 1,所以

$$f[u-f(u-1)]=f[u-1-f(u-2)]+1=2^{m-1}+1$$

由归纳假设

$$u-f(u-1)=2^m$$

从而

$$u=2^m+f(u-1)=2^{m+1}$$

21. 递推式

$$x_{n+1}=x_n+2x_{n-1}$$

的特征方程是

$$q^2-q-2=0$$

$$q_1=2,q_2=-1$$

所以

$$x_n=C_1\cdot 2^n+C_2\cdot(-1)^n$$

令 $n=1,2$ 代入,得

$$\begin{cases}2C_1-C_2=1\\4C_1+C_2=3\end{cases}$$

解得 $C_1=\frac{2}{3}$,$C_2=\frac{1}{3}$,故

$$x_n=\frac{1}{3}[2^{n+1}+(-1)^n]$$

同样的

$$y_n=2\cdot 3^n-(-1)^n$$

如果 $x_n=y_m$，那么

$$3^{m+1}-2^n=\frac{1}{2}[3(-1)^m+(-1)^n] \quad ①$$

如果 $n=0$ 或 1，那么 $m=0$ 是唯一的解.

当 $n\geqslant 2$ 时，如果 m,n 同奇偶，那么式①的右边是偶数，而左边是奇数，式①不成立.

如果 n 是奇数，m 是偶数，式①两边模 4 得

$$(-1)^{m+1}-4\cdot 2^{n-2}\equiv 1 \pmod 4$$

即

$$-1\equiv 1 \pmod 4$$

如果 n 是偶数，m 是奇数，式①两边模 4 得

$$1\equiv -1 \pmod 4$$

故当 $n\geqslant 2$ 时，不存在 m，使得 $x_n=y_m$. 从而除了“1”这项外，不存在同时出现在两个数列中的项.

22. 假设存在这样一个数列，则易知该数列为递增数列. 因此，数列中必从某一项开始(包括这一项)，后面的数全部大于 3. 设这个数为 q_0，其后的数依次设为 $q_1,q_2,\cdots$(即去掉 q_0 前的所有数，并将后面的数重新标号). 易知，数列$\{q_n\}$也符合题述性质.

不妨设 $q_0\equiv 1 \pmod 3$($q_0\equiv 2 \pmod 3$亦可类似讨论).

若 $q_1=2q_0+1$，则

$$q_1\equiv 2+1\equiv 0 \pmod 3$$

故 $3|q_1$.

又因为 $q_1>3$，所以，q_1 是合数，矛盾.

于是，$q_1=2q_0-1$. 从而

$$q_1 \equiv 1 \pmod 3$$

同理

$$q_2 \equiv 1 \pmod 3$$

$$q_3 \equiv 1 \pmod 3$$

$$\vdots$$

结合数学归纳法易知

$$q_n \equiv 1 \pmod 3 \quad (n=0,1,\cdots)$$

且 $q_n = 2q_{n-1} - 1 (n \in \mathbf{N}^*)$.

于是,可计算出

$$q_n - 1 = 2(q_{n-1} - 1) = 2^2(q_{n-2} - 1) = \cdots = 2^n(q_0 - 1)$$

故 $q_n \equiv 1 - 2^n \pmod{q_0}$.

令 $n = q_0 - 1$,则

$$q_n \equiv 1 - 2^{q_0 - 1} = -(2^{q_0 - 1} - 1) \pmod{q_0}$$

由费马小定理得

$$2^{q_0 - 1} - 1 \equiv 0 \pmod{q_0}$$

于是,$q \equiv 0 \pmod{q_0}$,即 $q_0 \mid q_n$.

这说明 q_n 是合数,矛盾.

综上,不存在这样一个素数数列.

23. 由题设得

$$a_n + a_{n+1} = a_{n+2} a_{n+3} - 200$$

$$a_{n+1} + a_{n+2} = a_{n+3} a_{n+4} - 200$$

两式相减得

$$a_n - a_{n+2} = a_{n+3}(a_{n+2} - a_{n+4}) \qquad ①$$

因为 $a_{n+3} > 0$,所以:

(1) $a_n > a_{n+2} \Leftrightarrow a_{n+2} > a_{n+4}$;

(2) $a_n = a_{n+2} \Leftrightarrow a_{n+2} = a_{n+4}$;

(3) $a_n < a_{n+2} \Leftrightarrow a_{n+2} < a_{n+4}$.

由(1)得 $a_n > a_{n+2} > a_{n+4} > \cdots$,且存在数列中的一项小于 1,矛盾.

因此,当 n 为奇数时

$$a_n=a_{n+2} \text{ 或 } a_n<a_{n+2}$$

当 n 为偶数时

$$a_n=a_{n+2} \text{ 或 } a_n<a_{n+2}$$

则有以下四种情形.

(i)对于所有的 $n\in \mathbf{Z}_+$,$a_{n+2}>a_n$,则存在 n 使得 $a_{n+2}>15$,$a_{n+3}>15$.故

$$(a_{n+2}-1)(a_{n+3}-1)\geqslant 225>201$$

$$a_n+a_{n+1}<a_{n+2}+a_{n+3}=$$
$$a_{n+2}a_{n+3}-(a_{n+2}-1)(a_{n+3}-1)+1<$$
$$a_{n+2}a_{n+3}-200$$

矛盾.

(ii)当 n 为奇数时,$a_n=a$;当 n 为偶数时,$a_n=b$.

由已知得

$$a+b=ab-200\Rightarrow$$
$$(a-1)(b-1)=201=3\times 67\Rightarrow$$
$$(a,b)=(2,202),(202,2)(4,68),(68,4)$$

(iii)当 n 为奇数时,$a_n=a$;当 n 为偶数时,$a_n<a_{n+2}$.

由式①得

$$a_4-a_2=a(a_6-a_4)=a^2(a_8-a_6)=\cdots=$$
$$a^{m-1}(a_{2m+2}-a_{2m})=\cdots$$

所以,只有一种可能即 $a=1$.

设 $d=a_4-a_2$,则对于 $m\in \mathbf{Z}_+$,有

$$a_{2m+2}-a_{2m}=d$$

所以,$a_{2m}=a_2+(m-1)d$.

由初始条件得 $d=201$.

数列

$$1,b,1,b+201,1,b+402,1,\cdots \quad (b\in \mathbf{Z}_+)$$

满足条件.

(iv)当 n 是奇数时，$a_n<a_{n+2}$；当 n 是偶数时，$a_n=b$.

同理，数列

$$b,1,b+201,1,b+402,1,\cdots \quad (b\in \mathbf{Z}_+)$$

满足条件.

24.(1)只需证明：整数 c 具有形式

$$c=b\pm 1^2\pm 2^2\pm\cdots\pm n^2$$

注意到，对任一整数 k 有

$$k^2-(k+1)^2-(k+2)^2+(k+3)^2=4$$

记 $c=b+4s+r(r=0,1,2$ 或 $3)$.

则当 $r=0$ 时

$$c=b+\underbrace{(1^2-2^2-3^2+4^2)+(5^2-6^2-7^2+8^2)+\cdots}_{s\text{组}}$$

当 $r=1$ 时

$$c=b+1^2+\underbrace{(2^2-3^2-4^2+5^2)+(6^2-7^2-8^2+9^2)+\cdots}_{s\text{组}}$$

当 $r=2$ 时

$$c=b+2+4s=b-1^2-2^2-3^2+4^2+\underbrace{(5^2-6^2-7^2+8^2)+(9^2-10^2-11^2+12^2)+\cdots}_{s\text{组}}$$

当 $r=3$ 时

$$c=b+3+4s=b-1^2+2^2+\underbrace{(3^2-4^2-5^2+6^2)+(7^2-8^2-9^2+10^2)+\cdots}_{s\text{组}}$$

在以上四种情形下，都可构造要求的数列.

(2)注意到

$$a_k\leqslant 1^2+2^2+\cdots+k^2=\frac{k(k+1)(2k+1)}{6}$$

则 $a_{17}\leqslant 1\ 785$.

因此，$n\geqslant 18$.

但 $1^2+2^2+\cdots+18^2$ 是奇数，2 012 是偶数，因此，

$n>18$(若某个 k^2 变成 $-k^2$ 时,奇偶性不变).

当 $n=19$ 时

$$1^2+2^2+\cdots+19^2=2\ 470=2\ 012+458=2\ 012+2\times 229$$

由 $229=15^2+2^2$,得

$$2\ 012=1^2-2^2+\cdots+14^2-15^2+16^2+17^2+18^2+19^2$$

从而,所求 n 的最小值为 19.

25. 由 x_i 的定义知,对于每个正整数 k 有

$$x_{4k-3}=x_{2k-1}=-x_{4k-2} \quad ①$$

$$x_{4k-1}=x_{4k}=-x_{2k}=x_k \quad ②$$

设 $S_n=\sum_{i=1}^{n}x_i$,则

$$S_{4k}=\sum_{i=1}^{k}[(x_{4i-3}+x_{4i-2})+(x_{4i-1}+x_{4i}]=$$

$$\sum_{i=1}^{k}(0+2x_i)=2S_k \quad ③$$

$$S_{4k+2}=S_{4k}+(x_{4k+1}+x_{4k+2})=S_{4k} \quad ④$$

且

$$S_n=\sum_{i=1}^{n}x_i\equiv\sum_{i=1}^{n}1=n(\mathrm{mod}\ 2)$$

对于 k,下面用数学归纳法证明:对于所有的 $i\leqslant 4k$,$S_i\geqslant 0$.

因为 $x_1=x_3=x_4=1$,$x_2=-1$,所以

$$S_i\geqslant 0\quad (i=1,2,3,4)$$

假设对于所有的 $i\leqslant 4k$,$S_i\geqslant 0$.

由式①②③④知

$$S_{4k+4}=2S_{k+1}\geqslant 0$$

$$S_{4k+2}=S_{4k}\geqslant 0$$

$$S_{4k+3}=S_{4k+2}+x_{4k+3}=\frac{S_{4k+2}+S_{4k+4}}{2}\geqslant 0$$

接下来证明:$S_{4k+1}\geqslant 0$.

若 k 是奇数,则 $S_{4k}=2S_k\geqslant 0$.

因为 k 为奇数,所以,S_k 也是一个奇数.

于是,$S_{4k}\geqslant 2$.

因此,$S_{4k+1}=S_{4k}+x_{4k+1}\geqslant 1$.

若 k 是偶数,则

$$x_{4k+1}=x_{2k+1}=x_{k+1}$$

故

$S_{4k+1}=S_{4k}+x_{4k+1}=2S_k+x_{k+1}=S_k+S_{k+1}\geqslant 0$

综上,对于所有的 $n\geqslant 1$,$S_n\geqslant 0$.

26.易知,对任意 k 有

$(1+kd)^2-[1+(k+1)d]^2-$
$[1+(k+2)d]^2+[1+(k+3)d]^2=4d^2$

因此,只需证明:对 $0\leqslant S<4d^2$,存在 $n,\varepsilon_1,\varepsilon_2,\cdots,\varepsilon_n$,使得

$$\sum_{i=1}^{n}\varepsilon_i(1+id)^2\equiv S(\bmod 4d^2)$$

事实上,当 n 为偶数时,取 $n=24d^3$.则

$$\sum_{k=1}^{n}(1+kd)^2=$$

$$n+n(n+1)d+\frac{1}{6}n(n+1)(2n+1)d^2\equiv$$

$$0(\bmod 4d^2)$$

取 $\varepsilon_{2kd}=1\left(1\leqslant k\leqslant\frac{1}{2}S\right)$,$\varepsilon_i=-1(1\leqslant i\leqslant n$,不存在 k 使 $i=2kd)$.

由 $(1+2kd^2)^2\equiv 1(\bmod 4d^2)$,则

$$\sum_{k=1}^{n}\varepsilon_k(1+kd)^2\equiv 0+2\times\frac{1}{2}S\equiv S(\bmod 4d^2)$$

当 S 为奇数时,取 $n=24d^3-1$.于是

$$\sum_{k=1}^{n}(1+kd)^2=\sum_{k=1}^{24d^3}(1+kd)^2-(1+2kd^4)^2\equiv$$

$$-1 \pmod{4d^2})$$

取 $\varepsilon_{2kd}=1\left(1\leqslant k\leqslant\frac{1}{2}(S+1)\right)$，其余 $\varepsilon_i=-1$.

则

$$\sum_{k=1}^{n}\varepsilon_k(1+kd)^2\equiv -1+2\times\frac{1}{2}(S+1)\equiv S \pmod{4d^2}$$

综上，原结论得证.

27. 设 (b,c) 是满足条件的数对.

若 $a_k=a_{k+1}$，且 k 是满足这个条件的下标中最小的一个. 若 $k\geqslant 4$，因为 $a_{k+1}=|3a_k-2a_{k-1}|$，且 $a_k\neq a_{k-1}$，则 $a_{k+1}=2a_{k-1}-3a_k$，即 $a_{k-1}=2a_k$.

又因为 $a_k=|3a_{k-1}-2a_{k-2}|$，所以，$2a_{k-2}=5a_k$ 或 $2a_{k-2}=7a_k$，即 a_k 可以被 2 整除.

另一方面，易知 $a_n=a_k$，其中 $n\geqslant k$. 设 P 是所有素数和 1 构成的集合，则 $a_k\in P$. 从而，知 $a_k=2$，$a_{k-1}=4$，$a_{k-2}=5$ 或 7，与 $4=a_{k-1}=|3a_{k-2}-2a_{k-3}|$ 矛盾. 因为右端是奇数，左端是偶数，所以，$k\leqslant 3$.

当 $k=3$ 时，$a_3=2$，$a_2=4$，$a_1=5$ 或 7，即 $(b,c)=(5,4)$ 或 $(7,4)$.

当 $k=2$ 时，$a_2=p$，$a_1=2p$，其中 $p\in P$，即 $(b,c)=(2p,p)$.

当 $k=1$ 时，$a_1=p$，$p\in P$，$a_2=p$，即 $(b,c)=(p,p)$.

若对所有的 n，均有 $a_n\neq a_{n+1}$，由于 $a_n\geqslant 0$，则一定存在一个正整数 l，使得 $a_{l+1}>a_l$. 由数学归纳法可得，当 $n\geqslant l$ 时，有 $a_{n+1}>a_n$. 再利用 $a_{n+2}=3a_{n+1}-2a_n$，由数学归纳法可得

$$a_n=a_{l+2}+2(2^{n-l-2}-1)(a_{l+2}-a_{l+1})$$

若 a_{l+2} 是偶数，则 $a_n\geqslant 4$ 是偶数，其中 $n\geqslant l+3$，矛盾.

若 a_{l+2} 是奇数，则 $a_{l+2}\geqslant 3$，且 $(a_{l+2},2)=1$.

由欧拉定理，a_{l+2} 可以整除 $2^{\varphi(a_{l+2})}-1$，其中 φ 是欧拉函数，即 $\varphi(m)$ 表示小于 m 且与 m 互素的正整数的个数.

令 $n=l+2+i\varphi(a_{l+2})$，$i=1,2,\cdots$，则 a_{l+2} 可以整除$a_n(a_n>a_{l+2})$，矛盾.

综上所述，$(b,c)=(5,4)$ 或$(7,4)$ 或$(2p,p)$ 或(p,p)，其中 $p\in P$.

28. 由题设

$$(n+2)A_{n+1}-nA_n=2(n+1)^{2k}$$
$$(n+1)A_n-(n-1)A_{n-1}=2n^{2k}$$

由此可得

$$n(n+1)A_n-(n-1)nA_{n-1}=2n^{2k+1}$$
$$(n-1)nA_{n-1}-(n-2)(n-1)A_{n-2}=2(n-1)^{2k+1}$$
$$(n-2)(n-1)A_{n-2}-(n-3)(n-2)A_{n-3}=2(n-2)^{2k+1}$$
$$\vdots$$
$$2\times 3A_2-1\times 2A_1=2\times 2^{2k+1}$$

各式左右分别相加得

$$n(n+1)A_n=2(1+2^{2k+1}+\cdots+n^{2k+1})$$
$$A_n=\frac{2(1^{2k+1}+2^{2k+1}+\cdots+n^{2k+1})}{n(n+1)}$$

记

$$S(n)=1^{2k+1}+2^{2k+1}+\cdots+n^{2k+1}$$

由

$$2S(n)=\sum_{i=0}^{n}[(n-i)^{2k+1}+i^{2k+1}]=$$
$$\sum_{i=1}^{n}[(n+1-i)^{2k+1}+i^{2k+1}]$$

因为

$$n\mid[(n-i)^{2k+1}+i^{2k+1}]$$
$$(n+1)\mid[(n+1-i)^{2k+1}+i^{2k+1}]$$

所以

$$n(n+1) \mid 2S(n)$$

因此 $A_n = \dfrac{2S(n)}{n(n+1)}$ 是整数.

(1)$n \equiv 1$ 或 $2(\bmod 4)$.

由 $S(n)$ 是奇数个奇数项知 $S(n)$ 为奇数.

所以 A_n 为奇数.

(2)$n \equiv 0(\bmod 4)$,则

$$\left(\frac{n}{2}\right)^{2k+1} \equiv 0(\bmod n)$$

故

$$S(n) = \sum_{i=0}^{\frac{n}{2}}\left[(n-i)^{2k+1} + i^{2k+1}\right] - \left(\frac{n}{2}\right)^{2k+1} \equiv 0(\bmod 4)$$

所以 A_n 为偶数.

(3)$n \equiv 3(\bmod 4)$,则

$$\left(\frac{n+1}{2}\right)^{2k+1} \equiv 0(\bmod (n+1))$$

故

$$S(n) = \sum_{i=1}^{\frac{n+1}{2}}\left[(n+1-i)^{2k+1} + i^{2k+1}\right] - \left(\frac{n+1}{2}\right)^{2k+1} \equiv 0(\bmod (n+1))$$

所以 A_n 是偶数.

由(1)(2)(3)知,当且仅当 $n \equiv 1$ 或 $2(\bmod 4)$ 时,A_n 为奇数.

29.由已知,有

$$(n+2)a_{n+1} = na_n + 2(n+1)^{2r}$$

两边同乘以 $n+1$,得

$$(n+2)(n+1)a_{n+1} = n(n+1)a_n + 2(n+1)^{2r+1}$$

令 $b_n = (n+1)na_n(n = 1,2,\cdots)$,使得

$$b_{n+1}=b_n+2(n+1)^{2r+1}\quad (n=1,2,\cdots)$$

或

$$b_k-b_{k-1}=2k^{2r+1}\quad (k=2,3,\cdots) \qquad ①$$

于是

$$b_n=\sum_{k=2}^{n}(b_k-b_{k-1})+b_1=$$

$$\sum_{k=2}^{n}2k^{2r+1}+2= \quad (b_1=(1+1)\cdot 1\cdot a_1=2)$$

$$2\sum_{k=1}^{n}k^{2r+1}=$$

$$2n^{2r+1}+\sum_{k=1}^{n-1}k^{2r+1}+\sum_{k=1}^{n-1}(n-k)^{2r+1}=$$

$$2n^{2r+1}+\sum_{k=1}^{n-1}[k^{2r+1}+(n-k)^{2r+1}]$$

注意到 $2r+1$ 是奇数,故

$$[k+(n-k)]\mid[k^{2r+1}+(n-k)^{2r+1}]$$

即

$$n\mid[k^{2r+1}+(n-k)^{2r+1}]$$

所以

$$n\mid b_n$$

再将 b_n 改写成

$$b_n=\sum_{k=1}^{n}k^{2r+1}+\sum_{k=1}^{n}(n+1-k)^{2r+1}=$$

$$\sum_{k=1}^{n}[k^{2r+1}+(n+1-k)^{2r+1}]$$

所以

$$(n+1)\mid b_n$$

由于 $(n,n+1)=1$,则

$$n(n+1)\mid b_n$$

从而

$$a_n = \frac{b_n}{(n+1)n} \quad (n = 1,2,\cdots)$$

是正整数.

为了确定 a_n 的奇偶性，先证明下面的结论

$$\frac{b_n}{n} = \begin{cases} 偶数，若\ n \equiv 0(\bmod 4) \\ 奇数，若\ n \equiv 2(\bmod 4) \end{cases}$$

事实上，由 n 是偶数，故

$$b_n = 2\sum_{k=1}^{n} k^{2r+1} =$$

$$2n^{2r+1} + 2\sum_{k=1}^{n-1} k^{2r+1} =$$

$$2n^{2r+1} + 2\sum_{k=1}^{\frac{n-2}{2}} [k^{2r+1} + (n-k)^{2r+1}] + 2\left(\frac{n}{2}\right)^{2r+1}$$

$$\frac{b_n}{n} = 2n^{2r} + 2\sum_{k=1}^{\frac{n-2}{2}} \frac{k^{2r+1} + (n-k)^{2r+1}}{n} + \frac{1}{n} \cdot 2\left(\frac{n}{2}\right)^{2r+1}$$

因而 $\frac{b_n}{n}$ 与 $\frac{1}{n} \cdot 2\left(\frac{n}{2}\right)^{2r+1} = \left(\frac{n}{2}\right)^{2r}$ 有相同的奇偶性.

当 $n \equiv 0(\bmod 4)$ 时，$\left(\frac{n}{2}\right)^{2r}$ 为偶数.

当 $n \equiv 2(\bmod 4)$ 时，$\left(\frac{n}{2}\right)^{2r}$ 为奇数.

结论得证.

最后，利用上述结论来分析 a_n 的奇偶数.

(1) 若 $n \equiv 0(\bmod 4)$，由于 a_n 是正整数，故

$$a_n = \frac{1}{n+1} \cdot \frac{b_n}{n} = \frac{偶数}{奇数} = 偶数$$

(2) 若 $n \equiv 1(\bmod 4)$，则

$$n + 1 \equiv 2(\bmod 4)$$

于是由式 ① 有

$$a_n=\frac{b_n}{(n+1)n}=\frac{b_{n+1}-2(n+1)^{2r+1}}{n+1}\cdot\frac{1}{n}=$$

奇数 − 偶数 = 奇数

(3) 若 $n\equiv 2(\bmod 4)$,同理可知 a_n 为奇数.

(4) 若 $n\equiv 3(\bmod 4)$,同理可知 a_n 为偶数.

综合以上,当且仅当 $n\equiv 0$ 或 $3(\bmod 4)$ 时,a_n 为偶数.

习题八答案

1. 当 n 为偶数时概率为$\frac{C_n^{\frac{n+2}{2}}}{2^n}$，当 n 为奇数时概率为0.

由题设知 $S_n=2$，即掷 n 次，其中恰有$\frac{n+2}{2}$次出现正面，$\frac{n-2}{2}$次出现背面，由此推断整数 n 必须是偶数.

则所求概率是当 n 为偶数时为$\frac{C_n^{\frac{n+2}{2}}}{2^n}$，当 n 为奇数时为0.

2. 设恰有一颗石子的堆数为 s，有偶数颗石子的堆数为 r. 获胜策略是留给对手的情形是 s 和 r 均为偶数.

3. 能. 按题目规定的翻法，共翻了

$$1+2+3+\cdots+1\ 993=1\ 993\times 997(\text{次})$$

平均每枚硬币翻动了 997 次，这是奇数. 翻动奇数次的结果，必使硬币朝向相反，只要在翻动 n 个硬币时，选择翻动 $1\ 993-n$ 个硬币时所剩余的硬币，则每个硬币恰好都翻动了 997 次，故能使所有 1 993 枚硬币都翻了面，将原来朝下的一面都变成朝上.

4. 不可能. 如果最后在桌子上有 n 堆石子，且每堆石子刚好有 3 粒.

那么，在此之前一共进行了 $n-1$ 次操作(开始时只有一堆石子，每操作一次，多分出一堆，所以操作 $n-1$次共分成 n 堆). 因为每操作一次，都扔去一粒石子，所以一共扔去 $n-1$ 粒石子，因此有

$$3n+(n-1)=1\ 001$$

$$4n=1\ 002$$
$$2n=501$$

然而奇数不可能等于偶数，出现矛盾.

5.回答是否定的.可用奇偶性来证明：设横行或竖列内含 k 个黑色方格及 $8-k$ 个白色方格（$0\leqslant k\leqslant 8$）.当改变方格颜色时，即得 $8-k$ 个黑色方格和 k 个白色方格，因此，每进行一次操作，黑色方格数“增加了”$(8-k)-k=8-2k$（即改变了一个偶数）.于是无论进行多少次操作，方格纸上黑色方格数目的奇偶性无变化.所以原来 32 个黑色方格（偶数）进行操作后，最后还是有偶数个黑色方格，绝不会得到恰有一个（奇数）黑色方格的方格纸.

6.可以设计一个玩法，使先开头者胜.

注意到一个奇数的所有正约数都是奇数这样一个十分简单的事实.

并注意到 1 是任何正整数的正约数.

先开头者每次都将黑板上的数加 1，因而他写在黑板上的数都是奇数，然而，第二个人每次只能加上奇数，所以他必然在黑板上写的都是偶数，于是必然轮到第一个人写 19 891 989.

7.因每次变换改变表中 6 个数的符号，而 $(-1)^6=1$，所以每次变换不会改变所变动的那行（或列）中 6 个数的乘积之符号，从而也不改变全表中 36 个数乘积之符号.这样，无论操作多少次变换，表中 36 个数之积总是负的.但全表中所有数为正时，36 个数之积为正.

8.设 0 的个数为 p，1 的个数为 q，2 的个数为 r.

由题设，每一步操作，所有三个数 p,q,r 都增加或减少 1.因而 p,q 和 r 的奇偶性也随之改变.当黑板上只剩下一个数字时，p,q 和 r 中的一个变为 1，而另外两个变为 0，即一个为奇数，两个为偶数.这就说明，一开始时,这三个数 p,q 和 r 中必有一个数的奇偶性与另外两个数的奇偶性不同,这个数所对应的数字就留在黑板上,因此,黑板上留下的那个数只与 p,q 和 r 的奇偶性有关,而与擦去的数字的先后次序无关.

9. 注意到一种袜子至多一只无配对,而且,某一种颜色的袜子有一只无配对$\Leftrightarrow$该颜色的袜子取了奇数只.当取出袜子总数是奇数时,最坏的可能是有三种颜色为奇数只,由此可知至少要取 23 只袜子.

10. N 为 2 的非负整数次幂,能使 N 盏灯在经过已知条件要求的操作后,都是开着的.

若 N 有一个奇的素因数 p,则只有在对 1 和 p 各做 N 次开关时,第 $p+1$ 盏灯才会改变开关状态,且共改变了偶数次开关状态,所以,第 $p+1$ 盏灯是关着的.

若 $N=2^k$,其中 k 为非负整数,对于 N 的非 1 的因数,使得改变开关状态的灯均改变了偶数次,只有因数 1,使每盏灯最后改变开关状态的数目变为奇数,所以,所有的 N 盏灯都是开着的.

11. 把第 i 行第 j 列的室记为 a_{ij},转化的方法是利用相邻的室 $i+j$ 的奇偶性不同.注意从一角 A 到其对角 B,B 为 a_{81},A 为 a_{18},$1+8$ 与 $8+1$ 都为奇数.从 A 出发要穿过 64 道门才到达 B,每穿过一道门,$i+j$ 的奇偶性变化一次,变化 63 次不可能从奇数变到奇数,所以满足题设要求的路线不存在.

12. 用反证法.若幻体存在,则相等的和为 42.首先,幻体的每个面为三阶幻方.如下图 5,将幻方标为 9 个位置,不难证明:5 号位置只能排偶数.事实上,若 5 号为奇,则 1,9 必须一奇一偶;设 1 号为奇,则 9 号为偶,从而 2,3 必一奇一偶;设 2 号为奇,3 号为偶.依次推得 4 号为偶,6 号为奇,7 号为偶,这样,3,5,7 号位三数之和为奇数.其次,3×3 幻方奇偶性分布只有两

种可能：一种是六奇三偶，另一种是四奇五偶. 注意到1,2,…,27 中共 14 个奇数，从而幻体的上、中、下三层幻方中有且只有一个是第一类的. 最后考虑每层幻方的 4 号位，三数中两偶一奇，其和不可能为 42.

偶	奇	奇
奇	偶	奇
奇	奇	偶

1	2	3
6	5	4
7	8	9

奇	偶	奇
偶	偶	偶
奇	偶	奇

图 5

13. 将青蛙放在数轴上讨论，不妨设最初四只青蛙所在的位置为 1,2,3,4. 注意到，处于奇数位置上的青蛙每次跳动后仍处在奇数位置上，处于偶数位置上的青蛙每次跳动后仍处在偶数位置上. 因此，任意多次跳动后，四只青蛙中总是两只处于奇数位置上，另两只处在偶数位置上. 如果若干次跳动后，青蛙所在位置中每相邻两只之间的距离都是 2 008，那么要求它们处在具有相同奇偶性的位置上，不可能.

注：由“对称跳”不难想到这是一个与奇偶性有关的在跳跃中保持不变性的问题.

14. 若某行有一个异色格相叠，则该行至少还有一个异色格相叠. 否则，相叠两行蓝色小方格数之和为奇数，从而必有一张表上有一行蓝色小方格为奇数，与题设矛盾.

15. 假定我们已按照要求将 1 至 21 填入图中的各个圆圈之内.

由于两个数的和与这两个数的差有相同的奇偶性，我们考察另一种填法.

不改变第一行中 6 个圆圈上的数，而将第二行中的各个数都换成其两个肩膀上的数的和，并依照此法，再将第三行中的各个数都换成现在第二行中的位于其两个肩膀上的数的和，如此下去，将其余各行数重新换过.

这时，表中所填的各数的奇偶性都与原来所填的数相同.

于是，新填的表中所有数之和的奇偶性应当与和数 $1+2+\cdots+21=231$ 相同，即为奇数.

然而，若第一行数为 a,b,c,d,e,f，则按新填法：

第二行为：$a+b,b+c,c+d,d+e,e+f$；

第三行为：$a+2b+c,b+2c+d,c+2d+e,d+2e+f$；

第四行为：$a+3b+3c+d,b+3c+3d+e,c+3d+3e+f$；

第五行为：$a+4b+6c+4d+e,b+4c+6d+4e+f$；

第六行为：$a+5b+10c+10d+5e+f$；

这时，所有数之和 $6a+20b+34c+34d+20e+6f$ 是偶数，出现矛盾.

因此，不存在符合要求的填法.

16. 不可能.

如下标识每枚硬币

$$
\begin{array}{cccccccc}
A & B & C & D & E & A & \cdots & B \\
D & E & A & B & C & D & \cdots & E \\
B & C & D & E & A & B & \cdots & C \\
E & A & B & C & D & E & \cdots & A \\
C & D & E & A & B & C & \cdots & D \\
A & B & C & D & E & A & \cdots & B \\
\vdots & \vdots & \vdots & \vdots & \vdots & \vdots & & \vdots \\
D & E & A & B & C & D & \cdots & E
\end{array}
$$

则：

(1)每一次翻转的五枚硬币分别标识为 A,B,C,D,E.

(2)同时，对于每个标识 A,B,D,E 有 58 枚硬币，而对于 C 有 57 枚硬币.

(3)若最后所有的硬币是背面朝上的，则每枚硬币必进行了奇数次翻转.

从(2)和(3)知，标识 A 的硬币共被翻转偶数次，而标识 C 的硬币共被翻转奇数次. 所以，翻转标识 A 的硬币的次数不同于翻转标识 C 的硬币的次数. 此与(1)矛盾，因此知是不可能的.

17. 不能.

为了方便，将表中的英文字母用它在字母表中的序号代替(即 A 是 1，B 是 2……Z 是 26). 这样，图 24(a)与图 24(b)就相当于两个 4×4 的数表. 而每一次操作就相当于使数表中某一行或某一列的每一个数被 26 除时的余数加 1(因共有 26 个字母，Z 是 26，其被 26 除时余数为 0，也可看作 26).

我们只要证明图 24(a)左上角 4 个字母永远变不成图 24(b)左上角 4 个字母就可以了. 为此，考察 2×2 的表 $\begin{pmatrix} a & b \\ c & d \end{pmatrix}$，记 $k=(a+d)-(b+c)$. 每次操作 $\begin{pmatrix} a & b \\ c & d \end{pmatrix}$变成$\begin{pmatrix} a+1 & b+1 \\ c & d \end{pmatrix}$或$\begin{pmatrix} a+1 & b \\ c+1 & d \end{pmatrix}$. 不难看出，变化后的 2×2 表的 k 值是不变的. 也就是说，不论进行多少次操作，2×2 表的 k 值是不变的.

图 24(a)左上角$\begin{pmatrix} S & O \\ T & Z \end{pmatrix}$是$\begin{pmatrix} 19 & 20 \\ 15 & 26 \end{pmatrix}$，其中 $k=45-35=10$. 图 24(b)左上角$\begin{pmatrix} K & B \\ H & E \end{pmatrix}$是$\begin{pmatrix} 11 & 2 \\ 8 & 5 \end{pmatrix}$，其中 $k=$

16－10＝6. 两者的 k 值不同，所以图 24(a)不能变成图 24(b).

注：用奇偶性来证明要注意选择好 2×2 表的位置.

18. n 可为 4,6,8,10,12,14,16. 通过计算切点数，可知 n 必为偶数. 事实上，每个球均有 3 个切点，但每个切点为两球共有，所以切点数的两倍是 $3n$，故知 n 应为偶数，且 $n>2$. 当 $n=4$ 时，让 4 个球的球心构成正四面体的 4 个顶点. 对于其余的 $n=2k(k\geqslant3)$，可先将 k 个球放在一个水平面上，使它们的球心构成正 k 边形的 k 个顶点(此为第一层)，再将其余 k 个球作为第二层放上(使每个球都与下层的一个球对齐)即可.

19. 用数

$$a_1, a_2, \cdots, a_{2n}, a_{2n+1}$$

分别表示这 $2n+1$ 个袋中球的个数.

显然 $a_i(i=1,2,\cdots,2n+1)$是非负整数.

不妨设

$$a_1\leqslant a_2\leqslant\cdots\leqslant a_{2n+1}$$

于是本题化为：

有 $2n+1$ 个非负整数，如果从中任意取走一个数，剩下的 $2n$ 个数可以分成两组，每组 n 个，且它们的和相等，求证这 $2n+1$ 个数都相等.

由题意

$$2\mid(a_1+a_2+\cdots+a_{2n+1})-a_i \quad (i=1,2,\cdots,2n+1)$$

所以 $a_1, a_2, \cdots, a_{2n+1}$ 具有相同的奇偶性.

因此，把这 $2n+1$ 个数都减去 a_1 之后所得到的 $2n+1$ 个数

$$0, a_2-a_1, a_3-a_1, \cdots, a_{2n+1}-a_1$$

也满足题意.

并且 $a_i-a_1(i=1,2,\cdots,2n+1)$为偶数.

于是 $0,\frac{a_2-a_1}{2},\frac{a_3-a_1}{2},\cdots,\frac{a_{2n+1}-a_1}{2}$ 也满足题意，并且也都是偶数.

把它们再都除以 2，仍为偶数.

这个过程可以永远继续下去，所以

$$a_1=a_2=\cdots=a_{2n}=a_{2n+1}$$

即每个袋中的球数都相等.

20. 不可能.

假设经过若干次操作后，重新得到 10 个连续的正整数，且原来的 10 个数都已被替换. 下面的引理是显然的.

引理：对任意给定的正整数 k，10 个数中 k 的倍数的个数在操作后不会减少.

10 个数在开始和结束时都恰有 5 个偶数，1 个 10 的倍数. 因此，在操作过程中，偶数的个数，10 的倍数的个数始终不变. 令 a 是开始时 10 个数中个位数为 5 的那个数. 考虑 a 参与的第一次操作，设 b 是参与的另一个数，如果 b 是奇数，那么 $a^2-2\ 011b^2$ 是偶数，故偶数的个数将增加，矛盾. 若 b 是偶数且不是 10 的倍数，则 ab 为 10 的倍数，10 的倍数的个数将增加. 矛盾. 若 b 是 10 的倍数，则得到的两个数都是 25 的倍数. 这意味着，在操作结束时得到的 10 个连续正整数中有两个 25 的倍数，矛盾.

21. 用数 $a_1,a_2,\cdots,a_{2n+1}$ 分别表示这 $2n+1$ 个袋中的球的个数. 显然，$a_1,a_2,\cdots,a_{2n+1}$ 是非负整数. 不妨设 $a_1\leqslant a_2\leqslant\cdots\leqslant a_{2n+1}$. 于是问题转化为：有 $2n+1$ 个非负整数，如果从中任意取走一个数，剩下的 $2n$ 个数可以分成两组，每组 n 个，其数字和相等. 证明：这 $2n+1$个数全相等.

因为

$$2|(a_1+a_2+\cdots+a_{2n+1})-a_i \quad (i=1,2,\cdots,2n+1)$$

所以 $a_1,a_2,\cdots,a_{2n+1}$ 具有相同的奇偶性. 易知把它们都减去 a_1 后所得的 $2n+1$ 个数

$$0,a_2-a_1,a_3-a_1,\cdots,a_{2n+1}-a_1$$

也满足题意. 因为 a_i-a_1 都是偶数,所以

$$0,\frac{a_2-a_1}{2},\frac{a_3-a_1}{2},\cdots,\frac{a_{2n+1}-a_1}{2}$$

这 $2n+1$ 个数也满足题意,且也都是偶数.

把它们再都除以 2……这个过程不可能永远继续下去,除非

$$a_1=a_2=\cdots=a_{2n+1}$$

所以,每个袋中的球的个数相等.

22. 反设表格中有唯一的美丽格 X. 首先将表格如国际象棋棋盘黑白相间隔染色. 不妨设 X 为黑格. 过 X 的中心作左下至右上 $45°$ 斜线,设这条斜线上位于表格边界处的方格中心为 A,B. A,B 关于表格中心的对称点为 C,D. 中心位于矩形 $ABCD$(可能退化为一个线段)内部或边界上的所有黑格构成的集合记为 S. 则 S 满足:S 中含有包括 X 的偶数个黑格;任意方格与 S 中偶数个格相邻.

S 中每个黑格的相邻格中的数字之和称为这个格的相邻数. S 中所有格的相邻数之和记为 g. 由于 S 中除 X 外,所有格的相邻数为奇数,且有偶数个格,故 g 为奇数.

另一方面,每个方格与 S 中偶数个格相邻,故该格中的数字对于 g 的贡献为偶数. 这表明 g 为偶数,矛盾.

23. 首先,这些人把圆桌分成 11 段等弧. 如果卡片 i,j 在圆桌上的点 A,B 处,那么定义这两张卡片之间的距离为点 A,B 所夹的劣弧中小弧段的数目.

如图 6，i，j 之间的距离为 5.

每一步操作之后，将每两张写有连续数字的卡片的距离相加，则此距离之和与操作前的距离之和相比，要么不变，要么变化了 2（若卡片 i 在卡片 $i-1$ 和卡片 $i+1$ 之间，则有关卡片 i 的两个距离的和不变，否则，变化了 2）.

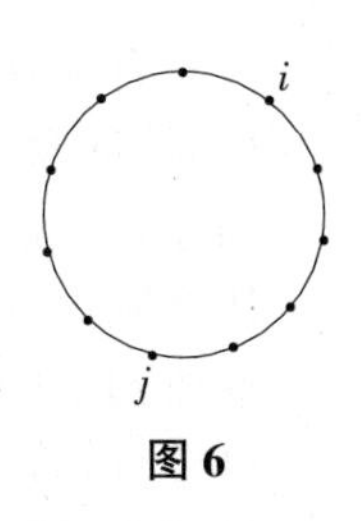

图 6

因此，操作前后距离之和的奇偶性不变.

由于最初时该距离之和为 11（是奇数），但如果若干步操作之后，这些卡片全传到一个人手上，那么该距离之和为偶数，矛盾.

24. 当 a，b 同奇偶时，用 $|a-b|$ 替换 a，b. 故此数列中含有奇数的总数 N 在每一次操作后或不变或减少 2.

由题意知，在 1～2 010 之间的奇数共有 $N=$ 1 005个，其为奇数.

故最终剩下的一个是奇数，设为 $2k-1(1\leqslant k\leqslant 1\ 005)$.

下面证明：可以最后得到 $2k-1(1\leqslant k\leqslant 1\ 005)$.

在数列中分离出 $(1,2k)$，将剩余数字按照下列形式分为 1 004 对

$$(2,3),(4,5),\cdots,(2k-2,2k-1)$$
$$(2k+1,2k+2),\cdots,(2\ 009,2\ 010)$$

对上述数组按题目要求进行操作，则得到 1 004 个数 1，这些数可以分为 502 组，且每组数字之间的差为 0.

而对于数组 $(1,2k)$，则变为数 $2k-1$.

故知原数列变为 $2k-1$ 和 0.

所以，最后得到的数为 $2k-1$.

25. $n=k-1$.

首先证明对于更大的 n，不一定能够做到. 假设开始时，红盒中的卡片自上而下先放奇数号码的（按任意顺序），然后放号码为 $2n$ 的，再放其余偶数号码的（按任意顺序）. 那么，前 k 步唯一确定（奇数号码的卡片相继放到空的蓝盒之中），接下来，若 $n>k$，则已经不能再进行；若 $n=k$，则只能把 $2n-1$ 号卡片放回红盒，于是等于没动. 所以，此时无法按照要求移动卡片.

假设 $n<k$，我们来证明一定可以按照要求移动卡片.

将卡片组合为对子

$$(1,2),(3,4)\cdots,(2n-1,2n)$$

将每一个对子对应一个空的蓝盒，此时至少有一个蓝盒无对子对应（称为“自由盒”）. 我们依次将红盒中最上方的卡片移动到其“自己的”蓝盒之中，若到某一步不能进行时，则必定是某一张号码为 $2i-1$ 的卡片已经先行进入“自己的”蓝盒，因而使得 $2i$ 号卡片不能进入“自己的”蓝盒. 此时就将 $2i$ 号卡片放入“自由盒”中，再把 $2i-1$ 号卡片移到其上方，而把它们原来的蓝盒改称为“自由盒”. 这样一来，便可把每一对卡片移入一个蓝盒，并且是号码小的在上. 此时再借助于“自由盒”，便可以把所有卡片全部移入一个蓝盒.

26. 设 n_i 为数 $i(i=1,2,\cdots,7)$ 在某次操作后黑板上出现的总个数.

每一次操作后，$1\sim7$ 这些数要么被擦掉，要么被写在黑板上. 所以，它们的个数都会发生改变，改变量为 1.

设经过 k 次操作后，黑板上只剩下一个数 x. 则 n_x 经过 k 次操作后变为奇数，同时，其他数经过 k 次操作变为 0 即为一个偶数.

因此,在原始数列中,x 的总个数 n_x 与其他数的奇偶性不同.

若假设经过一系列操作后数列变为一个不同于 x 的数 y,则在原始数列中 y 的总个数与其他数的奇偶性不同,也就与 n_x 有不同的奇偶性.

又因为已证得 n_x 与其他数的总个数奇偶性不同,所以,假设不成立.

故不存在任何操作使得数列变为一个与 x 不同的数 y.

命题得证.

27. 记海顿为 A、贝多芬为 B.

下面加强命题证明 B 有必胜策略.

已取 2,故不会有人取 878,否则对方获胜. 易知每步取的数为偶数,且 $1\ 756=2\times2\times439$,439 是素数. 定义某人的"准胜局"为无论对手下一步如何操作都无法获胜,且此人在下一步即可以取 1 756.

若只考虑谁先到达准胜局,则规定 A 取任意 2～1 754间未取过的偶数,而 B 只能取 2 及 B 取过的所有数中两数之和. 显然,新规则对 A 更有利. 只需证明此种情况下,B 仍有必胜策略.

考虑数组$\{2,1\ 754\}\{4,1\ 752\},\cdots,\{876,880\}$.

若任意一组中某数被取过,另一数必不会被取,故经过至多 219 轮之后,必出现准胜局. 若确实进行了 219 轮,则下一个取数的 A 将无数可取. 故 B 只需在 219 轮内不败即可获胜.

B 的策略为:每次取 A 未取过的、不导致失败的最小的数.

下面证明:B 以此种策略每轮必有可取的数.

对于 B 而言,A 取 x 或 $1\ 756-x$ 是等同的. 故不妨设 A,B 取的数都在 2～876 之间. 设第 k 轮后,A 取

了 $2,a_1,a_2,\cdots,a_k$,B 依次取了 $b_1,b_2,\cdots,b_k$,c 是大于 b_k 且不等于 a_i 的最小偶数.若 B 不能取到 c,则:

(1)若 c 以前的偶数均被 A 或 B 取过,则 $c-b_k$,$c-b_{k-1}$,$\cdots$,$c-b_1$,$c-2$ 中每个都要被 $a_1,a_2,\cdots,a_k$ 取到.$a_1,a_2,\cdots,a_k$ 这 k 个数要有 $k+1$ 个不同取值,矛盾.故 B 可以取到 c.

(2)存在最小的 c_0 未被 A 或 B 取到.设 $a_{t+1}>c_0>a_t$.由(1)的讨论知,在第 $t+1$ 轮中 B 必会选择 c_0,即 $c_0=b_{t+1}$,矛盾.故情况(2)不会出现.

综上所述,B 在 219 轮内必有数可取,219 轮后 A 将无数可取.

因此,B 可获胜,即贝多芬有必胜策略.

28.开始游戏者的对手有必胜策略.

我们将给出第二个游戏者的获胜策略.

在开始若干轮,他首先将与正方形边界有公共边的所有多米诺粘成一个连通纸片.这在 4×99 次操作内必能完成.在这一过程后,双方至多共粘上了 8×99 条边.此时,图形至少还有 $5\,000-8\times99-1>1$ 个分开的纸片.接下去,他每一步操作只要尽量不粘上彼此分开的纸片即可.

假设操作若干次后,遇到下面的临界状态:无论接下去粘上哪条小方格的边,都得到一个连通的纸片.此时,有两个连通纸片,它们的分界线是一条不自交的封闭折线,此闭折线必由偶数条小方格的边所组成.

下面计算在初始状态下,待粘小方格的边的个数.它等于所有多米诺的周长和减去正方形的周长后除以 2(此时设小方格的边长为 1),即 $\frac{6\times5\,000-400}{2}$ 为一个偶数.这说明,出现临界状态时,接下来轮到第一个人操作.

故第二个人有必胜策略.

29. 若 $n=2k$,主人按照顺时针的方向,先放第 $2k$ 号卡片,然后,将其他偶数依递增的次序依次摆放,最后,再将所有奇数依递增的次序依次摆放. 服务员先选取第 1 号卡片所对应的客人,下一位则是第 $2k-2$ 号,接着是 $3,2k-4,5,2k-6,\cdots,2k-3,2,2k-1,2k$. 满足题目条件的要求.

若 $n=2k+1$,且卡片能按要求放置. 假设服务员依次为第 $x_1,x_2,\cdots,x_{2k+1}$ 号位置上的客人服务,则 $x_{2k+1}=2k+1$,否则,服务员为卡号为 $2k+1$ 对应的客人服务后,接下来服务的客人还是这位客人. 故

$$x_1+x_2+\cdots+x_{2k}=1+2+\cdots+2k=k(2k+1)$$

是 $2k+1$ 的倍数. 这意味着服务员当为第 $2k$ 位客人服务后,又回到了最先开始的地方. 因此,服务员将永远不能为第 $2k+1$ 号卡片对应的客人服务.

30. 当 n 是偶数时,存在一条封闭通路,使得每个房间恰好经过一次,则对于所有的正整数,警卫可以将如上的封闭通路走 k 次,即可以在每个房间均停留 k min.

例如,设上方为北、下方为南. 警卫从西南角的房间经过最南边的房间到达东南角的房间,余下的房间形成一个$(n-1)\times n$ 的矩形,他可以上下巡查,从东到西(图 7(a)为 $n=4$ 时的情形). 因为 n 是偶数,所以,最后的巡查是从北到南沿着最西边的房间进行的.

当 n 为奇数时,只有 $k=1$,警卫才可以按照规定的原则巡查.

类似的例子(图 7(b)),警卫可以沿着一条不封闭的通路,使得在每个房间均停留 1 min.

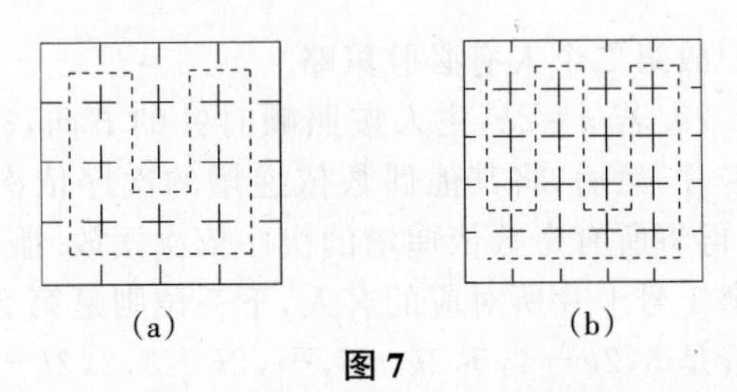

图 7

若 $k>1$，警卫不能按照规定的原则巡查. 将每个房间相间地分别染为黑色或白色，不妨假设 4 个角上的房间的颜色为黑色. 于是，黑色房间的数目比白色房间的数目多 1. 如果警卫能按规定巡查，且 $k>1$，最后，他应该在黑色房间中停留的时间比在白色房间中停留的时间多 k min. 但他每次只能从一个房间到另一种颜色的房间，所以，不可能经过黑色房间的数目比白色房间的数目大 1，矛盾.

31. 首先，分两种情况计算平局的概率.

(1) x,y 同为奇数.

此时，概率为

$$P_1=\frac{2n}{C_{n+2}^2}\cdot\frac{n-1}{C_n^2}=\frac{4}{C_{n+2}^2}$$

(2) x,y 同为偶数.

(i) 若 $n\geqslant4$，则概率为

$$P_2=\frac{C_n^2}{C_{n+2}^2}\cdot\frac{C_{n-2}^2+C_2^2}{C_n^2}+\frac{C_2^2}{C_{n+2}^2}\cdot\frac{C_n^2}{C_n^2}=\frac{2}{C_{n+2}^2}+\frac{C_{n-2}^2}{C_{n+2}^2}$$

(ii) 若 $n\leqslant3$，则概率为

$$P_2=\frac{C_n^2}{C_{n+2}^2}\cdot\frac{C_2^2}{C_n^2}\cdot2=\frac{2}{C_{n+2}^2}$$

故 $$P(n)=\begin{cases}\dfrac{6}{C_{n+2}^2},1<n\leqslant3\\ \dfrac{6}{C_{n+2}^2}+\dfrac{C_{n-2}^2}{C_{n+2}^2},n\geqslant4\end{cases}.$$

显然，$P(2)=1,P(3)=\frac{3}{5}$.

当 $n\geqslant4$ 时，$P(n)=1-\frac{8n-16}{(n+1)(n+2)}$.

令 $t=n-2$，则 $t\geqslant2$.

故 $P(n)=1-\frac{8}{t+\frac{12}{t}+7}$.

当 $t(t\geqslant2)$ 为正整数时，有

$$t+\frac{12}{t}\geqslant7\quad(\text{当 } t=3 \text{ 或 } 4 \text{ 时等号成立})$$

于是，$P(n)=1-\frac{8}{t+\frac{12}{t}+7}\geqslant\frac{3}{7}$.

综上，当 $n=5$ 或 6 时，$P(n)=\frac{3}{7}$最小.

32. 因为 $1|k$，所以，按从 1 开始更改圆所对应的数，每个圆都能对应着一个数.

从而，对于其他 k 的正约数，采取同样的改变方式，则原先的圆所对应的数无变化.

对于 $d|k$，在序列$\{1,2,\cdots,k\}$中，存在$\frac{k}{d}$倍的 d.

所以，为了按正约数的方式改变圆所对应的数，则需要不断地改变其位置，使得圆与 d 的倍数对应，即改变 $k\div\frac{k}{d}=d$ 次.

下面分情形讨论：

(1)当 d 为偶数时，最终任何圆的对应未发生变化；

(2)当 d 为奇数时，所有圆的对应都发生变化.

因此，设 $d|k$(d 为奇素数).

按照对正约数的方式改变圆的对应，由 d 为素

数，则与 d 所对应的圆将不会再与该圆对应，且该圆的对应也不会再发生变化.

所以，k 的素因子分解中只有 2，即

$$k=2^n \quad (n\in\mathbf{N})$$

33. 2 004 张书签不能经有限次变动使白色面全朝上.

将圆周上的书签依次染上红、绿、蓝三种颜色. 则这三种颜色的书签个数都相等. 不妨设黑色面朝上的书签被染上红色，每次变动都翻动红、绿、蓝三色书签各 1 张. 为使所有红色书签白色面都朝上，需要变动奇数次，而要使所有绿色和蓝色书签白色面都朝上需变动偶数次，矛盾.

2 003 张时可以.

将其依次编号为 1～2 003. 不妨设 2 号书签黑色面朝上. 通过以下操作可使所有书签白色面都朝上.

1 黑，2 白，3 黑；

1，2 黑，3 白，4 黑；

1～3 黑，4 白，5 黑；

1～4 黑，5 白，6 黑；

1～2 001 黑，2 002 白，2 003 黑；

2～2 002 黑，2 003 白，1 白.

此时，共有 2 001 张书签黑色面朝上，再操作 667 次，即可使所有书签白色面都朝上.

34. 将先开始的人称为甲，后开始的人称为乙. 如果 n 为奇数，那么乙有取胜策略；如果 n 为偶数，那么甲有取胜策略.

由于正多边形的边数为奇数，则对于任何一条对角线来说，都是在它的一侧有奇数个顶点，在另一侧有偶数个顶点. 因此，每一条对角线都与偶数条其他对角线相交.

假设到某个时刻,游戏不能再继续下去,此时,每一条未画出的对角线都与奇数条已画出的对角线相交.这样的情况只能出现在未画出的对角线的条数为偶数的时刻.事实上,如果对每一条未画出的对角线都数一数与它相交的未画出的对角线的条数,那么,每一条未画出的对角线都被数了两次,总和应当为偶数;但若未画出的对角线的条数为奇数,那么,总和就是奇数个奇数的和,仍为奇数,由此产生矛盾.因此,未画出的对角线的条数为偶数.

如此一来,如果多边形中的对角线的总条数为奇数,那么,就应当是甲取胜;而如果对角线的总条数为偶数,那么,就应当是乙取胜.

众所周知,在正 $2n+1$ 边形中,共有

$$\frac{(2n+1)(2n-2)}{2}=(n-1)(2n+1)$$

条对角线.所以,当 n 为奇数时,对角线的总数为偶数,此时,乙可取胜;当 n 为偶数时,对角线的总数为奇数,此时,甲可取胜.

35.首先注意到,每名滑雪运动员最终名次的奇偶性都与其出发时名次(也就是他的号码)的奇偶性相同.因每个人都以常速滑行,所以,每两人在途中都至多相遇一次.

因为没有谁超越过冠军,这就是说,冠军曾经超越过两个人,所以,他应当是3号运动员(第三个出发的人),被他超越的两个人是1号与2号.

同理,最后一名没有超越过任何人,也就是说他曾经被另外两个人超越过.所以,他应当是5号运动员,超越他的两个人是6号与7号.

其次注意到,因为1号运动员出发时前面没有任何人,所以,他不曾超越过任何人.因此,他曾经被两个

其他人超越.他最终获得第三名.

7号运动员最后出发,后面无人超越,所以,他曾经超越了两个人.最终获得第五名.

剩下只需看偶数名次的获得者.获得第二名的要么是2号,要么是4号.

如果2号获得第二名,那么他曾经超越1号.于是,获得前三名的三个人的号码依次为3,2,1.从而,4号没有超越过任何人,而是被两个其他人超越过,于是,他获得第六名.这样一来,获得第四名的就是6号.

如果4号获得第二名(这表明4号曾经超越2号与1号),那么2号只能获得第四名,6号获得第六名(他曾经超越5号,但被7号超越).

综合上述,可能出现的两种不同的名次排列是:3,2,1,6,7,4,5和3,4,1,2,7,6,5.

注:上述两种名次排列都有可能实现(题中没有要求证明这一点),具体的超越情况可参阅图8.

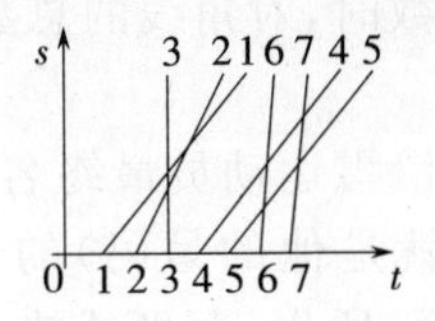

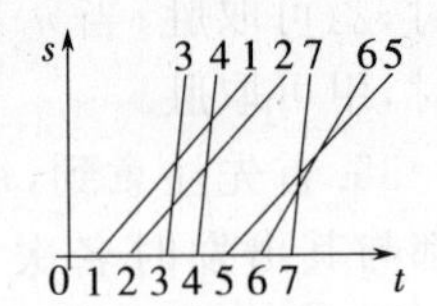

图8

习题九答案

1.(1)设小三角形的总数为 n,这 n 个小三角形的边中有 3 条是原三角形的边 AB,BC,CA,所以,位于内部的小三角形的边数为 $3n-3$,而且这些边每一条属于两个小三角形,即每一条边被计算了两次.设 e 为位于$\triangle ABC$ 内部的线段的数目,则

$$2e=3n-3=3(n-1)$$

于是,$3(n-1)$是偶数,$n-1$ 是偶数.

所以,分成的小三角形的总个数 n 必为奇数.

(2)显然,$3\mid 2e$.

因为$(3,2)=1$,所以,$3\mid e$.

因此,位于三角形内部的所联结线段的条数是 3 的倍数.

2.把所有偶数分到下面的 99 个集合中

$$A_i=\{x_i\mid 2\mid x_i,x_i\equiv i(\bmod 99),x_i\in \mathbf{N}^*\}$$
$$(i=1,2,\cdots,98)$$

把所有奇数放入集合 A_{99} 中,即

$$A_{99}=\{x_i\mid 2\nmid x_i,x_i\in \mathbf{N}^*\}$$

这时 $A_0,A_1,A_2,\cdots,A_{98},A_{99}$ 符合题目要求.

这是因为等式

$$a+99b=c$$

中偶数的个数或为一个或为三个.

如果 a,b,c 中有两个奇数,一个偶数,则此两个奇数必属于 A_{99}.

如果 a,b,c 中都是偶数,由 $a-c=-99b$ 可知

$$a\equiv c(\bmod 99)$$

于是 a,c 属于 $A_0,A_1,\cdots,A_{98}$ 中的同一个集合.

3. 以 1 994 个点为顶点的三角形共有 $C_{1\,994}^3$ 个. 假设其中有 k 个负三角形. 对每个三角形将三边所标的数相乘,再将这 $C_{1\,994}^3$ 个积相乘,因其中有 k 个 -1,故总乘积为 $(-1)^k$.

又假设其中有 m 条线段标为 -1. 因为每条线段属于 1 992 个三角形(与两端点外的每个点各组成一个三角形),故每条线段在总乘积中被计算了 1 992 次,故 m 条标 -1 的线段在总乘积中为 $(-1)^{1\,992m}=1$,即总乘积为 1.

由上述可知 $(-1)^k=1$,k 为偶数,即负三角形的个数为偶数.

4. 设各行数的乘积分别为 $p_1,p_2,\cdots,p_n$;各列数的乘积分别为 $q_1,q_2,\cdots,q_n$. 则有 $p_1p_2\cdots p_n=q_1q_2\cdots q_n$,因为等式两端都是表中所有数的乘积. 这个等式表明,$p_1,p_2,\cdots,p_n$ 中 -1 的数目同 $q_1,q_2,\cdots,q_n$ 中 -1 的数目的奇偶性相同,这也就是说,在 $p_1,p_2,\cdots,p_n,q_1,q_2,\cdots,q_n$ 这 $2n$ 个数中共有偶数个 -1,因此也有偶数个 1. 但是,-1 的个数与 1 的个数是不同的(因为 n 是奇数),所以和数 $p_1+p_2+\cdots+p_n+q_1+q_2+\cdots+q_n$ 不等于零.

该和数与 $2n$ 的差 d 只能是 4 的倍数. 构造出如下的例子是有趣的:对于任何 $d=4k$,$|k|<\dfrac{n}{2}$,和数可以等于 $2n-d$.

5. 设第一张方格纸上的蓝格 A 与第二张方格纸上的红格 A' 重叠.

如果第一张纸上 A 所在的列中,其余的蓝格(还有奇数个)均与第二张纸上的蓝格重合,那么由于第二张纸上这一列的蓝格的个数为偶数,所以必有一蓝格与第一张纸上的红格重叠,即在这一列,第一张纸上有

一红方格 B' 与第二张纸上的蓝格 B 重合.

再考察 A 和 A' 所在的行,还有一对红格 C' 和蓝格 C 重叠.

同样,B 和 B' 所在的行,也有一对红格 D' 和蓝格 D 重叠.

即除 A 和 A' 之外,还有三对不同颜色的方格重叠.

6. 假设在这 1 995 个点中找不到两个点,它们是这个圆的某一直径的两个端点. 则弧长为 1 的端点与圆心的连线必过那弧长为 3 的弧的三等分点. 而这个直径把圆平分成长度为 1 995 的两个半圆弧,把这个长为 3 的弧中的端点和三等分点之间仅有的长为 1 的弧除开,则长为 1 995−1 的弧上如有 n 条弧长为 1 的弧,必有 $665-n$ 条弧长为 3 的弧在这同一半圆中,剩下的为 m 条长为 2 的弧,从而 $n+3(665-n)+2m=1\ 995-1$,即 $2(m-n)=-1$,左边是偶数,而右边是奇数,矛盾. 故原命题成立.

7. 一般的,对一个有 n 个点的圆周,我们把按题设规则所能染红的点数的最大值记为 $f(n)$. 若圆周上有 $2n$ 个点,第一个被染红的点的标号为 i.

(1)若 $i=2k(k\geqslant 1)$ 是一个偶数,则所有染红的点标号均为偶数. 其过程相当于在一个有 n 个点的圆周上,第一个染红之点的标号为 k 的染点的过程,所以两圆周上所染红的点数相同.

(2)若 $i=2k-1(k\geqslant 1)$,其所染红的第二个点的标号$2(2k-1)$是偶数,则其染红的点数比有 n 个点的圆周上,第一个染红之点的标号为 $2k-1$ 的染点的过程所得的红点数多 1.

所以,$f(2n)=f(n)+1$,即

$f(800)=f(400)+1=f(200)+2=f(100)+3=$

$$f(50)+4=f(25)+5$$

对于有25个点的圆周，不妨从1号点开始染红，则顺次得标号为1，2，4，8，16，7，14，3，6，12，24，23，21，17，9，18，11，22，19，13的20个红点，故$f(25)\geqslant 20$.

反之，显然若有一个红点的标号是5的倍数，则全部红点的标号均为5的倍数，此时红点数不超过5，所以达到最大值的染红过程不含标号为5的倍数的点，从而$f(25)\leqslant 25-5=20$，即$f(25)=20$.

总之，得$f(800)=f(25)+5=20+5=25$.

8. 把小方块按它所在的行数及列数进行编号，以(i,j)表示在第i行第j列的小方块$(i=1,2,\cdots,12;j=1,2,\cdots,20)$. 由题意可知，在$(i_1,j_1)$中的硬币可以移到$(i_2,j_2)$的条件是

$$(i_1-i_2)^2+(j_1-j_2)^2=r$$

(1)当$2|r$时，由条件i_1-i_2与j_2-j_2的奇偶性相同，即

$$i_1-i_2\equiv j_1-j_2 \pmod 2$$

从而

$$i_1-j_1\equiv i_2-j_2 \pmod 2$$

但因为$1-1\not\equiv 1-20 \pmod 2$，所以，不可能找出一系列的移动把硬币从(1，1)移到(1，20).

当$3|r$时，由条件可知

$$(i_1-i_2)^2+(j_1-j_2)^2\equiv 0 \pmod 3$$

由于完全平方数模3时，只能为0，1，因此

$$i_1-i_2\equiv j_1-j_2\equiv 0 \pmod 3$$

从而

$$i_1+j_1\equiv i_2+j_2 \pmod 3$$

同样因为$1+1\not\equiv 1+20 \pmod 3$，所以不可能找出一系列移动把硬币从(1，1)移到(1，20).

(2)当 $r=73$ 时,条件成为$(i_1-i_2)^2+(j_1-j_2)^2=73$.由于 $73=3^2+8^2$,因此,$|i_1-i_2|$,$|j_1-j_2|$中一个为 3,另一个为 8.如下的一系列移动就把硬币从(1,1)移到了(1,20),即

(1,1)→(4,9)→(7,17)→(10,9)→(2,6)→(5,14)→(8,6)→(11,14)→(3,17)→(6,9)→(9,17)→(1,20)

(3)当 $r=97$ 时,条件成为$(i_1-i_2)^2+(j_1-j_2)^2=97$.由于 $97=4^2+9^2$,因此,$|i_1-i_2|$,$|j_1-j_2|$中一个为 4,另一个为 9. 这时,符合要求的一系列移动是不存在的,其原因是这块板太小.把每一列的 12 块小方块分成四块一组,而每四块看成一个木块.然后,仿照国际象棋棋盘的方式把它们染成黑白两色(图 9).于是,在黑格中的硬币只能移到黑格中.由于(1,1)是黑格,而(1,20)是白格,因此不存在符合要求的一系列移动.

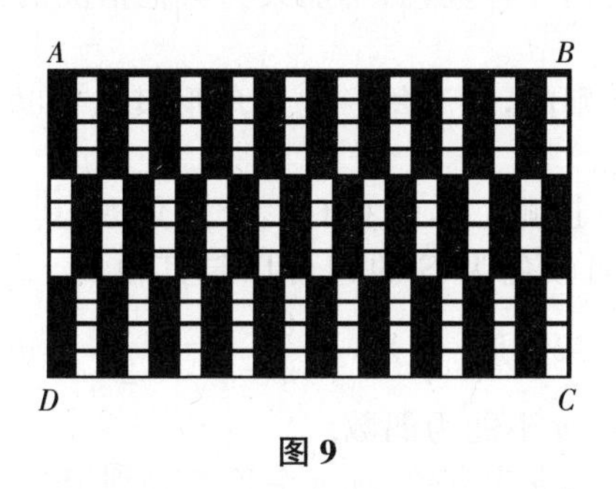

图 9

9.当且仅当至少下列条件有一个满足时,数字可正确地填在方格表中.

(1)方格表中的每一行以两个数字交替的形式填满整行.一对数出现在偶数行,而另一对数出现在奇数行.

(2)方格表中的每一列以两个数字交替的形式填

满整列.一对数出现在偶数列,而另一对数出现在奇数列.

将数字填入方格表左上角的 2×2 方格中,共有 $4!=24$ 种填法.

当左上角 2×2 方格的填法确定后,满足条件(1)的填法有 2^{n-2} 种,从第 3 行到第 n 行各有 2 种填法.

同理,满足条件(2)的填法有 2^{n-2} 种.

注意到,同时满足两个条件的填法只有 1 种.

所以,填法的种数为

$$24(2\times2^{n-2}-1)=24(2^{n-1}-1)$$

10. 当 n 是奇数时,结论成立.原命题等价于将完全图 K_n 的边染以 n 种颜色之一,使得对于任意 3 种颜色,都存在 3 个顶点,它们相互所连的边为这 3 种颜色.由于 n 种颜色有 C_n^3 种选取方法,而顶点也有 C_n^3 种选取方法,这就意味着每 3 个顶点相连的边一定被染为确定的 3 种颜色,不能染为其他情况的颜色,反之亦然.

特别的,对于每一个三角形其 3 条边为 3 种不同的颜色.

固定颜色 S,恰有 C_{n-1}^2 个三角形,其有一条边为颜色 S,而颜色为 S 的边可以与其他 $n-2$ 个顶点构成 $n-2$ 个三角形.于是,有 $\frac{C_{n-1}^2}{n-2}=\frac{n-1}{2}$ 条边被染为颜色 S.所以,n 不能为偶数.

假设 n 为奇数,将 n 个顶点分别记为顶点 $1,2,\cdots,n$,n 种颜色记为 $S_1,S_2,\cdots,S_n$,联结顶点 i 和 j 的边染为颜色 S_t,其中 $t\equiv i+j(\bmod n)$.则对于任意 3 种颜色 S_{t_1},S_{t_2} 和 S_{t_3},有同余方程组

$$\begin{cases}i+j\equiv t_1(\bmod n)\\ j+k\equiv t_2(\bmod n)\\ k+i\equiv t_3(\bmod n)\end{cases}$$

利用消元法,可得在$\{1,2,\cdots,n\}$内有唯一的解(i,j,k),且i,j,k互不相同.

所以,对于任意3种颜色,存在唯一的三角形,其3条边的颜色为这3种颜色.

11.对$n=1,2,\cdots$,令

$$S(n)=\sum_{m=0}^{\left[\frac{n}{2}\right]}(-1)^m C_{n-m}^m$$

设$n\geqslant 2$,当n为偶数时

$$S(n+1)=C_{n+1}^0+\sum_{m=1}^{\left[\frac{n+1}{2}\right]}(-1)^m C_{n+1-m}^m=$$

$$C_n^0+\sum_{m=1}^{\left[\frac{n+1}{2}\right]}(-1)^m(C_{n-m}^m+C_{n-m}^{m-1})$$

由于

$$\left[\frac{n+1}{2}\right]=\left[\frac{n}{2}\right]$$

$$\left[\frac{n}{2}\right]-1=\left[\frac{n-1}{2}\right]$$

从而

$$S(n+1)=\sum_{0\leqslant m\leqslant\left[\frac{n}{2}\right]}(-1)^m C_{n-m}^m-\sum_{0\leqslant m\leqslant\left[\frac{n-1}{2}\right]}(-1)^m C_{n-1-m}^m$$

即

$$S(n+1)=S(n)-S(n-1) \qquad ①$$

当n是奇数时,同理可证①也成立.由此易知

$$S(n+6)=S(n)\quad(\forall n\geqslant 1)$$

由于

$$\frac{n}{n-m}C_{n-m}^m=C_{n-m}^m+C_{n-m-1}^{m-1}$$

从而

$$1\ 991\sum_{m=0}^{995}\frac{(-1)^m}{1\ 991-m}C_{1\ 991-m}^m=$$

$$\sum_{m=0}^{995}(-1)^m C_{1\ 991-m}^m-\sum_{m=0}^{994}(-1)^m C_{1\ 989-m}^m=$$

$$S(1\ 991)-S(1\ 989)=S(5)-S(3)=1$$

12. 最大的正整数 $t=2k-2$.

考虑集合 $S=\{3,4,\cdots,2k,2k+1\}$, $1,2,\cdots,k+1$ 中任意两个不同整数的和都是 S 中的元素.

又因为 $1,2,\cdots,k+1$ 中存在两个数的颜色相同，所以，S 不是好的.

因此，$t\leqslant 2k-2$.

下面证明：对于任意的正整数 a，集合

$$S=\{a+1,a+2,\cdots,a+2k-2\}$$

是好的.

当 a 为奇数时，将 $1,2,\cdots,\frac{a+1}{2}$ 染为颜色 1，将 $\frac{a+2s-1}{2}(s=2,3,\cdots,k)$ 染为颜色 s，将比 $\frac{a+2k-1}{2}$ 大的所有整数染为颜色 k，容易验证任意两个同色的不同整数的和都不是 S 中的元素.

当 a 为偶数时，将 $1,2,\cdots,\frac{a}{2}$ 染为颜色 1，将 $\frac{a+2s-2}{2}(s=2,3,\cdots,k)$ 染为颜色 s，将比 $\frac{a+2k-2}{2}$ 大的所有整数染为颜色 k，容易验证任意两个同色的不同整数的和都不是 S 中的元素.

13. 因为 $a_1a_2\cdots a_n=1\ 990$ 能被 2 整除，而不能被 4 整除，所以在 $a_1,a_2,\cdots,a_n$ 中只有一个偶数.

又由 $a_1+a_2+\cdots+a_n=1\ 990$ 及 a_i 中只有一个偶数可知 n 为奇数.

下面证明 $n\neq 3$.

不失一般性，设 $a_1\geqslant a_2\geqslant a_3$.

由 $a_1\geqslant\frac{1\ 990}{3}$ 可知，a_1 或者为 1 990，或者为 995.

若 $a_1=1\ 990$，则 $|a_2|=|a_3|=1$，且 a_2 与 a_3 同号，但此时

$$a_1+a_2+a_3\neq 1\ 990$$

若 $a_1=995$，则 $|a_2|\leqslant 2$，$|a_3|\leqslant 2$，于是

$$a_1+a_2+a_3<1\ 990$$

所以 $n\neq 3$.

若 $n=5$，取 $a_1=1\ 990$，$a_2=a_3=1$，$a_4=a_5=-1$，则有

$$a_1+a_2+a_3+a_4+a_5=1\ 990$$

$$a_1a_2a_3a_4a_5=1\ 990$$

合乎题意.

于是所求的最小自然数 $n=5$.

14. 首先论证 n 是偶数. 用图 10(a)所示的方法将平面网格染色.

无论 A 形覆盖哪 4 个方格，其中黑格数必是偶数，而对于 B 形则是奇数. 如果 n 是奇数，n 个 A 形所覆盖的黑方格数必是偶数；而 n 个 B 形所覆盖的黑方格数必是奇数，矛盾. 所以 n 必是偶数.

如果 $n=2$，由 2 个 A 形拼成的图形只有如图 10(b)(c)所示的两种情形，但是它们都不能由 2 个 B 形拼成.

所以，$n\geqslant 4$. 图 10(d)(e)是 $n=4$ 时的拼法.

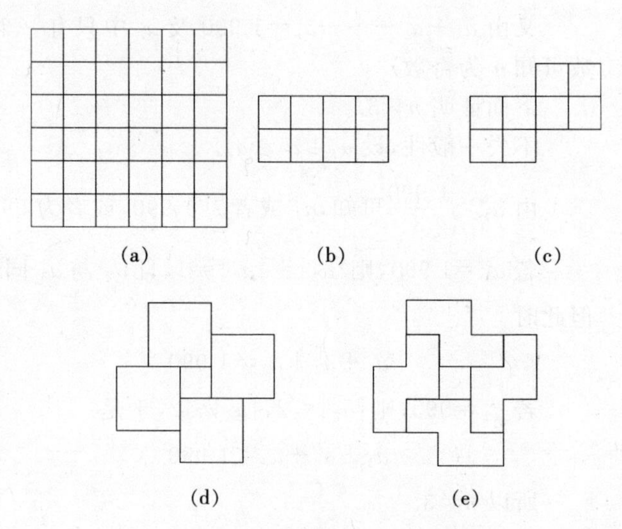

图 10

15. 注意到，若对棋盘中的某一行（或列）进行偶数次操作，则其不发生变化.

不妨设对棋盘恰进行了一次操作，设操作了 x 行 y 列. 则棋盘中有

$$c=nx+ny-2xy \quad ①$$

个格子发生了颜色变化.

式①可改写为

$$(n-2x)(n-2y)=n^2-2c \quad ②$$

注意到，棋盘开始时的黑色变成白色的个数是 0 或 1 或 2，易知，$c=7,9,11$.

若 n 为偶数，由于经过偶数次变化，棋盘中黑格数的奇偶性不发生变化，而事实上，黑格数却从 2 变成 9，矛盾.

故 n 为奇数.

由于 $0\leqslant x\leqslant n$，$0\leqslant y\leqslant n$，知 $|n-2x|$，$|n-2y|$ 均

是不超过 n 的奇数.

若 $|n-2x|$ 与 $|n-2y|$ 中至少有一个为 n,则由式②,有

$$n\mid(n^2-2c)\Rightarrow n\mid c\Rightarrow n\leqslant c\leqslant 11$$

故 $|n-2x|$,$|n-2y|$ 均小于 n.

16. 对于该种密码锁的一种密码设置,如果相邻两个顶点上所赋值的数字不同,那么在它们所在的边上标上 a,如果颜色不同,那么标上 b,如果数字和颜色都相同,那么标上 c. 于是对于给定的点 A_1 上的设置(共有 4 种),按照边上的字母可以依次确定点 $A_2,A_3,\cdots,A_n$ 上的设置. 为了使得最终回到 A_1 时的设置与初始时相同,标有 a 和 b 的边都是偶数条. 所以这种密码锁的所有不同的密码设置方法数等于在边上标记 a,b,c,使得标有 a 和 b 的边都是偶数条的方法数的 4 倍.

设标有 a 的边有 $2i$ 条,$0\leqslant i\leqslant\left[\frac{n}{2}\right]$,标有 b 的边有 $2j$ 条,$0\leqslant j\leqslant\left[\frac{n-2i}{2}\right]$. 选取 $2i$ 条边标记 a 的有 C_n^{2i} 种方法,在余下的边中取出 $2j$ 条边标记 b 的有 C_{n-2i}^{2j} 种方法,其余的边标记 c. 由乘法原理,此时共有 $C_n^{2i}C_{n-2i}^{2j}$ 种标记方法. 对 i,j 求和,密码锁的所有不同的密码设置方法数为

$$4\sum_{i=0}^{\left[\frac{n}{2}\right]}\left(C_n^{2i}\sum_{j=0}^{\left[\frac{n-2i}{2}\right]}C_{n-2i}^{2j}\right) \qquad ①$$

这里我们约定 $C_0^0=1$.

当 n 为奇数时,$n-2i>0$,此时

$$\sum_{j=0}^{\left[\frac{n-2i}{2}\right]}C_{n-2i}^{2j}=2^{n-2i-1} \qquad ②$$

代入式①中,得

$$4\sum_{i=0}^{\left[\frac{n}{2}\right]}\left(C_n^{2i}\sum_{j=0}^{\left[\frac{n-2i}{2}\right]}C_{n-2i}^{2j}\right)=$$

$$4\sum_{i=0}^{\left[\frac{n}{2}\right]}\left(C_n^{2i}2^{n-2i-1}\right)=$$

$$2\sum_{i=0}^{\left[\frac{n}{2}\right]}\left(C_n^{2i}2^{n-2i}\right)=$$

$$\sum_{k=0}^{n}C_n^k2^{n-k}+\sum_{k=0}^{n}C_n^k2^{n-k}(-1)^k=$$

$$(2+1)^n+(2-1)^n=3^n+1$$

当 n 为偶数时，若 $i<\frac{n}{2}$，则式②仍然成立；若 $i=\frac{n}{2}$，则正 n 边形的所有边都标记 a，此时只有一种标记方法. 于是，当 n 为偶数时，所有不同的密码设置的方法数为

$$4\sum_{i=0}^{\left[\frac{n}{2}\right]}\left(C_n^{2i}\sum_{j=0}^{\left[\frac{n-2i}{2}\right]}C_{n-2i}^{2j}\right)=$$

$$4\left(1+\sum_{i=0}^{\left[\frac{n}{2}\right]-1}\left(C_n^{2i}2^{n-2i-1}\right)\right)=$$

$$2+4\sum_{i=0}^{\left[\frac{n}{2}\right]}\left(C_n^{2i}2^{n-2i-1}\right)=3^n+3$$

综上所述，这种密码锁的所有不同的密码设置方法数是：当 n 为奇数时有 3^n+1 种；当 n 为偶数时有 3^n+3种.

17. 记

$$x_1+x_2=m_1$$
$$x_2+x_3=m_2$$
$$\vdots$$

$$x_{n-1}+x_n=m_{n-1}$$
$$x_n+x_1=m_n$$

首先，$m_1\neq m_2$，否则 $x_1=x_3$，矛盾！类似的，$m_i\neq m_{i+1}$，其中 $i=1,2,\cdots,n,m_{n+1}=m_1$．于是 $k\geqslant 2$．

若 $k=2$，不妨设 $A=\{a,b\},a\neq b$，使得

$$\begin{cases}x_1+x_2=a\\x_2+x_3=b\\\quad\vdots\\x_{n-1}+x_n=b\\x_n+x_1=a\end{cases}\quad(n\text{ 为奇数})\qquad①$$

或

$$\begin{cases}x_1+x_2=a\\x_2+x_3=b\\\quad\vdots\\x_{n-1}+x_n=a\\x_n+x_1=b\end{cases}\quad(n\text{ 为偶数})\qquad②$$

对于①，有 $x_n=x_2$，矛盾．

对于②，有

$$\frac{n}{2}a=(x_1+x_2)+(x_3+x_4)+\cdots+(x_{n-1}+x_n)=$$
$$(x_2+x_3)+(x_4+x_5)+\cdots+(x_n+x_1)=\frac{n}{2}b$$

故 $a=b$，矛盾．

对于 $k=3$，构造例子如下：令 $x_{2k-1}=k,k=1,2,\cdots$；$x_{2k}=n+1-k,k=1,2,\cdots$．

则当 n 为偶数时

$$x_i+x_{i+1}=\begin{cases}n+1,i\text{ 为奇数}\\n+2,i\text{ 为偶数且 }i<n\\\dfrac{n}{2}+2,i=n\quad(x_{n+1}=x_1)\end{cases}$$

当 n 为奇数时

$$x_i+x_{i+1}=\begin{cases}n+1, i\text{ 为奇数且 } i<n\\ n+2, i\text{ 为偶数}\\ \dfrac{n-1}{2}+2,\ i=n\quad (x_{n+1}=x_1)\end{cases}$$

综上所述，可知所求的 k 的最小值为 3.

18. 设 S 取最大值时，对应有 k 个子集 $A_1,A_2,\cdots,A_k$. 则 $S_{\max}=\sum\limits_{i=1}^{k}|A_i|^3$.

若存在某个 A_i，使 $|A_i|=t>3$，不妨设为 A_k，将 A_k 的所有三元子集记为 $B_1,B_2,\cdots,B_r$. 则 $r=C_t^3$.

对任意的 $i\in\{1,2,\cdots,r\}$，有 $|B_i|=3>2$.

对任意的 $1\leqslant i<j\leqslant r$，有 $|B_i\cap B_j|\leqslant 2$.

由已知，对任意的 $i\in\{1,2,\cdots,k-1\}$，$j\in\{1,2,\cdots,r\}$，有

$$|A_i\cap B_j|\leqslant|A_i\cap A_k|\leqslant 2$$

故可用 $B_1,B_2,\cdots,B_r$ 替换原先的 A_k，形成新的子集族.

因为

$$\sum_{j=1}^{r}|B_j|^3-|A_k|^3=3^3r-t^3=27C_t^3-t^3=\frac{t(t-3)(7t-6)}{2}>0$$

所以，替换后所有集合元素个数的立方和增加，这与 S 的最大性矛盾.

于是，当 S 取最大值时，每个子集元素的个数都不大于 3.

又取一切 A 的二元子集和三元子集形成的子集族满足题意，于是，它们的元素个数的立方和为

$$S_{\max}=2^3C_n^2+3^3C_n^3=$$

$$8\times\frac{n(n-1)}{2}+27\times\frac{n(n-1)(n-2)}{6}=$$

$$\frac{n(n-1)(9n-10)}{2}$$

假设 $S_{\max}=2\,009^s(s\in\mathbf{N}^*)$，则

$$n(n-1)(9n-10)=2\times7^{2s}\times41^s \quad ①$$

若 n 是偶数，则 $9n-10$ 是偶数. 从而，式①左边是 4 的倍数，矛盾.

所以，n 是奇数.

记 $(n,9n-10)=d$，则

$$d=(n,9n-10)=(n,10)$$

是 10 的约数.

结合式①知 $d=1$.

又因为 $(n,n-1)=1$，$(9n-10,n-1)=1$，所以，当 $n\geqslant3$ 时，式①左边的三个因数的素因子互不相同，故只可能 $n-1=2$. 此时，$n=3$，而式①右边不含素因子 3，矛盾.

综上，不存在不小于 3 的正整数 n，使 S 的最大值等于2 009的方幂.

19. (1) $a_n=10^n-2$.

先证最大性.

在 n 位十进制整数中，只有 $10^n-1>10^n-2$.

但

$$10^n-1=9\times\frac{10^n-1}{9}=$$

$$\left(\frac{9+\frac{10^n-1}{9}}{2}+\frac{\frac{10^n-1}{9}-9}{2}\right)\left(\frac{9+\frac{10^n-1}{9}}{2}-\frac{\frac{10^n-1}{9}-9}{2}\right)=$$

$$\left(\frac{9+\frac{10^n-1}{9}}{2}\right)^2-\left(\frac{\frac{10^n-1}{9}-9}{2}\right)^2$$

因为$\frac{10^n-1}{9}$为奇数，所以，10^n-1可表示为两个完全平方数的差.这与题设矛盾.

下面证明10^n-2满足条件.

若10^n-2可表示为两个完全平方数的差，则它模4余0,1或3.但$10^n-2\equiv 2 \pmod 4$，所以，10^n-2不能表示为两个完全平方数的差.

若10^n-2可表示为两个完全平方数的和，则它或被4整除，或模8余2.但10^n-2不能被4整除且模8余6(因为$n>2$).

所以，10^n-2不能表示为两个完全平方数的和.

(2)由$9^2(n-1)+64=k^2$，得

$$9^2(n-1)=(k-8)(k+8)$$

因为$n\geqslant 3$，且$-8\not\equiv 8 \pmod 9$，所以

$$81\mid(k-8)\text{或}81\mid(k+8)$$

若$81\mid(k-8)$，则

$$k_{\min}=89, n=98$$

若$81\mid(k+8)$，则

$$k_{\min}=73, n=66$$

因此，$n_{\min}=66$.

20.设

$$\frac{1^2+2^2+\cdots+n^2}{n}=m^2 (m\in \mathbf{N})\Rightarrow$$

$$\frac{1}{6}(n+1)(2n+1)=m^2\Rightarrow$$

$$(n+1)(2n+1)=6m^2$$

因为$6m^2$为偶数，$2n+1$是奇数，所以$n+1$是偶数，从而n是奇数.

将n按模6分类，设$n=6p\pm 1$或$n=6p+3$.

(1)当$n=6p+3$时

$$6m^2=(6p+4)(12p+7)=72p^2+90p+28$$

由于 $6|72,6|90,6\nmid 28$，故此时无解.

(2)当 $n=6p-1$ 时

$$6m^2=6p(12p-1)$$

因为 $(p,12p-1)=1$，所以欲使上式成立，p 和 $12p-1$ 必须均为完全平方数. 设 $p=s^2,12p-1=t^2$，于是有 $t^2=12s^2-1$. 因为完全平方数只能为 $4k$ 或 $4k+1$ 型，所以 $12s^2-1=4(3s^2)-1$ 不是完全平方数. 故此时无解.

(3)当 $n=6p+1$ 时

$$6m^2=(6p+2)(12p+3)\Rightarrow m^2=(3p+1)(4p+1)$$

由于 $(3p+1,4p+1)=1$，则 $3p+1$ 与 $4p+1$ 必同时为完全平方数. 设 $3p+1=u^2,4p+1=v^2$，则 $4u^2-3v^2=1$. 显然 $u=v=1$ 是其中的一组解，此时 $p=0,n=1$，这与 $n>1$ 矛盾. 对 $u=2,3,4,\cdots,11,12$ 逐一检验，v 均不是整数. 当 $u=13$ 时，解得 $v=15$，此时 $p=56,m=195,n=337$. 因此所求的最小正整数 n 为 337.

这里有一个问题是：n 的求出是逐一试验得到的，那么假若再要求一个 n 的话，会使试验的次数大大增加. 尽管除此之外还可以利用分析的方法求得 n，但对下一个 n 的求解也没带来多大方便. 另一种办法是：

由 $4u^2-3v^2=1$ 知 v 为奇数. 设 $v=2q+1$，则方程化为 $u^2-3q(q+1)-1=0$.

由 $q(q+1)$ 是偶数知 u 为奇数. 设 $u=2j+1$，则方程化为 $4j(j+1)=3q(q+1)$. 左边为 8 的倍数. 为使右边为 8 的倍数，且求出的 n 最小，可设 $q+1=8$，此时 $q=7,j=6,j+1=7$. 于是 $u=2j+1=13,v=2q+1=15$，所以 $n=337$.

21. 所求的最大值为 $\prod\limits_{i=1}^{1\,005}(4i-1)$.

一方面，依题设

$$a_{2i-1}a_{2i}\leqslant 4i-1\quad (i=1,2,\cdots,1\ 005)$$

于是

$$\prod_{i=1}^{2\ 010}a_i=\prod_{i=1}^{1\ 005}(a_{2i-1}a_{2i})\leqslant\prod_{i=1}^{1\ 005}(4i-1)$$

另一方面，取 $a_{2i-1}=\frac{4i-1}{2\sqrt{i}}$，$a_{2i}=2\sqrt{i}$ $(i=1,2,\cdots,1\ 005)$.

下面我们证明对上述 $a_1,a_2,\cdots,a_{2\ 010}$，任取 $1\leqslant i<j\leqslant 2\ 010$，满足 $a_ia_j\leqslant i+j$.

事实上，取 a_k,a_l $(1\leqslant k,l\leqslant 2\ 010,k\neq l)$.

(1)若 k,l 均为奇数，不妨设 $k=2i-1,l=2j-1$，$1\leqslant i<j\leqslant 1\ 005$.

只需证明

$$(4i-1)(4j-1)\leqslant 8\sqrt{ij}(i+j-1)$$

这等价于

$$64(i^2+j^2)ij\geqslant 128i^2j^2+16(i^2+j^2)-8(i+j)+1$$

只需证

$$64ij(j-i)^2\geqslant 16(i^2+j^2)\qquad ①$$

令 $j-i=t$，则 $t\geqslant 1$，有 $4i^2t^2>2i^2+t^2$ 及 $4it^3>2it$. 这两式相加即得式①.

(2)若 k,l 均为偶数，不妨设 $k=2i,l=2j,1\leqslant i<j\leqslant 1\ 005$.

由均值不等式，$4\sqrt{ij}<2i+2j$，即证.

(3)若 k,l 一个为奇数，另一个为偶数，不妨设 $k=2i,l=2j-1$.

只需证

$$2\sqrt{i}\cdot\frac{4j-1}{2\sqrt{j}}\leqslant 2i+2j-1$$

这等价于

$$(j-i)(4j(j-i-1)+1)\geqslant 0$$

而这不管是 $j>i$,还是 $j\leqslant i$,都是成立的.

故我们给出的 $a_1,a_2,\cdots,a_{2\,010}$ 是满足题设条件的.

综上所述,所求的最大值为 $\sum_{i=1}^{1\,005}(4i-1)$.

习题十答案

1.记 $x+y=a^2$，$y=b^2$，则 $1\leqslant b<a\leqslant 100$.

而 $x=a^2-b^2=(a+b)(a-b)\leqslant 100$，因 $a+b$，$a-b$ 同奇偶，故 $a+b\geqslant(a-b)+2$.

(1)若 $a-b=1$，则 $a+b$ 为奇数，且 $3\leqslant a+b\leqslant 99$. 于是，$a+b$ 可取 3，5，7，…，99，共 49 个值，这时，相应的 x 也可取这 49 个值.

(2)若 $a-b=2$，则 $a+b$ 为偶数，且 $4\leqslant a+b\leqslant 50$. 于是，$a+b$ 可取 4，6，8，…，50，共 24 个值，这时，相应的 x 可取 8，12，16，…，100 这 24 个值.

其他情况下所得的 x 值均属于以上情形.

若 $a-b=$奇数，则 $a+b=$奇数.

而 $x=a^2-b^2\geqslant a+b\geqslant 3$，归入(1).

若 $a-b=$偶数，则 $a+b=$偶数.

而 $x=(a-b)(a+b)$为 4 的倍数，且 $a-b\geqslant 2$，$a+b\geqslant 4$，故 $x\geqslant 8$，归入(2).

所以，这种 x 共有 $49+24=73$ 个.

2.由题意，设

$$A=x+(x+1)+(x+2)$$
$$B=(x+3)+(x+4)+(x+5)\quad(x\in\mathbf{N})$$

由于

$$A=3x+3,\ B=3x+12$$
$$A+B=6x+15$$

所以 A 与 B 一为奇数，另一为偶数，其乘积 $A\cdot B$ 为偶数，因而不可能等于奇数$\underbrace{11\cdots11}_{9个1}$.

3.除 995 外，可将 1，2，…，1 989 所有数分为 994 对：(1，1 989)，(2，1 988)，…，(994，996)，每对数中两

个数的奇偶性相同，所以在每对数前无论放置“+”“-”号，运算结果只能是偶数. 而 995 为奇数，所以数 1,2,…,1 989 的总值是奇数，于是所求的最小非负数不小于 1;数 1 可用下列方式求得

$$1=1+(2-3-4+5)+(6-7-8+9)+\cdots+(1\,986-1\,987-1\,988+1\,989)$$

4. 所列各数可表示为 $i(n-i)(i=1,2,\cdots,n-1)$. 由于

$$i(n-i)=-i^2+in=-\left(i^2-2\cdot\frac{n}{2}\cdot i+\frac{n^2}{4}\right)+\frac{n^2}{4}=\frac{n^2}{4}-\left(i-\frac{n}{2}\right)^2$$

故当 $i=\frac{n}{2}$ 时，$i(n-i)$ 取最大值，且最大值为

$$\frac{n}{2}\left(n-\frac{n}{2}\right)=\frac{1}{4}n^2$$

5. 由题设知：$A=0.a_1a_2\cdots a_na_{n+1}\cdots$ 中的 a_i 是 0，1,2,…,9 中的数，而 a_1 是奇数，a_2 是偶数，a_3 是由 a_1+a_2 确定的，个位数必为奇数，依此类推，可知有如下规律

$$A=0.\underline{奇偶}奇\underline{奇偶}奇\underline{奇偶}奇\cdots\cdots$$

因为 0,1,2,…,9 这 10 个数字只能组成不同的<u>奇偶</u>数组 25 个，开头的不同<u>奇偶</u>数组，便决定了不同的 A. 另一方面，对于每一个 A，至多在小数点后第 26 个<u>奇偶</u>组之后便开始循环，出现重复的<u>奇偶</u>组，因此，A 必然是循环小数.

6. 设 $x=a_{ij}$，$y=a_{pq}$，$a_{ij}\geqslant a_{iq}\geqslant a_{pq}$，则 $x\geqslant y$. (1) 当 n 是奇数时，$x^n\geqslant y^n$；(2) 当 n 是偶数时：(i) 若 $x\geqslant y\geqslant 0$，则 $x^n\geqslant y^n$；(ii) 若 $0\geqslant x\geqslant y$，则 $x^n\leqslant y^n$；(iii) 若 $x\geqslant$

$0\geqslant y$,则当 $x\geqslant -y, x^n\geqslant y$ 时,$x^n\leqslant y^n$.

7.在三个自然数 a,b,c 中一定有两个具有相同的奇偶性,不妨设 a 和 b 有相同的奇偶性.

又因为 b^c 与 b 有相同的奇偶性,从而 b^c 与 a 有相同的奇偶性.

于是 $p=b^c+a$ 是偶数,又 p 是素数,则必有 $p=2$.

因此

$$a=b=1$$

这时

$$q=a^b+c=1^1+c=c+1$$

$$r=c^a+b=c^1+1=c+1$$

因此 q 和 r 相等.

8.按顺时针方向依次计算每两个相邻数之差.当依次计算出所有的 11 个差数时,则刚好依顺时针旋转一周后回到出发点.所以,这 11 个差数的和等于 0,故为偶数.于是,它们的绝对值的和也应为偶数.但是,4 个 1,4 个 2 和 3 个 3 的和为奇数,此为矛盾.

9.由已知有

$$11\,111(a-b)=ab+4\times 617 \quad ①$$

因为 $a>0,b>0$,所以 $a-b>0$.首先易知 $a-b$ 是偶数,否则 $11\,111(a-b)$是奇数,从而知 ab 是奇数.进而知 a,b 都是奇数,知 $11\,111+a$ 及 $11\,111-b$ 都为偶数,这与已知矛盾.其次,从 $a-b$ 是偶数及①知 ab 为偶数,进而知 a,b 都为偶数,从而 $ab+4\times 617$ 是 4 的倍数,由①知 $a-b$ 是 4 的倍数.

10.我们选出 A 为值班的民兵,如果所要求的值班办法是可行的,那么其余 99 个民兵就应该分成若干组,每组两个人,每一组都可以与民兵 A 一起值一次班.因为 99 是一个奇数,所以这是不可能做到的.

11.因为 a,b,c 为偶数,所以 a,b,c 必都含有因数

2.因为 a,b,c 的最小公倍数为 1 988,将 1 988 分解成素因数的连乘积.由 $a>b>c$ 知,a 必含有素因数 2 与 71;b 必含有素因数 2 与 7;c 必含有因数 2.从而 a 可取 $4\times7\times71,2\times7\times71,4\times71,2\times71$.当 a 取诸 a 值中最小的一个值时,$a=2\times71=142$.从而 b 可取 $4\times7,2\times7$;c 可能取 $2\times7,4,2$.故 $(a,b,c)=(142,28,14),(142,28,4),(142,28,2),(142,14,4),(142,14,2)$.

12.先证若存在 n,则圆周上两个相邻偶数之间至少有两个奇数.因为按顺时针方向排列的三个数若为偶、奇、偶或奇、偶、偶,均不满足条件,故圆周上两个相邻偶数之间至少有两个奇数.所以,偶数的个数 k 比奇数的个数至少少 k 个.而偶数比奇数最多多一个,因此,$k=1,n=3$.

13.任三个数中必有两个同奇同偶,所以 $x_1,x_2,\cdots,x_7$ 中必有三组同奇同偶的数组,设为 $x_1,x_2;x_3,x_4;x_5,x_6$.这样 $y_1=\frac{x_1+x_2}{2},y_2=\frac{x_3+x_4}{2},y_3=\frac{x_5+x_6}{2}$ 都为整数,且它们中也必有两个同奇同偶,设为 y_1,y_2,于是 $x=\frac{y_1+y_2}{2}=\frac{x_1+x_2+x_3+x_4}{4}$ 为整数,由此 $3^{x_1}\cdot3^{x_2}\cdot3^{x_3}\cdot3^{x_4}=(3^x)^4$.

14.假设 6 个数中有 k 个为偶数.

因为两个偶数或奇数的和为偶数,且两个不同的正整数之和大于 2(唯一的偶素数),所以这些素数至多有 $k(6-k)$ 个.

考虑当 $k=0,1,\cdots,6$ 时,$k(6-k)$ 的最大值为 9,此时,$k=3$.因此,杰克说错了,杰瑞说对了(因为 9 个素数可以由 2,4,8,3,15,39 这 6 个数得到).

15.假设 6 个互不相同的正整数中有 k 个偶数.

因为两个偶数或两个奇数的和为偶数,且两个不同正整数之和大于 2,所以,这些素数至多有 $k(6-k)$ 个.

当 $k=0,1,\cdots,6$ 时,$k(6-k)$ 的最大值为 9,因此 $k=3$,所以杰克说错了,杰瑞说对了.

其实 9 个素数可以由 2,4,8,3,15,39 这 6 个数得到,它们是

$$2+3=5,2+15=17,2+39=41$$
$$4+3=7,4+15=19,4+39=43$$
$$8+3=11,8+15=23,8+39=47$$

16. 如果在求和时发生进位现象,那么,这只有在两个 11 位数的同一位数字都是 5 时才有可能发生. 而在出现进位的最右面的位置上,和数的该位数字一定为 0. 如果在求和时不发生进位现象,那么,只有在两个 11 位数的同一位数字的奇偶性不同时,其和的该位数字才为奇数. 因此,只有在卡片上奇数个数与偶数个数相同时,和数的各位数字全为奇数. 然而,卡片的张数 11 是奇数,所以,不可能出现这种现象. 故和数中至少有一位数字是偶数.

17. 如果可以由 1 得到 74,那么,通过重排数字和把偶数除以 2,也能由 74 得到 1. 首先,把 74 的数字重排,得到 47,它是奇数,不能被 2 整除,操作到此告终. 然后,把 74 除以 2,得到 37,那么,无论是 37,还是重排后得到的 73 都是奇数,操作也不能再继续. 由此看来,由 74 出发,一共只能得到三个不同的数,它们之中没有 1.

18. 用反证法. 将 M 中的元素用点表示,如果 $y\neq x$ 且 $y\in H_x$,就在 x,y 之间连一线段,由条件(2)知这条线段也表示 $x\in H_y$.

若 H_x 中元素的个数是偶数,因为由条件(1)知 $x\in H_x$,所以,从 x 引出的线段必是奇数条. 现设所有

H_x 中元素的个数都是偶数,那么,从 M 中每一点引出的线段的条数的总和为 k＝奇数个奇数之和＝奇数.另一方面,因为每条线段联结 M 中的两个点,所以 k 是图中所有线段的 2 倍,必是偶数,矛盾.

19. 分值可以在 16 个 5 分和 10 个 7 分中选取,设 5 分和 7 分共选 k 个.

因为选与不选是相对的,即选 m 个 5,n 个 7 所得到的分值与选 $16-m$ 个 5,$10-n$ 个 7 所得到的分值的和是 150,所以,只要考虑一半的分值即可.设 0～74 之间可以得到的不同分值共有 a 个.由于 75 可以取到,因此,所有可能得到的不同分值共有 $2a+1$ 个.从而,只需讨论到 $k=14$.

(1)当 $k=0$ 时,分值为 0;

(2)当 $k=2,4,6,8,10$ 时,分值分别为 10～14,20～28,30～42,40～56,50～70 之间的所有偶数;

(3)当 $k=12,14$ 时,分值分别为 60～80,70～90 之间的所有偶数;

(4)当 $k=1$ 时,分值为 5～7 之间的所有奇数;

(5)当 $k=3,5,7,9$ 时,分值分别为 15～21,25～35,35～49,45～63 之间的所有奇数;

(6)当 $k=11,13$ 时,分值分别为 55～75,65～85 之间的所有奇数.

综上可知,能够取到 0～74 的奇数有 31 个,偶数有 32 个.故 $a=63$.

于是,$2a+1=127$.

20. 不能.将图 40(b)中的各数去掉绝对值符号,所得到的表格如图 11 所示,则

c_{11}	c_{12}	c_{13}
c_{21}	c_{22}	c_{23}
c_{31}	c_{32}	c_{33}

图 11

$$c_{11}=(a_{11}+a_{12}+a_{13})-(a_{11}+a_{21}+a_{31})$$
$$c_{12}=(a_{11}+a_{12}+a_{13})-(a_{12}+a_{22}+a_{32})$$
$$\vdots$$
$$c_{33}=(a_{31}+a_{32}+a_{33})-(a_{13}+a_{23}+a_{33})$$

各式相加得 $c_{11}+c_{12}+\cdots+c_{33}=0$.

这表明 $c_{11},c_{12},\cdots,c_{33}$ 中应该有偶数个奇数.

因为 $b_{ij}=|c_{ij}|$,所以 b_{ij} 与 c_{ij} 同奇偶,于是图 40(b)中也有偶数个奇数,而 1,2,…,9 只有 5 个奇数,因此不可能做这样的安排.

21. 假设在所给的数中,有 a 个偶数和 $b=14-a$ 个奇数. 黑板上的奇数只能是一个奇数与一个偶数的和,这样的数只有 ab 个(在此数目中,每个数被计入两次). 但

$$ab=\frac{(a+b)^2-(a-b)^2}{4}\leqslant\frac{(a+b)^2}{4}=49$$

这表明,黑板上有不多于 49 个互不相同的奇数. 而要满足题中要求,至少需要 50 个这样的数. 所以,题中要求不能实现.

22. 设四位偶数为 $\overline{abcd}$,则 $a=4,5,6$,$d=0,2,4,6,8$. 当 d 取 0,2,8 时,a 可取 4,5,6. 此时有 $3\times3\times8\times7$ 个符合题设的数. 当 d 取 4 或 6 时,a 可取 6 或 4,此时有 $2\times2\times8\times7$ 个符合题设的数,故共有 $3\times3\times8\times7+2\times2\times8\times7=728$ 个数.

23. 满足条件的 1 978 位数是存在的. 例如

$$x=\underbrace{4545\cdots45}_{1\,978位},y=\underbrace{5454\cdots54}_{1\,978位}$$

则

$$x+y=\underbrace{99\cdots9}_{1\,978位}$$

下面证明:满足条件的 1 977 位数是不存在的,为此设

$$x=\overline{a_1a_2\cdots a_{1\,977}}$$

其中 $a_i\in\{0,1,2,\cdots,9\}$，$i=1,2,\cdots,1\,977$.

又设 $y=\overline{b_1b_1\cdots b_{1\,977}}$，其中$(b_1,b_2,\cdots,b_{1\,977})$是$(a_1,a_2,\cdots,a_{1\,977})$的某个排列.

由等式

$$x+y=\underbrace{99\cdots9}_{1\,977\text{位}}$$

可以推出

$$a_{1\,977}+b_{1\,977}=9,a_{1\,976}+b_{1\,976}=9,\cdots,a_1+b_1=9$$

则

$$\begin{aligned}S=&(a_1+b_1)+(a_2+b_2)+\cdots+(a_{1\,977}+b_{1\,977})=\\&(a_1+a_2+\cdots+a_{1\,977})+(b_1+b_2+\cdots+b_{1\,977})=\\&1\,977\cdot 9\equiv1(\mathrm{mod}\ 2)\end{aligned}\quad ①$$

另一方面，由于$(b_1,b_2,\cdots,b_{1\,977})$是$(a_1,a_2,\cdots,a_{1\,977})$的一个排列，则

$$a_1+a_2+\cdots+a_{1\,977}=b_1+b_2+\cdots+b_{1\,977}$$

$$\begin{aligned}S=&(a_1+a_2+\cdots+a_{1\,977})+(b_1+b_2+\cdots+b_{1\,977})=\\&2(a_1+a_2+\cdots+a_{1\,977})\equiv0(\mathrm{mod}\ 2)\end{aligned}\quad ②$$

式①与式②矛盾.

所以满足条件的 1 977 位数不存在.

24. 假定有一种放法使得任何一条水平方向的与任何一条垂直方向的方格直线(即方格网中的直线)都至少穿过一块骨牌.

一共有 10 条这样的直线，其中每一条都将方格表分为两部分，每一部分都含有偶数个方格. 在每一部分中都有一些完整的骨牌，它们占据了偶数个方格；剩下的方格则被一些半块的骨牌所占. 由于这些方格有偶数个，因此被分成半块半块的骨牌也有偶数块.

这样一来，10 条直线中的每一条都至少穿过了两块骨牌，而由于每一块骨牌都只能被一条这种直线所

穿过,因此 10 条直线一共至少穿过了 20 块骨牌.

但是,盖住方格表的骨牌一共只有 18 块,此为矛盾.

可以考虑一般性的问题,即对于怎样的 $m\times n$ 方格表(m 为偶数)有类似的断言成立?

25.(1)我们把序列中的所有偶数数字都换为 0,所有奇数数字都换为 1,则前 5 个数字换成 11110.

由序列所组成的法则,即第 5 个数字等于它前面 4 个数字之和的个位数,则这个"1,0"序列就会周期性地重复出现 11110.

而 1234 和 3269 对应的"1,0"序列依次为 1010 和 1001.

因此它们不可能在题给的序列中出现.

(2)因为只有 10 个数字,所以只能组成有限多个 4 位数,而整个序列是无限的,因此在整个序列中一定能找到两个同样的 4 位数 A,即

$$1\,975\cdots A\cdots A\cdots$$

下面我们证明在这两个同样的 4 位数之间就有数字 1975 存在.

为此,我们也可以向左延续题给的序列,即一旦知道了 4 个次依出现的数字,那么不仅可以得到紧跟在它们之后的一个数字,而且也可以确定位于它们之前的那一个数字.

于是,当知道了一段序列 $A\cdots A$,就能得到在两个方向上都无限的数列.如果在两个 A 之间不会遇到 1975,那么它在整个数列之中都不会遇见,从而与已知序列有 1975 相矛盾.

(3)由(2),在 1975 的前面数字是 8,这可由

$$8+1+9+7=25$$

来得到,因而我们可以在两个方向上都无限的数列中

找到数字组 8197,因而它也能在原数列中找到.

26.假设能画出满足条件的折线.由于题图 41 中画斜线的区域 1,2,3 的边界各含有 5 条线段,而折线应当与其中每条线段都刚好相交一次,因此这 3 个区域中都应当含有折线的 1 个端点(如果在区域中不含有端点,那么折线进出该区域的次数就应当相等,亦即折线与其边界的相交次数应为偶数).但折线一共只有两个端点,由此得出矛盾.

本题的另一解法.我们的图形将平面分成了 6 个区域,在每个区域中各取一点——不妨称之为区域的"首府".对于 16 条线段中的每一条,都画出和它相交的一条"道路",这条"道路"两头连接着以该线段为界的两个区域的"首府"(图 12).这样所得到的道路网不是一个"一笔画邮路",即不能每条道路都经过一次而走完全程,因为其中有 4 个"首府"所连出的道路皆为奇数条.而为了能不重复地走完全程,必须(可以证明,也只需)这样的"奇点"的数目是 0 或 2.

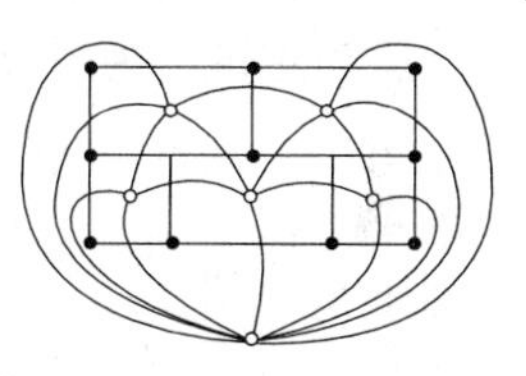

图 12

27.首先用数学归纳法证明:若 $r+s=t$ 为奇数,$r,s\in\mathbf{N}^*$,则 $ra+sb\in S$.

对 t 归纳.

当 $t=1$ 时,显然.

若 $t=2k-1$ 时结论成立,则当 $t=2k+1$ 时,显然 r,s 不全小于 2,不妨设 $r\geqslant 2$.

由归纳假设,$(r-2)a+sb\in S$,则在(2)中取

$$x=(r-2)a+sb,y=z=a$$

得

$$ra+sb=x+y+z\in S$$

从而 $t=2k+1$ 时结论成立.

当 t 为奇数时,结论成立.

回到原题.

由 $(a,b)=1$ 知,对任意正整数 $c>2ab$,存在

$$\begin{cases} r=r_0+bt \\ s=s_0-at \end{cases} \quad (t\in\mathbf{Z})$$

使

$$ra+sb=c$$

适当选取 t 为 $t_1,t_2(t_2=t_1+1)$,使

$$r_1=r_0+t_1b\in[0,b)$$
$$r_2=r_0+t_2b\in[b,2b)$$

于是

$$s_1=\frac{c-r_1a}{b}\in\left(\frac{c-ab}{b},\frac{c}{b}\right]$$

所以

$$s_1>a,s_2=\frac{c-r_2a}{b}>\frac{c-2ab}{b}>0$$

因此 $r_1,s_1,r_2,s_2\in\mathbf{N}^*$.

由 $r_2+s_2=(r_1+s_1)+(b-a)$ 知 r_1+s_1 与 r_2+s_2 为一奇数一偶数,取为奇数的一组为 r_i+s_i,则由前面的结论知结论成立.

28. 考虑每个方格内模 4 的余数,且使得每个方格内的余数要么是 1,要么是 -1.

下面在模 4 意义下进行讨论.

若每个方格内的数都是 1,则

$$Z_i\equiv S_j\equiv -1(\bmod 4),A\equiv B\equiv -1(\bmod 4),$$
$$A+B=-2(\bmod 4)$$

类似的,若每个方格内的数都是 -1,则

$$Z_i\equiv S_j\equiv 1(\bmod 4),A\equiv B\equiv 1(\bmod 4),$$
$$A+B\equiv 2(\bmod 4)$$

若存在一种情形,使得 $A\equiv B\equiv 1 \pmod 4$,将第 m 行第 n 列的方格内的数由 -1 改为 1,则 Z_m 和 S_n 的值都会改变,且要么从 1 改为 -1,要么从 -1 改为 1. 而其他 Z_i 和 S_j 的值均未改变. 因此,A,B 同时变为 -1,有

$$A+B\equiv -2\equiv 2 \pmod 4$$

类似的,对于 $A\equiv B\equiv -1 \pmod 4$ 时也做如上的改变,则 A,B 同时变为 1,$A+B\equiv 2 \pmod 4$.

因为每种情形都可以通过如上的变化得到,所以,总有 $A+B\equiv 2 \pmod 4$,即 $A+B\neq 0$.

29. 先证 $4\mid n$.

若 n 为奇数,则由 $\prod\limits_{i=1}^{n} a_i = n$,知 $a_1,a_2,\cdots,a_n$ 都是奇数.

于是,$\sum\limits_{i=1}^{n} a_i$ 是奇数个奇数相加,不可能为 0,与 $\sum\limits_{i=1}^{n} a_i = 0$ 矛盾.

所以,n 是偶数.

由 $\sum\limits_{i=1}^{n} a_i = 0$,知 $a_1,a_2,\cdots,a_n$ 中有偶数个奇数,而 n 为偶数,则 $a_1,a_2,\cdots,a_n$ 中有偶数个偶数. 又前面证得 $a_1,a_2,\cdots,a_n$ 中至少有一个偶数,则 $a_1,a_2,\cdots,a_n$ 中至少有两个是偶数,再由 $\prod\limits_{i=1}^{n} a_i = n$,可知 $4\mid n$.

另一方面,当 $n=8k(k\in \mathbf{N}^*)$ 时

$$n=8k=2\times 4k\times 1^{2k-2}(-1)^{6k}$$

$$2+4k+(2k-2)-6k=0$$

符合条件.

当 $n=8k+4(k\in \mathbf{N}^*)$ 时

$$n=8k+4=-2(4k+2)\times 1^{2k+1}(-1)^{6k+1}$$
$$-2+4k+2+(2k+1)-(6k+1)=0$$

符合条件.

综上所述,$n=4k(k\in \mathbf{N}^*)$.

30. 假设在给定的数中有偶数个为负数,则其中必有一个正数 a,而其余 2 010 个数的乘积也是正数. 从而,两者之和为正数,与题意矛盾.

从而,所给之数中有奇数个负数.

设 $x_1,x_2,\cdots,x_k$ 与 $y_1,y_2,\cdots,y_m$ 是将所给 2 011 个数分成的两个组($k+m=2\ 011$).

乘积 $x_1x_2\cdots x_k$ 与 $y_1y_2\cdots y_m$ 之一是负数(其中有奇数个负数相乘),另一个为正数. 为确定起见,设 $x_1x_2\cdots x_k<0,y_1y_2\cdots y_m>0$.

在数 $x_1,x_2,\cdots,x_k$ 中存在负数,不妨设 $x_1<0$.

从而,$x_2x_3\cdots x_k>0$.

这意味着 $x_2x_3\cdots x_k\geqslant 1$(因所给之数全为整数). 则

$$x_1x_2\cdots x_k+y_1y_2\cdots y_m\leqslant$$
$$x_1+y_1y_2\cdots y_m\leqslant$$
$$x_1+y_1y_2\cdots y_mx_2\cdots x_k$$

根据题意有

$$x_1+y_1y_2\cdots y_mx_2\cdots x_k<0$$

31. 在获知 $X+1$ 与 2 的最大公约数之后,萨沙可确定 X 的奇偶性. 若 X 为偶数,则接着第二个问题就问 $X+2$ 与 4 的最大公约数;而若 X 为奇数,就问 $X+1$ 与 4 的最大公约数. 这样便可获知 X 被 4 除的余数. 一般的,在问过第 k 个问题($k\leqslant 5$)之后,萨沙可获知 X 被 2^k 除的余数 r_k. 接下来的第 $k+1$ 个问题就问 $X+2^k-r_k$ 与 2^{k+1} 的最大公约数(注意 $0<2^k-r_k<2^{k+1}\leqslant 64<100$). 若$(X+2^k-r_k,2^{k+1})=2^{k+1}$,则 X 被 2^{k+1} 除

的余数等于 2^k+r_k，而若 $(X+2^k-r_k,2^{k+1})=2^k$，则该余数等于 r_k.

从而，在如此问过 6 个问题之后，萨沙获知了 X 被 64 除的余数. 显然在前 100 个自然数中，被 64 除的余数相同的数至多有两个. 若恰有两个，记为 a 和 $a+64$，则萨沙可以再问："$X+3-r$ 和 3 的最大公约数是多少?"其中 r 是 a 被 3 除的余数. 显然，若 $X=a$，则该问题的答案是 3；而若 $X=a+64$，则答案是 1. 从而萨沙可以唯一地确定出 X.

注：萨沙的前 6 个问题是用来确定 X 的二进制表达式的后 6 位数的.

32.(1)设 $\triangle ABC$ 为一直角三角形，它的顶点具有整数坐标，且两条直角边都在这些正方格的边上. 设 $\angle A=90°$，$AB=m$，$AC=n$. 考虑如图 13 中的矩形 $ABCD$.

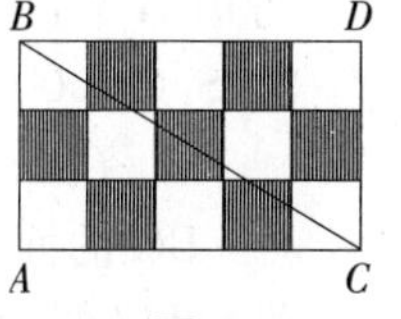

图 13

对于任一多边形 P，记 $S_1(P)$ 为 P 的区域中所有黑色部分的面积，$S_2(P)$ 为其所有白色部分的面积.

当 m 和 n 同时为偶数或者同时为奇数时，矩形 $ABCD$ 的着色关于斜边 BC 的中点中心对称. 因此

$$S_1(ABC)=S_1(BCD)$$
$$S_2(ABC)=S_2(BCD)$$

从而

$$f(m,n)=|S_1(ABC)-S_2(ABC)|=\frac{1}{2}|S_1(ABCD)-S_2(ABCD)|$$

于是，当 m 和 n 同为偶数时，$f(m,n)=0$，当 m 和 n 同为奇数时，$f(m,n)=\frac{1}{2}$.

(2)若 m 和 n 同为偶数或者同为奇数，则由(1)即

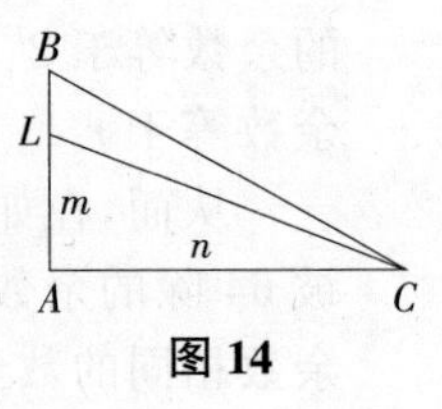

图14

知结论成立. 故可设 m 为奇数, n 为偶数. 如图 14 所示, 考虑 AB 上的点 L 使得 $AL=m-1$.

由于 $m-1$ 为偶数, 我们有 $f(m-1,n)=0$, 即 $S_1(ALC)=S_2(ALC)$. 因此

$$f(m,n)=|S_1(ABC)-S_2(ABC)|=$$
$$|S_1(LBC)-S_2(LBC)|\leqslant$$
$$LBC\text{ 的面积}=\frac{n}{2}\leqslant\frac{1}{2}\max\{m,n\}$$

(3)我们来计算 $f(2k+1,2k)$的值. 如同在(2)中, 考虑 AB 上的点 L, 使得 $AL=2k$. 因为 $f(2k,2k)=0$ 且 $S_1(ALC)=S_2(ALC)$, 有

$$f(2k+1,2k)=|S_1(LBC)-S_2(LBC)|$$

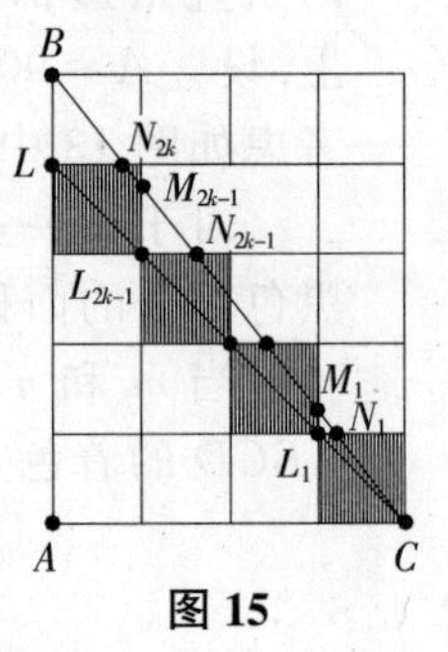

图15

$\triangle LBC$ 的面积等于 k. 不失一般性, 可以假设对角线 LC 全部落在黑色正方格中(图 15). 于是, $\triangle LBC$ 的白色部分由若干个三角形所组成

$\triangle BLN_{2k}, \triangle M_{2k-1}L_{2k-1}N_{2k-1}, \cdots, \triangle M_1L_1N_1$

它们每一个都与$\triangle BAC$ 相似. 其总面积等于

$$S_2(LBC)=\frac{1}{2}\frac{2k}{2k+1}\left(\left(\frac{2k}{2k}\right)^2+\left(\frac{2k-1}{2k}\right)^2+\cdots+\left(\frac{1}{2k}\right)^2\right)=$$
$$\frac{1}{4k(2k+1)}(1^2+2^2+\cdots+(2k)^2)=\frac{4k+1}{12}$$

因此, 黑色部分的总面积为

$$S_1(LBC)=k-\frac{1}{12}(4k+1)=\frac{1}{12}(8k-1)$$

最终得到

$$f(2k+1,2k)=\frac{2k-1}{6}$$

这个函数可以取任意大的值.

33.设 $a_i(i=1,2,\cdots,m)$ 是互不相同的正偶数，$b_j(j=1,2,\cdots,n)$ 是互不相同的正奇数，且

$$a_1+a_2+\cdots+a_m+b_1+\cdots+b_n=1\ 987$$

由 $a_1+\cdots+a_m$ 是偶数，1 987 是奇数，知 n 为奇数. 由 a_i 互不相同，故

$$a_1+a_2+\cdots+a_m\geqslant 2+4+\cdots+2m=m(m+1)$$

同理

$$b_1+b_2+\cdots+b_n\geqslant 1+3+\cdots+2(n-1)=n^2$$

所以

$$n^2+mn+n^2\leqslant 1\ 987$$

即

$$\left(m+\frac{1}{2}\right)^2+n^2\leqslant 1\ 987+\frac{1}{4}$$

于是问题归结为在这个条件下求 $3m+4n$ 的最大值. 由平均不等式，易得

$$3\left(m+\frac{1}{2}\right)+4n\leqslant\sqrt{3^2+4^2}\cdot\sqrt{\left(m+\frac{1}{2}\right)^2+n^2}\leqslant 5\sqrt{1\ 987+\frac{1}{4}}$$

所以

$$3m+4n\leqslant 5\left[5\sqrt{1\ 987+\frac{1}{4}}-\frac{3}{2}\right],3m+4n\leqslant 221$$

另一方面，当 $m=27,n=35$ 时，有 $3m+4n=221$ 且满足条件$m^2+m+n^2\leqslant 1\ 987$，故所求最大值为 221.

34.(1)对于任意正整数 m，存在非负整数 k 和 l，使得 $2^n\leqslant m<2^l$，则 m 是 2^l-2^n 个数的算术平均，其中

有 $m-2^n$ 个数是 2^l，2^l-m 个数是 2^n，即

$$\frac{1}{2^l-2^n}[2^l(m-2^n)+2^n(2^l-m)]=m$$

所以，m 是“好数”.

(2)假设整数 m 是“坏数”，对于任意正整数 k，若 $m\times 2^k$ 不是坏数，则存在 $k_1<k_2<\cdots<k_n$，使得

$$m\times 2^k=\frac{2^{k_1}+2^{k_2}+\cdots+2^{k_n}}{n}$$

所以

$$m\times 2^k=\frac{2^{k_1}(1+2^{l_2}+\cdots+2^{l_n})}{n}$$

其中 $l_i=k_i-k_1$，$i=2,3,\cdots,n$.

由于 $1+2^{l_2}+\cdots+2^{l_n}$ 为奇数，则 $k_1\geqslant k$. 所以

$$m=\frac{2^{k_1-k}(1+2^{l_2}+\cdots+2^{l_n})}{n}$$

这表明，m 是 n 个数 2^{k_1-k}，2^{k_2-k}，$\cdots$，2^{k_n-k} 的算术平均，与 m 是坏数矛盾.

因此，只要找到一个坏数即可.

下面证明 13 是坏数.

假设 13 是 n 个 2 的整数次幂的算术平均，于是，$13n$ 在二进制下有 n 个 1.

当 $n=1,2,\cdots,6$ 时，有

$$13\times 1=1101_{(2)}$$

$$13\times 2=26=11010_{(2)}$$

$$13\times 3=39=100111_{(2)}$$

$$13\times 4=52=110100_{(2)}$$

$$13\times 5=65=1000001_{(2)}$$

$$13\times 6=39\times 2=1001110_{(2)}$$

当 $n\geqslant 7$ 时，有 $13n<2^n-1$. 所以

$$13n<1+2+2^2+\cdots+2^{n-1}$$

于是，当 $n\geqslant 7$ 时，$13n$ 在二进制下 1 的数目不可能等于 n. 所以，13 是坏数.

因此，所有形如 13×2^n 的数都是坏数.

35. 先证 $k>m$.

由 $a<b<c<d$ 得 $d-a>c-b$. 则

$$\begin{aligned}(a+d)^2=4ad+(a-d)^2=\\4bc+(a-d)^2>\\4bc+(c-b)^2=\\(b+c)^2\end{aligned}$$

于是

$$2^k>2^m, k>m$$

因为 $ad=bc$，所以

$$a(2^k-a)=b(2^m-b)$$

$$2^m b-2^k a=(b-a)(b+a)$$

$$2^m(b-2^{k-m}a)=(b-a)(b+a) \quad ①$$

因为 a,b 是奇数，所以 $b-2^{k-m}a$ 是奇数.

又因为 $(b+a)-(b-a)=2a$ 是一个奇数的 2 倍，所以 $b+a$ 与 $b-a$ 不可能都是 4 的倍数，也不可能都是 $4k+2$ 型的偶数.

设 $e\cdot f=b-2^{k-m}a$，则 e,f 都是奇数.

由式①可得

$$\begin{cases}b+a=2^{m-1}e\\b-a=2f\end{cases} \text{或} \begin{cases}b+a=2f\\b-a=2^{m-1}e\end{cases}$$

注意到

$$ef=b-2^{k-m}a\leqslant b-2a<b-a\leqslant 2f$$

则

$$e=1,\ f=b-2^{k-m}a$$

从而方程组化为

$$\begin{cases}b+a=2^{m-1}\\b-a=2(b-2^{k-m}a)\end{cases} \text{或} \begin{cases}b+a=2(b-2^{k-m}a)\\b-a=2^{m-1}\end{cases}$$

将每一方程组中的两个方程左右分别相加，都得到

$$a\cdot 2^{k-m+1}=2^{m-1}$$

于是

$$a=1$$

36. 若 $A\neq\{0\}$ 是一个有限的好集，则它含有一个最小的正元 r 和一个最大的元 m，对任何满足 $a+b>m$ 的元 $a<b$，必有 $b-a\in A$. 因此，对任何元素 a，$m-a\in A$. 特别的，$0=m-m\in A$. 若 $m=r$，则 $A=\{0,r\}=S(1,r)$. 若 $m\neq r$，则 $m-r\in A$. 若 $m-r=r$，则 $m=2r$. 若 A 包含第四个元 a，则 $r<a<2r$ 和 $2r-a$ 在 A 中. 然而，$0<2r-a<r$ 与假设相矛盾. 因此，$A=\{0,r,2r\}=S(2,r)$. 若 $m-r\neq r$，则 A 含有 $0,r,m-r,m$. 若 A 不含其他的元素，则它构成一个好集. 假定 $A=\{x_0,x_1,x_2,\cdots,x_n\}$，其中 $n\geqslant 5$，$0=x_0<x_1<x_2<\cdots<x_n=m$ 和 $x_1=r$. 因对所有的 i，$m-x_i\in A$，就必有 $m-x_i=x_{n-i}$. 注意到对于 $i<j<\frac{n}{2}$，有 $x_{n-i}+x_{n-j}>m$. 由此推出

$$x_{n-i}-x_{n-j}=(m-x_i)(m-x_j)=x_j-x_i\in A$$

我们必有 $x_2-x_1=x_1=r$，$x_3-x_1=x_2=2r$，等等，以至对于 $1\leqslant i<\frac{n}{2}$，x_i 依次为 r 的整数倍.

先考虑 n 为偶数的情形. 对整数 $q\geqslant 2$，且 $qr<m-qr$，有

$$A=\{0,r,2r,\cdots,qr,m-qr,m-(q-1)r,\cdots,m-r,m\}$$

但 $m-r+qr>m$，因此，$m-(q+1)r\in A$. 它只能等于 qr，从而，$m=(2q+1)r$，$A=S(2q+1,r)$.

假定 n 是奇数，则对于整数 $q\geqslant 1$，且 $qr<\frac{m}{2}$，有

$$A=\{0,r,2r,\cdots,qr,\frac{m}{2},m-qr,m-(q-1)r,\cdots,m-r,m\}$$

但 $m-r+\frac{m}{2}>m$，因此

$$\frac{m}{2}-r=m-r-\frac{m}{2}\in A$$

它只能等于 qr，从而

$$m=2(q+1)r, A=S(2(q+1),r)$$

由此，推出 A 若不具有形式 $S(k,r)$，则必恰有四个元.

37. 设 n 可以表示成 m 个连续正整数之和. 令

$$n=k+(k+1)+\cdots+[k+(m-1)]$$

则

$$n=mk+\frac{m(m-1)}{2}=m\left(\frac{2k+(m-1)}{2}\right) \qquad ①$$

(1)若 m 为奇数，则 $m-1$ 为偶数，从而由①知 $m\mid n$，且 $\frac{m(m-1)}{2}<n$. 则

$$m<\frac{1+\sqrt{1+8n}}{2} \qquad ②$$

反之，由上述推理知，对 n 的每个满足②的奇因数 m，相应有 n 的一个表达式

$$n=k+(k+1)+\cdots+[k+(m-1)]$$

(2)若 m 是偶数，把②改写成 $2n=m(2k+m-1)$. 因为 $2k+m-1$ 是奇数，所以 m 是 $2n$ 的偶因数，且满足条件：若 $2^{p_0}\parallel n$，则 $2^{p_0+1}\parallel m$. 这里符合 $2^{p_0}\parallel n$ 的含义是：$2^{p_0}\mid n$，但 $2^{p_0+1}\nmid n$. 此外，与(1)相同，m 还应满足(2). 反之，对于每个满足上述条件的 m，相应有 n 的一个表达式

$$n=k+(k+1)+\cdots+[k+(m-1)]$$

综上讨论，若对每个 $n\in\mathbf{N}$，记所求的表示为和的方法总数 $f(n)$，则 $f(n)=f_1(n)+f_2(n)$，其中 $f_1(n)$

是 n 的满足不等式②的因数的个数；$f_2(n)$ 是 n 的满足②且满足条件：若 $2^{p_0} \parallel n$，则 $2^{p_0+1} \parallel m$ 的偶因数 m 的个数.

习题十一答案

1. 将图涂成黑白相间的两色图，因为每个 1×2 的矩形由一个黑格和一个白格构成，但黑格数为 32，白格数为 30，所以必有两个黑格无白格与之配对，故不能得到 31 个这样的矩形.

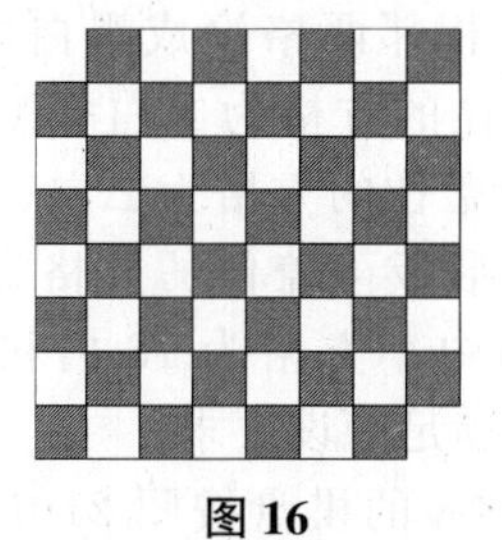

图 16　　图 17

2. 将教室座位画成如图 17 所示的形状，每个方格代表一个座位，并将方格涂成黑白相间的两色图. 按题意换位后学生的座位的颜色一定变化，由于黑白座位的个数不同，黑格数为 12，白格数为 13，故这样的换位法是不存在的.

3. 如图 18，国际象棋的棋盘中的 64 个小方格可分成黑白相间的两色图，左下角与右上角都是黑色的. 按马的跳法，如果原来在黑格中，跳一步便到了白格，而从白格跳一步又到黑格中. 从左下角起跳，跳奇数步应跳到白格，跳偶数步应跳到黑格.

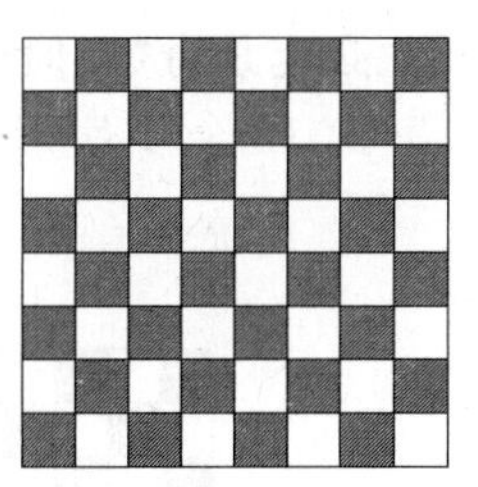

图 18

假设马按题意要求跳到右上角的方格中，则马应跳 63 步，第 63 步应跳到白格，但右上角为黑格，矛盾.

故符合本题要求的跳法不存在.

4. 在棋盘上每一交点处涂上黑白相间两种颜色. 马从任一点跳起,跳奇数步终点与起点颜色相异;马从任一点出发,跳至它的相邻点,颜色自然不同,故必经过奇数步.

5. 把仅仅具有公共门的两个六边形房间称为相邻房间,把相邻房间涂成黑白两色.

6. 将 6×6 的棋盘相邻两格涂成黑白两色,如图 19 所示,1 块拐角板盖住的方格为二白一黑或二黑一白;1 块 3×1 的矩形板盖住的方格为二白一黑或二黑一白;11 块 3×1 的矩形板可盖住的方格为 22 白 11 黑或 22 黑 11 白. 而图中小方格为 18 白和 18 黑,所以,无论怎样铺盖不能满足题设要求.

7. 不能. 只要将 8×8 的棋盘按图 21 中的方法染成黑白两色即可证明. 如果 15 个 T 字形与 1 个田字形能够覆盖这个棋盘,那么每个 T 字形覆盖奇数个(1 个或 3 个)白格,从而 15 个 T 字形覆盖奇数个白格(因为 15 个奇数的和是奇数). 1 个田字形覆盖 2 个白格. 因而,15 个 T 字形与 1 个田字形所覆盖的白格数必定是奇数. 但棋盘中,白格的个数为偶数(32 个),因此 15 个 T 字形与 1 个田字形不能覆盖整个棋盘.

图 19

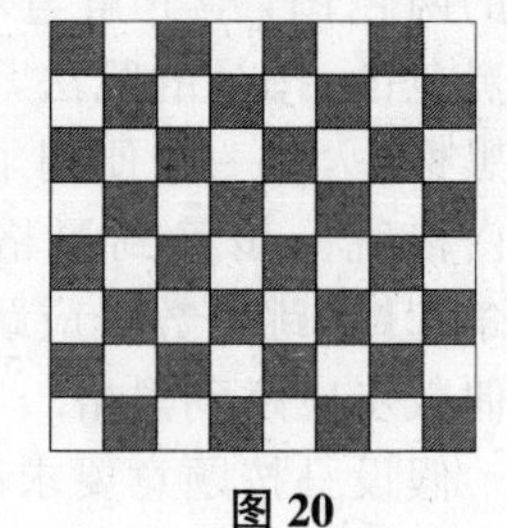
图 20

8. 剪去左上角的方格后，棋盘不能用 21 个 3×1 的矩形覆盖，将棋盘涂上三种颜色，如图 21 用数字 1,2,3 分别表示第一、二、三种颜色. 如果能用 21 个3×1的矩形将剪去左上角的棋盘覆盖，那么每个 3×1 的矩形盖住第一、二、三种颜色的方格各 21 个. 然而棋盘(剪去左上角后)却有第一种颜色的方格 20 个，第二种颜色的方格 22 个，第三种颜色的方格 21 个. 因此，剪去左上角的棋盘无法用 21 个 3×1 的矩形覆盖. 由此，如果剪去一个方格后，棋盘能用 21 个 3×1 的矩形覆盖，那么剪去的方格一定是图中涂第二种颜色的方格. 只要剪去第三行第 3 个，第三行第 6 个，第六行第 3 个，第六行第 7 个，这四个方格中的某一个，剩下的棋盘才有可能用 21 个 3×1 的矩形覆盖.

1	2	3	1	2	3	1	2
2	3	1	2	3	1	2	3
3	1	2	3	1	2	3	1
1	2	3	1	2	3	1	2
2	3	1	2	3	1	2	3
3	1	2	3	1	2	3	1
1	2	3	1	2	3	1	2
2	3	1	2	3	1	2	3

图 21

9. 每个这种纸片由 6 个方格所组成，所以 $6|mn$，可以设 n 是偶数，采用例 17 的涂色法，设有 x 个这种纸片盖住 4 个红格、2 个蓝格，y 个这种纸片盖住 4 个蓝格、2 个红格. 则由于红格与蓝格个数相等，所以 $4x+2y=4y+2x$，从而 $x=y$. 这种纸片的个数为偶数 $2x$，因而 $12|mn$.

10. 不能. 证明与例 17 类似，将第一、三、五、七列涂红色，其余列涂蓝色即可证明.

11. 用 T 字形能恰好覆盖 8×8 的棋盘，容易用构造法证明. 不能用 T 字形恰好覆盖 10×10 的棋盘，采用自然涂色法，即将相邻格分别涂上红、蓝两色，则红、蓝格各有 50 个. 如果用 T 字形能恰好覆盖棋盘，设其中有 x 个覆盖 3 个红格、1 个蓝格，y 个覆盖 3 个蓝格、1 个红格，所以，$3x+y=3y+x$，$x=y$，并且 $4x=50$，但此式显然不能成立(因为4∤50).

12.假设第一行的格子中至少有三种不同的颜色,不失一般性,对第一行的三个相连的小格子着三种不同的颜色,用1,2,3表示(图22).在第一行下面,对相邻或对角的小方格必须着第四种颜色,如在2下面用4表示.这样在第一行标1的下面必须着色3,在标3的下面必须着色1.同理,在第二行标4的下面只能着色2,在标3的下面着色1,在标1的下面着色3.继续按此法着色,直到最后一行.不难看出,这三列中的第一列都只出现两种不同的颜色.

1	2	3			
3	4	1			
1	2	3			
3	4	1			
1	2	3			
3	4	1			

图22

13.(1)标号如图23.

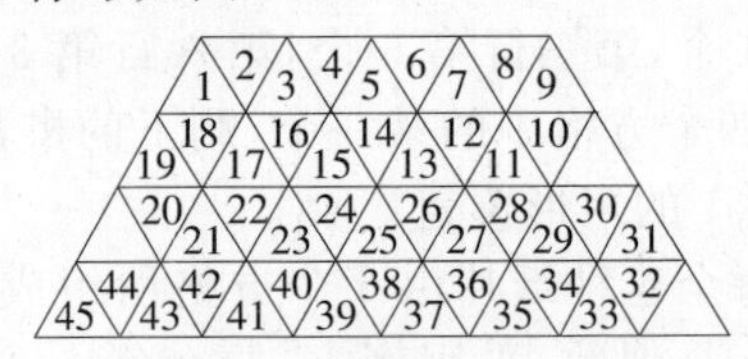

图23

(2)把每个小三角形染上黑白两色之一,使具有相邻边的三角形涂色不同,两种颜色的三角形数目之差为n,而相邻号码的三角形中,两者数目之差为0或1,则必然有n或$n-1$个三角形没有标号,故在这$3n^2$个三角形中至少有$n-1$个三角形不能按上述要求标号.

14.设蓝色格A与第二张纸上的红色格A'重合,当在第一张纸上A所占的列中,其余的蓝色格(它有奇数个)均与第二张纸的蓝格重合,而第二张纸在这一列的蓝色格的个数为偶数,所以必有一蓝格与第一张纸上的红格重合,即在这一列,第一张纸上有一方格B与第二张纸上不同颜色的方格B'重合.同理可证:在

A 与 B 所在的行上各有一个方格 C,D，与第二张纸上的方格 C',D' 重合. 但它们的颜色与 C,D 不同，即命题得证.

15. 空格数最少是 9. 将棋盘按列从左到右依次相间涂成黑白两色. 这样便有 45 格是黑的，36 格是白的. 依题意黑格中的甲虫爬到白格中；而白格中的甲虫爬到黑格中. 所以，白格中的 36 只爬到黑格中，在 45 个黑格中至少有 9 格是空的. 如图 24 所示为空格恰好为 9 的情况.

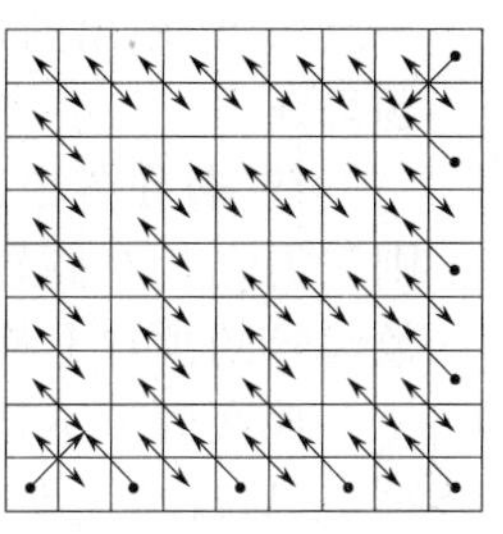

图 24

16. 将 $2m\times 2n$ 的方格纸间隔涂成黑白两色. 剪去左上角和右下角的两个方格，即减少了两个白格. 而每个 1×2 的矩形必由 1 个黑格和 1 个白格组成. 所以，不能沿格线剪成完全是 1×2 的矩形纸片(图 25).

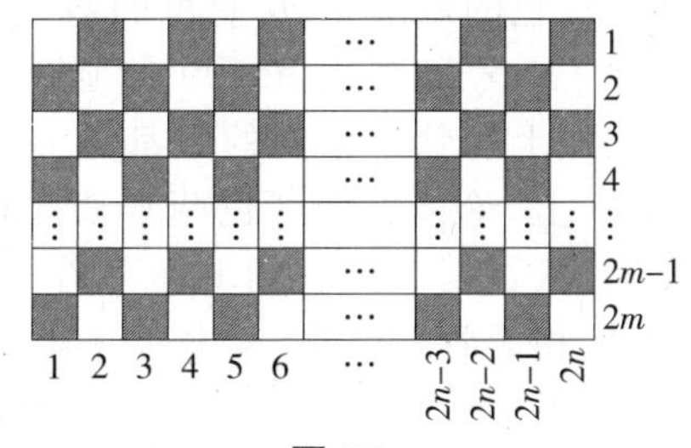

图 25

17. 利用间隔涂色法知，题设要求的走法不存在.

18. 9 名数学家用点 $A_1,A_2,\cdots,A_9$ 来表示，两人能通话者，用线段联结，并染上某种颜色，以表示相同语种；两人不通话者不连线. (1) 当任意两点都有连线并染有颜色时，那么有一点如 A_1，以 A_1 为一端点的三条线段中至少有两条同色，如 A_1A_2，A_1A_3，由此可知 A_1，A_2，

A_3 之间可用同一语言通话.(2)当(1)的情况不发生时,则至少有两点不连线,如 A_1,A_2.由条件知,其余七点必与 A_1 或 A_2 有连线.这时七条线段中,必有四条是从某一点如 A_1 引出的,而这四条中又必有三条同色.于是问题得证.

19.若在各个顶点上都写着同样的一对数 a 与 b,则只需在所有偶数编号的顶点上都留下 a,在所有奇数编号的顶点上都留下 b,即满足要求.

现在假设不是这种情况,即可以找到两个相邻的顶点 A,B,在它们上面写着的是两对不同的数.

从顶点 A 开始,依次为各个顶点编号,使得 A 为 1 号,B 为 100 号.

将各个顶点上的数都染为一红一蓝.首先,任意将第 1 号顶点上的两个数分别染为一红一蓝.其次,假设已经将第 k 号顶点上的两个数 a 与 b 分别染为红色与蓝色,那么,在将第 $k+1$ 号顶点上的两个数染色时,便有意地使得红色的数不是 a,蓝色的数不是 b.依此下去,于是,除了 1 号顶点 A 和 100 号顶点 B 之外,任何两个相邻顶点上的颜色相同的数都是互不相等的.而在顶点 A,B 上,绝不可能红色两数彼此相等,蓝色两数也彼此相等(否则,与"它们上面写着的是两对不同的数"的事实相矛盾),因此,其中必有某一种颜色的两数互不相等.不妨设它们上面的蓝色两数互不相等.于是,只要擦去所有红色的数即满足要求.

20.反设表格中有唯一的美丽格 X.

首先,将方格表按国际象棋棋盘黑白相间地染色.不妨设 X 为黑格.过 X 的中心作左下一右上 $45°$ 斜线,设这条斜线上位于表格边界处的方格中心为 A,B.A,B 关于表格中心的对称点为 C,D.中心位于矩形 $ABCD$(可能退化为一条线段)内部或边界上的所有黑

格构成的集合记为 S. 则 S 满足:S 中含有包括 X 的偶数个黑格;任意方格与 S 中偶数个格相邻.

S 中每个黑格的相邻格中的数字之和称为这个格的相邻数. S 中所有格的相邻数之和记为 g. 由于 S 中除 X 外,所有格的相邻数为奇数,且有偶数个格,故 g 为奇数. 另一方面,每个方格与 S 中偶数个格相邻,故该格中的数字对于 g 的贡献为偶数. 这表明 g 为偶数,矛盾.

21. 首先考察 2 行 9 列的方格表,设第 1 行有 x_1 个方格被染成红色,第 2 行有 x_2 个方格被染成红色.

下面证明:若该方格表中不存在 1 个 2×2 的方块,至少有 3 个方格被染成红色,则 $x_1+x_2\leqslant10$.

事实上,将 2 行 9 列的方格表自左至右分成 4 个 2×2的方块和 1×2 的方块,若不存在 3 个方格被染成红色的 2×2 方块,则这 4 个 2×2 方块每个至多有 2 个方格被染成红色. 从而

$$x_1+x_2\leqslant4\times2+2=10$$

而当 $x_1+x_2=10$ 时,可按如图 26 的方式进行染色.

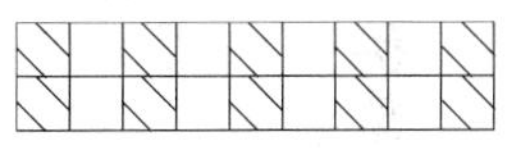

图 26

此外,可证上述染色方式是唯一的.

由 $x_1+x_2=10$,结合抽屉原则,知此时必存在某一列的 2 个方格被同时染成红色,则该列的左右两列均不能有方格被染色,从而,只有如图 26 的方案满足要求.

对于 9×9 的方格表,现将其中 46 个方格染成红色,假设其中不存在有 3 个方格被染成红色的 2×2 的方块,设第 i 行有 $x_i(i=1,2,\cdots,9)$个方格被染成红色.

若该方格表中存在相邻的两行,设为第 k 行和第

$k+1$行$(1\leqslant k\leqslant 8)$，满足$x_k+x_{k+1}=10$，则由前述推证可知$x_k=x_{k+1}=5$.

当k为奇数时，则对于第k行上方（不含第k行）的$k-1$行9列的方格表和下方（不含第k行）的$9-k$行9列的方格表，至多有$4\times 10=40$个方格被染成红色.从而，至多只有45个方格被染成红色，矛盾.

当k为偶数时，类似以第$k+1$行为界讨论，亦得出矛盾.

若任意相邻两行的染色数之和均不等于10，则

$$\sum_{i=1}^{9}x_i=(x_1+x_2)+(x_3+x_4)+(x_5+x_6)+(x_7+x_8)+x_9\leqslant 4\times 9+9=45$$

矛盾.从而，必存在一块2×2方块，至少有3个方格被染成红色.

习题十二答案

1. 用(i,j)表示第i行第j列的格,赋(i,j)以数$(-1)^{i+j}$. 每行一步应乘以-1,经1 995步后,棋子由$(-1)^{1+1}$移到$(-1)^{1+1}\cdot(-1)^{1\,995}=(-1)^{1\,995}\neq(-1)^{8+8}$.

2. 可直接拼成.

3. 略.

4. 赋第i行第j列的格(i,j)以$(-1)^{i+j}$,每块骨牌盖住两个异号格,所有骨牌盖住的正格数和负格数相同.(1)若去掉的是两个同号格,则余下的正号格数与负号格数不等,这时不能被盖住;(2)若去掉的是两个异号格,当棋盘不断开时,总可以盖住.

5. 仿例24证明.

6. 仿例28证明.

7. 仿例33,$C_{q+q+1}^{p+1}\dfrac{p+1-q}{p+1+q}$.

8. 仿例23.

9. 先考虑A负的局数,A每负一局,若这局不是末局,它就对应着B与C共胜2局(即B或C胜A的这局及由B,C比赛的下一局). 若A负末局,则这一局只对应着B与C共胜1局. 又若A首局未打,则B或C在首局的这一局未被A的负局对应,则得计算公式

$$B\text{胜局数}+C\text{胜局数}=A\text{负局数}\times 2+\varepsilon_1-\varepsilon_2$$

其中

$$\varepsilon_1=\begin{cases}0,\text{当}A\text{打首局时}\\1,\text{当}A\text{不打首局时}\end{cases}$$

$$\varepsilon_2=\begin{cases}0,\text{当}A\text{末局不负时}\\1,\text{当}A\text{末局负时}\end{cases}$$

所以

$$12+16=28=A\text{负局数}\times 2+(\varepsilon_1-\varepsilon_2)$$

由此可见 $\varepsilon_1-\varepsilon_2$ 应为偶数，又 $\varepsilon_1-\varepsilon_2$ 的可能值为 -1，0，1，所以只能是 $\varepsilon_1-\varepsilon_2=0$. 于是得 A 负 14 局，共打了 $10+14=24$ 局. 同理，B 负 13 局，共打了 25 局；C 负 11 局，共打了 27 局.

10. 可证这是不可能的. 将表中黑格都标上 $+1$，白格都标上 -1，通过方格表的中心 O 引横轴和纵轴(图 27)，将方格表分为 4 个 995×995 的方格表. 因为这 4 个方格表中都有奇数个方格，所以它们中所标数字之和 A_1，A_2，A_3，A_4 都不等于 0. 但由标数方法知，有 $A_1+A_4=0$，$A_2+A_3=0$，因此，A_1 与 A_4 互为相反数，A_2 与 A_3 互为相反数. 不妨设 $A_1>0$. 若 $A_2>0$，则 $A_1+A_2>0$，于是有某些列中黑格多于白格. 当 $A_2<0$ 时，也可做类似讨论. 所以，不可能染得使每一行和每一列中黑格和白格的数目都相等.

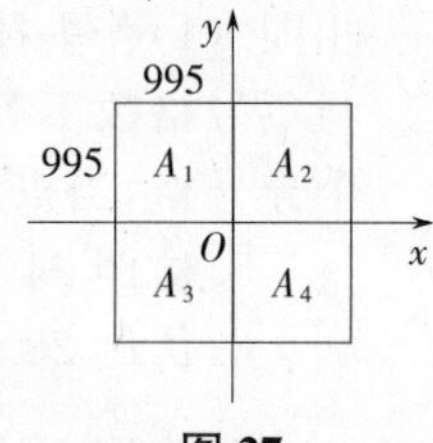

图 27

11. 因为每次变换改变表中 6 个数的符号，而 $(-1)^6=1$，所以每次变换不会改变所变动的那行(或列)中 6 个数的乘积，从而也不会改变全表中 36 个数的乘积. 开始时表中有 19 个负数，全表中 36 个数的乘积为 $-a_{11}a_{12}\cdots a_{66}$，这样，无论做多少次变换，表中 36 个数的乘积恒为 $-a_{11}a_{12}\cdots a_{66}$. 这就说明了无论经过多少次变换，都不可能把表中的数全变为正数.

12. 对每个点，考虑以它为直角顶点的等腰直角三角形的个数.

注意到图形的对称性，故只需对图形的 $\frac{1}{8}$ 面积(阴影部分)内的格点标数即可，其中，A 类点有 4 个，B 类

点有 8 个，C 类点有 4 个，D 类点有 4 个，E 类点有 8 个，F 类点有 4 个，G 类点有 4 个，H 类点有 4 个，I 类点有 1 个. 所以，合乎条件的三角形的个数为 $4\times4+5\times8+6\times4+4\times4+5\times8+10\times4+11\times4+8\times4+16\times1=268$.

13. 对每个点，考虑以它为顶点的正方形的个数. 当一个顶点确定后，正方形又可分为水平放置和斜置两类. 对每一个类，再考虑正方形的具体方位，可分左、右、上、下 4 种情形. 对每一种方位情形，再按正方形的大小分类.

按照上述分类方法，在每个点处标上以它为顶点的正方形的个数(比如：B_{3+2} 表示以 B 为顶点的正方形有 3 个正置的、2 个斜置的). 注意到图形的对称性，故只需对图形的 $\frac{1}{8}$ 面积内的格点标数即可(图 28)，其中，A 类点有 4 个，B 类点有 8 个，C 类点有 4 个，D 类点有 4 个，E 类点有 4 个，F 类点有 1 个. 所以，正方形的个数为

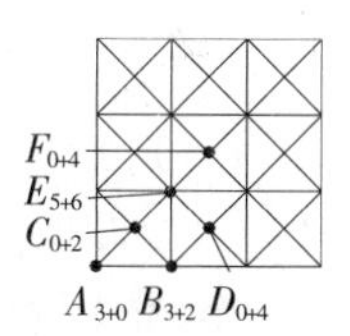

图 28

$$3\times4+5\times8+2\times4+4\times4+11\times4+4\times1=124$$

但每个正方形有 4 个顶点，被计算了 4 次，故合乎条件的正方形的个数为 $\frac{124}{4}=31$.

14. 分析：10 个字母允许重复地任取 5 个组词，共可组成十万个单词. 若想直接通过排列解题其难度可想而知. 但若根据题目情况，给 $A,B,\cdots,Y,Z$ 这 10 个字母赋值，则可把问题转化为数字问题.

把 A,B,C,D,E,F,G,X,Y,Z 这 10 个字母依次用 $0,1,2,\cdots,9$ 表示. 这样，问题中“次序”排列的单词就变成了数 $0,1,2,\cdots,99\ 999$. 于是，$CYZGB$，$XEFDA$

分别变成数 28 961,74 530.故 $k=74\ 530-28\ 961-1=45\ 568$.注意到 $AAAAA$ 变为 0,故第 k 个词所对应的数为 45 567,即 $EFFGX$.

15.将 n 个孩子依次赋值

$$a_i=\begin{cases}1,\text{当第 } i \text{ 个孩子为男孩时}\\-1,\text{当第 } i \text{ 个孩子为女孩时}\end{cases}$$

$i=1,2,\cdots,n$.则相邻三个数值的和

$$A_i=a_i+a_{i+1}+a_{i+2}=\begin{cases}3,\text{当第 } i,i+1,i+2 \text{ 个孩子均为男孩时}\\-3,\text{当第 } i,i+1,i+2 \text{ 个孩子均为女孩时}\\1,\text{当第 } i,i+1,i+2 \text{ 个孩子中恰有一女孩时}\\-1,\text{当第 } i,i+1,i+2 \text{ 个孩子中恰有一男孩时}\end{cases}$$

$i=1,2,\cdots,n$,且 $a_{n+1}=a_1,a_{n+2}=a_2$.

设取值为 3 的 A_i 有 c 个,取值为 -3 的 A_i 有 d 个.依题意,取值为 1 的 A_i 有 b 个,取值为 -1 的 A_i 有 a 个.则

$$3(a_1+a_2+\cdots+a_n)=$$
$$(a_1+a_2+a_3)+(a_2+a_3+a_4)+\cdots+(a_n+a_1+a_2)=$$
$$(-1)a+b+3c+(-3)d=3(c-d)+(b-a)$$

故 $3|(a-b)$.

16.称端点颜色不同(相同)的圆弧为异色(同色)圆弧,用数代表颜色,白色记为 1,黑色记为 -1.任一点 $A_k(k=1,2,\cdots,n)$都唯一地对应一个数 a_k,即

$$a_k=1 \text{ 或 } -1$$

显然,弧$\overset{\frown}{A_kA_{k+1}}$为异色圆弧当且仅当

$$a_ka_{k+1}=-1$$

因为

$$(a_1a_2)(a_2a_3)\cdots(a_na_1)=(a_1a_2\cdots a_n)^2=1$$

所以,$a_1a_2,a_2a_3,\cdots,a_na_1$ 这 n 个数中只能有偶数个 -1.

因此，$\overset{\frown}{A_1A_2}$，$\overset{\frown}{A_2A_3}$，…，$\overset{\frown}{A_nA_1}$ 这 n 条圆弧中必有偶数条异色圆弧.

注：若将题中的圆周从点 A_1 与 A_n 之间剪开，并将圆周拉成直线，附加条件为 A_1 与 A_n 异色，则得到问题：

在直线 l 上依次排列着 n 个点 $A_1, A_2, \cdots, A_n$，对每个点任意染上白色或黑色. 若线段 A_iA_{i+1} 的两端异色，则称线段 A_iA_{i+1} 为"标准线段". 已知 A_1 与 A_n 异色，证明：直线 l 上共有奇数条标准线段.

17. 将所写之数的和记为 S.

分别为三色点赋值(红 0，蓝 1，绿 2)，将所赋之值的总和记为 T.

易知，在此种赋值方式下，两端点异色的弧上所写的数等于两端点上的数之和，故

$$S=2T-A$$

(A 是两端点同色的弧的端点赋值总和)

$$T=0\times40+1\times30+2\times20=70(\text{定值})$$

显然可使蓝色点互不相邻，绿色点互不相邻.

故 $\max S=140$.

注：蓝色点、绿色点分别连成一段时，有

$$\max A=(1+1)\times29+(2+2)\times19=134$$

故 $\min S=6$.

18. 设由填入小正方形的数(0 或 1)所组成的 10×14 矩形表示为 $A=(a_{ij})$，并设：

当 i 为奇数，j 为奇数时，a_{ij} 的和为 P；

当 i 为奇数，j 为偶数时，a_{ij} 的和为 Q；

当 i 为偶数，j 为偶数时，a_{ij} 的和为 S.

则

$$P+Q=\text{所有奇数行}(1,3,\cdots,9\text{ 行})\text{的 1 的个数}=\text{奇数} \quad ①$$

$Q+S$=所有偶数列(2,4,…,14 列)的 1 的个数=奇数 ②

$P+S$=所有被涂成黑色的小方块中的 1 的个数

这样,①+②即得

$$P+S+2Q=\text{偶数}$$

所以,$P+S$=偶数.

19. 证法 1:依题意有

$$\prod_{i=1}^{2\,007} A_i B_i = 1$$

这是因为表格中的每个数均被乘了两次. 故 $A_1, A_2, \cdots, A_{2\,007}, B_1, B_2, \cdots, B_{2\,007}$ 中"-1"的个数为偶数个(设为 $2k$ 个).

因此,"$+1$"的个数为 $4\,014-2k$ 个.

若 $(4\,014-2k)\times 1+(2k)(-1)=0$,则 $4\,014=4k$,矛盾.

因此,$\sum_{i=1}^{2\,007}(A_i+B_i)\neq 0$.

证法 2:记 a_i 为第 i 行中 -1 的个数,b_i 为第 i 列中 -1 的个数.

由于每一个 -1 均被计算了两次,则

$$\sum_{i=1}^{2\,007}(a_i+b_i)$$

是偶数.

而显然,$A_i, B_i \in \{-1,1\}$,故欲使

$$\sum_{i=1}^{2\,007}(A_i+B_i)=0$$

必使 $a_i, b_i (i=1,2,\cdots,2\,007)$ 中的奇数与偶数一样多,均为 2 007 个.

而 2 007 个奇数之和必为奇数,2 007 个偶数之和必为偶数,故

$$\sum_{i=1}^{2\,007}(a_i+b_i)$$

为奇数，与已知矛盾.

20.易知，若用黑白两种颜色相间地对棋盘着色，对黑格赋值1(或-1)，白格赋值-1(或1)，则这两种赋值方法均满足题意.

假设存在一种不同于上述两种方案的赋值方案，则必存在两个相邻的小方格其所赋值相同.不妨假设这两个方格在同一行中，且设两个小方格的值为1.

考虑包含这两个小方格的2×2正方形.

为满足题目要求，这两个小方格的上方的两个小方格及下方的两个小方格的值均必为-1，因此，这两个小方格所在的两列是1与-1交替赋值的(图29).用x代表1(或-1)，y代表-1(或1).

		y	y		
		x	x		
		y	y		
		x	x		
		y	y		
		x	x		

图29

再考虑其他的列，则每列中不能有两个相邻的格数值相同，如若不然，则类比于上述分析过程知，这两格所在行是交替赋值的，与原来假设某行中有两相邻赋值相同，矛盾.因此，可由第一行的赋值情况决定整个棋盘的赋值情况.

下面考虑如何对第一行赋值才能满足题目条件.

由于每列是交替赋值的，若k为偶数，则$k\times k$的正方形内各个小方格的数值之和为0，满足题意；若k为奇数，则$k\times k$的正方形内各个小方格的数值之和的绝对值等于任一行的k个小方格的数值之和的绝对值.

因此，只需保证第一行中的任意奇数个连续的方格数值之和的绝对值为1.

如图30.

$$\begin{array}{cccccccccc} 1 & 1 & -1 & 1 & -1 & -1 & 1 & 1 & -1 & \cdots \\ & = & \neq & \neq & \neq & = & \neq & = & \neq & \cdots \end{array}$$

图 30

对于任意一个由 1 与 -1 所组成的 2 007 项数列，若前后两项数值相同，就在这两项中间标记“$=$”号，若不等则标记“$\neq$”号，则共有 2 006 个“$=$”号或“$\neq$”号.

在这种标记意义下，只需保证在新的由“$=$”号和“$\neq$”号所组成的序列中，所有“$=$”号对应的下标奇偶性相同.

实际上，若有两个“$=$”号中间夹着偶数个“$\neq$”号，则其所对应的原 2 007 项数列的子列的各数字之和的绝对值为 3.

此外，在由“$=$”号和“$\neq$”号构成的数列中，若有一子列其各项是用“$=$”号和“$\neq$”号交替表示，且其项数为偶数，则其所对应的原 2 007 项数列的子列的各数字之和的绝对值为 1.

又因为在任意的两个符号（“$=$”或“$\neq$”）之间添加两个“$\neq$”号等价于在对所对应的原 2 007 项数列的子列中添加了一个“1”和一个“-1”，故各数字的和并未改变.

因此，所有“$=$”号对应的下标的奇偶数必须相同，才满足题意.

故可知至少含一个“$=$”号的满足要求的序列有 $2(2^{1\,003}-1)$种.

又由于这样的序列所对应的 2 007 项数列可有两种不同的情况（以数字 1 开头和以数字 -1 开头）. 因此，满足要求的第一行数字排列情况有 $4(2^{1\,003}-1)$种.

又知，考虑第一列的情况同理；再加上开始所述的

两种相间赋值的情况，得到满足题意的不同赋值方案种数为

$$2\times 4(2^{1\,003}-1)+2=2^{1\,006}-6(\text{种})$$

21. 证法1：显然，不论用怎样的填法，所填成的方格表总有 $n!$ 个基本项.

用 a_{ij} 表示方格表中第 i 行第 j 列的方格内所填的数，这里 $1\leqslant i,j\leqslant n,n\geqslant 4,i,j\in\mathbf{N}$.

现在考察一张已填成的方格表，记它的全部基本项之和为 S.

由题意，表中每个格内的数 a_{ij} 只能是 $+1$ 或 -1，而 $+1$ 与 -1 之间只相差一个负号，因此，当把方格表中的某一个数 a_{ij} 改变选择(即把 $+1$ 换成 -1 或把 -1 换成 $+1$)时，由于 a_{ij} 出现在和式 S 的 $(n-1)!$ 个基本项中，且 $n\geqslant 4$，故 S 中将有偶数个基本项同时变号.

再注意到在 $n!$ (偶数)个基本项中，值为1的基本项与值为 -1 的基本项的个数之差必为偶数，而 a_{ij} 在变号时，其所在的基本项的改变值是2或 -2，所以当某个 a_{ij} 改变选择时，引起 S 的改变值一定是4的倍数.

若一张方格表的所有 a_{ij} 全为 $+1$，则全部基本项之和 $S=n!$ $(n\geqslant 4)$显然能够被4整除. 若 a_{ij} 不全为 $+1$，则这张方格表可由一张 a_{ij} 全为1的方格表将相应方格中的数 $+1$ 经有限次变号而得到. 根据以上的讨论，每次变号均使基本项之和的改变值能被4整除.

从而无论用怎样的填法，所填成的方格表的全部基本项之和总能被4整除.

证法2：设每个基本项为 x_i，则 x_i 只能取 $+1$ 或 -1，且基本项共有 $n!$ 个.

表中第 i 行第 j 列的数记为 a_{ij}，则 a_{ij} 只能为 $+1$ 或 -1.

又因为方格表中每一个数 a_{ij} 都取了 $(n-1)!$ 次，所以

$$x_1x_2\cdots x_{n!}=\prod_{1\leqslant i,j\leqslant n}a_{ij}^{(n-1)!}$$

因为 $n\geqslant4$，所以

$$2|(n-1)!$$

因而

$$a_{ij}^{(n-1)!}=1$$

即

$$x_1x_2\cdots x_{n!}=1$$

故在 $x_1,x_2,\cdots,x_{n!}$ 中只可能有偶数个 -1，设有 $2k$ 个 -1，则有 $n!-2k$ 个 $+1$.

于是

$$\sum_{i=1}^{n!}x_i=(n!-2k)+(-1)\cdot2k=n!-4k$$

又因为 $n\geqslant4$，所以 $4\mid n!$，即 $4\mid(n!-4k)$，于是 $4\mid\sum_{i=1}^{n!}x_i$.

刘培杰数学工作室
已出版(即将出版)图书目录——初等数学

书　名	出版时间	定　价	编号
新编中学数学解题方法全书(高中版)上卷	2007—09	38.00	7
新编中学数学解题方法全书(高中版)中卷	2007—09	48.00	8
新编中学数学解题方法全书(高中版)下卷(一)	2007—09	42.00	17
新编中学数学解题方法全书(高中版)下卷(二)	2007—09	38.00	18
新编中学数学解题方法全书(高中版)下卷(三)	2010—06	58.00	73
新编中学数学解题方法全书(初中版)上卷	2008—01	28.00	29
新编中学数学解题方法全书(初中版)中卷	2010—07	38.00	75
新编中学数学解题方法全书(高考复习卷)	2010—01	48.00	67
新编中学数学解题方法全书(高考真题卷)	2010—01	38.00	62
新编中学数学解题方法全书(高考精华卷)	2011—03	68.00	118
新编平面解析几何解题方法全书(专题讲座卷)	2010—01	18.00	61
新编中学数学解题方法全书(自主招生卷)	2013—08	88.00	261

书　名	出版时间	定　价	编号
数学奥林匹克与数学文化(第一辑)	2006—05	48.00	4
数学奥林匹克与数学文化(第二辑)(竞赛卷)	2008—01	48.00	19
数学奥林匹克与数学文化(第二辑)(文化卷)	2008—07	58.00	36′
数学奥林匹克与数学文化(第三辑)(竞赛卷)	2010—01	48.00	59
数学奥林匹克与数学文化(第四辑)(竞赛卷)	2011—08	58.00	87
数学奥林匹克与数学文化(第五辑)	2015—06	98.00	370

书　名	出版时间	定　价	编号
世界著名平面几何经典著作钩沉——几何作图专题卷(上)	2009—06	48.00	49
世界著名平面几何经典著作钩沉——几何作图专题卷(下)	2011—01	88.00	80
世界著名平面几何经典著作钩沉(民国平面几何老课本)	2011—03	38.00	113
世界著名平面几何经典著作钩沉(建国初期平面三角老课本)	2015—08	38.00	507
世界著名解析几何经典著作钩沉——平面解析几何卷	2014—01	38.00	264
世界著名数论经典著作钩沉(算术卷)	2012—01	28.00	125
世界著名数学经典著作钩沉——立体几何卷	2011—02	28.00	88
世界著名三角学经典著作钩沉(平面三角卷Ⅰ)	2010—06	28.00	69
世界著名三角学经典著作钩沉(平面三角卷Ⅱ)	2011—01	38.00	78
世界著名初等数论经典著作钩沉(理论和实用算术卷)	2011—07	38.00	126

书　名	出版时间	定　价	编号
发展你的空间想象力	2017—06	38.00	785
走向国际数学奥林匹克的平面几何试题诠释(上、下)(第1版)	2007—01	68.00	11,12
走向国际数学奥林匹克的平面几何试题诠释(上、下)(第2版)	2010—02	98.00	63,64
平面几何证明方法全书	2007—08	35.00	1
平面几何证明方法全书习题解答(第1版)	2005—10	18.00	2
平面几何证明方法全书习题解答(第2版)	2006—12	18.00	10
平面几何天天练上卷·基础篇(直线型)	2013—01	58.00	208
平面几何天天练中卷·基础篇(涉及圆)	2013—01	28.00	234
平面几何天天练下卷·提高篇	2013—01	58.00	237
平面几何专题研究	2013—07	98.00	258

刘培杰数学工作室
已出版(即将出版)图书目录——初等数学

书　名	出版时间	定　价	编号
最新世界各国数学奥林匹克中的平面几何试题	2007—09	38.00	14
数学竞赛平面几何典型题及新颖解	2010—07	48.00	74
初等数学复习及研究(平面几何)	2008—09	58.00	38
初等数学复习及研究(立体几何)	2010—06	38.00	71
初等数学复习及研究(平面几何)习题解答	2009—01	48.00	42
几何学教程(平面几何卷)	2011—03	68.00	90
几何学教程(立体几何卷)	2011—07	68.00	130
几何变换与几何证题	2010—06	88.00	70
计算方法与几何证题	2011—06	28.00	129
立体几何技巧与方法	2014—04	88.00	293
几何瑰宝——平面几何 500 名题暨 1000 条定理(上、下)	2010—07	138.00	76,77
三角形的解法与应用	2012—07	18.00	183
近代的三角形几何学	2012—07	48.00	184
一般折线几何学	2015—08	48.00	503
三角形的五心	2009—06	28.00	51
三角形的六心及其应用	2015—10	68.00	542
三角形趣谈	2012—08	28.00	212
解三角形	2014—01	28.00	265
三角学专门教程	2014—09	28.00	387
图天下几何新题试卷.初中(第 2 版)	2017—11	58.00	855
圆锥曲线习题集(上册)	2013—06	68.00	255
圆锥曲线习题集(中册)	2015—01	78.00	434
圆锥曲线习题集(下册·第 1 卷)	2016—10	78.00	683
圆锥曲线习题集(下册·第 2 卷)	2018—01	98.00	853
论九点圆	2015—05	88.00	645
近代欧氏几何学	2012—03	48.00	162
罗巴切夫斯基几何学及几何基础概要	2012—07	28.00	188
罗巴切夫斯基几何学初步	2015—06	28.00	474
用三角、解析几何、复数、向量计算解数学竞赛几何题	2015—03	48.00	455
美国中学几何教程	2015—04	88.00	458
三线坐标与三角形特征点	2015—04	98.00	460
平面解析几何方法与研究(第 1 卷)	2015—05	18.00	471
平面解析几何方法与研究(第 2 卷)	2015—06	18.00	472
平面解析几何方法与研究(第 3 卷)	2015—07	18.00	473
解析几何研究	2015—01	38.00	425
解析几何学教程.上	2016—01	38.00	574
解析几何学教程.下	2016—01	38.00	575
几何学基础	2016—01	58.00	581
初等几何研究	2015—02	58.00	444
十九和二十世纪欧氏几何学中的片段	2017—01	58.00	696
平面几何中考.高考.奥数一本通	2017—07	28.00	820
几何学简史	2017—08	28.00	833
四面体	2018—01	48.00	880

刘培杰数学工作室
已出版(即将出版)图书目录——初等数学

书　　名	出版时间	定　价	编号
俄罗斯平面几何问题集	2009－08	88.00	55
俄罗斯立体几何问题集	2014－03	58.00	283
俄罗斯几何大师——沙雷金论数学及其他	2014－01	48.00	271
来自俄罗斯的5000道几何习题及解答	2011－03	58.00	89
俄罗斯初等数学问题集	2012－05	38.00	177
俄罗斯函数问题集	2011－03	38.00	103
俄罗斯组合分析问题集	2011－01	48.00	79
俄罗斯初等数学万题选——三角卷	2012－11	38.00	222
俄罗斯初等数学万题选——代数卷	2013－08	68.00	225
俄罗斯初等数学万题选——几何卷	2014－01	68.00	226
463个俄罗斯几何老问题	2012－01	28.00	152
谈谈素数	2011－03	18.00	91
平方和	2011－03	18.00	92
整数论	2011－05	38.00	120
从整数谈起	2015－10	28.00	538
数与多项式	2016－01	38.00	558
谈谈不定方程	2011－05	28.00	119
解析不等式新论	2009－06	68.00	48
建立不等式的方法	2011－03	98.00	104
数学奥林匹克不等式研究	2009－08	68.00	56
不等式研究(第二辑)	2012－02	68.00	153
不等式的秘密(第一卷)	2012－02	28.00	154
不等式的秘密(第一卷)(第2版)	2014－02	38.00	286
不等式的秘密(第二卷)	2014－01	38.00	268
初等不等式的证明方法	2010－06	38.00	123
初等不等式的证明方法(第二版)	2014－11	38.00	407
不等式・理论・方法(基础卷)	2015－07	38.00	496
不等式・理论・方法(经典不等式卷)	2015－07	38.00	497
不等式・理论・方法(特殊类型不等式卷)	2015－07	48.00	498
不等式探究	2016－03	38.00	582
不等式探秘	2017－01	88.00	689
四面体不等式	2017－01	68.00	715
数学奥林匹克中常见重要不等式	2017－09	38.00	845
同余理论	2012－05	38.00	163
[x]与{x}	2015－04	48.00	476
极值与最值.上卷	2015－06	28.00	486
极值与最值.中卷	2015－06	38.00	487
极值与最值.下卷	2015－06	28.00	488
整数的性质	2012－11	38.00	192
完全平方数及其应用	2015－08	78.00	506
多项式理论	2015－10	88.00	541
奇数、偶数、奇偶分析法	2018－01	98.00	876

刘培杰数学工作室
已出版(即将出版)图书目录——初等数学

书名	出版时间	定价	编号
历届美国中学生数学竞赛试题及解答(第一卷)1950—1954	2014—07	18.00	277
历届美国中学生数学竞赛试题及解答(第二卷)1955—1959	2014—04	18.00	278
历届美国中学生数学竞赛试题及解答(第三卷)1960—1964	2014—06	18.00	279
历届美国中学生数学竞赛试题及解答(第四卷)1965—1969	2014—04	28.00	280
历届美国中学生数学竞赛试题及解答(第五卷)1970—1972	2014—06	18.00	281
历届美国中学生数学竞赛试题及解答(第六卷)1973—1980	2017—07	18.00	768
历届美国中学生数学竞赛试题及解答(第七卷)1981—1986	2015—01	18.00	424
历届美国中学生数学竞赛试题及解答(第八卷)1987—1990	2017—05	18.00	769
历届 IMO 试题集(1959—2005)	2006—05	58.00	5
历届 CMO 试题集	2008—09	28.00	40
历届中国数学奥林匹克试题集(第 2 版)	2017—03	38.00	757
历届加拿大数学奥林匹克试题集	2012—08	38.00	215
历届美国数学奥林匹克试题集:多解推广加强	2012—08	38.00	209
历届美国数学奥林匹克试题集:多解推广加强(第 2 版)	2016—03	48.00	592
历届波兰数学竞赛试题集. 第 1 卷,1949～1963	2015—03	18.00	453
历届波兰数学竞赛试题集. 第 2 卷,1964～1976	2015—03	18.00	454
历届巴尔干数学奥林匹克试题集	2015—05	38.00	466
保加利亚数学奥林匹克	2014—10	38.00	393
圣彼得堡数学奥林匹克试题集	2015—01	38.00	429
匈牙利奥林匹克数学竞赛题解. 第 1 卷	2016—05	28.00	593
匈牙利奥林匹克数学竞赛题解. 第 2 卷	2016—05	28.00	594
历届美国数学邀请赛试题集(第 2 版)	2017—10	78.00	851
全国高中数学竞赛试题及解答. 第 1 卷	2014—07	38.00	331
普林斯顿大学数学竞赛	2016—06	38.00	669
亚太地区数学奥林匹克竞赛题	2015—07	18.00	492
日本历届(初级)广中杯数学竞赛试题及解答. 第 1 卷(2000～2007)	2016—05	28.00	641
日本历届(初级)广中杯数学竞赛试题及解答. 第 2 卷(2008～2015)	2016—05	38.00	642
360 个数学竞赛问题	2016—08	58.00	677
奥数最佳实战题. 上卷	2017—06	38.00	760
奥数最佳实战题. 下卷	2017—05	58.00	761
哈尔滨市早期中学数学竞赛试题汇编	2016—07	28.00	672
全国高中数学联赛试题及解答:1981—2015	2016—08	98.00	676
20 世纪 50 年代全国部分城市数学竞赛试题汇编	2017—07	28.00	797
高中数学竞赛培训教程:整除与同余以及不定方程	2018—01	88.00	869
高考数学临门一脚(含密押三套卷)(理科版)	2017—01	45.00	743
高考数学临门一脚(含密押三套卷)(文科版)	2017—01	45.00	744
新课标高考数学题型全归纳(文科版)	2015—05	72.00	467
新课标高考数学题型全归纳(理科版)	2015—05	82.00	468
洞穿高考数学解答题核心考点(理科版)	2015—11	49.80	550
洞穿高考数学解答题核心考点(文科版)	2015—11	46.80	551

刘培杰数学工作室
已出版(即将出版)图书目录——初等数学

书　　名	出版时间	定　价	编号
高考数学题型全归纳:文科版.上	2016—05	53.00	663
高考数学题型全归纳:文科版.下	2016—05	53.00	664
高考数学题型全归纳:理科版.上	2016—05	58.00	665
高考数学题型全归纳:理科版.下	2016—05	58.00	666
王连笑教你怎样学数学:高考选择题解题策略与客观题实用训练	2014—01	48.00	262
王连笑教你怎样学数学:高考数学高层次讲座	2015—02	48.00	432
高考数学的理论与实践	2009—08	38.00	53
高考数学核心题型解题方法与技巧	2010—01	28.00	86
高考思维新平台	2014—03	38.00	259
30 分钟拿下高考数学选择题、填空题(理科版)	2016—10	39.80	720
30 分钟拿下高考数学选择题、填空题(文科版)	2016—10	39.80	721
高考数学压轴题解题诀窍(上)(第 2 版)	2018—01	58.00	874
高考数学压轴题解题诀窍(下)(第 2 版)	2018—01	48.00	875
北京市五区文科数学三年高考模拟题详解:2013～2015	2015—08	48.00	500
北京市五区理科数学三年高考模拟题详解:2013～2015	2015—09	68.00	505
向量法巧解数学高考题	2009—08	28.00	54
高考数学万能解题法(第 2 版)	即将出版	38.00	691
高考物理万能解题法(第 2 版)	即将出版	38.00	692
高考化学万能解题法(第 2 版)	即将出版	28.00	693
高考生物万能解题法(第 2 版)	即将出版	28.00	694
高考数学解题金典(第 2 版)	2017—01	78.00	716
高考物理解题金典(第 2 版)	即将出版	68.00	717
高考化学解题金典(第 2 版)	即将出版	58.00	718
我一定要赚分:高中物理	2016—01	38.00	580
数学高考参考	2016—01	78.00	589
2011～2015 年全国及各省市高考数学文科精品试题审题要津与解法研究	2015—10	68.00	539
2011～2015 年全国及各省市高考数学理科精品试题审题要津与解法研究	2015—10	88.00	540
最新全国及各省市高考数学试卷解法研究及点拨评析	2009—02	38.00	41
2011 年全国及各省市高考数学试题审题要津与解法研究	2011—10	48.00	139
2013 年全国及各省市高考数学试题解析与点评	2014—01	48.00	282
全国及各省市高考数学试题审题要津与解法研究	2015—02	48.00	450
新课标高考数学——五年试题分章详解(2007～2011)(上、下)	2011—10	78.00	140,141
全国中考数学压轴题审题要津与解法研究	2013—04	78.00	248
新编全国及各省市中考数学压轴题审题要津与解法研究	2014—05	58.00	342
全国及各省市 5 年中考数学压轴题审题要津与解法研究(2015 版)	2015—04	58.00	462
中考数学专题总复习	2007—04	28.00	6
中考数学较难题、难题常考题型解题方法与技巧.上	2016—01	48.00	584
中考数学较难题、难题常考题型解题方法与技巧.下	2016—01	58.00	585
中考数学较难题常考题型解题方法与技巧	2016—09	48.00	681
中考数学难题常考题型解题方法与技巧	2016—09	48.00	682

刘培杰数学工作室
已出版(即将出版)图书目录——初等数学

书　名	出版时间	定　价	编号
中考数学选择填空压轴好题妙解 365	2017-05	38.00	759
中考数学小压轴汇编初讲	2017-07	48.00	788
中考数学大压轴专题微言	2017-09	48.00	846
北京中考数学压轴题解题方法突破(第 3 版)	2017-11	48.00	854
助你高考成功的数学解题智慧:知识是智慧的基础	2016-01	58.00	596
助你高考成功的数学解题智慧:错误是智慧的试金石	2016-04	58.00	643
助你高考成功的数学解题智慧:方法是智慧的推手	2016-04	68.00	657
高考数学奇思妙解	2016-04	38.00	610
高考数学解题策略	2016-05	48.00	670
数学解题泄天机(第 2 版)	2017-10	48.00	850
高考物理压轴题全解	2017-04	48.00	746
高中物理经典问题 25 讲	2017-05	28.00	764
高中物理教学讲义	2018-01	48.00	871
2016 年高考文科数学真题研究	2017-04	58.00	754
2016 年高考理科数学真题研究	2017-04	78.00	755
初中数学、高中数学脱节知识补缺教材	2017-06	48.00	766
高考数学小题抢分必练	2017-10	48.00	834
高考数学核心素养解读	2017-09	38.00	839
高考数学客观题解题方法和技巧	2017-10	38.00	847
十年高考数学精品试题审题要津与解法研究.上卷	2018-01	68.00	872
十年高考数学精品试题审题要津与解法研究.下卷	2018-01	58.00	873
中国历届高考数学试题及解答.1949-1979	2018-01	38.00	877
新编 640 个世界著名数学智力趣题	2014-01	88.00	242
500 个最新世界著名数学智力趣题	2008-06	48.00	3
400 个最新世界著名数学最值问题	2008-09	48.00	36
500 个世界著名数学征解问题	2009-06	48.00	52
400 个中国最佳初等数学征解老问题	2010-01	48.00	60
500 个俄罗斯数学经典老题	2011-01	28.00	81
1000 个国外中学物理好题	2012-04	48.00	174
300 个日本高考数学题	2012-05	38.00	142
700 个早期日本高考数学试题	2017-02	88.00	752
500 个前苏联早期高考数学试题及解答	2012-05	28.00	185
546 个早期俄罗斯大学生数学竞赛题	2014-03	38.00	285
548 个来自美苏的数学好问题	2014-11	28.00	396
20 所苏联著名大学早期入学试题	2015-02	18.00	452
161 道德国工科大学生必做的微分方程习题	2015-05	28.00	469
500 个德国工科大学生必做的高数习题	2015-06	28.00	478
360 个数学竞赛问题	2016-08	58.00	677
德国讲义日本考题.微积分卷	2015-04	48.00	456
德国讲义日本考题.微分方程卷	2015-04	38.00	457
二十世纪中叶中、英、美、日、法、俄高考数学试题精选	2017-06	38.00	783

刘培杰数学工作室
已出版(即将出版)图书目录——初等数学

书　　名	出版时间	定　价	编号
中国初等数学研究　2009 卷(第 1 辑)	2009—05	20.00	45
中国初等数学研究　2010 卷(第 2 辑)	2010—05	30.00	68
中国初等数学研究　2011 卷(第 3 辑)	2011—07	60.00	127
中国初等数学研究　2012 卷(第 4 辑)	2012—07	48.00	190
中国初等数学研究　2014 卷(第 5 辑)	2014—02	48.00	288
中国初等数学研究　2015 卷(第 6 辑)	2015—06	68.00	493
中国初等数学研究　2016 卷(第 7 辑)	2016—04	68.00	609
中国初等数学研究　2017 卷(第 8 辑)	2017—01	98.00	712
几何变换(Ⅰ)	2014—07	28.00	353
几何变换(Ⅱ)	2015—06	28.00	354
几何变换(Ⅲ)	2015—01	38.00	355
几何变换(Ⅳ)	2015—12	38.00	356
初等数论难题集(第一卷)	2009—05	68.00	44
初等数论难题集(第二卷)(上、下)	2011—02	128.00	82,83
数论概貌	2011—03	18.00	93
代数数论(第二版)	2013—08	58.00	94
代数多项式	2014—06	38.00	289
初等数论的知识与问题	2011—02	28.00	95
超越数论基础	2011—03	28.00	96
数论初等教程	2011—03	28.00	97
数论基础	2011—03	18.00	98
数论基础与维诺格拉多夫	2014—03	18.00	292
解析数论基础	2012—08	28.00	216
解析数论基础(第二版)	2014—01	48.00	287
解析数论问题集(第二版)(原版引进)	2014—05	88.00	343
解析数论问题集(第二版)(中译本)	2016—04	88.00	607
解析数论基础(潘承洞,潘承彪著)	2016—07	98.00	673
解析数论导引	2016—07	58.00	674
数论入门	2011—03	38.00	99
代数数论入门	2015—03	38.00	448
数论开篇	2012—07	28.00	194
解析数论引论	2011—03	48.00	100
Barban Davenport Halberstam 均值和	2009—01	40.00	33
基础数论	2011—03	28.00	101
初等数论 100 例	2011—05	18.00	122
初等数论经典例题	2012—07	18.00	204
最新世界各国数学奥林匹克中的初等数论试题(上、下)	2012—01	138.00	144,145
初等数论(Ⅰ)	2012—01	18.00	156
初等数论(Ⅱ)	2012—01	18.00	157
初等数论(Ⅲ)	2012—01	28.00	158

刘培杰数学工作室
已出版(即将出版)图书目录——初等数学

书 名	出版时间	定 价	编号
平面几何与数论中未解决的新老问题	2013-01	68.00	229
代数数论简史	2014-11	28.00	408
代数数论	2015-09	88.00	532
代数、数论及分析习题集	2016-11	98.00	695
数论导引提要及习题解答	2016-01	48.00	559
素数定理的初等证明.第2版	2016-09	48.00	686
数论中的模函数与狄利克雷级数(第二版)	2017-11	78.00	837
数论:数学导引	2018-01	68.00	849
数学眼光透视(第2版)	2017-06	78.00	732
数学思想领悟(第2版)	2018-01	68.00	733
数学应用展观(第2版)	2017-08	68.00	737
数学建模导引	2008-01	28.00	23
数学方法溯源	2008-01	38.00	27
数学史话览胜(第2版)	2017-01	48.00	736
数学思维技术	2013-09	38.00	260
数学解题引论	2017-05	48.00	735
数学竞赛采风	2018-01	68.00	739
从毕达哥拉斯到怀尔斯	2007-10	48.00	9
从迪利克雷到维斯卡尔迪	2008-01	48.00	21
从哥德巴赫到陈景润	2008-05	98.00	35
从庞加莱到佩雷尔曼	2011-08	138.00	136
博弈论精粹	2008-03	58.00	30
博弈论精粹.第二版(精装)	2015-01	88.00	461
数学 我爱你	2008-01	28.00	20
精神的圣徒 别样的人生——60位中国数学家成长的历程	2008-09	48.00	39
数学史概论	2009-06	78.00	50
数学史概论(精装)	2013-03	158.00	272
数学史选讲	2016-01	48.00	544
斐波那契数列	2010-02	28.00	65
数学拼盘和斐波那契魔方	2010-07	38.00	72
斐波那契数列欣赏	2011-01	28.00	160
数学的创造	2011-02	48.00	85
数学美与创造力	2016-01	48.00	595
数海拾贝	2016-01	48.00	590
数学中的美	2011-02	38.00	84
数论中的美学	2014-12	38.00	351

刘培杰数学工作室
已出版(即将出版)图书目录——初等数学

书　　名	出版时间	定　价	编号
数学王者　科学巨人——高斯	2015－01	28.00	428
振兴祖国数学的圆梦之旅:中国初等数学研究史话	2015－06	98.00	490
二十世纪中国数学史料研究	2015－10	48.00	536
数字谜、数阵图与棋盘覆盖	2016－01	58.00	298
时间的形状	2016－01	38.00	556
数学发现的艺术:数学探索中的合情推理	2016－07	58.00	671
活跃在数学中的参数	2016－07	48.00	675
数学解题——靠数学思想给力(上)	2011－07	38.00	131
数学解题——靠数学思想给力(中)	2011－07	48.00	132
数学解题——靠数学思想给力(下)	2011－07	38.00	133
我怎样解题	2013－01	48.00	227
数学解题中的物理方法	2011－06	28.00	114
数学解题的特殊方法	2011－06	48.00	115
中学数学计算技巧	2012－01	48.00	116
中学数学证明方法	2012－01	58.00	117
数学趣题巧解	2012－03	28.00	128
高中数学教学通鉴	2015－05	58.00	479
和高中生漫谈:数学与哲学的故事	2014－08	28.00	369
算术问题集	2017－03	38.00	789
自主招生考试中的参数方程问题	2015－01	28.00	435
自主招生考试中的极坐标问题	2015－04	28.00	463
近年全国重点大学自主招生数学试题全解及研究. 华约卷	2015－02	38.00	441
近年全国重点大学自主招生数学试题全解及研究. 北约卷	2016－05	38.00	619
自主招生数学解证宝典	2015－09	48.00	535
格点和面积	2012－07	18.00	191
射影几何趣谈	2012－04	28.00	175
斯潘纳尔引理——从一道加拿大数学奥林匹克试题谈起	2014－01	28.00	228
李普希兹条件——从几道近年高考数学试题谈起	2012－10	18.00	221
拉格朗日中值定理——从一道北京高考试题的解法谈起	2015－10	18.00	197
闵科夫斯基定理——从一道清华大学自主招生试题谈起	2014－01	28.00	198
哈尔测度——从一道冬令营试题的背景谈起	2012－08	28.00	202
切比雪夫逼近问题——从一道中国台北数学奥林匹克试题谈起	2013－04	38.00	238
伯恩斯坦多项式与贝齐尔曲面——从一道全国高中数学联赛试题谈起	2013－03	38.00	236
卡塔兰猜想——从一道普特南竞赛试题谈起	2013－06	18.00	256
麦卡锡函数和阿克曼函数——从一道前南斯拉夫数学奥林匹克试题谈起	2012－08	18.00	201
贝蒂定理与拉姆贝克莫斯尔定理——从一个拣石子游戏谈起	2012－08	18.00	217
皮亚诺曲线和豪斯道夫分球定理——从无限集谈起	2012－08	18.00	211
平面凸图形与凸多面体	2012－10	28.00	218
斯坦因豪斯问题——从一道二十五省市自治区中学数学竞赛试题谈起	2012－07	18.00	196

刘培杰数学工作室

已出版(即将出版)图书目录——初等数学

书　　名	出版时间	定　价	编号
纽结理论中的亚历山大多项式与琼斯多项式——从一道北京市高一数学竞赛试题谈起	2012—07	28.00	195
原则与策略——从波利亚"解题表"谈起	2013—04	38.00	244
转化与化归——从三大尺规作图不能问题谈起	2012—08	28.00	214
代数几何中的贝祖定理(第一版)——从一道 IMO 试题的解法谈起	2013—08	18.00	193
成功连贯理论与约当块理论——从一道比利时数学竞赛试题谈起	2012—04	18.00	180
素数判定与大数分解	2014—08	18.00	199
置换多项式及其应用	2012—10	18.00	220
椭圆函数与模函数——从一道美国加州大学洛杉矶分校(UCLA)博士资格考题谈起	2012—10	28.00	219
差分方程的拉格朗日方法——从一道 2011 年全国高考理科试题的解法谈起	2012—08	28.00	200
力学在几何中的一些应用	2013—01	38.00	240
高斯散度定理、斯托克斯定理和平面格林定理——从一道国际大学生数学竞赛试题谈起	即将出版		
康托洛维奇不等式——从一道全国高中联赛试题谈起	2013—03	28.00	337
西格尔引理——从一道第 18 届 IMO 试题的解法谈起	即将出版		
罗斯定理——从一道前苏联数学竞赛试题谈起	即将出版		
拉克斯定理和阿廷定理——从一道 IMO 试题的解法谈起	2014—01	58.00	246
毕卡大定理——从一道美国大学数学竞赛试题谈起	2014—07	18.00	350
贝齐尔曲线——从一道全国高中联赛试题谈起	即将出版		
拉格朗日乘子定理——从一道 2005 年全国高中联赛试题的高等数学解法谈起	2015—05	28.00	480
雅可比定理——从一道日本数学奥林匹克试题谈起	2013—04	48.00	249
李天岩一约克定理——从一道波兰数学竞赛试题谈起	2014—06	28.00	349
整系数多项式因式分解的一般方法——从克朗耐克算法谈起	即将出版		
布劳维不动点定理——从一道前苏联数学奥林匹克试题谈起	2014—01	38.00	273
伯恩赛德定理——从一道英国数学奥林匹克试题谈起	即将出版		
布查特一莫斯特定理——从一道上海市初中竞赛试题谈起	即将出版		
数论中的同余数问题——从一道普特南竞赛试题谈起	即将出版		
范·德蒙行列式——从一道美国数学奥林匹克试题谈起	即将出版		
中国剩余定理:总数法构建中国历史年表	2015—01	28.00	430
牛顿程序与方程求根——从一道全国高考试题解法谈起	即将出版		
库默尔定理——从一道 IMO 预选试题谈起	即将出版		
卢丁定理——从一道冬令营试题的解法谈起	即将出版		
沃斯滕霍姆定理——从一道 IMO 预选试题谈起	即将出版		
卡尔松不等式——从一道莫斯科数学奥林匹克试题谈起	即将出版		
信息论中的香农熵——从一道近年高考压轴题谈起	即将出版		
约当不等式——从一道希望杯竞赛试题谈起	即将出版		
拉比诺维奇定理	即将出版		
刘维尔定理——从一道《美国数学月刊》征解问题的解法谈起	即将出版		
卡塔兰恒等式与级数求和——从一道 IMO 试题的解法谈起	即将出版		
勒让德猜想与素数分布——从一道爱尔兰竞赛试题谈起	即将出版		
天平称重与信息论——从一道基辅市数学奥林匹克试题谈起	即将出版		
哈密尔顿一凯莱定理:从一道高中数学联赛试题的解法谈起	2014—09	18.00	376
艾思特曼定理——从一道 CMO 试题的解法谈起	即将出版		

刘培杰数学工作室
已出版(即将出版)图书目录——初等数学

书　　名	出版时间	定　价	编号
一个爱尔特希问题——从一道西德数学奥林匹克试题谈起	即将出版		
有限群中的爱丁格尔问题——从一道北京市初中二年级数学竞赛试题谈起	即将出版		
贝克码与编码理论——从一道全国高中联赛试题谈起	即将出版		
帕斯卡三角形	2014—03	18.00	294
蒲丰投针问题——从 2009 年清华大学的一道自主招生试题谈起	2014—01	38.00	295
斯图姆定理——从一道"华约"自主招生试题的解法谈起	2014—01	18.00	296
许瓦兹引理——从一道加利福尼亚大学伯克利分校数学系博士生试题谈起	2014—08	18.00	297
拉姆塞定理——从王诗宬院士的一个问题谈起	2016—04	48.00	299
坐标法	2013—12	28.00	332
数论三角形	2014—04	38.00	341
毕克定理	2014—07	18.00	352
数林掠影	2014—09	48.00	389
我们周围的概率	2014—10	38.00	390
凸函数最值定理:从一道华约自主招生题的解法谈起	2014—10	28.00	391
易学与数学奥林匹克	2014—10	38.00	392
生物数学趣谈	2015—01	18.00	409
反演	2015—01	28.00	420
因式分解与圆锥曲线	2015—01	18.00	426
轨迹	2015—01	28.00	427
面积原理:从常庚哲命的一道 CMO 试题的积分解法谈起	2015—01	48.00	431
形形色色的不动点定理:从一道 28 届 IMO 试题谈起	2015—01	38.00	439
柯西函数方程:从一道上海交大自主招生的试题谈起	2015—02	28.00	440
三角恒等式	2015—02	28.00	442
无理性判定:从一道 2014 年"北约"自主招生试题谈起	2015—01	38.00	443
数学归纳法	2015—03	18.00	451
极端原理与解题	2015—04	28.00	464
法雷级数	2014—08	18.00	367
摆线族	2015—01	38.00	438
函数方程及其解法	2015—05	38.00	470
含参数的方程和不等式	2012—09	28.00	213
希尔伯特第十问题	2016—01	38.00	543
无穷小量的求和	2016—01	28.00	545
切比雪夫多项式:从一道清华大学金秋营试题谈起	2016—01	38.00	583
泽肯多夫定理	2016—03	38.00	599
代数等式证题法	2016—01	28.00	600
三角等式证题法	2016—01	28.00	601
吴大任教授藏书中的一个因式分解公式:从一道美国数学邀请赛试题的解法谈起	2016—06	28.00	656
易卦——类万物的数学模型	2017—08	68.00	838
"不可思议"的数与数系可持续发展	2018—01	38.00	878
最短线	2018—01	38.00	879

书　　名	出版时间	定　价	编号
幻方和魔方(第一卷)	2012—05	68.00	173
尘封的经典——初等数学经典文献选读(第一卷)	2012—07	48.00	205
尘封的经典——初等数学经典文献选读(第二卷)	2012—07	38.00	206

书　　名	出版时间	定　价	编号
初级方程式论	2011—03	28.00	106
初等数学研究(Ⅰ)	2008—09	68.00	37
初等数学研究(Ⅱ)(上、下)	2009—05	118.00	46,47

刘培杰数学工作室
已出版(即将出版)图书目录——初等数学

书 名	出版时间	定 价	编号
趣味初等方程妙题集锦	2014—09	48.00	388
趣味初等数论选美与欣赏	2015—02	48.00	445
耕读笔记(上卷):一位农民数学爱好者的初数探索	2015—04	28.00	459
耕读笔记(中卷):一位农民数学爱好者的初数探索	2015—05	28.00	483
耕读笔记(下卷):一位农民数学爱好者的初数探索	2015—05	28.00	484
几何不等式研究与欣赏.上卷	2016—01	88.00	547
几何不等式研究与欣赏.下卷	2016—01	48.00	552
初等数列研究与欣赏·上	2016—01	48.00	570
初等数列研究与欣赏·下	2016—01	48.00	571
趣味初等函数研究与欣赏.上	2016—09	48.00	684
趣味初等函数研究与欣赏.下	即将出版		685
火柴游戏	2016—05	38.00	612
智力解谜.第1卷	2017—07	38.00	613
智力解谜.第2卷	2017—07	38.00	614
故事智力	2016—07	48.00	615
名人们喜欢的智力问题	即将出版		616
数学大师的发现、创造与失误	2018—01	48.00	617
异曲同工	即将出版		618
数学的味道	2018—01	58.00	798
数贝偶拾——高考数学题研究	2014—04	28.00	274
数贝偶拾——初等数学研究	2014—04	38.00	275
数贝偶拾——奥数题研究	2014—04	48.00	276
钱昌本教你快乐学数学(上)	2011—12	48.00	155
钱昌本教你快乐学数学(下)	2012—03	58.00	171
集合、函数与方程	2014—01	28.00	300
数列与不等式	2014—01	38.00	301
三角与平面向量	2014—01	28.00	302
平面解析几何	2014—01	38.00	303
立体几何与组合	2014—01	28.00	304
极限与导数、数学归纳法	2014—01	38.00	305
趣味数学	2014—03	28.00	306
教材教法	2014—04	68.00	307
自主招生	2014—05	58.00	308
高考压轴题(上)	2015—01	48.00	309
高考压轴题(下)	2014—10	68.00	310
从费马到怀尔斯——费马大定理的历史	2013—10	198.00	Ⅰ
从庞加莱到佩雷尔曼——庞加莱猜想的历史	2013—10	298.00	Ⅱ
从切比雪夫到爱尔特希(上)——素数定理的初等证明	2013—07	48.00	Ⅲ
从切比雪夫到爱尔特希(下)——素数定理100年	2012—12	98.00	Ⅲ
从高斯到盖尔方特——二次域的高斯猜想	2013—10	198.00	Ⅳ
从库默尔到朗兰兹——朗兰兹猜想的历史	2014—01	98.00	Ⅴ
从比勃巴赫到德布朗斯——比勃巴赫猜想的历史	2014—02	298.00	Ⅵ
从麦比乌斯到陈省身——麦比乌斯变换与麦比乌斯带	2014—02	298.00	Ⅶ
从布尔到豪斯道夫——布尔方程与格论漫谈	2013—10	198.00	Ⅷ
从开普勒到阿诺德——三体问题的历史	2014—05	298.00	Ⅸ
从华林到华罗庚——华林问题的历史	2013—10	298.00	Ⅹ

刘培杰数学工作室
已出版(即将出版)图书目录——初等数学

书　名	出版时间	定　价	编号
美国高中数学竞赛五十讲.第1卷(英文)	2014—08	28.00	357
美国高中数学竞赛五十讲.第2卷(英文)	2014—08	28.00	358
美国高中数学竞赛五十讲.第3卷(英文)	2014—09	28.00	359
美国高中数学竞赛五十讲.第4卷(英文)	2014—09	28.00	360
美国高中数学竞赛五十讲.第5卷(英文)	2014—10	28.00	361
美国高中数学竞赛五十讲.第6卷(英文)	2014—11	28.00	362
美国高中数学竞赛五十讲.第7卷(英文)	2014—12	28.00	363
美国高中数学竞赛五十讲.第8卷(英文)	2015—01	28.00	364
美国高中数学竞赛五十讲.第9卷(英文)	2015—01	28.00	365
美国高中数学竞赛五十讲.第10卷(英文)	2015—02	38.00	366
三角函数	2014—01	38.00	311
不等式	2014—01	38.00	312
数列	2014—01	38.00	313
方程	2014—01	28.00	314
排列和组合	2014—01	28.00	315
极限与导数	2014—01	28.00	316
向量	2014—09	38.00	317
复数及其应用	2014—08	28.00	318
函数	2014—01	38.00	319
集合	即将出版		320
直线与平面	2014—01	28.00	321
立体几何	2014—04	28.00	322
解三角形	即将出版		323
直线与圆	2014—01	28.00	324
圆锥曲线	2014—01	38.00	325
解题通法(一)	2014—07	38.00	326
解题通法(二)	2014—07	38.00	327
解题通法(三)	2014—05	38.00	328
概率与统计	2014—01	28.00	329
信息迁移与算法	即将出版		330
IMO 50年.第1卷(1959—1963)	2014—11	28.00	377
IMO 50年.第2卷(1964—1968)	2014—11	28.00	378
IMO 50年.第3卷(1969—1973)	2014—09	28.00	379
IMO 50年.第4卷(1974—1978)	2016—04	38.00	380
IMO 50年.第5卷(1979—1984)	2015—04	38.00	381
IMO 50年.第6卷(1985—1989)	2015—04	58.00	382
IMO 50年.第7卷(1990—1994)	2016—01	48.00	383
IMO 50年.第8卷(1995—1999)	2016—06	38.00	384
IMO 50年.第9卷(2000—2004)	2015—04	58.00	385
IMO 50年.第10卷(2005—2009)	2016—01	48.00	386
IMO 50年.第11卷(2010—2015)	2017—03	48.00	646

刘培杰数学工作室

已出版(即将出版)图书目录——初等数学

书 名	出版时间	定 价	编号
方程(第2版)	2017—04	38.00	624
三角函数(第2版)	2017—04	38.00	626
向量(第2版)	即将出版		627
立体几何(第2版)	2016—04	38.00	629
直线与圆(第2版)	2016—11	38.00	631
圆锥曲线(第2版)	2016—09	48.00	632
极限与导数(第2版)	2016—04	38.00	635
历届美国大学生数学竞赛试题集.第一卷(1938—1949)	2015—01	28.00	397
历届美国大学生数学竞赛试题集.第二卷(1950—1959)	2015—01	28.00	398
历届美国大学生数学竞赛试题集.第三卷(1960—1969)	2015—01	28.00	399
历届美国大学生数学竞赛试题集.第四卷(1970—1979)	2015—01	18.00	400
历届美国大学生数学竞赛试题集.第五卷(1980—1989)	2015—01	28.00	401
历届美国大学生数学竞赛试题集.第六卷(1990—1999)	2015—01	28.00	402
历届美国大学生数学竞赛试题集.第七卷(2000—2009)	2015—08	18.00	403
历届美国大学生数学竞赛试题集.第八卷(2010—2012)	2015—01	18.00	404
新课标高考数学创新题解题诀窍:总论	2014—09	28.00	372
新课标高考数学创新题解题诀窍:必修1～5分册	2014—08	38.00	373
新课标高考数学创新题解题诀窍:选修2—1,2—2,1—1,1—2分册	2014—09	38.00	374
新课标高考数学创新题解题诀窍:选修2—3,4—4,4—5分册	2014—09	18.00	375
全国重点大学自主招生英文数学试题全攻略:词汇卷	2015—07	48.00	410
全国重点大学自主招生英文数学试题全攻略:概念卷	2015—01	28.00	411
全国重点大学自主招生英文数学试题全攻略:文章选读卷(上)	2016—09	38.00	412
全国重点大学自主招生英文数学试题全攻略:文章选读卷(下)	2017—01	58.00	413
全国重点大学自主招生英文数学试题全攻略:试题卷	2015—07	38.00	414
全国重点大学自主招生英文数学试题全攻略:名著欣赏卷	2017—03	48.00	415
劳埃德数学趣题大全.题目卷.1:英文	2016—01	18.00	516
劳埃德数学趣题大全.题目卷.2:英文	2016—01	18.00	517
劳埃德数学趣题大全.题目卷.3:英文	2016—01	18.00	518
劳埃德数学趣题大全.题目卷.4:英文	2016—01	18.00	519
劳埃德数学趣题大全.题目卷.5:英文	2016—01	18.00	520
劳埃德数学趣题大全.答案卷:英文	2016—01	18.00	521
李成章教练奥数笔记.第1卷	2016—01	48.00	522
李成章教练奥数笔记.第2卷	2016—01	48.00	523
李成章教练奥数笔记.第3卷	2016—01	38.00	524
李成章教练奥数笔记.第4卷	2016—01	38.00	525
李成章教练奥数笔记.第5卷	2016—01	38.00	526
李成章教练奥数笔记.第6卷	2016—01	38.00	527
李成章教练奥数笔记.第7卷	2016—01	38.00	528
李成章教练奥数笔记.第8卷	2016—01	48.00	529
李成章教练奥数笔记.第9卷	2016—01	28.00	530

刘培杰数学工作室
已出版(即将出版)图书目录——初等数学

书　　名	出版时间	定　价	编号
第19～23届"希望杯"全国数学邀请赛试题审题要津详细评注(初一版)	2014—03	28.00	333
第19～23届"希望杯"全国数学邀请赛试题审题要津详细评注(初二、初三版)	2014—03	38.00	334
第19～23届"希望杯"全国数学邀请赛试题审题要津详细评注(高一版)	2014—03	28.00	335
第19～23届"希望杯"全国数学邀请赛试题审题要津详细评注(高二版)	2014—03	38.00	336
第19～25届"希望杯"全国数学邀请赛试题审题要津详细评注(初一版)	2015—01	38.00	416
第19～25届"希望杯"全国数学邀请赛试题审题要津详细评注(初二、初三版)	2015—01	58.00	417
第19～25届"希望杯"全国数学邀请赛试题审题要津详细评注(高一版)	2015—01	48.00	418
第19～25届"希望杯"全国数学邀请赛试题审题要津详细评注(高二版)	2015—01	48.00	419
物理奥林匹克竞赛大题典——力学卷	2014—11	48.00	405
物理奥林匹克竞赛大题典——热学卷	2014—04	28.00	339
物理奥林匹克竞赛大题典——电磁学卷	2015—07	48.00	406
物理奥林匹克竞赛大题典——光学与近代物理卷	2014—06	28.00	345
历届中国东南地区数学奥林匹克试题集(2004～2012)	2014—06	18.00	346
历届中国西部地区数学奥林匹克试题集(2001～2012)	2014—07	18.00	347
历届中国女子数学奥林匹克试题集(2002～2012)	2014—08	18.00	348
数学奥林匹克在中国	2014—06	98.00	344
数学奥林匹克问题集	2014—01	38.00	267
数学奥林匹克不等式散论	2010—06	38.00	124
数学奥林匹克不等式欣赏	2011—09	38.00	138
数学奥林匹克超级题库(初中卷上)	2010—01	58.00	66
数学奥林匹克不等式证明方法和技巧(上、下)	2011—08	158.00	134,135
他们学什么:原民主德国中学数学课本	2016—09	38.00	658
他们学什么:英国中学数学课本	2016—09	38.00	659
他们学什么:法国中学数学课本.1	2016—09	38.00	660
他们学什么:法国中学数学课本.2	2016—09	28.00	661
他们学什么:法国中学数学课本.3	2016—09	38.00	662
他们学什么:苏联中学数学课本	2016—09	28.00	679
高中数学题典——集合与简易逻辑·函数	2016—07	48.00	647
高中数学题典——导数	2016—07	48.00	648
高中数学题典——三角函数·平面向量	2016—07	48.00	649
高中数学题典——数列	2016—07	58.00	650
高中数学题典——不等式·推理与证明	2016—07	38.00	651
高中数学题典——立体几何	2016—07	48.00	652
高中数学题典——平面解析几何	2016—07	78.00	653
高中数学题典——计数原理·统计·概率·复数	2016—07	48.00	654
高中数学题典——算法·平面几何·初等数论·组合数学·其他	2016—07	68.00	655

刘培杰数学工作室

已出版(即将出版)图书目录——初等数学

书名	出版时间	定价	编号
台湾地区奥林匹克数学竞赛试题.小学一年级	2017－03	38.00	722
台湾地区奥林匹克数学竞赛试题.小学二年级	2017－03	38.00	723
台湾地区奥林匹克数学竞赛试题.小学三年级	2017－03	38.00	724
台湾地区奥林匹克数学竞赛试题.小学四年级	2017－03	38.00	725
台湾地区奥林匹克数学竞赛试题.小学五年级	2017－03	38.00	726
台湾地区奥林匹克数学竞赛试题.小学六年级	2017－03	38.00	727
台湾地区奥林匹克数学竞赛试题.初中一年级	2017－03	38.00	728
台湾地区奥林匹克数学竞赛试题.初中二年级	2017－03	38.00	729
台湾地区奥林匹克数学竞赛试题.初中三年级	2017－03	28.00	730
不等式证题法	2017－04	28.00	747
平面几何培优教程	即将出版		748
奥数鼎级培优教程.高一分册	即将出版		749
奥数鼎级培优教程.高二分册	即将出版		750
高中数学竞赛冲刺宝典	即将出版		751
初中尖子生数学超级题典.实数	2017－07	58.00	792
初中尖子生数学超级题典.式、方程与不等式	2017－08	58.00	793
初中尖子生数学超级题典.圆、面积	2017－08	38.00	794
初中尖子生数学超级题典.函数、逻辑推理	2017－08	48.00	795
初中尖子生数学超级题典.角、线段、三角形与多边形	2017－07	58.00	796
数学王子——高斯	2018－01	48.00	858
坎坷奇星——阿贝尔	2018－01	48.00	859
闪烁奇星——伽罗瓦	2018－01	58.00	860
无穷统帅——康托尔	2018－01	48.00	861
科学公主——柯瓦列夫斯卡娅	2018－01	48.00	862
抽象代数之母——埃米·诺特	2018－01	48.00	863
电脑先驱——图灵	2018－01	58.00	864
昔日神童——维纳	2018－01	48.00	865
数坛怪侠——爱尔特希	2018－01	68.00	866

联系地址:哈尔滨市南岗区复华四道街 10 号　哈尔滨工业大学出版社刘培杰数学工作室
网　　址:http://lpj.hit.edu.cn/
邮　　编:150006
联系电话:0451－86281378　　13904613167
E-mail:lpj1378@163.com